大数据教育丛书

大 数 据 技 术

曾宪武　包淑萍
徐美娇　侯孝振　编著
倪振宇　衣丽萍

西安电子科技大学出版社

内 容 简 介

本书从大数据分析角度入手,首先介绍了不同的大数据处理模式与代表性的处理系统,其次对大数据分析所应用的数据挖掘、机器学习的理论工具给予了介绍,最后详细介绍了典型的大数据技术 IBM InfoSphere BigInsights。

本书由 3 篇共 25 章组成。第 1 篇大数据系统基础,由第 1 章概述和第 2 章大数据基础组成。第 2 篇大数据分析理论基础,由第 3 章到第 10 章组成,主要介绍了一些概率与统计方面的基础知识、数据挖掘的基本技术以及机器学习的常用概率化工具。第 3 篇大数据技术,由第 11 章到第 25 章组成,全面介绍了 IBM InfoSphere BigInsights各个组件和基本应用。

本书可作为高等学校大数据专业方向以及计算机科学技术、软件工程、物联网工程等信息科学技术类专业的本科教材,也可作为相关专业的技术人员的参考资料。

图书在版编目(CIP)数据

大数据技术/曾宪武等编著. —西安:西安电子科技大学出版社,2020.3
ISBN 978 - 7 - 5606 - 5513 - 0

Ⅰ. ① 大… Ⅱ. ① 曾… Ⅲ. ① 数据处理—高等学校—教材 Ⅳ. ① TP274

中国版本图书馆 CIP 数据核字(2019)第 264268 号

策划编辑 毛红兵
责任编辑 曹 锦 毛红兵
出版发行 西安电子科技大学出版社(西安市太白南路2号)
电 话 (029)88242885 88201467 邮 编 710071
网 址 www.xduph.com 电子邮箱 xdupfxb001@163.com
经 销 新华书店
印刷单位 陕西天意印务有限责任公司
版 次 2020 年 3 月第 1 版 2020 年 3 月第 1 次印刷
开 本 787 毫米×1092 毫米 1/16 印张 33
字 数 783 千字
印 数 1~2000 册
定 价 79.00 元
ISBN 978 - 7 - 5606 - 5513 - 0/TP

XDUP 5815001 - 1
＊ ＊ ＊ 如有印装问题可调换 ＊ ＊ ＊

前　　言

信息时代，大量的数据以前所未有的速度源源不断地产生。这是由于物联网、云计算以及智能设备的普及等方面信息技术的发展所致，包括互联网、分布式系统等在内的各种信息系统以及运行在各种信息系统之上的多种应用系统，其所采集、产生、处理和存储的数据全方位地服务于社会、经济等各个层面。这些数据以其量级巨大、生成速度极快并且种类繁多的特点造就了现今人们所说的"大数据"。

"大数据"概念不是突然出现的，而是信息技术发展的结果，大数据是新信息技术的宝藏。

大数据中隐藏着巨大的机会和价值，将给许多领域带来变革性的发展，因此大数据研究领域吸引了产业界、政府和学术界的广泛关注。目前，人们已意识到，数据分析正日益成为信息经济的关键因素，发现数据中新的内涵，并提供个性化服务才能使企业处于经济竞争的有利地位。

相较于传统的数据，人们将大数据的特征总结为 5 个"V"，即体量大(Volume)、速度快(Velocity)、模态多(Variety)、难辨识(Veracity)和价值密度低(Value)。这五个特征都对信息技术带来了巨大挑战，同时也产生了应对这些挑战的大数据系统，其中以 Apache Hadoop 为典型代表的技术架构，以及数据挖掘和机器学习等人工智能技术在大数据方面的应用正在逐渐克服这些挑战。为了适应大数据发展，深入研究大数据系统及其应用，我们结合多年的科学研究成果编写了本书。

从系统构成的角度来看，可以将大数据系统分解为三个层次：基础设施层、计算层和应用层，这种分层结构对于大数据系统的分布式演进具有非常重要的意义。

1. 本书的组成及各篇章内容简介

本书由 3 篇共 25 章组成。本书从大数据概念入手，较为详细地介绍了大数据系统的基本架构和大数据的层次，介绍了大数据分析所要应用的理论工具，以 IBM InfoSphere BigInsights 为主线介绍基于 Apache Hadoop 各生态系统的基本应用。

(1) 第 1 篇：大数据系统基础。

本篇由第 1 章概述和第 2 章大数据基础组成。第 1 章介绍了大数据特性，给出了大数据的几种定义并深入讨论了大数据计算系统带来的挑战，以及大数据挖掘在多个领域的价值。第 2 章介绍了大数据的基础架构和层次，大数据风险涉及的数据安全、数据隐私、安全成本等问题，以及大数据的一些应用案例。

(2) 第 2 篇：大数据分析理论基础。

本篇由第 3 章到第 10 章组成，主要介绍了一些概率与统计方面的基础知识、数据挖掘的基本技术以及机器学习的常用概率化工具。

第 3 章介绍了概率方面的基础知识，也介绍了随机变量的变换、蒙特卡洛逼近和信息论的基础知识。

第 4 章着重介绍了数据挖掘的基本概念、数据挖掘的对象以及数据挖掘系统的体系结构、数据挖掘的功能与方法、数据挖掘的过程，还介绍了决策树、分类挖掘方法中的神经网络和统计等方法。

第5章主要介绍了关联挖掘与聚类的基本概念与基本方法，包括关联挖掘的基本方法、基于划分的聚类的 k-means 方法、基于层次的聚类的基本思想和算法。

第6章介绍了狄利克雷多项式模型，其中包括似然度、先验分布、后验分布以及后验预测分布；还介绍了朴素贝叶斯分类器模型，包括模型拟合和预测模型的应用等。

第7章介绍了机器学习中的一个非常重要的模型——高斯模型。该模型是机器学习中的基本模型；同时介绍了高斯判决分析，主要包括二次判别分析、线性判别分析（LDA）、最大似然估计（MLE）的判决分析以及防止过拟合的策略等知识。这些知识在机器学习中应用非常广泛，如在分类和聚类中都得到了广泛应用。

第8章主要介绍了线性回归中的规范模型、最大似然估计、鲁棒线性回归、岭回归和贝叶斯线性回归。线性回归是统计学和（监督）机器学习的有力工具。当以核函数或其他形式的基函数展开式进行扩展时，它还可以对非线性关系进行建模。

第9章介绍了逻辑回归模型的拟合，其中包括最大似然估计（MLE）、最速下降算法、牛顿法、迭代加权最小二乘法（IRLS）、拟牛顿法（变尺度法），还介绍了贝叶斯逻辑回归、在线学习及其随机优化方面的常用在线学习算法。

第10章讨论了广义线性模型，常见的高斯、伯努利、均匀、伽马等分布大多被称为指数函数簇的广义分布类，可以轻易地应用任一指数函数成员作为类的条件密度来建立生成分类器；介绍了主成分分析与奇异值分解，这对高维数据的降维与低维重构是非常重要的。

（3）第3篇：大数据技术。

本篇是本书需要重点学习的部分，由第11章到第25章组成。本篇以 IBM InfoSphere BigInsights 为主线，全面介绍 Hadoop 的主要组件。这些组件包括分布式文件系统（HDFS），Hadoop 的编程模型 MapReduce，大数据查询语言 JAQL，大数据仓库 Hive 与 HBase，Map-Reduce编码的更高级别的编程环境 Pig，Hadoop 与结构化数据存储间传送批量数据的工具 Sqoop，旨在收集、汇总与将来自不同源的日志数据移动到中央位置的一种分布式系统 Flume，管理 Hadoop 工作流的工具 Oozie，用于管理集群同步的工具 ZooKeeper，以及 Hadoop的机器学习组件 Mahout。

第11章详细地介绍了 Hadoop 的基础知识，还介绍了 Hadoop 的安装与部署。由于本书是在 IBM InfoSphere BigInsights 环境中学习大数据技术的，因此其需要在 Linux 环境下安装、部署和使用。通过对 Hadoop 基础知识的学习与掌握，为进一步学习与深入应用大数据技术奠定良好的基础。

第12章介绍了大数据系统中的一个主要系统——InfoSphere BigInsights，它是基于 Hadoop开源代码而开发的，可以帮助企业和机构理解与分析大量的非结构化信息，可以在常用的低成本硬件上并行运行。

第13章介绍了 Hadoop HDFS 的架构、Hadoop 的文件块、常用的 HDFS 文件命令基本操作。

第14章介绍了 NoSQL 的概念与特点，还介绍了 MongoDB 及其在 Windows 系统上的安装和简单的操作与命令。NoSQL 是消除了标准化的 SQL 的应用，NoSQL 数据库和管理系统无关，是无模式的数据库，而且它不是基于单一模型的，每个数据库根据其目标功能不同而采用不同模型。MongoDB 是一个跨平台、面向文档的数据库，具有高性能、高可用性和简单的可伸缩性。

第 15 章介绍了面向列的 HBase 数据库，还介绍了具有高可扩展性的 Cassandra 的数据库及其安装与基本操作。Cassandra 提供了一个 Cassandra 查询语言 Shell(cqlsh)，允许用户与它进行沟通。应用 cqlsh，可以进行定义模式、插入数据，并且执行查询。

第 16 章介绍了 MapReduce 的工作原理及其在终端和 Web 控制台上的运行。同时较为详细地介绍了 MapReduce 的编程原理，给出了一个电影推荐数据的 MapReduce 处理。MapReduce是一个编程模型和相关实现，用于集群上以并行、分布式算法处理和生成的大型数据集。一般来说，MapReduce 程序处理三个阶段的数据：map、shuffle 和 reduce。

第 17 章介绍了 JAQL 和 JAQL 访问 JSON 的数组和记录。JAQL 是 JavaScript Object Notation 或 JSON 查询语言。JAQL 为用户提供简单的声明性的语法来处理大型结构化和非传统的数据，可以使用 JAQL 在分布式文件系统中执行诸如选择、过滤、联合和分组数据等操作。另外，JAQL 还允许在表达式中编写和应用用户定义的函数。对于并行功能，JAQL 重新编写了高级查询以便进行低层 MapReduce 作业的操作。

第 18 章介绍了 Hive 架构与工作流、数据模型、构件及数据文件格式。Hive 是 Hadoop 数据仓库，Hive 支持类似于 SQL 的声明性语言 HiveQL 所表达的查询。这些语言被编译进用 Hadoop 执行的 MapReduce 作业。Hive 数据模型包含数据库(Databases)、表(Tables)、分区(Partitions)和储桶或聚类(Buckets 或 Clusters)这些组件。Hive 数据文件格式主要有 RCFile 和 ORCFile，这些格式可以有效地提升 Hadoop 中数据存储和访问关系数据的性能。

第 19 章介绍了 Pig 编程语言和 Pig 基本应用。Pig 是一种高级编程语言，用于分析大型数据集。Pig 由 Pig Latin 编程语言和运行环境两个组件构成。Pig 有两个执行模式：本地模式和 MapReduce 模式。在本地模式中，Pig 运行在单个的 JVM 上并使用本地文件系统，这个模式仅适合于用 Pig 分析小数据集；在 MapReduce 模式下，将 Pig Latin 编写的查询转换为 MapReduce作业，在 Hadoop 集群上运行。

第 20 章介绍了 BigSheets 的界面，给出了 7 个练习，使读者能够熟练掌握 BigSheets 的基本应用。BigSheets 使用了类似电子表格的界面，可以建模、过滤、合并和统计从多个源头采集的数据。

第 21 章主要介绍了 Big SQL 框架、Big SQL 的基本应用、Big SQL 命令行界面(JSqsh)的使用，使用 Eclipse 处理 Big SQL，创建项目和 SQL 脚本文件，创建并执行查询，查询 Big SQL 数据与从 BigSheets 导出的数据以及处理非传统数据。Big SQL 表可以包含复杂的数据类型，如结构和数组，此外，还有几个基础存储支持机制，包括分隔文件、序列文件格式的 Hive 表、RCFile 格式等。

第 22 章介绍了 Hadoop 中的 Sqoop，它主要用于从 Teradata、Oracle 等数据库中提取结构化数据。Sqoop 旨在支持从结构化数据存储系统向 HDFS 批量导入数据。Sqoop 是基于连接器架构的，该架构支持插件以此提供与新的外部系统连接，数据仓库连接器、文档系统连接器和关系数据库管理系统(RDBMS)连接器分别从数据仓库、文档系统和 RDBMS 中导入/导出数据。

第 23 章介绍了 Flume 的流与源、Flume 的基本架构与代理。Flume 是一个工具/服务器/数据采集机制，可用于收集汇总并将大量的流数据从各种源传输到集中式的数据存储区。

Flume 具有不同级别的可靠性，即使在多个节点发生故障的情况下也可保证交付。Flume 在源与接收器间传送数据。Flume 接收器包括 HDFS 和 HBase。Flume 也可以用于传输事件数据，包括网络流量数据、社交媒体网站产生的数据和电子邮件信息等。

第 24 章首先简要地介绍了 R 语言的特性以及 Big R 提供的功能，其次介绍了 R 语言的一些基础知识，给出了一些编程示例。R 语言是功能强大的可视化图形工具，可用于业务分析、科学研究、商业智能、软件开发和统计报告等多种专业领域。

第 25 章简要地介绍了 Oozie、ZooKeeper 和 Mahout，给出了 Mahout 的几个示例，可以采用 Mahout 实现机器学习的常规应用。Oozie 是 Hadoop 的工作流调度程序，它包含工作流引擎和协调器引擎两个部分。Oozie 为不同类型的操作提供了支持。ZooKeeper 是一个开源的 Apache 项目，它提供了集中化的基础设施和服务，能使跨集群进行同步。ZooKeeper 维护大集群环境中所需的公共对象。Mahout 是用于生成分布式或可扩展机器学习算法的免费实现，主要集中在协同过滤、聚类和分类领域。其中许多实现使用了 Apache Hadoop 平台。

2. 教学建议

本书作为教材，篇幅及内容较多，需要较多的课时进行教学。建议在实际教学中将本书的内容分为理论教学与实验教学两个方面进行，其中理论教学课时为 48(或 32)学时，实验教学为 48 学时，共计 96(或 80)学时。

在教学中可以根据具体的教学目标对本书的内容予以筛选，如开设了"数据挖掘""机器学习"以及"模式识别"课程的专业可以跳过第 2 篇，仅将第 2 篇作为这些课程的参考内容来扩展学生的知识面。对于没有开设上述课程的专业，教师在具体教学中可简单地讲授第 2 篇的基本概念和重要结论，具体数学推导可以跳过。

本书中有大量的操作，并提供了这些操作的代码与示例运行结果的界面。示例代码用方框包围起来，代码也出现在了界面截图上，在应用这些代码进行验证时，请将两者结合起来一同使用。

本书可作为高等学校大数据专业方向以及计算机科学技术、软件工程、物联网工程等信息科学技术类专业的本科教材，也可作为从事相关专业的技术人员的参考资料。

本书由曾宪武统稿。曾宪武编著了第 1、2 篇，第 3 篇中第 13 章到第 24 章；包淑萍编著了第 3 篇中第 11、12、25 章。本书中示例与代码的编写与调试工作由徐美娇、侯孝振、倪振宇、衣丽萍同学完成。本书在编著过程中得到了青岛科技大学物联网工程教研室老师的大力协助，也得到了西安电子科技大学出版社副总编毛红兵老师的关怀与帮助，在此表示衷心的感谢。

由于编著者的水平有限，书中难免有不当之处，敬请读者给予批评指正！

编著者

2019 年 11 月

目　　录

第1篇　大数据系统基础

第1章　概述 ………………………… 2

1.1　大数据发展现状与历史 ……… 2

1.1.1　国外发展现状 ………… 2

1.1.2　国内发展现状 ………… 3

1.1.3　大数据发展历史 ……… 4

1.2　大数据定义 …………………… 5

1.3　大数据应用 …………………… 6

1.4　大数据挑战 …………………… 7

1.5　大数据机器学习 ……………… 9

1.5.1　数据流学习 …………… 9

1.5.2　深度学习 ……………… 9

1.5.3　增量学习和集成学习 … 10

1.5.4　粒度计算 ……………… 11

1.6　大数据与 Hadoop 生态系统 … 11

1.6.1　数据存储层——HDFS 和 HBase
………………………… 12

1.6.2　数据处理层 …………… 13

1.6.3　数据查询层——Pig、JAQL 和
Hive ………………… 14

1.6.4　数据访问层——数据提取(Sqoop、
Flume 和 Chukwa) ……… 15

1.6.5　数据流——Storm 和 Spark … 17

1.6.6　存储管理——HCatalog … 18

1.6.7　数据分析 ……………… 19

1.6.8　管理层——协同与工作流
(ZooKeeper、Avro 和 Oozie) … 20

1.6.9　管理层——系统部署(Ambari、
Whirr、BigTop 和 Hue) … 21

1.7　Hadoop 的发行版本 ………… 22

1.7.1　IBM InfoSphere BigInsights … 22

1.7.2　Cloudera ……………… 22

1.7.3　Hortonworks 数据平台 …… 23

1.7.4　Amazon Elastic MapReduce … 23

1.7.5　MapR ………………… 24

1.7.6　GreenPlum's Pivotal HD …… 24

1.7.7　Oracle 大数据设备 …… 24

1.7.8　Windows Azure HDInsight … 24

小结 ………………………………… 25

思考与练习题 ……………………… 25

第2章　大数据基础 ……………… 26

2.1　大数据架构的演进及其层次 … 26

2.2　数据生成 ……………………… 27

2.2.1　数据源 ………………… 28

2.2.2　数据属性 ……………… 29

2.3　大数据类型概述 ……………… 29

2.3.1　大数据类型 …………… 29

2.3.2　非结构化数据典型例子 … 30

2.4　数据获取 ……………………… 30

2.4.1　数据采集与数据传输 … 31

2.4.2　数据预处理 …………… 33

2.5　数据存储 ……………………… 34

2.5.1　云计算 ………………… 34

2.5.2　数据管理框架 ………… 35

2.6　数据分析 ……………………… 38

2.6.1　数据分析的目的和分类 … 38

2.6.2　常用的数据分析方法 … 39

2.7　大数据分析 …………………… 40

2.7.1　结构化数据分析 ……… 40

2.7.2　文本分析 ……………… 40

2.7.3　Web 数据分析 ………… 41

2.7.4　多媒体数据分析 ……… 42

2.7.5　社交网络数据分析 …… 42

2.7.6　移动数据分析 ………… 44

2.7.7　移动商业智能 ………… 44

小结 ………………………………… 45

思考与练习题 ……………………… 45

第2篇　大数据分析理论基础

第3章　概率与统计概要 ·············· 48
3.1　概率论简介 ·················· 48
3.1.1　离散随机变量 ·········· 48
3.1.2　基本规则 ·············· 48
3.1.3　贝叶斯法则 ·············· 49
3.1.4　独立和条件独立 ········ 50
3.1.5　连续随机变量 ·········· 50
3.1.6　分位数 ················ 51
3.1.7　均值与方差 ············ 51
3.2　常用的离散分布 ············ 52
3.2.1　二项式分布与伯努利分布 ·· 52
3.2.2　多项式分布与 Multinoulli 分布
············ 52
3.2.3　泊松分布 ·············· 53
3.2.4　经验分布 ·············· 53
3.3　常见的连续分布 ············ 54
3.3.1　高斯(正态)分布 ········ 54
3.3.2　退化概率密度函数 ······ 54
3.3.3　拉普拉斯分布 ·········· 55
3.3.4　伽马分布 ·············· 55
3.3.5　贝塔分布 ·············· 56
3.3.6　帕累托分布 ············ 56
3.4　联合概率分布 ·············· 57
3.4.1　协方差与相关 ·········· 57
3.4.2　多变量高斯分布 ········ 58
3.4.3　多变量的 t 分布 ········ 58
3.4.4　狄利克雷分布 ·········· 58
3.5　随机变量的变换 ············ 59
3.5.1　线性变换 ·············· 59
3.5.2　通用变换 ·············· 59
3.5.3　中心极限定理 ·········· 61
3.6　蒙特卡洛逼近 ·············· 61
3.6.1　MC 方法 ··············· 62
3.6.2　圆周率的蒙特卡洛积分估计 · 62
3.6.3　蒙特卡洛逼近的精度 ···· 62
小结 ···························· 63
思考与练习题 ··················· 63
第4章　数据挖掘基础 ·············· 66
4.1　数据挖掘的基本概念 ········ 66
4.1.1　数据挖掘的含义 ········ 66

4.1.2　数据挖掘对象 ·········· 67
4.1.3　数据挖掘系统的体系结构 · 68
4.2　数据挖掘的功能与方法 ······ 69
4.2.1　数据挖掘的功能 ········ 69
4.2.2　数据挖掘的过程 ········ 72
4.3　决策树 ···················· 74
4.3.1　基本概念 ·············· 74
4.3.2　决策树的算法与工作流程 · 75
4.4　分类挖掘 ·················· 76
4.4.1　贝叶斯分类与朴素贝叶斯分类
············ 76
4.4.2　k-近邻方法 ············ 77
小结 ···························· 78
思考与练习题 ··················· 78
第5章　关联挖掘与聚类 ············ 79
5.1　关联挖掘 ·················· 79
5.1.1　基本概念 ·············· 79
5.1.2　关联挖掘问题、类型与基本方法
············ 80
5.2　聚类 ······················ 81
5.2.1　聚类的基本概念 ········ 81
5.2.2　基于划分的聚类 ········ 85
5.2.3　基于层次的聚类 ········ 86
小结 ···························· 87
思考与练习题 ··················· 88
第6章　离散数据的生成模型 ········ 89
6.1　贝塔二项式模型 ············ 89
6.1.1　似然度 ················ 89
6.1.2　先验分布 ·············· 89
6.1.3　后验分布 ·············· 90
6.1.4　后验预测分布 ·········· 91
6.2　狄利克雷多项式模型 ········ 91
6.2.1　似然度 ················ 91
6.2.2　先验分布 ·············· 92
6.2.3　后验分布 ·············· 92
6.2.4　后验预测分布 ·········· 93
6.3　朴素贝叶斯分类器 ·········· 93
6.3.1　模型拟合 ·············· 93
6.3.2　预测模型的应用 ········ 94
小结 ···························· 95

思考与练习题 ················· 95
第7章　高斯模型 ··············· 97
7.1　高斯模型基础 ············· 97
7.2　高斯判决分析 ············· 99
7.3　联合高斯分布的推理 ······· 103
7.4　线性高斯系统 ············· 107
7.5　MVN 的参数推断 ··········· 110
7.5.1　μ 的后验分布 ········· 110
7.5.2　Σ 的后验分布 ········· 111
7.5.3　μ 与 Σ 的后验分布 ····· 112
小结 ······················ 116
思考与练习题 ················· 116
第8章　线性回归 ··············· 119
8.1　规范模型 ················· 119
8.2　最大似然估计(最小平方) ··· 119
8.3　鲁棒线性回归 ············· 121
8.4　岭回归 ··················· 123
8.5　贝叶斯线性回归 ··········· 125
8.5.1　后验分布计算 ········· 125
8.5.2　后验预测计算 ········· 126
8.5.3　σ^2 未知时的贝叶斯推理 ····· 126
小结 ······················ 128
思考与练习题 ················· 128
第9章　逻辑回归 ··············· 132
9.1　规范模型 ················· 132
9.2　模型拟合 ················· 132
9.2.1　MLE ··············· 133
9.2.2　最速下降 ············· 133
9.2.3　牛顿法 ··············· 135
9.2.4　迭代加权最小二乘法(IRLS) ··· 135
9.2.5　拟牛顿法(变尺度法) ··· 136
9.2.6　正则化 ··············· 137
9.2.7　多类逻辑回归 ········· 137
9.3　贝叶斯逻辑回归 ··········· 139

9.3.1　拉普拉斯逼近 ········· 139
9.3.2　BIC 推导 ············· 140
9.3.3　逻辑回归的高斯逼近 ··· 140
9.3.4　后验预测逼近 ········· 141
9.3.5　残差分析(异常值检测) ··· 144
9.4　在线学习与随机优化 ······· 144
9.4.1　在线学习与遗憾最小化 ··· 145
9.4.2　随机优化与风险最小化 ··· 145
9.4.3　LMS 算法 ············· 147
9.4.4　感知算法 ············· 147
9.4.5　贝叶斯观点 ··········· 148
小结 ······················ 148
思考与练习题 ················· 149
第10章　广义线性模型与指数函数簇 ··· 151
10.1　指数函数簇 ············· 151
10.1.1　定义 ··············· 151
10.1.2　对数配分函数 ······· 153
10.1.3　指数函数簇的 MLE ··· 154
10.1.4　指数函数簇的贝叶斯分析 ··· 155
10.1.5　指数函数簇的最大熵推导 ··· 157
10.2　广义线性模型(GLMs) ····· 158
10.2.1　基础知识 ··········· 158
10.2.2　ML 和 MAP 估计 ····· 160
10.3　概率回归 ··············· 160
10.4　排序学习 ··············· 162
10.4.1　逐点的方法 ········· 163
10.4.2　成对法 ············· 163
10.4.3　成列法 ············· 164
10.4.4　排序的损失函数 ····· 165
10.5　主成分分析(PCA)与奇异值分解 ··· 166
10.5.1　主成分分析 ········· 166
10.5.2　奇异值分解 ········· 169
小结 ······················ 170
思考与练习 ················· 171

第3篇　大数据技术

第11章　Hadoop 基础 ··········· 174
11.1　大数据与 Hadoop ········· 174
11.2　Hadoop 框架的主要组件 ··· 175
11.3　用 Hadoop 分析大数据 ····· 176
11.4　Hadoop 分布式文件系统与集群 ··· 179
11.4.1　HDFS ············· 179

11.4.2　Hadoop 集群 ········· 180
11.5　通用并行文件系统(IBM GPFS) ····· 181
11.6　MapReduce 引擎——JobTracker 与 TaskTracker ·········· 182
11.7　Hadoop 的云端托管 ······· 183
11.8　Hadoop 的工作阶段与安装部署 ····· 184

3

11.8.1　工作阶段 ·············· 184

11.8.2　安装部署 ·············· 184

11.8.3　常用模式安装 ········· 186

小结 ····································· 192

思考与练习题 ························· 193

第 12 章　IBM InfoSphere BigInsights ··· 194

12.1　IBM InfoSphere BigInsights

简介与环境 ················· 194

12.1.1　几个角色 ·············· 194

12.1.2　参考架构 ·············· 196

12.2　生产环境的硬件规格及加速器 ······· 200

12.2.1　硬件要求 ·············· 200

12.2.2　IBM 大数据加速器 ···· 200

12.3　管理大数据环境——概述与入门练习

······································· 202

小结 ····································· 212

思考与练习题 ························· 213

第 13 章　Hadoop 分布式文件系统 ········ 214

13.1　Hadoop 分布式文件系统(HDFS)

基本知识及架构 ············· 214

13.1.1　NameNode ············ 215

13.1.2　DataNode 与辅助 NameNode

······································· 215

13.1.3　JobTracker 与 TaskTracker ··· 217

13.2　其他文件系统与 Hadoop 的文件块

······································· 217

13.3　HDFS 文件命令 ·············· 218

13.4　Hadoop 分布式文件系统的基本操作

······································· 222

13.4.1　初步操作 ·············· 222

13.4.2　Hadoop 分布式文件系统的终端

操作与行命令界面 ··· 224

13.4.3　Hadoop 分布式文件系统的 Web

控制台操作 ··········· 230

小结 ····································· 235

思考与练习题 ························· 235

第 14 章　NoSQL 数据管理与 MongoDB ··· 236

14.1　NoSQL 数据管理 ············ 236

14.1.1　文档模型 ·············· 236

14.1.2　键/值模型 ············· 238

14.1.3　列或宽列模型 ········· 238

14.1.4　图存储模型 ············ 239

14.2　一致性或最终一致性与 NoSQL 的

优点 ·························· 240

14.3　MongoDB ····················· 242

14.3.1　MongoDB 的基本概念 ··· 242

14.3.2　MongoDB 的一致性和可用性

······································· 245

14.4　在 Windows 上安装 MongoDB ··· 246

14.5　管道与 MongoDB 常用操作 ··· 247

14.5.1　MongoDB 中的管道 ··· 247

14.5.2　副本在 MongoDB 中的工作 ··· 248

14.5.3　分拆 ···················· 249

14.5.4　分拆转储 MongoDB 数据 ··· 250

小结 ····································· 251

思考与练习题 ························· 252

第 15 章　HBase 与 Cassandra ·········· 253

15.1　HDFS 与 HBase ············· 253

15.1.1　HBase 简介 ··········· 253

15.1.2　HDFS 与 HBase 的比较 ····· 254

15.1.3　HBase 架构 ··········· 254

15.1.4　HBase 数据模型 ······ 255

15.1.5　HBase 映射 ··········· 256

15.2　Cassandra ··················· 259

15.2.1　Cassandra 概要 ······ 259

15.2.2　Cassandra 中的数据复制与组件

······································· 260

15.2.3　Cassandra 查询语言与数据模型

······································· 261

15.3　Cassandra 安装与操作 ····· 263

15.3.1　Cassandra 预安装设置 ····· 263

15.3.2　cqlsh 启动与命令 ····· 267

15.3.3　Cassandra 文档化 Shell 命令 ··· 269

小结 ····································· 279

思考与练习题 ························· 280

第 16 章　MapReduce ··················· 281

16.1　MapReduce 概要 ············ 281

16.2　MapReduce 基本工作原理及应用 ··· 282

16.2.1　基本工作原理 ········· 282

16.2.2　MapReduce 编程示例——电影推荐

······································· 284

16.2.3　MapReduce 中 JobTracker 的运用

······································· 285

16.3　运行 MapReduce 程序 ······ 286

16.3.1　启动 FuleSystem(fs) Shell ··· 286

16.3.2　在终端运行 MapReduce 程序

······································· 287

16.3.3 在 Web 控制台上运行 MapReduce
程序 ……………………… 292
16.3.4 MapReduce 的用户界面 …… 295
小结 ………………………………… 297
思考与练习题 ……………………… 297

第 17 章 JAQL——基于 JSON 的查询语言
………………………………… 298
17.1 概述 ……………………… 298
17.2 用 JAQL 访问 JSON 的数组和记录
………………………………… 299
17.2.1 设置与运行 JAQL ……… 299
17.2.2 JAQL 的常见用法和语法 … 302
17.2.3 JAQL 的输入/输出 …… 305
17.2.4 常见的 JAQL 基本应用 … 306
实验一 核心运算符的操作 …… 324
实验二 核心运算符的应用 …… 325
小结 ………………………………… 325
思考与练习题 ……………………… 336

第 18 章 Hive——Hadoop 数据仓库 327
18.1 概述 ……………………… 327
18.2 Hive 构件及数据文件格式 … 330
18.2.1 Hive 构件 ……………… 330
18.2.2 Hive 数据文件格式 …… 331
18.3 用 Hive 访问 Hadoop 数据 … 332
18.3.1 访问 Hive BeeLine 命令行界面
(CLI) ……………… 333
18.3.2 使用 Hive 中的数据库 … 333
18.4 Hive 中的表 ……………… 339
18.5 Hive 运算符和函数 ……… 342
18.6 Hive DML ………………… 344
18.6.1 装载数据 ……………… 345
18.6.2 运行查询 ……………… 347
18.6.3 导出数据 ……………… 352
18.6.4 EXPLAIN ……………… 354
18.7 使用 Hive 数据仓库 ……… 354
18.7.1 Hive 存储格式 ………… 354
18.7.2 HiveQL——数据操作 … 362
18.7.3 查询 …………………… 365
18.7.4 Hive 的内置函数 ……… 369
小结 ………………………………… 370
思考与练习题 ……………………… 371

第 19 章 Pig——高级编程环境 372
19.1 概述 ……………………… 372

19.2 Pig 编程语言 …………… 374
19.2.1 Pig 编程步骤 ………… 374
19.2.2 Pig Latin ……………… 374
19.2.3 特殊数据类型 ………… 375
19.2.4 数据类型 ……………… 377
19.3 Pig 基本应用的验证与练习 … 379
19.4 Pig 关系运算符的验证 …… 384
19.5 Pig 评估函数的验证 ……… 386
19.6 Pig 中的脚本格式与本地模式
中的 Pig ……………………… 390
19.6.1 脚本格式 ……………… 390
19.6.2 本地模式 ……………… 391
19.6.3 Grunt Shell 命令 ……… 394
19.6.4 Grunt Shell 实用命令 … 394
小结 ………………………………… 397
思考与练习题 ……………………… 398

第 20 章 BigSheets 399
20.1 创建 InfoSphere BigInsights 项目 … 400
20.2 通过创建子工作簿来裁剪数据 … 400
20.3 从两个工作簿中组合数据 … 402
20.4 通过分组数据创建列 ……… 403
20.5 在 BigSheets 图中查看数据 … 404
20.6 在图表中可视化结果和优化结果 … 404
20.7 从工作簿中导出数据 ……… 406
小结 ………………………………… 407
思考与练习题 ……………………… 408

第 21 章 Big SQL——IBM NoSQL 409
21.1 概述 ……………………… 409
21.2 Big SQL 的基本应用 ……… 411
21.2.1 启动 VMware 镜像 …… 411
21.2.2 连接 IBM Big SQL 服务器 … 413
21.2.3 使用 Big SQL 命令行
界面(JSqsh) ……… 415
21.2.4 发送 JSqsh 命令以及进行
Big SQL 查询 ……… 423
21.3 使用 Eclipse 处理 Big SQL … 428
21.3.1 启动 Web 控制台验证 BigInsights
服务的开启和运行 … 429
21.3.2 在 Eclipse 中创建一个 Big SQL
连接 ………………… 230
21.4 创建项目和 SQL 脚本文件 … 435
21.5 创建并执行查询 ………… 438
21.6 查询 Big SQL 的结构化数据 … 439

21.7 查询 Big SQL 的数据与从 BigSheets
　　　导出的数据 ················ 446
　21.7.1 查询 Big SQL 的数据 ········· 446
　21.7.2 用 Big SQL 处理从 BigSheets
　　　　　导出的数据 ·············· 448
21.8 处理非传统数据 ············· 449
　21.8.1 注册 SerDe ·············· 450
　21.8.2 创建、填充以及查询使用
　　　　　SerDe 的表 ············· 450
小结 ························· 451
思考与练习题 ·················· 452

第 22 章 Sqoop——从异构数据源导入数据
　　　　　　　　　　　　　　　　 453
22.1 概述 ···················· 453
22.2 导入表 ··················· 455
22.3 导出 ···················· 461
22.4 创建并维护 Sqoop 作业 ······· 462
22.5 Sqoop——Codegen 工具 ····· 464
22.6 Sqoop——eval ············ 465
22.7 Sqoop——数据库清单 ······· 466
22.8 Sqoop——表清单 ·········· 467
小结 ························· 467
思考与练习题 ·················· 467

第 23 章 Flume——大数据实时流 469
23.1 概述 ···················· 469
23.2 Apache Flume 的流与源 ······· 470
　23.2.1 Flume 中的数据流 ········· 471
　23.2.2 流/日志数据 ············· 471
23.3 Flume 的基本架构与代理的其他
　　　组件 ··················· 472
　23.3.1 Flume 的基本架构 ········· 472
　23.3.2 Flume 代理的其他组件 ····· 473
23.4 Apache Flume 的环境 ········· 474
　23.4.1 命名组件 ··············· 474
　23.4.2 Source、Sink 和 Channel 的
　　　　　描述 ················· 475
23.5 HDFS 的 put 命令及其 HDFS
　　　存在的问题 ·············· 476

23.5.1 put 命令 ················· 476
23.5.2 HDFS 具有的问题 ········· 477
实验　使用 Flume 将数据移动到 HDFS 中
　　　　　　　　　　　　　　　 477
小结 ························· 481
思考与练习题 ·················· 482

第 24 章 R 编程——可视化与图形工具 ···· 483
24.1 概述 ···················· 483
24.2 R 语言入门 ··············· 483
　24.2.1 在 Windows 系统中安装 R 语言
　　　　　　　　　　　　　　　 483
　24.2.2 使用 R 语言进行数据图表绘制
　　　　　　　　　　　　　　　 488
小结 ························· 497
思考与练习题 ·················· 498

第 25 章 Hadoop 的其他组件——Oozie、
**　　　　　ZooKeeper 和 Mahout** 499
25.1 Hadoop 工作流调度程序 Oozie 简介
　　　　　　　　　　　　　　　 499
25.2 ZooKeeper——跨集群的同步化 ····· 500
　25.2.1 Apache ZooKeeper 简介 ···· 500
　25.2.2 ZooKeeper 在 Hadoop 中的地位
　　　　　　　　　　　　　　　 501
　25.2.3 分布式应用程序的挑战 ····· 501
　25.2.4 ZooKeeper 的工作 ········ 502
　25.2.5 ZooKeeper 的益处与架构 ··· 502
　25.2.6 分层命名空间 ··········· 504
　25.2.7 znode 的类型、会话与 Watches
　　　　　（手表） ············· 505
25.3 Mahout——Hadoop 的机器学习 ···· 505
　25.3.1 Apache Mahout 简介 ······ 505
　25.3.2 Mahout 的特点 ·········· 506
　25.3.3 Mahout 的应用 ·········· 507
　25.3.4 Mahout 中的机器学习 ····· 507
小结 ························· 511
思考与练习题 ·················· 512

参考文献 ···················· 513

第 1 篇　大数据系统基础

　　大数据系统是一个复杂的系统，提供从数据产生到消亡的整个数据生命周期中不同阶段的数据处理功能。一般来说，大数据系统的架构主要由数据生成、数据获取、数据存储和数据分析这四个部分构成。

　　从系统构成的角度来看，可以将大数据系统分解为三个层次：基础设施层、计算层和应用层。这种分层结构对于大数据系统的分布式演进具有非常重要的意义，也就是说，只要保持各层间的输入与输出稳定即可实现分层演进。

第 1 章　概　　述

当今，大量的数据以前所未有的速度从诸如健康医疗、政府、社会网络、商业与金融等方面源源不断地产生。这是由信息技术的发展趋势所致，其中包括物联网、云计算以及智能设备的普及等。支持信息技术发展的强大支撑是包括互联网、分布式应用在内的各种信息系统以及运行在各种信息系统之上的各种应用系统，这些系统以其所采集、产生、处理和存储的数据全方位地服务于社会、经济等各个层面，而这些数据又以其量级巨大、产生或生成的速度极快并且种类繁多的特点造就了现今人们所说的"大数据"。

"大数据"的概念不是突然出现的，而是信息技术发展的结果，大数据也将是新信息技术的宝藏。

在过去 20 年间，数据产生的速度越来越快。据国际数据公司发布的报告，2013 年产生的数据、拷贝以及消费的数据总量约为 4.4 ZB，并且每两年翻一番；2015 年，数字数据总量增长到大约 8 ZB。预计到 2020 年数据的总量将达到 40 ZB。

由于大数据中隐藏着巨大的机会和价值，将给许多领域带来变革性的发展，因此大数据研究领域吸引了产业界、政府和学术界的广泛关注。

大数据技术产生之前，机构、企业各部门不能长期存储所有的档案，也不能有效地管理巨型数据集。这是由于传统存储技术能力有限、管理工具僵化以及代价昂贵所致。在数据管理方面缺少大数据情景下所需的可扩展性、灵活性和高性能。事实上，大数据管理要求大量的资源、新的方法和强大的技术。更为精确地说，大数据要求清理、处理、分析、安全以及提供访问海量数据集的精细化。目前人们已意识到，数据分析正日益成为信息经济的关键因素，发现数据中新的内涵，并提供个性化服务才能使企业处于经济竞争的有利地位。

1.1　大数据发展现状与历史

1.1.1　国外发展现状

2009 年，联合国就启动了"全球脉动计划"，以此希望大数据推动发展中地区的发展。2012 年 1 月召开的世界经济论坛年会也把"大数据，大影响"作为会议的重要议题之一。

从 2009 年至今，美国 Data.gov（美国政府数据库）全面开放了 40 万政府原始数据集，大数据已成为美国国家创新战略、国家安全战略以及国家信息网络安全战略的交叉领域和核心领域。2012 年 3 月，美国政府提出"大数据研究和发展倡议"，发起全球开放政府数据运动，并投资 2 亿美元促进大数据核心技术研究和应用，涉及 NSF、DARPA 等 6 个政府部门和机构，把大数据放在重要的战略位置。

英国政府也将大数据作为重点发展的科技领域,在发展 8 类高新技术的 6 亿英镑的投资中,对大数据的投资占三成。

2014 年 7 月,欧盟委员会也呼吁各成员国积极发展大数据,迎接"大数据"时代到来,并采取具体措施发展大数据业务。例如,建立大数据领域的公私合作关系;依托"地平线2020"科研规划,创建了多个开放式数据孵化器,成立多个超级计算中心,在成员国创建数据处理中心与网络。

在学术方面,美国麻省理工大学计算机科学与人工智能实验室建立了大数据科学技术中心,该中心主要致力于加速科学与医药发明、企业与行业计算,着重推动在新的数据密集型应用领域的最终用户应用设计创新,同时通过与诸如加州大学圣巴巴拉分校、波特兰州立大学、布朗大学、华盛顿大学和斯坦福大学等多所大学的合作,实现数据挖掘、共享、存储和操作大数据的解决方案。该中心也涉及了 Intel、Microsoft、EMC 公司等多家著名信息企业。

与此同时,英国牛津大学成立了首个综合运用大数据的医药卫生科研中心。该中心的成立有望带给英国医学研究和医疗服务革命性的变化。它将促进医疗数据分析方面的新进展,帮助科学家更好地理解人类疾病成因、类型及其治疗方法。该中心通过搜集、存储和分析大量医疗信息,确定新药物的研发方向,减少药物开发成本,同时为发现新的治疗手段提供线索。

欧洲核子中心也在匈牙利科学院魏格纳物理学研究中心建设了一座超宽带数据中心,该中心已成为欧洲具有最大传输能力的数据处理中心。

国外许多著名企业和组织都将大数据作为主要业务,例如 IBM、Microsoft、EMC、DELL、HP 公司等信息技术企业纷纷提出了各自的大数据解决方案及应用技术。据不完全统计,从 2005 年起,IBM 公司已投资 160 多亿美元进行大数据方面的研发。此外,IBM 公司还和全球千所高校达成协议,就大数据的联合研究、教学、行业应用案例开发等方面开展全面的合作。

欧美等国家对大数据的探索和发展给予了极大重视,各国政府已将大数据发展提升至战略高度,大力促进大数据产业的发展。

1.1.2　国内发展现状

中国政府、学术界和产业界早已经开始高度重视大数据的研究和应用工作,并纷纷启动了相应的研究计划。

科技部"十二五"部署了关于物联网、云计算的相关专项。2012 年 3 月,科技部发布的《"十二五"国家科技计划信息技术领域 2013 年度备选项目征集指南》中的"先进计算"部分,明确提出了"面向大数据的先进存储结构及关键技术",国家"973 计划""863 计划"、国家自然科学基金等也分别设立了针对大数据的研究计划和专项。

地方政府也对大数据战略高度重视。2013 年,上海市提出了《上海推进大数据研究与发展三年行动计划》,重庆市提出了《重庆市人民政府关于印发重庆市大数据行动计划的通知》;2014 年广东省成立大数据管理局,负责研究拟订并组织实施大数据战略、规划和政策措施,引导和推动大数据研究和应用工作。贵州、河南和承德等省市也都推出了各自的大数据发展规划。

在学术研究方面，国内许多高等院校和研究所开始成立大数据的研究机构。与此同时，国内有关大数据的学术组织也纷纷成立，相关的学术活动也逐步开展。2012 年中国计算机学会和中国通信学会都成立了大数据专家委员会。据不完全统计，近年来我国已有约 400 所高校设置了大数据方向的专业。另外，还开展了许多大数据方面的学术活动，主要包括 CCF 大数据学术会议、中国大数据技术创新与创业大赛、大数据分析与管理国际研讨会、大数据科学与工程国际学术研讨会、中国大数据技术大会和中国国际大数据大会等。

1.1.3　大数据发展历史

大数据的发展历史和有效存储管理日益增大的数据集的能力是紧密联系在一起的，每一次处理能力的提高都伴随着新数据库技术的发展。

大数据的历史可以大致分为以下几个阶段。

1. 从 Megabyte 到 Gigabyte

20 世纪 70 年代到 80 年代，商业数据从 Megabyte(MB，$2^{10} \times 2^{10}$ bytes)达到 Gigabyte (GB，$2^{10} \times 2^{10} \times 2^{10}$ bytes)的量级，从而出现了最早的"大数据"挑战。当时的迫切需求是，存储数据并运行关系型数据查询以完成商业数据的分析和报告。数据库计算机随之产生，它集成了专门设计的硬件和软件，以此来解决大数据问题。数据库计算机的思想是通过硬件和软件的集成，以较小的代价获得较好的处理性能。然而经过一段时间的应用，这种专用硬件的数据库计算机难以跟上通用计算机的发展。而后来发展的数据库系统仅是软件系统，可以运行在通用计算机上。

2. 从 Gigabyte 到 Terabyte

20 世纪 80 年代末，数字化的发展导致了数据容量从 Gigabyte 达到 Terabyte(TB，$2^{10} \times 2^{10} \times 2^{10} \times 2^{10}$ bytes)级别，这已超出了当时单个计算机系统的存储和处理能力。因此数据并行化技术得以提出，以此扩展数据存储能力并提高数据处理性能。数据并行化技术的思想是将数据和相关任务分配到独立的硬件上运行。在此基础上，产生了几种基于底层硬件架构的并行数据库，如内存共享数据库、磁盘共享数据库和无共享数据库等。其中，构建在互连集群基础上的无共享数据库取得了较大的成功。集群由多个计算机构成，每个计算机有各自的处理器、内存和磁盘。

3. 从 Terabyte 到 Petabyte

20 世纪 90 年代末，Web 1.0 将人们带入了互联网时代。随之而来的是巨量的数据，半结构化和无结构的网页数据达到 Petabyte(PB，$2^{10} \times 2^{10} \times 2^{10} \times 2^{10} \times 2^{10}$ bytes)级，这些都需要对快速增长的网页内容进行索引和查询。尽管并行数据库能够较好地处理结构化数据，但对于处理无结构的数据却很困难，而并行数据库系统的处理能力也不超过几个 Teragbytes。为了对网络所产生的大规模的数据进行管理和分析，谷歌(Google)公司提出了 GFS(文件系统)和 MapReduce 编程模型。GFS 和 MapReduce 能够自动实现数据的并行化，并将大规模计算应用分布在大量商用服务器集群中。GFS 和 MapReduce 均能够向上和向外扩展，因此能处理无限的数据。2000 年以来多种多样的传感器和其他泛在的数据源产生了大量的混合结构数据，这要求在计算架构和大规模数据处理机制上实现范式转变。模式自由、快速可靠、高度可扩展的 NoSQL 数据库技术开始出现并被用来处理这些数据。

4. 从 Petabyte 到 Exabyte

从现有趋势来看，存储和分析的数据将在不久后从 Petabyte 级别达到 Exabyte（EB，$2^{10} \times 2^{10} \times 2^{10} \times 2^{10} \times 2^{10} \times 2^{10}$ bytes）级别。

1.2　大数据定义

随着对大数据的不断研究，大数据的概念也呈现多样化的趋势，难以给出一个明确的定义。从本质上来看，大数据不仅意味着数据的大容量，还体现了一些区别于"海量数据"和"非常大的数据"的特点。目前许多文献对大数据进行了定义，主要有以下三种定义形式。

1. 属性定义

2011 年 IDC 公司（国际数据公司）的报告中对大数据进行了定义："大数据技术描述了一个技术和体系的新时代，被设计于从大规模多样化的数据中通过高速捕获、发现和分析技术提取数据的价值"。这个定义刻画了大数据的 4 个显著特点，即容量（Volume）、多样性（Variety）、速度（Velocity）和价值（Value），即"4V"。

容量：大容量的数据不断地由百万个设备及应用中产生。2012 年的每天产生的数据大约为 2.5 EB；2013 年数据总量约为 4.4 ZB，并且每两年翻一番；2015 年，数字总量数据增长到大约 8 ZB。预计到 2020 年数据的总量将达到 40 ZB。

速度：数据是以快速的方式生成的，应该迅速处理以提取有用的信息和相关的内涵。例如，沃尔玛公司每天中的每小时产生的用户交易数据超过 2.5 PB。

多样性：大数据由分布多源以多种数据格式产生，例如，视频、文档、评论、标志等。大数据集由结构化与非结构化、公共或私有、本地或远方、共享或私密、完整或非完整等数据构成。

2. 比较定义

2011 年，McKinsey 公司的研究报告中将大数据定义为"超过了典型数据库软件工具捕获、存储、管理和分析数据能力的数据集"。这种定义是一种主观定义，没有描述与大数据相关的任何度量机制，但从时间和跨领域的角度来看，该定义中包含了一种发展的观点，说明了什么样的数据集才能被认为是大数据。

3. 体系定义

美国国家标准与技术研究院（NIST）则认为"大数据是指数据的容量、数据的获取速度或者数据的表示限制了使用传统关系方法对数据的分析处理能力，需要使用水平扩展的机制以提高处理效率"。此外，大数据可进一步细分为大数据科学和大数据框架。大数据科学是指涵盖大数据获取、调节和评估技术的研究；大数据框架则是指在计算单元集群间解决大数据问题的分布式处理和分析的软件库及算法。一个或多个大数据框架的实例化即为大数据基础设施。

本书的观点倾向于属性定义，这是因为：

（1）数据集的容量是区分大数据和传统数据的关键因素。

（2）大数据有三种形式：结构化、半结构化和无结构化。传统的数据通常是结构化的，易于标注和存储；而现在社交媒体以及其他用户产生的绝大多数数据都是非结构化的。

（3）大数据的速度意味着数据集的分析处理速率要匹配数据的产生速率，是时间敏感型的应用。例如，大数据以流的形式进入企业，需要尽可能快地处理数据并最大化其价值。

（4）利用大量数据挖掘方法分析大数据集，可以从低价值密度的巨量数据中提取重要的价值。

1.3 大 数 据 应 用

大数据的概念出现以来，其应用得到了快速的发展。以下给出一些大数据应用的例子。

1. 智能电网

实时管理国家电能消费和智能电网的运行监视是至关重要的。智能电网是通过多个互连的智能电表、传感器、控制中心和其他基础设施来达成对电网的实时运行监控和管理的。

通过对智能电网获取的大数据分析有助于识别有风险的变压器，并能够检测到电网设备的异常行为，于是电力部门可以选择最佳的方法和行动来提高电网的可靠性和供电效率。

由于大数据产生的实时分析允许模拟故障情景，因此可以建立战略预防计划，以减少纠正成本。另外，能量预测分析有助于更好地管理电能需求负荷、资源计划，并且因此获得最大的效益。

2. 智慧医疗

基于互联网的智慧医疗服务于个人健康，而大数据在此基础上的应用更加提升了智慧医疗的水平，能够更好地为大众服务。

医疗大数据由实验室、临床数据、远端传感器下载的患者症状、医院业务、药品数据等不同的异构信息源产生。对这些医学数据集的高级分析将产生许多有益的应用，它可以用于在线监测患者的症状以便医生调整处方；它可以根据人口症状、疾病演变及其他参数调整公共卫生计划；它还可以用来优化医院业务并降低医疗费用和成本。

3. 物联网

物联网是大数据应用的主要领域之一。由于目标的高多样性，使得物联网的应用在不断地演进。现在，有多种大数据应用支撑物流企业。应用传感器、无线适配器和 GPS 可以跟踪车辆位置。因此，这个数据驱动的应用使得物流公司不仅可以监视和管理员工，而且还可以优化配送路由。这些是利用并组合各种信息，包括过去的驾驶经验来实现的。智慧城市也是基于物联网数据应用的一个研究热点。

4. 公用事业

供水设施等公用事业将传感器放置于复杂供水网络的水管中监测水流。新闻报道：班加罗尔供水和污水处理公司实现了对此业务的实时监测，以此来检测泄漏、非法的连接，并且能够进行远程控制阀门以保证城市中不同区域间的公平供水。这有助于减少所需的阀门操作人员，及时识别和修理漏水的水管。

5. 交通与物流

许多公路运输公司采用 RFID（射频识别）和 GPS 来跟踪公交车，并利用所采集的数据来改进服务。例如，采集不同路段公交车上的乘客人数来优化公交车的路线和发车的频率。已实现的多种实时系统不仅为乘客提供了乘车最优方案，而且也为乘客要达到目的地所期望乘坐的下一班车提供了有价值的信息。大数据挖掘通过对公共或私人网络需求的预测还有助于改进旅游业务。例如，印度拥有世界上最大的铁路网络，每天发放的预留座位总数约为 250 000 个，可提前 60 天预订。但从这些数据中要进行预测是一个复杂的问题，因为它取决于以下几个因素：周末、节日、夜间列车、起点或中间站等。而通过机器学习算法，在过去和新的大数据集中挖掘并应用大数据的高级分析是可以达到这个目的的。大数据的高级分析可以确保对许多问题的结果的高准确度。

6. 政治服务和政府监督

许多政府如印度和美国正在挖掘数据，以监测政治趋势和分析群众意见。许多应用结合了许多数据源：社会网络通信、个人访谈和选民的组成。这类系统还可以检测国家问题以外的地方问题。另外，政府可以应用大数据系统来优化有价值的资源和公用事业的效能。

1.4 大 数 据 挑 战

虽然大数据挖掘提供了许多诱人的机会。然而研究者和专家却在关注探索大数据集，以及从这些信息矿山中提取价值和知识时面临的诸多挑战。不同层次的挑战包括数据捕获、存储、搜索、共享、分析、管理和可视化。另外，在分布式数据驱动的应用中还存在安全和隐私问题，通常海量的信息和分布式的信息流超过了我们的驾驭能力。事实上，大数据的规模不断地呈指数式增长，而当前处理与研究大数据的技术能力处于较低的 PB 和 EP 水平。

1. 大数据管理

数据科学家正在面对处理大数据时的许多挑战。其中一个挑战是如何以较少的所需的软/硬件资源采集、集成和存储来自于分布源的大数据集；另一个挑战是大数据管理，有效地管理大数据以便于提取数据中的内涵以及所付出的成本最低。事实上，良好的数据管理是大数据分析的基础，大数据管理意味着为了可靠性而进行的数据清洗，对来自不同信息源的数据进行聚合，以及为了安全和隐私所进行的编码；还意味着确保高效的大数据存储和基于角色访问多个分布端点。换言之，大数据管理的目的是确保数据易于访问，可进行数据管理，数据的恰当存储以及数据的安全等。

2. 大数据清洗

对数据进行清洗、聚合、编码、存储和访问。这五个方面不是大数据的新技术，而是传统的数据管理技术。大数据中面临的挑战是如何管理大数据的快速、大容量、多样性的自然特质，以及在分布式环境中的混合应用处理。事实上，为了获得可靠的数据分析结果，在利用资源前对资源的可靠性以及对数据的质量进行证实是必不可少的。然而数据源可能包含噪声或不完整数据，如何清洗如此巨量的数据集以及如何确定数据是可靠的和有用的都是所面临的挑战。

3. 大数据聚合

外部数据源和大数据平台拥有的组织内部基础设施(包括应用、数据仓库、传感器、网络等)间的同步也是面临的一个挑战。通常情况下，仅仅分析内部系统中产生的数据是不够的，为了提取有价值的内涵和知识，将外部数据与内部数据源聚合起来是重要的一步。外部数据包括第三方数据源，例如，市场波动信息和交通条件、社会网络数据、顾客评论与公民反馈等，这些将有助于优化分析所用的预测模型。

4. 不平衡系统的容量

一个重要的问题是与计算机架构和容量有关的。众所周知，CPU 性能按照 Moore 定律每 18 个月翻一番，磁盘驱动器的性能也是以同样的速度翻一番。可是，输入/输出(I/O)操作却不遵守同样的性能模式(即随机 I/O 速度已适度提高，而顺序 I/O 速度随密度的增加而缓慢增长)。因此，这个不平衡系统的容量可能减慢访问数据的速度并影响大数据应用的性能和弹性。从另一个角度来看，我们可以关注网络上诸如传感器、磁盘、存储器这些不同设备的容量，均可能降低系统的性能。

5. 大数据的不平衡

对不平衡数据集进行分类也是面临一个挑战，在近几年大数据研究中得到了广泛的关注。事实上，大数据实际应用可能产生不同分布的类别。第一类别是具有忽略事例数目的不充分性的类别，称为少数或阳性类；第二类别是具有丰富的事例，称为多数或阴性类，在诸如医疗诊断、软件缺陷检测、金融、药品发现或生物信息等多个领域中识别少数类别是非常重要的。

经典学习技术不适用于不平衡数据集，这是因为模型的构建是基于全局搜索度量的而没有考虑事例的数量。全局规则通常享有特权而不是特定规则，在建模时忽略了少数类。因此，标准学习技术没有考虑属于不同类的样本数目间的差异。然而，代表性不充分的类可能构建了对重要事例的识别。

在实际中，许多问题的域具有两个以上的不平衡分布，如蛋白质折叠分类和焊缝缺陷分类，这些多类不平衡问题产生的新挑战是不能在两类问题中被发现。事实上，处理具有不同误分类代价的多类任务比处理两类任务要难。为了解决这个问题，已研究出了不同的方法，并将其分为两类：第一类是将某个二元分类技术进行扩展，使其可应用于多类分类问题，例如，判别分析、决策树、k-最近邻法、朴素贝叶斯、神经网络、支持向量机等。第二类称为分解与集成方法，它首先将多类分类问题分解为一些列，进而转变为由二元分类器(BCs)解决的二元分类问题；然后在此分类器的预测上应用聚合策略分类新的发现。

6. 大数据分析

大数据给各行各业带来巨大机遇和变革潜力，也对利用如此大规模增长的数据容量带来了前所未有的挑战。先进的数据分析要求理解特征与数据间的关系，例如，数据分析使得组织能够提取有价值的内涵以及监视可能对业务产生积极或消极影响的商业伙伴。其他数据驱动的应用也需要实时分析，如航行、社会网络、金融、生物医学、天文、智慧交通系统等。所以，先进的算法和高效的数据挖掘方法需要得到精确的结果，以此监测多个领域的变化并预测未来。可是，大数据分析依然面临着多种挑战，包括大数据复杂性、收缩性要求以及对如此巨量的异构数据集所具有实时响应的性能分析。

当前，出现了许多不同的大数据分析技术，包括数据挖掘、可视化、统计分析以及机器学习。许多大数据研究通过提高既有的技术，提出新的分析技术，同时又通过测试组合不同的算法和技术来解决该领域的问题。因此，大数据推动了系统结构的发展，同时也推动了软/硬件的发展。然而，我们还需要分析技术的进步以应对大数据的挑战和流处理。其中一个问题是，当数据量很大时，如何保证响应的及时性。

1.5　大数据机器学习

大数据需要机器学习，通过机器学习可以从大数据中发现知识、价值并进行智能化决策。机器学习被用于许多实际应用中，如推荐引擎、识别系统、信息和数据挖掘、自动控制系统。一般地，机器学习领域分为三个子领域：监督性学习、无监督性学习、强化学习。而大数据的出现，导致了以下一些新的机器学习技术的产生和应用。

1.5.1　数据流学习

在当前的实际应用中如传感器网络、信用卡交易、股票管理、博文以及网络流量产生了巨量的数据集。数据挖掘方法，对于发现有趣的模式与提取隐藏在如此巨量数据集和数据集中的价值非常重要。

可是，传统的数据挖掘技术如关联挖掘、聚类和分类，当应用于动态环境中的大数据时，它缺乏效率、可扩展性和准确性。由于规模、速度以及数据流的多变性，大数据不易于将它们永久存储然后进行分析，因此需要找到新的方法来优化分析技术，以有限的资源、在非常有限的总时间内处理数据事例并产生实时的精确结果。

此外，输入数据流的多变性带来不可预测分布式事例的变化，由于这个变化影响了基于来自于过去事例的分类训练模型的精度，因此出现了几个采用包括漂移检测等技术的数据挖掘方法来应对变化的环境。分类和聚类是机器学习中研究最多的内容。

数据流实验表明，底层概念的变化影响分类器模型的性能，所以分析方法的改进需要检测及适应概念漂移。

作为当前经济环境不稳定的一个例子，企业需要一个有效的财务危机预警（Financial Distress Prediction，FDP）系统。这个系统对于改善风险管理和支持银行信贷决策至关重要。动态财务危机预警（Dynamic Financial Distress Prediction，DFDP）成为 FDP 研究的一个重要分支，它改进了公司的财务风险管理。当新样本数据批量化地逐渐出现以及财务危机概念漂移（Financial Distress Concept Drift，FDCD）随时发生时，它关注如何动态地更新FDP 模型。

1.5.2　深度学习

当前，在机器学习和模式识别中，深度学习是一个非常活跃的研究领域。深度学习在诸如计算机视觉、语音识别和自然语言处理等预测分析应用中扮演着重要的角色。

传统机器学习技术与特征算法受限于原始形式处理自然数据的能力；相反，深度学习是解决数据分析和在巨量数据集中学习时问题发现的强大工具。它有助于从大容量、无监督以及非分类原始数据中自动提取复杂问题的表达。

此外，由于深度学习是基于分层学习和不同层次的复杂数据抽象的提取，因此它适应于简化大数据分析、语义索引、数据标记、信息检索以及像分类和预测那样的判别任务。通常，一个分类器可以在输入中检测或分类模式。然而，尽管深度学习具有这些优点，但大数据仍然对深度学习提出如下四种重大挑战。

(1) 巨量的大数据的挑战。训练阶段对于一般大数据的学习是一个不容易的任务，尤其是深度学习。这是因为学习算法的迭代计算非常难于并行化，依然需要产生有效的和可扩展的并行算法来改进深度模型的训练阶段。

(2) 异构性的挑战。高容量的数据对深度学习提出了巨大的挑战。这意味着需要处理大量的输入样本、种类繁多的输出类型以及非常高的维度属性，因此，分析解决方案必须解决运行时间复杂度和模型复杂度问题。另外，如此大的数据量使得用中央处理器和存储器来训练深度学习算法是不可行的。

(3) 有噪标记以及非平稳分布的挑战。由于大数据源的分散性和异构性，深度学习依然要面对如数据不完整、标记丢失和有噪标记等的挑战。

(4) 高速性的挑战。数据以极快的速度产生并且要实时处理，而且数据常常是非平稳的，要面对高速和时间分布的挑战。

综上所述，深度学习方案依然不成熟，需要额外广泛地研究来优化分析结果。总之，未来的研究工作应考虑如何改进深度学习算法来解决数据流分析、高维模型的可扩展性问题，还应改进数据抽象的形式化、分布计算、语义索引、数据标记、信息检索、提取良好数据表示的准则选择和域的自适应。

1.5.3 增量学习和集成学习

增量学习和集成学习构成两种学习动态策略，均为来自于具有概念漂移的大数据流学习中的基本方法。

增量学习和集成学习被频繁地应用于数据流和大数据中。用于克服如处理数据的可用性、资源限制问题。适用于如股票趋势预测和用户描述等许多应用。当接收到新数据时，增量学习的应用可以产生更快的分类或减少预测时间。

许多传统的机器学习算法天然地支持增量学习，其他算法可以容易地适应增量学习，例如增量算法，包括决策树(IDE4 和 ID5R)、神经网络、神经高斯 RBF 网络(Learn++和ARTMAP)或增量 SVM。

当比较这些算法的类型时，可以发现增量算法速度较快，而集成算法较灵活，并能较好地适应概念漂移。此外，并不是所有的分类算法都可以用于增量学习，但是几乎所有的分类算法都可以应用到集成算法中。因此，建议将增量算法应用到无概念漂移或概念漂移是平滑的情形中。相反，推荐将集成算法应用于巨型概念漂移或突发概念漂移中的精度保证。还有，如果必须处理相对简单的数据流或高水平的实时处理，则增量学习是较适合的。可是，集成学习在复杂情况或数据流分布未知的情况下却可以给出一个较好的选择。

1.5.4 粒度计算

粒度计算在最近成为各种大数据领域中较为流行的应用，并且在智能数据分析、模式识别、机器学习和大数据集的不确定推理方面显示出了许多优点。在保证可接受的性能的同时，粒度计算在决策模型设计中扮演着重要的角色。

从技术上来说，由于粒度计算是基于诸如类、聚类、子集、组和区间等粒度所构建起来的一般性的计算理论，因此可以用来对复杂的大数据应用构建有效的计算模型。这些复杂的大数据应用主要有数据挖掘、文档分析、金融博弈、多媒体海量数据库的组织与检索、医学数据、远程感知和生物测量等。

分布式系统需要支持不同的用户在不同的粒度层次上理解大数据，还需要分析数据并以不同的观点表示分析结果。为了满足这些要求，粒度计算为多种粒度和多种数据分析的观点提供了强大的工具，这使人们能够更好地理解和分析各种大数据集的复杂性。另外，粒度计算技术可作为现实世界的智能系统以及像模糊动态决策系统(Fuzzy Dynamic Decision Systems，FDDS)那样的动态环境的有效处理工具。粒度计算可以解决属性进化以及时变数据流对象的复杂问题。确实，粒度计算在确保成本效益与描述改进的同时，在寻找简单的逼近解方面扮演着重要角色。例如，粒度计算与计算智能相结合已成为解决大数据复杂问题中有效决策建模的研究热点。

粒度计算可通过多种技术实现，如模糊集、粗糙集、随机集等技术。模糊集技术提供了一个新颖的方式来研究并表示集合与集合中成员间的关系，这是通过考虑隶属度即隶属函数(类似于人的识别)来实现的。模糊信息粒度是指由粒度化对象导出的模糊粒度池，而不是单个的模糊信息粒度。

一般地，模糊集已应用到了多个领域，如控制系统、模式识别和机器学习等。模糊集使得我们能够在不同的信息粒度水平上表示和处理信息。更为具体地来说，模糊集技术在大数据价值链的所有阶段都扮演着重要角色：首先是在处理不确定的原始数据阶段；然后是在注释数据中，最后为人工智能算法准备特定粒度的数据表达。

粒度计算技术可以改进当前的大数据技术，同时还可以克服大数据面临的挑战。值得注意的是，粒度计算以及模糊集技术扮演了一个提供知识抽象与知识表达的方法论角色。

1.6 大数据与 Hadoop 生态系统

Apache Hadoop 是一个著名的大数据技术，其设计目标是：解决传统技术处理和分析大数据时所遇到低性能与复杂性。Hadoop 是在并行的集群上和分布式文件系统上实现快速处理大数据集的。与传统技术不同，Hadoop 不会在内存中复制整个远程数据来执行计算，而是在数据存储处执行任务。因此，Hadoop 减轻了网络与服务器间的通信负荷。例如，它仅花费了几分钟的时间便查询了 TB 级别的数据，而采用传统技术则需要 20 多分钟。Hadoop 还能在保证分布式环境中容错性的同时高效地运行程序。为了确保容错性，Hadoop 通过复制服务器上的数据来防止数据丢失。

　　Hadoop 平台的能力主要基于两个组件：Hadoop 分布式文件系统（Hadoop Distributed File System，HDFS）和 MapReduce 框架。另外，用户可以根据需要和设计目标以及应用需求（如容量、性能、可靠性、可扩展性、安全性）在 Hadoop 顶部添加模块。

1.6.1　数据存储层——HDFS 和 HBase

　　为了存储数据，Hadoop 依赖于它的两个文件系统：HDFS 和 HBase。

1. HDFS

　　HDFS 是一个数据存储系统。它支持集群中的数百个节点，并提供了既经济又可靠的存储能力。它可以处理结构化与非结构化数据，并支持海量数据操作。但 HDFS 不能用于一般目的的文件系统，这是由于 HDFS 被设计用于高时延操作的批处理。另外，它不提供文件中的快速记录查找。HDFS 主要的优点是跨异构软/硬件平台的可移植性。此外，HDFS 有助于减少网络拥塞，并通过将计算移动到靠近数据存储的节点来提高系统性能。它还确保容错性的数据备份。

　　HDFS 基于主-从架构。它将大数据分布到不同的集群中。事实上，集群拥有唯一的管理文件系统操作的主机（NameNode，名称节点）和许多管理与协调单个计算节点上的数据存储的从机（DataNodes，数据节点）。为了提供数据的可利用性，Hadoop 依赖于数据备份。

2. HBase

　　HBase 是一个分布式非关系数据库。它是一个构建在 HDFS 之上的开源项目，是为低时延操作而设计的。HBase 是基于面向列的键/值数据模型的。它具有支持高更新速率表和分布式集群水平扩展的能力。在 BigTable 的格式中，HBase 提供了一个灵活的结构化的且能托管非常大的表的功能。

　　表用行和列的逻辑化来存储数据。这种表的好处是可以处理数十亿行和数百万列的数据。HBase 允许将许多属性分组为列簇，以便列簇中的所有元素都存储在一起。这个方法不同于面向行的关系数据库，在关系数据中，一个行的所有列元素是被存储在一起的。可见，HBase 比关系数据库更为灵活。另外，HBase 具有允许用户推出更新，可以更好地处理不断变化应用需求的数据结构。然而，HBase 的局限是不支持像 SQL 那样的结构化查询。

　　HBase 的表称为 HStore，且每个 HStore 具有一个或多个存储 HDFS 中的 Map 文件。每个表必须有定义了一个具有主键的概要，其主键被用来访问表。行由表名和启动键标识，而列可能有相同行键的多个版本。

　　HBase 提供了许多功能，如实时查询、自然语言搜索、对大数据源的一致访问、线性和非线性模块扩展、自动与可配置的分区表。它被包括在了许多大数据解决方案和数据驱动的网站中，如 Facebook 的消息平台。HBase 包括了协同服务的 ZooKeeper，通过默认的方式运行 ZooKeeper 事例。与 HDFS 类似，HBase 具有管理集群以及管理存储部分表和执行数据操作的从/主机。表 1.1 中总结了 HDFS 与 HBase 间的差异。

表 1.1 **HDFS 与 HBase 间的特征比较**

性质	HDFS	HBase
系统	HDFS 为适合于存储大文件的分布式文件系统	HBase 为建立在 HDFS 顶层的分布式非关系数据库
查询与搜索性能	HDFS 不是一般意义上的文件系统,不提供文件中快速记录查找	HBase 能对大表单进行快速记录查找(及更新)
存储	HDFS 跨 Hadoop 服务器存储大文件(文件的大小从 GB 到 TB)	HBase 将数据放在内部以"StoreFiles"索引的文件中;"StoreFiles"存在于 HDFS 中,以便于高速查找
处理	HDFS 适合于高时延的批处理操作	HBase 专为低时延操作而建立
访问	数据主要通过 MapReduce 访问	HBase 提供了从单条到数十亿条记录的访问能力
输入/输出操作	HDFS 专为批处理设计,不支持随机读/写操作	HBase 可以进行读/写操作,数据通过 Shell 命令和 Java 中的客户 App、REST、Avro 或 Thrift 访问

1.6.2 数据处理层

在 Hadoop 上,MapReduce 和 YARN 构建了两个选项来进行数据处理。它们被设计为作业调度管理、资源与集群管理。YARN 比 MapReduce 更为通用。

1. MapReduce 程序设计模型

MapReduce 是由程序设计模型及其实现组成的一个框架,是新一代大数据管理和分析工具的首要步骤之一。MapReduce 通过其自身有效、经济的机制,简化了海量数据的处理,它使得所写的程序能够支持并行处理。

MapReduce 程序设计模型采用了两个处理数据计算的后续函数:Map 函数和 Reduce 函数。MapReduce 程序依赖于如下操作:

(1) Map 函数将输入数据(如长文本文件)分割为构成键/值对的独立数据分区。

(2) MapReduce 框架把所有的键/值对送入到 Mapper 中,Mapper 中分别处理每一个键/值对,并贯穿于集群的几个并行 Map 任务中;每个数据分区都被分配一个唯一的计算节点;Mapper 输出一个或多个中间键/值对。在这个阶段,框架负责收集所有中间键/值对,按键对它们进行排序和分组,因此得到的结果是许多键(关键字)与所有关联值的列表。

(3) Reduce 函数被用于处理中间输出的数据。对于每个唯一的键,Reduce 函数根据预定义的程序(即过滤、汇总、排序、散列、取平均值或找到最大值)聚合与键相关联的值;之后,它将产生一个或多个输出键/值对。

(4) MapReduce 框架将在输出文件中存储所有输出的键/值对。

2. YARN

YARN 比 MapReduce 更为通用,与 MapReduce 相比,它提供了更好的可扩展性,增强了并行机制和高级的资源管理。YARN 为大数据分析应用提供了操作系统功能，Hadoop 架构已与 YARN 的资源管理器相结合。一般来讲，YARN 工作在 HDFS 的顶层，这个位置可以并行地执行多种应用程序。它还允许同时处理批处理和实时交互处理。YARN 与 MapReduce 的应用编程接口（API）相兼容，用户只需要重新编译 MapReduce 作业就可以在 YARN 上运行它们。

3. Cascading——复杂流的 MapReduce 框架

Cascading 框架是一个丰富的 Java API，它提供了许多组件以实现快速、经济、高效的大数据应用程序开发、测试和集成。Cascading 允许管理 Hadoop 集群上的高级查询和处理复杂的工作流，它具有可扩展性和可移植性，支持集成以及测试驱动的开发。

通过 Cascading 概念，API 在 Hadoop 的顶部添加了一个抽象级，以此来简化复杂的查询。实际上，加载的数据被一系列函数处理和分割，以获得多个流。

管道组件定义了由管道连接的数据源（Source Tap）和输出数据（Sink Tap）之间运行的流。管道组件可以包含一个或多个给定大小的元组（Tuple）。

Cascading 流程用 Java 语言编写，并在执行期间转换为传统的 MapReduce 作业。流在 Hadoop 集群上执行，并基于以下过程：

流实际上是一个工作流，该工作流首先从一个或多个 Source Tap 读取输入数据；接着通过执行由管道组件定义的并行或顺序操作的集合来处理它们；然后，它将输出数据写入一个或多个 Sink Tap 中。

元组（Tuple）表示一组值（如 SQL 表的数据库记录），可以使用字段进行索引，还可以直接存储为任何 Hadoop 文件格式的键/值对。元组应该有可比较的类型，以便于元组比较操作。

1.6.3　数据查询层——Pig、JAQL 和 Hive

1. Pig

Apache Pig 是一个开源框架，可以生成一个叫做 Pig Latin 的高级脚本语言。它支持 Hadoop 上的 MapReduce 作业的并行执行，减小了 MapReduce 的复杂度。通过它的交互式环境，Pig 简化了应用 HDFS 的并行应用和处理大数据集的复杂度。Pig 也允许与外部程序进行交互，如 Shell 脚本、二进制程序以及其他编程语言。Pig 自己拥有的数据模型称为 Map Data；它是 Map 一个键/值对集。

Pig Latin 具有许多优点，例如，它基于直观的语法来支持 MapReduce 作业和工作流的简单开发；在支持并行机制的同时缩短了开发时间。Pig Latin 是 Java 编程语言的替代，其脚本类似于有向非循环图（DAG）。在 DAG 中，处理数据的操作符构成节点，而边表示数据流。与 SQL 相反，Pig 不要求概要并能处理半结构化以及结构化数据，它比 Hive 支持更多的数据格式。Pig 可以在单个 JVM 上运行本地环境，也可以在 Hadoop 集群上运行分布式环境。

2. JAQL

JAQL 是 Hadoop 之上的一种声明性语言，可提供查询语言并支持海量数据处理。它将高级查询转换为 MapReduce 作业。虽然 JAQL 被设计为查询基于 JSON(Javascript Object Notation)格式的半结构化数据,但是可以用来查询其他格式的数据以及许多数据类型(如 XML、逗号分隔值(CSV)数据、平面文件)。因此,JAQL 像 Pig 一样也不要求数据概要。 JAQL 提供了几个内置功能,也提供了核心操作符和 I/O 适配器,这些内置功能确保数据 处理、存储、翻译和数据转换为 JSON 格式。

3. Hive

Apache Hive 是一个数据仓库系统,旨在简化 Apache Hadoop 的使用。与通过 HDFS 管理文件内的数据的 MapReduce 相比,Hive 可以在用户更熟悉的结构化数据库中表示数 据。Hive 的数据模型主要基于表,这些表表示 HDFS 目录并被分成多个分区;然后将每个 分区分成桶(bucket)。

此外,Hive 提供了一种名为 HiveQL 的类似于 SQL 的语言,使用户能够访问和操作 存储在 HDFS 或 HBase 中的基于 Hadoop 的数据。

Hive 不适合实时交易,因为它基于低时延操作,像 Hadoop 一样,Hive 是为大规模处 理而设计的,所以即使是小的作业也可能需要花费几分钟的时间。HiveQL 透明地将查询 转换成作为批处理任务处理的 MapReduce 作业。

表 1.2 总结和比较了 Pig、JAQL 和 Hive 的一些特性。

表 1.2　Pig、JAQL 和 Hive 的特性

属性	数据查询工具		
	Pig	JAQL	Hive
语言	Pig Latin(基于脚本的语言)	JAQL	HiveQL (SQL-like)
语言类型	数据流	数据流	声明(SQL 语言)
数据结构	标量和复杂的数据类型	基于文件的数据	适合于结构化数据
概要	概要在运行时定义勾选	勾选概要	具有存储在数据库中的表的元数据
数据访问	Pig Server	JAQL Web Server	JDBC, ODBC
开发者	Yahoo 公司	IBM 公司	Facebook 公司

1.6.4　数据访问层——数据提取(Sqoop、Flume 和 Chukwa)

1. Sqoop

Apach Sqoop 是一个开源软件,它提供了一个命令行界面(CLI),确保在 Apache Hadoop和结构化数据存储(如关系数据库、企业数据仓库和 NoSQL 数据库)之间高效地传 输批量数据。Sqoop 具有许多优点,例如,它提供了快速的性能、容错和最佳的系统利用 率,以减少对外部系统的处理负载;导入数据的转换是用 MapReduce 或任何其他高级语言 (如 Pig、Hive 或 JAQL)完成的;可以轻松与 HBase、Hive 和 Oozie 集成起来。当 Sqoop 从 HDFS 导入数据时,其输出将在多个文件中,这些文件将可能被分隔为文本文件、包含系列化数据的二元 Avro 或 SequenceFiles 文件。Sqoop 导出过程将从 HDFS 中并行读取一组分隔文本文件，将其解析为记录，并将其作为新行插入到目标数据库表中。

2. Flume

Flume 旨在收集、汇总和传输来自外部机器的数据到 HDFS。它拥有一个简单和灵活的架构，并进行数据流的处理。Flume 基于一个简单的可扩展数据模型来处理海量分布式数据源。Flume 提供各种功能，包括容错、可调的可靠性机制以及故障恢复服务。虽然 Flume 可以很好地补充 Hadoop，但它仍是一个可以在其他平台上工作的独立组件，并以在一台机器上运行各种过程的能力而闻名。通过使用 Flume，用户可以将来自各种高容量源（如 Avro RPC 源和系统日志）的数据流传输到接收器（如 HDFS 和 HBase）中进行实时分析。此外，Flume 还提供了一个查询处理引擎，可以在将每个新的数据批量传输到指定的接收器之前对其进行转换处理。

3. Chukwa

Chukwa 是建立在 Hadoop 之上的数据采集系统。Chukwa 的目标是监视大型分布式系统。它用 HDFS 从各个数据提供者收集数据，并用 MapReduce 来分析收集到的数据。Chukwa 继承了 Hadoop 的可扩展性和鲁棒性，并且提供了一个显示界面，以便监视与分析结果。

Chukwa 为大数据提供了一个灵活而强大的平台，使分析师能够收集和分析大数据集并监视和显示结果。为了确保灵活性，Chukwa 被构建为一个收集管道、处理阶段以及阶段之间定义的接口。

Chukwa 基于四个主要组件：

（1）依靠每台机器上的数据代理来发送数据。

（2）收集器用于从代理收集数据并将其写入稳定的存储器。

（3）MapReduce 作业用于解析和存档数据。

（4）用户可以依靠友好的界面（HICC）来显示结果和数据。

Chukwa 具有门户网站的风格。

Flume 和 Chukwa 虽具有相似的目标和特征，但仍存在一些差异，如表 1.3 所示。

表 1.3　Flume 与 Chukwa 的比较

属性	项　　　目	
	Flume	Chukwa
实时性	获取数据以便周期性地分析（几分钟内）	侧重于连续的实时分析（几秒钟内）
架构	批处理系统	连续流处理系统
可管理性	在其服务之间广泛地分发关于数据流的信息	维护正在进行的数据流的中央列表，使用 ZooKeeper 冗余存储
可靠性	每台机器上的代理负责决定发送什么数据。Chukwa 使用可以利用本地磁盘日志文件来提高可靠性的端到端的交付模式	可靠性/容错性，即可调的可靠性机制以及故障切换和恢复机制。Flume 采用逐跳方式模型

1.6.5　数据流——Storm 和 Spark

1. Storm

Storm 是一个开源的分布式系统，与可批处理的 Hadoop 相比，它具有处理实时数据的优势。与 Flume 相比，Storm 通过对 Trident API 的依赖在实现复杂处理要求方面表现出了更高的效率。

Storm 基于由管口、螺栓和流组成的完整网络拓扑。管口是一个流的源头，螺栓用于处理输入的流以产生输出流，因此，Storm 适合使用"管口"和"螺栓"对流进行转换。

Storm 的 ISpout 接口可以支持任何进入的数据。通过使用 Storm，用户可以从各种实时同步和异步系统(如 JMS、Kafka、Shell 和 Twitter)获取数据。基于螺栓，Storm 可以将数据写入任何输出系统。Storm 提供的 IBolt 接口支持任何类型的输出系统(如 JDBC，将数据存储到任何关系数据库)、序列文件、Hadoop 组件(如 HDFS、Hive、HBase)和其他消息传递系统。

Storm 集群和 Hadoop 集群显然是相似的。但是，在 Storm 中，可以针对不同的 Storm 任务运行不同的拓扑结构；而在 Hadoop 平台中，唯一的选择是为相应的应用程序执行 Map Reduce 作业。Map Reduce 作业和拓扑之间的一个主要区别是，MapReduce 已停止了工作；而拓扑继续处理信息，直到用户终止为止，否则一直处理下去。

Storm 是一个易于使用、快速、可扩展和容错的系统，如果一个或多个进程失败，Storm 会自动重启。如果进程重复失败，Storm 则会将其重新转移到另一台机器并在那里重新启动。Storm 可以用于很多情况下，例如实时分析、在线机器学习、连续计算和分布式 RPC。

Storm 可以在每秒钟内处理数百万个元组。像 MapReduce 一样，Storm 提供了一个简化的编程模型，它隐藏了开发分布式应用程序的复杂性。

2. Spark

Apache Spark 是 UC Berkeley AMPLab 创建的开源分布式处理框架。Spark 与 Hadoop 相似，但它是基于内存系统来提高性能的。它被看做一个分析平台，可确保快速、易用和灵活的计算。Spark 在大数据集上处理复杂的分析，而且通过在 MapReduce 内存系统的运行，Spark 速度是 Hive 和 Apache Hadoop 的 100 倍。Spark 基于 Apache Hive 代码库，为了提高系统性能，Spark 替换了 Hive 的物理执行引擎。此外，Spark 还提供 API 以支持包括 Java、Python 和 Scala 在内的各种语言的快速应用程序开发。Spark 能够处理 Hadoop 支持的所有文件存储系统。

Spark 项目由多个组件组成，用于任务调度、内存管理、故障恢复和与存储系统的交互等。

表 1.4 总结和比较了 Storm 和 Spark 的一些特性。

表 1.4   Strom 与 Spark 的比较

属性	项 目	
	Strom	Spark
基础	UC Berkeley	BackType，Twitter
类型	开源	开源
实现语言	Scala 语言	Coljure 语言
支持的语言	Java、Python、R、Scala 语言	任意
执行模式	批处理、流	流
时延	Spark 时延只有几秒钟（按批大小）	亚秒级时延
管理风格	Spark 将数据写入存储并需要状态计算	使用自身工具或使用三叉戟不需要状态计算
容错	只支持一次处理模式	只支持"一次""至少一次"和"最多一次"的处理模式
数据流源	HDFS	Spout
流计算	Windows 操作	Bolts
流原语	Dstream	Tuple
供应	使用神经节的基本监测	Apache Ambari
资源管理器集成	Mesos 和 YARN	Mesos
Hadoop Distr	HDP，CDH，MapR	HDP

1.6.6   存储管理——HCatalog

Apache HCatalog 为 Hadoop 用户提供了表和存储管理服务。它支持跨数据处理工具（如 Pig、Hive 和 MapReduce)的互操作性，可以通过共享模式和数据类型机制来实现；它提供了一个接口来简化对可以写入 Hive SerDe(serlializer 解串器)的任何数据格式（如RCFile、CSV、JSON 和 SequenceFiles 格式)的读/写数据操作，为此，系统管理员提供了InputFormat、OutputFormat 和 SerDe。

HCatalog 的抽象表提供 HDFS 中数据的关系视图，并允许以表格格式查看不同的数据格式，因此用户不必知道数据的存储位置和方式。此外，HCatalog 支持其他服务的用户，它通知数据可用性并提供 REST 接口以允许访问 Hive 数据定义语言（DDL)操作；它还提供通知服务，当在仓库中有新数据可用时，通知工作流程工具（如 Oozie)。

1.6.7　数据分析

1．Mahout

Apache Mahout 是一个开源的机器学习软件库。Mahout 可以添加到 Hadoop 之上，通过 MapReduce 执行算法。它的设计也适用于其他平台。

Mahout 本质上是一组 Java 库。它具有确保大规模机器学习应用程序和算法在大型数据集上的可扩展和高效实现的优点。Mahout 库提供分析功能和多种优化算法，例如，它提供用于聚类的库（如 K 均值、模糊 K 均值、均值偏移）、分类、协同过滤（用于预测和比较）、频率模式挖掘和文本挖掘（用于扫描文本和分配上下文数据）等。其他工具包括主题建模、降维、文本向量化、相似性度量和数学库等。Google、IBM、Amazon、Yahoo、Twitter 和 Facebook 公司推出了可伸缩机器学习算法。

像 Apache Hive 一样，Mahout 提供了一个类似于 SQL 的界面来查询 Hadoop 分布式文件系统中的数据，Mahout 将用 Java 语言表示的机器学习任务翻译成 MapReduce 作业。

2．R

R 是一种用于统计计算、机器学习和图形的编程语言。R 是免费开源软件，依靠用户、开发者和贡献者社区的 R 项目来分发和维护。R 编程语言包括了一系列高级、简单、有效的功能，如条件、循环、用户定义的递归函数和输入/输出设施。许多大数据分布系统（如 Cloudera、Hortonworks 和 Oracle）都采用 R 执行分析。

R 语言的一个缺点是由于受单节点内存限制，处理极大数据集的能力有限。实际上，像其他高级语言一样，R 语言会导致内存过载，因为它是基于临时副本而不是引用现有的对象。而且，R 程序在单线程中执行，数据必须存储在 RAM 中，因此其数据结构应不大于计算机可用 RAM 的 $10\%\sim20\%$。

与 Mahout 相比，R 提供了一套更完整的分类模型。然而，与其他环境相比，R 并不是一个快速的解决方案，因为它面向对象编程将导致内存管理出现问题。

3．Ricardo

Ricardo 是 IBM Almaden Research Center 的 eXtreme Analytics Platform（XAP）项目的一部分，旨在处理深层次的分析问题。它将 Hadoop 的功能与 R 的功能相结合，作为两个集成的合作伙伴和组件。Ricardo 通过 R 功能（如 K 均值、聚类、时间序列和 SVM 分类）处理许多类型的高级统计分析，它也利用了 Hadoop DMS 的并行性。

与此同时，Ricardo 通过 Hadoop 提供大规模的数据管理功能，它也支持作为高级查询语言的 JAQL。通过这种组合，Ricardo 使 R 能够将汇总处理查询（用 JAQL 语言编写）提交给 Hadoop。事实上，Ricardo 分解数据并分析算法，小数据部分由 R 执行，而大数据部分由 Hadoop/JAQL DMS 执行，这种技术最大限度地减少了整个系统的数据传输并确保系统性能。为了支持复杂的交易算法，每次迭代时都在 R 和 Hadoop 之间进行交易，对数据集进行多次迭代。实验表明，Ricardo 提高了 R 的性能，并促进了我们在海量数据集上进行数据挖掘、模型构建和模型评估等操作。表 1.5 总结和比较了 Mahout 和 R 的一些特征。

表 1.5　Mahout 与 R 的比较

属性	分析工具	
	Apache Mahout	R
类型	开源	开源
编程语言	Java 语言	R 语言
架构	主要是 MapReduce 移植到 Spark	内存系统
支持平台	所有 Hadoop 分布系统、其他平台	Hadoop Cloudera Hortonworks Oracle
特征	数据模型基于弹性分布式数据集(RDD)	编程语言
	用于快速应用程序开发的 API	
	机器学习算法和图形优化算法的图库	
	通过 Spark-SQL 支持 SQL、HiveQL 和 Scala	
	与数据交互的高级工具	
	通过 Catalyst 框架执行高效查询	
主要优点	新用户可以使用常见示例快速开始	在数据量非常大的情况下性能有限(单节点内存)
	将 Java 语言表示的机器学习任务转换为 MapReduce 作业	支持统计和机器学习算法
		灵活开发程序
		更多的选项包

1.6.8　管理层——协同与工作流(ZooKeeper、Avro 和 Oozie)

1. ZooKeeper

ZooKeeper 是一个开源服务,旨在协同 Hadoop 环境中的应用和集群。它具有许多特点:① 支持高性能和数据可用性;② 简化了分布式编程,并确保可靠的分布式存储;③ 用 Java 语言实现,为 Java 语言和基于 C 语言的程序提供了 API。ZooKeeper 是基于客户机-服务器体系结构的分布式应用系统,ZooKeeper 的服务器可以跨几个群集运行。ZooKeeper 具有反映经典文件系统树体系结构的文件系统结构,通过简单的界面,ZooKeeper 还可以提供分布式系统的快速实现,可扩展和可靠的集群协同服务。例如,它提供了允许分布式设置的配置管理服务,可以在大型集群中查找机器的命名服务,用于保护数据和节点不丢失数据的复制同步服务,允许序列化访问共享资源的锁定服务,以及从故障中自动恢复系统的服务。

由于 ZooKeeper 基于内存数据管理,因此它确保了高速的分布式协同。在 Hadoop 中,越来越多地使用 ZooKeeper 来为资源管理器提供高可用性,ZooKeeper 也被 HBase 用来确保服务器管理、引导和协同。

与其他组件不同,Apache ZooKeeper 可以在 Hadoop 平台之外使用。ZooKeeper 被

Twitter、Yahoo 等公司在分布式系统中用于配置管理、分片、锁定等，它也被 IBM 等公司的 Big Insights 和 Apache Flume 使用。

2. Avro

Apache Avro 是一个建模、序列化和远程过程调用（RPC）的框架。Avro 定义了一种紧凑而快速的二进制数据格式来支持数据广泛的应用，并且使用 Java、Scala、CC＋＋和 Python 等多种编程语言提供对此格式的支持。Avro 确保在 Apache Hadoop 的各个节点上进行高效的数据压缩和存储。

在 Hadoop 中，Avro 将数据从一个程序或语言传递到另一个脚本语言（如从 C 语言到 Pig），因为 Avro 以模式形式（自描述）数据存储，所以 Avro 与脚本语言兼容。Avro 的核心有一个数据序列化系统。Avro 模式可以包含简单类型和复杂类型。Avro 使用 JSON 作为显式模式或动态生成现有 Java 对象的模式。

3. Oozie

Apache Oozie 是一个工作流调度程序系统，用于在 Hadoop 集群中运行和管理作业。这是一个可靠、可扩展的管理系统，可以处理大工作流的高效执行。工作流程作业采用有向圈图（DAG）的形式。Oozie 可以支持各种类型的 Hadoop 作业，包括 MapReduce、Pig、Hive、Sqoop 和 Distcp 作业（Kamrul Islam，Srinivasan，2014）。

Oozie 的主要组件之一是 Oozie 服务器。该服务器基于两个主要组件：① 存储和运行不同类型的工作流作业的工作流引擎；② 运行由预定义的时间表（White，2012）触发的经常性工作流作业的协同器引擎。Oozie 能够跟踪工作流程的执行情况。事实上，用户可以定制 Oozie，以通过 Http 回调（如工作流程完成、工作流程进入或退出动作节点）向客户通知工作流程和执行状态。Oozie 也提供了一组基于客户端组件的 API 库和一个命令行界面（CLI）。

1.6.9　管理层——系统部署（Ambari、Whirr、BigTop 和 Hue）

1. Ambari

Apache Ambari 旨在通过直观的界面简化 Hadoop 管理，通过易于使用的管理 Web 用户界面支持配置、管理和监视 Apache Hadoop 集群。Ambari 基于 RESTful API。Ambari 支持许多 Hadoop 组件：HDFS、MapReduce、Hive、HCatalog、HBase、ZooKeeper、Oozie、Pig 和 Sqoop。而且，Ambari 使用 Kerberos 身份验证协议确保 Hadoop 集群的安全性，它还提供了基于角色的用户身份验证、授权和审计功能来管理集成的 LDAP 和 Active Directory。

2. Whirr

Apache Whirr 简化了云环境（如亚马逊 AWS）中集群的创建和部署，提供了运行云服务的库的集合，用户可以在本地或在云中运行作为工具的 Whirr 命令行。Whirr 用于启动实例并部署和配置 Hadoop。另外，Apache Whirr 支持在云环境中配置 Hadoop 以及 Cassandra、ZooKeeper、HBase、Valdemort（键/值存储）和 Hama 集群。

3. BigTop

BigTop 支持 Hadoop 生态系统，旨在开发、包装并验证与 Apache 社区开发的 Hadoop 相关的项目。其目标是评估并确保整个系统的完整性和可靠性，而不是单独评估每个子模块。

4. Hue

Hue 是一个与 Hadoop 及其生态系统交互的 Web 应用程序。Hue 将最常见的 Hadoop 组件集合到一个界面中。其主要目标是使程序员能够使用 Hadoop，而不必担心底层复杂性或使用命令行。Hue 有助于浏览系统，创建和管理用户账户，监视群集运行状况，创建 MapReduce作业，并为 Hive 提供名为 Beeswax 的前端。Beeswax 有向导来帮助创建 Hive 表，加载数据，运行和管理 Hive 查询，并以 Excel 格式下载结果。Hue 与任何版本的 Hadoop 兼容，并且可用于所有主要的 Hadoop 发行版。

1.7　Hadoop 的发行版本

1.7.1　IBM InfoSphere BigInsights

IBM InfoSphere BigInsights 旨在简化 Hadoop 在企业环境中的使用，具有满足大数据存储、处理、高级分析和可视化方面的企业需求的潜力。IBM InfoSphere BigInsights 的基本版包括 HDFS、Hbase、MapReduce、Hive、Mahout、Oozie、Pig、ZooKeeper、Hue 和其他一些开源工具。

IBM InfoSphere BigInsights Enterprise Edition 提供了额外的重要服务：性能功能、可靠性功能、内置弹性、安全管理和优化的容错功能。它支持通过自适应算法进行高级大数据分析（如文本处理）。另外，IBM InfoSphere BigInsights 提供了一个数据访问层，可以连接到不同的数据源（如 DB2、Streams、DataStage、JDBC 等）。它还利用属于 InfoSphere 集的另一个工具 IBM InfoSphere Streams。这个 IBM InfoSphere BigInsights 发行版还有其他优势：首先，可以将数据流直接存储到 BigInsights 群集中；其次，支持数据流的实时分析，这是通过一个接收适配器和一个源适配器从集群中读取数据来实现的。IBM InfoSphere BigInsights还通过 Dashboards 和 BigSheets（一个类似电子表格的界面来处理集群中的数据）来促进可视化。

IBM、Cloudera、MapR 和 Hortonworks 等公司IT 供应商已经开发了自己的模块并将其打包成发行版。其中一个目标是确保所有组合模块的兼容性、安全性和性能。大部分可用的 Hadoop 发行版已经逐渐丰富，它们包括各种服务：分布式存储系统、资源管理、协同服务、交互式搜索工具和高级智能分析工具等。此外，Hadoop 分销商还提供了自己的商业支持。

1.7.2　Cloudera

Cloudera 是最常用的 Hadoop 发行版之一，支持部署和管理由 Hadoop 提供支持的企业数据中心。它提供了许多先进工具，如集中管理工具、统一批处理、交互式 SQL 以及基于角色的访问控制。

　　除此之外，Cloudera 解决方案可以集成到大范围的现有基础架构中，并可以在单个系统中处理不同的工作负载和数据格式。Cloudera 提出了一种在 Hadoop 中浏览和查询数据的简单方法。实际上，可以通过方便的方式实现实时的交互式查询和可视化结果，另外，有几种工具可用于支持安全和数据管理。

　　Cloudera 的主要模块之一是 Impala，它构成了一个与 Hadoop 兼容的有趣的查询语言模块。Impala 以列形式的数据格式结构化数据，它允许处理大数据的交互式和实时分析。与 Hive 相比，Impala 没有采用 MapReduce 框架，而是使用自己的内存处理引擎来确保快速查询大型数据集，因此在返回查询结果时，Impala 比 Hive 更快。事实上，Impala 像 AMPLab Shark 项目一样，可以直接使用现有 HDFS 和 HBase 源的数据，它最大限度地减少了数据移动，从而减少了"大查询"的执行时间。Impala 备份存储以实现容错，并支持与主要商业智能工具的集成。

　　Cloudera 提供了一个灵活的支持结构化和非结构化数据的模型，Cloudera 比 Hive 更快，例如，它执行的查询速度至少是 Hive/MapReduce 的 10 倍。已经证实，与 HiveQL（Hive Query Language）相比，Cloudera 为至少有一个连接的查询来确保 7～45 倍的性能增益，即使聚合查询加速了大约 20～90 倍。在实时响应方面，Cloudera 的性能也优于 HiveQL 或 MapReduce，实际上，Cloudera Enterprise 版本将查询的响应时间缩短到几秒，而不是使用 HiveQL 或 MapReduce 的几分钟。

　　尽管 Cloudera 具有上述这些优点，但是 Cloudera 也有一些缺点，如不适合查询流式视频或连续传感器数据等流式数据。除此之外，其中所有的连接操作都在内存中执行，内存受集群中存在的最小内存的节点限制。而且，Cloudera 的鲁棒性会受到查询执行过程中单点故障的影响。事实上，如果任何正在执行查询的主机失败，那么它将退出整个查询。Cloudera Enterprise RTQ 不支持文件的内部索引，并且不允许删除单个行。

1.7.3　Hortonworks 数据平台

　　Hortonworks 数据平台（HDP）是基于 Apache Hadoop 构建的，用于处理大数据存储、查询和处理，具有快速、经济高效和可扩展的解决方案的优势。它提供了多种管理、监控和数据集成服务。除此之外，由于 HDP 提供了开放源代码管理工具，并支持与一些 BI 平台的连接，因此 HDP 已被定位为一个关键的集成平台。

　　HDP 通过 DHFS 和 Hbase 确保分布式存储。它允许基于 MapReduce 的分布式数据处理，通过 Hue 查询数据以及使用 Pig 运行脚本。HDP 通过 Oozie 来管理和调度工作流以及使用 Hcatalog 来处理元数据服务。HDP 还提供了许多工具，包括 WebHDFS、Sqoop、Talend Open Source、Ambari 和 ZooKeeper。

1.7.4　Amazon Elastic MapReduce

　　Amazon Elastic MapReduce（Amazon EMR）是基于 Hadoop 框架构建且基于 Web 的服务。它具有简单、快速和有效处理大量数据集的优点。此外，它简化了在 AWS 上运行 Hadoop 和相关的大数据应用程序，消除了管理 Hadoop 安装的成本和复杂性，并且允许通过扩展或缩小资源来按需要调整 Amazon 集群的大小,因此可以轻松从大数据源中提取有价值的内涵,而不必关心 Hadoop 的复杂性。

Amazon EMR 解决方案支持日志分析、网络索引、数据仓库、机器学习、财务分析、科学模拟和生物信息学等不同的目标。它可以处理许多数据源和类型,包括点击流日志、科学数据等。

1.7.5　MapR

MapR 是 Hadoop 为企业设计的商业版本,基于标准的 Hadoop 编程模型。MapR 为大数据的存储和处理,特别是机器学习算法的分析提供了更好的性能和可靠性、易用性,它还提供了一组可以集成到各种 Hadoop 生态系统中的组件和项目。MapR 不使用 HDFS。事实上,MapR 已经开发了自己的 MapR 文件系统(MapRFS),以提高性能并实现简单的备份。由于 MapRFS 具有与 NFS 兼容的优点,因此数据可以很容易地在它们之间传输。

1.7.6　GreenPlum's Pivotal HD

Pivotal HD 提供了包含自己的并行关系数据库在内的多个组件的高级数据库服务(HAWQ)。该服务平台结合了一个提供大规模并行处理(MPP)的 SQL 查询引擎,以及强大的 Hadoop 并行处理框架功能,因此 Pivotal HD 解决方案可以处理和分析具有不同数据格式的不同大型数据源。Pivotal HD 旨在优化本地查询并确保动态流水线。另外,Hadoop 虚拟化扩展(HVE)工具还支持在多个虚拟服务器之间的分布式计算工作。免费功能也可以通过 YARN 和 ZooKeeper 进行资源和工作流的管理。为了支持简单的管理,Pivotal HD 提供了一个指挥中心来配置、部署、监控和管理大数据应用。为了便于数据集成,Pivotal HD 除了开源组件 Sqoop 和 Flume 之外,还推出了自己的 DataLoader。

1.7.7　Oracle 大数据设备

Oracle 大数据设备在一个系统中整合了优化的行业标准硬件、Oracle 软件体验以及先进的 Apache Hadoop 开源组件,因此,Oracle 大数据设备解决方案包括 Cloudera CDH 和 Cloudera Manager 的开源版本。

Oracle 大数据设备提供了一个完整的解决方案,该方案具有许多优点:可扩展存储、分布式计算、方便的用户界面、端到端管理、易于部署的系统和其他功能。它还支持密集的大数据项目的管理。

Oracle 大数据设备依靠 Oracle 数据库云服务器以及 Oracle 商务智能云服务器的强大功能,数据被加载到 Oracle NoSQL 数据库中。它提供了高性能和高效连接的大数据连接器。它还包含 R 的开放源代码的 Oracle 发行版,以支持高级分析。Oracle 大数据企业可以使用 Oracle Linux 和 Oracle Java Hotspot 虚拟机(Hotspot)进行部署。

1.7.8　Windows Azure HDInsight

Windows Azure HDInsight 是由微软开发并由 Apache Hadoop 框架支持的云平台。该

云平台专为云上的大数据管理而设计，用于存储、处理和分析任何类型的大数据源。Windows Azure HDInsight 为云大数据项目提供了简单、便捷的管理工具和开源服务，并且简化了大数据集的处理和密集分析，其中集成了一些 Microsoft 工具，如 PowerPivot、PowerView 和 BI 功能。

小　结

目前的大数据平台得到各种处理、分析工具以及动态可视化的支持，这样的平台能够从复杂的动态环境中提取知识和价值。

本章介绍了大数据特性，给出了大数据的几种定义，深入讨论了大数据计算系统带来的挑战。除此之外，还解释了大数据挖掘在多个领域的价值。另外，本章还专注于大数据平台各层所使用的组件和技术，在能力、优势和局限性方面，对不同的技术和版本进行了比较。

思考与练习题

1.1　简述大数据发展现状与历史。

1.2　大数据一般有哪几种定义？试给出主要的三种定义。

1.3　试述大数据的主要应用领域。

1.4　试述大数据面临的主要挑战。

1.5　大数据机器学习主要有哪几种？各自面临的主要挑战是什么？

1.6　试述大数据与 Hadoop 生态系统的关系。

1.7　Hadoop 平台的能力主要基于那两个组件？试简述这两个组件的能力。

1.8　Hadoop 主要有哪些发行版本？

第 2 章　大数据基础

2.1　大数据架构的演进及其层次

大数据系统是一个复杂的系统，提供从数据产生到消亡的整个数据生命周期中不同阶段的数据处理功能。一般来说，大数据系统的架构主要由数据生成、数据获取、数据存储和数据分析这四个部分构成。将大数据系统架构的演进以时间轴表示，如图 2.1 所示。

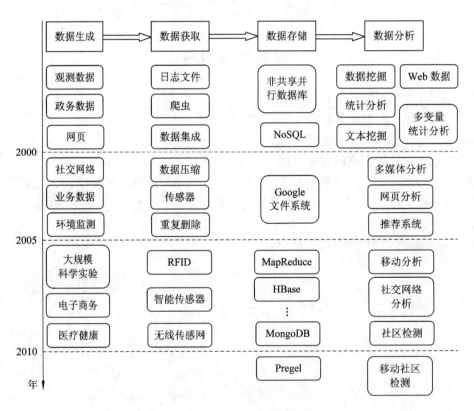

图 2.1　大数据架构的演进图

以大数据系统构成的角度来看，可以将大数据系统分解为三个层次：基础设施层、计算层和应用层，如图 2.2 所示。这种分层结构对于大数据系统的分布式演进具有非常重要的意义，也就是说，只要保持各层间的输入与输出稳定，即可实现分层演进。

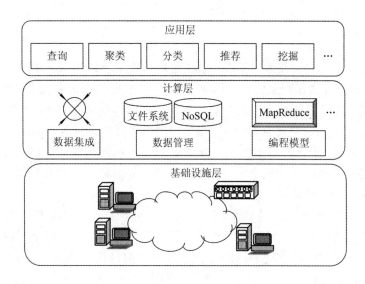

图 2.2 大数据系统层次架构

1. 基础设施层

基础设施层由 ICT(信息通信技术)资源池构成,可利用网络与虚拟技术组织为云计算的基础设施。这些资源通过特定的服务级别协定(Service Level Agreement,SLA)以细粒度的方式提供给上层系统。资源的分配需要满足大数据需求,同时通过最大化系统利用率、能量感知和操作简化等方式实现资源使用的有效性。

2. 计算层

计算层将多种数据工具封装于运行在原始 ICT 硬件资源之上的中间件中,典型的工具包括数据集成、数据管理和编程模型等。数据集成是指从独立的数据源中获取数据,并通过必要的预处理技术将数据集合成为统一形式。数据管理是指提供数据的持久存储和高效管理的机制和工具,例如分布式的文件系统和 SQL、NoSQL 数据存储。编程模型实现应用逻辑抽象,并为数据分析应用提供便利。MapReduce 是许多典型的编程模型中的一种。

3. 应用层

应用层利用编程模型提供的接口实现不同的数据分析功能,如查询、统计分析、数据的聚类和分类等。同时通过组合基本分析方法开发不同的领域相关应用。

2.2 数据生成

数据生成是指数据如何产生。此时,"大数据"意味着从诸如传感器、视频、点击流和其他数字源的多样的、纵向的或分布式数据源产生的大量的、多样的与复杂的数据集。通常,这些数据集和领域相关,并具有不同级别的价值。这些生成的数据集中体现在商业、工农业、互联网和科学等重要的领域。由于大数据的特性使得在收集、处理和分析这些数据集时存在巨大的技术挑战,因此需要利用 ICT 领域的最新技术解决所面临的挑战。

2.2.1　数据源

随着社会、经济与科学技术的发展，数据生成速度也不断增长。IBM 公司认为现在世界上 90% 的数据是近两年产生的，而 Cisco 公司认为数据的增长来自于视频、互联网和摄像头。由于数据实际上是能被读取的信息的抽象，因此信息通信技术(ICT)是使得信息可读并且产生或捕获数据的主要驱动力。数据生成的模式可分为三个阶段。

第一阶段，从 20 世纪 90 年代开始。随着数字技术和数据库系统的广泛使用，许多企业组织的管理系统存储了大量的数据，如事务、商业行为记录和政府部门归档等。这些数据集是结构化的，能通过数据库进行存储管理和分析。

第二阶段，始于 Web 系统的普及。以搜索引擎和电子商务为代表的 Web 1.0 系统在 20 世纪 90 年代末期产生了大量的半结构化和无结构的数据，其中包括了网页数据和事务日志等。而自 2000 年初，许多 Web 2.0 应用从在线社交网络中产生了大量的用户创造内容（如论坛、博客等）。

第三阶段，由诸如智能手机、平板电脑、传感器和无线传感网络等移动设备的普及而引发。以移动为中心的网络将产生高度移动、位置感知、以个人为中心和上下文相关的数据。

可以发现，数据生成模式是从第一阶段的被动记录到第二阶段的主动生成，再到第三阶段的自动生成。

除了用数据生成速度描述大数据外，大数据源还与数据产生领域相关。大数据和商业活动联系紧密，如商业智能(Business Intelligence, BI)等许多大数据工具已经被开发并广泛使用；大部分的数据是由互联网、移动网络和物联网产生的；科学研究会产生大量的数据，高效的数据分析将帮助科学家们发现事物的基本原理，促进科学发展。这三个领域在对大数据的处理方面具有不同的技术需求。

1. 商业数据

近几十年来，信息技术和数字数据的应用对商业领域的繁荣发展起到了至关重要作用。全球所有公司商业数据量每 1.2 年就会翻番，互联网上的商业事务每天有 4500 亿条左右。日益增长的商业数据需要使用高效的实时分析工具挖掘其价值。

2. 网络数据

包括互联网、移动网络和物联网在内的网络已经成为人们生活的一部分。而搜索、社交网络服务、电子邮件服务、即时通信和点击流等网络应用是典型的大数据源。这些数据源高速产生数据，往往需要先进的处理技术。例如，搜索引擎 Google 在 2008 年每天要处理 20 PB 的数据；社交网络应用 Facebook 则每天需存储、访问和分析超过 30 PB 的用户创造数据；Twitter 每月会处理超过 3200 亿的搜索。在移动网络领域，Newzoo 的 2017 年全球手机市场报告指出，截至 2017 年 4 月底，全球智能手机拥有量排名前 50 位的国家和地区所拥有的智能手机总量达到 22.83 亿部，其占有率平均达到 47.74%。而在物联网领域，有超过 3000 万的联网传感器工作在运输、汽车、工业、公用事业和零售部门并产生数据。这些传感器每年仍将以超过 30% 的速率增长。

3. 科研数据

越来越多的科学应用正在产生海量的数据集，若干学科的发展极度依赖于对这些海量数据的分析。这些学科主要包括光学观测和监控、计算生物学、天文学和高能物理等，这些领域不但要产生海量的数据，还需要分布在世界各地的科学家们协作分析数据。大部分这样的数据是 PB 级别的无结构数据，并且需要做到快速和准确的分析。

2.2.2　数据属性

感知和计算产生了非常复杂的异构数据，这些数据集在规模、时间维度、数据类型的多样性等方面有着不同的特性。例如，移动数据和位置、运动、距离、通信、多媒体和声音环境等相关。美国国家标准与技术研究院（National Institute of Standards and Technology, NIST）提出了大数据的五种属性。

（1）容量：数据集的大小。

（2）速度：数据生成速度和实时需求。

（3）多样性：结构化、半结构化和非结构化数据形式。

（4）水平扩展性：合并多数据集的能力。

（5）相关限制：包含特定的数据形式和查询。数据的特定形式包括时间数据和空间数据；查询则可以是递归或其他方式。

通常，科学研究领域的数据源在五种属性中具有最小的属性值；商业领域的数据源则具有较高的水平扩展性和相关限制的需求；而网络领域的数据源具有较高的容量、速度和多样性特征。

2.3　大数据类型概述

大数据包括了海量、快速和可扩展种类的数据，其中的数据将被分为三种类型：结构化数据、半结构化数据和非结构化数据。

2.3.1　大数据类型

1. 结构化数据

结构化数据涉及的所有数据都是以行和列的表格存储在数据库的 SQL 中，它们具有关系键，可以很容易地映射到预先设计的域中。结构化数据常用结构化查询语言（SQL）来管理，SQL 是一种用于管理和查询关系数据库管理系统中数据的编程语言。结构化数据具有易于集中、存储、查询和分析的优点。

2. 半结构化数据

半结构化数据不是驻留在关系数据库中的信息，但其中有一些使得易于分析的组织属性，另有一些可以将半结构化数据存储到关系数据库中。

半结构化数据的例子有 CSV、XML 和 JSON 文档，它们都是半结构化文档，而 NoSQL

被认为是半结构化的。

3. 非结构化数据

非结构化数据(或非结构化信息)是指信息既没有预定义的数据模型,也不能以预定义的方式进行组织。非结构化信息通常是重文本的,但也可能包含日期、数字以及事实等数据。这导致了与数据库中存储在域中的数据相比,采用传统的程序使人难以理解其不规则性与模糊性,或者难以理解其文档中语义已标记的注释。

数据挖掘、自然语言处理(Nature Language Processing,NLP)和文本分析这样的技术,提供了查找这些信息中的模式或解释这些信息的不同方法。用于结构化文本的常用技术涉及手工标记元数据或基于结构化的文本挖掘的部分语言标记。

例如,非结构化数据可能包括书籍、期刊、文档、元数据、健康记录、音频、视频、模拟数据、图像、文件以及如 E-mail 消息体的非结构化文本、网页、或文字处理器文档等。

非结构化数据是不符合大数据特定格式的数据。如果企业可用的数据的 20% 是结构化数据,那么另外 80% 的数据大致是非结构化的。非结构化数据是我们遇到的大部分数据,非结构化数据增长得非常快,对它们的利用也将有助于业务决策。

2.3.2　非结构化数据典型例子

非结构化数据既由机器产生,也由人产生。以下是一些机器产生的非结构化数据的例子:

(1)卫星图像。它包括气象数据或政府捕获的卫星监测图像。只要想一下 Google 地球,你便可以获得图片。

(2)科学数据。它包括地震图像、大气数据和高能物理数据。

(3)照片和视频。它包括安全、监视和交通视频。

下面列举一些人类产生的非结构化数据的例子:

(1)企业内部文本。考虑所有文本内的文档、日志、调查结果和 E-mail。当今世界,企业信息实际上占据了文本信息的大部分比例。

(2)社交媒体数据。该数据产自于社交媒体平台(如 YouTube、Facebook、Twitter 等)。

(3)移动数据。它包括如文本信息与位置信息等。

(4)网站内容。它来自于任何网站传送的非结构化内容(如 YouTube 等)。

2.4　数　据　获　取

数据获取是指获取信息的过程,可分为数据采集、数据传输和数据预处理。首先,由于数据来自不同的数据源,如包含格式文本、图像和视频的网页数据,因此数据采集是从特定数据生产环境获得原始数据的数据。其次,数据采集完成后,需要高速的数据传输技术将数据传输到合适的存储系统,供不同类型的分析应用使用。第三,数据集中可能存在一些无意义的数据,这将增加数据存储空间并影响后续的数据分析。例如,传感器中获得的环境监测数据集通常存在冗余,可以使用数据融合技术减小数据传输量。因此,必须对数据进行预处理，以实现数据的高效传输、存储和挖掘。

　　数据获取是以数字形式将信息聚合，以待存储和分析与处理数据的。数据传输和数据预处理没有严格的次序，数据预处理可以在数据传输之前或之后。

2.4.1　数据采集与数据传输

1. 数据采集

　　数据采集是指从现实世界的相关对象中获得原始数据的过程。如果采集的数据不准确，则将影响后续的数据处理，可能得到无效的结果。数据采集的方法很多，选择采集手段或方法时不但要根据数据源的物理性质，而且还要考虑数据分析的目的。以下介绍三种常用的数据采集方法：传感器、日志文件和 Web 爬虫。

　　1) 传感器

　　传感器是非常重要的感知设备之一，它能获取现实世界中物理、化学和生物等的信息，并将获取的信息传递给人或其他装置，是人们探知世界不可或缺的感知工具。

　　在不同的技术领域，传感器又被称为检测器、换能器、变换器等。目前传感器已与微处理器、通信装置密切地结合到了一起，无线传感网络就是传感器、微处理器与无线通信相结合的产物。

　　传感器技术是以传感器为核心的，它涉及测量技术、功能材料、微电子技术、精密与微细加工技术、信息处理技术和计算机技术等相互结合而形成的密集型综合技术。

　　传感器作为感知外部世界的重要设备，被广泛应用在科研、工程和物联网等各个方面。其主要应用领域为以下六个：

　　(1) 工业自动化。在工业自动化生产过程中，需要传感器来实时监控工业生产过程各环节的参数，因此传感器被广泛应用于工业的自动监测与控制系统中。其典型的应用领域有石油、电力、冶金、机械制造、化工和生物等。

　　(2) 航空航天。在航空航天领域，传感器具有非常重要的作用，如检测飞行姿态、飞行的高度、方向、速度、加速度等参数均需要使用传感器。

　　(3) 资源探测与环境保护。传感器常常被用来探测陆地、海洋和空间环境等参数，以便探测资源和保护环境。如采用磁感应传感器可以探测是否有铁矿，采用化学和生物传感器可监测海洋及大气环境是否良好。

　　(4) 医学。在物联网中，可穿戴设备是目前的一个发展热点，它可以实时采集人体的体温、血压、呼吸等生理参数，而这些参数的获取需要用到相应的传感器。另外，我们熟知的 CT、B 超、X 光机等都是大型的电磁、超声、射线传感器，只不过它们都做了进一步的信息处理。

　　(5) 家电。传感器在家用电器方面也有广泛的应用，如空调、洗衣机、微波炉等均采用了温度传感器。

　　(6) 军事。传感器在军事方面的应用非常早，也非常广泛，如各种观察、瞄准装置、红外探测装置等。

　　近年来，传感器的智能化和智能传感器的研究、开发正在世界各国积极开展。凡是具有一种或多种敏感功能，且能实现信息的探测、处理、逻辑判断和双向通信，并具有自检测、自校正、自补偿、自诊断等多功能的器件或装置，可称为智能传感器(Intelligent Sensor)。

目前，国内外已将传统的传感器和与其配套的转换电路、微处理器、输出接口及显示电路等模块封装在了一起，它减小了体积，优化了结构，提供了可靠性和抗干扰性能。今后传统的传感器实现小型化和智能化将是发展的方向。

无线传感器网络是传感器网络化的一个实现，它的广泛应用奠定了物联网的技术基础，将在社会、经济等多个方面发挥重要的作用。

2）日志文件

日志是广泛使用的数据采集方法之一，由数据源系统产生，以特殊的文件格式记录系统的活动。几乎所有在数字设备上运行的应用使用日志文件，这是非常有用的，如 Web 服务器通常要在访问日志文件中记录网站用户的点击、键盘输入、访问行为以及其他属性。

通常有三种类型的 Web 服务器日志文件格式用于捕获用户在网站上的活动：通用日志文件格式（NCSA）、扩展日志文件格式（W3C）和 IIS（互联网信息服务）日志文件格式（Microsoft）。所有的日志文件格式都是 ASCII 文本格式。数据库也可以用来替代文本文件存储日志信息，以提高海量日志仓库的查询效率。其他基于日志文件的数据采集包括金融应用的股票记账和网络监控的性能测量及流量管理等。

3）Web 爬虫

爬虫是指为搜索引擎下载并存储网页的程序。爬虫顺序地访问初始队列中的一组 URLs，并为所有 URLs 分配一个优先级。爬虫从队列中获得具有一定优先级的 URL，下载该网页，随后解析网页中包含的所有 URLs 并添加这些新的 URLs 到队列中。这个过程一直重复，直到爬虫程序停止为止。

Web 爬虫是网站应用如搜索引擎和 Web 缓存的主要数据采集方式。数据采集过程由选择策略、重访策略、礼貌策略以及并行策略决定。选择策略决定哪个网页将被访问；重访策略决定何时检查网页是否更新；礼貌策略防止过度访问网站；并行策略则用于协调分布的爬虫程序。

根据数据采集方式的不同，数据采集方法又可以大致分为以下两类：

（1）拉动(Pull-Based)方法，即数据由集中式或分布式的代理主动收集。

（2）推动(Push-Based)的方法，即数据由源或第三方推向数据汇聚点。

在上述三种常用的数据采集方法中，传感器采集的数据最多、用途也最广泛。日志文件是最简单的数据采集方法，但是只能收集相对一小部分结构化数据。Web 爬虫是最灵活的数据采集方法，可以获得巨量的结构复杂的数据。

2. 数据传输

原始数据采集后必须将其传送到数据存储基础设施，如数据中心等待进一步处理。当数据传送到数据中心后，将对数据存储位置调整和进行其他处理。

数据中心由多个装备了若干服务器的机架构成，服务器通过数据中心的内部网络连接。许多数据中心基于权威的 2 层或 3 层 Fat-Tree 结构的商用交换机构建。

2.4.2　数据预处理

由于数据源的多样性，使得数据集受干扰、冗余和一致性因素的影响而具有不同的质量。从需求的角度出发，一些数据分析工具和应用对数据质量有着严格的要求，因此在大数据系统中需要数据预处理技术来提高数据的质量。以下介绍三种主要的数据预处理技术。

1. 数据集成（Data Integration）

数据集成技术在逻辑上和物理上把来自不同数据源的数据进行集中，为用户提供一个统一的数据集。数据集成在传统的数据库研究中是一个成熟的研究领域，如数据仓库（Data Warehouse）和数据联合（Data Federation）方法。数据仓库又称为 ETL，由以下三个步骤构成：

（1）提取：连接源系统并选择和收集必要的数据用于随后的分析与处理。

（2）变换：通过一系列的规则将提取的数据转换为标准格式。

（3）装载：将提取并变换后的数据导入目标存储基础设施。

数据联合则创建一个虚拟的数据库，从分离的数据源查询并合并数据。虚拟数据库并不包含数据本身，而是存储了真实数据及其存储位置的信息或元数据。

然而，上述这两种方法并不能满足流式和搜索应用对高性能的需求，因为这些应用的数据是高度动态的，并且需要实时处理。一般地，数据集成技术可以与流处理引擎或搜索引擎集成在一起。

2. 数据清洗（Data Cleansing）

数据清洗是指在数据集中发现不准确、不完整或不合理的数据，并对这些数据进行修补或移除，以此提高数据质量的过程。一个通用的数据清洗框架由五个步骤构成：① 定义错误类型；② 搜索并标识错误实例；③ 改正错误；④ 文档记录错误实例和错误类型；⑤修改数据录入程序以减少未来的错误。

另外，格式检查、完整性检查、合理性检查和极限检查也在数据清洗过程中完成。数据清洗对保持数据的一致和更新起着重要的作用，因此广泛应用于如银行、保险、零售、电信和交通等多个行业。

3. 冗余消除（Redundancy Elimination）

数据冗余是指数据的重复或过剩，这是许多数据集的常见问题。由于数据冗余会增加数据传输开销，浪费存储空间，导致数据不一致，降低其可靠性，因此许多研究提出了数据冗余减少机制，例如冗余检测和数据压缩。这些方法能够用于不同的数据集和应用环境，提升其性能，但同时也带来一定风险。例如，数据压缩方法在进行数据压缩和解压缩时带来了额外的计算负担，因此需要在冗余减少带来的好处和增加的负担之间进行折中。

部署广泛的摄像头收集的图像和视频数据中存在大量的数据冗余。在视频监控数据中，大量的图像和视频数据存在着时间、空间和统计上的冗余。视频压缩技术被用于减少视频数据的冗余，MPEG-2、MPEG-4、H.263、H.264/AVC 等许多重要的标准已被应用，以减少数据存储和传输的负担。

对于普遍的数据传输和存储，数据去重（Data Deduplication）技术是专用的数据压缩技术，用于消除重复数据的副本。在存储去重过程中，一个唯一的数据块或数据段将分配一个标识并存储，该标识会加入一个标识列表。当去重过程继续时，一个标识已存在于标识列表中的新数据块将被认为是冗余的块，该数据块将被一个指向已存储数据块指针的引用替代。通过这种方式，任何给定的数据块只有一个实例存在。数据去重技术能够显著地减少存储空间，对大数据存储系统具有非常重要的作用。

2.5　数据存储

数据存储解决的是大规模数据的持久存储和管理问题。为了分析存储的数据及其数据交互，存储系统应提供访问操作功能接口、快速查询和其他编程模型。一般，由云计算承担数据存储的基础设施功能。

2.5.1　云计算

云计算是指作为服务的一系列广泛的计算和软件产品，由第三方供应商管理并通过网络提供。基础设施即服务(IaaS)是云计算的一种服务模式，其中按需将处理、存储或网络资源提供给客户。对终端用户而言，"按需"是有限的或者没有前期投资的，消费可以随时扩展以适应其用量峰值。客户仅支付实际使用的容量(如公共设施)的费用。

与自行托管相比，IaaS 具有以下特点：

(1) 廉价。为了自行托管应用程序，必须始终支付足够的资源来处理应用程序的峰值负载。Amazon 公司发现，在云服务发布之前，在绝大多数时间中，它只使用了大约 10% 的服务器容量。

(2) 裁剪。利用闲置容量，小型应用程序可以非常小的成本运行。带宽、处理和存储能力可以相对较小的增量进行增加。

(3) 弹性。计算资源可随需要轻松地增加或释放，使得它易于处理不可预期的峰值流量。

(4) 可靠性。通过云计算，在多个地理位置上轻松、便宜地拥有服务器，从而将内容提供给功耗，还可以实现更好的灾难恢复和业务的连续性。

在存储层，传统的关系数据库不是为了利用水平扩展而设计的。一类被称为 NoSQL 数据库的新型数据库架构旨在充分利用云计算环境。NoSQL 数据库本身就能够通过在多个服务器间传递数据来处理负载，使其非常适合云计算环境。NoSQL 数据库可以这样做的一部分原因是相关数据总是存储在一起的，而不是在单独的表中。这种在 MongoDB 和其他 NoSQL 数据库中使用的文档数据模型使其非常适合云计算环境。

实际上，MongoDB 是为云构建的，其原始横向扩展架构(由"分片"实现)与云计算提供的横向扩展和灵活性非常一致。分片会自动在多个节点集群间均匀分配数据，并在它们之间进行平衡查询。另外，即使个别云实例脱机，MongoDB 也会自动管理冗余服务器集(称为"副本集")，以保持可用性和数据完整性。例如，为了确保高可用性，例如，用户可以将副本集的多个成员作为单独的云实体在不同的可用区域和/或数据中心组织起来。MongoDB也与许多领先的云计算提供商合作，其中包括 Amazon Web 服务器、微软公司和 SoftLayer 云。

2.5.2　数据管理框架

数据管理框架解决的是如何以适当的方式组织信息以待有效地处理。从层次的角度出发，可将数据管理框架划分为三层：文件系统、数据库技术和编程模型，如图 2.3 所示。

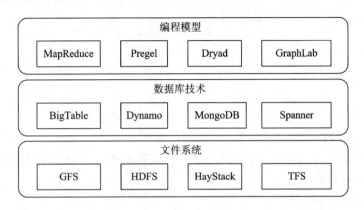

图 2.3　大数据管理技术

1. 文件系统

文件系统是大数据系统的基础系统。Google 公司为大型分布式数据密集型应用设计并实现了一个可扩展的分布式文件系统——GFS。GFS 运行在廉价的商用服务器上，为大量用户提供容错和高性能服务。GFS 适用于大文件存储和读操作多于写操作的应用。但是GFS 具有单点失效和处理小文件效率低下的缺点。HDFS 是 GFS 的开源产物；Microsoft公司开发了 Cosmos 支持其搜索和广告业务；Facebook 公司实现了 HayStack 存储海量的小照片；淘宝则设计了两种类似的小文件分布式文件系统：TFS 和 FastFS。

2. 数据库技术

不同的数据库系统被设计用于不同规模的数据集和应用。传统的关系数据库系统难以解决大数据带来的多样性和规模的需求。由于具有模式自由、易于复制、提供简单 API、最终一致性和支持海量数据的特性，NoSQL 数据库逐渐成为处理大数据的标准。下面将根据数据模型的不同，简要介绍三种主流的 NoSQL 数据库：键/值(Key-Value)存储数据库、列式存储数据库和文档存储数据库。

1) 键/值存储数据库

键/值存储数据库是一种简单的数据存储模型，数据以键/值对的形式存储，其中键是唯一的。在 Dynamo 中，数据被分割存储在不同的服务器集群中，并复制为多个副本。其可扩展性和持久性(Durability)依赖于以下两个关键机制。

(1) 分割和复制。Dynamo 的分割机制基于一致性的哈希技术，将负载分散在存储主机上；哈希函数的输出范围被看做一个固定的循环空间或"环"，系统中的每个节点将随机分配该空间中的一个值，表示它在环中的位置；通过哈希标识数据项的键，可以获得该数据项在环中对应的节点。Dynamo 系统中每条数据项存储在协调节点和 $N-1$ 个后继节点上，其中 N 是实例化的配置参数，如图 2.4 所示。节点 B 是键 K 的协调节点，数据存储在节点

B 同时复制到节点 C 和 D 上。此外，节点 D 将存储在 $(A，B]$、$(B，C]$ 和 $(C，D]$ 范围内的键。

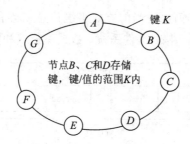

图 2.4　Dynamo 环中键的分割和复制

（2）对象版本管理。由于每条唯一的数据项存在多个副本，Dynamo 允许以异步的方式更新副本并提供最终的一致性。每次更新被认为是数据的一个新的不可改变的版本。一个对象的多个版本可以在系统中共存。

2) 列式存储数据库

列式存储数据库以列存储架构进行存储和处理数据，主要适合于批量数据处理和实时查询。下面简要介绍两个典型的列式存储系统。

（1）BigTable。它是 Google 公司设计的一种列式存储系统。BigTable 基本的数据结构是一个稀疏的、分布式的、持久化存储的多维度排序映射（Map），该映射由行键、列键和时间戳构成。行键按字典序排序并且被划分为片（Tablet），片是负载均衡单元。列键根据键的前缀成组，称为列簇（Column Family），是访问控制的基本单元。时间戳则是版本区分的依据。图 2.5 给出了一个在单个表中存储大量的网页的示例，其中，URL 作为行键；网页的不同部分作为列名；网页的多个版本内容存储在单个列中。

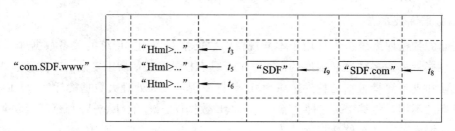

图 2.5　BigTable 数据模型

BigTable 的实现包括三个组件：主服务器、Tablet 服务器和客户端库。主服务器（Master）负责将 Tablet 分配到 Tablet 服务器，检测 Tablet 服务器的添加和过期，平衡 Tablet 服务器负载，GFS 文件的垃圾回收。另外，它还会处理 Schema（模式）的变化，比如表和列簇的创建。每个 Tablet 服务器管理一系列的片，处理对 Tablet 的读取以及将大的 Tablet 进行分割。客户端库则提供应用，与 BigTable 实例交互。BigTable 依赖 Google 公司基础设施的许多技术，如 GFS、集群管理系统、SSTable 文件格式和 Chubby 锁服务。

（2）Cassandra。它由 Facebook 公司开发并于 2008 年开源，结合了 Dynamo 的分布式系统技术和 BigTable 的数据模型。Cassandra 中的表是一个分布式多维结构，包括行、列族、列和超级列。此外，Cassandra 的分割和复制机制也与 Dynamo 的类似，用于确保最终一致性。

3）文档存储数据库

文档存储数据库能够支持比键/值存储复杂得多的数据结构。MongoDB、SimpleDB 和 CouchDB 是主要的文档数据库，它们的数据模型和 JSON 对象的类似。不同的文档存储系统之间的区别在于数据复制和一致性机制方面。

（1）复制和分片（Sharding）。MongoDB 的复制机制使用主节点的日志文件实现，日志文件保存了所有数据库中执行的高级操作。复制过程中，从节点向主节点请求自其上一次同步之后所有的写操作，并在其本地数据库中执行日志中的操作。MongoDB 通过自动分片将数据分散到成千上万的节点，自动实现负载平衡和失效回复，从而支持水平缩放；SimpleDB 将所有的数据复制到不同数据中心的不同服务器上以确保安全和提高性能。CouchDB 没有采用分片机制，而是通过复制实现系统的扩展，因为任一 CouchDB 数据库可以和其他实例同步，所以可以构建任意类型的复制拓扑。

（2）一致性。MongoDB 和 SimpleDB 都没有版本一致性控制和事务管理机制，但是它们都提供最终一致性。CouchDB 的一致性则取决于是使用 Master-Master 配置还是 Master-Slave配置，前者能提供最终一致性，而后者只能提供强一致性。

3. 编程模型

编程模型对实现应用逻辑和辅助数据分析与应用非常重要。在大数据环境下，许多并行编程模型已被提出，并在相关领域得到应用。这些模型有效地提高了 NoSQL 数据库的性能，缩小了 NoSQL 和关系型数据库性能的差距，因而使得 NoSQL 数据库逐渐成为海量数据处理的核心技术。目前主要有三种编程模型：通用处理模型、图处理模型和流处理模型。

1）通用处理模型

通用处理模型解决一般的应用问题，主要用于 MapReduce 和 Dryad 中。其中，MapReduce 是一个简单但功能强大的编程模型，能将大规模的计算任务分配到大的商用廉价集群中并行运行。它的计算模型由用户定义的 Map 和 Reduce 两部分组成。MapReduce 将所有具有相同中间键的中间结果聚合，并且将其传递到相应的 Reduce 函数；Reduce 函数收到该中间键，并将和该键关联的一系列值进行合并，产生更小集合的值。简化的 MapReduce 只提供两个不透明的函数，而无需一些最常用的操作。在 MapReduce 框架上添加 SQL 的特点是，可以让 SQL 程序员快速、高效地使用 MapReduce。一些高级语言如 Google 公司的 Sawzall、Yahoo 公司的 Pig Latin、Facebook 公司的 Hive 和 Microsoft 公司的 Scope 已得到应用，提高了程序员的编程效率。

Dryad 是一个粗粒度的并行应用的通用分布式执行引擎，一个 Dryad 作业是一个有向无环图，图中顶点是程序，边是数据信道。Dryad 在图中顶点所对应的一组计算机上运行作业，并通过文件、TCP 管道和共享内存 FIFO 等数据信道通信。运行时，逻辑计算图自动映射到物理资源。MapReduce 可以看做 Dryad 的特殊情况，即图中只有两个阶段：Map 阶段和 Reduce 阶段。

2）图处理模型

社交网络分析和 RDF 等能够表示为实体间的相互联系，因此可以用图模型来描述。与流类型（Flow-Type）的模型相比，图处理的迭代是固有的，相同的数据集将不断被重访，如 Google 公司的 Pregel、GraphLab 和 X-Stream。Pregel 是用于如 Web 图和社交网络分析的大规模图计算的模型，计算任务表示为一个有向图。图中的顶点和一个用户定义的可修改的值相关，有向边则和源顶点相关，每条边有一个可变化的值和目标顶点的标识。当该图完成初始化后，程序迭代运行，每一次迭代称为一个 superstep，由同步点分离直到程序结束为止。在每一个 superstep 中，顶点以并行的方式执行给定算法逻辑的用户定义函数。顶点能够修改其自身或者边输出的状态，接收来自上一 superstep 的数据，发送消息到其他顶点以及改变图的拓扑。边没有与之联系的计算，顶点可以通过投票终止其运行。当所有的节点都未激活，并且没有任何消息需要传递时，程序将终止。Pregel 程序的结果是顶点的输出值集合，通常和有向图输入是同构的。

GraphLab 是一种面向机器学习算法的图处理模型，包含三个组件：数据图、更新函数和同步操作。数据图是一个管理用户定义数据的容器，包括模型参数、算法状态和统计数据。更新函数是一个无状态的过程，用于修改顶点范围内的数据，调度将来在另一个顶点运行的更新函数。

3）流处理模型

S4 和 Storm 是两个运行在 JVM 上的分布式流处理平台。S4 实现了 Actor 编程模型，每个数据流中 Keyed Tupple 被看做一个事件并被以某种偏好路由到处理部件（Processing Elements，PEs）。PEs 形成一个有向无环图，并且处理事件和发布结果。处理节点（Processing Nodes，PNs）是 PEs 的逻辑主机并能监听事件，将事件传递到处理单元容器 PEN 中，PEN 则以适当的顺序调用处理部件。Storm 和 S4 有着许多相同的特点。Storm 作业同样由有向无环图表示，它和 S4 的主要区别在于架构，S4 是分布式对称架构，Storm 是类似于 MapReduce 的主-从架构。

2.6　数据分析

数据分析利用分析方法或工具对数据进行检查、变换和建模，并从中提取知识或价值。许多应用领域利用领域相关的数据分析方法获取相关的成果。尽管不同的领域具有不同的需求和数据特性，但它们都可以使用一些相似的通用技术。目前，数据分析技术的研究可以分为六个重要方向：结构化数据分析、文本数据分析、多媒体数据分析、Web 数据分析、网络数据分析和移动数据分析。

2.6.1　数据分析的目的和分类

数据分析处理来自对某个感兴趣现象的观察、测量或者实验的信息。数据分析的目的是从与主题相关的数据中提取尽可能多的信息，主要目的有：

（1）推测或解释数据并确定如何使用数据。

（2）检查数据是否合法。

（3）给决策制定合理建议。

（4）诊断或推断错误原因。

（5）预测未来将要发生的事情。

由于统计数据的多样性，因此数据分析的方法也大不相同，可以将数据根据下述标准分为几类：① 根据观察和测量得到的定性或定量数据；② 根据参数数量得到的一元或多元数据。Blackett 等人根据数据分析深度将数据分析分为三个层次：描述性（Descriptive）分析、预测性分析和规则性（Prescriptive）分析。

（1）描述性分析：基于历史数据描述发生了什么。例如，利用回归技术从数据集中发现简单的趋势，可视化技术用于更有意义地表示数据，数据建模则以更有效的方式收集、存储和删减数据。描述性分析通常应用在商业智能和可见性系统中。

（2）预测性分析：用于预测未来的概率和趋势。例如，预测性模型使用线性和对数回归等统计技术发现数据趋势，预测未来的输出结果，使用数据挖掘技术提取数据模式（Pattern）给出预见。

（3）规则性分析：解决决策制定和提高分析效率。例如，仿真用于分析复杂系统以了解系统行为并发现问题。而优化技术则是在给定约束条件下，给出最优解决方案。

2.6.2　常用的数据分析方法

1. 数据可视化

数据可视化的目标是以图形方式清晰、有效地展示信息。一般来说，图和表可以帮助人们快速理解信息。但是，当数据量增大到大数据的级别时，传统的电子表格等技术已无法处理海量数据。大数据的可视化已成为一个活跃的研究领域，这是因为它能够辅助算法设计和软件开发。

2. 统计分析

统计分析基于统计理论，是应用数学的一个分支。在统计理论中，随机性和不确定性由概率理论建模。统计分析技术可以分为描述性统计技术和推断性统计技术。描述性统计技术对数据集进行摘要（Summarization）或描述；而推断性统计技术则能够对过程进行推断。更多的多元统计分析包括回归、因子分析、聚类和判别分析等。

3. 数据挖掘

数据挖掘是发现大数据集中数据模式的计算过程。许多数据挖掘算法已经在人工智能、机器学习、模式识别、统计和数据库领域得到了应用。2006 年 ICDM 国际会议上总结了影响力最高的十种数据挖掘算法，它们是 C4.5、k-means、SVM、Apriori、EM、Page Rank、AdaBoost、k-最邻近方法（kNN）、朴素贝叶斯和 CART。这些算法覆盖了分类、聚类、回归和统计学习等方向。此外，一些其他的先进技术如神经网络和基因算法也被用于不同应用的数据挖掘。

2.7　大数据分析

从数据生命周期的角度出发，从数据源、数据特性等方面来看，数据分析方法主要有结构化数据分析、文本分析、Web 数据分析、多媒体数据分析、社交网络数据分析、移动数据分析和移动商业智能等。

2.7.1　结构化数据分析

在科学研究和商业领域产生了大量的结构化数据，这些结构化数据可以利用成熟的关系数据库管理系统（RDBMS）、数据仓库、在线分析处理（On-Line Analytical Processing，OLAP）和流程管理（Business Process Management，BPM）等技术，而采用的数据分析技术则是前面介绍的数据挖掘和统计分析技术。

近来深度学习（Deep Learning）逐渐成为一个主流的研究热点。许多当前的机器学习算法依赖于用户设计的数据表达和输入特征，这对不同的应用来说是一个复杂的任务。而深度学习则集成了表达学习（Representation Learning），学习多个级别的复杂性/抽象表达。此外，许多算法已成功用于一些应用，如统计机器学习、基于精确的数据模型和强大的算法以及被应用在异常检测和能量控制中。利用数据特征，时空挖掘技术能够提取模型中的知识结构，以及高速数据流与传感器数据中的模式。由于电子商务、电子政务和医疗健康应用对保护隐私的需求，使得隐私保护数据挖掘也被广为研究。随着事件数据、过程发现和一致性检查技术的发展，过程挖掘也逐渐成为一个新的研究方向，即通过事件数据分析过程。

2.7.2　文本分析

文本数据是信息存储的最常见形式，包括电子邮件、文档、网页和社交媒体等内容，因此文本分析比结构化数据具有更高的价值。

文本分析又称为文本挖掘，是指从无结构的文本中提取有用信息或知识的过程。文本挖掘是一个跨学科的领域，涉及信息检索、机器学习、统计、计算语言和数据挖掘。大部分的文本挖掘系统建立在文本表达和自然语言处理（NLP）的基础上。

文档表示和查询处理是开发向量空间模型、布尔检索模型和概率检索模型的基础，这些模型又是搜索引擎的基础。

NLP 技术能够增加文本的可用信息，允许计算机分析、理解甚至产生文本。词汇识别、语义释疑、词性标注和概率上下文无关文法等是常用的方法。基于这些方法提出了一些文本分析技术，如信息提取、主题模型、文本摘要（Summarization）、文本分类、文本聚类、问答系统和观点挖掘。

信息提取技术是指从文本中自动提取具有特定类型的结构化数据。命名实体识别（Named-entity Recognition，NER）是信息提取的子任务，其目标是从文本中识别原子实体并将其归类到人、地点和组织等类别中。

主题模型建立在文档包含多个主题的情况。主题是一个基于概率分布的词语,主题模型对文档而言是一个通用的模型,许多主题模型被用于分析文档内容和词语含义。

文本摘要技术从单个或多个输入的文本文档中产生缩减的摘要,分为提取式(Extractive)摘要和概括式(Abstractive)摘要。提取式摘要从原始文档中选择重要的语句或段落,并将它们连接在一起;而概括式摘要则需要理解原文,并基于语言学方法以较少的语句复述。

文本分类技术用于识别文档主题,并将之归类到预先定义的主题或主题集合中。

文本聚类技术用于将类似的文档聚合,和文本分类不同的是,文本聚类不是根据预先定义的主题将文档归类。在文本聚类中,文档可以表现出多个子主题。

问答系统主要设计用于如何为给定问题找到最佳答案,涉及问题分析、源检索、答案提取和答案表示等技术。问答系统可以用在教育、网站、健康和答辩等场合。

观点挖掘类似于情感分析,是指提取、分类、理解和评估在新闻、评论与其他用户自主创造内容中观点的计算技术。它能够为了解公众或客户对社会事件、政治动向、公司策略、市场营销活动和产品偏好等看法提供机会。

2.7.3　Web 数据分析

Web 数据分析的目标是从 Web 文档和服务中自动检索、提取和评估信息以发现知识,涉及数据库、信息检索、NLP 和文本挖掘,具体可分为 Web 内容挖掘、Web 结构挖掘和 Web 用法挖掘(Web Usage Mining)。

(1) Web 内容挖掘。Web 内容挖掘是从网站内容中获取有用的信息或知识。Web 内容包含文本、图像、音频、视频、符号、元数据和超链接等不同类型的数据。

由于大部分的 Web 数据是无结构的文本数据,因此许多研究都关注文本和超文本的数据挖掘。文本挖掘已经比较成熟,而超文本的挖掘需要分析包含超链接的半结构化 HTML网页。监督学习(Supervised Learning)或分类在超文本分析中起到重要的作用,如电子邮件管理、新闻组管理和维护 Web 目录等。

Web 内容挖掘通常采用两种方法:信息检索和数据库。信息检索方法主要是辅助用户发现信息或完成信息的过滤;数据库方法则是在 Web 上对数据建模并将其集成,这样能处理比基于关键词搜索更为复杂的查询。

(2) Web 结构挖掘。Web 结构挖掘是指发现基于 Web 链接结构的模型。链接结构表示站点内或站点之间链接的关系图,其模型反映了不同站点之间的相似度和关系,并能用于对网站分类。如 Page Rank、CLEVER 和 Focused Crawling 利用此模型发现网页。

Focused Crawling 的目的是根据预先定义的主题有选择地寻找相关网站,它并不收集或索引所有可访问的 Web 文档,而是通过分析 Crawler 的爬行边界,发现和爬行最相关的一些链接,避开 Web 中不相关的区域,从而节约硬件和网络资源。

(3) Web 用法挖掘。Web 用法挖掘是对 Web 会话或行为产生的次要数据进行分析。与 Web 内容挖掘和结构挖掘不同的是,Web 用法挖掘不是对 Web 上的真实数据进行分析。Web 用法数据包括 Web 服务器的访问日志、代理服务器日志、浏览器日志、用户信息、注册数据、用户会话或事务、Cookies、用户查询、书签数据、鼠标点击和滚动数据以及用户与 Web 交互所产生的其他数据。

Web 用法挖掘在个性化空间、电子商务、Web 隐私和安全等方面将起到重要的作用。例如，协作推荐系统可以根据用户偏好的相同或相异实现电子商务的个性化。

2.7.4　多媒体数据分析

多媒体数据分析是指从多媒体数据中提取有趣的知识，理解多媒体数据中包含的语义信息。由于多媒体数据在很多领域比文本数据或简单的结构化数据包含更丰富的信息，因此提取信息需要解决多媒体数据中的语义分歧。多媒体分析研究覆盖范围较广，包括多媒体摘要、多媒体标注、多媒体索引和检索、多媒体推荐和多媒体事件检测等。

在多媒体摘要中，音频摘要可以简单地从原始数据中提取突出的词语或语句，合成为新的数据表达。视频摘要将视频中最重要或最具代表性的序列进行动态或静态的合成。静态视频摘要使用连续的一系列关键帧或上下文敏感的关键帧表示原视频，并已被用于 Yahoo、Alta Vista 和 Google 中。动态视频摘要使用一系列的视频片段表示原始视频，并利用底层视频特征进行平滑，以使得最终的摘要显得更自然。

多媒体标注是指给图像和视频分配一些标签，可以在语法或语义级别上描述其内容。在标签的帮助下，很容易实现多媒体内容的管理、摘要和检索。

多媒体索引和检索处理的是多媒体信息的描述、存储和组织，帮助人们快速、方便地发现多媒体资源。通用的视频检索框架包括结构分析、特征提取、数据挖掘、分类和标注以及查询与检索。结构分析是通过镜头边界检测、关键帧提取和场景分割等技术，将视频分解为大量具有语义内容的结构化元素。结构分析完成后，再提取关键帧、对象、文本和运动的特征以待后续挖掘，这是视频索引和检索的基础。根据提取的特征，数据挖掘、分类和标注的目标就是发现视频内容的模式，将视频分配到预先定义的类别，并生成视频索引。

在大规模图像检索方面，学者提出一种基于哈希图的方法（Spectral Embedded Hashing）以及基于哈希方法的近似多媒体检索，通过机器学习方法有效地学习一组哈希函数来给数据产生哈希码。

多媒体推荐的目的是根据用户的偏好推荐特定的多媒体内容，并已被证明是一个能提供高质量个性化内容的有效方法。现有的推荐系统大部分是基于内容和基于协作过滤的机制。基于内容的方法识别用户兴趣的共同特征，并且给用户推荐具有相似特征的多媒体内容。这些方法依赖于内容相似测量机制，容易受有限内容分析的影响。基于协作过滤的方法是将具有共同兴趣的人们组成组，根据组中其他成员的行为推荐多媒体内容。混合方法则利用基于内容和基于协作过滤两种方法的优点提高推荐质量。

多媒体事件检测是在事件库视频片段中检测事件是否发生的技术。视频事件检测的研究才刚刚起步，现有的大部分研究都集中在体育或新闻事件，以及重复模式事件或不常见的事件。

2.7.5　社交网络数据分析

社交网络包含大量的联系和内容数据，其中联系数据通常用一个图拓扑表示实体间的联系；内容数据则包含文本、图像和其他多媒体数据。从以数据为中心的角度看，社交网络的研究方向主要有两个：基于联系的结构分析和基于内容的分析。

1. 基于联系的结构分析

基于联系的结构分析关注链接预测、社区发现、社交网络演化和社交影响分析等方向。社交网络可以看成一个图，图中顶点表示人，边表示对应的人之间存在特定的关联。由于社交网络是动态的，因此新的节点和边会随着时间的推移而加入图中。链接预测对未来两个节点关联的可能性进行预测。链接预测技术主要有基于特征的分类方法、概率方法和线性代数方法。基于特征的分类方法选择节点对的一组特征，利用当前的链接信息训练二进制分类器，预测未来的链接；概率方法对社交网络节点的链接概率进行建模；线性代数方法通过降维相似矩阵计算节点的相似度。

社区是指一个子图结构，其中的顶点具有更高的边密度，但是子图之间的顶点具有较低的密度。用于检测社区的方法中，大部分都是基于拓扑的，并且依赖于某个反映社区结构思想的目标函数。

当社交网络中个体行为受其他人感染时即产生社交影响。社交影响的强度取决于多种因素，包括人与人之间的关系、网络距离、时间效应和网络及个体特性等。定量和定性测量个体施加给他人的影响，会给市场营销、广告和推荐等应用带来极大的益处。

2. 基于内容的分析

随着 Web 2.0 技术的发展，用户自主创造内容在社交网络中取得了爆炸性的增长。社交媒体是指这些用户自主创造的内容，包括博客、微博、图片和视频分享、社交图书营销、社交网络站点和社交新闻等。社交媒体数据包括文本、多媒体、位置和评论等信息，几乎所有的对结构化数据分析、文本分析和多媒体分析的研究主题都能转移到社交媒体分析中。但是，社交媒体分析面临着前所未有的挑战。首先，社交媒体数据每天不断增长，应该在一个合理的时间限制范围对数据进行分析；其次，社交媒体数据包含许多干扰数据，例如博客空间存在大量垃圾博客；最后，社交网络是动态、不断变化、迅速更新的。简单来说，社交媒体和社交网络联系紧密，社交媒体数据的分析无疑也受到社交网络动态变化的影响。社交媒体分析即社交网络环境下的文本分析和多媒体分析。社交媒体分析的研究处于起步阶段。

社交网络的文本分析应用包括关键词搜索、分类、聚类和异构网络中的迁移学习。关键词搜索利用了内容和链接行为；分类则假设网络中有些节点具有标签，这些被标记的节点则可以用来对其他节点分类；聚类则确定具有相似内容的节点集合。由于社交网络中不同类型的对象之间存在大量链接的信息，如标记、图像和视频等，因此异构网络的迁移学习用于不同链接的信息知识迁移。在社交网络中，多媒体数据集是结构化的并且具有语义本体、社交互动、社区媒体、地理地图和多媒体内容等丰富的信息。

社交网络的结构化多媒体又称为多媒体信息网络。多媒体信息网络的链接结构是逻辑上的结构，对网络来说是非常重要的。多媒体信息网络中有四种逻辑链接结构：语义本体、社区媒体、个人相册和地理位置。基于逻辑链接结构，可以提高检索系统、推荐系统、协作标记和其他应用的性能。

2.7.6　移动数据分析

目前，移动手机、传感器和 RFID 等移动终端及其应用逐渐在全世界普及。海量的数据对移动分析提出了需求，但是移动数据分析面临着移动数据特性带来的挑战，如移动感知、活动敏感性、噪声和冗余。下面介绍一些具有代表性的移动数据分析应用。

RFID 能够在一定范围内读取一个和标签相联系的唯一产品标识码，标签能够用于标识、定位、追踪和监控物理对象，在库存管理和物流领域得到了广泛的应用。然而，RFID 数据给数据分析带来了许多挑战：第一，RFID 数据本质上充斥着干扰数据和冗余数据；第二，RFID 数据是时间相关的和流式的，其容量大并且需要即时处理。通过挖掘 RFID 的位置、聚集和时间信息数据的语义，可以推断一些原子事件追踪目标和监控系统状态。

无线传感器、移动技术和流处理技术的发展促进了体域传感器网络的部署，被用于实时监控个体健康状态。医疗健康数据来自具有不同特性的异构传感器，如多样化属性、时空联系和生理特征等，并存在隐私和安全问题。

2.7.7　移动商业智能

商业智能(BI)是指用于查找、挖掘和分析业务数据的基于计算机的计算，如按产品和(或)部门的销售收入或相关的成本与收入。移动商业智能(Mobile BI，MBI)或移动智能(Mobile Intelligence)被定义为"通过使用移动设备优化的应用程序进行信息分析，使移动的人员获得业务洞察能力"。

移动商业智能是指访问移动设备上的 BI 相关的数据(如 KPI)、业务指示和仪表板的能力。MBI 的概念可以追溯到 20 世纪 90 年代初，当时移动电话的使用开始变得普遍，早期的移动商业智能的倡导者就立即把握了移动电话的潜力，以简化的方式向移动或远程工作人员分发业务的关键数据。然而，直到智能手机的出现，移动商业智能才开始引起广泛关注。

MBI 应用程序可定义为：

(1) 移动 BI 提供的 App。几乎所有移动设备都支持基于 Web 的瘦客户端，仅支持 HTML 的 BI 应用程序。但是，这些应用程序是静态的，并且只提供很少的数据交互。数据就像个人电脑上的浏览器一样，显示数据需要额外的努力，但移动浏览器通常只能支持 Web 浏览器的一小部分的交互性。

(2) 定制化 App。这种方法的一个步骤是提供每个(或所有)报告和仪表板设备的特定格式。换言之，提供特定于屏幕大小的信息，优化屏幕空间的使用，并启动设备特定的导航控制。这些例子包括黑莓的拇指轮或拇指按钮、Palm 的上/下/左/右箭头、iPhone 的手势操作。这种方法需要比以前做更多的努力，但没有额外的软件。

(3) 移动客户端 App。最先进的客户端 App 提供与设备查看 BI 内容的完全交互性。另外，这种方法提供了数据的周期性缓存，即使在离线情况下也可以查看和分析数据，以便使用移动浏览器访问数据，这类似于台式计算机，并创建专门为移动设备设计的本地应用程序。

1. IBM 公司的 Cognos BI 将大数据转化为相关的知识

格式化和交互式仪表板具有高度可扩展的分布与调度功能，并具有自定义的可视化功能。它有广泛的分析攻击，包括假设分析、高剑分析、趋势分析和分析报告。自助功能意味着用户可以与移动设备上的报告进行交互或断开连接。社交网络功能可以帮助团队内部协作，使公司能够为整个组织提供有用的聚合智能。

IBM 公司的 Cognos BI 以个性化风格呈现信息：用户可以在一个仪表板上分析、共享与协作。语言和位置不再是访问与仪表板交互的障碍。IBM 公司的 Cognos BI 移动应用程序允许用户通过 iPhone、iPad、Android 平板电脑或智能手机访问信息。这些商业智能的功能可以部署在本地、网络或移动设备上，虽然买方可以选择独立执行任何应用程序，但我们建议你评估完整集成的平台，以便获得最大的可视性和洞察力。

Oracle 商业智能为你提供全面商业智能的移动应用服务程序，并允许你直接从移动设备启动业务流程。

2. SPA 商业对象

通过整合方法，SPA 商业对象（SPA Business Object）为组织提供了一套管理和优化商业智能的攻击。从中央门户网站，公司可以处理从 ETL 与数据清洗到预测仪表板和各种报表（Crystal Reports、OLAP 和 Ad Hoc）的所有内容。SPA 商业对象为大中型企业提供解决方案，可配置到许多行业，包括制造和分销、金融服务和非营利组织等。

用户能够从大多数数据源中挖掘、分销和报告信息，并以多种格式在内部和外部呈现。SPA 移动商业对象（SPA Business Objects Mobile）使用户可以访问智能手机与链接的移动设备上的报告、指标和其他数据。商业对象（Business Objects）平台使用通用的语义层，避免了重复报告，并确保整个组织内数据的标准性和一致性。该解决方案可以与其他企业解决方案（包括 Saleforce 和 Microsoft Office）集成。

小　　结

本章以大数据的架构为基础主要介绍了大数据系统架构及其演进过程。一般来说，大数据系统的架构主要由数据生成、数据获取、数据存储和数据分析这四个部分构成。本章从这四个部分（方面）介绍了大数据的架构所经历的三个主要的演进阶段。

从大数据系统构成的角度来看，可以将大数据系统分解为三个层次，即基础设施层、计算层和应用层。这种分层结构对于大数据系统的分布式演进具有非常重要的意义，也就是说，只要保持各层间的输入与输出稳定，即可实现分层演进。

大数据风险涉及数据安全、数据隐私、安全成本等问题，其风险管理面临着巨大的挑战。

思考与练习题

2.1　一般来说，大数据系统的架构主要由哪四部分构成？

　　2.2　以大数据系统构成的角度来看，可以将大数据系统分解为哪三个层次？试述这三个层次的功能。

　　2.3　大数据的数据源主要来自于哪些方面？

　　2.4　大数据有哪些数据类型？

　　2.5　试举出非结构化数据的一些例子。

　　2.6　数据采集方法主要有哪些？试简述这些方法。

　　2.7　为什么要进行数据预处理？预处理的技术主要有哪些？

　　2.8　试述云计算的特点。云计算与大数据有何密切关系？

　　2.9　大数据分析的方法主要有哪些？试简述这些方法的作用。

第 2 篇　大数据分析理论基础

　　大数据分析是在数据中发现和传达有意义的模式。由于大数据被认为是信息时代的新"石油"，数据中蕴藏着巨大的价值，因此对大数据的分析意味着从中获取信息的经验、知识和商业价值等有用的信息。分析要依赖于统计应用和量化的计算，简言之，分析是将数据转化为进行更好决策的洞察力的过程。应用数学建模来分析复杂情况，给出更为有效的决策能力，并将建立起更为高效的系统。

　　目前，对大数据进行分析的常用工具是基于概率统计的数据挖掘和机器学习。从某种意义上来说，数据挖掘是挖掘出大数据中有价值的信息，而机器学习则是用机器计算的方法获取有价值的信息。数据挖掘与机器学习密切相关，已成为大数据分析的重要工具和理论基础。

　　本篇将首先简要地介绍概率统计方面的基础知识，以便为后面的数据挖掘和机器学习奠定基础；然后介绍数据挖掘和机器学习方面的常用理论和常用方法。

第 3 章　概率与统计概要

3.1　概率论简介

3.1.1　离散随机变量

$p(A)$ 表示事件 A 是真的概率。一般 $0 \leqslant p(A) \leqslant 1$，这里 $p(A) = 0$ 意味着事件绝不会发生，而 $p(A) = 1$ 意味着事件一定发生。$p(\bar{A})$ 表示不是事件 A 的概率，定义为 $p(\bar{A}) = 1 - p(A)$。$A = 1$ 意味着事件 A 是真，而 $A = 0$ 意味着事件 A 是假。

通过定义离散随机变量 X，我们可以扩展二元事件概念，其值可以是有限或可数无限集 X。我们用 $p(X = x)$ 表示事件 $X = x$ 的概率，或简化为 $p(x)$。这里 $p(\ )$ 称为概率质量函数或 pmf，满足 $0 \leqslant p(x) \leqslant 1$ 且 $\sum_{x \in X} p(x) = 1$ 性质。

3.1.2　基本规则

1. 两个事件并的概率

给定两事件 A 和 B，定义 A 并 B 的概率为

$$p(A \lor B) = p(A) + p(B) - p(A \land B) \tag{3.1}$$

或

$$p(A \lor B) = p(A) + p(B)，A 和 B 互斥 \tag{3.2}$$

2. 联合概率

定义事件 A 和 B 的联合概率如下：

$$p(A, B) = p(A \land B) = p(A \mid B)p(B) \tag{3.3}$$

有时将式(3.3)称为乘法法则。给定两事件的联合分布 $p(A, B)$，定义边缘分布如下：

$$p(A) = \sum_b p(A, B) = \sum_b p(A \mid B = b)p(B = b) \tag{3.4}$$

其中对 B 的所有状态进行求合。同样可以定义 $p(B)$。有时将式(3.4)称为加法法则或全概率法则。

乘法法则可多次应用，推导出概率的链式法则：

$$p(X_{1:D}) = p(X_1)p(X_2 \mid X_1)p(X_3 \mid X_1, X_2)p(X_4 \mid X_1, X_2, X_3)\cdots p(X_D \mid X_{1, D-1}) \tag{3.5}$$

这里我们引入 Matlab 的概念 $1:D$ 表示集 $\{1, 2, \cdots, D\}$。

3. 条件概率

给定事件 B 为真，定义事件 A 的条件概率如下：

$$p(A \mid B) = \frac{p(A, B)}{p(B)}, \qquad p(B) > 0 \tag{3.6}$$

3.1.3　贝叶斯法则

把条件概率的定义与乘法法则、加法法则结合起来推导出贝叶斯法则，有时也将其称为贝叶斯定理：

$$p(X = x \mid Y = y) = \frac{p(X = x, Y = y)}{p(Y = y)} = \frac{p(X = x)p(Y = y \mid X = x)}{\sum_{x'} p(X = x')p(Y = y \mid X = x')} \tag{3.7}$$

1. 医疗诊断

考虑以下医疗诊断问题。假设某人 A 是一个 40 多岁的妇女，A 去做乳腺癌检查（胸透）。如果检查结果是阳性的，那么 A 患癌症的概率是多少？这显然依赖于检查结果的可信度是多少。假设 A 被告知检查有一个 80% 的灵敏度，这意味着如果她患有癌症，那么检查结果为阳性的概率为 80%，有

$$p(x = 1 \mid y = 1) = 0.8$$

式中，$x = 1$ 是胸透为阳性的事件；$y = 1$ 是患有乳腺癌的事件。因此许多人得出她可能有 80% 患有乳腺癌的风险，但这是错误的！原因是忽略了患有乳腺癌的先验概率，这个先验概率相当低：

$$p(y = 1) = 0.004$$

又称为错误率。另外，还需要考虑这个事实：检查也许是假阳性或假警告。不幸的是，这样的假阳性非常可能出现：

$$p(x = 1 \mid y = 0) = 0.1$$

结合以上分析，再应用贝叶斯法则，计算如下：

$$p(y = 1 \mid x = 1) = \frac{p(x = 1 \mid y = 1)p(y = 1)}{p(x = 1 \mid y = 1)p(y = 1) + p(x = 1 \mid y = 0)p(y = 0)}$$
$$= \frac{0.8 \times 0.004}{0.8 \times 0.004 + 0.1 \times 0.996} = 0.031$$

式中，$p(y = 0) = 1 - p(y = 1) = 0.996$。换言之，如果 A 检查结果为阳性，那么她患有乳腺癌的概率实际上大约为 3%。

2. 生成分类器

可以将上述医疗诊断的例子推广到分类任意向量 X 的特征上：

$$p(y = c \mid \boldsymbol{x}, \boldsymbol{\theta}) = \frac{p(y = c \mid \boldsymbol{\theta})p(\boldsymbol{x} \mid y = c, \boldsymbol{\theta})}{\sum_{c'} p(y = c' \mid \boldsymbol{\theta})p(\boldsymbol{x} \mid y = c', \boldsymbol{\theta})} \tag{3.8}$$

称为生成分类器。这是因为它指出了应用分类条件概率密度 $p(\boldsymbol{x} \mid y = c)$ 和先验分类概率 $p(y = c)$ 分类如何生成数据。反过来，另一种方式是直接拟合后验分类概率 $p(y = c \mid \boldsymbol{x})$，

称为有判别力的分类器。

3.1.4　独立和条件独立

我们说 X 与 Y 是无条件独立或边缘独立的，表示为 $X \perp Y$，如果可以将联合概率表示为两个边缘概率的乘积，则有

$$X \perp Y \Leftrightarrow p(X, Y) = p(X)p(Y) \tag{3.9}$$

一般地，如果联合概率可以写成边缘概率的乘积，我们说变量集是相互独立的。

我们说 X 与 Y 是在给定 Z 的条件下独立(CI)当且仅当条件联合可以写成边缘条件概率的乘积：

$$X \perp Y \mid Z \Leftrightarrow p(X, Y \mid Z) = p(X \mid Z)p(Y \mid Z) \tag{3.10}$$

独立(CI)的性质为：

定理 3.1.1　$X \perp Y \mid Z$ 当且仅当存在函数 g 和 h，即

$$p(x, y \mid z) = g(x, z)h(y, z) \tag{3.11}$$

对所有 x、y、z 使得 $p(z) > 0$。

3.1.5　连续随机变量

假设 X 是某个非确定连续量，落在任何 $a \leqslant X \leqslant b$ 区间的概率可计算如下。定义事件 $A = (X \leqslant a)$，$B = (X \leqslant b)$ 以及 $W = (a < X \leqslant a)$。有 $B = A \vee W$，因为 A 与 W 是互斥的，加法法则给出

$$p(B) = p(A) + p(W) \tag{3.12}$$

所以

$$p(W) = p(B) - p(A) \tag{3.13}$$

定义函数

$$F(q) \overset{\text{def}}{=} p(X \leqslant q)$$

称为 X 的累积分布函数或 X 的 cdf。这显然是单调增函数。应用这个概念有

$$p(a < X \leqslant b) = F(b) - F(a) \tag{3.14}$$

现在定义

$$f(x) = \frac{\mathrm{d}}{\mathrm{d}x}F(x) \text{ (假设导数存在)}$$

称为概率密度函数或 pdf。给定一 pdf，可以在有限区间计算连续变量的概率为

$$P(a < X \leqslant b) = \int_a^b f(x)\mathrm{d}x \tag{3.15}$$

当区间变得较小时，式(3.20)可以写成

$$P(a < X \leqslant b) \approx p(x)\mathrm{d}x \tag{3.16}$$

我们要求 $p(x) \geqslant 0$，但对任给的 x，它有可能 $p(x) > 1$，但只要概率密度的积分等于 1 即可。作为一个例子，考虑均匀分布 $\mathrm{Unif}(a, b)$：

$$\mathrm{Unif}(x \mid a, b) = \frac{1}{b-a} \mathbb{I} \ (a \leqslant x \leqslant b) \tag{3.17}$$

如果令 $a = 0$ 以及 $b = 1/2$,对任意 $x \in [0, 1/2]$,有 $p(x) = 2$。

注意:$\mathbb{I}(X)$ 为逻辑函数,若 X 为真,则 $\mathbb{I}(X) = 1$;否则 $\mathbb{I}(X) = 0$。

3.1.6 分位数

由于累积分布函数 F 是单调增函数,因此它有逆,用 F^{-1} 表示。如果 F 是 X 的累积分布函数,那么 $F^{-1}(\alpha)$ 是 x_a 的值,即 $P(X \leqslant x_a) = \alpha$,称为 F 的分位数 α。$F^{-1}(0.5)$ 是分布的中位数,其概率的一半在左边,另一半在右边。$F^{-1}(0.25)$ 和 $F^{-1}(0.75)$ 分别是低分位数和高分位数。我们还可以用累积分布函数的逆来计算尾部区域的概率。例如,如果 Φ 是高斯分布 $N(0, 1)$ 的累积分布函数,那么指向 $\Phi^{-1}(\alpha/2)$ 包含 $\alpha/2$ 块的概率如图 3.1(b)所示。由对称性,指向 $\Phi^{-1}(1 - \alpha/2)$ 也包含了 $\alpha/2$ 块,因此中间区间 $(\Phi^{-1}(\alpha/2), \Phi^{-1}(1 - \alpha/2))$ 包含 $1 - \alpha$ 块。如果令 $\alpha = 0.05$,则覆盖了中央 95% 区间的范围。

$$(\Phi^{-1}(0.025), \Phi^{-1}(0.975)) = (-1.96, 1.96)$$

如果分布为 $N(\mu, \sigma^2)$,那么 95% 的区间变成 $(\mu - 1.96, \mu + 1.96)$。有时用 $\mu \pm 2\sigma$ 近似。

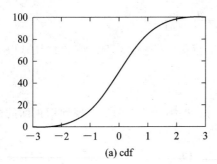 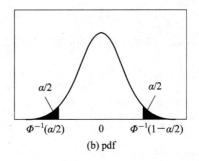

图 3.1 标准正态分布 $N(0, 1)$ 的 cdf(累积分布函数图)和相应的 pdf(概率密度函数)

3.1.7 均值与方差

分布的均值或期望值用 μ 表示。对于离散随机变量,它被定义为

$$E[X] \overset{\text{def}}{=} \sum_{x \in X} x p(x) \tag{3.18}$$

对于连续随机变量,它被定义为

$$E[X] \overset{\text{def}}{=} \int_X x p(x) \mathrm{d}x \tag{3.19}$$

如果积分不是有限的,那么均值无定义。

方差是分布的"分散"性的度量,用 σ^2 表示。定义为如下:

$$\mathrm{var}[X] \overset{\text{def}}{=} E[(X - \mu)^2] = \int (x - \mu)^2 p(x) \mathrm{d}x$$

$$= \int x^2 p(x) \mathrm{d}x + \mu^2 \int p(x) \mathrm{d}x - 2\mu \int x p(x) \mathrm{d}x = E[X^2] - \mu^2 \tag{3.20}$$

从上式推导出

$$E[X^2] = \mu^2 + \sigma^2 \tag{3.21}$$

标准差定义为

$$\text{std}[X] \overset{\text{def}}{=} \sqrt{\text{var}[X]} \tag{3.22}$$

与 X 本身有相同单位。

3.2　常用的离散分布

本节将回顾某些定义在有限和无限可数的离散空间上，常用的参数化分布。

3.2.1　二项式分布与伯努利分布

假设掷硬币 n 次，设 $X \in \{0, \cdots, n\}$ 为出现硬币正面的次数。如果出现硬币正面的概率为 θ，那么我们说 X 具有二项式分布，写成 $X \sim \text{Bin}(n, \theta)$。其 pmf 由下式：

$$\text{Bin}(k \mid n, \theta) \overset{\text{def}}{=} \binom{n}{k} \theta^k (1-\theta)^{n-k} \tag{3.23}$$

给出，其中

$$\binom{n}{k} \overset{\text{def}}{=} \frac{n!}{(n-k)!k!} \tag{3.24}$$

为从 n 中选取 k 项的个数（被称为二项式系数，读做"n 选取 k"）。该分布具有以下均值和方差：

$$\text{mean} = \theta, \text{var} = n\theta(1-\theta) \tag{3.25}$$

现假设仅掷了一次硬币。令 $X \in \{0, 1\}$ 为二进制随机变量，出现硬币正面的概率为 θ，我们说 X 拥有伯努利分布，可写成 $X \sim \text{Ber}(\theta)$。这里 pmf 定义为

$$\text{Ber}(x \mid \theta) \overset{\text{def}}{=} \theta^{\mathbb{I}(x=1)} (1-\theta)^{\mathbb{I}(x=0)} \tag{3.26}$$

换言之，有

$$\text{Ber}(x \mid \theta) = \begin{cases} \theta, & x = 1 \\ 1-\theta, & x = 0 \end{cases} \tag{3.27}$$

这显然是 $n = 1$ 的二项式分布的特殊情况。

3.2.2　多项式分布与 Multinoulli 分布

二项式分布可用来模拟掷硬币结果。为了模拟掷 K 面骰子的结果，我们可以采用多项式分布。定义如下：设 $\boldsymbol{x} = (x_1, \cdots, x_K)$ 为随机向量，这里 x_j 是骰子的 j 面出现的次数。那么 $\boldsymbol{x}$ 具有如下 pmf：

$$\text{Mu}(\boldsymbol{x} \mid n, \theta) \overset{\text{def}}{=} \binom{n}{x_1 \cdots x_K} \prod_{j=1}^{K} \theta_j^{x_j} \tag{3.28}$$

式中，θ_j 是 j 面出现的概率，且

$$\binom{n}{x_1 \cdots x_K} \overset{\text{def}}{=} \frac{n!}{x_1! x_2! \cdots x_K!} \tag{3.29}$$

是多项式系数（将大小为 $n = \sum_{k=1}^{K} x_k$ 的集合分成具有大小从 x_1 到 x_K 子集的方法的个数）。

现在假设 $n = 1$，这就像转动了一次 K 面骰子，因此 $\boldsymbol{x}$ 将是一个 0 和 1 的向量（一个 bit

向量），这里只有一个 bit 可用。特别地，如果骰子出现面为 k，那么第 k 个 bit 将出现。在这种情况下，我们可以认为 x 为具有 K 个状态的标量分类随机变量，且 x 为它的伪编码，即 $x = [\mathbb{I}(x=1), \cdots, \mathbb{I}(x=K)]$。例如，如果 $K = 3$，那么状态 1、2 和 3 的编码分别为 $(1,0,0)$、$(0,1,0)$ 和 $(0,0,1)$，这也被称为一个独热编码（One-Hot Encoding），可以设想只有一个 K "线"是热的或运行的。在这个情况下，pmf 变成

$$\mathrm{Mu}(x \mid 1, \theta) = \prod_{j=1}^{K} \theta_j^{\mathbb{I}(x_j=1)} \tag{3.30}$$

多项式分布及其相关分布的汇总如表 3.1 所示。

表 3.1 多项式分布及其相关分布的汇总

名字	n	K	x
多项式	—	—	$x \in \{0, 1, \cdots, n\}^K, \sum_{k=1}^{K} x_k = n$
Multinoulli	1	—	$x \in \{0, 1\}^K, \sum_{k=1}^{K} x_k = 1$（$K$ 的 1 编码）
二项式	—	1	$x \in \{0, 1, \cdots, n\}$
伯努利	1	1	$x \in \{0, 1\}$

3.2.3 泊松分布

我们说 $X \in \{0, 1, 2, \cdots\}$ 具有参数 $\lambda > 0$ 的泊松分布，写成 $X \sim \mathrm{Poi}(\lambda)$，如果它的 pmf 为

$$\mathrm{Poi}(x \mid \lambda) = \mathrm{e}^{-\lambda} \frac{\lambda^x}{x!} \tag{3.31}$$

式中，第一项仅是归一化常数，要求确保分布的和为 1。泊松分布常被用来作为稀有事件计数的模型，如放射性衰变和交通事故。

3.2.4 经验分布

给定一数据集 $\mathscr{D} = \{x_1, \cdots, x_N\}$，定义经验分布（也称为经验测度）如下：

$$p_{\mathrm{emp}}(A) \overset{\mathrm{def}}{=\!=} \frac{1}{N} \sum_{i=1}^{N} \delta_{x_i}(A) \tag{3.32}$$

式中，$\delta_x(A)$ 是狄拉克测度（Dirac Measure），定义为

$$\delta_x(A) = \begin{cases} 0, & x \notin A \\ 1, & x \in A \end{cases} \tag{3.33}$$

一般情况下，我们可将权重与每个样值结合起来：

$$p(x) = \sum_{i=1}^{N} w_i \, \delta_{x_i}(x) \tag{3.34}$$

其中，$0 \leqslant w_i \leqslant 1$ 且 $\sum_{i=1}^{N} w_i = 1$。

3.3　常见的连续分布

本节将给出某些常用的单变量(一维)连续概率分布。

3.3.1　高斯(正态)分布

在统计学和机器学习中最常用的分布是高斯(正态)分布,其 pdf(概率密度函数)由下式:

$$\mathcal{N}(x \mid \mu, \sigma^2) \stackrel{\text{def}}{=} \frac{1}{\sqrt{2\pi\sigma^2}} e^{-\frac{(x-\mu)^2}{2\sigma^2}} \tag{3.35}$$

给出,式中,$\mu = E[X]$ 为均值;$\sigma^2 = \text{var}[X]$ 为方差;$\sqrt{2\pi\sigma^2}$ 是归一化常数,需要保证概率密度的积分为 1。

将高斯(正态)分布写成 $X \sim \mathcal{N}(\mu, \sigma^2)$,以表示 $p(X = x) = \mathcal{N}(x \mid \mu, \sigma^2)$。如果 $X \sim \mathcal{N}(0, 1)$,那么我们说 X 服从标准正态分布。

高斯分布的精度用方差的倒数表示,即 $\lambda = 1/\sigma^2$。高精度意味着围绕在 μ 上的窄分布(低方差)。

注意:因为这是一个概率密度函数,可以有 $p(x) > 1$。考虑评估在其中心 $x = \mu$ 的密度,有 $\mathcal{N}(\mu \mid \mu, \sigma^2) = (\sigma\sqrt{2\pi})^{-1}$。因此,如果 $\sigma < 1/\sqrt{2\pi}$,那么有 $p(x) > 1$。

高斯累计分布函数(cdf)定义为

$$\Phi(x; \mu, \sigma^2) \stackrel{\text{def}}{=} \int_{-\infty}^{x} \mathcal{N}(z \mid \mu, \sigma^2) \, dz \tag{3.36}$$

这个积分没有相近的表达式,但可以进行数值计算,我们可以在误差函数(erf)上计算。

$$\Phi(x; \mu, \sigma) = \frac{1}{2} \left[1 + \text{erf}(z/\sqrt{2}) \right] \tag{3.37}$$

式中,$z = (x - \mu)/\sigma$ 且

$$\text{erf}(x) \stackrel{\text{def}}{=} \frac{2}{\sqrt{\pi}} \int_{0}^{x} e^{-t^2} \, dt \tag{3.38}$$

高斯分布是统计学中应用最广的分布。

3.3.2　退化概率密度函数

当极限 $\sigma^2 \to 0$,集中在 μ 处的高斯分布将变成无限高且无限薄的"升幅":

$$\lim_{\sigma^2 \to 0} \mathcal{N}(x \mid \mu, \sigma^2) = \delta(x - \mu) \tag{3.39}$$

其中,δ 称为狄拉克函数,定义为

$$\delta(x) = \begin{cases} \infty, & x = 0 \\ 0, & x \neq 0 \end{cases} \tag{3.40}$$

即

$$\int_{-\infty}^{\infty} \delta(x)\mathrm{d}x = 1 \qquad (3.41)$$

δ 函数一个有用的性质是移位性质,从和或积分中选出一单独项:

$$\int_{-\infty}^{\infty} f(x)\delta(x-\mu)\mathrm{d}x = f(\mu) \qquad (3.42)$$

这是因为积分只有在 $x - \mu = 0$ 时是非零的。

高斯分布面临的一个问题是对异常值的敏感性,这是由于对数概率的衰减仅与中心的距离有关。一个较鲁棒的分布是 t 分布,其定义如下:

$$\mathscr{T}(x \mid \mu, \sigma^2, \nu) \propto \left[1 + \frac{1}{\nu} \left(\frac{x-\mu}{\sigma} \right)^2 \right]^{-\left(\frac{\nu+1}{2} \right)} \qquad (3.43)$$

式中,μ 是均值;$\sigma^2 > 0$ 是尺度参数;$\nu > 0$ 称为自由度。为了后面方便参考,请注意该分布还有下面的性质:

$$\mathrm{mean} = \mu, \mathrm{mode} = \mu, \mathrm{var} = \frac{\nu \sigma^2}{\nu - 2} \qquad (3.44)$$

如果 $\nu > 2$,那么方差有定义。如果 $\nu > 1$,那么均值有定义。

如果 $\nu = 1$,这个分布称为柯西或洛伦兹分布。值得注意的是,该分布有非常严重的拖尾,积分定义的均值不收敛。

为了保证方程有限,要求 $\nu > 2$。通常取 $\nu = 4$,它在处理多种问题时表现出了良好的性能。对于 $\nu \gg 5$,学生分布快速地接近高斯分布,并失去了它的鲁棒性。

3.3.3　拉普拉斯分布

其他具有严重拖尾的分布是拉普拉斯分布,也称为两侧指数分布。它具有以下概率密度函数:

$$\mathrm{Lap}(x \mid \mu, b) \overset{\mathrm{def}}{=} \frac{1}{2b} \mathrm{e}^{-\frac{|x-\mu|}{b}} \qquad (3.45)$$

式中,μ 是位置参数;$b > 0$ 是尺度参数。拉普拉斯分布具有以下性质:

$$\mathrm{mean} = \mu, \mathrm{mode} = \mu, \mathrm{var} = 2b^2 \qquad (3.46)$$

3.3.4　伽马分布

对于正实值随机变量 $x > 0$,伽马分布是一个灵活分布。它定义在两个参数上,这两个参数称为形状参数 ($a > 0$) 和速率参数 ($b > 0$),则

$$\mathrm{Ga}(T \mid \mathrm{shap} = a, \mathrm{rate} = b) \overset{\mathrm{def}}{=} \frac{b^a}{\Gamma(a)} T^{a-1} \mathrm{e}^{-Tb} \qquad (3.47)$$

式中,$\Gamma(a)$ 是一个伽马函数。

$$\Gamma(x) \overset{\mathrm{def}}{=} \int_0^{\infty} u^{x-1} \mathrm{e}^{-u}\mathrm{d}u \qquad (3.48)$$

伽马分布具有以下性质:

$$\mathrm{mean} = \frac{a}{b}, \mathrm{mode} = \frac{a-1}{b}, \mathrm{var} = \frac{a}{b^2} \qquad (3.49)$$

伽马分布的特例如下:

（1）指数分布。指数分布定义为

$$\mathrm{Expon}(x \mid \lambda) \stackrel{\text{def}}{=} \mathrm{Ga}(x \mid 1, \lambda)$$

式中，λ 是速率参数。这个分布描述了在泊松分布中的两个事件间的时间，在这个过程中，事件以速率 λ 连续且独立地发生。

（2）爱尔兰分布。爱尔兰分布等同于伽马分布，其中 a 是一个整数。常将 a 固定为 $a = 2$，产生了一个参数的爱尔兰分布：

$$\mathrm{Erlang}(x \mid \lambda) \stackrel{\text{def}}{=} \mathrm{Ga}(x \mid 2, \lambda)$$

式中，λ 为速率参数。

（3）χ^2 分布。χ^2 分布定义为

$$\chi^2(x \mid \nu) \stackrel{\text{def}}{=} \mathrm{Ga}\left(x \mid \frac{\nu}{2}, \frac{1}{2}\right)$$

这是高斯随机变量平方和的分布，更精确地，如果 $Z_i \sim \mathcal{N}(0, 1)$，且 $S = \sum_{i=1}^{\nu} Z_i^2$，那么 $S \sim \chi^2_\nu$。

其他常用的结果如下：如果 $X \sim \mathrm{Ga}(a, b)$，则可以证明 $\dfrac{1}{X} \sim \mathrm{IG}(a, b)$，这里 IG 是伽马的倒数分布，定义为

$$\mathrm{IG}(x \mid \mathrm{shap} = a, \mathrm{scale} = b) \stackrel{\text{def}}{=} \frac{b^2}{\Gamma(a)} x^{-(a+1)} \mathrm{e}^{-b/x} \tag{3.50}$$

伽马分布具有这些性质：

$$\mathrm{mean} = \frac{b}{a-1}, \mathrm{mode} = \frac{b}{a+1}, \mathrm{var} = \frac{b^2}{(a-1)^2(a-2)} \tag{3.51}$$

如果 $a > 1$，那么均值存在。如果 $a > 2$，那么方差存在。

3.3.5　贝塔分布

贝塔分布在 $[0, 1]$ 区间上有支持，定义如下：

$$\mathrm{Beta}(x \mid a, b) = \frac{1}{\mathrm{B}(a, b)} x^{a-1} (1-x)^{b-1} \tag{3.52}$$

式中，$\mathrm{B}(a, b)$ 为贝塔函数。

$$\mathrm{B}(a, b) \stackrel{\text{def}}{=} \frac{\Gamma(a)\Gamma(b)}{\Gamma(a+b)} \tag{3.53}$$

要求 $a, b > 0$ 以确保分布是可积的（即保证 $\mathrm{B}(a, b)$ 存在）。如果 $a = b = 1$，那么得到均匀分布；如果 a 和 b 都小于 1，那么得到在 0 和 1 处具有"升幅"的双峰分布；如果 a 和 b 都大于 1，那么得到单峰分布。分布性质如下：

$$\mathrm{mean} = \frac{a}{a+b}, \mathrm{mode} = \frac{a-1}{a+b-2}, \mathrm{var} = \frac{ab}{(a+b)^2(a+b+1)} \tag{3.54}$$

3.3.6　帕累托分布

帕累托（Pareto）分布被用来建立展示长尾分布量的模型，也称为严重拖尾模型。例如，

可以观察到在英语中最频繁使用的词"the"出现的次数大约是第二频繁使用的词"of"的两倍；第二频繁使用的词是第四频繁使用的词的两倍等。如果绘制频繁使用的词对其次序的图，那么将得到一个幂率，被称为 Zipf 定律。

帕累托概率密度函数定义如下：

$$\text{Pareto}(x \mid k, m) = k\, m^k\, x^{-(k+1)} \amalg (x \geqslant m) \tag{3.55}$$

帕累托概率密度函数表明，x 必须是大于某个常数 m 的，但不要太大，这里用 k 控制"太大"。当 $k \to \infty$ 时，分布接近于 $\delta(x-m)$。如果绘制对数-对数尺度图，它形成直线，其形式为 $\log p(x) = a \log x + c$，a 和 c 为某个常数。这个分布具有如下性质：

$$\text{mean} = \frac{km}{k-1}\ (k > 1),\ \text{mode} = m,\ \text{var} = \frac{m^2 k}{(k-1)^2(k-2)}\ (k > 2) \tag{3.56}$$

3.4　联合概率分布

联合概率分布具有变量集 $D > 1$ 的 $p(x_1, \cdots, x_D)$ 形式，并且模拟随机变量间的关系。如果所有变量是离散的，那么联合分布可以表示为一大的多维矩阵，且每维一个变量。然而，参数的个数需要定义的模型为 $O(K^D)$，其中 K 是每个变量的状态个数。

3.4.1　协方差与相关

两个随机变量 X 与 Y 的协方差是度量 X 与 Y 间的（线性）相关程度。协方差定义为

$$\text{cov}[X, Y] \overset{\text{def}}{=} E\big[(X - E[X])(Y - E[Y])\big] = E[XY] - E[X]E[Y] \tag{3.57}$$

如果 x 是 d 维随机变量，那么它的协方差矩阵定义为如下的对称正定矩阵：

$$
\begin{aligned}
\text{cov}[\boldsymbol{x}] &\overset{\text{def}}{=} E\big[(\boldsymbol{x} - E[\boldsymbol{x}])(\boldsymbol{x} - E[\boldsymbol{x}])^{\text{T}}\big] \\
&= \begin{pmatrix}
\text{var}[X_1] & \text{cov}[X_1, X_2] & \cdots & \text{cov}[X_1, X_d] \\
\text{cov}[X_2, X_1] & \text{var}[X_2] & \cdots & \text{cov}[X_2, X_d] \\
\vdots & \vdots & & \vdots \\
\text{cov}[X_d, X_1] & \text{cov}[X_d, X_2] & \cdots & \text{var}[X_2]
\end{pmatrix}
\end{aligned} \tag{3.58}
$$

X 与 Y 之间的相关系数定义为

$$\text{corr}[X, Y] \overset{\text{def}}{=} \frac{\text{cov}[X, Y]}{\sqrt{\text{var}[X]\text{var}[Y]}} \tag{3.59}$$

相关矩阵具有的形式为

$$
\boldsymbol{R} = \begin{pmatrix}
\text{corr}[X_1, X_1] & \text{corr}[X_1, X_2] & \cdots & \text{corr}[X_1, X_d] \\
\vdots & \vdots & & \vdots \\
\text{corr}[X_d, X_1] & \text{corr}[X_d, X_2] & \cdots & \text{corr}[X_d, X_d]
\end{pmatrix} \tag{3.60}
$$

可以证明 $-1 \leqslant \text{corr}[X, Y] \leqslant 1$。因此在相关矩阵中，在对角线上的元素为 1，且其他元素在 -1 和 1 之间。

可以证明 $\text{corr}[X, Y] = 1$ 当且仅当对某个参数 a 和 b，$Y = aX + b$，即 X 和 Y 间线性相关。

3.4.2　多变量高斯分布

多变量高斯分布或多变量正态分布（MVN）被广泛应用于连续变量的联合概率密度函数中。

D 维多变量正态分布（MVN）的概率密度函数定义如下：

$$\mathcal{N}(\boldsymbol{x} \mid \boldsymbol{\mu}, \boldsymbol{\Sigma}) \stackrel{\text{def}}{=} \frac{1}{(2\pi)^{D/2} |\boldsymbol{\Sigma}|^{1/2}} e^{-\frac{1}{2}(\boldsymbol{x}-\boldsymbol{\mu})^{\mathrm{T}} \boldsymbol{\Sigma}^{-1}(\boldsymbol{x}-\boldsymbol{\mu})} \tag{3.61}$$

式中，$\boldsymbol{\mu} = E[\boldsymbol{x}] \in \mathbb{R}^D$，为均值向量；$\boldsymbol{\Sigma} = \mathrm{cov}[\boldsymbol{x}]$，为 $D \times D$ 的协方差矩阵。有时将工作在精度矩阵项代替浓度矩阵项。这正是协方差矩阵的倒数，即 $\boldsymbol{\Lambda} = \boldsymbol{\Sigma}^{-1}$。归一化常数 $(2\pi)^{-D/2} |\boldsymbol{\Lambda}|^{1/2}$ 只是保证概率密度函数的积分为 1。

3.4.3　多变量的 t 分布

替代多变量正态分布的一个鲁棒性较好的分布是多变量 t 分布，其概率密度函数为

$$\mathcal{T}(\boldsymbol{x} \mid \boldsymbol{\mu}, \boldsymbol{\Sigma}, \nu) = \frac{\Gamma(\nu/2 + D/2)}{\Gamma(\nu/2)} \frac{|\boldsymbol{\Sigma}|^{-1/2}}{\nu^{D/2} \pi^{D/2}} \times \left[1 + \frac{1}{\nu}(\boldsymbol{x}-\boldsymbol{\mu})^{\mathrm{T}} \boldsymbol{\Sigma}^{-1}(\boldsymbol{x}-\boldsymbol{\mu})\right]^{-\left(\frac{\nu+D}{2}\right)}$$

$$= \frac{\Gamma(\nu/2 + D/2)}{\Gamma(\nu/2)} |\pi \boldsymbol{V}|^{-1/2} \times \left[1 + (\boldsymbol{x}-\boldsymbol{\mu})^{\mathrm{T}} \boldsymbol{V}^{-1}(\boldsymbol{x}-\boldsymbol{\mu})\right]^{-\left(\frac{\nu+D}{2}\right)} \tag{3.62}$$

式中，$\boldsymbol{\Sigma}$ 称为尺度矩阵（因为它确实不是协方差矩阵）；$\boldsymbol{V} = \nu\boldsymbol{\Sigma}$。这比高斯分布具有更快的拖尾，$\nu$ 越小；拖尾越快；当 $\nu \to \infty$ 时，分布趋向于高斯分布。多变量的 t 分布具有以下性质：

$$\text{mean} = \mu, \text{mode} = \mu, \text{cov} = \frac{\nu}{\nu-1}\boldsymbol{\Sigma} \tag{3.63}$$

3.4.4　狄利克雷分布

一个贝塔分布的多变量推广是狄利克雷（Dirichlet）分布，纯形概率定义为

$$S_K = \left\{\boldsymbol{x}: 0 \leqslant x_k \leqslant 1, \sum_{k=1}^{K} x_k = 1\right\} \tag{3.64}$$

概率密度函数定义如下：

$$\mathrm{Dir}(\boldsymbol{x} \mid \alpha) \stackrel{\text{def}}{=} \frac{1}{\mathrm{B}(\alpha)} \prod_{k=1}^{K} x_k^{\alpha_k - 1} \mathbb{I}(\boldsymbol{x} \in S_K) \tag{3.65}$$

式中，$B(\alpha_1, \cdots, \alpha_K)$ 是贝塔函数的 K 个变量的自然推广。

$$\mathrm{B}(\alpha) \stackrel{\text{def}}{=} \frac{\prod_{k=1}^{K} \Gamma(\alpha_k)}{\Gamma(\alpha_0)} \tag{3.66}$$

其中

$$\alpha_0 \stackrel{\text{def}}{=} \sum_{k=1}^{K} \alpha_k$$

狄利克雷分布还具有如下性质：

$$E[x_k] = \frac{\alpha_k}{\alpha_0}, \mathrm{mod}[x_k] = \frac{\alpha_k - 1}{\alpha_0 - K}, \mathrm{var}[x_k] = \frac{\alpha_k(\alpha_0 - \alpha_k)}{\alpha_0^2(\alpha_0 + 1)} \tag{3.67}$$

其中 $\alpha_0 = \sum\limits_{k} \alpha_k$。我们常用对称狄利克雷先验分布，$\alpha_k = \alpha/K$，在这种情况下，均值变成了 $1/K$，方程变为 $var[x_k] = \dfrac{K-1}{K^2(\alpha+1)}$。因此，增加 α 即增加分布精度（减小方差）。

3.5　随机变量的变换

如果 $x \sim p(\cdot)$ 是某个随机变量，并且 $y = f(x)$，那么 y 的分布是什么？这是本节要解决的问题。

3.5.1　线性变换

假设 $f(\cdot)$ 是线性函数：
$$y = f(x) = Ax + b \tag{3.68}$$
在这种情况下，可以容易地推导出 y 的均值和协方差。对于均值，有
$$E[y] = E[Ax + b] = A\mu + b \tag{3.69}$$
式中，$\mu = E[x]$，被称为线性期望。如果 $f(\cdot)$ 是标量函数 $f(x) = a^T x + b$，那么相应的结果为
$$E[a^T x + b] = a^T \mu + b \tag{3.70}$$
对于协方差，有
$$\mathrm{cov}[y] = \mathrm{cov}[Ax + b] = A\Sigma A^T \tag{3.71}$$
式中，$\Sigma = \mathrm{cov}[x]$。如果 $f(\cdot)$ 是标量，那么结果变成
$$\mathrm{var}[y] = \mathrm{var}[a^T x + b] = a^T \Sigma a \tag{3.72}$$

3.5.2　通用变换

如果 X 是离散随机变量，那么可以简单地通过对所有随机变量 x 的概率质量求和，推导出 y 的 pmf（概率质量函数），即对 $f(x) = y$，有
$$p_y(y) = \sum_{x:\,f(x)=y} p_x(x) \tag{3.73}$$
例如，如果 X 是偶数，则 $f(X) = 1$；否则 $f(X) = 0$，$p_x(X)$ 是在集 $\{1, \cdots, 10\}$ 上的均匀分布，那么 $p_y(1) = \sum\limits_{x \in \{2,4,6,8,10\}} p_x(x) = 0.5$；且同样 $p_y(0) = 0.5$。请注意，在这个例子中，$f(\cdot)$ 是一对多函数。

如果 X 是连续的，那么不能采用式（3.73），因为 $p_x(x)$ 是密度而不是 pmf，所以不能对密度求和，而是采用 cdf，写成
$$P_y(y) \stackrel{\text{def}}{=} P(Y \leqslant y) = P(f(X) \leqslant y) = P(X \in \{x \mid f(x) \leqslant y\}) \tag{3.74}$$
可以由对 cdf 的微分推导出 y 的 pdf。

在单调、可逆的函数的情况下，有
$$P_y(y) = P(f(X) \leqslant y) = P(X \leqslant f^{-1}(y)) = P_x(f^{-1}(y)) \tag{3.75}$$
代入导数得到

$$p_y(y) \overset{\text{def}}{=} \frac{\text{d}}{\text{d}y} P_y(y) = \frac{\text{d}}{\text{d}y} P_x(f^{-1}(y)) = \frac{\text{d}x}{\text{d}y} \frac{\text{d}}{\text{d}x} P_x(x) = \frac{\text{d}x}{\text{d}y} p_x(x) \tag{3.76}$$

式中，$x = f^{-1}(y)$。可以将 $\text{d}x$ 看做 x 空间的一个测度；同样，$\text{d}y$ 也可看做 y 空间的一个测度。于是 $\frac{\text{d}x}{\text{d}y}$ 为测度的变化。由于符号的变动不重要，因此将其绝对值代入，得到通用等式：

$$p_y(y) = p_x(x) \left| \frac{\text{d}x}{\text{d}y} \right| \tag{3.77}$$

这称为变量变换公式。以下我们将会更直观地理解这个结果。将在 $(x, x+\delta x)$ 范围的观察转换为 $(y, y+\delta y)$ 范围的观察，这里 $p_x(x)\delta x \approx p_y(y)\delta y$。于是

$$p_y(y) \approx p_x(x) \left| \frac{\delta x}{\delta y} \right|$$

例如，若 $X \sim U(-1, 1)$，且 $Y = X^2$，则

$$p_y(y) = \frac{1}{2} y^{-\frac{1}{2}}$$

下面介绍多变量变换。

我们可以将先前的结果扩展到多变量分布中。令函数 $f(\cdot)$ 为 $\mathbb{R}^n$ 映射到 $\mathbb{R}^n$ 的函数，且令 $y = f(x)$，那么它的雅克比矩阵 J 由下式给出：

$$J_{x \to y} \overset{\text{def}}{=} \frac{\partial(y_1, \cdots, y_n)}{\partial(x_1, \cdots, x_n)} \overset{\text{def}}{=} \begin{pmatrix} \dfrac{\partial y_1}{\partial x_1} & \cdots & \dfrac{\partial y_1}{\partial x_n} \\ \vdots & & \vdots \\ \dfrac{\partial y_n}{\partial x_1} & \cdots & \dfrac{\partial y_n}{\partial x_n} \end{pmatrix} \tag{3.78}$$

当应用 $f(\cdot)$ 时，$|\det J|$ 度量了一个单位立方体在体积上的变化。

如果 $f(\cdot)$ 是一个可逆映射的，那么可以用逆映射 $y \to x$ 的雅克比定义变换变量的 pdf：

$$p_y(y) = p_x(x) \left| \det\left(\frac{\partial x}{\partial y}\right) \right| = p_x(x) |\det J_{y \to x}| \tag{3.79}$$

作为一个简单的例子，考虑从直角坐标 $x = (x_1, x_2)$ 变换到极坐标 $y = (r, \theta)$ 的密度，这里 $x_1 = r\cos\theta$, $x_2 = r\sin\theta$。那么

$$J_{y \to x} = \begin{pmatrix} \dfrac{\partial x_1}{\partial r} & \dfrac{\partial x_1}{\partial \theta} \\ \dfrac{\partial x_2}{\partial r} & \dfrac{\partial x_2}{\partial \theta} \end{pmatrix} = \begin{pmatrix} \cos\theta & -r\sin\theta \\ \sin\theta & r\cos\theta \end{pmatrix} \tag{3.80}$$

以及

$$|\det J| = |r\cos^2\theta + r\sin^2\theta| = |r| \tag{3.81}$$

因此

$$p_y(y) = p_x(x) |\det J| \tag{3.82}$$

$$p_{r, \theta}(r, \theta) = p_{x_1, x_2}(x_1, x_2) r$$

$$= p_{x_1, x_2}(r\cos\theta, r\sin\theta) r \tag{3.83}$$

从几何上看，图 3.2 中的阴影块由下式给出：

$$P(r \leqslant R \leqslant r + \text{d}r, \theta \leqslant \Theta \leqslant \theta + \text{d}\theta) = p_{r, \theta}(r, \theta) \text{d}r \text{d}\theta \tag{3.84}$$

在极限上，它等于该阴影块中心的密度 $p(r, \theta)$ 乘以该块的大小 $r\mathrm{d}r\mathrm{d}\theta$，因此

$$p_{r, \theta}(r, \theta)\mathrm{d}r\mathrm{d}\theta = p_{x_1, x_2}(r\cos\theta, r\sin\theta)r\mathrm{d}r\mathrm{d}\theta \tag{3.85}$$

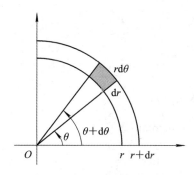

图 3.2 极坐标到正交坐标的变量变换（阴影块的面积为 $r\mathrm{d}r\mathrm{d}\theta$。）

3.5.3 中心极限定理

现考虑 N 个具有概率密度函数为 $p(x_i)$ 的随机变量（不一定是高斯概率密度函数），每个随机变量具有均值 μ 和方差 σ^2。假设每个变量是独立同分布的或简写为 iid，令 $S_N = \sum\limits_{i=1}^{N} X_i$ 是随机变量的和。这是一个简单的但广泛应用于随机变量的变换。可以证明，当 N 增加时，这个和的分布接近

$$p(S_N = s) = \frac{1}{\sqrt{2\pi N \sigma^2}} \mathrm{e}^{-\frac{(s-N\mu)^2}{2N\sigma^2}} \tag{3.86}$$

因此分布

$$Z_N \stackrel{\text{def}}{=\!=} \frac{S_N - N\mu}{\sigma\sqrt{N}} = \frac{\bar{X} - \mu}{\sigma\sqrt{N}} \tag{3.87}$$

收敛到标准正态分布。式中，$\bar{X} = \dfrac{1}{N}\sum\limits_{i=1}^{N} x_i$ 为样本的均值。这个结论被称为中心极限定理。

3.6 蒙特卡洛逼近

一般来说，采用变量变换公式来计算随机变量的分布函数是困难的，以下介绍一个简单且强大的替代方法。首先，从分布中产生 S 个样本，称它们为 $x_1, \cdots, x_S$（产生这样的样本有许多方法，对高维分布，一个流行的方法称为马尔科夫链的蒙特卡洛或 MCMC）；给定样本，可以用经验分布 $\{f(x_s)\}_{s=1}^{S}$ 逼近 $f(X)$，称为蒙特卡洛（MC）逼近，被广泛应用在统计学。

我们可以用蒙特卡洛逼近任一随机变量函数的期望值，先简单地画出样本，然后应用样本计算该函数的算数平均。可写成如下形式：

$$E[f(X)] = \int f(x)p(x)\mathrm{d}x \approx \frac{1}{S}\sum_{s=1}^{S} f(x_s) \tag{3.88}$$

式中，$x_s \sim p(X)$。式(3.88)称为蒙特卡洛(MC)积分，具有在数值积分上的优点(基于评估在固定网格上的点的函数)，函数只在不可忽略概率的情况下才能得到评估。

通过对函数 $f(\cdot)$ 的变换，可以逼近许多我们感兴趣的量，具体如下：

(1) $\bar{x} = \dfrac{1}{S} \displaystyle\sum_{s=1}^{S} x_s \rightarrow E[X]$；

(2) $\dfrac{1}{S} \displaystyle\sum_{s=1}^{S} (x_s - \bar{x})^2 \rightarrow \mathrm{var}[X]$；

(3) $\dfrac{1}{S} \# \{x_s \leqslant c\} \rightarrow P(X \leqslant c)$；

(4) $\mathrm{median}\{x_1, \cdots, x_S\} \rightarrow \mathrm{median}(X)$。

3.6.1　MC 方法

在 3.5.2 节中，我们讨论了如何分析计算随机变量函数 $y = f(x)$ 的分布问题，一个较简单的方法是采用蒙特卡洛逼近。例如，若 $x \sim \mathrm{Unif}(-1, 1)$ 及 $y = x^2$，可以通过从 $p(x)$ 得到的许多样本，对其平方并计算经验分布来逼近 $p(y)$。

3.6.2　圆周率的蒙特卡洛积分估计

MC 逼近可用在许多应用领域，不仅仅在统计学中。假设要估计圆周率 π，我们知道用半径表示圆的面积是 πr^2，但它也等于以下定义的积分：

$$I = \int_{-r}^{r} \int_{-r}^{r} \mathbb{I}(x^2 + y^2 \leqslant r^2) \mathrm{d}x \mathrm{d}y \tag{3.89}$$

因此 $\pi = I / r^2$。用蒙特卡洛积分逼近 π。设 $f(x, y) = \mathbb{I}(x^2 + y^2 \leqslant r^2)$ 为圆内每个点为 1、圆外的点为 0 的指标函数，$p(x)$ 和 $p(y)$ 均为在 $[-r, r]$ 上的均匀分布，因此 $p(x) = p(y) = 1/(2r)$。那么

$$\begin{aligned}
I &= (2r)(2r) \iint f(x, y) p(x) p(y) \mathrm{d}x \mathrm{d}y \\
&= 4 r^2 \iint f(x, y) p(x) p(y) \mathrm{d}x \mathrm{d}y \\
&\approx 4 r^2 \frac{1}{S} \sum_{s=1}^{S} f(x_s, y_s)
\end{aligned} \tag{3.90}$$

可以发现，$\hat{\pi} = 3.1416$，具有的标准误差为 0.09。

3.6.3　蒙特卡洛逼近的精度

蒙特卡洛逼近的精度随样本大小的增加而增加。

如果用 $\mu = E[f(X)]$ 表示精确均值，并用 $\hat{\mu}$ 表示蒙特卡洛逼近，可以证明，对具有独立的样本，有

$$(\hat{\mu} - \mu) \rightarrow N\left(0, \frac{\sigma^2}{S}\right) \tag{3.91}$$

其中

$$\sigma^2 = \text{var}[f(X)] = E[f(X)^2] - E[f(X)]^2 \tag{3.92}$$

这是中心极限定理的结果。当然，在上式中的 σ^2 是未知的，但它可由蒙特卡洛估计：

$$\hat{\sigma}^2 = \frac{1}{S} \sum_{s=1}^{S} (f(x_s) - \hat{\mu})^2 \tag{3.93}$$

近似得到，那么有

$$P\left\{\mu - 1.96\,\frac{\hat{\sigma}}{\sqrt{S}} \leqslant \hat{\mu} \leqslant \mu + 1.96\,\frac{\hat{\sigma}}{\sqrt{S}}\right\} \approx 0.95$$

将 $\sqrt{\dfrac{\hat{\sigma}^2}{S}}$ 项称为标准（数值或经验）误差，它是对 μ 的确定性的估计。

如果在 $\pm\varepsilon$ 内至少有 95% 的概率的精度，那么需要采用 S 个样本满足 $1.96\,\dfrac{\hat{\sigma}}{\sqrt{S}} \leqslant \varepsilon$。我们可以将 1.96 近似为 2，即 $S \geqslant \dfrac{4\,\hat{\sigma}^2}{\varepsilon^2}$。

小　结

本章介绍了一些概率方面的基础知识。首先回顾了概率的基本概念，包括概率的离散与连续随机变量、基本运算规则、贝叶斯公式、独立性、分位数、均值和方差；其次介绍了一些常用的分布，包括二项式分布与伯努利分布、多项式分布与 Multinoulli 分布、泊松分布、经验分布等。另外也介绍了某些常用的连续分布，包括正态分布和拉普拉斯分布等。

在介绍联合概率分布时，涉及了协方差与相关、多变量分布、狄利克雷（Dirichlet）分布等内容。最后介绍了随机变量的变换和蒙特卡洛逼近。

思考与练习题

3.1　试证明和的方差为 $\text{var}[X+Y] = \text{var}[X] + \text{var}[Y] + 2\text{cov}[X, Y]$。其中 $\text{cov}[X, Y]$ 是 X 和 Y 间的协方差。

3.2　贝叶斯法则的医疗诊断问题。某人 A 进行年度体检后，医生有一个坏消息和一个好消息。坏消息是，A 有严重的疾病，检查结果呈阳性，检测是 99% 精确的（即 给出 A 患病的呈阳性的检测概率为 0.99；类似地，给出 A 没有患病的检查结果呈阴性的概率）。好消息是，这是一个罕见的疾病，平均每 10 000 个人中只有 1 个人患病。A 确实患有疾病的机会是多少？（说明你的计算，同时给出最终结果）。

3.3　条件独立性问题：

（1）设 $H \in \{1, \cdots, K\}$ 为离散随机变量，令 e_1 和 e_2 为两个随机变量 E_1 和 E_2 的观测值。假设要计算向量

$$\boldsymbol{P}(H \mid e_1, e_2) = (P(H = 1 \mid e_1, e_2), \cdots, P(H = K \mid e_1, e_2))$$

那么下面哪一组是充分用于计算的？

(i) $P(e_1, e_2)$, $P(H)$, $P(e_1 \mid H)$, $P(e_2 \mid H)$;

(ii) $P(e_1, e_2)$, $P(H)$, $P(e_1, e_2 \mid H)$;

(iii) $P(e_1 \mid H)$, $P(e_2 \mid H)$, $P(H)$。

(2) 现在假定 $E_1 \perp E_2 \mid H$ (即 在给定 H 后，E_1 和 E_2 是条件独立的)，那么，以上三组中的哪一组是充分的？

说明你的计算，同时给出最终结果。

(**提示：**应用贝叶斯法则。)

3.4　两两独立并不意味着相互独立问题。我们说两个随机变量是两两独立的，如果 $p(X_2 \mid X_1) = p(X_2)$，那么

$$p(X_2, X_1) = p(X_1)p(X_2 \mid X_1) = p(X_1)p(X_2)$$

我们说 n 个随机变量是相互独立的，如果 $p(X_i \mid X_S) = p(X_i) \forall S \in \{1, \cdots, n\} \setminus \{i\}$，那么

$$p(X_{1:n}) = \prod_{i=1}^{n} p(X_i)$$

说明变量之间的两两独立并不一定意味着相互独立。请举出反例。

3.5　我们说 $X \perp Y$ 当且仅当

$$p(x, y \mid z) = p(x \mid z)p(y \mid z)$$

对所有 x, y, z 即有 $p(z) > 0$。现在证明以下另一种定义：$X \perp Y \perp Z$ 当且仅当存在函数 g 和 h，使得

$$p(x, y \mid z) = g(x, z)h(y, z)$$

3.6　下面的性质为真吗？试证明或反驳。(注意，我们不限制可以用图形模型表示分布。)

(1) $(X \perp W \mid Z, Y) \wedge (X \perp Y \mid Z) \Rightarrow (X \perp Y, W \mid Z)$ 是真或假？

(2) $(X \perp W \mid Z) \wedge (X \perp Y \mid W) \Rightarrow (X \perp Y \mid Z, W)$ 是真或假？

3.7　设 $X \sim \text{Ga}(a, b)$，即

$$\text{Ga}(x \mid a, b) = \frac{b^a}{\Gamma(a)} x^{a-1} e^{-xb}$$

设 $Y = 1/X$。证明 $Y \sim \text{IG}(a, b)$，即

$$\text{IG}(x \mid \text{shape} = a, \text{scale} = b) = \frac{b^a}{\Gamma(a)} x^{-(a+1)} e^{-b/x}$$

(**提示：**应用变量变换公式。)

3.8　零均值高斯分布的归一化常数由下式给出：

$$Z = \int_a^b e^{-\frac{x^2}{2\sigma^2}} dx$$

其中，$a = -\infty$，$b = \infty$。为了计算可考虑它的平方

$$Z^2 = \int_a^b \int_a^b e^{-\frac{x^2+y^2}{2\sigma^2}} dx dy$$

用 $x = r\cos\theta$ 及 $y = r\sin\theta$ 从直角坐标 (x, y) 变换到极坐标 (r, θ)。由于 $dxdy = rdrd\theta$

及 $\cos^2\theta + \sin^2\theta = 1$，因此

$$Z^2 = \int_0^{2\pi}\int_0^{\infty} r\,\mathrm{e}^{-\frac{r^2}{2\sigma^2}}\,\mathrm{d}r\mathrm{d}\theta$$

试估计这个积分并证明 $Z = \sigma\sqrt{2\pi}$。

（提示 1：将积分分成两项的乘积，第一项（涉及 θ）为常数，非常容易。

提示 2：如果 $u = \mathrm{e}^{-r^2/2\sigma^2}$，那么 $\dfrac{\mathrm{d}u}{\mathrm{d}r} = -\dfrac{r}{\sigma^2}\,\mathrm{e}^{-r^2/2\sigma^2}$，因此第二项积分也是容易做出的，原因是 $\displaystyle\int u'(r)\mathrm{d}r = u(r)$。　）

第 4 章　数据挖掘基础

4.1　数据挖掘的基本概念

4.1.1　数据挖掘的含义

数据挖掘(Data Mining)指的是从大量的结构化、半结构化和非结构化数据中提取有用的信息和知识的过程。

数据挖掘也可看做一类深层次的新型数据分析方法,它与传统的查询、报表、联机应用分析的数据分析的本质区别在于:数据挖掘是在没有明确假设的前提下来挖掘信息、发现知识,所得到的信息通常是预先未知的,有时也是很难预料到的,甚至与人的直觉是相违背的,但又是非常有用的。而传统的数据分析得到的信息则是浮在表面的,人的直觉能够感受到或与人的直觉较为接近的。

数据挖掘也可以当作一个在海量数据中探索数据间的关系,利用各种分析工具构建数据分析模型,发现隐藏于数据之中知识的过程。这一过程可由若干步骤构成:

第一步,数据治理。以消除冗余数据,排除噪音,保证数据的纯洁和一致。

第二步,数据集成。对多种数据源进行聚合,建立数据间的关系。

第三步,数据选择。根据问题选择欲挖掘的数据库。

第四步,数据转换。把数据变换成适合于挖掘的形式,如关联、集聚、重组等。

第五步,数据挖掘。具体的挖掘过程为构造数据提取模式,检索数据知识。

第六步,挖掘结果评估。利用兴趣度测量法,确定表示知识最有趣的模式。

第七步,知识表示。将挖掘出的知识向用户展示,可利用可视化的知识表达技术。

被挖掘的原始数据形式是复杂多样化的,有结构化数据、异构化的数据和半结构化数据,甚至包括多媒体数据的非结构化数据。数据挖掘方法也是多种多样的,如数学方法(或非数学方法)、演绎法、归纳法、聚类法、分类法、关联法、孤立点分析法、文本数据的挖掘法和对复杂数据的挖掘法等等。被挖掘出来的数据和知识应用非常广泛,可以用于知识管理、信息服务的知识报送、企业竞争及客户关系管理,以及用于决策支持和过程控制等领域。

数据挖掘和知识发现的学习和研究过程中,数据、信息和知识是三个非常重要的概念,这三者之间既有区别又有联系,在受到其他因素的影响时,它们之间将会进行转化。图 4.1 给出了数据、信息与知识的转化过程。在实际的数据挖掘中,从数据到知识也是这样一种转化过程,它需要采用各种算法和模式来实现。

数据挖掘的本质就是知识发现,但该"知识发现"是

图 4.1　数据、信息与知识的转化过程

隐藏在大量数据之中的关联信息，所有的知识都是有特定前提和约束条件的，是面向特定领域的。而且，这些知识还要能够易于被用户理解，能用自然语言表达所发现的结果。

4.1.2　数据挖掘对象

原则上讲，数据挖掘可以针对任何类型的数据库，当然也包括非数据库组织的文本数据源、Web 数据源以及复杂的多媒体数据源等。

1. 数据仓库

数据仓库(Data Warehouse)可以说是数据库技术发展的高级阶段，它是面向主题的、集成的、内容相对稳定的、随时间变化的数据集合，可以用来支持管理决策的制定过程。数据仓库系统允许将各种应用系统和多个数据库集成在一起，为统一的历史数据分析提供坚实的平台。数据仓库最有效的数据挖掘工具是多维分析方法，也称为联机分析处理(OnLine Analytical Processing，OLAP)。

数据挖掘为数据仓库提供了有效的分析处理手段，数据仓库为数据挖掘准备了良好的数据源。与传统数据库相比，数据仓库具有许多特点：

第一，面向主题。比如政策数据仓库、客户数据仓库。

第二，集成性，它不是简单的数据堆积，而是经过清理、去冗、综合多个数据源将其集成到数据仓库。

第三，数据的只读性。对用户来说，数据仓库小的数据只供查询、检索和提取，不能进行修改、删除等操作。

第四，数据的历史性。历史性主要指对过去数据的积累。

第五，随时间的变化性。数据仓库中的数据随时间推移而定期地被更新。

2. 文本数据库

文本数据库所记载的内容均为文字，这些文字并不是简单的关键词，而是长句、段落甚至全文。文本数据库多数为非结构化的，也有些是半结构化的(如题录数据加全文，HTML、E-mail 邮件等)。Web 网页也是文本信息，把众多的 Web 网页组成数据库就是最大的文本数据库。如果文本数据具有良好的结构，则也可以使用关系数据库来实现。

用户从大量的文本信息源中获取信息，希望能够得到反映某个主题的所有文本，或希望获取某类信息的所有文本，由于找到的文本很多，篇幅也可能很长，因此希望能够把长文本浓缩成反映文本主要内容的短文本(摘要)，通过对短文本的阅读进一步筛选信息。针对文本数据库的数据挖掘，主要内容包括文本的主题特征提取、文本分类、文本聚类和文本摘要等。

3. 复杂类型数据库

复杂类型数据库是指非单纯文本的数据库或能够表示动态的序列数据的数据库。它主要有如下几类：

(1) 空间数据库。它主要指存储空间信息的数据库，其中数据可能以光栅格式提供，也可能用向量图形数据表示。例如，地理信息数据库、卫星图像数据库、城市地下管道、下水道及各类地下建筑分布数据库等。对空间数据库的挖掘可以为城市规划、生态规划、道路修建提供决策支持。

（2）时序数据库。它主要用于存放与时间相关的数据，可用来反映随时间变化的即时数据或不同时间发生的不同事件。例如，连续存放即时的股票交易信息、卫星轨道信息等。对时序数据的挖掘可以发现事件的发展趋势、事物的演变过程和隐藏特征，这些信息对事件的计划、决策和预警将非常有用。

（3）多媒体数据库。它用于存放图像、声音和视频信息的数据库。由于多媒体技术的发展，以及相关研究（如可视化信息检索、虚拟现实技术）的成就，多媒体数据库逐渐普及，并应用于许多重要研究领域。目前，多媒体数据的挖掘主要放在对图像数据的检索与匹配，随着研究的深入将会拓展到对声音、视频信息的挖掘处理。

4．大数据

大数据包括了结构化、半结构化和非结构化数据。

4.1.3　数据挖掘系统的体系结构

数据挖掘系统是一个集信息管理、信息检索、专家系统、分析评价、数据仓库等为一体的软件系统。它由数据库管理模块、挖掘前处理模块、挖掘操作模块、模式评估模块、知识输出模块等组成，这些模块的有机组成就构成了数据挖掘系统的体系结构，如图 4.2 所示。

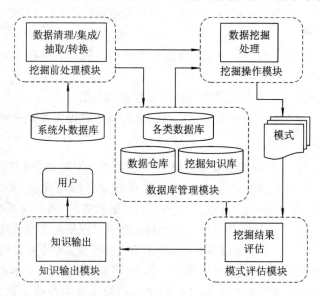

图 4.2　数据挖掘系统体系结构

1．挖掘操作模块

挖掘操作模块利用各种数据挖掘算法对各类数据库、数据仓库、挖掘知识库进行挖掘，并借助挖掘知识库中的规则、方法、经验和事实数据等挖掘和发现知识。该模块是整个数据挖掘系统的核心部分，涉及算法与技术的有关联分析法、判定树归纳法、贝叶斯分类法、回归分析法、各种聚类分析法、联机分析处理、文本挖掘技术、多媒体数据挖掘技术等等。

2．模式评估模块

模式评估模块对数据挖掘结果进行评估。由于所挖掘出的模式可能有许多种，因此需要将用户的兴趣度与这些模式进行分析和比对,评估模式价值,分析不足原因。如果挖掘出的模式与用户兴趣度相差大,那么需返回相应的过程重新执行。符合用户兴趣度的模式将传输给知识输出模块。

3. 知识输出模块

知识输出模块完成对数据挖掘出的模式进行翻译、解析,以人们易于理解的方式提供给真正渴望知识的决策者使用。该模块是用户与数据挖掘系统交流的桥梁,用户可以通过这个界面与挖掘系统直接交互,制定数据挖掘任务,提供信息,帮助挖掘聚焦,根据数据挖掘的各步骤结果进行探索式数据挖掘。

4.2　数据挖掘的功能与方法

4.2.1　数据挖掘的功能

一般地,数据挖掘的功能与挖掘的目标数据类型是密切相关的。某些功能只能应用在某种特定的数据类型上,而某些功能则可以应用在多个不同类型的数据库上。对于数据挖掘任务的确定,必须综合考虑数据挖掘功能、所要挖掘的数据类型和用户的兴趣。

数据挖掘的功能主要包括以下几个方面:概念描述、关联分析、分类、聚类、偏差检测、时序演变分析、信息摘要、信息抽取和元数据挖掘。数据挖掘功能一般可以分为描述性挖掘和预测性挖掘两类。描述性挖掘分析主要用来刻画数据集合的一般特性;预测性挖掘则是根据当前数据进行分析推算,从而达到预测的目的。

1. 概念描述

概念描述(Concept Description)就是通过对与某类对象关联数据的汇总、分析和比较,对此类对象的内涵进行描述,并概括这类对象的有关特征。这种描述是汇总的、简洁的和精确的,它也是非常有用的知识。

概念描述分为特征性描述和区别性描述。概念描述某类对象的共同特征,区别描述不同类对象之间的区别。生成一个类的特征性描述只涉及该类对象中所有对象的共性;生成区别性描述则涉及目标类和对比类中对象的共性。

2. 关联分析

关联分析(Association Analysis)是指从大量的数据中发现项集之间有趣的关联、相关关系或因果结构以及项集的频繁模式。数据关联是数据库中存在的一类重要的可被发现的知识。若两个或多个变量的取值之间存在某种规律性,则称为关联。例如,某两个或多个变量的某个固定取值组合频繁的出现(称为频繁项集),就可以认为这个固定取值的组合表示了一种关联规则。一般而言,这种规则可表述为:"80% 包含项 A、B 和 C 的记录同时也包含项 D 和 E。"而百分比 80% 称为这条规则的置信度(Confidence),它可以衡量规则的确定性;还有一个度量是用来衡量规则有用性的,称为支持度(Support)。这两个度量的定义公式如下:

$$\text{Confidence} = \frac{\text{同时包含项 } A \text{、} B \text{、} C \text{、} D \text{ 和 } E \text{ 的记录数}}{\text{同时包含 } A \text{、} B \text{ 和 } C \text{ 的记录数}} \tag{4.1}$$

$$\text{Support}=\frac{\text{同时包含项 } A、B、C、D \text{ 和 } E \text{ 的记录数}}{\text{总记录数}} \tag{4.2}$$

通常的数据挖掘系统采用最小置信度和最小支持度作为阈值，来筛选有价值或有兴趣的关联规则，用户可以自行设定阈值，以调整挖掘结果。

关联可分为简单关联和因果关联。根据关联规则所涉及变量的多少，又可以分为多维关联规则和单维关联规则。

在关联分析的应用中，有一个经典的例子：美国加州某个超级连锁店通过数据挖掘，从记录着每天销售和顾客基本情况的数据库中发现，在下班后前来购买婴儿尿布的顾客多数是男性，他们往往也同时购买啤酒。于是这个连锁店的经理重新布置了货架，把啤酒类商品布置在婴儿尿布货架附近，并在二者之间放上土豆片之类的佐酒小食品，同时把男士们需要的日常生活用品也就近布置。结果是，上述几种商品的销量马上成倍增长。

上述涉及的是结构化数据的关联分析，对于非结构化或半结构化的文本数据，也可以进行一种基于关键字(词)的关联分析。

文本关联分析过程为：首先，对文本数据库中的文档数据进行处理，得到每个文档的关键字(词)集合；然后把每一文档的唯一标识及其关键字(词)集合当做一个数据对象，对这个数据对象集合应用结构化数据关联挖掘算法，就可以发现经常连续出现或紧密相关的关键字(词)。通过文本关联分析，可以找出词或关键字(词)间的关联。

3. 分类与聚类

1) 分类

分类(Classification)是信息处理的重要组成部分。分类将信息或数据有序地聚合在一起，有助于人们对事物的全面和深入了解。根据处理对象的不同，分类可以分为结构化数据分类和文本数据分类两种。

结构化数据分类的过程为：对于给定的一个对象集合，用一组标记(即一组具有不同特征的类别)来为每一个对象进行归类；然后找出描述并区分这些类的模型或函数，利用这个模型可以预测类标记未知的对象类。这种模型可以是显式的，如一组规则定义；也可以是隐式的，如一个数学模型或公式。目前有很多种结构化数据分类方法，典型的有线性回归方法、决策树方法、If-Then 规则方法和神经网络方法。该分类不仅可以预测数据对象的类标记，还可以用来预测某些空缺或未知的数据值。

文本数据分类是一种重要的文本挖掘工作，鉴于越来越多的电子文档已经无法由人工处理，自动文本数据分类的研究是十分有意义的。文本数据分类的处理过程与结构化数据分类的处理过程相似，首先，它把一组预先归类的文档作为训练集，对训练集进行分析得出分类模型；然后可以利用这些模型对未分类的文档进行归类。

然而，由于文本数据是一种非结构化或半结构化数据，结构化数据分类的一些算法不能应用在文本数据分类上。

一种有效的文档分类方法是基于关联的分类，它基于一组关联的、经常出现的文本模式对文档加以分类。其处理过程如下：首先，通过信息检索和关联分析找出关键词；其次，使用已经存在的词类数据库对关键词进行标注，可以生成关键词的概念层次，训练集中的文档也可以分类为类层次结构；最后，词关联挖掘方法可以用于一组发现关联词，它可以最大化区分一类文档与另一类文档。这样就推导出了每一类文档的一组相关的关联规则。这些分类规则可以根据其出现频率和识别能力加以排序，并用于对新的文档进行分类。

2）聚类

聚类（Clustering）是一种特殊的分类，与分类分析法不同，聚类分析是在预先不知道欲划定类的情况下（如没有预定的分类表、没有预定的类目），根据信息相似度原则进行信息集聚的一种方法。聚类的目的是根据最大化类内的相似性、最小化类间的相似性这一原则，合理地划分数据集合，并用显式或隐式的方法描述不同的类别。因此，聚类的意义也在于将观察到的内容组织成类，把类似的事物组织在一起。通过聚类，人们能够识别密集的和稀疏的区域，进而发现全局的分布模式以及数据属性之间的有趣的关系。

聚类也分为结构化数据聚类和文本数据聚类两种。结构化数据聚类指的是这样一个过程：它将物理或抽象对象的集合分组成为由类似的对象组成的多个类。聚类分析的主要方法是基于距离的统计方法。另外，机器学习领域的自组织特征映射（SOM）方法也用于聚类分析。聚类分析的应用很广泛，如刻画不同的客户群的特征等。

文本数据聚类是将主题相关的文献聚成一类，有助于人们对文献信息的进一步处理。

聚类的主要方法有单遍聚类、逆中心距聚类、自上而下精分法、密度测试法及图聚类法等。

4. 偏差检测

偏差检测（Deviation Detection）是对数据库中的偏差数据进行检测和分析。数据库中的数据常有一些异常记录，它们与其他数据的一般行为或模型不一致。这些数据记录就是偏差（Deviation），也称孤立点。偏差的产生可能是某种数据错误造成的，也可能是数据变异所固有的结果。

偏差有很多潜在的知识，如分类中的反常实例、不满足规则的特例、观测结果与模型预测值的偏差、量值随时间的变化等。

偏差检测的基本方法是，寻找观测结果与参照值之间有意义的差别。偏差检测算法大致有三类：统计学方法、基于距离的方法和基于偏移的方法。

5. 时序演变分析

数据的时序演变分析（Temporal Evolution Analysis）是针对事件或对象行为随时间变化的规律或趋势，并以此来建立模型的方法。它主要包括时间序列数据分析、序列或周期模式匹配和基于类似性的数据分析。

文本数据中所涉及的事件、对象、时间及地点等一般的关系，已在记忆里形成了一些固定的范畴和关系结构，发掘出这些结构就可以发现文本数据所反映的事物发展和变化的时间顺序，以此作为理解文本的一条重要线索。这就是文本数据的时序分析。

6. 信息摘要

信息摘要（Information Summarization）是一种自动编制文摘的技术，即利用计算机将一篇文章浓缩成一篇短文的过程。文摘是以简洁的篇幅，忠实地反映原文内容的一段简短文字。通过阅读信息摘要，人们可以快速地掌握大量文献的基本内容，提高获取信息的效率。

由于自然语言理解技术尚未取得突破性的进展，因此让计算机通过理解文献内容，然后总结和概括编写文摘的思路还不成熟。目前比较实用的自动文摘方法都是基于词频统计思想的，再结合模仿人工编制文摘的方法。其基本思路是：根据句子中关键词的词频统计或句子在文章中出现的位置(如标题、段首或某些提示短语后面的句子)等信息来确定句子在文章中的重要程度，然后把重要的句子抽取出来，再按照一定规则加以连接、润色生成摘要。

7. 信息抽取

信息抽取(Information Extraction)就是根据一个事先定义好的、描述所需信息规格的模板，从非结构化的文本中抽取相关信息的过程。这个模板通常说明了某些事件、实体或关系的类型。信息抽取可以帮助人们快速找到和浏览文本中的有用信息。大量的非结构化或半结构化文本数据中，包含了很多无用和冗余的信息，同时也包含了很多可以用结构化形式表示的数据信息，比如公式、某个重要的数据、各种名称、概念等。从文本中提取这些信息，然后根据它们之间的关系组织起来，可以从特定的角度提供对于文本数据的概览。

8. 元数据挖掘

元数据挖掘(Metadata Mining)是指对元数据进行的挖掘。例如，对文本元数据的挖掘。文本元数据可以分为两类，一类是描述性元数据，包括文本的名称、日期、大小、类型等信息；另一类是语义性元数据，包括文本的作者、标题、机构、内容等信息。文本的元数据挖掘对于更深层次的文本挖掘来说，是一个重要的基础性的工作，它可以为进一步的文本挖掘提供有价值的参考信息。

4.2.2　数据挖掘的过程

1. 跨行业数据挖掘过程标准

跨行业数据挖掘过程标准是一个分层次的过程模型。其中，最上层称为阶段层(Phase Level)，它包含从商务理解到结果实施的六个开放性阶段。第二层称为一般任务层(Generic Task Level)，它详细描述了每一个阶段所包含的任务。这些描述是一般性的，但可以概括所有的数据挖掘情况。第三层是专门任务层(Specialized Task Level)，该层将描述上一层中的一般性任务在具体的特定环境下的执行情况。例如，数据清洗这个任务将细化为数值型数据的清洗或类别型数据的清洗。第四层是过程实例层(Process Instance Level)，它是一个数据挖掘项目的实际执行过程的行动、决策和结果的记录。一个过程实例是按照上一层所定义的专门任务来组织的，但它所描绘的是一次特定的数据挖掘项目中所实际发生的活动，而不是一般意义上的。

2. 数据挖掘项目生命周期

数据挖掘项目生命周期的六个阶段分别是业务理解(Business Understanding)、数据理解(Data Understanding)、数据准备(Data Preparation)、建立模型(Modeling)、评价(Evaluation)和实施(Deployment)。

1) 业务理解

业务理解是指从业务角度理解项目的目标和需求。它的主要目的是，把项目的目标和需求转化为一个数据挖掘问题的定义和一个实现这些目标的初步计划。这一阶段所包含的一般性任务如下：

（1）确定业务目标。数据挖掘项目小组中分析人员的首要任务就是要从业务的角度，全面地理解客户的真正意图和需求。要充分发挥数据挖掘的价值，就必须对业务目标有一个清晰、明确的定义。有效的问题定义还应该包括一个对数据挖掘项目结果进行评价的标准以及整个项目预算和理性的解释。这一步产生的输出为背景、业务目标和业务成功标准。

（2）评估环境。评估环境是指对所有的资源、约束、假设和其他应考虑的因素进行更加详细的分析和评估，以便下一步确定数据分析目标和项目计划。这一步产生的输出为资源清单、需求，假设和约束、风险和所有费用、术语表、成本和收益。

（3）确定数据挖掘目标。与业务目标不同，数据挖掘目标是从技术的角度描述项目的目的，需要把业务领域的目标投影到数据挖掘领域，得到相应的数据挖掘目标。这一步产生的输出为数据挖掘目标和数据挖掘成功标准。

（4）项目计划。该阶段的主要任务是描述如何完成数据挖掘目标，制订达到业务目标的计划。计划中需要列出项目将要执行的阶段，以及每个阶段的时间、所需资源、输入、输出和依赖。项目计划应包括每个阶段的详细计划，并随着每个阶段结束和回顾进行动态调整。这一步产生的输出为项目计划、工具和技术的初步评价。

2）数据理解

数据理解是对数据挖掘所需数据的全面调查。它的第一步是原始数据的收集，然后是熟悉这些数据，以便鉴别数据的质量问题，产生对数据的洞察力，形成对数据中隐含信息的假想。

3）数据准备

数据准备阶段包括了所有把原始数据转化为适合数据挖掘工具处理的最终目标数据的活动任务。这些任务往往要执行多次，而且也不一定按照固定的次序操作。它主要包括数据选择、数据清洗、数据构建、数据集成和数据格式化等。

（1）数据选择。数据选择主要用于分析所收集到的数据，并决定选择数据和排除数据的原则和标准。数据选择标准包括与数据挖掘目标的相关程度、质量和技术约束。选择的范围包括数据表中的属性列，也包括记录行。这与对数据进行取样和选择预测变量不同，这里只是粗略地把一些冗余或无关的数据去除，或者是由于资源、费用和数据使用的限制以及质量问题而必须做出的选择。这一步产生的输出为选择与排除数据的基本原则。

（2）数据清洗。数据清洗是将数据质量提升到符合所选择的分析技术的需求。这可能涉及选择数据中干净的子集、插入合适的缺省值或者某些更加深入的技术，如通过建模来估计缺失的数据。数据清洗要保证数据值的正确性和一致性，还要保证这些值是按同样的方法记录的同一件事情。

存在各种各样的数据质量问题。数据字段中可能包含了不正确的值。比如身份证号码字段被录入了年龄数据、男性怀孕、不合理的空值等。

对缺值的处理有着几种不同的策略：一种是把存在缺值的记录删除，这种方法可能会丢失大量的信息；另一种是为缺失的值计算一个替代值，如使用缺值所在字段的中间值、平均值和形式值等来替换；还有一种方法就是为这个缺值的字段用数据挖掘技术建立一个预测模型，然后按照这个模型的预测结果替换缺值。这一步产生的输出为数据清洗报告。

（3）数据构建。这个任务包括建设性的数据准备工作，如导出属性的产生、已有属性的全新记录或变换了的值。导出属性是指那些从同一条记录的一个或几个已有属性构建得来的新属性。这一步产生的输出为导出属性和生成记录。

（4）数据集成。数据集成是指将来自不同表或记录的数据合并起来，产生新的记录或值。合并表指的是将表示同一对象的不同方面信息的多个不同的表连接起来。合并值指的是数据的汇总。数据集成任务涉及冲突和不一致数据的一致化，有时这个任务会变得相当复杂。这一步产生的输出为合并数据。

（5）数据格式化。数据格式化主要指的是对数据进行语法上的修改，而非语义上的修改。这种修改通常是为了满足建模工具的需要。这一步产生的输出为格式化的数据。

4）建立模型

建立模型阶段，将选择和应用多种不同的建模技术（数据挖掘技术），并且校准其参数，使其达到最优值。一般来说，建模技术是解决同一个数据挖掘问题的几种不同的技术，由于不同技术对数据的格式有着不同的要求，因此经常需要返回到数据准备阶段。

5）评价

从数据分析角度来看，已经建立了一个高质量的模型，但是在进入下一步实施这个模型之前，必须对这个模型进行全面的评价，并回顾构建这个模型的步骤，以确定它是否完全达到了业务目标。另外，希望在评价的过程中，能够发现是否有一些主要的业务问题尚未得到充分考虑。在这个阶段中，必须做出是否应用数据挖掘结果的决策。

6）实施

建立一个模型通常并不是一个数据挖掘项目的结束。即使这个模型的目的是增加关于数据的知识，但这些知识也需要被组织和表现，以便用户可以使用它们。实施阶段经常涉及模型在一个组中的决策过程的现场应用，如实时的 Web 页面的个人化。然而，根据实际需要，实施阶段可以是简单的，即产生一份报告；也可以是复杂的，在整个企业范围内实现一个可重复的数据挖掘过程。在很多情况下，是客户而非数据分析人员来执行实施这一步骤。然而，尽管分析人员不需要执行实施步骤，重要的还是让客户预先理解，明确要应用所挖掘出的模型还需执行哪些任务。

4.3　决　策　树

4.3.1　基本概念

决策树方法是与遗传算法、贝叶斯网络、粗糙集、k-最近邻方法、关联算法等分类技术一样，是应用非常普遍的归纳推理算法之一，是一种逼近离散值函数的方法，可将其看做一个布尔函数。决策树是以实例为基础的归纳学习算法，常用来形成分类器和预测模型，从一组无次序和无规则的事例中，推理出决策树表示形式的分类规则。

目前，决策树方法中比较流行的算法有 ID3、C4.5、CART、SLIQ、SPRINT 等。这些算法都是对训练数据样本集建立一棵决策树，利用建好的决策树，对数据进行预测。决策树的建立过程可以看做数据分类规则的生成过程，决策树实现了数据分类规则的可视化。在这些算法中以 ID3 算法最为经典，其他很多算法都是从 ID3 算法演变而来的，本节以1D3 算法为例介绍决策树算法。

4.3.2　决策树的算法与工作流程

决策树是一个类似流程图的树形结构，采用自顶向下的递归方式，在它的内部节点进行属性值的比较，并根据不同的属性值判断从该节点向下的分支，最后在决策树的叶节点得到结论，整个过程都是在以新节点为根的子树上重复。决策树的基本结构如图 4.3 所示，其中，每个非叶子节点代表数据集的输入属性，属性值(Attribute)代表属性的对应值；叶子节点代表输出(即类别)属性值。

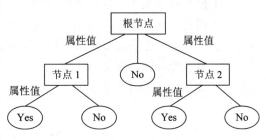

图 4.3　决策树基本结构

从整个树的角度来看，通常决策树代表实例属性值约束的合取与析取式。从树根到树叶的每一条路径对应一组属性测试合取，树本身对应这些合取的析取。这样就很容易转换成 If-Then 形式的分类规则，根据这个分类规则就可以比较容易地对未知数据对象进行分类识别和预测。

为了对未知数据对象进行分类识别，可以根据决策树的结构对数据集中的属性值进行测试，先从决策树的根节点开始，然后逐渐向下，根据每个节点对应的划分将其归到相应的子节点，直到叶子节点为止。叶子节点所对应的类别就是该数据对象对应的分类。

基本的决策树算法采用自上而下、分而治之的递归方式搜索遍历，是一个基本的归纳算法。

算法　Decision Tree(Example，Attribute list)。

//根据给定训练样本集生成一颗决策树。Example 为训练样本，Attribute list 是可供归纳的候选属性集

输入：训练样本集，各属性值均为离散值。

输出：返回能正确分类训练样本的决策树。

处理流程如下：

创建决策树的根节点 N；

IF 所有样本均为同一类别 C，返回 N 作为一个叶子节点并标志为 C 类别；

Else if Anributelist 为空，则返回 N 作为一个叶子节点，并标记该节点所含样本中类别最多的类别；

Else 从 Attributelist 中选择一个分类 Examples 能力最好的属性 Attribute $*$，标记为根节点 N；

ForAtmbute $*$ 中的每个已知取值 V_i，根据 Attribute $* = V_i$，从根节点产生相应的一个分支；

设 S_i 为具有 Attribute $* = V_i$ 条件所获的样本子集；

If S_i 为空，则将相应的叶子节点标记为该节点所含样本中类别最多的类别；

Else 递归创建子树，调用 DecisionTree(S_i，Attributelist-Attribute $*$)。(处理流程表述完毕。)

可见，决策树是一种自顶向下增长树的贪婪算法，在每个节点选取能最好分类样本的属性，继续这个过程，直到这棵树能完美地分类训练样例，或所有的属性均已被使用过为

止。该算法的重点在于 Attribute * 的选取。

算法递归执行的终止条件是：

(1) 根节点对应的所有样本均为同一类别。

(2) 假若没有属性可用于划分当前的样本子集，则利用投票原则，将当前节点强制为叶子节点，并标记为当前节点所含样本集中占统治地位的类别。

(3) 假若没有样本满足 Attribute * $= V_i$，那么创建一个叶子节点，并将其标记为节点所含样本集中占统治地位的类别。

4.4　分类挖掘

分类挖掘就是构建一个分类函数或常称为分类器的分类模型，该模型能把数据集合中的数据对象映射为某个给定类别。要构造分类器，需要有一个训练样本数据集作为输入。训练集由一组数据对象构成，每个对象可看做由若干个特征属性织成的特征向量，此外，训练样本还有一个类别标记。一个样本可描述为 $(V_1, V_2, \cdots, V_n; C)$，其中 $V_i (i = 1, 2, \cdots, n)$ 表示特征属性值，C 表示类别。

分类器的构造方法有机器学习方法、神经网络法、统计法等。机器学习方法包括决策树法和规则归纳法，前者有决策树或判别树，后者则一般为产生式规则。神经网络法主要是 BP 算法，它的模型表示是前向反馈神经网络模型，BP 算法本质上是一种非线性判别函数。统计法包括贝叶斯法和非参数法（近邻学习或基于事例的学习），对应的知识表示则为判别函数和原型事例。另外，还有粗糙集法，其知识表示是产生式规则一个具体样本的形式。以下介绍两种分类挖掘方法。

4.4.1　贝叶斯分类与朴素贝叶斯分类

1. 贝叶斯分类

贝叶斯分类是一个统计方法。它可以预测类成员关系的可能性，如给定样本属于一个特定类的概率。贝叶斯分类主要基于贝叶斯定理，通过计算给定样本属于一个特定类的概率来对给定样本进行分类。贝叶斯分类具有如下特点：

(1) 贝叶斯分类并不把一个对象绝对地指派给某一类，而是通过计算得出属于某一类的概率，具有最大概率的类便是该对象所属的类。

(2) 一般情况下，在贝叶斯分类中所有的属性都潜在地起作用，即并不是一个或几个属性决定分类，而是所有的属性都参与分类。

(3) 贝叶斯分类对象的属性可以是离散的、连续的，也可以是混合的。

贝叶斯方法因其在理论上给出了最小化误差的最优解决法而被广泛应用于分类问题。基于贝叶斯方法，提出了朴素贝叶斯法和贝叶斯网络法以及其他改进的用于分类的方法。

2. 朴素贝叶斯分类

设 X 是类标号未知的数据样本；H 为某种假定，如数据样本 X 属于某特定 C。对于分类问题，希望确定 $P(H \mid X)$，即给定观测数据样本 X，假定 H 成立的概率。

$P(H|X)$ 是后验概率(Posterior Probability)，或称为条件 X 下 H 的后验概率；$P(H)$ 是先验概率(Prior Probability)，或称为 H 的先验概率。后验概率 $P(H|X)$ 比先验概率 $P(H)$ 有更多的信息(如背景知识)。$P(H)$ 是独立于 X 的。类似地，$P(X|H)$ 是条件 H 下 X 的后验概率；$P(X)$ 是 X 的先验概率。贝叶斯公式为

$$P(H \mid X) = \frac{P(X \mid H)P(H)}{P(X)} \tag{4.3}$$

朴素贝叶斯分类就是假定一个属性值对给定类的影响独立于其他属性值。这一假定称为类条件独立。做此假定是为了简化计算所需的，并在此意义下称为"朴素的"。朴素贝叶斯分类的工作过程如下：

第一步，每个数据样本用一个 n 维特征向量 $\boldsymbol{X}(x_1, x_2, \cdots, x_n)$ 表示，分别描述对 n 个属性 $A_1, A_2, \cdots, A_n$ 样本的 n 个度量。

第二步，假定有 m 个类 $C_1, C_2, \cdots, C_m$。给定一个未知的没有类标号的数据样本 $\boldsymbol{X}(x_1, x_2, \cdots, x_n)$，朴素贝叶斯分类将未知的样本分配给类 C_i，当且仅当

$$P(C_i \mid \boldsymbol{X}) > P(C_j \mid \boldsymbol{X}), 1 \leqslant j \leqslant m, j \neq i$$

由贝叶斯公式得

$$P(C_i \mid \boldsymbol{X}) = \frac{P(\boldsymbol{X} \mid C_i)P(C_i)}{P(\boldsymbol{X})} \tag{4.4}$$

最大化 $P(C_i \mid \boldsymbol{X})$ 即可进行分类，其 $P(C_i \mid \boldsymbol{X})$ 最大的类 C_i 称为最大后验假定。

第三步，第二步中 $P(\boldsymbol{X})$ 代表属性集 $(A_1, A_2, \cdots, A_n)$ 取值为 $(x_1, x_2, \cdots, x_n)$ 时的联合概率，为常数。因此，最大化时仅需对 $P(\boldsymbol{X} \mid C_i)P(C_i)$ 最大化。类的先验概率可用 $P(C_i) = s_i/s$ 计算，其中 s_i 是类 C_i 中训练样本数，s 是训练样本总数。

第四步，给定具有许多属性的数据集，计算 $P(\boldsymbol{X} \mid C_i)$，即 $P(A_1 = x_1, \cdots, A_n = x_n \mid C_i)$ 的开销可能非常大。为降低其计算开销，可做类条件独立的朴素假定。给定样本的类标号，假定属性值相互独立，即在属性间不存在依赖关系。于是

$$P(\boldsymbol{X} \mid C_i) = \prod_{k=1}^{n} p(\boldsymbol{x}_k \mid C_i) \tag{4.5}$$

概率 $p(\boldsymbol{x}_k \mid C_i)$ $(k = 1, 2, \cdots, n)$ 可由训练样本估计。

如果 A_k $(k = 1, 2, \cdots, n)$ 是离散属性，则

$$p(x_k \mid C_i) = \frac{N(A_k = x_k, C = C_i)}{N(C = C_i)}$$

其中，$N(C = C_i)$ 是样本集中属于 C_i 的样本个数；$N(A_k = x_k, C = C_i)$ 是样本集中属于类 C_i 且属性 A_k 取值为 x_k 的样本个数。若 A_k 是连续值，则常用的处理方法有两种，一种是对其离散化，然后按照离散值处理；另一种是假定这一属性服从某一分布。

第五步，对未知样本 $\boldsymbol{X}$ 分类时，对每个类 C_i，计算 $P(\boldsymbol{X} \mid C_i)P(C_i)$。样本 $\boldsymbol{X}$ 被指派到类 C_i 当且仅当 $P(\boldsymbol{X} \mid C_i)P(C_i) > P(\boldsymbol{X} \mid C_j)P(C_j), 1 \leqslant j \leqslant m, j \neq i$。即 $\boldsymbol{X}$ 被指派到其 $P(\boldsymbol{X} \mid C_i)P(C_i)$ 最大的类 C_i。

4.4.2　k-近邻方法

k-近邻(KNN)方法是数据挖掘分类算法中较常用的一种方法。k-近邻是基于统计的

分类方法，是根据测试样本在特征空间中 k 个最近邻样本中的多数样本的类别来进行分类的，因此具有直观、无需先验统计知识等特点，从而成为非参数分类的一种重要方法。其基本思想是：

（1）产生训练集，使得训练集按已有的分类标准划分成离散型数值类或连续型数值类输出。

（2）以训练集的分类为基础，对测试集每个样本寻找 k 个近邻，采用欧氏距离作为样本间的相似程度的判断依据，其中相似度大的即为最近邻。一般近邻可选择 1 个或者多个。

（3）当类为连续数值时，测试样本的最终输出为近邻的平均值；当类为离散值时，测试样本的最终输出为近邻类中个数最多的那一类。

所有的样本都处于 N 维空间，一般每个样本 x 都被表示为特征向量（$a_1(x)$，…，$a_n(x)$），这里 $a_r(x)$ 表示 x 的第 r 个属性值。于是，两个样本 x_i 和 x_j 间的相似程度可采用欧氏距离度量，即

$$d(x_i, x_j) = \sqrt{\sum_{r=1}^{n} \left[a_r(x_i) - a_r(x_j) \right]^2} \tag{4.6}$$

判断近邻就是用欧氏距离测试两个样本之间的距离，距离值越小，表明相似性越大；反之则相似性越小。

与一般的基于实例的学习算法一样，由于 k-近邻算法目前采用的相似度测量，其利用的是欧氏距离或者是余弦距离和内积，因此该算法对于属性的相关性比较敏感。当属性无关比较多时，找到的"近邻"就不是真正的"近邻"。即判断近邻的距离度量不涉及向量中特征之间的关系，这使得距离的计算不精确，从而影响分类的精度。这样得出的实验结果就不准确，因此进一步解决无关属性问题是近邻算法的主要优化目标之一。所以在原始算法中采用加权方法，可以提高 k-近邻（KNN）算法分类的准确性，有效处理噪声数据。

小　　结

本章从数据挖掘的基本概念入手，首先介绍了数据挖掘的对象，数据挖掘系统的体系结构，数据挖掘的功能与方法，数据挖掘的过程等。

其次，介绍了决策树，以及决策树的算法与工作流程、决策树与信息增益等内容；详细介绍了分类挖掘方法中的神经网络和统计等算法。

思考与练习题

4.1　什么是数据挖掘？数据挖掘与数据分析的本质区别是什么？

4.2　数据挖掘过程主要经过哪些步骤？

4.3　数据挖掘的功能主要包括哪几个方面？

4.4　决策树是如何构建的？试写出决策树构建算法。

4.5　试述 k-近邻方法的基本思想。

第 5 章　关联挖掘与聚类

5.1　关　联　挖　掘

5.1.1　基本概念

1. 数据项与数据项集

设 $I = \{i_1, i_2, \cdots, i_m\}$ 是 m 个不同项目的一个集合，每个 i_k（$k = 1, 2, \cdots, m$）称为数据项（Item）；数据项的集合 I 称为数据项集（Itemset），简称项集；其元素个数称为数据项集的长度。长度为 k 的数据项集称为 k 维数据项集，简称为 k-项集（k-Itemset）。

2. 事务

事务 T（Transaction）是数据项集 I 上的一个子集，即 $T \subseteq I$。每个事务均有一个唯一的标识符 TID 与之相联系，不同事务的全体构成了全体事务集 D（即事务数据库）。

3. 数据项集的支持度

设 $X \subseteq I$ 为数据项集，B 为事务集 D 中包含 X 的事务的数量，A 为事务集 D 中包含的所有事务的数量，则数据项集 X 的支持度（Support）定义为

$$\text{Support}(X) = \frac{B}{A} \tag{5.1}$$

项集 X 的支持度 $\text{Support}(X)$ 描述了项集 X 的重要性。

4. 关联规则

关联规则（Association Rule）可表示为：

R：$X \Rightarrow Y$，其中 $X \subset I$，$Y \subset I$，$X \cap Y = \varnothing$，表示如果项集 X 在某一事务中出现，则必然会导致项目集 Y 也会在同一事务中出现。X 称为规则的先决条件，Y 称为规则的结果。

5. 关联规则的置信度

对于关联规则 R：$X \Rightarrow Y$，其中 $X \subset I$，$Y \subset I$，$X \cap Y = \varnothing$。关联规则 R 的置信度（Confidence）定义为

$$\text{Confidence}(R) = \frac{\text{Support}(X \cup Y)}{\text{Support}(X)} \tag{5.2}$$

关联规则的置信度描述了关联规则的可靠程度。

6. 最小支持度与强项集

最小支持度（Minimum Support）表示发现关联规则要求数据项必须满足的最小支持阈值，

记为 minsup，它表示数据项集在统计意义下的最低重要性。只有满足最小支持度的数据项集才有可能在关联规则中出现，支持度大于最小支持度的数据项集称为频繁项集或强项集（Largeitemset）；反之，称为弱项集（Small Itemset）。

7. 最小置信度

最小置信度（Minimum Confidence）表示关联规则所必须满足的最小可信度，记为 minconf，它表示关联规则的最低可靠性。

8. 支持度和置信度的特性

（1）有用性。有用性是定义模式兴趣度的一个重要因素，用一个实用函数（如支持度）来评估，关联模式的支持度是模式为真的任务相关的元组（或事务）所占的百分比。同时满足最小置信度阈值和最小支持度的阈值的关联规则，称为强关联规则（Strong Association Rule），被认为是有趣的。具有较低支持度的规则多半是噪声、少见的或异常的。

（2）确定性。每个发现的模式都应有一个表及其有效性或"值得信赖性"的确定性度量，这个确定性度量是事务的置信度。

（3）新颖性。新颖的模式是那些提供新信息或提高给定模式集性能的模式。检测新颖性的另一策略是删除冗余模式，若发现的规则被知识库中导出的规则集中的另一规则所蕴涵，则两个规则都要重新考虑，以便去除潜在的冗余。

（4）简洁性。模式的简洁性的客观度量可看做模式结构的函数，用模式的二进制位数或属性数，或者模式中出现的操作符数定义。

规则长度是一种简洁性的度量，用合取范式（合取谓词的集合）表达的规则，其长度也可简单地定义为规则中合取符的个数。若关联判别或分类规则的长度超过用户定义的阈值，则被认为是不感兴趣的。

9. 有价值的稀有数据

有价值的稀有数据（Significant Rare Data）是指它在数据库中的出现频率不满足用户给定的最小支持度，但在它的出现次数中，又以很高的比率与某一特定的数据同时出现。

5.1.2　关联挖掘问题、类型与基本方法

1. 关联挖掘问题

关联挖掘一般是面向大型事务型数据库（Transactional Database）的。关联规则挖掘的一般表示为

$$A_1 \wedge A_2 \wedge \cdots \wedge A_m \Rightarrow B_1 \wedge B_2 \wedge \cdots \wedge B_n$$

其中，A_i（$i=1,2,\cdots,m$），B_k（$k=1,2,\cdots,n$）是数据库中的数据项。数据项之间的关联，即根据一个事务中某些数据项的出现可以推导出另一些数据项在同一事务中的出现。关联规则问题可分为两个子问题：

问题 1：找出事务数据库中所有大于等于用户指定的最小支持度的频繁项集。

问题 2：利用频繁项集生成所有的关联规则，根据用户设定的最小置信度进行取舍，最后得到强关联规则。即对于任意一个频繁项集 L 和 L 的任何非空子集 $S \subseteq L$，如果比率

$$\frac{\text{Support}(L)}{\text{Support}(S)} \geqslant \text{minconf} \tag{5.3}$$

则生成有效关联规则

$$R: S \Rightarrow (L - S)$$

且该关联规则的置信度和支持度分别为

$$\text{Confidence}(R) = \frac{\text{Support}(L)}{\text{Support}(S)} \tag{5.4}$$

$$\text{Support}(R) = \text{Support}(L) \tag{5.5}$$

例如，设数据库中有 4 项事务，分别为 $T_1 = \{A, B, C\}$、$T_2 = \{A, B, D\}$、$T_3 = \{A, B, E\}$ 和 $T_4 = \{A, B, D\}$。设最小支持度 minsup $= 0.5$，最小置信度 minconf $= 0.8$，则最大频繁项集为 $\{A, B, D\}$，有关的关联规则为 $BD \Rightarrow A$、$AD \Rightarrow B$ 和 $D \Rightarrow AB$，三者的置信度均为 100%，支持度为 50%。

2. 关联挖掘类型

关联挖掘类型主要包括多层次关联规则、多维关联规则、基于约束的关联规则、定量关联规则、周期关联规则、加权关联规则、负关联规则、序列模式和比例规则。

3. 关联挖掘的基本方法

关联挖掘的基本方法可以分为两个步骤：

第一步，找出所有频繁项集。

第二步，由频繁项集产生强关联规则。

5.2 聚 类

聚类分析将大量数据划分为性质相同的子类，以便于了解数据的分布情况，因此，它广泛应用于模式识别、图形处理、数据压缩等许多领域。

聚类就是把一组个体按照相似性归为若干类别。聚类的目的是使得属于同一类别的个体之间的距离尽可能的小，而不同类别上的个体间的距离尽可能的大。聚类的结果可以得到一组数据对象的集合，称为簇。簇中的对象彼此相似，而与其他簇中的对象相异。在许多应用中，可以将一个簇中的数据对象作为一个整体来看待。

5.2.1 聚类的基本概念

1. 聚类算法的分类

聚类算法的选择取决于数据类型、类聚的目的和应用，大体上，主要的聚类算法可划分为如下几类：

1) 划分方法（Partitioning Method）

给定一个 n 个对象或元组的数据库，一个划分方法为构建数据 k 个划分，每个划分表示一个聚类簇，并且 $k \leqslant n$。也就是说，它将数据划分为 k 个组，同时满足如下要求：① 每组至少包含一个对象；② 每个对象必须属于且只属于一个组。但在某些模糊划分中，第二个要求可放宽。

给定要构建的划分的数目 k，划分方法是首先创建一个初始划分；然后采用一种迭代重定位技术，尝试通过对象在划分间移动来改进划分。一个好的划分的一般准则是，在同一个类中的对象之间尽可能"接近"或相关，而不同类中的对象之间尽可能"远离"或不同。还有许多其他划分质量的判断标准。

为达到全局最优，基于划分的聚类会要求穷举所有可能的划分。实际上，绝大多数应用采用 k-平均算法（在该算法中，每个簇用该簇中对象的平均值来表示）和 k-中心点算法（在该算法中，每个簇用接近聚类中心的一个对象来表示）。

2）**层次方法**（Hierarchical Method）

层次方法对给定的数据对象集合进行层次的分解。根据层次的分解形成，将层次法分为凝聚法和分裂法。

凝聚法，也称为自底向上的方法。开始时将每个对象作为单独一组，然后相继合并相近的对象或组，直到所有的组合并为一个（层次的最上层），或者达到一个终止条件。

分裂法，也称为自顶向下的方法。开始时将有所对象置于一个簇中，在迭代的每一步中，一个簇被分裂为更小的簇，直到最终每个对象在单独的一个簇中，或者达到一个终止条件。

3）**基于密度的方法**（Density-Based Method）

绝大多数划分方法基于对象之间的距离进行聚类。这样的方法只能发现球状的簇，而在发现任意形状的簇上遇到了困难。随之提出了基于密度的另一类聚类方法，其主要思想是，只要邻近区域的密度（对象或数据点的数目）超出某个阈值，就继续聚类。

4）**基于网格的方法**（Grid-Based Method）

基于网格的方法把对象空间量化为有限数目的单元，形成了一个网格结构。所有的聚类操作都在这个网格结构（量化的空间）上进行。这种方法的主要优点是它的数据处理速度很快，其处理时间独立于数据对象的数目，只与量化串中每一维的单元数目有关。

5）**基于模型的方法**（Model-Based Method）

基于模型的方法为每个簇假定一个模型，寻找数据对结定模型的最佳拟合。一个基于模型的算法，可能通过构建反映数据点空间分布的密度函数来定位聚类。它也是基于标准的统计数字自动决定聚类的数目，在考虑"噪音"数据或孤立点后，可以产生健壮的聚类。

2. 类（簇）的定义与表示

由于客观事务繁杂的特性，以及在特征提取过程中用来表示样本点性质的特征变量的不同选择，使得样本点的表示不尽相同。在不同的问题中，类的定义也是不同的。以下给出几种不同的类的定义。

定义 5.2.1　设 G 表示一个有 k 个样本的集合，S_i 表示其中的样本，T 和 V 为预设的阈值，则

（1）如果对于任意 $S_i, S_j \in G$，都有 $D(S_i, S_j) \leqslant T$，那么 G 称为一类。

（2）如果对于 $S_i \in G$，都有 $\dfrac{1}{k-1}\sum_j D(S_i, S_j) \leqslant T$，那么 G 称为一类。

（3）如果对任意 $S_i, S_j \in G$，都有 $\dfrac{1}{k(k-1)}\sum_i\sum_j D(S_i, S_j) \leqslant T$，且 $D(S_i, S_j) \leqslant T$，

那么 G 称为一类。

(4) 对于任意样本 S_i，都存在 G 中的一个样本 S_j，满足 $D(S_i, S_j) \leqslant T$，那么 G 称为一类。

以上几种定义均是通过限制元素间的距离来定义类的，只是限制方法有所不同，定义(1)是要求最高的，凡是满足定义(1)要求的类，肯定满足其他几种定义；凡是满足定义(2)的集合，也必定满足定义(3)。

聚类的表示方法一般有以下几种：

(1) 自然语言描述。它直接用自然语言描述符合某些条件的数据点属于某个类。

(2) DNF 描述。它用析取范式表示，其特点是简洁、准确。

(3) 聚类谱系图。大部分聚类算法的输出结果为一个聚类谱系图，可详细展示从总体归为一类到所有样本点自成一类之间所有的中间情况。如果聚类谱系图的每个类均有其平台高度，则被称为标度聚类谱系图。

3. 相似度测度

描述样本点之间的相似性主要有距离和相似系数两种。

1) 距离

设使用 n 个指标特征变量来描述样本，那么就可以把每个样本点看做 n 维空间的一个点，进而使用某种距离来表示样本点之间的相似性，距离较近的样本点性质较相似，距离较远的样本点差异较大。

设 Ω 是样本点集合，如果函数满足一定条件，则被称为距离函数。

常用的距离函数如下：

(1) 明氏距离表达式为

$$D_q(\boldsymbol{X}, \boldsymbol{Y}) = \sqrt[q]{\sum_i |X_i - Y_i|^q} \tag{5.6}$$

式中，当 q 取为 $1, 2, \infty$ 时，则分别得到绝对距离、欧氏距离和切比雪夫距离。

(2) 马氏距离表达式为

$$D(\boldsymbol{X}, \boldsymbol{Y}) = (\boldsymbol{X} - \boldsymbol{Y})^{\mathrm{T}} \boldsymbol{\Sigma}^{-1} (\boldsymbol{X} - \boldsymbol{Y}) \tag{5.7}$$

式中，$\boldsymbol{\Sigma}$ 是样本矩阵 $\boldsymbol{A}$ 的协方差，是总体分布的协方差的估计量。

(3) 兰氏距离表达式为

$$D(\boldsymbol{X}, \boldsymbol{Y}) = \sum_i \frac{|X_i - Y_i|}{|X_i + Y_i|} \tag{5.8}$$

聚类分析中不仅要将样本点聚类，在某些场合还需要对特征变量进行聚类。特征变量之间的相似性测度，除了可以使用上述的距离函数外，更常用的是相似系数函数。

2) 相似系数

如果一个函数 $C: V \times V \to [-1, 1]$ 满足以下条件，则称为相似系数函数。

(1) $C(X, Y) \leqslant 1$；

(2) $C(X, X) = 1$；

(3) $C(X, Y) = C(Y, X)$。

$C(X, Y)$ 越接近 1，两个特征变量间的关系越密切。常用的相似系数有以下两种：

（1）夹角余弦的表达式为

$$C(\boldsymbol{X}, \boldsymbol{Y}) = \frac{\sum_i X_i \times Y_i}{\sqrt{\left(\sum_i X_i^2\right) \times \left(\sum_i Y_i^2\right)}} \tag{5.9}$$

（2）相关系数的表达式为

$$C(\boldsymbol{X}, \boldsymbol{Y}) = \frac{\sum_i (X_i - \bar{X}) \times \sum_i (Y_i - \bar{Y})}{\sqrt{\sum_i (X_i - \bar{X})^2 \times \sum_i (Y_i - \bar{Y})^2}} \tag{5.10}$$

其中，$\bar{X}$ 和 $\bar{Y}$ 分别为特征向量 $\boldsymbol{X}$ 和 $\boldsymbol{Y}$ 的均值。

4. 类间的测度函数

类间的测度一般用距离作为测度函数，通常有如下六种：

（1）最短距离法，也称为单连接（Single Link）法或最近邻（Nearest Neighbor）连接，使用两类间的最近两点的距离来描述两类间的相似程度。其表达式为

$$D(G_1, G_2) = \min\{D(X, Y) \mid X \in G_1, Y \in G_2\} \tag{5.11}$$

（2）最长距离法，也称完全连接（Complete Link）或最远近邻连接，用两类间的最远两点的距离来描述两类间的相似程度。其表达式为

$$D(G_1, G_2) = \max\{D(X, Y) \mid X \in G_1, Y \in G_2\} \tag{5.12}$$

（3）中间距离法，是取类与类之间的中间距离。

（4）重心法，其表达式为

$$D(G_1, G_2) = D(\bar{X}, \bar{Y}) \tag{5.13}$$

其中，$\bar{X}$、$\bar{Y}$ 分别是 G_1、G_2 的重心。该方法是以类的重心来代表该类，描述两个类之间的相似性。

（5）类平均法，其表达式为

$$D(G_1, G_2) = \frac{1}{n_1 \times n_2} \sum_i \sum_j D(X_i, Y_j) \tag{5.14}$$

（6）类差平方和法。Ward 从方差分析的观点出发，认为正确的分类应当使得类内方差尽量小，而类间的方差尽可能大。样本的类内方差为

$$S(\boldsymbol{G}) = \sum_i (\boldsymbol{X}_i - \bar{\boldsymbol{X}})^{\mathrm{T}} (\boldsymbol{X}_i - \bar{\boldsymbol{X}}) \tag{5.15}$$

定义类间距离为

$$D(G_1, G_2) = S(G_1 \cup G_2) - S(G_1) - S(G_2) \tag{5.16}$$

每次选择类间距离最小的两类合并，使得 $S(\boldsymbol{G})$ 增量最小，最终得到一个 $S(\boldsymbol{G})$ 的局部极小值。

5. 常用的聚类策略

聚类的输入是一样本矩阵，可将其看成 N 维空间的一个点，目标是找出样本点之间最本质的"簇"的关系。常用的聚类策略有排序法、调整法、合并法、分裂法和加入法。除了以上策略之外，还有其他的一些方法，如模糊数学的模糊糊聚类法、最小支撑树的图论法等。

6. 聚类的一般步骤

步骤 1　特征提取。它的输入是原始样本，由领域专家决定使用哪些特征来描述样本的本质性质和结构。特征提取的结果是输出一个矩阵，每一行是一个样本、每一列是一个特征指标变量。

步骤 2　执行聚类算法，获取聚类谱系图。聚类的输入是一个样本矩阵，它把一个样本变成了特征变量空间的一个点。

聚类算法的目的就是获得能够反映 N 维中间中这些样本点的最本质的"簇"的性质。除了集合知识外，不考虑任何的领域知识，也不考虑特征变量在其领域中的特定含义。

步骤 3　聚类算法输出。聚类算法的输出一般是一个聚类谱系图，由粗到细地反映了所有的分类情况或者直接给出分类方案，包括总共分为几类，每类具体包含哪些样本点等。

步骤 4　选取合适的分类阈值。在得到了聚类谱系图后，领域专家凭借经验和领域知识，根据具体的应用场合决定阈值的选取。选定阈值以后，就能够从聚类谱系图上直接看出分类方案。

5.2.2　基于划分的聚类

k-means 方法和 k-medoid 方法是较典型的划分方法。这两个算法的基本思路相同，即给定一个数据库 D，用户输入要获得聚类簇的个数 k。开始时任意将 D 划分为 k 个部分，然后通过更新簇的中心来调整划分，当整体差异合适数收敛时，结束算法。它们之间的差异是簇中心表示方法，以及划分调解策略和整体差异函数的定义。

k-means 算法是典型的基于距离的聚类算法，采用距离作为相似性的评价指标，即认为两个对象的距离越近，其相似性就越大。该类算法认为簇是内距离靠近的对象组成的，因此把得到紧凑且独立的簇作为最终目标。

k-means 算法是以数据点到原型（类别中心）的某种距离和作为优化的目标函数，采用求极值的方法得到迭代运算的调整规则。k-means 算法以欧氏距离作为相似测度，求对应某一初始聚类中心向量 $\boldsymbol{V}=(v_1,\cdots,v_k)^{\mathrm{T}}$ 最优分类，使得评价指标 J_c 最小。该算法常采用误差平方和准则函数作为聚类准则函数，误差平方和准则函数定义为

$$J_c=\sum_{i=1}^{k}\sum_{p\in C_i}\|p-M_i\|^2 \tag{5.17}$$

其中，M_i 是类 C_i 中数据对象的均值；p 是类 C_i 中的空间点。

k-means 算法是一种爬山算法（Hill Climbing），算法终止时往往找到的是局部极小值。

k-means 算法采用迭代更新方法，每一轮迭代，依据 k 个聚类中心将周围的点分别组成 k 个簇，而重新计算的每个簇的质心（簇中所有点的平均值，也就是几何中心）将被作为下一轮迭代的参考点。迭代使得选取的参考点越来越接近真实簇质心，目标函数越来越小，聚类效果越来越好。k-means 算法如下：

步骤 1　给定 n 的数据集，令 $I=1$，选取 k 个初始聚类中心 $Z_j(I)$，$j=1,\cdots,k$。

步骤 2　计算每个数据对象与聚类中心距离 $D(x_i,Z_j(I))$，$i=1,2,\cdots,n$，$j=1,\cdots,k$，如果满足：

$$D(x_i, Z_k(I)) = \min \{D(x_i, Z_j(I)), j = 1, 2, \cdots, n\}$$

则 $x_i \in w_k$。

步骤 3 计算误差平方和准则函数

$$J_c(I) = \sum_{j=1}^{k} \sum_{k=1}^{n_j} \| x_k^{(j)} - Z_j(I) \|^2$$

步骤 4 做判断。若 $|J_c(I) - J_c(I-1)| < \varepsilon$，则算法结束；否则 $I = I + 1$，计算 k 各新的聚类中心 $Z_j(I) = \dfrac{1}{n} \sum_{i=1}^{n_j} x_i^{(j)}$，$j = 1, 2 \cdots, k$，返回步骤 2。

5.2.3 基于层次的聚类

层次化聚类方法就是将数据对象组成一棵聚类的树，根据层次分解是自底向上生成还是自顶向下生成。层次的聚类法可以分为凝聚的(Agglomerative)和分裂的(Divisive)层次聚类。

凝聚的层次聚类是自底向上的策略。该策略先将每个对象作为一个类；然后合并这些原子类为越来越大的类，直到所有的对象都在一个类中，或者某个终结条件得到满足为止。绝大多数聚类方法属于这一类，它们只是在簇间相似度的定义上有所不同。

分裂的层次聚类是自顶向下的策略，该策略与凝聚的层次聚类相反，它首先将所有对象置于一个簇中；然后逐渐细分为越来越小的簇，直到每个对象自成一簇，或者达到了某个终止条件为止，如达到了某个希望的簇数目，或者两个最近的簇之间的距离越过了某个阈值。

1. BIRCH 算法

BIRCH(Balance Iterative Reducing and Clustering using Hierarchies)算法是一个综合的层次聚类方法。它首先将数据集以一种紧凑的压缩格式存放，然后直接在压缩的数据集上进行聚类，所以其输入/输出成本与数据集的大小呈线性关系。BIRCH 算法特别适合大数据集，且支持增量聚类或动态聚类。

BIRCH 算法扫描数据集一遍，就可生成较好的聚类，而增加扫描次数可用来进一步改进聚类质量。

BIRCH 算法引入了概括簇信息的两个概念：聚类特征(Clustering Feature，CF)和聚类特征树(CF 树)，一个聚类特征是一个二元组，给出对象子聚类信息的汇总描述。

假设某个子聚类中有 N 个 d 维的点或对象 $\{O_i\}$，则该子聚类的 CF 定义为

$$CF = \{N, LS, SS\}$$

其中，N 是子类中点的数目；LS 是 N 个点的线性和，即 $\sum_{i=1}^{N} O_i$；SS 是数据点的平方和 $\sum_{i=1}^{N} O_i^2$。

聚类特征是对给定子聚类的统计汇总，如子聚类的 0 阶矩、1 阶矩和 2 阶矩。它记录了计算聚类和有效利用存储的关键度量，同时汇总了关于子聚类的信息，而不是所存储的对象。一个 CF 树是高度平衡的树，它存储了层次聚类的聚类特征。

BIRCH 算法采用一种多阶段聚类技术，即数据集的一遍扫描产生一个基本的聚类，通

过多遍的额外扫描可以进一步改进聚类质量。BIRCH 算法具有使对象数目的线性伸缩能力和较好的聚类质量。BIRCH 算法如下：

步骤 1　扫描数据集。将密集的数据点分组为子簇，将稀疏的数据点作为孤立点去除。利用得到的数据点总结，建立一棵初始存放于内存的 CF 树。算法试图使 CF 树在内存许可范围内尽可能详细反映数据集的聚类信息。

步骤 2　有选择压缩。对初始 CF 树中的叶子进行扫描，重建一棵更下的 CF 树，同时去掉多余的孤立点，并将比较密集的子簇合成更大的子簇。

步骤 3　用一个已有的全局或半全局的聚类算法，对 CF 树中所有跨不同节点边界的叶子进行聚类。

步骤 4　有选择地对聚类结果提炼。将步骤 3 产生的簇质心作为种子，将数据点重新分配给距离其最近的种子，以得到一个新的聚类集合，从而更正不精确的内容，提炼出更好聚类结果。

2. CURE 算法

CURE(Clustering Using Representives)算法是一种新的层次聚类算法。该算法选择基于质心和基于代表对象之间的中间的策略。CURE 的一个优点是，它可以识别非球形的簇和规模差异较大的簇。

CURE 算法是种自底向上的层次聚类算法。它首先将输入的每个点作为一个聚类；然后合并相似的聚类，直到聚类的个数为 k 时为止。它不用单个质心或对象来代表一个类，而是选择数据中间固定数目的具有代表性的点。基于中心点的方法和所有的点的距离计算法，都不适合非球形或任意形状的聚类，因此 CURE 算法采用了折中的方法，即用固定数目的点表示一个聚类，从而提高了该算法挖掘任意形状的聚类的能力。

针对大型数据库，CURE 算法采用随机取样和划分两种方法组合，即一个随机样本首先划分为若干部分，所划分的部分进行部分聚类；然后将这些结果聚类为所希望的结果。CURE 算法的主要步骤如下：

步骤 1　从源数据对象中抽取一个随机样本 S。

步骤 2　将样本 S 分割为一组划分。

步骤 3　对每个划分局部聚类。

步骤 4　通过随机取样去除孤立点。如果一个类增长过慢，则去掉。

步骤 5　对局部的类进行聚类。落在每个新形成类中的代表点，根据用户定义的一个收缩因子，收缩或向类中心移动。这些点代表和捕捉到了类的形状。

步骤 6　用相应的类标签来标记数据。

小　　结

本章从数据挖掘的基本概念入手，首先介绍了数据挖掘的对象、数据挖掘系统的体系结构、数据挖掘的功能与方法、数据挖掘的过程等。

其次，介绍了决策树，以及决策树的算法与工作流程、决策树与信息增益等内容；详细讲述了分类挖掘方法中的神经网络和统计等分类挖掘方法，同时讲述了关联挖掘的基本方法、聚类的基本概念，以及相关的基于划分的聚类方法、基于层次的聚类方法。

思考与练习题

5.1　试述 k-近邻方法的基本思想。

5.2　试述关联规则的基本原理，举出几个与关联规则有关的例子。

5.3　试述聚类的基本概念。聚类算法主要可分为哪些类？

5.4　试写出 k-means 算法。

5.5　试述层次化聚类方法的基本思想。根据分解的不同，层次化聚类的方法可分为哪两类？

第6章　离散数据的生成模型

从本章开始将介绍机器学习中常用的一些理论和方法。在第 3 章中，已经讨论了应用贝叶斯法则对特征向量 $\boldsymbol{x}$ 分类来生成如下形式的分类器：

$$p(y=c \mid \boldsymbol{x}, \boldsymbol{\theta}) \propto p(\boldsymbol{x} \mid y=c, \boldsymbol{\theta}) p(y=c \mid \boldsymbol{\theta}) \tag{6.1}$$

应用此模型的关键是对分类条件密度 $p(\boldsymbol{x} \mid y=c, \boldsymbol{\theta})$ 指定一个合适的形式，它定义了我们希望在每一个类中看到的数据类型。本章将讨论观察数据是离散的情况，还将讨论如何推断模型中的未知参数 $\boldsymbol{\theta}$。

6.1　贝塔二项式模型

给定一系列离散观察值，其中隐含地涉及了由有限假设空间 $h \in \mathcal{H}$ 中得到的离散变量分布。在许多应用中，未知参数可能是连续的，因此假设空间也是（某些子集）$\mathbb{R}^K$，其中 K 是参数的个数。在数学上，我们可以用积分代替求和。

6.1.1　似然度

若 $X_i \sim \text{Ber}(\theta)$，其中 $X_i = 1$ 表示"正面"，$X_i = 0$ 表示"反面"，且 $\theta \in [0, 1]$ 为正面的概率。如果数据是 iid（独立同分布）的，那么似然度具有的形式为

$$p(\mathcal{D} \mid \theta) = \theta^{N_1} (1-\theta)^{N_0} \tag{6.2}$$

其中，有 $N_1 = \sum_i^N \mathbb{I}(x_i = 1)$ 个正面，并有 $N_0 = \sum_i^N \mathbb{I}(x_i = 0)$ 个反面，这两个计数被称为数据的充分统计量，因为这是所有我们需要知道关于由数据集 $\mathcal{D}$ 推断出 θ 的量。

注：函数 $\mathbb{I}(X)$，其中 X 是一个逻辑表达式，若 X 为真，则 $\mathbb{I}(X) = 1$；否则 $\mathbb{I}(X) = 0$。

现在，假定数据由 N_1 个正面个数组成，观察数据 N 固定，$N = N_1 + N_0$ 次实验。在这种情况下，有 $N_1 \sim \text{Bin}(N, \theta)$，这里 Bin 表示二项分布，具有以下 pmf：

$$\text{Bin}(k \mid n, \theta) \stackrel{\text{def}}{=} \binom{n}{k} \theta^k (1-\theta)^{n-k} \tag{6.3}$$

因为 $\binom{n}{k}$ 依赖于常数 θ，二项抽样模型的似然度与伯努利模型的似然度相同，所以不论观察计数 $\mathcal{D} = (N_1, N)$，还是实验序列 $\mathcal{D} = \{x_1, \cdots, x_N\}$，我们所做的任何关于 θ 的推理将是相同的。

6.1.2　先验分布

当需要在区间 $[0, 1]$ 上支持的先验分布时，为了计算方便，假设先验分布具有与似然

度相同的形式。即对于某个先验分布参数 γ_1 和 γ_2，如果先验分布看起来像

$$p(\theta) \propto \theta^{\gamma_1} (1-\theta)^{\gamma_2} \tag{6.4}$$

那么用简单的指数相加就可以求得后验分布，即

$$p(\theta) \propto p(\mathcal{D} \mid \theta) p(\theta) = \theta^{N_1} (1-\theta)^{N_0} \theta^{\gamma_1} (1-\theta)^{\gamma_2} = \theta^{N_1+\gamma_1} (1-\theta)^{\theta_0+\gamma_2} \tag{6.5}$$

当先验与后验分布具有相同的形式，我们说先验分布是对应于似然度的共轭先验分布。

在伯努利的情况下，共轭先验分布为贝塔分布：

$$\mathrm{Beta}(\theta \mid a, b) \propto \theta^{a-1} (1-\theta)^{b-1} \tag{6.6}$$

如果，除非 θ 处于区间 $[0, 1]$ 外，那么对 θ "一无所知"，那么可以采用均匀先验分布，这是一种不提供任何信息的先验分布。均匀分布可由具有 $a=1$ 和 $b=1$ 的贝塔分布表示。

6.1.3　后验分布

如果用贝塔先验分布乘以似然度，那么将得到以下后验分布：

$$p(\theta \mid \mathcal{D}) \propto \mathrm{Bin}(N_1 \mid \theta, N_0+N_1) \mathrm{Beta}(\theta \mid a, b) \mathrm{Beta}(\theta \mid N_1+a, N_0+b) \tag{6.7}$$

特别地，将先验分布的超参数与经验计数相加便得到后验分布。对于这种情况，超参数称为伪计数。强先验分布，也称为有效样本大小（Effective Sample Size）的先验分布，是伪计数的和 $a+b$。它在分析数据集 $N_0+N_1=N$ 中扮演着重要角色。更新后验分布等价于批处理中的更新。

由式（3.54）可知：

$$\mathrm{mean} = \frac{a}{a+b}, \mathrm{mode} = \frac{a-1}{a+b-2}, \mathrm{var} = \frac{ab}{(a+b)^2(a+b+1)}$$

MAP 估计表达式为

$$\hat{\theta}_{\mathrm{MAP}} = \frac{a+N_1-1}{a+b+N-2} \tag{6.8}$$

如果用均匀后验分布，那么 MAP 估计简化为 MLE，这正是"正面"的经验比：

$$\hat{\theta}_{\mathrm{MLE}} = \frac{N_1}{N} \tag{6.9}$$

另外，后验分布的均值表达式为

$$\bar{\theta} = \frac{a+N_1}{a+b+N} \tag{6.10}$$

贝塔后验分布的方差表达式为

$$\mathrm{var}[\theta \mid \mathcal{D}] = \frac{(a+N_1)(b+N_0)}{(a+N_1+b+N_0)^2(a+N_1+b+N_0+1)} \tag{6.11}$$

在 $N \gg a, b$ 的情况下，可以得到

$$\mathrm{var}[\theta \mid \mathcal{D}] \approx \frac{N_1 N_0}{N N N} = \frac{\hat{\theta}(1-\hat{\theta})}{N} \tag{6.12}$$

其中，$\hat{\theta}$ 是 MLE。后验标准差为

$$\sigma = \sqrt{\mathrm{var}[\theta \mid \mathcal{D}]} \approx \sqrt{\frac{\hat{\theta}(1-\hat{\theta})}{N}} \tag{6.13}$$

6.1.4　后验预测分布

考虑在 Beta(a, b) 分布下的单个实验中，预测(硬币)出现正面的概率，有

$$p(x=1 \mid \mathscr{D}) = \int_0^1 p(x=1 \mid \theta) p(\theta \mid \mathscr{D}) \mathrm{d}\theta$$

$$= \int_0^1 \theta \mathrm{Beta}(\theta \mid a, b) \mathrm{d}\theta = E[\theta \mid \mathscr{D}] = \frac{a}{a+b} \tag{6.14}$$

可以发现，后验预测分布的均值与后验均值参数插件(在这种情况下)是等价的，即 $p(\tilde{x} \mid \mathscr{D}) = \mathrm{Beta}(\tilde{x} \mid E[\theta \mid \mathscr{D}])$。以下将给出多个未来试验结果的预测。

假设对预测 M 个未来实验中出现的硬币正面个数 x 感兴趣，这个预测由下式给出

$$p(x \mid \mathscr{D}, M) = \int_0^1 \mathrm{Bin}(x \mid \theta, M) \mathrm{Beta}(\theta \mid a, b) \mathrm{d}\theta$$

$$= \binom{M}{x} \frac{1}{\mathrm{B}(a, b)} \int_0^1 \theta^x (1-\theta)^{M-x} \theta^{a-1} (1-\theta)^{b-1} \mathrm{d}\theta \tag{6.15}$$

可以认为积分是 Beta$(a+x, M-x+b)$ 分布的归一化常数，有

$$\int_0^1 \theta^x (1-\theta)^{M-x} \theta^{a-1} (1-\theta)^{b-1} \mathrm{d}\theta = \mathrm{B}(x+a, M-x+b) \tag{6.16}$$

于是，后验预测由下式给出

$$\mathrm{Bb}(x \mid a, b, M) \overset{\mathrm{def}}{=} \binom{M}{x} \frac{\mathrm{B}(x+a, M-x+b)}{\mathrm{B}(a, b)} \tag{6.17}$$

称为(复合的)贝塔二项式分布。这个分布具有以下的均值和方差：

$$E[x] = M \frac{a}{a+b}, \qquad \mathrm{Var}[x] = \frac{Mab}{(a+b)^2} \frac{(a+b+M)}{a+b+1} \tag{6.18}$$

若 $M=1$，并且 $x \in \{0, 1\}$，可以看到均值变成 $E[x \mid \mathscr{D}] = p(x=1 \mid \mathscr{D}) = \frac{a}{a+b}$，这与式(6.14)是一致的。

6.2　狄利克雷多项式模型

在前面的章节中，我们讨论了如何推断硬币出现正面的概率。本节将利用这些结果推断具有 K 个面的骰子出现 k 面的概率，所用方法将被广泛地应用在分析文本数据、生物序列数据等中。

6.2.1　似然度

观察 N 次骰子转动，$\mathscr{D} = \{x_1, \cdots, x_N\}$，这里 $x_i \in \{1, \cdots, K\}$。假设数据是独立同分布的，似然度的形式为

$$p(\mathscr{D} \mid \theta) = \prod_{k=1}^K \theta_k^{N_k} \tag{6.19}$$

式中，$N_k = \sum_{i=1}^N \mathbb{I}(y_i = k)$ 为事件 k 发生的次数。

6.2.2　先验分布

先验分布为

$$\mathrm{Dir}(\theta \mid \alpha) = \frac{1}{B(\alpha)} \prod_{k=1}^{K} \theta_k^{\alpha_k-1} \, \mathbb{I}\,(\boldsymbol{x} \in S_k) \tag{6.20}$$

6.2.3　后验分布

用先验分布乘以似然度，后验分布依然是狄利克雷分布，即

$$p(\theta \mid \mathscr{D}) \propto p(\mathscr{D} \mid \theta) p(\theta) \tag{6.21}$$

$$p(\theta \mid \mathscr{D}) \propto \prod_{k=1}^{K} \theta_k^{N_k} \, \theta_k^{\alpha_k-1} = \prod_{k=1}^{K} \theta_k^{\alpha_k+N_k-1} \tag{6.22}$$

$$p(\theta \mid \mathscr{D}) = \mathrm{Dir}(\theta \mid \alpha_1 + N_1 + \cdots + \alpha_K + N_K) \tag{6.23}$$

可以看到，后验分布是由先验分布的超参数（伪计数）α_k 与经验计数 N_k 的和得到的。

我们可以通过积分来推导出这个后验分布的模（即 MAP 估计），然而，必须强制约束 $\sum_k \theta_k = 1$，该值可以用拉格朗日乘子来实现。目标约束函数或拉格朗日由对数似然度加对数先验分布、加约束给出：

$$\ell(\boldsymbol{\theta}, \lambda) = \sum_k N_k \log \theta_k + \sum_k (\alpha_k - 1) \log \theta_k + \lambda\left(1 - \sum_k \theta_k\right) \tag{6.24}$$

为了化简符号，定义 $N'_k \stackrel{\mathrm{def}}{=} N_k + \alpha_k - 1$。做关于 λ 的导数得到原始约束：

$$\frac{\partial \ell}{\partial \lambda} = \left(1 - \sum_k \theta_k\right) = 0 \tag{6.25}$$

做关于 θ_k 的导数得到

$$\frac{\partial \ell}{\partial \theta_k} = \frac{N'_k}{\theta_k} - \lambda = 0 \tag{6.26}$$

$$N'_k = \lambda \theta_k \tag{6.27}$$

针对强制约束 $\sum_k \theta_k = 1$，可以对 λ 求解：

$$\sum_k N'_k = \lambda \sum_k \theta_k \tag{6.28}$$

$$N + \alpha_0 - K = \lambda \tag{6.29}$$

式中，$\alpha_0 \stackrel{\mathrm{def}}{=} \sum_{k=1}^{K} \alpha_k$ 为先验分布的等效样本规模。于是 MAP 估计为

$$\widehat{\theta_k} = \frac{N_k + \alpha_k - 1}{N + \alpha_0 - K} \tag{6.30}$$

如果采用均匀先验分布 $\alpha_k = 1$，可以发现 MLE 为

$$\widehat{\theta_k} = \frac{N_k}{N} \tag{6.31}$$

这正是出现 k 面次数的经验分布。

6.2.4　后验预测分布

对单个 Multinoulli(多项伯努利)实验的后验预测分布由下式给出：

$$p(X = j \mid \mathcal{D}) = \int p(X = j \mid \theta) p(\theta \mid \mathcal{D}) \mathrm{d}\theta \tag{6.32}$$

$$p(X = j \mid \mathcal{D}) = \int p(X = j \mid \theta_j) \left[\int p(\theta_{-j}, \theta_j \mid \mathcal{D}) \mathrm{d}\theta_{-j} \right] \mathrm{d}\theta_j \tag{6.33}$$

$$p(X = j \mid \mathcal{D}) = \int \theta_j p(\theta_j \mid \mathcal{D}) \mathrm{d}\theta_j = E[\theta_j \mid \mathcal{D}] = \frac{\alpha_j + N_j}{\sum\limits_k (\alpha_k + N_k)} = \frac{\alpha_j + N_j}{\alpha_0 + N} \tag{6.34}$$

式中，θ_{-j} 为除 θ_j 外的所有 $\boldsymbol{\theta}$ 的元素。

6.3　朴素贝叶斯分类器

本节将讨论如何分类离散值的特征向量 $\boldsymbol{x} \in \{1, \cdots, K\}^D$，这里 K 是每个特征值的个数，D 是特征个数。我们将应用生成方法，这要求指定类的条件分布 $p(\boldsymbol{x} \mid y = c)$。最简单的方法是在给定标记类后，并假设特征是条件独立的。于是将类的条件分布密度写成一维密度的积：

$$p(\boldsymbol{x} \mid y = c, \boldsymbol{\theta}) = \prod_{j=1}^{D} p(x_j \mid y = c, \theta_{jc}) \tag{6.35}$$

由此产生的模型称为朴素贝叶斯分类器(NBC)。

模型之所以称为"朴素"的，是因为我们希望特征是独立的，甚至在标记类的条件上也是独立的。

类的条件密度的形式依赖于每个特征的类型。在实值特征的情况下，可用高斯分布 $p(\boldsymbol{x} \mid y = c, \boldsymbol{\theta}) = \prod_{j=1}^{D} \mathcal{N}(x_j \mid \mu_{jc}, \sigma_{jc}^2)$，其中 μ_{jc} 是特征 j 在目标类 c 中的均值，σ_{jc}^2 是特征 j 在目标类 c 中的方差。在二元特征 $x_j \in \{0, 1\}$ 的情况下，可用伯努利分布 $p(\boldsymbol{x} \mid y = c, \boldsymbol{\theta}) = \prod_{j=1}^{D} \mathrm{Ber}(x_j \mid \mu_{jc})$，其中 μ_{jc} 是特征 j 发生在类 c 中的概率。有时也将其称为多元伯努利朴素贝叶斯模型。在分类特征 $x_j \in \{1, \cdots, K\}$ 的情况下，可以采用 Multinoulli 分布 $p(\boldsymbol{x} \mid y = c, \boldsymbol{\theta}) = \prod_{j=1}^{D} \mathrm{Cat}(x_j \mid \mu_{jc})$ 建模，其中 μ_{jc} 是 x_j 在类 c 中的 K 个可能值上的均值。

6.3.1　模型拟合

下面讨论如何"训练"朴素贝叶斯分类器，即对参数进行 MLE 或 MAP 估计计算，并计算全部的后验分布 $p(\theta \mid \mathcal{D})$。

1. NBC(朴素贝叶斯分类器)的 MLE(极大似然估计)

数据的概率由下式给出：

$$p(\boldsymbol{x}_i, y_i \mid \boldsymbol{\theta}) = p(y_i \mid \boldsymbol{\pi}) \prod_j p(x_{ij} \mid \theta_j) = \prod_c \pi_c^{\mathbb{I}(y_i=c)} \prod_j \prod_c p(x_{ij} \mid \theta_{jc})^{\mathbb{I}(y_i=c)}$$

$$\tag{6.36}$$

于是，对数似然度为

$$\log p(\mathscr{D} \mid \boldsymbol{\theta}) = \sum_{c=1}^{C} N_c \log \pi_c + \sum_{j=1}^{D} \sum_{c=1}^{C} \sum_{i: y_i==c} \log p(x_{ij} \mid \theta_{jc}) \tag{6.37}$$

该式分解成了多个项，于是可以分别地优化所有参数。

类的先验分的 MLE 为

$$\widehat{\pi}_c = \frac{N_c}{N} \tag{6.38}$$

式中，$N_c \stackrel{\text{def}}{=} \sum_i \mathbb{I}(y_i = c)$ 是类 c 中的样本数。

似然度的 MEL 依赖于所选择的用于每个特征的分布类型。为了化简，设所有特征是二元的，因此 $x_i \mid y \sim \mathrm{Ber}(\theta_{jc})$，在这种情况下，MLE 变成

$$\widehat{\theta}_{jc} = \frac{N_{jc}}{N_c} \tag{6.39}$$

2. 贝叶斯的朴素贝叶斯分类器

贝叶斯分类器的先验因子为

$$p(\boldsymbol{\theta}) = p(\boldsymbol{\pi}) \prod_{j=1}^{D} \prod_{c=1}^{C} p(\theta_{jc}) \tag{6.40}$$

采用 $\boldsymbol{\pi}$ 的 $\mathrm{Dir}(\alpha)$ 和 θ_{jc} 的 $\mathrm{Beta}(\beta_0, \beta_1)$ 的先验分布，通常只令 $\alpha = 1$ 及 $\beta = 1$。

将式(6.36)中的似然度的分解因子与式(6.40)中先验分布的分解因子相结合，则后验分布的分解因子为

$$p(\theta \mid \mathscr{D}) = p(\boldsymbol{\pi} \mid \mathscr{D}) \prod_{j=1}^{D} \prod_{c=1}^{C} p(\theta_{jc} \mid \mathscr{D}) \tag{6.41}$$

$$p(\boldsymbol{\pi} \mid \mathscr{D}) = \mathrm{Dir}(N_1 + \alpha_1, \cdots, N_C + \alpha_C) \tag{6.42}$$

$$p(\theta_{jc} \mid \mathscr{D}) = \mathrm{Beta}((N_c - N_{jc}) + \beta_0, N_{jc} + \beta_1) \tag{6.43}$$

6.3.2　预测模型的应用

在测试时，我们的目标是计算：

$$p(y = c \mid \boldsymbol{x}, \mathscr{D}) \propto p(y = c \mid \mathscr{D}) \prod_{j=1}^{D} p(x_j \mid y = c, \mathscr{D}) \tag{6.44}$$

正确的贝叶斯过程是积分出未知的参数：

$$p(y = c \mid \boldsymbol{x}, \mathscr{D}) \propto \left[\int \mathrm{Cat}(y = c \mid \boldsymbol{\pi}) p(\boldsymbol{\pi} \mid \mathscr{D}) \mathrm{d}\boldsymbol{\pi} \right] \tag{6.45}$$

$$p(y = c \mid \boldsymbol{x}, \mathscr{D}) \propto \prod_{j=1}^{D} \left[\int \mathrm{Ber}(x_j \mid y = c, \theta_{jc}) p(\theta_{jc} \mid \mathscr{D}) \right] \tag{6.46}$$

后验预测密度可以由后验均值 $\bar{\theta}$ 获得，于是

$$p(y = c \mid \boldsymbol{x}, \mathscr{D}) \propto \bar{\pi}_c \prod_{j=1}^{D} (\bar{\theta}_{jc})^{\mathbb{I}(x_j=1)} (1 - \bar{\theta}_{jc})^{\mathbb{I}(x_j=0)} \tag{6.47}$$

$$\bar{\theta}_{jc} = \frac{N_{jc} + \beta_1}{N_c + \beta_0 + \beta_1} \tag{6.48}$$

$$\bar{\pi}_c = \frac{N_c + \alpha_c}{N + \alpha_0} \tag{6.49}$$

式中，$\alpha_0 = \sum_c \alpha_c$。

如果用单点对后验进行近似，即 $p(\theta \mid \mathscr{D}) \approx \delta_{\hat{\theta}}$，这里 $\hat{\theta}$ 可能是 ML 或 MAP 估计，那么

$$p(y = c \mid \boldsymbol{x}, \mathscr{D}) \propto \hat{\pi}_c \prod_{j=1}^{D} (\hat{\theta}_{jc})^{\mathbb{I}(x_j=1)} (1 - \hat{\theta}_{jc})^{\mathbb{I}(x_j=0)} \tag{6.50}$$

小　　结

本章我们介绍了贝塔二项式模型中的似然度、先验分布和后验分布的模型与计算方法；介绍了狄利克雷多项式模型，其中包括似然度、先验分布、后验分布以及后验预测；最后我们介绍了朴素贝叶斯分类器模型。

思考与练习题

6.1　贝塔二项式的后验预测分布由下式给出

$$p(x \mid n, \mathscr{D}) = \mathrm{Bb}(x \mid \alpha'_0, \alpha'_1, n) = \frac{\mathrm{B}(x + \alpha'_1, n - x + \alpha'_0)}{\mathrm{B}(\alpha'_0, \alpha'_1)} \binom{n}{x}$$

（1）试证明上式可化简为

$$p(\tilde{x} = 1 \mid \mathscr{D}) = \frac{\alpha'_1}{\alpha'_0 + \alpha'_1}$$

（2）当 $n = 1$（$x \in \{0, 1\}$），试证明

$$\mathrm{Bb}(1 \mid \alpha'_0, \alpha'_1, 1) = \frac{\alpha'_1}{\alpha'_0 + \alpha'_1}$$

（提示：应用这个事实
$$\Gamma(\alpha_0 + \alpha_1 + 1) = (\alpha_0 + \alpha_1 + 1)\Gamma(\alpha_0 + \alpha_1) \quad)$$

6.2　若掷一枚硬币的次数为 $n = 5$，设 X 为其出现正面的次数，观察到正面出现的次数少于 3 次，但不知道精确次数是多少。设正面的先验概率为

$$p(\theta) = \mathrm{Beta}(\theta \mid 1, 1)$$

计算后验概率 $p(\theta, X < 3)$，即推导出一个与 $p(\theta, X < 3)$ 成比例的表达式。

（提示：答案是一个混合分布。　）

6.3　设

$$\phi = \mathrm{logit}(\theta) = \frac{\theta}{1 - \theta}$$

试证明，如果 $p(\phi) \propto 1$，那么 $p(\phi) \propto \mathrm{Beta}(\theta \mid 0, 0)$。

（提示：应用变量变换公式。　）

6.4　泊松 pmf 定义为 $\mathrm{Poi}(x \mid \lambda) = \mathrm{e}^{-\lambda} \dfrac{\lambda^x}{x!}$，其中 $x \in \{0, 1, 2, \cdots\}$，$\lambda > 0$ 是速率参数。试推导 MLE。

6.5　考虑中心在 0、宽度为 $2a$ 均匀分布，其密度函数由下式给出：

$$p(x) = \frac{1}{2a} I\left(x \in [-a, a]\right)$$

(1) 给定数据集 $x_1, \cdots, x_n$，a 的最大似然估计(称为 $\hat{a}$)是什么？

(2) 采用 $\hat{a}$ 模型分配给新数据点 x_{n+1} 的概率是多少？

6.6　若掷硬币 N 次，并观察到 N_1 次正面。令 $N_1 \sim \mathrm{Bin}(N, \theta)$ 及 $\theta \sim \mathrm{Beta}(1, 1)$。证明边缘似然度为 $p(N_1 \mid N) = \dfrac{1}{N+1}$。

(提示：如果 x 是一整数，$\Gamma(x+1) = x!$。　)

6.7　考虑具有类条件密度 $p(\boldsymbol{x} \mid y)$ 和均匀分布的先验概率 $p(y)$ 的 C 类生成分类器。若所有 D 个特征是二元的，即 $x_j \in \{0, 1\}$，假设所有特征是条件独立的(朴素贝叶斯假设)那么有

$$p(\boldsymbol{x} \mid y = c) = \prod_{j=1}^{D} \mathrm{Ber}(x_j \mid \theta_{jc})$$

这是要求的 DC 参数。

(1) 现在考虑不同的模型，我们称为"全"模型，在该模型中的所有特征是全部相关的(即无法分解假设因式)。在这种情况下如何表示 $p(\boldsymbol{x}|y=c)$？需要多少个参数才能表示 $p(\boldsymbol{x}|y=c)$？

(2) 假设特征个数 D 固定，有 N 个训练情况。如果样本的规模 N 非常小，哪个模型(朴素贝叶斯模型或全模型)可以获得较低的测试误差，为什么？

(3) 假设同(2)，如果样本的规模非常大，哪个模型(朴素贝叶斯模型或全模型)可以获得较低的测试误差，为什么？

(4) 作为 N 和 D 的函数，拟合全模型与朴素贝叶斯模型的计算复杂度是什么？用 Big-Oh符号。

(提示：这里的拟合模型，意味着计算 MLE 或 MAP 参数估计。可以假设在 $O(D)$ 中，将 D bit 向量转换为数字索引。)

(5) 若在测试情况下，有数据遗失。令 $\boldsymbol{x}_v$ 为规模 v 的可见特征，$\boldsymbol{x}_h$ 为 h 规模的隐藏(遗失)特征，这里 $v+h = D$。作为 v 和 h 的函数，全模型与朴素贝叶斯模型中计算 $p(y \mid \boldsymbol{x}_v, \hat{\boldsymbol{\theta}})$ 的复杂度是多少？

第7章　高斯模型

7.1　高斯模型基础

本章将讨论多变量高斯或多变量正态(MVN)模型，它们被广泛地应用到连续变量的联合概率密度函数中。

我们用黑体小写字母表示向量，如 x；用黑体大写字母表示矩阵，如 X；用非黑体大写字母表示矩阵中的实体，如 X_{ij}。

除非另有说明，所有向量都假定为列向量。用 $[x_1, \cdots, x_D]$ 表示由 D 个标量组成的列向量。类似地，如果我们写 $x = [x_1, \cdots, x_D]$，这是一高维列向量，其意义是将 x_i 沿着行排列，通常写成 $x = (x_1^T, \cdots, x_D^T)^T$；$X = [x_1, \cdots, x_D]$，这表示一个矩阵。

1. 基础公式

D 维 MVN 的 pdf 定义如下：

$$\mathcal{N}(x \mid \mu, \Sigma) \overset{\text{def}}{=} \frac{1}{(2\pi)^{D/2} |\Sigma|^{1/2}} e^{-\frac{1}{2}(x-\mu)^T \Sigma^{-1}(x-\mu)} \tag{7.1}$$

式中，指数是数据向量 x 与均值向量 μ 间的 Mahalanobis 距离。可以对 Σ 进行特征值分解，即 $\Sigma = U \Lambda U^T$，这里 U 是特征向量满足 $U^T U = I$ 的正交矩阵，Λ 是特征值对角矩阵。

应用特征值分解，有

$$\Sigma^{-1} = U^{-T} \Lambda^{-1} U^{-1} = U \Lambda^{-1} U^T = \sum_{i=1}^{D} \frac{1}{\lambda_i} u_i u_i^T \tag{7.2}$$

式中，u_i 是 U 的第 i 列，包含第 i 个特征值。于是可以重写 Mahalanobis 距离如下：

$$\begin{aligned}
(x-\mu)^T \Sigma^{-1}(x-\mu) &= (x-\mu)^T \left(\sum_{i=1}^{D} \frac{1}{\lambda_i} u_i u_i^T \right)(x-\mu) \\
&= \sum_{i=1}^{D} \frac{1}{\lambda_i}(x-\mu)^T u_i u_i^T(x-\mu) = \sum_{i=1}^{D} \frac{y_i^2}{\lambda_i}
\end{aligned} \tag{7.3}$$

式中，$y_i = u_i^T(x-\mu)$。

一般地，在移动了 μ、旋转了 U 的坐标变换系统中，Mahalanobis 距离相当于欧拉距离。

2. 多变量正态分布(MVN)的 MLE

现在描述一种采用 MLE 对 MVN 进行参数估计的方法，在后面的章节中，将讨论这些参数的贝叶斯推理，以此来减轻过拟合，提供估计的可信度方法的度量。

定理 7.1.1(高斯分布的 MLE)　如果有 N 个独立同分布的样本 $x_i \sim \mathcal{N}(\mu, \Sigma)$，那么对其参数的 MLE 估计由下式给出：

$$\widehat{\boldsymbol{\mu}}_{\text{MLE}} = \frac{1}{N} \sum_{i=1}^{N} \boldsymbol{x}_i \overset{\text{def}}{=} \overline{\boldsymbol{x}} \tag{7.4}$$

$$\widehat{\boldsymbol{\Sigma}}_{\text{MLE}} = \frac{1}{N} \sum_{i=1}^{N} (\boldsymbol{x}_i - \overline{\boldsymbol{x}})(\boldsymbol{x}_i - \overline{\boldsymbol{x}})^{\text{T}} = \frac{1}{N} \left(\sum_{i=1}^{N} \boldsymbol{x}_i \boldsymbol{x}_i^{\text{T}} \right) - \overline{\boldsymbol{x}} \, \overline{\boldsymbol{x}}^{\text{T}} \tag{7.5}$$

可见，MLE 正是经验均值和经验方差。在单变量情况下，可以得到如下相似结果：

$$\widehat{\mu} = \frac{1}{N} \sum_i x_i = \overline{x} \tag{7.6}$$

$$\widehat{\sigma^2} = \frac{1}{N} \sum_i (x_i - \overline{x})^2 = \left(\frac{1}{N} \sum_i x_i^2 \right) - (\overline{x})^2 \tag{7.7}$$

为了证明以上结果，我们给出以下矩阵公式，各式中 $\boldsymbol{a}$ 和 $\boldsymbol{b}$ 均为向量，$\boldsymbol{A}$ 和 $\boldsymbol{B}$ 均为矩阵。另外，符号 $\text{tr}(\boldsymbol{A})$ 是矩阵的迹，是矩阵对角线元素之和，$\text{tr}(\boldsymbol{A}) = \sum_i A_{ii}$。

$$\begin{cases} \dfrac{\partial(\boldsymbol{b}^{\text{T}}\boldsymbol{a})}{\partial \boldsymbol{a}} = \boldsymbol{b} \\[2mm] \dfrac{\partial(\boldsymbol{a}^{\text{T}}\boldsymbol{A}\boldsymbol{a})}{\partial \boldsymbol{a}} = (\boldsymbol{A} + \boldsymbol{A}^{\text{T}})\boldsymbol{a} \\[2mm] \dfrac{\partial}{\partial \boldsymbol{A}} \text{tr}(\boldsymbol{B}\boldsymbol{A}) = \boldsymbol{B}^{\text{T}} \\[2mm] \dfrac{\partial}{\partial \boldsymbol{A}} \log |\boldsymbol{A}| = \boldsymbol{A}^{-\text{T}} \overset{\text{def}}{=} (\boldsymbol{A}^{-1})^{\text{T}} \\[2mm] \text{tr}(\boldsymbol{A}\boldsymbol{B}\boldsymbol{C}) = \text{tr}(\boldsymbol{C}\boldsymbol{A}\boldsymbol{B}) = \text{tr}(\boldsymbol{B}\boldsymbol{C}\boldsymbol{A}) \end{cases} \tag{7.8}$$

式(7.8)中最后一个表达式称为迹运算的循环置换性质。应用该性质可以推导出广泛应用的标量内积 $\boldsymbol{x}^{\text{T}}\boldsymbol{A}\boldsymbol{x}$ 重排，其迹的计算如下：

$$\boldsymbol{x}^{\text{T}}\boldsymbol{A}\boldsymbol{x} = \text{tr}(\boldsymbol{x}^{\text{T}}\boldsymbol{A}\boldsymbol{x}) = \text{tr}(\boldsymbol{x}\boldsymbol{x}^{\text{T}}\boldsymbol{A}) = \text{tr}(\boldsymbol{A}\boldsymbol{x}\boldsymbol{x}^{\text{T}}) \tag{7.9}$$

证明　现在证明定理 7.1.1。

对数似然度为

$$l(\boldsymbol{\mu}, \boldsymbol{\Sigma}) = \log p(\mathcal{D} \mid \boldsymbol{\mu}, \boldsymbol{\Sigma}) = \frac{N}{2} \log |\boldsymbol{\Lambda}| - \frac{1}{2} \sum_{i=1}^{N} (\boldsymbol{x}_i - \boldsymbol{\mu})^{\text{T}} \boldsymbol{\Lambda} (\boldsymbol{x}_i - \boldsymbol{\mu}) \tag{7.10}$$

式中，$\boldsymbol{\Lambda} = \boldsymbol{\Sigma}^{-1}$。

应用替换 $\boldsymbol{y}_i = \boldsymbol{x}_i - \boldsymbol{\mu}$，并应用微积分的链式法则，有

$$\frac{\partial}{\partial \boldsymbol{\mu}} (\boldsymbol{x}_i - \boldsymbol{\mu})^{\text{T}} \boldsymbol{\Sigma}^{-1} (\boldsymbol{x}_i - \boldsymbol{\mu}) = \frac{\partial}{\partial \boldsymbol{y}_i} \boldsymbol{y}_i^{\text{T}} \boldsymbol{\Sigma}^{-1} \boldsymbol{y}_i \frac{\partial \boldsymbol{y}_i}{\partial \boldsymbol{\mu}} \tag{7.11}$$

$$\frac{\partial}{\partial \boldsymbol{\mu}} (\boldsymbol{x}_i - \boldsymbol{\mu})^{\text{T}} \boldsymbol{\Sigma}^{-1} (\boldsymbol{x}_i - \boldsymbol{\mu}) = -1(\boldsymbol{\Sigma}^{-1} + \boldsymbol{\Sigma}^{-\text{T}}) \boldsymbol{y}_i \tag{7.12}$$

于是

$$\frac{\partial}{\partial \boldsymbol{\mu}} l(\boldsymbol{\mu}, \boldsymbol{\Sigma}) = -\frac{1}{2} \sum_{i=1}^{N} -2 \boldsymbol{\Sigma}^{-1} (\boldsymbol{x}_i - \boldsymbol{\mu}) = \boldsymbol{\Sigma}^{-1} \sum_{i=1}^{N} (\boldsymbol{x}_i - \boldsymbol{\mu}) = 0 \tag{7.13}$$

$$\widehat{\boldsymbol{\mu}} = \frac{1}{N} \sum_{i=1}^{N} \boldsymbol{x}_i = \overline{\boldsymbol{x}} \tag{7.14}$$

于是 $\boldsymbol{\mu}$ 的 MLE 正是经验均值。

下面应用迹的计算技巧来重写关于 $\boldsymbol{\Lambda}$ 的对数似然度，表达式为

$$\ell(\boldsymbol{\Lambda}) = \frac{N}{2}\log|\boldsymbol{\Lambda}| - \frac{1}{2}\sum_i \mathrm{tr}\big[(\boldsymbol{x}_i - \boldsymbol{\mu})(\boldsymbol{x}_i - \boldsymbol{\mu})^{\mathrm{T}}\boldsymbol{\Lambda}\big]$$

$$= \frac{N}{2}\log|\boldsymbol{\Lambda}| - \frac{1}{2}\mathrm{tr}\big[\boldsymbol{S}_\mu\boldsymbol{\Lambda}\big] \tag{7.15}$$

其中

$$\boldsymbol{S}_\mu \overset{\mathrm{def}}{=} \sum_{i=1}^N (\boldsymbol{x}_i - \boldsymbol{\mu})(\boldsymbol{x}_i - \boldsymbol{\mu})^{\mathrm{T}} \tag{7.16}$$

为以 $\boldsymbol{\mu}$ 为中心的散布矩阵。对式(7.15)做关于 $\boldsymbol{\Lambda}$ 的导数，则有

$$\frac{\partial \ell(\boldsymbol{\Lambda})}{\partial \boldsymbol{\Lambda}} = \frac{N}{2}\boldsymbol{\Lambda}^{-\mathrm{T}} - \frac{1}{2}\boldsymbol{S}_\mu^{\mathrm{T}} = 0 \tag{7.17}$$

$$\boldsymbol{\Lambda}^{-\mathrm{T}} = \frac{1}{N}\boldsymbol{S}_\mu^{\mathrm{T}} \tag{7.18}$$

$$\boldsymbol{\Lambda}^{-1} = \boldsymbol{\Sigma} = \frac{1}{2}\boldsymbol{S}_\mu \tag{7.19}$$

因此

$$\widehat{\boldsymbol{\Sigma}} = \frac{1}{N}\sum_{i=1}^N (\boldsymbol{x}_i - \boldsymbol{\mu})(\boldsymbol{x}_i - \boldsymbol{\mu})^{\mathrm{T}} \tag{7.20}$$

正是以 $\boldsymbol{\mu}$ 为中心的经验协方差矩阵。如果令 $\boldsymbol{\mu} = \bar{\boldsymbol{x}}$，可以得到 MLE 协方差矩阵的标准式。证毕。

3. 高斯分布的最大熵导数

下面将证明多变量高斯分布是分布在具有特定均值和协方差约束的最大熵上的。

为了简单起见，假设均值为零，pdf 具有的形式为

$$p(\boldsymbol{x}) = \frac{1}{Z}\mathrm{e}^{-\frac{1}{2}\boldsymbol{x}^{\mathrm{T}}\boldsymbol{\Sigma}^{-1}\boldsymbol{x}} \tag{7.21}$$

如果定义：对于 $i,j \in \{1,\cdots,D\}$，$f_{ij}(\boldsymbol{x}) = x_i x_j$，$\lambda_{ij} = \frac{1}{2}(\boldsymbol{\Sigma}^{-1})_{ij}$。这个高斯分布的(有差异的)熵(以 e 为底)由下式给出

$$h\big(\mathcal{N}(\boldsymbol{\mu},\boldsymbol{\Sigma})\big) = \frac{1}{2}\ln\big[(2\pi\mathrm{e})^2|\boldsymbol{\Sigma}|\big] \tag{7.22}$$

可以证明 MVN 在所有具有指定协方差 $\boldsymbol{\Sigma}$ 的分布上有最大熵。

定理 7.1.2 设 $q(\boldsymbol{x})$ 为任意满足 $\int q(\boldsymbol{x})\,\mathrm{d}(x_i x_j)$ 的分布密度，再设 $p = N(0,\boldsymbol{\Sigma})$，那么 $h(q) \leqslant h(p)$。

7.2 高斯判决分析

MNV 的一个重要应用是在生成分类器中定义类的条件密度，即

$$p(\boldsymbol{x}\mid y=c,\boldsymbol{\theta}) = \mathcal{N}(\boldsymbol{x}\mid\boldsymbol{\mu}_c,\boldsymbol{\Sigma}_c) \tag{7.23}$$

由此产生的技术称为(高斯)判决分析或 GDA。如果 $\boldsymbol{\Sigma}_c$ 是对角矩阵，那么 GDA 等价于朴素贝叶斯。

1. 二次判别分析(QDA)

通过高斯分布密度洞悉该模型的内涵，即

$$p(y=c \mid \boldsymbol{x}, \boldsymbol{\theta}) = \frac{\pi_c \mid 2\pi\boldsymbol{\Sigma}_c \mid^{-\frac{1}{2}} e^{-\frac{1}{2}(\boldsymbol{x}-\boldsymbol{\mu}_c)^{\mathrm{T}}\boldsymbol{\Sigma}_c^{-1}(\boldsymbol{x}-\boldsymbol{\mu}_c)}}{\sum\limits_{c'} \pi_{c'} \mid 2\pi\boldsymbol{\Sigma}_{c'} \mid^{-\frac{1}{2}} e^{-\frac{1}{2}(\boldsymbol{x}-\boldsymbol{\mu}_{c'})^{\mathrm{T}}\boldsymbol{\Sigma}_{c'}^{-1}(\boldsymbol{x}-\boldsymbol{\mu}_{c'})}} \tag{7.24}$$

可以获得 $\boldsymbol{x}$ 的二次函数的阈值。该结果称为二次判别分析(QDA)。

2. 线性判别分析(LDA)

现在考虑一个特殊的情况，协方差矩阵 $\boldsymbol{\Sigma}_c = \boldsymbol{\Sigma}$ 在类间捆绑或共享。在这种情况下，可以化简式(7.24)如下：

$$p(y=c \mid \boldsymbol{x}, \boldsymbol{\theta}) \propto \pi_c e^{\left[\boldsymbol{\mu}_c^{\mathrm{T}}\boldsymbol{\Sigma}^{-1}\boldsymbol{x} - \frac{1}{2}\boldsymbol{x}^{\mathrm{T}}\boldsymbol{\Sigma}^{-1}\boldsymbol{x} - \frac{1}{2}\boldsymbol{\mu}_c^{\mathrm{T}}\boldsymbol{\Sigma}^{-1}\boldsymbol{\mu}_c\right]} \tag{7.25}$$

$$p(y=c \mid \boldsymbol{x}, \boldsymbol{\theta}) \propto e^{\left[\boldsymbol{\mu}_c^{\mathrm{T}}\boldsymbol{\Sigma}^{-1}\boldsymbol{x} - \frac{1}{2}\boldsymbol{\mu}_c^{\mathrm{T}}\boldsymbol{\Sigma}^{-1}\boldsymbol{\mu}_c + \log\pi_c\right]} e^{\left[-\frac{1}{2}\boldsymbol{x}^{\mathrm{T}}\boldsymbol{\Sigma}^{-1}\boldsymbol{x}\right]} \tag{7.26}$$

式中，由于二次项 $\boldsymbol{x}^{\mathrm{T}}\boldsymbol{\Sigma}^{-1}\boldsymbol{x}$ 与 c 独立，因此可以从分子和分母中去除掉。如果定义

$$\gamma_c = -\frac{1}{2}\boldsymbol{\mu}_c^{\mathrm{T}}\boldsymbol{\Sigma}^{-1}\boldsymbol{\mu}_c + \log\pi_c \tag{7.27}$$

$$\boldsymbol{\beta}_c = \boldsymbol{\Sigma}^{-1}\boldsymbol{\mu}_c \tag{7.28}$$

那么可以将式(7.24)写成

$$p(y=c \mid \boldsymbol{x}, \boldsymbol{\theta}) = \frac{e^{\boldsymbol{\beta}_c^{\mathrm{T}}\boldsymbol{x}+\gamma_c}}{\sum\limits_{c'} e^{\boldsymbol{\beta}_{c'}^{\mathrm{T}}\boldsymbol{x}+\gamma_{c'}}} = \boldsymbol{S}(\boldsymbol{\eta})_c \tag{7.29}$$

式中，$\boldsymbol{\eta} = [\boldsymbol{\beta}_1^{\mathrm{T}}\boldsymbol{x}+\gamma_1, \cdots, \boldsymbol{\beta}_C^{\mathrm{T}}\boldsymbol{x}+\gamma_C]$，$\boldsymbol{S}$ 是 Softmax 函数，其定义如下：

$$\boldsymbol{S}(\boldsymbol{\eta})_c = \frac{e^{\eta_c}}{\sum\limits_{c'=1}^{C} e^{\eta_{c'}}} \tag{7.30}$$

式(7.29)的一个有趣的性质是：如果采用对数，那么最后得到了一个 $\boldsymbol{x}$ 的线性函数(原因是 $\boldsymbol{x}\boldsymbol{\Sigma}^{-1}\boldsymbol{x}^{\mathrm{T}}$ 从分子分母被删除)。于是，任意两个类 c 与 c' 间的判决界将是一条直线，由此产生的技术称为线性判别分析或 LDA。可推导出如下的线性形式：

$$p(y=c \mid \boldsymbol{x}, \boldsymbol{\theta}) = p(y=c' \mid \boldsymbol{x}, \boldsymbol{\theta}) \tag{7.31}$$

$$\boldsymbol{\beta}_c^{\mathrm{T}}\boldsymbol{x} + \gamma_c = \boldsymbol{\beta}_{c'}^{\mathrm{T}}\boldsymbol{x} + \gamma_{c'} \tag{7.32}$$

$$\boldsymbol{x}^{\mathrm{T}}(\boldsymbol{\beta}_{c'} - \boldsymbol{\beta}) = \gamma_{c'} - \gamma_c \tag{7.33}$$

注：LDA 既可以表示线性判别分析(Linear Discriminant Analysis)，又可以表示"隐含狄利克雷分布(Latent Dirichlet Allocation)"，本书中其意义是明确的。

另一个 LDA 模型的拟合以及随后将推导的类的后验分布，可以直接从某些 $C \times D$ 的权重矩阵 $\boldsymbol{W}$ 的拟合 $p(y \mid \boldsymbol{x}, \boldsymbol{W}) = \mathrm{Cat}(y \mid \boldsymbol{W}\boldsymbol{x})$ 中推导出，被称为多类逻辑回归。

3. 两类 LDA

为了进一步理解这些表达式的内涵，可以考虑二元情况。在此情况下，后验分布为

$$p(y=1 \mid \boldsymbol{x}, \boldsymbol{\theta}) = \frac{e^{\boldsymbol{\beta}_1^{\mathrm{T}}\boldsymbol{x}+\gamma_1}}{e^{\boldsymbol{\beta}_1^{\mathrm{T}}\boldsymbol{x}+\gamma_1} + e^{\boldsymbol{\beta}_0^{\mathrm{T}}\boldsymbol{x}+\gamma_0}} \tag{7.34}$$

$$p(y=1 \mid \boldsymbol{x}, \boldsymbol{\theta}) = \frac{1}{1 + e^{(\boldsymbol{\beta}_0 - \boldsymbol{\beta}_1)^{\mathrm{T}}\boldsymbol{x}+(\gamma_0 - \gamma_1)}} = \mathrm{sigm}\left((\boldsymbol{\beta}_0 - \boldsymbol{\beta}_1)^{\mathrm{T}}\boldsymbol{x} + (\gamma_0 - \gamma_1)\right) \tag{7.35}$$

式中，$\mathrm{sigm}(\eta)$ 是 sigm 函数。由于

$$
\begin{aligned}
\gamma_0 - \gamma_1 &= -\frac{1}{2}\,\boldsymbol{\mu}_1^{\mathrm{T}}\,\boldsymbol{\Sigma}^{-1}\,\boldsymbol{\mu}_1 + \frac{1}{2}\,\boldsymbol{\mu}_0^{\mathrm{T}}\,\boldsymbol{\Sigma}^{-1}\,\boldsymbol{\mu}_0 + \log\left(\frac{\pi_1}{\pi_0}\right) \\
&= -\frac{1}{2}\,(\boldsymbol{\mu}_1 - \boldsymbol{\mu}_0)^{\mathrm{T}}\,\boldsymbol{\Sigma}^{-1}\,(\boldsymbol{\mu}_1 + \boldsymbol{\mu}_0) + \log\left(\frac{\pi_1}{\pi_0}\right)
\end{aligned}
\tag{7.36}
$$

因此，如果定义

$$
\boldsymbol{w} = \boldsymbol{\beta}_1 - \boldsymbol{\beta}_0 = \boldsymbol{\Sigma}^{-1}(\boldsymbol{\mu}_1 - \boldsymbol{\mu}_0)
\tag{7.37}
$$

$$
\boldsymbol{x}_0 = \frac{1}{2}(\boldsymbol{\mu}_1 + \boldsymbol{\mu}_0) - (\boldsymbol{\mu}_1 - \boldsymbol{\mu}_0)\frac{\log(\pi_1/\pi_0)}{(\boldsymbol{\mu}_1 - \boldsymbol{\mu}_0)^{\mathrm{T}}\,\boldsymbol{\Sigma}^{-1}(\boldsymbol{\mu}_1 - \boldsymbol{\mu}_0)}
\tag{7.38}
$$

那么有 $\boldsymbol{w}^{\mathrm{T}}\,\boldsymbol{x}_0 = -(\gamma_1 - \gamma_0)$，于是

$$
p(y = 1 \mid \boldsymbol{x},\,\boldsymbol{\theta}) = \mathrm{sigm}(\boldsymbol{w}^{\mathrm{T}}(\boldsymbol{x} - \boldsymbol{x}_0))
\tag{7.39}
$$

如果 $\boldsymbol{\Sigma} = \sigma^2 \boldsymbol{I}$，那么 $\boldsymbol{w}$ 是在 $\boldsymbol{\mu}_1 - \boldsymbol{\mu}_0$ 的方向上，因此将点进行分类是基于其投影是靠近 $\boldsymbol{\mu}_1$ 还是靠近 $\boldsymbol{\mu}_0$。另外，如果 $\pi_1 = \pi_0$，那么 $\boldsymbol{x}_0 = \frac{1}{2}(\boldsymbol{\mu}_1 + \boldsymbol{\mu}_0)$ 为两个均值的平均。如果令 $\pi_1 > \pi_0$，那么 $\boldsymbol{x}_0$ 将靠近 $\boldsymbol{\mu}_0$，因此较长的线是属于类 1 的一个先验分布；相反，如果 $\pi_1 < \pi_0$，则界向右移。可以看出，先验类 π_c 仅改变判决阈值，且不是在整个几何上都是这样的，以上是我们的断言。（该断言应用在多类的情况下，结论类似。）

4. MLE 的判决分析

下面讨论如何拟合判决分析模型，最简单的方法是采用最大似然度。对数似然度函数如下：

$$
\log p(\mathscr{D} \mid \boldsymbol{\theta}) = \left[\sum_{i=1}^{N}\sum_{c=1}^{C}\mathbb{I}(y_i = c)\log\pi_c\right] + \sum_{c=1}^{C}\left[\sum_{i:\,y_i=c}\log\mathscr{N}(\boldsymbol{x} \mid \boldsymbol{\mu}_c,\,\boldsymbol{\Sigma}_c)\right]
\tag{7.40}
$$

该式分为 π 项和含有 $\boldsymbol{\mu}_c$ 与 $\boldsymbol{\Sigma}_c$ 的 C 项，因此可以分别估计这些参数。对于先验类，有 $\hat{\pi}_c = N_c/N$ 作为朴素贝叶斯分布；对于条件分布类，只基于标记类将数据分割，并计算每个分割数据的高斯最大似然估计（MLE）：

$$
\hat{\boldsymbol{\mu}}_c = \frac{1}{N_c}\sum_{i:\,y_i=c}\boldsymbol{x}_i,\quad \hat{\boldsymbol{\Sigma}}_c = \frac{1}{N_c}\sum_{i:\,y_i=c}(\boldsymbol{x}_i - \hat{\boldsymbol{\mu}}_c)(\boldsymbol{x}_i - \hat{\boldsymbol{\mu}}_c)^{\mathrm{T}}
\tag{7.41}
$$

5. LDA 的正则化

假设有 $\boldsymbol{\Sigma}_c = \boldsymbol{\Sigma}$，那么在 LDA 中，将对 $\boldsymbol{\Sigma}$ 进行 MAP 估计。于是有

$$
\hat{\boldsymbol{\Sigma}} = \lambda\,\mathrm{diag}(\hat{\boldsymbol{\Sigma}}_{\mathrm{MLE}}) + (1 - \lambda)\,\hat{\boldsymbol{\Sigma}}_{\mathrm{MLE}}
\tag{7.42}
$$

式中，λ 控制正则化量，它与先验分布强度 ν_0 有关。这个技术称为正则化判别分析或 RDA。

设 $\boldsymbol{X} = \boldsymbol{U}\boldsymbol{D}\boldsymbol{V}^{\mathrm{T}}$ 是 SVD 的设计矩阵，其中 $\boldsymbol{V}$ 是 $D \times N$ 矩阵，$\boldsymbol{U}$ 是 $N \times N$ 正交矩阵，$\boldsymbol{D}$ 是 N 对角矩阵。另外，定义 $N \times N$ 矩阵 $\boldsymbol{Z} = \boldsymbol{U}\boldsymbol{D}$，这就是低维空间的设计矩阵（这是因为假设 $N < D$）。还有，定义 $\boldsymbol{\mu}_z = \boldsymbol{V}^{\mathrm{T}}\boldsymbol{\mu}$ 为这个诱导（缩减）空间中数据的均值；可以发现原始的均值为 $\boldsymbol{\mu} = \boldsymbol{V}\boldsymbol{\mu}_z$，这是因为 $\boldsymbol{V}^{\mathrm{T}}\boldsymbol{V} = \boldsymbol{V}\boldsymbol{V}^{\mathrm{T}} = \boldsymbol{I}$。利用这些定义，可以重写 MLE 如下：

$$
\hat{\boldsymbol{\Sigma}}_{\mathrm{MLE}} = \frac{1}{N}\boldsymbol{X}^{\mathrm{T}}\boldsymbol{X} - \boldsymbol{\mu}\boldsymbol{\mu}^{\mathrm{T}}
\tag{7.43}
$$

$$
\hat{\boldsymbol{\Sigma}}_{\mathrm{MLE}} = \frac{1}{N}(\boldsymbol{Z}\boldsymbol{V}^{\mathrm{T}})^{\mathrm{T}}(\boldsymbol{Z}\boldsymbol{V}^{\mathrm{T}}) - (\boldsymbol{V}\boldsymbol{\mu}_z)(\boldsymbol{V}\boldsymbol{\mu}_z)^{\mathrm{T}}
\tag{7.44}
$$

$$\hat{\boldsymbol{\Sigma}}_{\mathrm{MLE}} = \frac{1}{N} \boldsymbol{V} \boldsymbol{Z}^{\mathrm{T}} \boldsymbol{Z} \boldsymbol{V}^{\mathrm{T}} - \boldsymbol{V} \boldsymbol{\mu}_z \boldsymbol{\mu}_z^{\mathrm{T}} \boldsymbol{V}^{\mathrm{T}} \tag{7.45}$$

$$\hat{\boldsymbol{\Sigma}}_{\mathrm{MLE}} = \boldsymbol{V} \left(\frac{1}{N} \boldsymbol{Z}^{\mathrm{T}} \boldsymbol{Z} - \boldsymbol{\mu}_z \boldsymbol{\mu}_z^{\mathrm{T}} \right) \boldsymbol{V}^{\mathrm{T}} \tag{7.46}$$

$$\hat{\boldsymbol{\Sigma}}_{\mathrm{MLE}} = \boldsymbol{V} \hat{\boldsymbol{\Sigma}}_z \boldsymbol{V}^{\mathrm{T}} \tag{7.47}$$

式中，$\hat{\boldsymbol{\Sigma}}_z$ 是 $\boldsymbol{Z}$ 的经验协方差。于是可以重写 MAP 估计如下：

$$\hat{\boldsymbol{\Sigma}}_{\mathrm{MAP}} = \boldsymbol{V} \bar{\boldsymbol{\Sigma}}_z \boldsymbol{V}^{\mathrm{T}} \tag{7.48}$$

$$\bar{\boldsymbol{\Sigma}}_z = \lambda \mathrm{diag}(\hat{\boldsymbol{\Sigma}}_z) + (1 - \lambda) \hat{\boldsymbol{\Sigma}}_z \tag{7.49}$$

注意：由于从不需要实际计算 $D \times D$ 矩阵 $\hat{\boldsymbol{\Sigma}}_{\mathrm{MAP}}$，可以采用 LDA，因此需要计算的是 $p(y = c \mid \boldsymbol{x}, \boldsymbol{\theta}) \propto \mathrm{e}^{\delta_c}$，其中

$$\delta_c = -\boldsymbol{x}^{\mathrm{T}} \boldsymbol{\beta}_c + \gamma_c, \quad \boldsymbol{\beta}_c = \hat{\boldsymbol{\Sigma}}^{-1} \boldsymbol{\mu}_c, \quad \gamma_c = -\frac{1}{2} \boldsymbol{\mu}_c^{\mathrm{T}} \boldsymbol{\beta}_c + \log \pi_c \tag{7.50}$$

我们可以对 RDA 计算其关键的 $\boldsymbol{\beta}_c$ 项，而不用对如下的 $D \times D$ 矩阵进行逆计算：

$$\boldsymbol{\beta}_c = \hat{\boldsymbol{\Sigma}}_{\mathrm{MAP}} \boldsymbol{\mu}_c = (\boldsymbol{V} \bar{\boldsymbol{\Sigma}}_z \boldsymbol{V}^{\mathrm{T}})^{-1} \boldsymbol{\mu}_c = \boldsymbol{V} \bar{\boldsymbol{\Sigma}}_z^{-1} \boldsymbol{V}^{\mathrm{T}} \boldsymbol{\mu}_c = \boldsymbol{V} \bar{\boldsymbol{\Sigma}}_z^{-1} \boldsymbol{\mu}_{z,c} \tag{7.51}$$

式中，$\boldsymbol{\mu}_{z,c} = \boldsymbol{V}^{\mathrm{T}} \boldsymbol{\mu}_c$ 是属于类 c 数据的 $\boldsymbol{Z}$ 矩阵的均值。

6. 对角 LDA

另一个简单的 LDA 是对协方差矩阵进行约束，如果在 LDA 中，使 $\boldsymbol{\Sigma}_c = \boldsymbol{\Sigma}$，那么就可以对每个类应用协方差矩阵，被称为对角 LDA 模型；它等价于具有 $\lambda = 1$ 的 LDA。相应的判别函数如下：

$$\delta_c(\boldsymbol{x}) = \log p(\boldsymbol{x}, y = c \mid \boldsymbol{\theta}) = -\sum_{j=1}^{D} \frac{(x_j - \mu_{cj})^2}{2 \sigma_j^2} + \log \pi_c \tag{7.52}$$

典型地，令 $\hat{\mu}_{cj} = \bar{x}_{cj}$ 以及 $\hat{\sigma}_j^2 = s_j^2$，是特征 j 的汇集经验方差（跨类汇集），定义如下：

$$s_j^2 = \frac{\sum\limits_{c=1}^{C} \sum\limits_{i: y_i = c} (x_{ij} - \bar{x}_{cj})^2}{N - C} \tag{7.53}$$

7. 最近邻收缩质心分类器

对角 LDA 的一个缺点是，它依赖于所有特征。在高维问题中，由于精度及可解释性的原因，我们可能更喜欢的方法是仅依赖特征子集。一种方法是使用筛选方法，现在讨论另一种解决该问题的方法，称为最近邻收缩质心分类器。

最近邻收缩质心分类器的基本思想是，对具有稀疏特性先验分布（拉普拉斯分布）的对角 LDA 进行 MAP 估计。更为精确地说，在类的独立性特征均值 m_j 和类的指定偏移量 Δ_{cj} 上，定义类的指定特征均值 μ_{cj}。于是有

$$\mu_{cj} = m_j + \Delta_{cj} \tag{7.54}$$

对 Δ_{cj} 项上的先验分布，我们鼓励它严格地为零，然后计算 MAP 估计。如果对于特征 j，对于所有的 c，我们发现 $\Delta_{cj} = 0$，那么特征 j 将在分类判决中不扮演任何角色（因 μ_{cj} 将与 c 无关），于是无法判别的特征将自动地忽略。

7.3　联合高斯分布的推理

给定一联合分布 $p(x_1, x_2)$，它对计算边缘概率 $p(x_1)$ 及条件概率 $p(x_1 | x_2)$ 非常有用。后面将讨论如何做这个联合分布并给出一些应用，在最坏的情形下，运算所花费的时间为 $O(D^3)$。

1. 结果陈述

定理 7.3.1（多变量正态分布的边缘和条件分布）　若 $x = (x_1, x_2)$ 是具有以下参数的联合高斯分布

$$\boldsymbol{\mu} = \begin{pmatrix} \boldsymbol{\mu}_1 \\ \boldsymbol{\mu}_2 \end{pmatrix}, \boldsymbol{\Sigma} = \begin{bmatrix} \boldsymbol{\Sigma}_{11} & \boldsymbol{\Sigma}_{12} \\ \boldsymbol{\Sigma}_{21} & \boldsymbol{\Sigma}_{22} \end{bmatrix}, \boldsymbol{\Lambda} = \boldsymbol{\Sigma}^{-1} = \begin{bmatrix} \boldsymbol{\Lambda}_{11} & \boldsymbol{\Lambda}_{12} \\ \boldsymbol{\Lambda}_{21} & \boldsymbol{\Lambda}_{22} \end{bmatrix} \tag{7.55}$$

那么边缘概率由下式给出

$$\begin{cases} p(x_1) = \mathcal{N}(x_1 \mid \boldsymbol{\mu}_1, \boldsymbol{\Sigma}_{11}) \\ p(x_2) = \mathcal{N}(x_2 \mid \boldsymbol{\mu}_2, \boldsymbol{\Sigma}_{22}) \end{cases} \tag{7.56}$$

以及后验条件分布由下式给出

$$\begin{cases} p(x_1 \mid x_2) = \mathcal{N}(x_1 \mid \boldsymbol{\mu}_{1|2}, \boldsymbol{\Sigma}_{1|2}) \\ \boldsymbol{\mu}_{1|2} = \boldsymbol{\mu}_1 + \boldsymbol{\Sigma}_{12} \boldsymbol{\Sigma}_{22}^{-1} (x_2 - \boldsymbol{\mu}_2) \\ \quad = \boldsymbol{\mu}_1 - \boldsymbol{\Lambda}_{11}^{-1} \boldsymbol{\Lambda}_{12} (x_2 - \boldsymbol{\mu}_2) \\ \quad = \boldsymbol{\Sigma}_{1|2} \left(\boldsymbol{\Lambda}_{11} \boldsymbol{\mu}_1 - \boldsymbol{\Lambda}_{12} (x_2 - \boldsymbol{\mu}_2) \right) \\ \boldsymbol{\Sigma}_{1|2} = \boldsymbol{\Sigma}_{11} - \boldsymbol{\Sigma}_{12} \boldsymbol{\Sigma}_{22}^{-1} \boldsymbol{\Sigma}_{21} = \boldsymbol{\Lambda}_{22}^{-1} \end{cases} \tag{7.57}$$

可以看到，边缘与条件两个分布其自身也是高斯分布。对于边缘分布，我们仅提取对应于 x_1 或 x_2 的行和列。

2. 典型例子

1）二维高斯分布的边缘与条件分布

考虑一个二维分布的例子，其协方差矩阵为

$$\boldsymbol{\Sigma} = \begin{bmatrix} \sigma_1^2 & \rho\sigma_1\sigma_2 \\ \rho\sigma_1\sigma_2 & \sigma_2^2 \end{bmatrix} \tag{7.58}$$

当边缘分布 $p(x_1)$ 是一维高斯分布时，由联合分布投射到 x_1 线上的投影获得：

$$p(x_1) = \mathcal{N}(x_1 \mid \mu_1, \sigma_1^2) \tag{7.59}$$

若观察 $X_2 = x_2$，条件分布 $p(x_1 \mid x_2)$ 由"切割"联合分布的线 $X_2 = x_2$ 获得：

$$p(x_1 \mid x_2) = \mathcal{N}\left(x_1 \mid \mu_1 + \frac{\rho\sigma_1\sigma_2}{\sigma_2^2}(x_2 - \mu_2), \sigma_1^2 - \frac{(\rho\sigma_1\sigma_2)^2}{\sigma_2^2} \right) \tag{7.60}$$

如果 $\sigma_1 = \sigma_2 = \sigma$，可以得到

$$p(x_1 \mid x_2) = \mathcal{N}(x_1 \mid \mu_1 + \rho(x_2 - \mu_2), \sigma^2(1 - \rho^2)) \tag{7.61}$$

2）无噪声数据的插值

若想要估计定义在区间 $[0, T]$ 上的函数，即对 N 个观察点 $t_i, y_i = f(t_i)$。假设现在

的数据是无噪声的,因此要对它进行插值,亦即拟合函数,使其精确地通过数据。存在的问题是:在所观察到的两个数据点间函数的行为将是怎样的? 以下采用 MAP 估计定义在一维输入数据上的函数。

首先分离问题。将支持函数的区间分成 D 个相等的子区间,然后定义

$$x_j = f(s_j), s_j = jh, h = \frac{T}{D}, 1 \leqslant j \leqslant D \tag{7.62}$$

可以通过假设 x_j 是其相邻的 x_{j-1} 与 x_{j+1} 的平均,并加上某个高斯噪声来计算平滑的先验分布:

$$x_j = \frac{1}{2}(x_{j-1} + x_{j+2}) + \varepsilon_j, 2 \leqslant j \leqslant D - 2 \tag{7.63}$$

式中,$\varepsilon \sim \mathcal{N}(0, (1/\lambda)I)$。精度项 λ 控制着我们想要的函数的变化:大的 λ 对应于函数是非常"光滑"的信念,而小的 λ 对应于函数是非常"粗糙"的信念。在向量的形式下,上式可以写成如下形式:

$$Lx = \varepsilon \tag{7.64}$$

式中,L 是 $(D-2) \times D$ 的二阶有限差分矩阵

$$L = \frac{1}{2} \begin{bmatrix} -1 & 2 & -1 & & \\ & & \ddots & & \\ & & -1 & 2 & -1 \end{bmatrix} \tag{7.65}$$

相应的先验分布具有以下形式:

$$p(x) = \mathcal{N}(x \mid 0, (\lambda^2 L^T L)^{-1}) \propto e^{-\frac{\lambda^2}{2} \|Lx\|_2^2} \tag{7.66}$$

若忽略 λ 项,则精度矩阵变成 $\Lambda = L^T L$。

注意:尽管 x 是 D 维向量,但是精度矩阵 Λ 的秩仅有 $D-2$,因而这是一个非正常的先验分布,被称为本征高斯随机场。但如果观察了 $N \geqslant 2$ 个数据点,那么后验分布将是正常的。

现设 x_2 为 N 个无噪声的函数观测值、x_1 为 $D-N$ 个未知的函数值,不失一般性,假设未知变量被排在前面,后面排已知变量。那么可以将矩阵 L 分块为如下形式:

$$L = [L_1, L_2], L_1 \in \mathbb{R}^{(D-2) \times (D-N)}, L_2 \in \mathbb{R}^{(D-2) \times N} \tag{7.67}$$

对联合分布的精度矩阵进行分块:

$$\Lambda = L^T L = \begin{pmatrix} \Lambda_{11} & \Lambda_{12} \\ \Lambda_{21} & \Lambda_{22} \end{pmatrix} = \begin{pmatrix} L_1^T L_1 & L_1^T L_2 \\ L_2^T L_1 & L_2^T L_2 \end{pmatrix} \tag{7.68}$$

将条件分布写成如下形式:

$$p(x_1 \mid x_2) = \mathcal{N}(\mu_{1|2}, \Sigma_{1|2}) \tag{7.69}$$

$$\mu_{1|2} = -\Lambda_{11}^{-1} \Lambda_{12} x_2 = -L_1^T L_2 x_2 \tag{7.70}$$

$$\Sigma_{1|2} = \Lambda_{11}^{-1} \tag{7.71}$$

注意:我们可以通过解以下线性系统方程来计算均值:

$$L_1 \mu_{1|2} = -L_2 x_2 \tag{7.72}$$

3)数据填补

假如丢失了设计矩阵中的某些实体,如果列是相关的,那么可以应用观测到的实体来

预测丢失的实体。

更为精准的描述是：对每行 i 计算 $p(\boldsymbol{x}_{h_i} \mid \boldsymbol{x}_{v_i}, \boldsymbol{\theta})$，其中 h_i 和 v_i 是在 i 情况下隐藏的和可见的指标，计算每个丢失变量的边缘分布 $p(x_{h_{ij}} \mid \boldsymbol{x}_{v_i}, \boldsymbol{\theta})$；然后绘制该分布的均值 $\hat{x}_{ij} = E[x_j \mid \boldsymbol{x}_{v_i}, \boldsymbol{\theta}]$。这表示关于实体真实值的"最佳猜测"，意味着期望它的平方误差最小。

我们可以应用 $\mathrm{var}[x_{h_{ij}} \mid \boldsymbol{x}_{v_i}, \boldsymbol{\theta}]$ 作为这个最佳猜测的信任度。另外，可以从 $p(\boldsymbol{x}_{h_i} \mid \boldsymbol{x}_{v_i}, \theta)$ 中刻画多个样本，称为多数据填补。

3. 信息形式

若 $\boldsymbol{x} \sim \mathcal{N}(\boldsymbol{\mu}, \boldsymbol{\Sigma})$，可以证明 $E[\boldsymbol{x}] = \boldsymbol{\mu}$ 是向量的均值，$\mathrm{cov}[\boldsymbol{x}] = \boldsymbol{\Sigma}$ 是协方差矩阵，这些被称为分布的矩参数。然而，有时非常有用的却是正则参数或自然参数，定义为

$$\boldsymbol{\Lambda} \stackrel{\mathrm{def}}{=} \boldsymbol{\Sigma}^{-1}, \boldsymbol{\xi} \stackrel{\mathrm{def}}{=} \boldsymbol{\Sigma}^{-1}\boldsymbol{\mu} \tag{7.73}$$

它们可以逆转化为矩参数

$$\boldsymbol{\mu} = \boldsymbol{\Lambda}^{-1}\boldsymbol{\xi}, \quad \boldsymbol{\Sigma} = \boldsymbol{\Lambda}^{-1} \tag{7.74}$$

应用正则参数，可以将 MVN 写成信息形式：

$$\mathcal{N}_c(\boldsymbol{x} \mid \boldsymbol{\xi}, \boldsymbol{\Lambda}) = (2\pi)^{-D/2} |\boldsymbol{\Lambda}|^{\frac{1}{2}} e^{-\frac{1}{2}(\boldsymbol{x}^T\boldsymbol{\Lambda}\boldsymbol{x} + \boldsymbol{\xi}^T\boldsymbol{\Lambda}^{-1}\boldsymbol{\xi} - 2\boldsymbol{x}^T\boldsymbol{\xi})} \tag{7.75}$$

式中，用符号 $\mathcal{N}_c(\ )$ 来区分矩参数 $\mathcal{N}(\ )$。

推导出边缘分布和条件分布的信息形式公式是可能的，可以发现

$$p(\boldsymbol{x}_2) = \mathcal{N}_c(\boldsymbol{x}_2 \mid \boldsymbol{\xi}_2 - \boldsymbol{\Lambda}_{21}\boldsymbol{\Lambda}_{11}^{-1}\boldsymbol{\xi}_1, \boldsymbol{\Lambda}_{22} - \boldsymbol{\Lambda}_{21}\boldsymbol{\Lambda}_{11}^{-1}\boldsymbol{\Lambda}_{12}) \tag{7.76}$$

$$p(\boldsymbol{x}_1 \mid \boldsymbol{x}_2) = \mathcal{N}_c(\boldsymbol{x}_1 \mid \boldsymbol{\xi}_1 - \boldsymbol{\Lambda}_{12}\boldsymbol{x}_2, \boldsymbol{\Lambda}_{11}) \tag{7.77}$$

另一个运算是，两个高斯分布的乘用信息形式非常容易进行。可以证明

$$\mathcal{N}_c(\boldsymbol{\xi}_f, \boldsymbol{\lambda}_f)\mathcal{N}_c(\boldsymbol{\xi}_g, \boldsymbol{\lambda}_g) = \mathcal{N}_c(\boldsymbol{\xi}_f + \boldsymbol{\xi}_g, \boldsymbol{\lambda}_f + \boldsymbol{\lambda}_g) \tag{7.78}$$

然而，以矩的形式表述较麻烦，有

$$\mathcal{N}(\mu_f, \sigma_f^2)\mathcal{N}(\mu_g, \sigma_g^2) = \mathcal{N}\left(\frac{\mu_f\sigma_g^2 + \mu_g\sigma_f^2}{\sigma_f^2 + \sigma_g^2}, \frac{\sigma_f^2\sigma_g^2}{\sigma_f^2 + \sigma_g^2}\right) \tag{7.79}$$

4. 结果证明

现在证明定理 7.3.1。首先推导出几个需要的结果，然后回到证明。

1）用舒尔补（Schur Complements）进行分块矩阵的逆变换

定理 7.3.2（分块矩阵的逆）　考虑一个一般的分块矩阵

$$\boldsymbol{M} = \begin{pmatrix} \boldsymbol{E} & \boldsymbol{F} \\ \boldsymbol{G} & \boldsymbol{H} \end{pmatrix} \tag{7.80}$$

这里假设 $\boldsymbol{E}$ 和 $\boldsymbol{H}$ 是可逆的，有

$$\boldsymbol{M}^{-1} = \begin{bmatrix} (\boldsymbol{M}/\boldsymbol{H})^{-1} & -(\boldsymbol{M}/\boldsymbol{H})^{-1}\boldsymbol{F}\boldsymbol{H}^{-1} \\ -\boldsymbol{H}^{-1}\boldsymbol{G}(\boldsymbol{M}/\boldsymbol{H})^{-1} & \boldsymbol{H}^{-1} + \boldsymbol{H}^{-1}\boldsymbol{G}(\boldsymbol{M}/\boldsymbol{H})^{-1}\boldsymbol{F}\boldsymbol{H}^{-1} \end{bmatrix} \tag{7.81}$$

$$\boldsymbol{M}^{-1} = \begin{bmatrix} \boldsymbol{E}^{-1} + \boldsymbol{E}^{-1}\boldsymbol{F}(\boldsymbol{M}/\boldsymbol{E})^{-1}\boldsymbol{G}\boldsymbol{E}^{-1} & -\boldsymbol{E}^{-1}\boldsymbol{F}(\boldsymbol{M}/\boldsymbol{E})^{-1} \\ -(\boldsymbol{M}/\boldsymbol{E})^{-1}\boldsymbol{G}\boldsymbol{E}^{-1} & (\boldsymbol{M}/\boldsymbol{H})^{-1} \end{bmatrix} \tag{7.82}$$

式中

$$\frac{\boldsymbol{M}}{\boldsymbol{H}} \stackrel{\mathrm{def}}{=} \boldsymbol{E} - \boldsymbol{F}\boldsymbol{H}^{-1}\boldsymbol{G} \tag{7.83}$$

$$\frac{M}{E} \stackrel{\text{def}}{=} H - GE^{-1}F \tag{7.84}$$

我们说 M/H 是 M 关于 H 的舒尔补。式(7.81)称为分块逆公式。

证明　如果能分块对角化矩阵 M，那么它将易于求逆。对右上块非零的 M 矩阵，对其做左乘，得

$$\begin{pmatrix} I & -FH^{-1} \\ 0 & I \end{pmatrix} \begin{pmatrix} E & F \\ G & H \end{pmatrix} = \begin{pmatrix} E - FH^{-1}G & 0 \\ G & H \end{pmatrix} \tag{7.85}$$

同样，对左下块非零的矩阵，对其做右乘，得

$$\begin{pmatrix} E - FH^{-1}G & 0 \\ G & H \end{pmatrix} \begin{pmatrix} I & 0 \\ -H^{-1}G & I \end{pmatrix} = \begin{pmatrix} E - FH^{-1}G & 0 \\ 0 & H \end{pmatrix} \tag{7.86}$$

将它们合起来，可以得到

$$\underbrace{\begin{pmatrix} I & -FH^{-1} \\ 0 & I \end{pmatrix}}_{X} \underbrace{\begin{pmatrix} E & F \\ G & H \end{pmatrix}}_{M} \underbrace{\begin{pmatrix} I & 0 \\ -H^{-1}G & I \end{pmatrix}}_{Z} = \underbrace{\begin{pmatrix} E - FH^{-1}G & 0 \\ 0 & H \end{pmatrix}}_{W} \tag{7.87}$$

做上式两边的逆得到

$$Z^{-1} M^{-1} X^{-1} = W^{-1} \tag{7.88}$$

于是

$$M^{-1} = ZW^{-1}X \tag{7.89}$$

代入上述的定义，得到

$$\begin{pmatrix} E & F \\ G & H \end{pmatrix}^{-1} = \begin{pmatrix} I & 0 \\ -H^{-1}G & I \end{pmatrix} \begin{bmatrix} (M/H)^{-1} & 0 \\ 0 & H^{-1} \end{bmatrix} \begin{pmatrix} I & -FH^{-1} \\ 0 & I \end{pmatrix} \tag{7.90}$$

$$\begin{pmatrix} E & F \\ G & H \end{pmatrix}^{-1} = \begin{bmatrix} (M/H)^{-1} & 0 \\ -H^{-1}G\,(M/H)^{-1} & H^{-1} \end{bmatrix} \begin{pmatrix} I & -FH^{-1} \\ 0 & I \end{pmatrix} \tag{7.91}$$

$$\begin{pmatrix} E & F \\ G & H \end{pmatrix}^{-1} = \begin{bmatrix} (M/H)^{-1} & -(M/H)^{-1}FH^{-1} \\ -H^{-1}G\,(M/H)^{-1} & H^{-1} + H^{-1}G\,(M/H)^{-1}FH^{-1} \end{bmatrix} \tag{7.92}$$

另外，可以将 M 分解为 E 和 $M/E = (H - GE^{-1}F)$ 项，产生

$$\begin{pmatrix} E & F \\ G & H \end{pmatrix}^{-1} = \begin{bmatrix} E^{-1} + E^{-1}F\,(M/E)^{-1}GE^{-1} & -E^{-1}F\,(M/E)^{-1} \\ -(M/E)^{-1}GE^{-1} & (M/E)^{-1} \end{bmatrix} \tag{7.93}$$

2）矩阵逆的引理

现在推导出上述结果的一些有用的推论。

推论 7.3.1（矩阵逆的引理）　考虑一个一般的分块矩阵 $M = \begin{pmatrix} E & F \\ G & H \end{pmatrix}$，假设 E 和 H 是可逆的，有

$$(E - FH^{-1}G)^{-1} = E^{-1} + E^{-1}F\,(H - GE^{-1}F)^{-1}GE^{-1} \tag{7.94}$$

$$(E - FH^{-1}G)^{-1}FH^{-1} = E^{-1}F\,(H - GE^{-1}F)^{-1} \tag{7.95}$$

$$|E - FH^{-1}G| = |E - GE^{-1}F| \, |H^{-1}| \, |E| \tag{7.96}$$

式(7.94)和式(7.95)称为矩阵逆引理或 Sherman-Morrison-Woodbury 公式。式(7.96)称为矩阵的行列式定理。在机器学习/统计学中的典型应用是：设 $E = \Sigma$ 为一 $N \times N$ 对角矩

阵，设 $F = G^{\mathrm{T}} = X$ 为 $N \times D$ 矩阵，这里 $N \gg D$，并设 $H^{-1} = -I$。那么我们有

$$(\boldsymbol{\Sigma} + \boldsymbol{XX}^{\mathrm{T}})^{-1} = \boldsymbol{\Sigma}^{-1} - \boldsymbol{\Sigma}^{-1} \boldsymbol{X} (\boldsymbol{I} + \boldsymbol{X}^{\mathrm{T}} \boldsymbol{\Sigma}^{-1} \boldsymbol{X})^{-1} \boldsymbol{X}^{\mathrm{T}} \boldsymbol{\Sigma}^{-1} \tag{7.97}$$

另一个应用是关于计算逆矩阵秩的更新。设 $H = -1$（标量），$F = u$（列向量）以及 $G = v^{\mathrm{T}}$（行向量）。有

$$(\boldsymbol{E} + \boldsymbol{uv}^{\mathrm{T}})^{-1} = \boldsymbol{E}^{-1} + \boldsymbol{E}^{-1} \boldsymbol{u} (-1 - \boldsymbol{v}^{\mathrm{T}} \boldsymbol{E}^{-1} \boldsymbol{u})^{-1} \boldsymbol{v}^{\mathrm{T}} \boldsymbol{E}^{-1} \tag{7.98}$$

$$(\boldsymbol{E} + \boldsymbol{uv}^{\mathrm{T}})^{-1} = \boldsymbol{E}^{-1} - \frac{\boldsymbol{E}^{-1} \boldsymbol{uv}^{\mathrm{T}} \boldsymbol{E}^{-1}}{1 + \boldsymbol{v}^{\mathrm{T}} \boldsymbol{E}^{-1} \boldsymbol{u}} \tag{7.99}$$

当逐步添加数据向量到设计矩阵中，以及想要更新充分统计量时，以上公式是非常有用的。（可以类似地推导出移除数据向量的公式。）

3）高斯条件分布公式的证明

现在可以回到我们的初始目标，即推导出式(7.58)。若将联合分布 $p(x_1, x_2)$ 分解为如下的 $p(\boldsymbol{x}_2) p(\boldsymbol{x}_1 \mid \boldsymbol{x}_2)$ 因式：

$$E = \mathrm{e}^{-\frac{1}{2} \binom{x_1 - \mu_1}{x_2 - \mu_2}^{\mathrm{T}} \binom{\Sigma_{11}\ \Sigma_{12}}{\Sigma_{21}\ \Sigma_{22}}^{-1} \binom{x_1 - \mu_1}{x_2 - \mu_2}} \tag{7.100}$$

应用式(7.91)，上式的指数变成

$$E = \mathrm{e}^{-\frac{1}{2} \binom{x_1 - \mu_1}{x_2 - \mu_2}^{\mathrm{T}} \binom{I\quad 0}{-\Sigma_{22}^{-1} \Sigma_{21}\ \ I} \binom{(\Sigma/\Sigma_{22})^{-1}\ \ 0}{0\qquad \Sigma_{22}^{-1}} \binom{I\ -\Sigma_{12} \Sigma_{22}^{-1}}{0\qquad I} \binom{x_1 - \mu_1}{x_2 - \mu_2}} \tag{7.101}$$

$$E = \mathrm{e}^{-\frac{1}{2}(x_1 - \mu_1 - \Sigma_{12} \Sigma_{22}^{-1}(x_2 - \mu_2))^{\mathrm{T}}(\Sigma/\Sigma_{22})^{-1}(x_1 - \mu_1 - \Sigma_{12} \Sigma_{22}^{-1}(x_2 - \mu_2))} \times \mathrm{e}^{-\frac{1}{2}(x_2 - \mu_2)^{\mathrm{T}} \Sigma_{22}^{-1}(x_2 - \mu_2)} \tag{7.102}$$

即形式为

$$\mathrm{e}(x_1, x_2 \text{ 的二次型}) \times \mathrm{e}(x_2 \text{ 的二次型}) \tag{7.103}$$

于是我们已成功地将联合分布分解为

$$p(\boldsymbol{x}_1, \boldsymbol{x}_2) = p(\boldsymbol{x}_1 \mid \boldsymbol{x}_2) p(\boldsymbol{x}_2) \tag{7.104}$$

$$p(\boldsymbol{x}_1, \boldsymbol{x}_2) = \mathcal{N}(\boldsymbol{x}_1 \mid \boldsymbol{\mu}_{1|2}, \boldsymbol{\Sigma}_{1|2}) \mathcal{N}(\boldsymbol{x}_2 \mid \boldsymbol{\mu}_2, \boldsymbol{\Sigma}_{22}) \tag{7.105}$$

此时条件分布的参数可以用上式得出，为

$$\boldsymbol{\mu}_{1|2} = \boldsymbol{\mu}_1 + \boldsymbol{\Sigma}_{12} \boldsymbol{\Sigma}_{22}^{-1} (\boldsymbol{x}_2 - \boldsymbol{\mu}_2) \tag{7.106}$$

$$\boldsymbol{\Sigma}_{1|2} = \boldsymbol{\Sigma}/\boldsymbol{\Sigma}_{22} = \boldsymbol{\Sigma}_{11} - \boldsymbol{\Sigma}_{12} \boldsymbol{\Sigma}_{22}^{-1} \boldsymbol{\Sigma}_{21} \tag{7.107}$$

另外，还可以应用 $|\boldsymbol{M}| = |\boldsymbol{M}/\boldsymbol{H}| |\boldsymbol{H}|$ 的事实来检验正态化常数是正确的：

$$(2\pi)^{(d_1 + d_2)/2} |\boldsymbol{\Sigma}|^{\frac{1}{2}} = (2\pi)^{(d_1 + d_2)/2} (|\boldsymbol{\Sigma}/\boldsymbol{\Sigma}_{22}| |\boldsymbol{\Sigma}_{22}|)^{\frac{1}{2}}$$

$$= (2\pi)^{d_1/2} |\boldsymbol{\Sigma}/\boldsymbol{\Sigma}_{22}|^{\frac{1}{2}} (2\pi)^{d_2/2} |\boldsymbol{\Sigma}_{22}|^{\frac{1}{2}} \tag{7.108}$$

式中，$d_1 = \dim(\boldsymbol{x}_1)$，$d_2 = \dim(\boldsymbol{x}_2)$。

7.4　线性高斯系统

对于两个变量 x 和 y，设 $\boldsymbol{x} \in \mathbb{R}^{D_x}$ 为隐变量，$\boldsymbol{y} \in \mathbb{R}^{D_y}$ 为有噪声的 x 的观察变量。假设有以下先验分布和似然度：

$$\begin{cases} p(\boldsymbol{x}) = \mathcal{N}(\boldsymbol{x} \mid \boldsymbol{\mu}_x, \boldsymbol{\Sigma}_x) \\ p(\boldsymbol{y} \mid \boldsymbol{x}) = \mathcal{N}(\boldsymbol{y} \mid \boldsymbol{Ax} + \boldsymbol{b}, \boldsymbol{\Sigma}_y) \end{cases} \tag{7.109}$$

式中，A 是 $D_y \times D_x$ 矩阵。这是一个线性高斯系统的例子，可以用 $x \to y$ 简略地表示 x 生成 y。本节将说明如何从 y 推出 x。

1. 结果陈述

定理 7.4.1（线性高斯系统的贝叶斯法则）　给定如式（7.109）的线性高斯系统，后验分布 $p(y|x)$ 由下式给出：

$$\begin{cases} p(x|y) = \mathcal{N}(x|\boldsymbol{\mu}_{x|y}, \boldsymbol{\Sigma}_{x|y}) \\ \boldsymbol{\Sigma}_{x|y}^{-1} = \boldsymbol{\Sigma}_x^{-1} + A^{\mathrm{T}} \boldsymbol{\Sigma}_y^{-1} A \\ \boldsymbol{\mu}_{x|y} = \boldsymbol{\Sigma}_{x|y}[A^{\mathrm{T}} \boldsymbol{\Sigma}_y^{-1}(y-b) + \boldsymbol{\Sigma}_x^{-1} \boldsymbol{\mu}_x] \end{cases} \tag{7.110}$$

另外，正态化常数 $p(y)$ 由下式给出

$$p(y) = \mathcal{N}(y|A\boldsymbol{\mu}_x + b, \boldsymbol{\Sigma}_y + A\boldsymbol{\Sigma}_x A^{\mathrm{T}}) \tag{7.111}$$

2. 典型例子

1) 从有噪声的测量值中推测未知标量

若对某个基础量 x 所做的 N 次有噪测量，其值为 $y_i(i=1, \cdots, N)$；假设测量噪声有固定的精度 $\lambda_y = 1/\sigma^2$，故似然度为

$$p(y_i|x) = \mathcal{N}(y_i|x, \lambda_y^{-1}) \tag{7.112}$$

现在设未知量的高斯先验分布为

$$p(x) = \mathcal{N}(x|\mu_0, \lambda_0^{-1}) \tag{7.113}$$

需要计算的是 $p(x|y_1, \cdots, y_N, \sigma^2)$。通过定义 $y = (y_1, \cdots, y_N)$，$A = \mathbf{1}_N^{\mathrm{T}}$（$1 \times N$ 的 1 的行向量），$\boldsymbol{\Sigma}_y^{-1} = \mathrm{diag}(\lambda_y I)$，可以将其转化为高斯分布的贝叶斯规则的形式。于是得到

$$p(x|y) = N(x|\mu_N, \lambda_N^{-1}) \tag{7.114}$$

$$\lambda_N = \lambda_0 + N\lambda_y \tag{7.115}$$

$$\mu_N = \frac{N\lambda_y \bar{y} + \lambda_0 \mu_0}{\lambda_N} = \frac{N\lambda_y}{\lambda_0 + N\lambda_y}\bar{y} + \frac{\lambda_0}{\lambda_0 + N\lambda_y}\mu_0 \tag{7.116}$$

上述这些表达式非常直观：后验精度 λ_N 是先验精度 λ_0 加上 N 个单位的测量精度 λ_y。还有，后验均值 μ_N 是最大似然估计（MLE）$\bar{y}$ 和先验均值 μ_0 的凸组合。显然，后验均值是最大似然估计与先验值的折中。如果先验值与信号强度是相关的（相对于 λ_y，λ_0 是小的），那么对 MLE 赋较大的权重；如果先验值与信号强度是强相关的（相对于 λ_y，λ_0 是大的），那么对先验值赋较大的权重。

我们可以用后验分布的方差项重写结果，而不是用后验精度重写结果，有

$$p(x|\mathcal{D}, \sigma^2) = \mathcal{N}(x|\mu_N, \tau_N^2) \tag{7.117}$$

$$\tau_N^2 = \frac{1}{\dfrac{N}{\sigma^2} + \dfrac{1}{\tau_0^2}} = \frac{\sigma^2 \tau_0^2}{N\tau_0^2 + \sigma^2} \tag{7.118}$$

$$\mu_N = \tau_N^2 \left(\frac{\mu_0}{\tau_0^2} + \frac{N\bar{y}}{\sigma^2}\right) = \frac{\sigma^2}{N\tau_0^2 + \sigma^2}\mu_0 + \frac{N\tau_0^2}{N\tau_0^2 + \sigma^2}\bar{y} \tag{7.119}$$

其中，$\tau_0^2 = 1/\lambda_0$ 是先验方差，$\tau_N^2 = 1/\lambda_N$ 是后验方差。

更新每个观察值后，接着还可以计算后验值。若 $N=1$，当看到单一的观察值后，可以重写后验值如下（这里定义 $\Sigma_y = \sigma^2$，$\Sigma_0 = \tau_0^2$，$\Sigma_1 = \tau_1^2$ 分别为方差的似然度、先验方差和后验

方差）：

$$p(x \mid y) = \mathcal{N}(x \mid \mu_1, \Sigma_1) \tag{7.120}$$

$$\Sigma_1 = \left(\frac{1}{\Sigma_0} + \frac{1}{\Sigma_y}\right)^{-1} = \frac{\Sigma_y \Sigma_0}{\Sigma_0 + \Sigma_y} \tag{7.121}$$

$$\mu_1 = \Sigma_1 \left(\frac{\mu_0}{\Sigma_0} + \frac{y}{\Sigma_y}\right) \tag{7.122}$$

用三种不同的方式重写后验均值如下：

$$\mu_1 = \frac{\Sigma_y}{\Sigma_0 + \Sigma_y} \mu_0 + \frac{\Sigma_0}{\Sigma_0 + \Sigma_y} y \tag{7.123}$$

$$\mu_1 = \mu_0 + (y - \mu_0) \frac{\Sigma_0}{\Sigma_0 + \Sigma_y} \tag{7.124}$$

$$\mu_1 = y - (y - \mu_0) \frac{\Sigma_y}{\Sigma_0 + \Sigma_y} \tag{7.125}$$

其中，式(7.123)是先验均值与数据的凸组合；式(7.124)是向数据调节的先验均值；式(7.125)是向先验均值调节的数据，称为收缩。所有这些均表示似然度与先验分布间的折中方式。相对于Σ_y，如果Σ_0是小的，则对应于强先验值，收缩量就大；反之，相对于Σ_y，如果Σ_0是大的，则对应于弱先验值，收缩量就小。

另一种度量收缩量的方法是用信噪比，其定义如下：

$$\mathrm{SNR} \overset{\text{def}}{=} \frac{E[x^2]}{E[\varepsilon^2]} = \frac{\Sigma_0 + \mu_0^2}{\Sigma_y} \tag{7.126}$$

式中，$x \sim \mathcal{N}(\mu_0, \Sigma_0)$是实际信号；$y = x + \varepsilon$是观测信号，$\varepsilon \sim \mathcal{N}(0, \Sigma_y)$是噪声项。

2）从有噪测量量中推测出未知向量

现在考虑观测N个向量值，$y_i \sim \mathcal{N}(x, \Sigma_y)$，且具有先验高斯分布$x \sim \mathcal{N}(\mu_0, \Sigma_0)$。令$A = I$，$b = 0$，并应用具有精度为$N\Sigma_y^{-1}$的有效观测值$\bar{y}$，有

$$p(x \mid y_1, \cdots, y_N) = \mathcal{N}(x \mid \mu_N, \Sigma_N) \tag{7.127}$$

$$\Sigma_N^{-1} = \Sigma_0^{-1} + N\Sigma_y^{-1} \tag{7.128}$$

$$\mu_N = \Sigma_N \left(\Sigma_y^{-1}(N\bar{y}) + \Sigma_0^{-1}\mu_0\right) \tag{7.129}$$

3）有噪数据的插值

假设获得了N个有噪观察值y_i，不失一般性，假设它们对应于$x_1, \cdots, x_N$，建立线性模型。通过定义如下的高斯系统，可以将其转换为应用贝叶斯规则的形式：

$$y = Ax + \varepsilon \tag{7.130}$$

式中，$\varepsilon \sim \mathcal{N}(0, \Sigma_y)$，$\Sigma_y = \sigma^2 I$；$\sigma^2$是观测噪声；$A$是$N \times D$选择出观察元素的投影矩阵。例如，如果$N = 2$，$D = 4$，有

$$A = \begin{pmatrix} 1 & 0 & 0 & 0 \\ 0 & 1 & 0 & 0 \end{pmatrix} \tag{7.131}$$

像以前应用病态先验矩阵$\Sigma_x = (L^T L)^{-1}$一样，可以容易地计算后验均值和方差。

后验均值还可通过解下列优化问题进行计算：

$$\min_x \frac{1}{2\sigma^2} \sum_{i=1}^{N} (x_i - y_i)^2 + \frac{\lambda}{2} \sum_{j=1}^{D} \left[(x_j - x_{j-1})^2 + (x_j - x_{j+1})^2\right] \tag{7.132}$$

这里为了简化符号已定义 $x_0 = x_1$ 和 $x_{D+1} = x_D$。我们认为这是对以下问题的一个离散近似：

$$\min_{f} \frac{1}{2\sigma^2} \int (f(t) - y(t))^2 \mathrm{d}t + \frac{\lambda}{2} \int |f'(t)|^2 \mathrm{d}t \tag{7.133}$$

式中，$f'(t)$ 是 f 的一阶导数；第一项测量数据的拟合；第二项是对"非常粗糙"的惩罚函数。

3. 结果证明

我们现在推导式(7.110)，基本思想是推导联合分布 $p(x, y) = p(x)p(y|x)$，然后应用 7.3.1 节中的结果计算 $p(x|y)$。

联合分布的对数如下（丢弃无关的常数）：

$$\log p(x, y) = -\frac{1}{2}(x - \mu_x)^{\mathrm{T}} \Sigma_x^{-1}(x - \mu_x) - \frac{1}{2}(y - Ax - b)^{\mathrm{T}} \Sigma_y^{-1}(y - Ax - b) \tag{7.134}$$

这显然是一个联合高斯分布，因为它是指数二次型。

展开涉及 x 与 y 的二次项，并忽略线性和约束项，有

$$Q = -\frac{1}{2} x^{\mathrm{T}} \Sigma_x^{-1} x - \frac{1}{2} y^{\mathrm{T}} \Sigma_y^{-1} y - \frac{1}{2}(Ax)^{\mathrm{T}} \Sigma_y^{-1}(Ax) + y^{\mathrm{T}} \Sigma_y^{-1} Ax \tag{7.135}$$

$$Q = -\frac{1}{2} \begin{pmatrix} x \\ y \end{pmatrix}^{\mathrm{T}} \begin{pmatrix} \Sigma_x^{-1} + A^{\mathrm{T}} \Sigma_y^{-1} A & -A^{\mathrm{T}} \Sigma_y^{-1} \\ -\Sigma_y^{-1} A^{\mathrm{T}} & \Sigma_y^{-1} \end{pmatrix} \begin{pmatrix} x \\ y \end{pmatrix} \tag{7.136}$$

$$Q = -\frac{1}{2} \begin{pmatrix} x \\ y \end{pmatrix}^{\mathrm{T}} \Sigma^{-1} \begin{pmatrix} x \\ y \end{pmatrix} \tag{7.137}$$

这里联合分布的精度矩阵定义为

$$\Sigma^{-1} = \begin{pmatrix} \Sigma_x^{-1} + A^{\mathrm{T}} \Sigma_y^{-1} A & -A^{\mathrm{T}} \Sigma_y^{-1} \\ -\Sigma_y^{-1} A^{\mathrm{T}} & \Sigma_y^{-1} \end{pmatrix} \overset{\text{def}}{=} \Lambda = \begin{pmatrix} \Lambda_{xx} & \Lambda_{xy} \\ \Lambda_{yx} & \Lambda_{yy} \end{pmatrix} \tag{7.138}$$

应用 $\mu_y = A\mu_x + b$ 的事实，有

$$p(x|y) = \mathcal{N}(\mu_{x|y}, \Sigma_{x|y}) \tag{7.139}$$

$$\Sigma_{x|y} = \Lambda_{xx}^{-1} = (\Sigma_x^{-1} + A^{\mathrm{T}} \Sigma_y^{-1} A)^{-1} \tag{7.140}$$

$$\mu_{x|y} = \Sigma_{x|y}(\Lambda_{xx}\mu_x - \Lambda_{xy}(y - \mu_y)) \tag{4.141}$$

即

$$\mu_{x|y} = \Sigma_{x|y}(\Sigma_x^{-1}\mu + A^{\mathrm{T}} \Sigma_y^{-1}(y - b)) \tag{7.142}$$

7.5　MVN 的参数推断

迄今，我们已讨论了高斯分布中假设参数 $\theta = (\mu, \Sigma)$ 是已知的推理，本节将讨论如何推断出参数本身。假设数据具有形式 $x_i \sim \mathcal{N}(\mu, \Sigma)$，$i = 1 : N$，并且数据是完全观察到的，因此没有数据丢失。为了表述简单，在三个方面对后验分布进行推导：首先计算 $p(\mu | \mathcal{D}, \Sigma)$；然后计算 $p(\Sigma | \mathcal{D}, \mu)$；最后计算联合概率 $p(\mu, \Sigma | \mathcal{D})$。

7.5.1　μ 的后验分布

我们已讨论了如何计算 μ 的最大似然估计(MLE)，现在讨论如何计算 μ 的后验分布，

它对 $\boldsymbol{\mu}$ 的非确定性建模非常有用的。

似然度具有的形式为

$$p(\mathcal{D}|\boldsymbol{\mu}) = \mathcal{N}\left(\bar{\boldsymbol{x}}\,\Big|\,N, \frac{1}{N}\boldsymbol{\Sigma}\right) \tag{7.143}$$

为了简单起见，将采用高斯分布。特别地，如果 $p(\boldsymbol{\mu}) = \mathcal{N}(\boldsymbol{\mu}|\boldsymbol{m}_0, \boldsymbol{V}_0)$，那么得到

$$p(\boldsymbol{\mu}|\mathcal{D}, \boldsymbol{\Sigma}) = \mathcal{N}(\boldsymbol{\mu}|\boldsymbol{m}_N, \boldsymbol{V}_N) \tag{7.144}$$

$$\boldsymbol{V}_N^{-1} = \boldsymbol{V}_0^{-1} + N\boldsymbol{\Sigma}^{-1} \tag{7.145}$$

$$\boldsymbol{m}_N = \boldsymbol{V}_N\left(\boldsymbol{\Sigma}^{-1}(N\bar{\boldsymbol{x}}) + \boldsymbol{V}_0^{-1}\boldsymbol{m}_0\right) \tag{7.146}$$

我们可以通过令 $\boldsymbol{V}_0 = \infty\boldsymbol{I}$ 来建立无信息先验分布模型。在这种情况下，有 $p(\boldsymbol{\mu}|\mathcal{D}, \boldsymbol{\Sigma}) = \mathcal{N}(\bar{\boldsymbol{x}}, \frac{1}{N}\boldsymbol{\Sigma})$，因此后验均值等于 MLE。

7.5.2 $\boldsymbol{\Sigma}$ 的后验分布

1. 似然度

现在讨论如何计算 $p(\boldsymbol{\Sigma}|\mathcal{D}, \boldsymbol{\mu})$。似然度具有的形式为

$$p(\mathcal{D}|\boldsymbol{\mu}, \boldsymbol{\Sigma}) \propto |\boldsymbol{\Sigma}|^{-\frac{N}{2}} e^{-\frac{1}{2}\mathrm{tr}(\boldsymbol{S}_\mu \boldsymbol{\Sigma}^{-1})} \tag{7.147}$$

相应的共轭先验分布称为 Wishart 分布的逆。它具有以下的概率密度函数(pdf)：

$$\mathrm{IW}(\boldsymbol{\Sigma}|\boldsymbol{S}_0^{-1}, \nu_0) \propto |\boldsymbol{\Sigma}|^{-(\nu_0+D+1)/2} e^{-\frac{1}{2}\mathrm{tr}(\boldsymbol{S}_0 \boldsymbol{\Sigma}^{-1})} \tag{7.148}$$

式中，$\nu_0 \geqslant D-1$ 为自由度(dof)；$\boldsymbol{S}_0$ 是对称正定矩阵。可以看到，$\boldsymbol{S}_0^{-1}$ 扮演着先验散射矩阵的角色；$D_0 \stackrel{\text{def}}{=} \nu_0 + D + 1$ 控制先验分布的强度，扮演着与样本的大小 N(规模)类似的角色。

将似然度与先验分布相乘，可以发现后验分布也是 Wishart 分布的逆：

$$p(\boldsymbol{\Sigma}|\mathcal{D}, \boldsymbol{\mu}) \propto |\boldsymbol{\Sigma}|^{-\frac{N}{2}} e^{-\frac{1}{2}\mathrm{tr}(\boldsymbol{S}_\mu \boldsymbol{\Sigma}^{-1})} |\boldsymbol{\Sigma}|^{-(\nu_0+D+1)/2} e^{-\frac{1}{2}\mathrm{tr}(\boldsymbol{S}_0 \boldsymbol{\Sigma}^{-1})} \tag{7.149}$$

$$p(\boldsymbol{\Sigma}|\mathcal{D}, \boldsymbol{\mu}) \propto |\boldsymbol{\Sigma}|^{-\frac{N+(\nu_0+D+1)}{2}} e^{-\frac{1}{2}\mathrm{tr}[\boldsymbol{\Sigma}^{-1}(\boldsymbol{S}_\mu + \boldsymbol{S}_0)]} \tag{7.150}$$

$$p(\boldsymbol{\Sigma}|\mathcal{D}, \boldsymbol{\mu}) \propto \mathrm{IW}(\boldsymbol{\Sigma}|\boldsymbol{S}_N, \nu_N) \tag{7.151}$$

$$\nu_N = \nu_0 + N \tag{7.152}$$

$$\boldsymbol{S}_N^{-1} = \boldsymbol{S}_0 + \boldsymbol{S}_\mu \tag{7.153}$$

也就是说，后验强度 ν_N 是先验强度加上观察的个数 N，同时后验散射矩阵 $\boldsymbol{S}_N$ 是先验散射矩阵 $\boldsymbol{S}_0$ 加上数据的散射矩阵 $\boldsymbol{S}_\mu$。

2. MAP 估计

由式(7.5)看到 $\hat{\boldsymbol{\Sigma}}_{\text{MLE}}$ 是秩 $\min(N, D)$ 的矩阵，如果 $N < D$，那么这个矩阵不是满秩的，因此将是不可逆的；如果 $N > D$，可能导致 $\hat{\boldsymbol{\Sigma}}$ 病态(意味着接近奇异)。

为了解决这个问题，可以采用后验分布的模(或均值)。可以证明(应用类似于最大似然估计的推导方法)MAP 估计由下式给出

$$\hat{\boldsymbol{\Sigma}}_{\text{MAP}} = \frac{\boldsymbol{S}_N}{\nu_N + D + 1} = \frac{\boldsymbol{S}_0 + \boldsymbol{S}_\mu}{N_0 + N} \tag{7.154}$$

如果采用不正常的均匀先验分布，对应于 $N_0 = 0$ 及 $\boldsymbol{S}_0 = 0$，那么又恢复了 MLE。

现在考虑采用适当的提供信息的先验分布，要求 D/N 较大（即大于 0.1）。设 $\boldsymbol{\mu} = \bar{\boldsymbol{x}}$，则 $\boldsymbol{S}_{\boldsymbol{\mu}} = \boldsymbol{S}_{\bar{x}}$，可将 MAP 估计重写为先验分布的模与 MLE 的凸组合。为此，设 $\boldsymbol{\Sigma}_0 \stackrel{\text{def}}{=} \dfrac{\boldsymbol{S}_0}{N_0}$ 为先验分布的模，那么后验分布的模可以重写为

$$\hat{\boldsymbol{\Sigma}}_{\text{MAP}} = \frac{\boldsymbol{S}_0 + \boldsymbol{S}_{\bar{x}}}{N_0 + N} = \frac{N_0}{N_0 + N}\frac{\boldsymbol{S}_0}{N_0} + \frac{N}{N_0 + N}\frac{\boldsymbol{S}_{\bar{x}}}{N} = \lambda \boldsymbol{\Sigma}_0 + (1-\lambda)\hat{\boldsymbol{\Sigma}}_{\text{MLE}} \quad (7.155)$$

其中，$\lambda = \dfrac{N_0}{N_0 + N}$ 控制向先验分布收缩的总量。

至于先验分布的协方差矩阵 $\boldsymbol{S}_0$，通常用于以下（数据相关的）先验分布 $\boldsymbol{S}_0 = \text{diag}(\hat{\boldsymbol{\Sigma}}_{\text{MLE}})$ 中。在这种情况下，MAP 估计为

$$\hat{\boldsymbol{\Sigma}}_{\text{MAP}}(i, j) = \begin{cases} \hat{\boldsymbol{\Sigma}}_{\text{MLE}}(i, j), & i = j \\ (1-\lambda)\hat{\boldsymbol{\Sigma}}_{\text{MLE}}(i, j), & i \neq j \end{cases} \quad (7.156)$$

可以看到，对角元素等于它们的 ML 估计值，而非对角元素是向零的某种收缩。这个技术称为收缩估计，或正则估计。

7.5.3　$\boldsymbol{\mu}$ 与 $\boldsymbol{\Sigma}$ 的后验分布

现在讨论如何计算 $p(\boldsymbol{\mu}, \boldsymbol{\Sigma} \mid \mathscr{D})$，得到的这些结果虽然有点复杂，但是非常有用的。

1. 似然度

似然度由下式给出

$$p(\mathscr{D} \mid \boldsymbol{\mu}, \boldsymbol{\Sigma}) = (2\pi)^{-ND/2} \, |\boldsymbol{\Sigma}|^{-\frac{N}{2}} \, e^{-\frac{1}{2}\sum_{i=1}^{N}(x_i-\mu)^{\mathsf{T}}\boldsymbol{\Sigma}^{-1}(x_i-\mu)} \quad (7.157)$$

现在可以证明

$$\sum_{i=1}^{N}(\boldsymbol{x}_i - \boldsymbol{\mu})^{\mathsf{T}} \boldsymbol{\Sigma}^{-1}(\boldsymbol{x}_i - \boldsymbol{\mu}) = \text{tr}(\boldsymbol{\Sigma}^{-1}\boldsymbol{S}_{\bar{x}}) + N(\bar{\boldsymbol{x}} - \boldsymbol{\mu})^{\mathsf{T}}\boldsymbol{\Sigma}^{-1}(\bar{\boldsymbol{x}} - \boldsymbol{\mu}) \quad (7.158)$$

于是我们重写似然度如下：

$$p(\mathscr{D} \mid \boldsymbol{\mu}, \boldsymbol{\Sigma}) = (2\pi)^{-ND/2} \, |\boldsymbol{\Sigma}|^{-\frac{N}{2}} \, e^{-\frac{N}{2}(\bar{x}-\mu)^{\mathsf{T}}\boldsymbol{\Sigma}^{-1}(\bar{x}-\mu)} \, e^{-\frac{N}{2}\text{tr}(\boldsymbol{\Sigma}^{-1}\boldsymbol{S}_{\bar{x}})} \quad (7.159)$$

后面我们将用到这个形式。

2. 先验分布

显然，通过分析可知所用的先验分布是以下形式：

$$p(\boldsymbol{\mu}, \boldsymbol{\Sigma}) = \mathcal{N}(\boldsymbol{\mu} \mid \boldsymbol{m}_0, \boldsymbol{V}_0)\text{IW}(\boldsymbol{\Sigma} \mid \boldsymbol{S}_0, \nu_0) \quad (7.160)$$

有时被称为半共轭或条件共轭，因为两者的条件分布 $p(\boldsymbol{\mu} \mid \boldsymbol{\Sigma})$ 和 $p(\boldsymbol{\Sigma} \mid \boldsymbol{\mu})$ 是各自共轭的。为了产生全共轭的先验分布，需要应用 $\boldsymbol{\mu}$ 和 $\boldsymbol{\Sigma}$ 彼此相关的先验分布。我们将应用以下这种形式的联合分布：

$$p(\boldsymbol{\mu}, \boldsymbol{\Sigma}) = p(\boldsymbol{\Sigma})p(\boldsymbol{\mu} \mid \boldsymbol{\Sigma}) \quad (7.161)$$

观察似然度可以看到，一个自然的共轭先验分布具有正态-逆-Wishart 分布或 NIW 分布的形式，其定义如下：

$$\text{NIW}(\boldsymbol{\mu}, \boldsymbol{\Sigma} \mid \boldsymbol{m}_0, \kappa_0, \nu_0, \boldsymbol{S}_0) \stackrel{\text{def}}{=} \mathcal{N}\left(\boldsymbol{\mu} \mid \boldsymbol{m}_0, \frac{1}{\kappa_0}\boldsymbol{\Sigma}\right) \times \text{IW}(\boldsymbol{\Sigma} \mid \boldsymbol{S}_0, \nu_0) \quad (7.162)$$

$$\mathrm{NIW}(\boldsymbol{\mu}, \boldsymbol{\Sigma} \mid \boldsymbol{m}_0, \kappa_0, \nu_0, \boldsymbol{S}_0) = \frac{1}{Z_{\mathrm{NIW}}} |\boldsymbol{\Sigma}|^{-\frac{1}{2}} \mathrm{e}^{-\frac{\kappa_0}{2}(\boldsymbol{\mu}-\boldsymbol{m}_0)^{\mathrm{T}}\boldsymbol{\Sigma}^{-1}(\boldsymbol{\mu}-\boldsymbol{m}_0)} \times |\boldsymbol{\Sigma}|^{-\frac{\nu_0+D+1}{2}} \mathrm{e}^{-\frac{1}{2}\mathrm{tr}(\boldsymbol{\Sigma}^{-1}\boldsymbol{S}_0)}$$

(7.163)

$$\mathrm{NIW}(\boldsymbol{\mu}, \boldsymbol{\Sigma} \mid \boldsymbol{m}_0, \kappa_0, \nu_0, \boldsymbol{S}_0) = \frac{1}{Z_{\mathrm{NIW}}} |\boldsymbol{\Sigma}|^{-\frac{\nu_0+D+1}{2}} \times \mathrm{e}^{-\frac{\kappa_0}{2}(\boldsymbol{\mu}-\boldsymbol{m}_0)^{\mathrm{T}}\boldsymbol{\Sigma}^{-1}(\boldsymbol{\mu}-\boldsymbol{m}_0)-\frac{1}{2}\mathrm{tr}(\boldsymbol{\Sigma}^{-1}\boldsymbol{S}_0)}$$

(7.164)

$$Z_{\mathrm{NIW}} = 2^{\nu_0 D/2} \Gamma_D\left(\frac{\nu_0}{2}\right)\left(\frac{2\pi}{\kappa_0}\right)^{D/2} |\boldsymbol{S}_0|^{-\nu_0/2}$$

(7.165)

其中，$\Gamma_D(a)$ 是多变量伽马函数；$\boldsymbol{m}_0$ 是 $\boldsymbol{\mu}$ 的先验均值；κ_0 是对这个先验分布有多少信任；$\boldsymbol{S}_0$ 是（成比例的）$\boldsymbol{\Sigma}$ 的先验均值；ν_0 是对这个先验分布有多少信任。

可以证明，无信息的先验分布具有以下形式：

$$\lim_{k \to 0} \mathcal{N}(\boldsymbol{\mu} \mid \boldsymbol{m}_0, \boldsymbol{\Sigma}/k)\mathrm{IW}(\boldsymbol{\Sigma} \mid \boldsymbol{S}_0, k) \propto |2\pi\boldsymbol{\Sigma}|^{-\frac{1}{2}} |\boldsymbol{\Sigma}|^{-(D+1)/2} \quad (7.166)$$

$$\lim_{k \to 0} \mathcal{N}(\boldsymbol{\mu} \mid \boldsymbol{m}_0, \boldsymbol{\Sigma}/k)\mathrm{IW}(\boldsymbol{\Sigma} \mid \boldsymbol{S}_0, k) \propto |\boldsymbol{\Sigma}|^{-(\frac{D}{2}+1)} \propto \mathrm{NIW}(\boldsymbol{\mu}, \boldsymbol{\Sigma} \mid 0, 0, 0, 0\boldsymbol{I})$$

(7.167)

实际上，无信息的先验分布常好于采用弱的无信息的数据相关的先验分布。

3. 后验分布

可以证明，后验分布是具有参数更新的 NIW 分布：

$$p(\boldsymbol{\mu}, \boldsymbol{\Sigma} \mid \mathcal{D}) = \mathrm{NIW}(\boldsymbol{\mu}, \boldsymbol{\Sigma} \mid \boldsymbol{m}_N, \kappa_N, \nu_N, \boldsymbol{S}_N) \quad (7.168)$$

$$\boldsymbol{m}_N = \frac{\kappa_0 \boldsymbol{m}_0 + N\bar{\boldsymbol{x}}}{\kappa_N} = \frac{\kappa_0}{\kappa_0 + N}\boldsymbol{m}_0 + \frac{N}{\kappa_0 + N}\bar{\boldsymbol{x}} \quad (7.169)$$

$$\kappa_N = \kappa_0 + N \quad (7.170)$$

$$\nu_N = \nu_0 + N \quad (7.171)$$

$$\boldsymbol{S}_N = \boldsymbol{S}_0 + \boldsymbol{S}_{\bar{x}} + \frac{\kappa_0}{\kappa_0 + N}(\bar{\boldsymbol{x}} - \boldsymbol{m}_0)(\bar{\boldsymbol{x}} - \boldsymbol{m}_0)^{\mathrm{T}} \quad (7.172)$$

$$= \boldsymbol{S}_0 + \boldsymbol{S} + \kappa_0 \boldsymbol{m}_0 \boldsymbol{m}_0^{\mathrm{T}} - \kappa_N \boldsymbol{m}_N \boldsymbol{m}_N^{\mathrm{T}} \quad (7.173)$$

式中，我们已定义了 $\boldsymbol{S} \stackrel{\text{def}}{=} \sum_{i=1}^{N} \boldsymbol{x}_i \boldsymbol{x}_i^{\mathrm{T}}$ 为无中心的平方和矩阵。

这个结果实际上相当直观：后验均值是先验均值和 MLE 的凸组合，具有“强度” $\kappa_0 + N$；后验散射矩阵 $\boldsymbol{S}_N$ 是先验散射矩阵 $\boldsymbol{S}_0$ 加上经验散射矩阵 $\boldsymbol{S}_{\bar{x}}$ 和均值方面所导致的额外不确定性。

4. 后验分布的模

联合分布的模具有以下形式：

$$\mathrm{argmax}\, p(\boldsymbol{\mu}, \boldsymbol{\Sigma} \mid \mathcal{D}) = \left(\boldsymbol{m}_N, \frac{\boldsymbol{S}_N}{\nu_N + D + 2}\right) \quad (7.174)$$

如果令 $\kappa_0 = 0$，则上式简化为

$$\mathrm{argmax}\, p(\boldsymbol{\mu}, \boldsymbol{\Sigma} \mid \mathcal{D}) = \left(\bar{\boldsymbol{x}}, \frac{\boldsymbol{S}_0 + \boldsymbol{S}_{\bar{x}}}{\nu_0 + N + D + 2}\right) \quad (7.175)$$

5. 边缘后验分布

$\boldsymbol{\Sigma}$ 的边缘后验分布简化为

$$p(\boldsymbol{\Sigma}\mid\mathscr{D})=\int p(\boldsymbol{\mu},\boldsymbol{\Sigma}\mid\mathscr{D})\,\mathrm{d}\boldsymbol{\mu}=\mathrm{IW}(\boldsymbol{\Sigma}\mid\boldsymbol{S}_N,\nu_N) \tag{7.176}$$

这个边缘分布的模和均值由下式给出：

$$\hat{\boldsymbol{\Sigma}}_{\mathrm{MAP}}=\frac{\boldsymbol{S}_N}{\nu_N+D+1},\ E[\boldsymbol{\Sigma}]=\frac{\boldsymbol{S}_N}{\nu_N-D-1} \tag{7.177}$$

可以证明，$\boldsymbol{\mu}$ 的后验边缘分布具有多变量学生 t 分布：

$$p(\boldsymbol{\mu}\mid\mathscr{D})=\int p(\boldsymbol{\mu},\boldsymbol{\Sigma}\mid\mathscr{D})\,\mathrm{d}\boldsymbol{\Sigma}=T\Big(\boldsymbol{\mu}\,|\,\boldsymbol{m}_N,\frac{1}{\kappa_N(\nu_N-D+1)}\boldsymbol{S}_N,\nu_N-D+1\Big) \tag{7.178}$$

6. 后验分布的预测

后验分布的预测由下式给出：

$$p(\boldsymbol{x}\mid\mathscr{D})=\frac{p(\boldsymbol{x},\mathscr{D})}{p(\mathscr{D})} \tag{7.179}$$

因此，可以容易地估计边缘似然度的比例。

可以证明，这个边缘似然度比例具有多变量 t 分布的形式：

$$p(\boldsymbol{x}\mid\mathscr{D})=\iint\mathcal{N}(\boldsymbol{x}\mid\boldsymbol{\mu},\boldsymbol{\Sigma})\,\mathrm{NIW}(\boldsymbol{\mu},\boldsymbol{\Sigma}\mid\boldsymbol{m}_N,\kappa_N,\nu_N,\boldsymbol{S}_N)\,\mathrm{d}\boldsymbol{\mu}\mathrm{d}\boldsymbol{\Sigma} \tag{7.180}$$

$$p(\boldsymbol{x}\mid\mathscr{D})=\mathscr{T}\Big(\boldsymbol{\mu}\,|\,\boldsymbol{m}_N,\frac{\kappa_N+1}{\kappa_N(\nu_N-D+1)}\boldsymbol{S}_N,\nu_N-D+1\Big) \tag{7.181}$$

相比于高斯分布，t 分布具有较长的拖尾，这是考虑到 $\boldsymbol{\Sigma}$ 是未知的这个事实。可是，它可以快速变得像高斯分布。

7. 标量数据的后验分布

现在将上述结果用于 $\boldsymbol{x}_i$ 为一维的情况中。一般使用逆卡方分布或 NIX 分布，其定义为

$$\mathrm{NI}\chi^2(\mu,\sigma^2\mid m_0,\kappa_0,\nu_0,\sigma_0^2)\overset{\mathrm{def}}{=\!=}\mathcal{N}(\mu\mid m_0,\sigma^2/\kappa_0)\chi^{-2}(\sigma^2\mid\nu_0,\sigma_0^2) \tag{7.182}$$

$$\mathrm{NI}\chi^2(\mu,\sigma^2\mid m_0,\kappa_0,\nu_0,\sigma_0^2)\propto\Big(\frac{1}{\sigma^2}\Big)^{(\nu_0+3)/2}\mathrm{e}^{-\frac{\nu_0\sigma_0^2+\kappa_0(\mu-m_0)^2}{2\sigma^2}} \tag{7.183}$$

可以证明，后验分布由下式给出：

$$p(\mu,\sigma^2\mid\mathscr{D})=\mathrm{NI}\chi^2(\mu,\sigma^2\mid m_N,\kappa_N,\nu_N,\sigma_N^2) \tag{7.184}$$

$$m_N=\frac{\kappa_0 m_0+N\bar{x}}{\kappa_N} \tag{7.185}$$

$$\kappa_N=\kappa_0+N \tag{7.186}$$

$$\nu_N=\nu_0+N \tag{7.187}$$

$$\nu_N\sigma_N^2=\nu_0\sigma_0^2+\sum_{i=1}^N(x_i-\bar{x})^2+\frac{N\kappa_0}{\kappa_0+N}(m_0-\bar{x})^2 \tag{7.188}$$

σ^2 的后验边缘分布是

$$p(\sigma^2\mid\mathscr{D})=\int p(\mu,\sigma^2\mid\mathscr{D})\,\mathrm{d}\mu=\chi^{-2}(\sigma^2\mid\nu_N,\sigma_N^2) \tag{7.189}$$

它具有的后验均值为

$$E[\sigma^2\mid\mathscr{D}]=\frac{\nu_N}{\nu_N-2}\sigma_N^2$$

μ 的后验边缘分布具有 t 的分布，服从 t 分布的尺度混合表达：

$$p(\mu\,|\,\mathscr{D})=\int p(\mu,\sigma^2\,|\,\mathscr{D})\,\mathrm{d}\,\sigma^2=\mathscr{T}(\mu\,|\,m_N,\sigma_N^2/\kappa_N,\nu_N) \tag{7.190}$$

具有的后验均值为

$$E[\mu\,|\,\mathscr{D}]=m_N$$

让我们看看，如果应用无信息的先验分布，将获得怎样的结果？有

$$p(\mu,\sigma^2)\propto p(\mu)\,p(\sigma^2)\propto\sigma^{-2}\propto\mathrm{NI}\,\chi^2\,(\mu,\sigma^2\,|\,\mu_0=0,\kappa_0=0,\nu_0=-1,\sigma_0^2=0) \tag{7.191}$$

这是先验分布，后验分布具有的形式为

$$p(\mu,\sigma^2\,|\,\mathscr{D})=\mathrm{NI}\,\chi^2\,(\mu,\sigma^2\,|\,m_N=\bar{x},\kappa_N=N,\nu_N=N-1,\sigma_N^2=s^2) \tag{7.192}$$

其中

$$s^2\stackrel{\text{def}}{=}\frac{1}{N-1}\sum_{i=1}^{N}(\boldsymbol{x}_i-\bar{\boldsymbol{x}})^2=\frac{N}{N-1}\widehat{\sigma_{\mathrm{MLE}}^2} \tag{7.193}$$

是样本的标准差。于是均值的边缘后验分布为

$$p(\mu\,|\,\mathscr{D})=\mathscr{T}(\mu\,|\,\bar{x},\frac{s^2}{N},N-1) \tag{7.194}$$

μ 的后验方差为

$$\mathrm{var}[\mu\,|\,\mathscr{D}]=\frac{\nu_N}{\nu_N-2}\sigma_N^2=\frac{N-1}{N-3}\frac{s^2}{N}\to\frac{s^2}{N} \tag{7.195}$$

它的平方根称为均值的标准差：

$$\sqrt{\mathrm{var}[\mu\,|\,\mathscr{D}]}\approx\frac{s}{\sqrt{N}} \tag{7.196}$$

均值的 95% 的后验置信区间为

$$I_{.95}(\mu\,|\,\mathscr{D})=\bar{\boldsymbol{x}}\pm2\,\frac{s}{\sqrt{N}} \tag{7.197}$$

8. 贝叶斯 t 检验

检验一个假设。该假设为：给定值 $x_i\sim\mathscr{N}(\mu,\sigma^2)$，对某个已知的值 μ_0（常常为 0），有 $\mu\neq\mu_0$，被称为两边、一样本的 t 检验。执行这个检验的简单方法是只检验是否 $\mu_0\in I_{.95}(\mu\,|\,\mathscr{D})$，如果不是，那么可以 95% 的确定 $\mu\neq\mu_0$。

注：较复杂的方法是执行贝叶斯模型比较。即计算贝叶斯因子 $p(\mathscr{D}\,|\,H_0)/p(\mathscr{D}\,|\,H_1)$，这里 H_0 是点的空假设，即 $\mu=\mu_0$；H_1 是另一个 $\mu\neq\mu_0$ 的假设。

较常见的场景是，要检验两对样本是否具有相同的均值。较为精确地说，若 $y_i\sim\mathscr{N}(\mu_1,\sigma^2)$ 与 $z_i\sim\mathscr{N}(\mu_2,\sigma^2)$，应用 $x_i=y_i-z_i$ 的数据，则确定是否存在 $\mu=\mu_1-\mu_2>0$。可以评估这个量如下：

$$p(\mu>\mu_0\,|\,\mathscr{D})=\int_{\mu_0}^{\infty}p(\mu\,|\,\mathscr{D})\,\mathrm{d}\mu \tag{7.198}$$

这叫做单侧配对 t 检验。

为了计算后验分布，必须指定一个先验分布，假设采用无信息的先验分布。正如以上所述，可以发现 μ 上的后验边缘分布具有的形式为

$$p(\mu\,|\,\mathscr{D})=\mathscr{T}\left(\mu\,|\,\bar{x},\frac{s^2}{N},N-1\right) \tag{7.199}$$

现在定义如下的 t 统计：

$$t \overset{\text{def}}{=} \frac{\bar{x} - \mu_0}{s / \sqrt{N}} \tag{7.200}$$

式中，分母是均值标准差。可以看到

$$p(\mu \mid \mathcal{D}) = 1 - F_{N-1}(t) \tag{7.201}$$

式中，$F_\nu(t)$ 是标准 t 分布 $\mathcal{T}(0, 1, \nu)$ 的 cdf。

小 结

本章介绍了机器学习中的一个非常重要的模型高斯模型，该模型是机器学习中的基本模型。

为了掌握高斯模型，在本章的开始介绍了一些基础知识，包括 D 维多变量正态分布的概率密度分布、特征值分解、D 维 MVN 的 pdf 的图形解释、多变量正态分布的最大似然估计和高斯分布的最大熵导数。

然后，介绍了高斯判决分析，主要包括二次判别分析、线性判别分析（LDA）、MLE 的判决分析以及防止过拟合的策略等知识。这些知识在机器学习中应用非常广泛，如在分类和聚类中都得到了广泛应用。还介绍了联合高斯分布的推理，给出了多变量正态分布的边缘和条件分布定理，并给出了几个应用样例。最后，介绍了线性高斯系统以及其他分布。

思考与练习题

7.1 设 $X \sim U(-1, 1)$ 和 $Y = X^2$，显然 Y 依赖于 X（实际上，Y 由 X 唯一确定）。证明 $\rho(X, Y) = 0$。

（提示：如果 $X \sim U(a, b)$，那么 $E[X] = (a+b)/2$ 以及 $\text{var}[X] = (b=a)^2/12$。）

7.2 设 $X \sim \mid \mathcal{N}(0, 1)$ 和 $Y = WX$，这里 $p(W = -1) = p(W = 1) = 0.5$。显然 X 和 Y 不是独立的，因为 Y 是 X 的函数。

(1) 证明 $Y \sim \mid \mathcal{N}(0, 1)$。

(2) 证明，若 $\text{cov}[X, Y] = 0$，则 X 与 Y 不相关但不独立，甚至是高斯分布的。

（提示：应用协方差定义

$$\text{cov}[X, Y] = E[XY] - E[X]E[Y]$$

同时应用期望的迭代法则

$$E[XY] = E[E[XY \mid W]] \qquad)$$

7.3 证明 $-1 \leqslant \rho(X, Y) \leqslant 1$。

7.4 证明：对于某个参数 $a > 0$ 和 b，如果 $Y = aX + b$，那么 $\rho(X, Y) = 1$。同样地，如果 $a < 0$，那么 $\rho(X, Y) = -1$。

7.5 证明：d 维归一化常数由下式给出

$$(2\pi)^{d/2} \mid \boldsymbol{\Sigma} \mid^{\frac{1}{2}} = \int e^{-\frac{1}{2}(x-\mu)^\mathrm{T} \boldsymbol{\Sigma}^{-1}(x-\mu)} \mathrm{d}\boldsymbol{x}$$

（提示：在变换的坐标系中，对角化 $\boldsymbol{\Sigma}$，并用 $|\boldsymbol{\Sigma}| = \prod_i \lambda_i$ 这个事实，将联合 pdf（概率密度）写成 d 个一维高斯分布积的形式。（需要变量变换公式）最后，应用单变量高斯分布归一化常数。）

7.6　设 $x \sim \mathcal{N}(\boldsymbol{\mu}, \boldsymbol{\Sigma})$，这里 $x \in \mathbb{R}^2$ 且

$$\boldsymbol{\Sigma} = \begin{pmatrix} \sigma_1^2 & \rho\sigma_1\sigma_2 \\ \rho\sigma_1\sigma_2 & \sigma_2^2 \end{pmatrix}$$

式中，ρ 是相关系数。试证明 pdf 由下式给出

$$p(x_1, x_2) = \frac{1}{2\pi\sigma_1\sigma_2\sqrt{1-\rho^2}} e^{-\frac{1}{2(1-\rho^2)}\left(\frac{(x_1-\mu_1)^2}{\sigma_1^2} + \frac{(x_2-\mu_2)^2}{\sigma_2^2} - 2\rho\frac{(x_1-\mu_1)}{\sigma_1}\frac{(x_2-\mu_2)}{\sigma_2}\right)}$$

7.7　考虑二元高斯分布 $p(x_1, x_2) = \mathcal{N}(x \mid \boldsymbol{\mu}, \boldsymbol{\Sigma})$，式中

$$\boldsymbol{\Sigma} = \begin{pmatrix} \sigma_1^2 & \sigma_{12} \\ \sigma_{21} & \sigma_2^2 \end{pmatrix} = \sigma_1\sigma_2 \begin{pmatrix} \frac{\sigma_1}{\sigma_2} & \rho \\ \rho & \frac{\sigma_2}{\sigma_1} \end{pmatrix}$$

这里相关系数由下式给出

$$\rho \overset{\text{def}}{=} \frac{\sigma_{12}}{\sigma_1\sigma_2}$$

（1）$p(x_2 \mid x_1)$ 是什么？用 ρ、σ_2、σ_1、μ_1、μ_2 和 x_1 项简单表述。

（2）假设 $\sigma_1 = \sigma_2 = 1$，那么 $p(x_2 \mid x_1)$ 是什么？

7.8　若有两个具有已知（不同）方差、均值（相同）未知的传感器 v_1 和 v_2。假设从第一个传感器观测了 n_1 个观测值 $y_i^{(1)} \sim \mathcal{N}(\mu, v_1)$，同时从第二个传感器观测了 n_2 个观测值 $y_i^{(2)} \sim \mathcal{N}(\mu, v_2)$。（例如，假设 μ 是外边实际的温度，传感器 1 是精确的数字热敏设备（较低的方差），传感器 2 是不精确的水银温度计。）用 $\mathcal{D}$ 表示所有来自这两个传感器的数据，后验分布 $p(\mu \mid \mathcal{D})$ 是什么？假设 μ 的先验分布是无信息的（可以用具有 0 精度的高斯分布来模拟），给出后验均值和方差的显式表达式。

7.9　设 $X \sim \mathcal{N}(\mu, \sigma^2 = 4)$，这里 μ 未知但具有先验分布 $\mu \sim \mathcal{N}(\mu_0, \sigma_0^2 = 9)$；$n$ 个样本后的后验分布是 $\mu \sim \mathcal{N}(\mu_n, \sigma_n^2)$。（被称为可信区间，同时是贝叶斯分布的置信区间。）取多大的 n 可以保证

$$p(l \leqslant \mu_n \leqslant u \mid \mathcal{D})$$

式中，(l, u) 是一宽度为 1 的区间（中心在 μ_n 上）；$\mathcal{D}$ 是数据集。

（提示：回顾 95% 的高斯分布概率密度是在均值 $\pm 1.96\sigma$ 的宽度内。）

7.10　考虑来自于高斯随机变量的样本 $x_1, \cdots, x_n$，方差 σ^2 已知，均值 μ 未知。进一步假设均值上的先验分布为 $\mu \sim \mathcal{N}(m, s^2)$，具有固定的均值 m 和方差 s^2。于是未知的只有 μ。

（1）计算 MAP 估计 $\hat{\mu}_{\text{MAP}}$。可以陈述结果无须证明。另外，还有很多工作要做，可以计算推导对数后验分布，令其为零，并求解。

（2）证明：随着样本 n 的增加，MAP 估计器收敛到最大似然估计。

（3）若 n 较小且固定，如果增加先验分布的方差 s^2，MAP 估计器将收敛到什么？

（4）若 n 较小且固定，如果减小先验分布的方差 s^2，MAP 估计器将收敛到什么？

7.11　基于 n 个样本的 d 维高斯分布的方差无偏估计由下式给出

$$\hat{\Sigma} = C_n = \frac{1}{n-1} \sum_{i=1}^{n} (\boldsymbol{x}_i - \boldsymbol{m}_n)(\boldsymbol{x}_i - \boldsymbol{m}_n)^{\mathrm{T}}$$

显然，花费了 $O(nd^2)$ 时间来计算 C_n。如果数据点一次到达一个，增量更新这些估计比从零开始重新计算更为有效。

（1）证明协方差按如下进行顺序更新：

$$C_{n+1} = \frac{n-1}{n} C_n + \frac{1}{n-1} (\boldsymbol{x}_{n+1} - \boldsymbol{m}_n)(\boldsymbol{x}_{n+1} - \boldsymbol{m}_n)^{\mathrm{T}}$$

（2）每次顺序更新的时间花费了多少？（用大写的 O 符号表示。）

（3）证明可以进行顺序更新时所用的精度矩阵为

$$C_{n+1}^{-1} = \frac{n}{n-1} \left[C_n^{-1} - \frac{C_n^{-1}(\boldsymbol{x}_{n+1} - \boldsymbol{m}_n)(\boldsymbol{x}_{n+1} - \boldsymbol{m}_n)^{\mathrm{T}} C_n^{-1}}{\dfrac{n^2-1}{n} + (\boldsymbol{x}_{n+1} - \boldsymbol{m}_n)^{\mathrm{T}} C_n^{-1}(\boldsymbol{x}_{n+1} - \boldsymbol{m}_n)} \right]$$

（提示：对 C_{n+1} 的更新包括增加一个秩的矩阵，即 $\boldsymbol{uu}^{\mathrm{T}}$，其中 $\boldsymbol{u} = \boldsymbol{x}_{n+1} - \boldsymbol{m}_n$。用矩阵求逆引理，重新写协方差矩阵：

$$(\boldsymbol{E} + \boldsymbol{uv}^{\mathrm{T}})^{-1} = \boldsymbol{E}^{-1} - \frac{\boldsymbol{E}^{-1} \boldsymbol{uv}^{\mathrm{T}} \boldsymbol{E}^{-1}}{1 + \boldsymbol{v}^{\mathrm{T}} \boldsymbol{E}^{-1} \boldsymbol{u}} \quad)$$

（4）每次更新的时间复杂度是多少？

第 8 章 线 性 回 归

8.1 规 范 模 型

线性回归是统计学和（监督）机器学习的有力工具。当以核函数或其他形式的基函数展开式进行扩展时，它还可以对非线性关系进行建模。在后面内容中将看到，当以伯努利或多变量伯努利分布替代高斯输出时，它可以用于分类。

线性回归是一个具有以下形式的模型：

$$p(y \mid \boldsymbol{x}, \boldsymbol{\theta}) = \mathcal{N}(y \mid \boldsymbol{w}^{\mathrm{T}}\boldsymbol{x}, \sigma^2) \tag{8.1}$$

通过以某个输入的非线性函数 $\phi(\boldsymbol{x})$ 代替 $\boldsymbol{x}$，线性回归可建立非线性关系模型，即用

$$p(y \mid \boldsymbol{x}, \boldsymbol{\theta}) = N(y \mid \boldsymbol{w}^{\mathrm{T}}\phi(\boldsymbol{x}), \sigma^2) \tag{8.2}$$

表示，被称为基函数展开。（注意：在参数 $\boldsymbol{w}$ 中的模型依然是线性的，所以它还被称为线性回归。这个重要性在后面的介绍中将变得清晰）。一个简单的例子是多项式基函数，其模型具有的形式为

$$\phi(\boldsymbol{x}) = \left[1, x, x^2, \cdots, x^d\right] \tag{8.3}$$

我们还可以将线性回归应用到多输入中。

8.2 最大似然估计（最小平方）

估计统计模型参数的常用方法是计算 MLE，定义为

$$\hat{\boldsymbol{\theta}} \stackrel{\text{def}}{=} \arg\max_{\boldsymbol{\theta}} \log p(\mathcal{D} \mid \boldsymbol{\theta}) \tag{8.4}$$

通常假设训练样本是独立且同分布的，常写为 iid。对数似然度为

$$l(\boldsymbol{\theta}) \stackrel{\text{def}}{=} \log p(\mathcal{D} \mid \boldsymbol{\theta}) = \sum_{i=1}^{N} \log p(y_i \mid \boldsymbol{x}_i, \boldsymbol{\theta}) \tag{8.5}$$

为了代替对数似然度最大化，可以将其等价为最小化负对数似然度或 NLL：

$$\mathrm{NLL}(\boldsymbol{\theta}) \stackrel{\text{def}}{=} -\sum_{i=1}^{N} \log p(y_i \mid \boldsymbol{x}_i, \boldsymbol{\theta}) \tag{8.6}$$

现在将 MLE 方法应用到线性回归环境。将高斯分布定义插入到上式，对数似然度为

$$l(\boldsymbol{\theta}) = \sum_{i=1}^{N} \log\left[\left(\frac{1}{2\pi\sigma^2}\right)^{\frac{1}{2}} \mathrm{e}^{-\frac{1}{2\sigma^2}(y_i - \boldsymbol{w}^{\mathrm{T}}\boldsymbol{x}_i)^2}\right] \tag{8.7}$$

$$l(\boldsymbol{\theta}) = \frac{-1}{2\sigma^2}\mathrm{RSS}(\boldsymbol{w}) - \frac{N}{2}\log(2\pi\sigma^2) \tag{8.8}$$

RSS 表示残差平方和并定义为

$$\mathrm{RSS}(\boldsymbol{w}) \stackrel{\mathrm{def}}{=} \sum_{i=1}^{N} (y_i - \boldsymbol{w}^{\mathrm{T}} \boldsymbol{x}_i)^2 \tag{8.9}$$

RSS 也称为误差平方和或 SSE；SSE/N 称为均方误差或 MSE。它可以写成残差向量 ℓ_2 范数的平方：

$$\mathrm{RSS}(\boldsymbol{w}) = \|\boldsymbol{\varepsilon}\|_2^2 = \sum_{i=1}^{N} \boldsymbol{\varepsilon}_i^2 \tag{8.10}$$

式中，$\varepsilon_i = (y_i - \boldsymbol{w}^{\mathrm{T}} \boldsymbol{x}_i)$。

可以看到，对 $\boldsymbol{w}$ 的 MLE 是一个最小化的 RSS，所以这个方法称为最小二乘。

1. MLE 的推导

我们重写上述目标函数为

$$\mathrm{NLL}(\boldsymbol{w}) = \frac{1}{2}(\boldsymbol{y} - \boldsymbol{X}\boldsymbol{w})^{\mathrm{T}}(\boldsymbol{y} - \boldsymbol{X}\boldsymbol{w}) = \frac{1}{2}\boldsymbol{w}^{\mathrm{T}}(\boldsymbol{X}^{\mathrm{T}}\boldsymbol{X})\boldsymbol{w} - \boldsymbol{w}^{\mathrm{T}}(\boldsymbol{X}^{\mathrm{T}}\boldsymbol{y}) \tag{8.11}$$

式中

$$\boldsymbol{X}^{\mathrm{T}}\boldsymbol{X} = \sum_{i=1}^{N} \boldsymbol{x}_i \boldsymbol{x}_i^{\mathrm{T}} = \sum_{i=1}^{N} \begin{pmatrix} x_{i,1}^2 & \cdots & x_{i,1}\, x_{i,D} \\ \vdots & \ddots & \vdots \\ x_{i,D}\, x_{i,1} & \cdots & x_{i,D}^2 \end{pmatrix} \tag{8.12}$$

为平和矩阵并且

$$\boldsymbol{X}^{\mathrm{T}}\boldsymbol{y} = \sum_{i=1}^{N} \boldsymbol{x}_i\, y_i \tag{8.13}$$

应用由式(7.9)得到的结果，可以看到这个梯度为

$$\boldsymbol{g}(\boldsymbol{w}) = [\boldsymbol{X}^{\mathrm{T}}\boldsymbol{X}\boldsymbol{w} - \boldsymbol{X}^{\mathrm{T}}\boldsymbol{y}] = \sum_{i=1}^{N} \boldsymbol{x}_i(\boldsymbol{w}^{\mathrm{T}}\boldsymbol{x}_i - y_i) \tag{8.14}$$

令上式等于零，得到

$$\boldsymbol{X}^{\mathrm{T}}\boldsymbol{X}\boldsymbol{w} = \boldsymbol{X}^{\mathrm{T}}\boldsymbol{y} \tag{8.15}$$

被称为正态方程。相应线性系统方程的解 $\widehat{\boldsymbol{w}}$ 被称为普通最小二乘或 OLS，为

$$\widehat{\boldsymbol{w}}_{\mathrm{OLS}} = (\boldsymbol{X}^{\mathrm{T}}\boldsymbol{X})^{-1}\boldsymbol{X}^{\mathrm{T}}\boldsymbol{y} \tag{8.16}$$

2. 几何解释

正态方程具有简洁的集合解释，正如我们现在解释的那样，假设 $N > D$，因此可具有比特征多的样本。$\boldsymbol{X}$ 列定义了嵌入在 N 维空间中的 D 维的线性子空间，设第 j 列为 $\tilde{\boldsymbol{x}}_j$，为 $\mathbb{R}^N$ 中的向量。(这不应该与 $\boldsymbol{x}_i \in \mathbb{R}^D$ 混淆，$\boldsymbol{x}_i$ 表示第 i 个数据事例。)类似地，$\boldsymbol{y}$ 是为 $\mathbb{R}^N$ 中的向量。例如，假设在 $D = 2$ 维中有 $N = 3$ 个样本：

$$\boldsymbol{X} = \begin{pmatrix} 1 & 2 \\ 1 & -2 \\ 1 & 2 \end{pmatrix}, \quad \boldsymbol{y} = \begin{pmatrix} 8.8957 \\ 0.6130 \\ 1.7761 \end{pmatrix}$$

要寻找坐落于这个线性子空间中的向量 $\widehat{\boldsymbol{y}} \in \mathbb{R}^N$，并尽可能地靠近 $\boldsymbol{y}$，即要寻找

$$\arg\min_{\widehat{\boldsymbol{y}} \in \mathrm{span}(\tilde{\boldsymbol{x}}_1, \cdots, \tilde{\boldsymbol{x}}_D)} \|\boldsymbol{y} - \widehat{\boldsymbol{y}}\|_2 \tag{8.17}$$

因为 $\widehat{\boldsymbol{y}} \in \mathrm{span}(\boldsymbol{X})$，所双存在某个权重向量 $\boldsymbol{w}$ 使得

$$\widehat{y} = w_1 \tilde{x}_1 + \cdots + w_D \tilde{x}_D = Xw \tag{8.18}$$

为了最小化残差范数 $y - \widehat{y}$，要让残差向量与每个 X 的列正交，因此对于 $j = 1 : D$，$\tilde{x}_j^T (y - \widehat{y}) = 0$。于是

$$\tilde{x}_j^T (y - \widehat{y}) = 0 \Rightarrow X^T (y - Xw) = 0 \Rightarrow w = (X^T X)^{-1} X^T y \tag{8.19}$$

映射到 y 的值为

$$\widehat{y} = Xw = X (X^T X)^{-1} X^T y \tag{8.20}$$

这相当于 y 的正交投影映射到 X 的列空间。式中，投影矩阵 $P \overset{\text{def}}{=} X (X^T X)^{-1} X^T$ 称为帽子矩阵，因为"它将帽子戴在了 y 上"。

3. 凸性

当讨论最小二乘时，我们注意到 NLL 有一个具有唯一最小的"碗形"。像这样的函数在技术术语上称为凸的。凸函数在机器学习中扮演着非常重要的角色。

我们说集 S 是凸的，如果对任意 $\theta, \theta' \in S$，有

$$\lambda\theta + (1 - \lambda) \theta' \in S, \quad \forall \lambda \in [0, 1] \tag{8.21}$$

也就是说，如果从 θ 到 θ' 画一条线，那么所有的线都在这个集内。

一函数 $f(\theta)$ 被称为凸的，如果其上（函数上的点集）定义一凸集。等价地，函数 $f(\theta)$ 称为凸的，如果它定义在凸集上，并且对任意 $\theta, \theta' \in S$，以及对任意 $0 \leqslant \lambda \leqslant 1$，有

$$f(\lambda\theta + (1 - \lambda) \theta') \leqslant \lambda f(\theta) + (1 - \lambda) f(\theta') \tag{8.22}$$

该函数称为严格凸的，如果不等式是严格的。函数 $f(\theta)$ 是凹的，如果 $-f(\theta)$ 是凸的。例如，标量凸函数包括 θ^2、e^θ 和 $\theta\log\theta$（$\theta > 0$）；标量凹函数包括 $\log(\theta)$ 和 $\sqrt{\theta}$。

直观地，（严格的）凸函数具有"碗形"，于是同时具有对应于碗底的唯一全局最小值 θ^*，那么它的二阶导数必须处处为正，即 $\dfrac{d^2}{d\theta^2} f(\theta) > 0$。二次连续可微、多变量函数 f 是凸的当且仅当 Hessian 对所有 θ 是正定的。

Hessian 是二阶偏导数矩阵，定义为 $H_{jk} = \dfrac{\partial f^2(\theta)}{\partial \theta_j \partial \theta_k}$。还有，回忆矩阵 H 是正定的当且仅当对任意非零矩阵 v，使得 $v^T H v > 0$。

在机器学习情形中，函数 f 相当于 NLL，而 NLL 的模型是我们想要的，因为这意味着可以找到全局最优的 MLE。然而，许多有趣的模型没有凹似然度。在这种情况下，将讨论并推导出局部最优参数估计的方法。

8.3 鲁棒线性回归

采用具有零均值以及常数方差的高斯分布回归模型中的噪声是常见的，即 $\varepsilon_i \sim \mathcal{N}(0, \sigma^2)$，这里 $\varepsilon_i = y_i - w^T x_i$。在这种情况下，最大化似然度等价于最小化残差平方和。然而，如果在数据中有异常值，这可以导致拟合不足，这是因为平方误差的惩罚二次偏离，远离线的点对拟合的影响要比近的点大。

对异常值实现鲁棒性的一个方法是将具有严重拖尾分布的变量响应用高斯分布代替，这样的分布将对异常值安排较高的似然度，而没有干扰直线对其"解释"。

如果采用拉普拉斯概率作为回归的观察模型，那么可以得到如下的似然度：

$$p(y|\boldsymbol{x}, \boldsymbol{w}, b) = \mathrm{Lap}(y|\boldsymbol{w}^{\mathrm{T}}\boldsymbol{x}, b) \propto \mathrm{e}^{-\frac{1}{b}|y-\boldsymbol{w}^{\mathrm{T}}\boldsymbol{x}|} \tag{8.23}$$

鲁棒性来自于用 $|y-\boldsymbol{w}^{\mathrm{T}}\boldsymbol{x}|$ 代替 $(y-\boldsymbol{w}^{\mathrm{T}}\boldsymbol{x})^2$。为了简单起见，假设 b 是固定的。设 $r_i \stackrel{\text{def}}{=} y_i - \boldsymbol{w}^{\mathrm{T}}\boldsymbol{x}_i$ 为第 i 个残差。NLL 具有形式：

$$\ell(\boldsymbol{w}) = \sum_i |r_i(\boldsymbol{w})| \tag{8.24}$$

这是一个非线性目标函数，难以最优化，但是可以用以下变量分解技巧将 NLL 转化为一个受线性约束的线性目标函数。首先定义

$$r_i \stackrel{\text{def}}{=} r_i^+ - r_i^- \tag{8.25}$$

然后施加 $r_i^+ \geqslant 0$ 和 $r_i^- \geqslant 0$ 的线性不等式约束。现在受约束的目标变成

$$\min_{\boldsymbol{w}, r_i^+, r_i^-} \sum_i (r_i^+ - r_i^-), \; (\text{s.t. } r_i^+ \geqslant 0, r_i^- \geqslant 0, \boldsymbol{w}^{\mathrm{T}}\boldsymbol{x}_i + r_i^+ + r_i^- = y_i) \tag{8.26}$$

这是一个具有 $D+2N$ 个未知和 $3N$ 个约束的线性规划。

由于这是一个凸优化问题，因此它有唯一解。为了解线性优化（LP），必须首先将其写成标准化形式，即

$$\min_{\boldsymbol{\theta}} \boldsymbol{f}^{\mathrm{T}} \boldsymbol{\theta} \; (\text{s.t. } \boldsymbol{A}\boldsymbol{\theta} \leqslant \boldsymbol{b}, \boldsymbol{A}_{\mathrm{eq}}\boldsymbol{\theta} = \boldsymbol{b}_{\mathrm{eq}}, 1 \leqslant \boldsymbol{\theta} \leqslant \boldsymbol{u}) \tag{8.27}$$

其中，$\boldsymbol{\theta} = (\boldsymbol{w}, r_i^+, r_i^-)$，$\boldsymbol{f} = [0, 1, 1]$，$\boldsymbol{A} = []$，$\boldsymbol{b} = []$，$\boldsymbol{A}_{\mathrm{eq}} = [\boldsymbol{X}, \boldsymbol{I}, -\boldsymbol{I}]$，$\boldsymbol{b}_{\mathrm{eq}} = \boldsymbol{y}$，$1 = [-\infty, 1, 0, 0]$，$\boldsymbol{u} = []$。我们可以求解这个优化问题。

在拉普拉斯似然度下，应用 NLL 的另一个方法是最小化 Huber 损失函数，损失函数定义如下：

$$L_{\mathrm{H}}(r, \delta) = \begin{cases} \dfrac{r^2}{2} & , |r| \leqslant \delta \\ \delta|r| - \dfrac{\delta^2}{2} & , |r| > \delta \end{cases} \tag{8.28}$$

它等价于误差小于 δ 的 l_2，同时等价于较大误差的 l_2。这个损失函数的优点是：如果 $r \neq 0$，$\dfrac{\mathrm{d}}{\mathrm{d}r}|r| = \mathrm{sign}(r)$，那么它处处可微。我们也可以检查这个函数是 C_1 连续，因为函数的两部分的梯度匹配 $r = \pm\delta$，即 $\dfrac{\mathrm{d}}{\mathrm{d}r}L_{\mathrm{H}}(r, \delta)|_{r=\delta} = \delta$。因此，优化 Huber 损失函数比采用拉普拉斯似然度的优化要快，原因是可以采用标准光滑优化方法（如拟牛顿法）替代线性规划。表 8.1 给出了用于线性回归的不同似然度与先验分布的汇总。

表 8.1　用于线性回归的不同似然度与先验分布的汇总

似然度	先验分布	名称
高斯分布	均匀分布	最小二乘
高斯分布	高斯分布	岭回归
高斯分布	拉普拉斯分布	Lasso
拉普拉斯分布	均匀分布	鲁棒回归
学生分布	均匀分布	鲁棒回归

注：似然度是指 $p(y|\boldsymbol{x}, \boldsymbol{w}, \sigma^2)$ 的分布形式；先验分布是指 $p(\boldsymbol{w})$ 的分布形式。以均匀分布进行 MAP 的估计对应于 MLE。

8.4 岭 回 归

以下介绍的内容均假设似然度是高斯型的。

1. 基本思想

MLE 可以导致过拟合的原因是，它挑选的参数有利于模拟训练数据。但是，如果数据有噪声，那么这样的参数常导致函数复杂。作为一个简单例子，假设以最小二乘用 14 阶多项式拟合 21 点数据，得到的曲线是非常"波动的"。相应的最小二乘系数（除 w_0 外）如下：

6.560，－36.934，－109.255，543.452，1022.561，－3046.224，－3768.013，8524.540，6607.897，－12640.058，－5530.188，9479.730，1774.639，－2821.526

可以看到其中有许多大的正和负的数，这些数相抵确实使得曲线以恰当的方式"摇摆"，以至于它几乎完美地进行了数据的插值。但这种情况是不稳定的，如果我们小小地改变数据，那么系数将变得很大。

为了使参数变小，产生较光滑的曲线，可采用零均值高斯先验分布，有

$$p(\boldsymbol{w}) = \prod_j N(w_j \mid 0, \tau^2) \tag{8.29}$$

其中，$1/\tau^2$ 控制着先验分布的强度。对应的 MAP 估计问题变成

$$\arg\max_{\boldsymbol{w}} \sum_{i=1}^{N} \log N(y_i \mid w_0 + \boldsymbol{w}^T \boldsymbol{x}_i, \sigma^2) + \sum_{j=1}^{D} \log \mathcal{N}(w_j \mid 0, \tau^2) \tag{8.30}$$

上式等价于最小化的下式：

$$J(\boldsymbol{w}) = \frac{1}{N} \sum_{i=1}^{N} \left(y_i - (w_0 + \boldsymbol{w}^T \boldsymbol{x}_i) \right)^2 + \lambda \|\boldsymbol{w}\|_2^2 \tag{8.31}$$

式中，$\lambda \stackrel{\text{def}}{=} \sigma^2 / \tau^2$；$\|\boldsymbol{w}\|_2^2 = \sum_j w_j^2 = \boldsymbol{w}^T \boldsymbol{w}$ 是 2-范数的平方。另外，式中的第一项是 MSE/NLL，第二项 $\lambda \geqslant 0$ 是复杂度的惩罚。相应的解为

$$\boldsymbol{w}_{\text{ridge}} = (\lambda \boldsymbol{I}_D + \boldsymbol{X}^T \boldsymbol{X})^{-1} \boldsymbol{X}^T \boldsymbol{y} \tag{8.32}$$

以上这个技术称为岭回归或惩罚最小二乘法。一般地，对模型的参数增加一高斯先验分布来使它们变小，被称为 ℓ_2 正则化或权重衰减。注意，偏移项 w_0 没有正则化，因为这仅影响函数的高度，不增加函数复杂度。通过对大权重和的惩罚，函数将变得简单（这是因为 $\boldsymbol{w} = 0$ 对应于直线，它是最简单的可能函数，对应于一个常数）。

2. 数值计算上的稳定性

有趣的是，统计上工作良好的岭回归也易于数值拟合，因为 $(\lambda \boldsymbol{I}_D + \boldsymbol{X}^T \boldsymbol{X})^{-1}$ 所处的条件（因此更可能是可逆的）比 $\boldsymbol{X}^T \boldsymbol{X}$ 好得多，至少对于适当大的 λ 来说。

尽管如此，为了数值上的稳定性，逆矩阵还是最好避免。现在给出一个对拟合数值上较鲁棒的岭回归模型非常有用的方法（通过扩展，可以计算普通的 OLS 估计）。

假设先验分布具有 $p(\boldsymbol{w}) = \mathcal{N}(\boldsymbol{0}, \boldsymbol{\Lambda}^{-1})$，这里 $\boldsymbol{\Lambda}$ 是精度矩阵，在这种情况下的岭回归模型中，$\boldsymbol{\Lambda} = (1/\tau^2)\boldsymbol{I}$。为了避免惩罚 w_0 项，应首先对齐数据，用先验分布的一些"虚数据"补

充原始数据:

$$\widetilde{X} = \begin{pmatrix} X/\sigma \\ \sqrt{\Lambda} \end{pmatrix}, \ \widetilde{y} = \begin{pmatrix} y/\sigma \\ \mathbf{0}_{D\times 1} \end{pmatrix} \tag{8.33}$$

式中,$\Lambda = \sqrt{\Lambda}\sqrt{\Lambda}^{\mathrm{T}}$ 是 Λ 的 Cholesky 分解。可以看到,$\widetilde{X}$ 为 $(N+D)\times D$ 行,其中超出的行表示来自于先验分布的伪数据。

现在证明在这个扩展数据上,NLL 等价于原始数据上的被惩罚的 NLL:

$$f(w) = (\widetilde{y} - \widetilde{X}w)^{\mathrm{T}}(\widetilde{y} - \widetilde{X}w) = \left[\begin{pmatrix} y/\sigma \\ 0 \end{pmatrix} - \begin{bmatrix} X/\sigma \\ \sqrt{\Lambda} \end{bmatrix} w \right]^{\mathrm{T}} \left[\begin{pmatrix} y/\sigma \\ 0 \end{pmatrix} - \begin{bmatrix} X/\sigma \\ \sqrt{\Lambda} \end{bmatrix} w \right]$$

$$= \begin{bmatrix} \dfrac{1}{\sigma}(y - Xw) \\ -\sqrt{\Lambda}w \end{bmatrix}^{\mathrm{T}} \begin{bmatrix} \dfrac{1}{\sigma}(y - Xw) \\ -\sqrt{\Lambda}w \end{bmatrix} \tag{8.34}$$

$$f(w) = \frac{1}{\sigma^2}(y - Xw)^{\mathrm{T}}(y - Xw) + (\sqrt{\Lambda}w)^{\mathrm{T}}(\sqrt{\Lambda}w) \tag{8.35}$$

$$f(w) = (y - Xw)^{\mathrm{T}}(y - Xw) + w^{\mathrm{T}}\Lambda w \tag{8.36}$$

于是,MAP 估计为

$$\widehat{w}_{\mathrm{ridge}} = (\widetilde{X}^{\mathrm{T}}\widetilde{X})^{-1}\widetilde{X}^{\mathrm{T}}\widetilde{y} \tag{8.37}$$

即以上的断言。

现在设

$$\widetilde{X} = QR \tag{8.38}$$

为 X 的 QR 分解,这里的 Q 是正交矩阵(意味着 $Q^{\mathrm{T}}Q = QQ^{\mathrm{T}} = I$),$R$ 是上三角矩阵。那么

$$(\widetilde{X}^{\mathrm{T}}\widetilde{X})^{-1} = (R^{\mathrm{T}}Q^{\mathrm{T}}QR)^{-1} = (R^{\mathrm{T}}R)^{-1} = R^{-1}R^{-\mathrm{T}} \tag{8.39}$$

于是

$$\widehat{w}_{\mathrm{ridge}} = R^{-1}R^{-\mathrm{T}}R^{\mathrm{T}}Q^{\mathrm{T}}\widetilde{y} = R^{-1}Q^{\mathrm{T}}\widetilde{y} \tag{8.40}$$

注意:R 容易求逆,因为它是上三角矩阵。这是一个计算岭回归估计而又可避免对 $(\Lambda + X^{\mathrm{T}}X)$ 求逆的方法。

通过简单地计算未扩展矩阵 X 的 QR 分解并利用原始数据 y,我们可以应用这个技术找出 MLE。这是选择解决最小二乘问题的方法。

如果 $D \gg N$,应首先执行 SVD 分解。特别地,让 $X = USV^{\mathrm{T}}$ 为 X 的 SVD 分解,这里,$V^{\mathrm{T}}V = I_N$,$U^{\mathrm{T}}U = UU^{\mathrm{T}} = I_N$,$S$ 是对角线 $N \times N$ 矩阵。现在设 $X = UD$ 为 $N \times N$ 矩阵,那么可以重写岭回归估计,有

$$\widehat{w}_{\mathrm{ridge}} = V(Z^{\mathrm{T}}Z + \lambda I_D)^{-1}Z^{\mathrm{T}}y \tag{8.41}$$

换言之,在执行惩罚拟合之前,可以用 N 维向量 z_i 替代 N 维向量 x_i,然后通过乘以 V 将 N 维解转换为 D 维解。从几何上看,这样做将旋转到一个新坐标系,在新坐标系中除了前 N 坐标外其他都为零。这并不影响解,因为球形高斯先验分布是旋转不变的。所有时间是现在的 $O(ND^2)$ 运算时间。

3. 与 PAC 的联系

设 $X = USV^{\mathrm{T}}$ 为 X 的 SVD 分解。由式(8.41)有

$$\hat{w}_{\text{ridge}} = V (S^2 + \lambda I)^{-1} S U^{\mathrm{T}} y \tag{8.42}$$

于是在训练集上的岭回归预测为

$$\hat{y} = X \hat{w}_{\text{ridge}} = USV^{\mathrm{T}} V (S^2 + \lambda I)^{-1} S U^{\mathrm{T}} y \tag{8.43}$$

$$\hat{y} = U \tilde{S} U^{\mathrm{T}} y = \sum_{j=1}^{N} u_j \tilde{S}_{jj} u_j^{\mathrm{T}} y \tag{8.44}$$

式中

$$\tilde{S}_{jj} \stackrel{\text{def}}{=} \left[S (S^2 + \lambda I)^{-1} S \right]_{jj} = \frac{\sigma_j^2}{\sigma_j^2 + \lambda} \tag{8.45}$$

σ_j 是 X 的奇异值。因此

$$\hat{y} = X \hat{w}_{\text{ridge}} = \sum_{j=1}^{D} u_j \frac{\sigma_j^2}{\sigma_j^2 + \lambda} u_j^{\mathrm{T}} y \tag{8.46}$$

相反,最小二乘预测为

$$\hat{y} = X \hat{w}_{\text{ls}} = (US V^{\mathrm{T}}) (V S^{-1} U^{\mathrm{T}} y) = U U^{\mathrm{T}} y = \sum_{j=1}^{D} u_j u_j^{\mathrm{T}} y \tag{8.47}$$

相较于 λ,如果 σ_j^2 是小的,那么方向 u_j 将不会对预测有多大影响。在这个观点上,定义模型自由度有效数为

$$\text{dof}(\lambda) = \sum_{j=1}^{D} \frac{\sigma_j^2}{\sigma_j^2 + \lambda} \tag{8.48}$$

当 $\lambda = 0$ 时,$\text{dof}(\lambda) = D$;当 $\lambda \to \infty$ 时,$\text{dof}(\lambda) \to 0$。

8.5   贝叶斯线性回归

尽管岭回归对于计算点估计是一个有用的方法,但有些时候还要计算在 w 和 σ^2 上的全后验分布。为了简单起见,初始假设噪声方差 σ^2 已知,因此只需关注计算 $p(w \mid \mathcal{D}, \sigma^2)$。后面介绍的内容将考虑一般情况,在此情况下将计算 $p(w, \sigma^2 \mid \mathcal{D})$。假设讨论的都是高斯似然度模型。

8.5.1   后验分布计算

在线性回归中,似然度为

$$p(y \mid X, w, \mu, \sigma^2) = \mathcal{N}(y \mid \mu + Xw, \sigma^2 I_N) \tag{8.49}$$

$$p(y \mid X, w, \mu, \sigma^2) \propto e^{-\frac{1}{2}(y - \mu 1_N - Xw)^{\mathrm{T}} (y - \mu 1_N - Xw)} \tag{8.50}$$

式中,μ 是偏移项。如果输入是集中的,那么对每个 j,$\sum_i x_{ij} = 0$,输出的均值可能等于正的或负的。于是在 $p(\mu) \propto 1$ 形式的 μ 上,设置一个不恰当的先验分布,然后对它积分得到

$$p(y \mid X, w, \sigma^2) \propto e^{-\frac{1}{2} \| y - \bar{y} 1_N - Xw \|_2^2} \tag{8.51}$$

式中,将 $\bar{y} = \frac{1}{N} \sum_{i=1}^{N} y_i$ 为输出的经验均值。为了简单起见,假设输出已进行了集中,并 $y - \bar{y} 1_N$ 写成 y。

上述高斯似然度的共轭先验分布也是高斯的,将该共轭先验分布表示为 $p(w) =$

$\mathcal{N}(\boldsymbol{w} \mid \boldsymbol{w}_0, \boldsymbol{V}_0)$。应用高斯分布的贝叶斯规则(见式(7.120)),后验分布为

$$p(\boldsymbol{w} \mid \boldsymbol{X}, \boldsymbol{y}, \sigma^2) \propto N(\boldsymbol{w} \mid \boldsymbol{w}_0, \boldsymbol{V}_0) N(\boldsymbol{y} \mid \boldsymbol{Xw}, \sigma^2 \boldsymbol{I}_N) = \mathcal{N}(\boldsymbol{w} \mid \boldsymbol{w}_N, \boldsymbol{V}_N) \tag{8.52}$$

$$\boldsymbol{w}_N = \boldsymbol{V}_N \boldsymbol{V}_0^{-1} \boldsymbol{w}_0 + \frac{1}{\sigma^2} \boldsymbol{V}_N \boldsymbol{X}^{\mathrm{T}} \boldsymbol{y} \tag{8.53}$$

$$\boldsymbol{V}_N^{-1} = \boldsymbol{V}_0^{-1} + \frac{1}{\sigma^2} \boldsymbol{X}^{\mathrm{T}} \boldsymbol{X} \tag{8.54}$$

$$\boldsymbol{V}_N = \sigma^2 \, (\sigma^2 \, \boldsymbol{V}_0^{-1} + \boldsymbol{X}^{\mathrm{T}} \boldsymbol{X})^{-1} \tag{8.55}$$

如果 $\boldsymbol{w}_0 = 0$ 并且 $\boldsymbol{V}_0 = \tau^2 \boldsymbol{I}$,再定义 $\lambda = \sigma^2 / \tau^2$,那么后验均值减小为岭回归估计,这是因为高斯分布的均值和模是相同的。

8.5.2　后验预测计算

在机器学习中,我们关心预测多于对参数的解释。应用式(7.121),可以容易地证明在测试点 $\boldsymbol{x}$ 上的后验预测分布也是高斯的,有

$$p(y \mid \boldsymbol{x}, \mathcal{D}, \sigma^2) = \int \mathcal{N}(y \mid \boldsymbol{x}^{\mathrm{T}} \boldsymbol{w}, \sigma^2) \mathcal{N}(\boldsymbol{w} \mid \boldsymbol{w}_N, \boldsymbol{V}_N) \mathrm{d} \boldsymbol{w} \tag{8.56}$$

$$p(y \mid \boldsymbol{x}, \mathcal{D}, \sigma^2) = \mathcal{N}(y \mid \boldsymbol{w}_N^{\mathrm{T}} x, \sigma_N^2(\boldsymbol{x})) \tag{8.57}$$

$$\sigma_N^2(\boldsymbol{x}) = \sigma^2 + \boldsymbol{x}^{\mathrm{T}} \boldsymbol{V}_N \boldsymbol{x} \tag{8.58}$$

这个预测中的方差 $\sigma_N^2(\boldsymbol{x})$ 依赖于两项:观测噪声的方差 σ^2 和 参数中的方差 $\boldsymbol{V}_N$,后者以依赖于 $\boldsymbol{x}$ 靠近训练数据 $\mathcal{D}$ 的程度来解释方差。

8.5.3　σ^2 未知时的贝叶斯推理

1. 共轭先验分布

通常,似然度具有以下形式:

$$p(\boldsymbol{y} \mid \boldsymbol{X}, \boldsymbol{w}, \sigma^2) = \mathcal{N}(\boldsymbol{y} \mid \boldsymbol{Xw}, \sigma^2 \boldsymbol{I}_N) \tag{8.59}$$

可以证明,自然的共轭先验分布具有以下形式:

$$p(\boldsymbol{w}, \sigma^2) = \mathrm{NIG}(\boldsymbol{w}, \sigma^2 \mid \boldsymbol{w}_0, \boldsymbol{V}_0, a_0, b_0) \tag{8.60}$$

$$p(\boldsymbol{w}, \sigma^2) \stackrel{\text{def}}{=} N(\boldsymbol{w} \mid \boldsymbol{w}_0, \sigma^2 \boldsymbol{V}_0) \mathrm{IG}(\sigma^2 \mid a_0, b_0) \tag{8.61}$$

$$p(\boldsymbol{w}, \sigma^2) = \frac{b_0^{a_0}}{(2\pi)^{D/2} |\boldsymbol{V}_0|^{\frac{1}{2}} \Gamma(a_0)} (\sigma^2)^{-(a_0 + \frac{D}{2} + 1)} \times \mathrm{e}^{-\frac{(\boldsymbol{w} - \boldsymbol{w}_0)^{\mathrm{T}} \boldsymbol{V}_0^{-1} (\boldsymbol{w} - \boldsymbol{w}_0) + 2b_0}{2\sigma^2}} \tag{8.62}$$

用这个先验分布和似然度可以证明,后验分布具有以下形式:

$$p(\boldsymbol{w}, \sigma^2 \mid \mathcal{D}) = \mathrm{NIG}(\boldsymbol{w}, \sigma^2 \mid \boldsymbol{w}_N, \boldsymbol{V}_N, a_N, b_N) \tag{8.63}$$

$$\boldsymbol{w}_N = \boldsymbol{V}_N (\boldsymbol{V}_0^{-1} \boldsymbol{w}_0 + \boldsymbol{X}^{\mathrm{T}} \boldsymbol{y}) \tag{8.64}$$

$$\boldsymbol{V}_N = (\boldsymbol{V}_0^{-1} + \boldsymbol{X}^{\mathrm{T}} \boldsymbol{X})^{-1} \tag{8.65}$$

$$a_N = a_0 + \frac{n}{2} \tag{8.66}$$

$$b_N = b_0 + \frac{1}{2} (\boldsymbol{w}_0^{\mathrm{T}} \boldsymbol{V}_0^{-1} \boldsymbol{w}_0 + \boldsymbol{y}^{\mathrm{T}} \boldsymbol{y} - \boldsymbol{w}_N^{\mathrm{T}} \boldsymbol{V}_N^{-1} \boldsymbol{w}_N) \tag{8.67}$$

式中，w_N 和 V_N 的表达式对于 σ^2 已知的情况是相似的；表达式 a_N 也是直观的，因为它仅更新了计数；b_N 的表达式可以解释如下：它是先验平方和 b_0 加上经验平方和 $y^T y$ 与在 w 上的先验分布的误差导致的项。

后验边缘分布如下：

$$p(\sigma^2 \mid \mathscr{D}) = \text{IG}(a_N, b_N) \tag{8.68}$$

$$p(w \mid \mathscr{D}) = \mathscr{T}\left(w_N, \frac{b_N}{a_N} V_N, 2a_N\right) \tag{8.69}$$

后验预测分布是一个 t 分布。特别地，给定 m 个新测试输入 $\widetilde{X}$，有

$$p(\tilde{y} \mid \widetilde{X}, \mathscr{D}) = \mathscr{T}\left(\tilde{y} \mid \widetilde{X} w_N, \frac{b_N}{a_N}(I_m + \widetilde{X} V_N \widetilde{X}^T), 2a_N\right) \tag{8.70}$$

预测误差有两个分量：① $\frac{b_N}{a_N} I_m$ 由测量噪声所致；② $\frac{b_N}{a_N}(\widetilde{X} V_N \widetilde{X}^T)$ 由 w 中的不确定性所致。后一项的变化取决于测试输入靠近训练数据的程度。

通常置 $a_0 = b_0 = 0$，对应于无信息的先验分布方差 σ^2，并置 $w_0 = 0$ 以及对任何正值 g 置 $V_0 = g(X^T X)^{-1}$，被称为 Zellner 的 g-先验分布。其中 g 扮演的角色类似于 $1/\lambda$ 在岭回归中扮演的角色。然而，先验分布的协方差与 $(X^T X)^{-1}$ 成比例，而不是与 I 成比例，这保证了后验分布对输入的缩放不变。

在后面讨论将看到，如果采用无信息的先验分布，那么所给的 N 个测量值的后验精度为 $V_N^{-1} = X^T X$。这个单位信息的先验分布定义为包含尽可能多的信息的一个样本。为了对线性回归产生一个单位信息的先验分布，需要应用 $V_0^{-1} = \frac{1}{N} X^T X$，这等价于具有 $g = N$ 的 g-先验分布。

2. 无信息的先验分布

无信息的先验分布可以考虑由无信息的共轭 g-先验分布的极限获得，对应于令 $g \to \infty$。这对应于具有 $w_0 = 0$、$V_0 = \infty I$、$a_0 = 0$ 和 $b_0 = 0$ 的不恰当的 NIG 先验分布，该先验分布为 $p(w, \sigma^2) \propto \sigma^{-(D+2)}$。

另外，可以采用半共轭先验分布 $p(w, \sigma^2) = p(w)p(\sigma^2)$，将每一项各自代入到无信息的极限中，得到 $p(w, \sigma^2) \propto \sigma^{-2}$。这等价于一个具有 $w_0 = 0$、$V_0 = \infty I$、$a_0 = -D/2$ 和 $b_0 = 0$ 的不恰当的 NIG 先验分布。相应的后验分布为

$$p(w, \sigma^2 \mid \mathscr{D}) = \text{NIG}(w, \sigma^2 \mid w_N, V_N, a_N, b_N) \tag{8.71}$$

$$w_N = \hat{w}_{\text{mle}} = (X^T X)^{-1} X^T y \tag{8.72}$$

$$V_N = (X^T X)^{-1} \tag{8.73}$$

$$a_N = \frac{N - D}{2} \tag{8.74}$$

$$b_N = \frac{s^2}{2} \tag{8.75}$$

$$s^2 \stackrel{\text{def}}{=} (y - X \hat{w}_{\text{mle}})^T (y - X \hat{w}_{\text{mle}}) \tag{8.76}$$

权重的边缘分布为

$$p(w \mid \mathcal{D}) = \mathcal{T}\left(w \mid \hat{w}, \frac{s^2}{N-D}C, N-D\right) \tag{8.77}$$

式中，$C = (X^TX)^{-1}$；$\hat{w}$ 是 MLE。我们将在后面的章节中讨论这些公式的含义。

小　　结

线性回归是统计学和（监督）机器学习的有力工具。当以核函数或其他形式的基函数展开式进行扩展时，它还可以对非线性关系进行建模。当以伯努利或多变量伯努利分布替代高斯输出时，它可以用于分类。

本章主要介绍了线性回归中的规范模型、最大似然估计、鲁棒线性回归、岭回归和贝叶斯线性回归。在最大似然估计中，对其进行了较为详细的推导，给出了一般解的表达式，并对其进行了几何解释。鲁棒性线性回归可以解决数据中的异常值所导致拟合不足问题。岭回归可以解决拟合模型的振荡所产生的参数敏感度问题。

思考与练习题

8.1　当线性回归中有多个独立输出时，模型变为

$$p(y \mid x, W) = \prod_{j=1}^{M} N(y_j \mid w_j^T x_i, \sigma_j^2)$$

因为似然度因式跨维，所以进行 MLE。于是

$$\hat{W} = [\hat{w_1}, \cdots, \hat{w_M}]$$

式中，$\hat{w_j} = (X^TX)^{-1} Y_j$。

在本题中，应用这个结果模拟具有二维响应的向量 $y_i \in \mathbb{R}^2$。假设有某个二元输入数据 $x_i \in \{0, 1\}$。训练数据如表 8.2 所示。

表 8.2　训练数据

x	y
0	$(-1, -1)^T$
0	$(-1, -2)^T$
0	$(-2, -1)^T$
1	$(1, 1)^T$
1	$(1, 2)^T$
1	$(2, 1)^T$

用下面的基函数将每个 x_i 嵌入二维空间：

$$\phi(0) = (1, 0)^T, \phi(1) = (0, 1)^T$$

模型变为

$$\hat{\pmb y} = \pmb W^{\mathrm T}\phi(\pmb x)$$

式中，$\pmb W$ 为 2×2 矩阵。从上述数据中计算 $\pmb W$ 的 MLE。

8.2 假设 $\bar{\pmb x}=0$，因此输入数据已被集中。试证明优化器

$$J(\pmb w,w_0)=(\pmb y-\pmb X\pmb w-w_0\pmb 1)^{\mathrm T}(\pmb y-\pmb X\pmb w-w_0\pmb 1)+\lambda\pmb w^{\mathrm T}\pmb w$$

为

$$\hat{w_0}=\bar y$$
$$\pmb w=(\pmb X^{\mathrm T}\pmb X+\lambda\pmb I)^{-1}\pmb X^{\mathrm T}\pmb y$$

8.3 试证明线性回归中误差方差的 MLE 为

$$\hat{\sigma^2}=\frac1N\sum_{i=1}^N(y_i-\pmb x_i^{\mathrm T}\hat{\pmb w})^2$$

当插入 $\hat{\pmb w}$ 的估计时，这正是残差的经验方差。

8.4 线性回归具有 $E[y\mid\pmb x]$ 的形式。在设计矩阵中，它通常包括一列 1，所以可以应用正态方程解偏移项 w_0，同时也可以解其他参数 $\pmb w$，还可以分别解 w_0 和 $\pmb w$。试证明

$$\hat{w_0}=\frac1N\sum_i y_i-\frac1N\sum_i\pmb x_i^{\mathrm T}\pmb w=\bar y-\bar{\pmb x}^{\mathrm T}\pmb w$$

可见，$\hat{w_0}$ 模拟了来自于平均预测输出的平均输出的差异。另外，试证明

$$\hat{\pmb w}=(\pmb X_c^{\mathrm T}\pmb X_c)^{-1}\pmb X_c^{\mathrm T}\pmb y_c=\left[\sum_{i=1}^N(\pmb x_i-\bar{\pmb x})(\pmb x_i-\bar{\pmb x})^{\mathrm T}\right]^{-1}\left[\sum_{i=1}^N(y_i-\bar y)(\pmb x_i-\bar{\pmb x})^{\mathrm T}\right]$$

式中，$\pmb X_c$ 是包含沿着它的行的 $\pmb x_i^c=\pmb x_i-\bar{\pmb x}$ 的集中输入矩阵；$\pmb y_c=\pmb y-\bar y$ 是集中输出向量。于是记下计算集中数据上的 $\hat{\pmb w}$，然后用 $\pmb y-\pmb x^{\mathrm T}\hat{\pmb w}$ 估计 w_0。

8.5 简单线性回归是指当输入是标量的情况，所以 $D=1$。试证明在这种情况下的 MLE 由下式给出，它可能是来自于熟悉的基本统计类。

$$w_1=\frac{\sum_i(x_i-\bar x)(y_i-\bar y)}{\sum_i(x_i-\bar x)^2}=\frac{\sum_i x_iy_i-N\bar x\bar y}{\sum_i x_i^2-N\bar x^2}\approx\frac{\mathrm{cov}[X,Y]}{\mathrm{var}[X]}$$
$$w_0=\bar y-w_1\bar x\approx E[Y]-w_1E[X]$$

8.6 考虑用最小二乘拟合模型 $\hat y=w_0+w_1x$。不幸的是我们不能保持原始数据 x_i、y_i，但确实有以下数据的函数（统计的）：

$$\bar x^{(n)}=\frac1n\sum_{i=1}^n x_i,\ \bar y^{(n)}=\frac1n\sum_{i=1}^n y_i$$

$$C_{xx}^{(n)}=\frac1n\sum_{i=1}^n(x_i-\bar x)^2,\ C_{xy}^{(n)}=\frac1n\sum_{i=1}^n(x_i-\bar x)(y_i-\bar y),\ C_{yy}^{(n)}=\frac1n\sum_{i=1}^n(y_i-\bar y)^2$$

(1) 需要估计 w_1 的最小统计集是什么？

(2) 需要估计 w_0 的最小统计集是什么？

(3) 假设一新数据点 x_{n+1}、y_{n+1} 到达，需要更新充分统计而不用查看没有存储的老数据。（这对于在线学习非常有用。）试证明可以对 $\bar x$ 进行如下处理：

$$\overline{x}^{(n)} \stackrel{\text{def}}{=} \frac{1}{n+1} \sum_{i=1}^{n+1} x_i = \frac{1}{n+1} (n\,\overline{x}^{(n)} + x_{n+1})$$

$$= \overline{x}^{(n)} + \frac{1}{n+1} (x_{n+1} - \overline{x}^{(n)})$$

它具有的形式：新估计是旧的估计加上修正。可以看到，修正的范围随着时间的推移而减小（就像我们获得的更多的样本）。推导出相似的更新表达式 $\overline{y}$。

（4）证明用下式递归更新 $C_{xy}^{(n+1)}$。

$$C_{xy}^{(n+1)} = \frac{1}{n+1} \big[x_{n+1}\, y_{n+1} + n\, C_{xy}^{(n)} + n\, \overline{x}^{(n)}\, \overline{y}^{(n)} - (n+1)\, \overline{x}^{(n+1)}\, \overline{y}^{(n+1)} \big]$$

推导相似的更新 C_{xy} 的表达式。

8.7　考虑将形式为模型的

$$p(y \mid x, \theta) = \mathcal{N}(y \mid w_0 + w_1 x, \sigma^2)$$

与后面给出的数据进行拟合：

$x = \{94, 96, 94, 95, 104, 106, 108, 113, 115, 121, 131\}$

$y = \{0.47, 0.75, 0.83, 0.98, 1.18, 1.29, 1.40, 1.60, 1.75, 1.90, 2.23\}$

（1）用下式计算 σ^2 的无偏估计：

$$\widehat{\sigma}^2 = \frac{1}{N-2} \sum_{i=1}^{N} (y_i - \widehat{y}_i)^2$$

式中，$\widehat{y}_i = \widehat{w}_0 + \widehat{w}_1\, x_i$，$w = (\widehat{w}_0, \widehat{w}_1)$ 是 MLE。（分母是 $N-2$，因为有 2 个输入，称为与 x 的偏移项。）

（2）现在假设 w 上的先验分布为

$$p(w) = p(w_0) p(w_1)$$

应用了一个（不恰当的）w_0 上的均匀先验分布和 w_1 上的先验分布 $N(0, 1)$。试证明这个表达式可以写成形为 $p(w) = \mathcal{N}(w \mid w_0, V_0)$ 的高斯先验分布。w_0 和 V_0 是什么？

（3）计算边缘后验分布 $p(w_1 \mid \mathscr{D}, \sigma^2)$ 的斜率，这里的 $\mathscr{D}$ 是以上数据，σ^2 是以上计算出的无偏估计。$E[w_1 \mid \mathscr{D}, \sigma^2]$ 和 $\mathrm{var}[w_1 \mid \mathscr{D}, \sigma^2]$ 是什么？

（提示：后验方差是非常小的数。）

（4）w_1 的 95% 的信任区间是什么？

8.8　线性回归是应用形式为 $w_0 + w^{\mathrm{T}} x$ 的线性函数估计 $E[Y \mid x]$ 的问题。一般地，假设给定 X 的 Y 的条件分布是高斯分布，既可以直接地估计这个条件高斯分布（判别法），又可以拟合 X、Y 的联合分布，然后推导 $[Y \mid X = x]$。

在练习题 8.4 中，证明了判别方导出的这些式子：

$$E[Y \mid x] = w_0 + w^{\mathrm{T}} x$$

$$w_0 = \overline{y} - \overline{x}^{\mathrm{T}} w$$

$$w = (X_c^{\mathrm{T}} X_c)^{-1} X_c^{\mathrm{T}} y_c$$

式中，$X_c = X - \overline{X}$ 是集中输入矩阵；$\overline{X} = 1_n \overline{x}^{\mathrm{T}}$ 代替 $\overline{x}$ 跨行。同样，$y_c = y - \overline{y}$ 是集中输出矩

阵，$\bar{\boldsymbol{Y}} = \boldsymbol{1}_n \, \bar{\boldsymbol{y}}$ 代替 $\bar{\boldsymbol{y}}$ 跨行。

（1）通过找出的 Σ_{XX}、Σ_{XY}、$\boldsymbol{\mu}_X$ 和 $\boldsymbol{\mu}_Y$ 的最大似然估计，推导出由拟合 $\boldsymbol{X}$、$\boldsymbol{Y}$ 的联合分布以及用高斯条件公式得到的上述各式。

（2）相较于标准判别法，这个方法的优缺点是什么？

8.9　证明：当采用 g -先验分布 $p(\boldsymbol{w}, \sigma^2) = \mathrm{NIG}(\boldsymbol{w}, \sigma^2 \mid 0, g\,(\boldsymbol{X}^{\mathrm{T}}\boldsymbol{X})^{-1}, 0, 0)$ 时，后验分布具有如下形式：

$$p(\boldsymbol{w}, \sigma^2 \mid \mathcal{D}) = \mathrm{NIG}(\boldsymbol{w}, \sigma^2 \mid \boldsymbol{w}_N, \boldsymbol{V}_N, a_N, b_N)$$

$$\boldsymbol{V}_N = \frac{g}{g+1}\,(\boldsymbol{X}^{\mathrm{T}}\boldsymbol{X})^{-1}$$

$$\boldsymbol{w}_N = \frac{g}{g+1}\,\hat{\boldsymbol{w}}_{\mathrm{MLE}}$$

$$a_N = \frac{N}{2}$$

$$b_N = \frac{s^2}{2} + \frac{1}{2(g+1)}\,\hat{\boldsymbol{w}}_{\mathrm{MLE}}^{\mathrm{T}}\,\boldsymbol{X}^{\mathrm{T}}\boldsymbol{X}\,\hat{\boldsymbol{w}}_{\mathrm{MLE}}$$

$$s^2 \overset{\text{def}}{=\!=} (\boldsymbol{y} - \boldsymbol{X}\,\hat{\boldsymbol{w}}_{\mathrm{MLE}})^{\mathrm{T}}\,(\boldsymbol{y} - \boldsymbol{X}\,\hat{\boldsymbol{w}}_{\mathrm{MLE}})$$

第 9 章　逻 辑 回 归

9.1　规 范 模 型

逻辑回归对应如下二元分类模型：

$$p(y \mid \boldsymbol{x}, \boldsymbol{w}) = \mathrm{Ber}(y \mid \mathrm{sigm}(\boldsymbol{w}^{\mathrm{T}}\boldsymbol{x})) \tag{9.1}$$

逻辑回归可以容易地扩展到高维输入。例如，图 9.1 给出了二维输入且有不同权重向量 $\boldsymbol{w}$ 的 $p(y=1 \mid \boldsymbol{x}, \boldsymbol{w}) = \mathrm{sigm}(\boldsymbol{w}^{\mathrm{T}}\boldsymbol{x})$ 的图。如果把这些概率的阈值设置在 0.5，那么将推导出一个线性决策界，其标准由 $\boldsymbol{w}$ 给出。

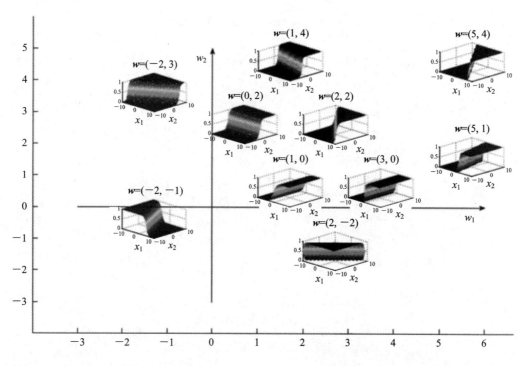

图 9.1　$\mathrm{sigm}(w_1 x_1 + w_2 x_2)$图

注：在图 9.1 中，$\boldsymbol{w} = (w_1, w_2)$ 定义决策界的标准。点到这个标准的右边具有 $\mathrm{sigm}(\boldsymbol{w}^{\mathrm{T}}\boldsymbol{x}) > 0.5$，点到这个标准的左边具有 $\mathrm{sigm}(\boldsymbol{w}^{\mathrm{T}}\boldsymbol{x}) < 0.5$。

9.2　模 型 拟 合

本节将讨论逻辑回归模型的参数估计的算法。

9.2.1 MLE

逻辑回归的负对数似然度为

$$\mathrm{NLL}(\boldsymbol{w}) = -\sum_{i=1}^{N} \log\left[\mu_i^{\,\mathbb{I}(y_i=1)} \times (1-\mu_i)^{\,\mathbb{I}(y_i=0)}\right] \tag{9.2}$$

$$\mathrm{NLL}(\boldsymbol{w}) = -\sum_{i=1}^{N}\left[y_i \log \mu_i + (1-y_i)\log(1-\mu_i)\right] \tag{9.3}$$

也被称为交叉熵误差函数。

它的另一个写法如下：假设 $\widetilde{y_i} \in \{-1,+1\}$ 替代 $y_i \in \{0,1\}$，有 $p(y=0) = \dfrac{1}{1+e^{-\boldsymbol{w}^{\mathrm{T}}\boldsymbol{x}}}$ 和

$p(y=1) = \dfrac{1}{1+e^{\boldsymbol{w}^{\mathrm{T}}\boldsymbol{x}}}$。于是

$$\mathrm{NLL}(\boldsymbol{w}) = -\sum_{i=1}^{N} \log(1+e^{-\widetilde{y_i}\boldsymbol{w}^{\mathrm{T}}\boldsymbol{x}}) \tag{9.4}$$

与线性回归不同，我们不再以闭形式来写 MLE，而是需要一个优化算法来计算它。对此，我们需要推导出梯度和 Hessian 矩阵。

在逻辑回归情况下，梯度和 Hessian 矩阵分别为

$$\boldsymbol{g} = \frac{\mathrm{d}}{\mathrm{d}\boldsymbol{w}} f(\boldsymbol{w}) = \sum_i (\mu_i - y_i)\boldsymbol{x}_i = \boldsymbol{X}^{\mathrm{T}}(\boldsymbol{\mu}-\boldsymbol{y}) \tag{9.5}$$

$$\boldsymbol{H} = \frac{\mathrm{d}}{\mathrm{d}w}\boldsymbol{g}(\boldsymbol{w})^{\mathrm{T}} = \sum_i (\nabla_{\boldsymbol{w}}\mu_i)\boldsymbol{x}_i^{\mathrm{T}} = \sum_i \mu_i(1-\mu_i)\boldsymbol{x}_i \boldsymbol{x}_i^{\mathrm{T}} \tag{9.6}$$

即

$$\boldsymbol{H} = \boldsymbol{X}^{\mathrm{T}}\boldsymbol{S}\boldsymbol{X} \tag{9.7}$$

式中，$\boldsymbol{S} \stackrel{\text{def}}{=} \mathrm{diag}(\mu_i(1-\mu_i))$。还可以证明 $\boldsymbol{H}$ 是正定的。因此 NLL 是凸的并且有唯一全局最小。下面将讨论某些寻找这个最小的方法。

9.2.2 最速下降

最简单的无约束最优化算法是梯度下降法，也称为最速下降法。它可以写成

$$\boldsymbol{\theta}_{k+1} = \boldsymbol{\theta}_k - \eta_k \boldsymbol{g}_k \tag{9.8}$$

式中，η_k 是步长或学习率。梯度下降中的主要问题是：应该如何设置步长？如果采用常数学习率，其值太小，那么收敛将会很慢；但该值设置过大，那么这个方法可完全导致收敛失败。对于如下（凸）函数：

$$f(\boldsymbol{\theta}) = 0.5(\theta_1^2 - \theta_2)^2 + 0.5(\theta_1 - 1)^2 \tag{9.9}$$

从 $(0,0)$ 开始，在图 9.2(a) 中，用固定步长 $\eta = 0.1$，可以看到该函数曲线沿着谷缓慢地移动；在图 9.2(b) 中，

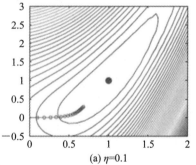

(a) $\eta = 0.1$

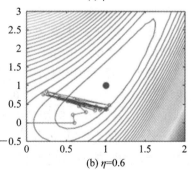

(b) $\eta = 0.6$

图 9.2 简单函数上的梯度下降

用固定步长 $\eta = 0.6$，可以看到算法开始在谷的两侧上下振荡，并且永远不会收敛到最优。

注：在图 9.2 中，(0,0) 点开始，进行了 20 步，采用固定的学习率（步长）η，全局最小在 (1,1) 点。

下面研究更为稳定的选择步长的方法，这样的方法将保证不管从何处开始函数均能收敛到局部最优。

由泰勒定理有

$$f(\boldsymbol{\theta} + \eta \boldsymbol{d}) \approx f(\boldsymbol{\theta}) + \eta \boldsymbol{g}^{\mathrm{T}} \boldsymbol{d} \tag{9.10}$$

式中，$\boldsymbol{d}$ 是下降方向。所以如果 η 选择的足够小，那么 $f(\boldsymbol{\theta} + \eta \boldsymbol{d}) < f(\boldsymbol{\theta})$，因为梯度将是负的。但我们不想让选择的步长 η 太小，以至于移动太慢，甚至可能达不到最小。所以，通过选择 η 来最小化

$$\phi(\eta) = f(\boldsymbol{\theta} + \eta \boldsymbol{d}_k) \tag{9.11}$$

称为线最小化或线搜索。

图 9.3(a) 演示了对简单问题的线搜索。可是从图中看到，具有精确线搜索的最速下降路径展示了锯齿行为特性。为了解释出现该特征的原因，应注意精确线搜索满足 $\eta_k = \arg \max\limits_{\eta > 0} \phi(\eta)$，优化的必要条件是 $\varphi'(\eta) = 0$。由链式规则，$\phi'(\eta) = \boldsymbol{d}^{\mathrm{T}} \boldsymbol{g}$，这里的 $\boldsymbol{g} = f'(\boldsymbol{\theta} + \eta \boldsymbol{d})$ 是步长终点的梯度。这要做既意味着我们已找到的固定点的 $\boldsymbol{g} = \boldsymbol{0}$，又意味着精确搜索停在局部梯度是垂直于搜索方向的点的 $\boldsymbol{g} \perp \boldsymbol{d}$，因此连贯的方向将是正交的（参见图 9.3(b)）。这就解释了锯齿行为。

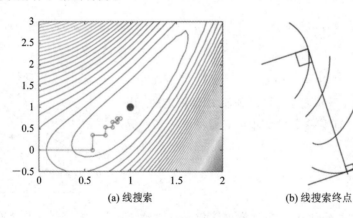

(a) 线搜索　　　　(b) 线搜索终点

图 9.3　函数上的最速下降

注：在图 9.3 中，从点 (0,0) 开始，采用线搜索。说明线搜索终点（图的顶端）的事实，函数的局部梯度将垂直于搜索方向。

减少锯齿行为影响的简单启发式方法是增加一个如下增量项 $(\boldsymbol{\theta}_k - \boldsymbol{\theta}_{k-1})$：

$$\boldsymbol{\theta}_{k+1} = \boldsymbol{\theta}_k - \eta_k \boldsymbol{g}_k + \mu_k (\boldsymbol{\theta}_k - \boldsymbol{\theta}_{k-1}) \tag{9.12}$$

式中，$0 \leqslant \mu_k \leqslant 1$ 控制增量项的重要性。

另一个最小化"锯齿"的方法是采用共轭梯度方法。这是解线性系统时出现的选择二次型 $f(\boldsymbol{\theta}) = \boldsymbol{\theta}^{\mathrm{T}} \boldsymbol{\Lambda} \boldsymbol{\theta}$ 目标的方法。

9.2.3 牛顿法

算法 9.1 最小化严格凸函数的牛顿法。

1 初始化 θ_0；

2 for $k = 1, 2, \cdots$，直到收敛，然后做

3   评估 $\boldsymbol{g}_k = \nabla f(\boldsymbol{\theta}_k)$；

4   评估 $\boldsymbol{H}_k = \nabla f(\boldsymbol{\theta}_k)$；

5   对 $\boldsymbol{d}_k$ 解 $\boldsymbol{H}_k \boldsymbol{d}_k = -\boldsymbol{g}_k$；

6   用线搜索沿着 $\boldsymbol{d}_k$ 寻找 η_k；

7     $\boldsymbol{\theta}_{k+1} = \boldsymbol{\theta}_k + \eta_k \boldsymbol{d}_k$。

通过考虑利用空间曲率(Hessian)，可以推导出收敛更快的优化方法，称为二阶优化方法。其中主要的例子是牛顿算法，这是一个由下面的更新形式构成的迭代算法：

$$\boldsymbol{\theta}_{k+1} = \boldsymbol{\theta}_k - \eta_k \boldsymbol{H}_k^{-1} \boldsymbol{g}_k \tag{9.13}$$

该牛顿算法推导如下：

考虑建立一个围绕着 $\boldsymbol{\theta}_k$ 的 $f(\boldsymbol{\theta})$ 的二阶泰勒级数逼近：

$$f_{\text{quad}}(\boldsymbol{\theta}) = f_k + \boldsymbol{g}_k^{\text{T}}(\boldsymbol{\theta} - \boldsymbol{\theta}_k) + \frac{1}{2}(\boldsymbol{\theta} - \boldsymbol{\theta}_k)^{\text{T}} \boldsymbol{H}_k(\boldsymbol{\theta} - \boldsymbol{\theta}_k) \tag{9.14}$$

将上式重写为

$$f_{\text{quad}}(\boldsymbol{\theta}) = \boldsymbol{\theta}^{\text{T}} \boldsymbol{A} \boldsymbol{\theta} + \boldsymbol{b}^{\text{T}} \boldsymbol{\theta} + c \tag{9.15}$$

式中

$$\boldsymbol{A} = \frac{1}{2} \boldsymbol{H}_k, \quad \boldsymbol{b} = \boldsymbol{g}_k - \boldsymbol{H}_k \boldsymbol{\theta}_k, \quad c = f_k - \boldsymbol{g}_k^{\text{T}} \boldsymbol{\theta}_k + \frac{1}{2} \boldsymbol{\theta}_{\text{K}}^{\text{T}} \boldsymbol{H}_k \boldsymbol{\theta}_k \tag{9.16}$$

因为 f_{quad} 的最小化是在

$$\boldsymbol{\theta} = -\frac{1}{2} \boldsymbol{A}^{-1} \boldsymbol{b} = \boldsymbol{\theta}_k - \boldsymbol{H}_k^{-1} \boldsymbol{g}_k \tag{9.17}$$

所以牛顿步 $\boldsymbol{d}_k = -\boldsymbol{H}_k^{-1} \boldsymbol{g}_k$ 是应将 $\boldsymbol{\theta}_k$ 加到围绕着 $\boldsymbol{\theta}_k$ 的最小化的二阶逼近的 f 上。

在最简单形式中(当列出时)，牛顿算法要求 $\boldsymbol{H}_k$ 是正定的。如果函数是严格凸的，那么该方法将是成立的；如果该方法不成立，那么目标函数将不是凸的，于是 $\boldsymbol{H}_k$ 可能不是正定的，所以 $\boldsymbol{d}_k = -\boldsymbol{H}_k^{-1} \boldsymbol{g}_k$ 可能不是下降方向。在这种情况下，一个简单的策略是复原最速下降 $\boldsymbol{d}_k = -\boldsymbol{g}_k$。Levenberg Marquardt 算法是一个调和牛顿步长与最速下降步长间的自适应方法。这个方法广泛应用到解决非线性最小二乘问题中。另一个方法是：与直接计算 $\boldsymbol{d}_k = -\boldsymbol{H}_k^{-1} \boldsymbol{g}_k$ 不同，我们可以应用共轭梯度对 $\boldsymbol{d}_k$ 解线性系统方程 $\boldsymbol{H}_k \boldsymbol{d}_k = \boldsymbol{g}_k$。如果 $\boldsymbol{H}_k$ 不是正定的，一旦检测出负曲率，我们可以简单地截断共轭梯度迭代，这个方法称为截断牛顿法。

9.2.4 迭代加权最小二乘法(IRLS)

现在应用牛顿算法处理二元逻辑回归 MLE 问题。牛顿法在迭代的 $k+1$ 步时，对其模型更新如下(由于 Hessian 是确实的，因此采用 $\eta_k = 1$)：

$$\boldsymbol{w}_{k+1} = \boldsymbol{w}_k - \boldsymbol{H}^{-1} \boldsymbol{g}_k \tag{9.18}$$

$$w_{k+1} = w_k + (\boldsymbol{X}^{\mathrm{T}} \boldsymbol{S}_k \boldsymbol{X})^{-1} \boldsymbol{X}^{\mathrm{T}} (\boldsymbol{y} - \mu_k) \tag{9.19}$$

$$w_{k+1} = (\boldsymbol{X}^{\mathrm{T}} \boldsymbol{S}_k \boldsymbol{X})^{-1} \big[(\boldsymbol{X}^{\mathrm{T}} \boldsymbol{S}_k \boldsymbol{X}) w_k + \boldsymbol{X}^{\mathrm{T}} (\boldsymbol{y} - \mu_k) \big] \tag{9.20}$$

$$w_{k+1} = (\boldsymbol{X}^{\mathrm{T}} \boldsymbol{S}_k \boldsymbol{X})^{-1} \boldsymbol{X}^{\mathrm{T}} \big[\boldsymbol{S}_k \boldsymbol{X} w_k + \boldsymbol{y} - \mu_k \big] \tag{9.21}$$

$$w_{k+1} = (\boldsymbol{X}^{\mathrm{T}} \boldsymbol{S}_k \boldsymbol{X})^{-1} \boldsymbol{X}^{\mathrm{T}} \boldsymbol{S}_k z_k \tag{9.22}$$

这里我们定义工作响应为

$$z_k \stackrel{\text{def}}{=} \boldsymbol{X} w_k + \boldsymbol{S}_k^{-1} (\boldsymbol{y} - \mu_k) \tag{9.23}$$

式(9.22)是一个加权最小二乘问题的例子,是一个如下的最小器:

$$\sum_{i=1}^{N} S_{ki} (z_{ki} - \boldsymbol{w}^{\mathrm{T}} \boldsymbol{x}_i)^2 \tag{9.24}$$

由于 $\boldsymbol{S}_k$ 是对角阵,因此可以用分量的形式重写这个目标(对每一种情况 $i = 1 : N$)为

$$z_{ki} = \boldsymbol{w}^{\mathrm{T}} \boldsymbol{x}_i + \frac{y_i - \mu_{ki}}{\mu_{ki} (1 - \mu_{ki})} \tag{9.25}$$

这个算法称为迭代加权最小二乘法或简写为 IRLS。因为在每次迭代中,我们求解加权最小二乘问题,所以问题中的权矩阵 $\boldsymbol{S}_k$ 在每次迭代中都变化。

算法 9.2　迭代加权最小二乘法(IRLS)。

1　　$w = \boldsymbol{0}_D$;

2　　$w_0 = \log(\bar{y} / (1 - \bar{y}))$;

3　　重复

4　　　　$\eta_i = w_0 + \boldsymbol{w}^{\mathrm{T}} \boldsymbol{x}_i$;

5　　　　$\mu_i = \mathrm{sigm}(\eta_k)$;

6　　　　$s_i = \mu_i (1 - \mu_i)$;

7　　　　$z_i = \eta_i + \dfrac{y_i - \mu_i}{s_i}$;

8　　　　$\boldsymbol{S} = \mathrm{diag}(s_{1, N})$;

9　　　　$w = (\boldsymbol{X}^{\mathrm{T}} \boldsymbol{S} \boldsymbol{X})^{-1} \boldsymbol{X}^{\mathrm{T}} \boldsymbol{S} z$;

10　直到收敛。

9.2.5 拟牛顿法(变尺度法)

所有二阶最优化算法之母是已在 9.2.3 节中讨论过的牛顿算法,但计算显式的 $\boldsymbol{H}$ 代价可能过于高昂。拟牛顿法利用每一步从梯度向量中收集的信息,迭代地建立了一个对 Hessian 矩阵的逼近。最常见的方法是所谓的 BFGS(以发明者 Broyden、Fletcher、Goldfarb 和 Shanno 名字的首字母命名),这个方法对 Hessian 的逼近 $\boldsymbol{B}_k \approx \boldsymbol{H}_k$ 进行如下更新:

$$\boldsymbol{B}_{k+1} = \boldsymbol{B}_k + \frac{\boldsymbol{y}_k \boldsymbol{y}_k^{\mathrm{T}}}{\boldsymbol{y}_k^{\mathrm{T}} \boldsymbol{s}_k} - \frac{(\boldsymbol{B}_k \boldsymbol{s}_k)(\boldsymbol{B}_k \boldsymbol{s}_k)^{\mathrm{T}}}{\boldsymbol{s}_k^{\mathrm{T}} \boldsymbol{B}_k \boldsymbol{s}_k} \tag{9.26}$$

式中

$$\boldsymbol{s}_k = \boldsymbol{\theta}_k - \boldsymbol{\theta}_{k-1} \tag{9.27}$$

$$\boldsymbol{y}_k = \boldsymbol{g}_k - \boldsymbol{g}_{k-1} \tag{9.28}$$

这是一个 2 秩更新矩阵,确保矩阵保留正定(在步长的某些限制下)。典型地,用一个对角

阵 $\boldsymbol{B}_0 = \boldsymbol{I}$ 开始逼近。于是 BFGS 可以被认为是一个"对角阵加上低秩的矩阵"来逼近 Hessian 矩阵。

另外，BFGS 可以迭代地更新 Hessian 逆矩阵的逼近 $\boldsymbol{C}_k \approx \boldsymbol{H}_k^{-1}$，即

$$\boldsymbol{C}_{k+1} = \left(\boldsymbol{I} - \frac{\boldsymbol{s}_k\,\boldsymbol{y}_k^{\mathrm{T}}}{\boldsymbol{y}_k^{\mathrm{T}}\,\boldsymbol{s}_k}\right)\boldsymbol{C}_k\left(\boldsymbol{I} - \frac{\boldsymbol{y}_k\,\boldsymbol{s}_k^{\mathrm{T}}}{\boldsymbol{y}_k^{\mathrm{T}}\,\boldsymbol{s}_k}\right) + \boldsymbol{I} - \frac{\boldsymbol{s}_k\,\boldsymbol{s}_k^{\mathrm{T}}}{\boldsymbol{y}_k^{\mathrm{T}}\,\boldsymbol{s}_k} \tag{9.29}$$

因为存储 Hessian 矩阵花费 $O(D^2)$ 空间，所以对于较大的问题，可以采用现在存储的 BFGS 或 L-BFGS，这里的 $\boldsymbol{H}_k$ 或 $\boldsymbol{H}_k^{-1}$ 是由对角阵加上低秩的矩阵来近似的。特别地，积 $\boldsymbol{H}_k^{-1}\boldsymbol{g}_k$ 可以通过执行 $\boldsymbol{s}_k$ 与 $\boldsymbol{y}_k$ 的序列内积获得，只需用 m 个最当前的 $(\boldsymbol{s}_k, \boldsymbol{y}_k)$ 对并忽略掉较老的信息即可。于是存储要求变成了 $O(mD)$，典型地，$m \sim 20$ 是足够执行了的。L-BFGS 是机器学习中处理最无约束的光滑最优问题的常见方法。

9.2.6 正则化

正因为我们偏好线性回归中的岭回归，所以应偏好逻辑回归中的 MAP 来计算 MLE。事实上，正则化在分类环境中非常重要，甚至是在具有很多数据的情况下。为了说明原因，假设数据是线性可分割的。在这种情况下，当 $\|\boldsymbol{w}\| \to \infty$ 时，获得的 MLE 对应于有限步的 sigmoid 函数 $\mathbb{I}(\boldsymbol{w}^{\mathrm{T}}\boldsymbol{x} > w_0)$，称它为线性门限单位，即把最大的概率密度分配给训练数据。然而，这样的解非常脆弱，也不容易推广。

为了防止这种情况发生，可以采用 l_2 正则化，正如用岭回归做的那样。我们注意到，新目标、新梯度和 Hessian 矩阵具有以下形式：

$$f'(\boldsymbol{w}) = \mathrm{NLL}(\boldsymbol{w}) + \lambda\,\boldsymbol{w}^{\mathrm{T}}\boldsymbol{w} \tag{9.30}$$
$$g'(\boldsymbol{w}) = g(\boldsymbol{w}) + \lambda\boldsymbol{w} \tag{9.31}$$
$$\boldsymbol{H}'(\boldsymbol{w}) = \boldsymbol{H}(\boldsymbol{w}) + \lambda\boldsymbol{I} \tag{9.32}$$

所以，将这些式子修正后进入任何基于梯度的优化器是一个简单的事情。

9.2.7 多类逻辑回归

现在考虑多项式逻辑回归问题，有时可称为最大熵分类器。它的模型的形式为

$$p(y = c \mid \boldsymbol{x}, \boldsymbol{W}) = \frac{e^{\boldsymbol{w}_c^{\mathrm{T}}\boldsymbol{x}}}{\sum_{c'=1}^{C} e^{\boldsymbol{w}_{c'}^{\mathrm{T}}\boldsymbol{x}}} \tag{9.33}$$

一个轻微的变型称为条件逻辑模型，它对每个数据事例上的不同类集进行归一化，这对于建立用户所提供的不同项目集间的用户选择模型非常有用。

现在引入某些符号。设 $\mu_{ic} = p(y_i = c \mid \boldsymbol{x}_i, \boldsymbol{W}) = S(\boldsymbol{\eta}_i)_c$，这里 $\boldsymbol{\eta}_i = \boldsymbol{W}^{\mathrm{T}}\boldsymbol{x}_i$ 是一个 $C \times 1$ 的向量。还有，令 $y_{ic} = \mathbb{I}(y_i = c)$ 是 y_i 的一对 c 的编码，于是 $\boldsymbol{y}_i$ 是一个 bit(位)向量，在这个 bit(位)向量中，第 c 个 bit 置位当且仅当 $y_i = c$。令 $\boldsymbol{w}_C = 0$，为了保证可辨识性，定义 $\boldsymbol{w} = \mathrm{vec}(\boldsymbol{W}(:, 1:C-1))$ 是一个 $D \times (C-1)$ 的列向量。

由此，对数似然度可以写成

$$l(\boldsymbol{W}) = \log\prod_{i=1}^{N}\prod_{c=1}^{C}\mu_{ic}^{y_{ic}} = \sum_{i=1}^{N}\sum_{c=1}^{C}y_{ic}\log\mu_{ic} \tag{9.34}$$

$$l(\boldsymbol{W}) = \sum_{i=1}^{N} \sum_{c=1}^{C} y_{ic} \left[\boldsymbol{w}_c^{\mathrm{T}} \boldsymbol{x}_i - \log \left(\sum_{c'=1}^{C} \mathrm{e}^{\boldsymbol{w}_{c'}^{\mathrm{T}} \boldsymbol{x}} \right) \right] \tag{9.35}$$

定义 NLL 为

$$f(\boldsymbol{w}) = - l(\boldsymbol{W}) \tag{9.36}$$

现在转入计算梯度和这个表达式的 Hessian 矩阵。因 w 是块结构的，这个符号变得有点重，但思想是相同的。定义 $\boldsymbol{A} \otimes \boldsymbol{B}$ 为矩阵 $\boldsymbol{A}$ 与 $\boldsymbol{B}$ 的 Kronecker 积是有帮助的。如果 $\boldsymbol{A}$ 是一个 $m \times n$ 矩阵，$\boldsymbol{B}$ 是一个 $p \times q$ 矩阵，那么 $\boldsymbol{A} \times \boldsymbol{B}$ 是 $mp \times nq$ 分块矩阵，有

$$\boldsymbol{A} \otimes \boldsymbol{B} = \begin{bmatrix} a_{11}\boldsymbol{B} & \cdots & a_{1n}\boldsymbol{B} \\ \vdots & \ddots & \vdots \\ a_{m1}\boldsymbol{B} & \cdots & a_{mn}\boldsymbol{B} \end{bmatrix} \tag{9.37}$$

可以证明梯度为

$$g(\boldsymbol{W}) = \nabla f(\boldsymbol{w}) = \sum_{i=1}^{N} (\boldsymbol{\mu}_i - \boldsymbol{y}_i) \otimes \boldsymbol{x}_i \tag{9.38}$$

式中

$$\boldsymbol{y}_i = \Big(\amalg (y_i = 1), \cdots, \amalg (y_i = C-1) \Big)$$

$$\boldsymbol{\mu}_i(\boldsymbol{W}) = \big[p(y_i = 1 \mid \boldsymbol{x}_i, \boldsymbol{W}), \cdots, p(y_i = C-1 \mid \boldsymbol{x}_i, \boldsymbol{W}) \big]$$

是长度为 $C-1$ 的列向量，例如有 $D = 3$ 个特征维度以及 $C = 3$ 个类，则

$$g(\boldsymbol{W}) = \sum_i \begin{pmatrix} (\mu_{i1} - y_{i1})x_{i1} \\ (\mu_{i1} - y_{i1})x_{i2} \\ (\mu_{i1} - y_{i1})x_{i3} \\ (\mu_{i2} - y_{i2})x_{i1} \\ (\mu_{i2} - y_{i2})x_{i2} \\ (\mu_{i2} - y_{i2})x_{i3} \end{pmatrix} \tag{9.39}$$

换言之，对于每个类 c，在第 c 列中的权重导数为

$$\nabla_{\boldsymbol{w}_c} f(\boldsymbol{W}) = \sum_i (\mu_{ic} - y_{ic}) \boldsymbol{x}_i \tag{9.40}$$

这与二元逻辑回归情况具有相同的形式，称为误差项乘以 $\boldsymbol{x}_i$。（在指数簇中，这一结果是分布的一般性质。）

也可以证明，Hessian 矩阵是下面的分块结构的 $D(C-1) \times D(C-1)$ 矩阵：

$$\boldsymbol{H}(\boldsymbol{W}) = \nabla^2 f(\boldsymbol{w}) = \sum_{i=1}^{N} (\mathrm{diag}(\boldsymbol{\mu}_i) - \boldsymbol{\mu}_i \boldsymbol{\mu}_i^{\mathrm{T}}) \otimes (\boldsymbol{x}_i \boldsymbol{x}_i^{\mathrm{T}}) \tag{9.41}$$

例如，如果有 3 个特征和 3 个类，上式变成

$$\boldsymbol{H}(\boldsymbol{W}) = \sum_i \begin{pmatrix} \mu_{i1} - \mu_{i1}^2 & -\mu_{i1}\mu_{i2} \\ -\mu_{i1}\mu_{i2} & \mu_{i2} - \mu_{i2}^2 \end{pmatrix} \otimes \begin{pmatrix} x_{i1}x_{i1} & x_{i1}x_{i2} & x_{i1}x_{i3} \\ x_{i2}x_{i1} & x_{i2}x_{i2} & x_{i2}x_{i3} \\ x_{i3}x_{i1} & x_{i3}x_{i2} & x_{i3}x_{i3} \end{pmatrix} \tag{9.42}$$

$$\boldsymbol{H}(\boldsymbol{W}) = \sum_i \begin{pmatrix} (\mu_{i1} - \mu_{i1}^2)\boldsymbol{X}_i & -\mu_{i1}\mu_{i2}\boldsymbol{X}_i \\ -\mu_{i1}\mu_{i2}\boldsymbol{X}_i & (\mu_{i2} - \mu_{i2}^2)\boldsymbol{X}_i \end{pmatrix} \tag{9.43}$$

式中，$\boldsymbol{X}_i = \boldsymbol{x}_i \boldsymbol{x}_i^{\mathrm{T}}$。换言之，分块 c、c' 子矩阵为

$$H_{c, c'}(\boldsymbol{W}) = \sum_i \mu_{ic}(\delta_{c, c'} - \mu_{c, c'}) \boldsymbol{x}_i \boldsymbol{x}_i^{\mathrm{T}} \tag{9.44}$$

也是正定矩阵，所以存在唯一的 MLE。

现在考虑最小化

$$f'(\boldsymbol{w}) \stackrel{\mathrm{def}}{=} -\log p(\mathscr{D} \mid \boldsymbol{w}) - \log p(\boldsymbol{W}) \tag{9.45}$$

式中，$p(\boldsymbol{W}) = \prod_c \mathcal{N}(\boldsymbol{w}_c \mid 0, \boldsymbol{V}_0)$。对于新目标，其梯度和 Hessian 矩阵为

$$f'(\boldsymbol{w}) = f(\boldsymbol{w}) + \frac{1}{2} \sum_c \boldsymbol{w}_c \boldsymbol{V}_0^{-1} \boldsymbol{w}_c \tag{9.46}$$

$$g'(\boldsymbol{w}) = g(\boldsymbol{w}) + \boldsymbol{V}_0^{-1} \Big(\sum_c \boldsymbol{w}_c \Big) \tag{9.47}$$

$$\boldsymbol{H}'(\boldsymbol{w}) = \boldsymbol{H}(\boldsymbol{w}) + \boldsymbol{I}_c \bigotimes \boldsymbol{V}_0^{-1} \tag{9.48}$$

这可以通过任何基于梯度的优化器找出 MAP 估计。然而，应注意的是，Hessian 矩阵具有 $O((CD) \times (CD))$ 大小，多于 C 倍二元情况中的行与列，所以有限存储的 BFGS 比牛顿法更为适合。

9.3 贝叶斯逻辑回归

对于逻辑回归模型，要计算全部参数上的后验分布 $p(\boldsymbol{w} \mid \mathscr{D})$ 是自然的。这对于在任何情况下将置信区间与预测相联系是非常有用的。

不幸的是，与线性回归的情况相比，上述研究无法做的精确，因为不存在方便的逻辑回归的共轭先验分布。下面讨论一个简单的逼近(其他一些方法包括 MCMC、变分推理、期望传播等)。为表述简单，我们依然采用二元回归进行介绍。

9.3.1 拉普拉斯逼近

本节将讨论如何对后验分布建立高斯逼近。假设 $\boldsymbol{\theta} \in \mathbb{R}^D$，令

$$p(\boldsymbol{\theta} \mid \mathscr{D}) = \frac{1}{Z} \mathrm{e}^{-E(\boldsymbol{\theta})} \tag{9.49}$$

式中，$E(\boldsymbol{\theta})$ 称为能量函数，等于非归一化对数后验分布负对数，即 $E(\boldsymbol{\theta}) = -\log p(\boldsymbol{\theta}, \mathscr{D})$；$Z = p(\mathscr{D})$ 是归一化常数。进行围绕着模 $\boldsymbol{\theta}^*$ 的泰勒级数展开(即最低能量状态)，得到

$$E(\boldsymbol{\theta}) \approx E(\boldsymbol{\theta}^*) + (\boldsymbol{\theta} - \boldsymbol{\theta}^*)^{\mathrm{T}} \boldsymbol{g} + \frac{1}{2} (\boldsymbol{\theta} - \boldsymbol{\theta}^*)^{\mathrm{T}} \boldsymbol{H} (\boldsymbol{\theta} - \boldsymbol{\theta}^*) \tag{9.50}$$

式中，$\boldsymbol{g}$ 和 $\boldsymbol{H}$ 分别是在模评估下的能量函数的梯度和 Hessian 矩阵：

$$\boldsymbol{g} \stackrel{\mathrm{def}}{=} \nabla E(\boldsymbol{\theta}) \mid_{\boldsymbol{\theta}^*}, \quad \boldsymbol{H} \stackrel{\mathrm{def}}{=} \frac{\partial^2 E(\boldsymbol{\theta})}{\partial \boldsymbol{\theta} \partial \boldsymbol{\theta}^{\mathrm{T}}} \mid_{\boldsymbol{\theta}^*} \tag{9.51}$$

由于 $\boldsymbol{\theta}^*$ 是模，梯度项为零，因此

$$\hat{p}(\boldsymbol{\theta} \mid \mathscr{D}) \approx \frac{1}{Z} \mathrm{e}^{-E(\boldsymbol{\theta}^*)} \mathrm{e}^{-\frac{1}{2}(\boldsymbol{\theta} - \boldsymbol{\theta}^*)^{\mathrm{T}} \boldsymbol{H}(\boldsymbol{\theta} - \boldsymbol{\theta}^*)} \tag{9.52}$$

$$\hat{p}(\boldsymbol{\theta} \mid \mathscr{D}) \approx \mathcal{N}(\boldsymbol{\theta} \mid \boldsymbol{\theta}^*, \boldsymbol{H}^{-1}) \tag{9.53}$$

$$Z = p(\mathscr{D}) \approx \int \hat{p}(\boldsymbol{\theta} \mid \mathscr{D}) \mathrm{d}\boldsymbol{\theta} = \mathrm{e}^{-E(\boldsymbol{\theta}^*)} (2\pi)^{D/2} |\boldsymbol{H}|^{-\frac{1}{2}} \tag{9.54}$$

式(9.54)服从多变量高斯分布归一化常数。

式(9.54)称为对边缘似然度的拉普拉斯逼近；而式(9.52)有时也称为对后验分布的拉普拉斯逼近。

9.3.2　BIC 推导

如果分析时去掉无关的常数，那么可以应用高斯逼近来写对数边缘似然度如下：

$$\log p(\mathscr{D}) \approx \log p(\mathscr{D}|\boldsymbol{\theta}^*) + \log p(\boldsymbol{\theta}^*) - \frac{1}{2}\log|\boldsymbol{H}| \tag{9.55}$$

式中，加在 $\log p(\mathscr{D}|\boldsymbol{\theta}^*)$ 上的惩罚项有时称为 Occam 因子，是模型复杂度的测度。如果有一均匀先验分布 $p(\boldsymbol{\theta}) \propto 1$，那么可以去掉二次项，并用 MLE 的 $\hat{\boldsymbol{\theta}}$ 替代 $\boldsymbol{\theta}^*$。

我们现在关注式(9.55)中的第三项，有 $\boldsymbol{H} = \sum_{i=1}^{N} \boldsymbol{H}_i$，这里的 $\boldsymbol{H}_i = \nabla^2 \log p(\mathscr{D}_i|\boldsymbol{\theta})$。如果用固定矩阵 $\hat{\boldsymbol{H}}$ 近似每个 $\boldsymbol{H}_i$，那么有

$$\log|\boldsymbol{H}| = \log|N\hat{\boldsymbol{H}}| = \log(N^d|\hat{\boldsymbol{H}}|) = D\log N + \log|\hat{\boldsymbol{H}}| \tag{9.56}$$

式中，$D = \dim(\boldsymbol{\theta})$。假设 $\boldsymbol{H}$ 是满秩的，那么可以去掉 $\log|\hat{\boldsymbol{H}}|$ 项，因为它与 N 无关，于是将得到似然度的主导部分。将所有部分合起来，可以发现，BIC 评分变成

$$\log p(D) \approx \log p(\mathscr{D}|\hat{\theta}) - \frac{1}{2}\log N \tag{9.57}$$

9.3.3　逻辑回归的高斯逼近

现在介绍将高斯逼近应用到逻辑回归上。我们将应用 $p(\boldsymbol{w}) = \mathcal{N}(\boldsymbol{w}|\boldsymbol{0}, \boldsymbol{V}_0)$ 形式的高斯先验分布，就如同我们在 MAP 估计中做的那样。后验分布逼近为

$$p(\boldsymbol{w}|\mathscr{D}) \approx \mathcal{N}(\boldsymbol{w}|\hat{\boldsymbol{w}}, \boldsymbol{H}^{-1}) \tag{9.58}$$

式中

$$\hat{\boldsymbol{w}} = \arg\min_{\boldsymbol{w}} E(\boldsymbol{w}), \quad E(\boldsymbol{w}) = -(p(\boldsymbol{w}|\mathscr{D}) + \log p(\boldsymbol{w}))$$

$$\boldsymbol{H} = \nabla^2 E(\boldsymbol{w})|_{\hat{\boldsymbol{w}}}$$

作为一个例子，考虑图 9.4(a)中线性可分割的二维数据，有许多参数设置对应于完全分离的训练数据的行，图中给出 4 个样本。似然度面如图 9.4(b)所示，在图中看到，当在参数空间中沿着岭的 $w_2/w_1 = 2.35$（由对角线指示）向上及向右移动时，似然度无界。这是由于通过驱动 $\|\boldsymbol{w}\|$ 向无穷（由这个对角线来约束）来最大化似然度，大的回归权重使得 sigmoid 函数非常陡峭，将似然度转换为阶梯函数。因此，当数据是线性可分割时，MLE 没有得到好的定义。

对于正则化问题，可以采用一个近似于球形的集中在原点的先验分布 $\mathcal{N}(\boldsymbol{w}|\boldsymbol{0}, 100\boldsymbol{I})$，用似然度面乘以这个球形的先验分布导致高度歪曲的后验分布，参见图 9.4(c)。后验分布的歪曲是由于似然度函数（以"软"方式）"砍下"了与数据不一致的参数空间区域。图中，

MAP 估计用圆点表示，与 MLE 不同，它不是在无限处。

对这个后验分布的高斯逼近如图 9.4(d)所示。可以看到，这是一个对称分布，因此它不是大的近似。当然，它得到模修正(由构造)，它至少表示这样一个事实：沿着西南—东北方向(对应于分离线方向的不确定性)存在比垂直方向更为大的不确定性。尽管所做的是粗略逼近，但这确实好于由德尔塔函数逼近的后验分布，这就是 MAP 估计所做的。

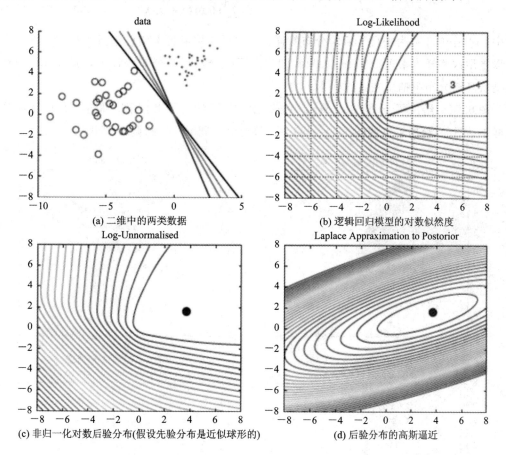

图 9.4 逻辑回归的高斯逼近示例

注：在图 9.4 中，图(b)中的直线是从在 MLE 方向的原点画出的(MLE 在无穷处)，数字 1、2、3、4 对应于参数空间中的 4 个点，对应于图(a)中的 4 条线。

9.3.4 后验预测逼近

给定后验分布，我们可以计算可信区间，执行假设检验等。但在机器学习中，通常兴趣集中在预测上。后验分布具有以下形式：

$$p(y|\boldsymbol{x},\mathcal{D})=\int p(y|\boldsymbol{x},\boldsymbol{w})p(\boldsymbol{w}|\mathcal{D})\mathrm{d}\boldsymbol{w} \tag{9.59}$$

但这个积分难以处理。

最简单的逼近是插件逼近，在二元情况下，它具有的形式为

$$p(y=1|\boldsymbol{x},\mathcal{D})\approx p(y=1|\boldsymbol{x},E[\boldsymbol{w}]) \tag{9.60}$$

式中，$E[w]$ 是后验均值。在这个情形下，$E[w]$ 称为贝叶斯点。当然，这样的插件估计低估了不确定性。后面我们将讨论某些更好的逼近。

1. 蒙特卡洛逼近

一个较好的方法是采用如下蒙特卡洛逼近：

$$p(y = 1 \mid \boldsymbol{x}, \mathscr{D}) \approx \frac{1}{S} \sum_{s=1}^{S} \text{sigm}((\boldsymbol{w}^s)^{\mathrm{T}} \boldsymbol{x}) \tag{9.61}$$

式中，$\boldsymbol{w}^s \sim p(\boldsymbol{w}|\mathscr{D})$ 为来自于后验分布的样值。如果应用蒙特卡洛已逼近出后验分布，那么可以重用这些样本来进行预测。如果我们建立了一个对后验分布的逼近，那么可以用标准模型从高斯分布中抽出独立的样本。

图 9.5(a) 给出了 $p(y= \mid \boldsymbol{x}, \boldsymbol{w}_{\text{MAP}} \mid)$ 数据图；图(b)给出了来自于二维样例后验预测分布的样本；图(c)给出了这些样本的平均；图(d)给出了概率逼近的调节输出。

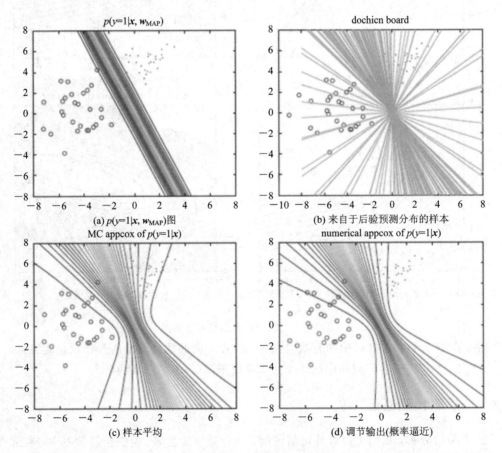

图 9.5　对二维逻辑回归模型的后验预测

图 9.6 给出了一个一维例子。图(a)中，圆圈表示在训练数据上评估的后验预测均值；垂直线表示 95% 的后验预测可信区间；小星号表示中位数。可以看到，应用贝叶斯方法可以模拟基于学生的 STA 分数中学生能通过测试的不确定性概率，而不是只获得点估计。

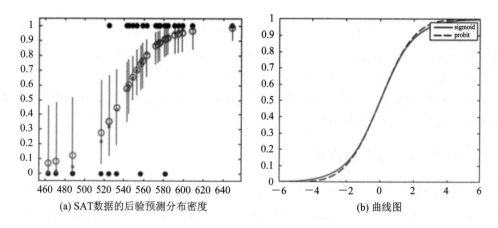

(a) SAT数据的后验预测分布密度　　　　　　　　(b) 曲线图

图 9.6　一维示例

注：在图 9.6 中，图（a）中的垂直线表示第五和第九十五个百分比预测分布；图（b）中以实线表示逻辑（sigmold）函数 $\mathrm{sigm}(x)$，具有重新调整的概率函数 $\varPhi(\lambda x)$ 以虚线表示，并且叠加在实线上。这里，选择 $\lambda = \sqrt{\pi/8}$，以匹配 $x=0$ 处的两个曲线的导数。

2. Probit 逼近（调节输出）

如果我们有一个对后验分布 $p(\boldsymbol{w}\,|\,\mathcal{D})\approx\mathcal{N}(\boldsymbol{w}\,|\,\boldsymbol{m}_N\,,\,\boldsymbol{V}_N)$ 的逼近，那么，至少在二元情况下，我们还可以计算对后验预测分布的确定性逼近。具体如下：

$$p(y=1\,|\,\boldsymbol{x},\,D)\approx\int\mathrm{sigm}(\boldsymbol{w}^{\mathrm{T}}\boldsymbol{x})p(\boldsymbol{w}\,|\,\mathcal{D})\mathrm{d}\boldsymbol{w}=\int\mathrm{sigm}(a)\mathcal{N}(a\,|\,\mu_a\,,\,\sigma_a^2)\mathrm{d}a \tag{9.62}$$

$$a\overset{\mathrm{def}}{=}\boldsymbol{w}^{\mathrm{T}}\boldsymbol{x} \tag{9.63}$$

$$\mu_a\overset{\mathrm{def}}{=}E[a]=\boldsymbol{m}_N^{\mathrm{T}}\boldsymbol{x} \tag{9.64}$$

$$\sigma_a^2\overset{\mathrm{def}}{=}\mathrm{var}[a]=\int p(a\,|\,\mathcal{D})[a^2-E[a^2]]\mathrm{d}a \tag{9.65}$$

$$\sigma_a^2=\int p(\boldsymbol{w}\,|\,\mathcal{D})[(\boldsymbol{w}^{\mathrm{T}}\boldsymbol{x})^2-(\boldsymbol{m}_N^{\mathrm{T}}x)^2]\mathrm{d}\boldsymbol{w}=\boldsymbol{x}^{\mathrm{T}}\boldsymbol{V}_N\boldsymbol{x} \tag{9.66}$$

可以看到，我们需要估计关于高斯分布的 sigmoid 的期望。通过利用 sigmoid 函数与 probit 函数相似的这个事实可以逼近，probit 函数为标准正态分布的 cdf，有

$$\varPhi(a)\overset{\mathrm{def}}{=}\int_{-\infty}^{a}N(x\mid 0,\,1)\mathrm{d}x \tag{9.67}$$

应用 probit 函数的优点是，可以解析地将它与高斯分布相卷积：

$$\int\varPhi(\lambda a)\mathcal{N}(a\,|\,\mu,\,\sigma^2)\mathrm{d}a=\varPhi\left(\frac{a}{(\lambda^{-2}+\sigma^2)^{\frac{1}{2}}}\right) \tag{9.68}$$

现在将逼近 $\mathrm{sigm}(a)\approx\varPhi(\lambda a)$ 插入到以下这个等式的两侧，得到

$$\int\mathrm{sigm}(a)\mathcal{N}(a\,|\,\mu,\,\sigma^2)\mathrm{d}a\approx\mathrm{sigm}(\kappa(\sigma^2)\mu) \tag{9.69}$$

$$\kappa(\sigma^2)\overset{\mathrm{def}}{=}\left(1+\pi\frac{\sigma^2}{8}\right)^{-\frac{1}{2}} \tag{9.70}$$

将上式应用到逻辑回归模型上，得到如下表达式：

$$p(y=1\,|\,\boldsymbol{x},\,\mathcal{D})\approx\mathrm{sigm}(\kappa(\sigma_a^2)\mu_a) \tag{9.71}$$

式（9.71）的应用有时被称为调节输出。为了说明其中的原因，应注意 $0\leqslant\kappa(\sigma^2)\leqslant 1$，

于是

$$\mathrm{sigm}(\kappa(\sigma^2)\mu)\leqslant\mathrm{sigm}(\mu)=p(y=1|\boldsymbol{x},\hat{\boldsymbol{w}}) \tag{9.72}$$

式中，如果 $\mu\neq0$，那么不等式是严格的；如果 $\mu>0$，那么有 $p(y=1|\boldsymbol{x},\hat{\boldsymbol{w}})>0.5$，但调节预测总是与 0.5 接近，所以它不太自信。可是，决策界发生在 $p(y=1|x,\mathscr{D})=\mathrm{sigm}(\kappa(\sigma^2)\mu)=0.5$ 处，意味着 $\mu=\hat{\boldsymbol{w}}^{\mathrm{T}}\boldsymbol{x}=\boldsymbol{0}$，因此调节逼近的决策界与插件逼近相同。误分类数将与这两个方法相同，但对数似然度将是不同的。

9.3.5　残差分析（异常值检测）

有时检测异常数据实例非常有用，被称为残差分析或实例分析。在回归环境中，残差分析可以通过计算 $r_i=y_i-\hat{y_i}$ 实现，这里 $\hat{y_i}=\hat{\boldsymbol{w}}^{\mathrm{T}}\boldsymbol{x}$。如果建模的假设是正确的，那么这些值应服从 $\mathcal{N}(0,\sigma^2)$ 分布，并且可以由一个 qq 图进行评价。在 qq 图中，我们绘制 N 个理论的高斯分位数与 N 个 r_i 的经验分位数，通过比较，偏离直线的点是潜在的异常值。

基于残差的典型方法对于二元数据工作的"不好"，是因为其依赖于检验统计的渐近正态性。然而，采用贝叶斯方法，我们可以仅定义异常值为 $p(y_i|\hat{y_i})$ 小的点即可。在该定义中，我们典型地采用 $\hat{y_i}=\mathrm{sigm}(\hat{\boldsymbol{w}}^{\mathrm{T}}\boldsymbol{x}_i)$。注意，$\hat{\boldsymbol{w}}$ 来自于对所有数据的估计。当预测 y_i 时，一个更好的方法是将 $(\boldsymbol{x}_i,y_i)$ 从 w 的估计中排除。即定义异常值为：在交叉验证后验预测分布下的条件下，概率值的低点。定义如下：

$$p(y_i|\boldsymbol{x}_i,\boldsymbol{x}_{-i},y_{-i})=\int p(y_i|\boldsymbol{x}_i,\boldsymbol{w})\prod_{i'\neq i}p(y_{i'}|\boldsymbol{x}_{i'},\boldsymbol{w})p(\boldsymbol{w})\mathrm{d}\boldsymbol{w} \tag{9.73}$$

可以通过取样（也称抽样）方法有效地逼近。

9.4　在线学习与随机优化

传统的机器学习是离线执行的，即意味着有一个批数据，并优化一个如下形式的等式：

$$f(\boldsymbol{\theta})=\frac{1}{N}\sum_{i=1}^N f(\boldsymbol{\theta},z_i) \tag{9.74}$$

式中，在有监督情况下 $z_i=(\boldsymbol{x}_i,y_i)$，或者在无监督情况下只有 $\boldsymbol{x}_i$；$f(\boldsymbol{\theta})$ 是某种损失函数。例如，我们可能用

$$f(\boldsymbol{\theta},z_i)=-\log p(y_i|\boldsymbol{x}_i,\boldsymbol{\theta}) \tag{9.75}$$

在这种情况下，我们想要试图最大化似然度。另外，我们还可能用

$$f(\boldsymbol{\theta},z_i)=L(y_i,h(\boldsymbol{x}_i,\boldsymbol{\theta})) \tag{9.76}$$

这里的 $h(\boldsymbol{x}_i,\boldsymbol{\theta})$ 是预测函数，$L(y_i,\hat{y})$ 是某个诸如平方误差或 Huber 损失的损失函数。在频率决策论中，平均损失被称为风险；所以全部这样的方法被称为经验风险最小化或 ERM。

可是，如果我们拥有流数据，那么需要进行在线学习，当每个新数据点到达时，可以更新估计而不是等待到"结束"（也许永远不会出现）。甚至如果我们有一批数据，该批数据太大以至于无法存储在主存中，那么我们也许想要像处理流那样对其进行处理。

9.4.1 在线学习与遗憾最小化

假设在每一步中，"自然"代表一个样本 z_i，并且"学习机"必须以一个参数估计 θ_i 给予响应。在理论学习的学习社区中，用于在线学习的目标是遗憾，遗憾是相对于事后我们本应得到的最好的平均损失而言的，用一单独固定参数值表示为

$$\text{regret}_k \overset{\text{def}}{=} \frac{1}{k}\sum_{t=1}^{k} f(\boldsymbol{\theta}_t,\boldsymbol{z}_t) - \min_{\theta_*\in\Theta}\frac{1}{k}\sum_{t=1}^{k} f(\boldsymbol{\theta}_*,\boldsymbol{z}_t) \tag{9.77}$$

例如，投资股票市场，设 θ_j 为投资在股票 j 上的总额，z_j 为回报。损失函数为 $f(\boldsymbol{\theta},z)=-\boldsymbol{\theta}^{\mathrm{T}}z$。遗憾的是我们在每一步交易中如何做得更好（或更糟），而不是应用采用"卖和持有"的哲人选择哪只股票要卖的策略。

在线学习的一个简单算法是在线梯度下降，该算法如下：在每一步 k 中，用下式更新参数：

$$\boldsymbol{\theta}_{k+1} = \text{proj}_\theta(\boldsymbol{\theta}_k - \eta_k\,\boldsymbol{g}_k) \tag{9.78}$$

式中，$\text{proj}_*(v)=\arg\min w\in V\,\|w-v\|_2$ 是向量 v 在空间 v 的投影；$g_k=\nabla f(\boldsymbol{\theta}_k,z_k)$ 为梯度；η_k 是步长。（如果参数必须限制在一定的子集 $\mathbb{R}^D$ 中，只需要投影步骤即可）。后面将介绍这个遗憾的方法是如何与较传统的目标相联系的，即 MLE。

9.4.2 随机优化与风险最小化

现在假设用未来的最小化期望损失代替关于过去的最小化遗憾，以作为更为常见的（概率）统计学习理论。即要最小化

$$f(\boldsymbol{\theta}) = E\big[f(\boldsymbol{\theta},z)\big] \tag{9.79}$$

这里的期望是发生在将来数据上的。在目标中某些变量的优化函数是随机的，被称为随机优化。

注意：在随机优化中，目标是随机的，因此算法也将是随机的。然而，将随机优化算法应用确定性目标也是可能的，应用到经验风险最小化问题的例子包括模拟退火和随机梯度下降。还有一些有趣的在线学习与随机优化的理论联系（Cesa-Bianchi 和 Lugosi，2006），但这些知识超出了本书范围。

假设从分布中收到无限长的样本流。优化随机目标的一个方式如式（9.79），是在式（9.78）中的每一步执行更新，被称为随机梯度下降或 SGD。由于我们想要一个典型的单参数估计，因此可以进行平均：

$$\bar{\boldsymbol{\theta}}_k = \frac{1}{k}\sum_{t=1}^{k}\theta_t \tag{9.80}$$

称为 Polyak-Ruppert 平均；并可以用以下方式迭代实现：

$$\bar{\boldsymbol{\theta}}_k = \bar{\boldsymbol{\theta}}_{k-1} - \frac{1}{k}(\bar{\boldsymbol{\theta}}_{k-1}-\boldsymbol{\theta}_k) \tag{9.81}$$

1. 步长设置

现在讨论一些保证 SGD 收敛的学习率的充分条件。这些充分条件称为 Robbins-Monro

条件：

$$\sum_{k=1}^{\infty} \eta_k = \infty, \ \sum_{k=1}^{\infty} \eta_k^2 < \infty \tag{9.82}$$

时间上的 η_k 的值集称为学习率计划。所采用的公式有多种，如 $\eta_k = 1/k$，或如下公式：

$$\eta_k = (\tau_0 + k)^{-\kappa} \tag{9.83}$$

式中，$\tau_0 \geqslant 0$ 减慢早期算法的迭代，$\kappa \in (0.5, 1]$ 控制旧值的遗忘速率。

需要对这些调整参数进行调整是随机优化的主要缺点之一。以下是一个简单的启发式算法：存储一初始的数据子集，并对这个子集尝试设置 η 值的范围；然后在这个范围中选择导致目标最快下降的一个 η 值，并将该值应用到其余所有数据中。注意，这样做可能不会导致收敛，但当其性能的改善超出平稳状态集时，算法可以终止（被称为早期停止）。

2. 每个参数的步长

SGD 的一个缺点是对所有的参数采用相同的步长。现在简要地给出一个称为 adagrad（short for adaptive gradient，短自适应梯度）的方法，该方法神似于对角 Hessian 逼近。特别地，若 $\theta_i(k)$ 是在时间 k 上的参数 i，$g_i(k)$ 是该参数的梯度，那么可以进行如下更新：

$$\theta_i(k+1) = \theta_i(k) - \eta \frac{g_i(k)}{\tau_0 + \sqrt{s_i(k)}} \tag{9.84}$$

这里的对角步长向量是梯度向量的平方与所有时间步的和。递归更新如下：

$$s_i(k) = s_i(k-1) + g_i(k)^2 \tag{9.85}$$

这个结果是适应于损失函数曲率的每个参数的步长。这个方法源于最小化遗憾的情况，一般它可以应用于更广的范围。

3. SGD 与批学习的比较

如果我们没有无限长的数据流，那么可以通过从训练集中随机抽样的点"模拟"一个。本质上，通过将它作为一个关于经验分布的期望来优化式(9.74)。

理论上，我们应替代样本，尽管在实际中它常常好于随机排列数据而不用样本替代，然后重复进行替代。单个这样的样本在整个数据集上的传递称为一个时代。

算法 9.3 随机梯度下降。

1　初始化 $\boldsymbol{\theta}, \eta$；

2　重复

3　　随机排列数据

4　　for $i = 1 : N$ do

5　　　$\boldsymbol{g} = \nabla f(\boldsymbol{\theta}, \boldsymbol{z}_i)$；

6　　　$\boldsymbol{\theta} \leftarrow \mathrm{proj}_{\Theta}(\boldsymbol{\theta} - \eta \boldsymbol{g})$；

7　　　更新 η；

8　直到收敛。

在离线情况下，通常计算最小批量数据实例 B 是更好的。如果 $B = 1$，这是标准的 SDG；如果 $B = N$，这是标准的最速下降；典型的则用 $B \sim 100$。

尽管这是一个简单的一阶方法，但 SDG 的性能在某些问题的处理上却表现出惊人的好，特别是在具有大数据集的问题上。性能好的直观原因是，可以仅通过查看少许的样本便获得非常好的梯度估计。采用大数据集仔细地评估梯度的精度常常浪费时间,因为算法在下一步之前将必须以任何方式重新计算一遍梯度。计算时间的利用对含有噪声的估计以及快速将其移出参数空间是较有益的。作为一个极端的例子,假设通过复制每一样本倍增了训练集,批方法将花费两倍长的时间,但在线方法将不受影响,因为梯度方向并没有改变(加倍的数据规模改变梯度的大小,而梯度是由步长来缩放的。)

另外为了增加速度,SGD 常常很少陷入局部最小的陷阱,因为它添加了一定数量的"噪声"。因此,它在机器学习社区中的非凸目标的模型拟合中非常流行,如应用于神经网络和深度信任网络。

9.4.3 LMS 算法

作为一个 SGD 的例子,让我们考虑如何计算在线形式线性回归的 MLE。线梯度在迭代的 k 步为

$$g_k = x_k (\boldsymbol{\theta}_k^{\mathrm{T}} x_i - y_i) \tag{9.86}$$

式中,$i = i(k)$ 是用于 k 步迭代的训练样本。如果数据集是流数据,那么用 $i(k) = k$,我们将假设在这个形式进行,以便表述简单。式(9.86)容易解释:它是用预测的 $\hat{y}_k = \boldsymbol{\theta}_k^{\mathrm{T}} x_i$ 与实际响应 y_k 之间的差对特性向量 x_k 赋权。因此线梯度扮演了一个误差信号的角色。

计算线梯度后,将按照如下进行:

$$\boldsymbol{\theta}_{k+1} = \boldsymbol{\theta}_k - \eta_k (\hat{y}_k - y_k) x_k \tag{9.87}$$

(投影步是没有必要的,因为这是一个无约束的优化问题。)这个算法称为最小均方或 LMS 算法,也称为德尔塔规则或 Widrow-Hoff 规则。

9.4.4 感知算法

现在让我们考虑如何以在线的方式拟合二元逻辑回归模型。批梯度已由式(9.5)给出。在线情况下,权重的更新具有如下简单的形式:

$$\boldsymbol{\theta}_k = \boldsymbol{\theta}_{k-1} - \eta_k \, g_i = \boldsymbol{\theta}_{k-1} - \eta_k (\mu_i - y_i) x_i \tag{9.88}$$

式中,$\mu_i = p(y_i = 1 | x_i, \boldsymbol{\theta}_k) = E[y_i | x_i, \boldsymbol{\theta}_k]$。我们看到这确实与 LMS 算法具有相同的形式。的确,这个性质对所有生成的线性模型都成立。

现在考虑对这个算法进行逼近。特别地,设

$$\hat{y}_i = \arg \max_{y \in \{0,1\}} p(y | x_i, \boldsymbol{\theta}) \tag{9.89}$$

表示最可能的标记类。用 $\hat{y}_i$ 代替梯度表达式中的 $\mu_i = p(y_i = 1 | x_i, \boldsymbol{\theta}_k) = \mathrm{sigm}(\boldsymbol{\theta}^{\mathrm{T}} x_i)$,于是近似梯度变成

$$g_i \approx (\hat{y}_i - y_i) x_i \tag{9.90}$$

它将使代数更简单(如果我们假设 $y \in \{-1, 1\}$ 而不是 $y \in \{0, 1\}$)。在这种情况下,预测变为

$$\hat{y}_i = \mathrm{sign}(\boldsymbol{\theta}^{\mathrm{T}} x_i) \tag{9.91}$$

如果 $\hat{y}_i y_i = -1$,我们造成一个错误,但如果 $\hat{y}_i y_i = +1$,我们猜测标记正确。

在每一步,我们通过增加梯度更新权重向量。关键的观察是:如果预测正确,那么

$\widehat{y}_i = y_i$，因此（近似）梯度为零，并且不改变权重向量。但如果 x_i 被误分类，那么权重如下：如果 $\widehat{y}_i = 1$，$y_i = -1$，那么负梯度为 $-(\widehat{y}_i - y_i) x_i = -2 x_i$；如果 $\widehat{y}_i = -1$ $y_i = 1$，那么负梯度为 $-(\widehat{y}_i - y_i) x_i = 2 x_i$。在这种误分类的情况下，我们可以将因子 2 吸收进学习率 η 中，更新为

$$\boldsymbol{\theta}_k = \boldsymbol{\theta}_{k-1} + \eta_k \, y_i \, x_i \tag{9.92}$$

因为只是权重的符号变化问题，没有大小变化问题，所以令 $\eta_k = 1$。

可以证明，如果数据是线性可分割的，即存在参数 $\boldsymbol{\theta}$，使得具有 $\mathrm{sign}(\boldsymbol{\theta}^\mathrm{T} x)$ 的预测在训练集上达到 0 错误，那么这个称为感知算法的方法将是收敛的。可是，如果数据是不可线性分割的，那么该算法将不会收敛，甚至如果收敛，它也会花费很长的时间。还有更好的方法来训练逻辑回归模型，如采用 SGD、不用梯度逼近或已讨论过的 IRLS。

9.4.5　贝叶斯观点

另一个在线学习的方法是采用贝叶斯观点。这在概念上相当简单：我们只是递归地应用贝叶斯规则：

$$p(\boldsymbol{\theta} \,|\, \mathscr{D}_{1:k}) \propto p(\mathscr{D}_k \,|\, \boldsymbol{\theta}) \, p(\boldsymbol{\theta} \,|\, \mathscr{D}_{1:k-1}) \tag{9.93}$$

返回后验分布替代仅有的点估计具有明显的优点。它允许在线采用超参数，这是重要的，因为交叉验证不能用于在线环境。它的（不太明显的）优点还有：它比 SGD 快。为了说明其原因，注意：除了每个参数的均值外，通过对每个参数的后验方差建模，可有效地将每个参数的不同的学习率关联起来，是建立空间曲率模型的简单方法；然后可以使用概率论的一般规则来调整这些方差。

算法 9.4　感知算法。

1　输入：线性可分割的数据集 $x_i \in \mathbb{R}^D$，$y_i \in \{-1, +1\}$ for $i = 1 : N$；

2　初始化 $\boldsymbol{\theta}_0$；

3　$k \leftarrow 0$；

4　重复

5　　　$k \leftarrow k + 1$

6　　　$i \leftarrow k \bmod N$；

7　　　if $\widehat{y}_i \neq y_i$ then

8　　　　$\boldsymbol{\theta}_{k+1} \leftarrow \boldsymbol{\theta}_k + y_i \, x_i$

9　　　else

10　　　　no-op

11　直到收敛。

小　　结

本章介绍了逻辑回归的一些重要结论，首先介绍了逻辑回归模型的拟合，其中包括了最大似然估计（MLE）。为了对 MLE 进行最小化，介绍了最速下降算法、牛顿法、迭代加权

最小二乘法(IRLS)、拟牛顿法(变尺度法)，这些方法是计算最小化的常用方法。

其次，介绍了贝叶斯逻辑回归，包括拉普拉斯逼近，推导了 BIC，也介绍了逻辑回归的高斯逼近、后验预测逼近，并对残差进行了分析。

最后，介绍了在线学习及其随机优化，包括在线学习与遗憾最小化、随机优化与风险最小化、LMS算法和感知算法等这些常用的在线学习算法。

思考与练习题

9.1　(1) 设 $\sigma(\alpha) = \dfrac{1}{1+e^{-\alpha}}$ 为 sigmoid 函数。证明

$$\frac{d\sigma(\alpha)}{d\alpha} = \sigma(\alpha)(1-\sigma(\alpha))$$

(2) 应用先前结果和链式计算规则，推导出对数似然度的梯度表达式。

(3) Hessian 矩阵可以写成 $\boldsymbol{H} = \boldsymbol{X}^{\mathrm{T}}\boldsymbol{S}\boldsymbol{X}$，这里 $\boldsymbol{S} \stackrel{\text{def}}{=} \mathrm{diag}(\mu_1(1-\mu_1), \cdots, \mu_n(1-\mu_n))$。试证明 $\boldsymbol{H}$ 是正定的。

(**提示**：可以假设 $0 < \mu_i < 1$，使得 $\boldsymbol{S}$ 的元素是严格正的，并且 $\boldsymbol{X}$ 是满秩的。)

9.2　(1) 设 $\mu_{ik} = S(\eta_i)_k$。证明 softmax 的雅克比为

$$\frac{\partial \mu_{ik}}{\partial \eta_i} = \mu_{ik}(\delta_{kj} - \mu_{ij})$$

式中，$\delta_{kj} = I(k=j)$。

(2) 试证明

$$\nabla_{w_c} \ell = \sum_i (y_{ic} - \mu_{ic})\boldsymbol{x}_i$$

(**提示**：用链式规则和 $\sum_c y_{ic} = 1$ 的事实。)

(3) 证明类 c 和 c' 的 Hessian 的分块矩阵为

$$\boldsymbol{H}_{c,c'} = -\sum_i \mu_{ic}(\delta_{c,c'} - \mu_{i,c'})\boldsymbol{x}_i\boldsymbol{x}_i^{\mathrm{T}}$$

9.3　多类逻辑回归具有如下形式：

$$p(y=c \mid \boldsymbol{x}, \boldsymbol{W}) = \frac{e^{w_{c0}+w_c^{\mathrm{T}}x}}{\sum\limits_{k=1}^{C} e^{w_{k0}+w_k^{\mathrm{T}}x}}$$

式中，$\boldsymbol{W}$ 是一 $(D+1)\times C$ 的权重矩阵。我们可以对一个类任意定义 $\boldsymbol{w}_c = 0$，因 $p(y=C \mid \boldsymbol{x}, \boldsymbol{W}) = 1 - \sum\limits_{c=1}^{C-1} p(y=c \mid \boldsymbol{x}, \boldsymbol{W})$，故 $c=C$。在这种情况下，模型具有的形式为

$$p(y=c \mid \boldsymbol{x}, \boldsymbol{W}) = \frac{e^{w_{c0}+w_c^{\mathrm{T}}x}}{1+\sum\limits_{k=1}^{C-1} e^{w_{k0}+w_k^{\mathrm{T}}x}}$$

如果把一个向量"加固"到某个常数值，那么参数将是不可识别的。可是，若没有"加固" $\boldsymbol{w}_c = 0$，那么要用到上式，而且由下面的优化增加 ℓ_2 的正则化：

$$\sum_{i=1}^{N} \log p(y_i \mid \boldsymbol{x}_i, \boldsymbol{W}) - \lambda \sum_{c=1}^{C} \|\boldsymbol{w}_c\|_2^2$$

试证明，在最优时，对 $j = 1:D$，有 $\sum_{c=1}^{C} \widehat{w}_{cj} = 0$。

（**提示**：对于非正则项 $\widehat{w}_{c0}$，我们还需要强制 $w_{0C} = 0$，以确保截距的可识别性。）

9.4　考虑最小化

$$J(\boldsymbol{w}) = -\ell(\boldsymbol{w}, \mathscr{D}_{\text{train}}) + \lambda \|\boldsymbol{w}\|_2^2$$

式中

$$\ell(\boldsymbol{w}, \mathscr{D}) = \frac{1}{|\mathscr{D}|} \sum_{i \in \mathscr{D}} \log \sigma(y_i \boldsymbol{x}_i^{\mathrm{T}} \boldsymbol{w})$$

对于 $y_i \in \{-1, +1\}$，它是数据集 $\mathscr{D}$ 上的平均对数似然度。试回答下面真/假问题。

(1) $J(\boldsymbol{w})$ 有多个局部最优解：真/假？

(2) 设 $\widehat{\boldsymbol{w}} = \arg\min_{\boldsymbol{w}} J(\boldsymbol{w})$ 是全局最优，$\widehat{\boldsymbol{w}}$ 是稀疏的（有许多零实体）：真/假？

(3) 当我们增加 λ 时，$\ell(\widehat{\boldsymbol{w}}, \mathscr{D}_{\text{train}})$ 总是增的：真/假？

(4) 当我们增加 λ 时，$\ell(\widehat{\boldsymbol{w}}, \mathscr{D}_{\text{test}})$ 总是增的：真/假？

第 10 章　广义线性模型与指数函数簇

10.1　指 数 函 数 簇

我们现在已介绍了典型的概率分布，如高斯、伯努利、均匀、伽马等分布。事实证明，这些分布中的大多数是被称为指数函数簇的广义分布类。本章将讨论这个函数簇的多个性质。

我们将看到如何轻易地应用任一指数函数成员作为类的条件密度，以此建立生成分类器。另外，还将讨论如何建立判别模型，其中的响应变量具有指数簇分布特性，该分布的均值是输入的线性函数，称为广义线性模型；同时将逻辑回归的思想推广到其他类型的响应变量中。

10.1.1　定义

pdf（概率密度函数）或 pmf（概率质量函数）的 $p(\boldsymbol{x} \mid \boldsymbol{\theta})$，对于 $\boldsymbol{x} \in (x_1, \cdots, x_m) \in \mathscr{X}^m$ 和 $\boldsymbol{\theta} \subseteq \mathbb{R}^d$，是指数函数簇的，如果它具有以下形式：

$$p(\boldsymbol{x} \mid \boldsymbol{\theta}) = \frac{1}{Z(\boldsymbol{\theta})} h(\boldsymbol{x}) e^{\boldsymbol{\theta}^{\mathrm{T}} \boldsymbol{\phi}(\boldsymbol{x})} \tag{10.1}$$

$$p(\boldsymbol{x} \mid \boldsymbol{\theta}) = h(\boldsymbol{x}) e^{\boldsymbol{\theta}^{\mathrm{T}} \boldsymbol{\phi}(\boldsymbol{x}) - A(\boldsymbol{\theta})} \tag{10.2}$$

其中

$$Z(\boldsymbol{\theta}) = \int_{\mathscr{X}^m} h(\boldsymbol{x}) e^{\boldsymbol{\theta}^{\mathrm{T}} \boldsymbol{\phi}(\boldsymbol{x})} \, \mathrm{d}\boldsymbol{x} \tag{10.3}$$

$$A(\boldsymbol{\theta}) = \log Z(\boldsymbol{\theta}) \tag{10.4}$$

式中，$\boldsymbol{\theta}$ 称为自然参数或典型参数；$\boldsymbol{\phi}(\boldsymbol{x}) \in \mathbb{R}^d$ 称为充分统计的向量；$Z(\boldsymbol{\theta})$ 称为配分函数；$A(\boldsymbol{\theta})$ 称为对数配分函数或累积函数；$h(\boldsymbol{x})$ 是尺度（缩放）常数，常常为 1。如果 $\boldsymbol{\phi}(\boldsymbol{x}) = \boldsymbol{x}$，那么我们说它是自然指数簇的。

式 10.2 可以广义地写成

$$p(\boldsymbol{x} \mid \boldsymbol{\theta}) = h(\boldsymbol{x}) e^{\boldsymbol{\eta}(\boldsymbol{\theta})^{\mathrm{T}} \boldsymbol{\phi}(\boldsymbol{x}) - A(\boldsymbol{\eta}(\boldsymbol{\theta}))} \tag{10.5}$$

这里的 $\boldsymbol{\eta}$ 是将参数 $\boldsymbol{\theta}$ 映射到典型参数 $\boldsymbol{\eta} = \boldsymbol{\eta}(\boldsymbol{\theta})$ 的函数。如果 $\dim(\boldsymbol{\theta}) < \dim(\boldsymbol{\eta}(\boldsymbol{\theta}))$，则称其为曲指数簇，意味着我们有比参数多的充分统计。如果 $\boldsymbol{\eta}(\boldsymbol{\theta}) = \boldsymbol{\theta}$，那么模型被叫做经典形式。以下讨论假设模型是经典形式，除非特别申明。

下面我们介绍几个例子。

1. 伯努利分布

对于 $x \in \{0, 1\}$，伯努利分布可以写成如下的指数函数簇形式：

$$\text{Ber}(x\,|\,\mu)=\mu^x(1-\mu)^{1-x}=\mathrm{e}^{x\log(\mu)+(1-x)\log(1-\mu)}=\mathrm{e}^{\boldsymbol{\phi}(x)^{\mathrm{T}}\boldsymbol{\theta}} \tag{10.6}$$

式中，$\boldsymbol{\phi}(x)=[\,\mathbb{I}\,(x=0)\,,\,\mathbb{I}\,(x=1)]$，$\boldsymbol{\theta}=[\log(\mu)\,,\,\log(1-\mu)]$。然而，这个表达是超完备的，因为两个特征间存在线性相关：

$$\mathbf{1}^{\mathrm{T}}\boldsymbol{\phi}(x)=\mathbb{I}\,(x=0)+\mathbb{I}\,(x=1)=1 \tag{10.7}$$

因此，$\boldsymbol{\theta}$ 是唯一不可识别的。要求该表达最小是很常见的，这意味着存在唯一 $\boldsymbol{\theta}$ 与分布关联。在这种情况下，我们可以仅定义

$$\text{Ber}(x\,|\,\mu)=(1-\mu)\mathrm{e}^{x\log\left(\frac{\mu}{1-\mu}\right)} \tag{10.8}$$

现在有 $\boldsymbol{\phi}(x)=x$、$\boldsymbol{\theta}=\log\left(\dfrac{\mu}{1-\mu}\right)$，是对数概率，$Z=1/(1-\mu)$。我们可以用下式恢复来自于经典参数的均值参数：

$$\mu=\text{sigm}(\boldsymbol{\theta})=\frac{1}{1+\mathrm{e}^{-\boldsymbol{\theta}}} \tag{10.9}$$

2. 多项式分布

我们可以将多项式用下面最小的指数函数簇表示（这里 $x_k=\mathbb{I}\,(x=k)$）：

$$\text{Cat}(x\,|\,\boldsymbol{\mu})=\prod_{k=1}^{K}\mu_k^{x_k}=\mathrm{e}^{\sum\limits_{k=1}^{K}x_k\log\mu_k} \tag{10.10}$$

$$\text{Cat}(x\,|\,\boldsymbol{\mu})=\mathrm{e}^{\sum\limits_{k=1}^{K-1}x_k\log\mu_k+\left(1-\sum\limits_{k=1}^{K-1}x_k\right)\log\left(1-\sum\limits_{k=1}^{K-1}\mu_k\right)} \tag{10.11}$$

$$\text{Cat}(x\,|\,\boldsymbol{\mu})=\mathrm{e}^{\sum\limits_{k=1}^{K}x_k\log\left(\frac{\mu_k}{1-\sum\limits_{j=1}^{K-1}\mu_j}\right)+\log\left(1-\sum\limits_{k=1}^{K-1}\mu_k\right)} \tag{10.12}$$

$$\text{Cat}(x\,|\,\boldsymbol{\mu})=\mathrm{e}^{\sum\limits_{k=1}^{K-1}x_k\log\left(\frac{\mu_k}{\mu_K}\right)+\log\mu_K} \tag{10.13}$$

式中，$\mu_K=1-\sum\limits_{k=1}^{K-1}\mu_k$。我们可以将上式以指数函数簇的形式写成

$$\text{Cat}(x\,|\,\boldsymbol{\theta})=\mathrm{e}^{\boldsymbol{\theta}^{\mathrm{T}}\boldsymbol{\phi}(x)-A(\boldsymbol{\theta})} \tag{10.14}$$

$$\boldsymbol{\theta}=\left[\log\frac{\mu_1}{\mu_K},\cdots,\log\frac{\mu_{K-1}}{\mu_K}\right] \tag{10.15}$$

$$\boldsymbol{\phi}(x)=[\,\mathbb{I}\,(x=1)\,,\cdots,\,\mathbb{I}\,(x=K-1)] \tag{10.16}$$

我们可以用下式恢复来自于经典参数的均值参数：

$$\mu_k=\frac{\mathrm{e}^{\theta_k}}{1+\sum\limits_{j=1}^{K-1}\mathrm{e}^{\theta_j}} \tag{10.17}$$

可以看到

$$\mu_K=1-\frac{\sum\limits_{j=1}^{K-1}\mathrm{e}^{\theta_j}}{1+\sum\limits_{j=1}^{K-1}\mathrm{e}^{\theta_j}}=\frac{1}{1+\sum\limits_{j=1}^{K-1}\mathrm{e}^{\theta_j}} \tag{10.18}$$

于是

$$A(\boldsymbol{\theta}) = \log\left[1 + \sum_{k=1}^{K-1} e^{\theta_k}\right] \tag{10.19}$$

如果定义 $\theta_K = 0$，那么有 $\boldsymbol{\mu} = \mathscr{S}(\boldsymbol{\theta})$，$A(\boldsymbol{\theta}) = \log\sum_{k=1}^{K} e^{\theta_k}$，这里的 $\mathscr{S}$ 是 softmax 函数。

3. 单变量高斯分布

单变量高斯分布可以写成如下的指数函数簇形式：

$$\mathcal{N}(x|\mu,\sigma^2) = \frac{1}{(2\pi\sigma^2)^{\frac{1}{2}}} e^{-\frac{(x-\mu)^2}{2\sigma^2}} \tag{10.20}$$

$$\mathcal{N}(x|\mu,\sigma^2) = \frac{1}{(2\pi\sigma^2)^{\frac{1}{2}}} e^{-\frac{x^2}{2\sigma^2}+\frac{\mu}{\sigma^2}x-\frac{\mu^2}{2\sigma^2}} \tag{10.21}$$

$$\mathcal{N}(x|\mu,\sigma^2) = \frac{1}{Z(\boldsymbol{\theta})} e^{\boldsymbol{\theta}^{\mathrm{T}}\boldsymbol{\phi}(x)+A(\boldsymbol{\theta})} \tag{10.22}$$

式中

$$\boldsymbol{\theta} = \begin{bmatrix} \mu/\sigma^2 \\ -\frac{1}{2\sigma^2} \end{bmatrix} \tag{10.23}$$

$$\boldsymbol{\phi}(x) = \begin{pmatrix} x \\ x^2 \end{pmatrix} \tag{10.24}$$

$$Z(\mu,\sigma^2) = \sqrt{2\pi}\sigma\, e^{\frac{\mu^2}{2\sigma^2}} \tag{10.25}$$

$$A(\boldsymbol{\theta}) = -\frac{\theta_1^2}{4\theta_2} - \frac{1}{2}\log(-2\theta_2) - \frac{1}{2}\log(2\pi) \tag{10.26}$$

10.1.2 对数配分函数

指数函数簇的一个重要的性质是，对数配分函数的导数可以被用作产生充分统计的累积函数。

注：分布的一阶和二阶累积函数分别是分布的均值 $E[X]$ 和方差 $\mathrm{var}[X]$，而一阶距和二阶矩分别是均值 $E[X]$ 和 $E[X^2]$。

因此，$A(\boldsymbol{\theta})$ 有时被称为累积函数。我们将证明一个参数的分布具有上述这种性质，并可以直接推广到 K 个参数的分布中。

对于一阶导数，有

$$\frac{\mathrm{d}A}{\mathrm{d}\theta} = \frac{\mathrm{d}}{\mathrm{d}\theta}\left(\log\int e^{\theta\phi(x)}h(x)\mathrm{d}x\right) \tag{10.27}$$

$$\frac{\mathrm{d}A}{\mathrm{d}\theta} = \frac{\frac{\mathrm{d}}{\mathrm{d}\theta}\int e^{\theta\phi(x)}h(x)\mathrm{d}x}{\int e^{\theta\phi(x)}h(x)\mathrm{d}x} \tag{10.28}$$

$$\frac{\mathrm{d}A}{\mathrm{d}\theta} = \frac{\int \phi(x)e^{\theta\phi(x)}h(x)\mathrm{d}x}{e^{A(\theta)}} \tag{10.29}$$

$$\frac{\mathrm{d}A}{\mathrm{d}\theta} = \int \phi(x) \; \mathrm{e}^{\theta\phi(x)-A(\theta)} h(x) \mathrm{d}x \tag{10.30}$$

$$\frac{\mathrm{d}A}{\mathrm{d}\theta} = \int \phi(x) p(x) \mathrm{d}x = E[\phi(x)] \tag{10.31}$$

对于二阶导数，有

$$\frac{\mathrm{d}^2 A}{\mathrm{d}\,\theta^2} = \int \phi(x) \; \mathrm{e}^{\theta\phi(x)-A(\theta)} h(x)(\phi(x)-A'(\theta)) \mathrm{d}x \tag{10.32}$$

$$\frac{\mathrm{d}^2 A}{\mathrm{d}\,\theta^2} = \int \phi(x) p(x)(\phi(x)-A'(\theta)) \mathrm{d}x \tag{10.33}$$

$$\frac{\mathrm{d}^2 A}{\mathrm{d}\,\theta^2} = \int \phi^2(x) p(x) \mathrm{d}x - A'(\theta) \int \phi(x) p(x) \mathrm{d}x \tag{10.34}$$

$$\frac{\mathrm{d}^2 A}{\mathrm{d}\,\theta^2} = E[\phi^2(x)] - E[\phi(x)]^2 = \mathrm{var}[\phi(x)] \tag{10.35}$$

这里我们用到了 $A'(\theta) = \dfrac{\mathrm{d}A}{\mathrm{d}\theta} = E[\phi(x)]$ 这个事实。

在多变量情况下，有

$$\frac{\partial^2 A}{\partial\,\theta_i \partial\,\theta_j} = E[\phi_i(x)\,\phi_j(x)] - E[\phi_i(x)]E[\phi_j(x)] \tag{10.36}$$

因此

$$\nabla^2 A(\boldsymbol{\theta}) = \mathrm{cov}[\phi(\boldsymbol{x})] \tag{10.37}$$

因协方差是正定的，故我们看到 $A(\boldsymbol{\theta})$ 是凸函数。

考虑伯努利分布，有 $A(\theta) = \log(1 + \mathrm{e}^{\theta})$，因此，其均值为

$$\frac{\mathrm{d}A}{\mathrm{d}\theta} = \frac{\mathrm{e}^{\theta}}{1 + \mathrm{e}^{\theta}} = \frac{1}{1 + \mathrm{e}^{-\theta}} = \mathrm{sigm}(\theta) = \mu \tag{10.38}$$

方差为

$$\frac{\mathrm{d}^2 A}{\mathrm{d}\,\theta^2} = \frac{\mathrm{d}}{\mathrm{d}\theta} (1 + \mathrm{e}^{-\theta})^{-1} = (1 + \mathrm{e}^{-\theta})^{-2} \; \mathrm{e}^{-\theta} \tag{10.39}$$

$$\frac{\mathrm{d}^2 A}{\mathrm{d}\,\theta^2} = \frac{\mathrm{e}^{-\theta}}{1 + \mathrm{e}^{-\theta}} \frac{1}{1 + \mathrm{e}^{-\theta}} = \frac{1}{1 + \mathrm{e}^{\theta}} \frac{1}{1 + \mathrm{e}^{-\theta}} = (1-\mu)\mu \tag{10.40}$$

10.1.3　指数函数簇的 MLE

指数簇模型的似然度具有的形式为

$$p(\mathscr{D} \mid \boldsymbol{\theta}) = \left[\prod_{i=1}^{N} h(\boldsymbol{x}_i)\right] g(\boldsymbol{\theta})^N \; \mathrm{e}^{\boldsymbol{\eta}(\boldsymbol{\theta})^{\mathrm{T}}\left[\sum_{i=1}^{N} \phi(\boldsymbol{x}_i)\right]} \tag{10.41}$$

可以看到充分统计是 N 和：

$$\phi(\mathscr{D}) = \left[\sum_{i=1}^{N} \phi_1(\boldsymbol{x}_i), \cdots, \sum_{i=1}^{N} \phi_K(\boldsymbol{x}_i)\right] \tag{10.42}$$

例如，对于伯努利模型，有 $\phi = \left[\sum_i \mathbb{I}(x_i = 1)\right]$；对于单变量高斯模型，有 $\phi = \left[\sum_i x_i, \sum_i x_i^2\right]$。（我们还需要知道样本的个数 N。）

Pitman-Koopman-Darmois 定理指出，在一定正则性条件下，指数函数簇是具有有限充分统计的唯一的分布簇。（这里，有限意味着数据集的大小，与数据规模无关。）

该定理中所要求的一个条件是对分布的支持与参数无关。对此考虑均匀分布这种简单的情况，有

$$p(x|\theta)=U(x|\theta)=\frac{1}{\theta}\ \mathbb{I}\ (0\leqslant x\leqslant\theta) \tag{10.43}$$

似然度为

$$p(\mathcal{D}|\theta)=\theta^{-N}\ \mathbb{I}\ (0\leqslant\max\{x_i\}\leqslant\theta) \tag{10.44}$$

因此，充分统计是 N 和 $\mathcal{S}(\mathcal{D})=\max\limits_{i}x_i$。这是一个有限集，但均匀分布不是指数函数簇，因为它的支持集 X 依赖于参数。

我们现在描述如何计算经典指数簇模型的 MLE。给定 N 个 iid（独立同分布）的数据点 $\mathcal{D}=(x_1,\cdots,x_N)$，对数似然度为

$$\log p(\mathcal{D}|\boldsymbol{\theta})=\boldsymbol{\theta}^{\mathrm{T}}\boldsymbol{\phi}(\mathcal{D})-NA(\boldsymbol{\theta}) \tag{10.45}$$

因为 $-A(\boldsymbol{\theta})$ 是 $\boldsymbol{\theta}$ 中的凹的，$\boldsymbol{\theta}^{\mathrm{T}}\boldsymbol{\phi}(\mathcal{D})$ 在 $\boldsymbol{\theta}$ 中是线性的，可以看到对数似然度是凹的，因此它具有全局最大值。为了推导出该最大值，我们采用对数配分函数的导数产生充分统计向量的期望值的事实（参见 10.1.2 节），有

$$\nabla_{\boldsymbol{\theta}}\log p(\mathcal{D}|\boldsymbol{\theta})=\boldsymbol{\phi}(\mathcal{D})-NE[\boldsymbol{\phi}(\boldsymbol{X})] \tag{10.46}$$

令梯度为零，我们在 MLE 中看到，充分统计的经验平均必须等于模型的充分统计的理论期望，即 $\hat{\boldsymbol{\theta}}$ 必须满足

$$E[\boldsymbol{\phi}(\boldsymbol{X})]=\frac{1}{N}\sum_{i=1}^{N}\boldsymbol{\phi}(\boldsymbol{x}_i) \tag{10.47}$$

称为矩匹配。例如，在伯努利分布中，有 $\phi(X)=\mathbb{I}(X=1)$，所以 MLE 满足

$$E[\phi(X)]=E[p(X=1)]=\hat{\mu}=\frac{1}{N}\sum_{i=1}^{N}\mathbb{I}(x_i=1) \tag{10.48}$$

10.1.4　指数函数簇的贝叶斯分析

通过以上分析，我们已看到，如果先验分布与似然度共轭，精确贝叶斯分析可以被大大简化。这意味着先验分布 $p(\boldsymbol{\theta}|\boldsymbol{\tau})$ 与似然度 $p(\mathcal{D}|\boldsymbol{\theta})$ 具有相同的形式。对此，我们要求输入具有有限充分统计，因此有 $p(\mathcal{D}|\boldsymbol{\theta})=p(\mathcal{S}(\mathcal{D})|\boldsymbol{\theta})$，这表明存在共轭先验分布的唯一簇是指数函数簇。后面我们将推导出先验与后验分布的形式。

1. 似然度

指数函数簇的似然度为

$$p(\mathcal{D}|\boldsymbol{\theta})\propto g(\boldsymbol{\theta})^N\mathrm{e}^{\boldsymbol{\eta}(\boldsymbol{\theta})^{\mathrm{T}}\boldsymbol{s}_N} \tag{10.49}$$

式中，$\boldsymbol{s}_N=\sum\limits_{i=1}^{N}\boldsymbol{s}(\boldsymbol{x}_i)$。在经典参数项中，上式变成

$$p(\mathcal{D}|\boldsymbol{\theta})\propto\mathrm{e}^{N\boldsymbol{\eta}^{\mathrm{T}}\bar{\boldsymbol{s}}-NA(\boldsymbol{\eta})} \tag{10.50}$$

式中，$\bar{\boldsymbol{s}}=\dfrac{1}{N}\boldsymbol{s}_N$。

2. 先验分布

自然的共轭先验分布具有的形式为

$$p(\boldsymbol{\theta} \mid \nu_0) \propto g(\boldsymbol{\theta})^{\nu_0} \, \mathrm{e}^{\boldsymbol{\eta}(\boldsymbol{\theta})^{\mathrm{T}} \tau_0} \tag{10.51}$$

让我们将 τ_0 写为 $\tau_0 = \nu_0 \, \bar{\tau}_0$，$\nu_0$ 为分离的先验伪数据，$\bar{\tau}_0$ 为来自于伪数据上的充分统计的均值。在规范形式中，先验分布变成

$$p(\boldsymbol{\eta} \mid \nu_0, \bar{\tau}_0) \propto \mathrm{e}^{\nu_0 \boldsymbol{\eta}^{\mathrm{T}} \bar{\tau}_0 - \nu_0 A(\boldsymbol{\eta})} \tag{10.52}$$

3. 后验分布

后验分布为

$$p(\boldsymbol{\theta} \mid \mathscr{D}) = p(\boldsymbol{\theta} \mid \nu_N, \tau_N) = p(\boldsymbol{\theta} \mid \nu_0 + N, \tau_0 + N) \tag{10.53}$$

可以看到，通过添加数据就可以更新超参数。在规范形式下，上式变成

$$p(\boldsymbol{\eta} \mid \mathscr{D}) \propto \mathrm{e}^{\boldsymbol{\eta}^{\mathrm{T}}((\nu_0 \bar{\tau}_0 + N\bar{s}) - (\nu_0 + N)A(\boldsymbol{\eta}))} \tag{10.54}$$

$$p(\boldsymbol{\eta} \mid \mathscr{D}) \propto p\left(\boldsymbol{\eta} \mid \nu_0 + N, \frac{\nu_0 \bar{\tau}_0 + N\bar{s}}{\nu_0 + N}\right) \tag{10.55}$$

由此可以看到，后验超参数是先验均值超参数和充分统计平均的凸组合。

4. 后验预测密度

设在给定的过去数据 $\mathscr{D} = (\boldsymbol{x}_1, \cdots, \boldsymbol{x}_N)$ 的情况下，可推导出对未来可观测的数据 $\mathscr{D}' = (\tilde{\boldsymbol{x}}_1, \cdots, \tilde{\boldsymbol{x}}_{N'})$ 的预测密度的通用表达式。为表述简洁，我们将数据规模与充分统计结合如下：

$$\tilde{\boldsymbol{\tau}}_0 = (\nu_0, \tau_0), \tilde{\boldsymbol{s}}(\mathscr{D}) = (N, s(\mathscr{D})), \tilde{\boldsymbol{s}}(\mathscr{D}') = (N, s(\mathscr{D}'))$$

先验分布变成

$$p(\boldsymbol{\theta} \mid \tilde{\boldsymbol{\tau}}_0) = \frac{1}{Z(\tilde{\boldsymbol{\tau}}_0)} \, g(\boldsymbol{\theta})^{\nu_0} \, \mathrm{e}^{\boldsymbol{\eta}(\boldsymbol{\theta})^{\mathrm{T}} \tau_0} \tag{10.56}$$

由于似然度和后验分布也具有相同形式，因此

$$p(\mathscr{D}' \mid \mathscr{D}) = \int p(\mathscr{D}' \mid \boldsymbol{\theta}) p(\boldsymbol{\theta} \mid \mathscr{D}) \mathrm{d}\boldsymbol{\theta} \tag{10.57}$$

$$p(\mathscr{D}' \mid \mathscr{D}) = \left[\prod_{i=1}^{N'} h(\tilde{\boldsymbol{x}}_i)\right] Z(\tilde{\boldsymbol{\tau}}_0 + \tilde{\boldsymbol{s}}(\mathscr{D}))^{-1}$$

$$\times \int g(\boldsymbol{\theta})^{\nu_0 + N + N'} \, \mathrm{e}^{\sum_k \eta_k(\boldsymbol{\theta}) \tau_k + \sum_{i=1}^{N} s_k(\boldsymbol{x}_i) + \sum_{i=1}^{N'} s_k(\tilde{\boldsymbol{x}}_i)} \mathrm{d}\boldsymbol{\theta} \tag{10.58}$$

$$p(\mathscr{D}' \mid \mathscr{D}) = \left[\prod_{i=1}^{N'} h(\tilde{\boldsymbol{x}}_i)\right] \frac{Z(\tilde{\boldsymbol{\tau}}_0 + \tilde{\boldsymbol{s}}(D) + \tilde{\boldsymbol{s}}(\mathscr{D}'))}{Z(\tilde{\boldsymbol{\tau}}_0 + \tilde{\boldsymbol{s}}(\mathscr{D}))} \tag{10.59}$$

如果 $N = 0$，上式变成 $\mathscr{D}'$ 的边缘似然度乘以常数，该边缘似然度简化了由先验正态分布器推导出的后验正态分布器的形式。

5. 伯努利分布

似然度为

$$p(\mathscr{D} \mid \theta) = (1-\theta)^N \, \mathrm{e}^{\log\left(\frac{\theta}{1-\theta}\right) \sum_i x_i} \tag{10.60}$$

于是共轭先验分布为

$$p(\theta \mid \nu_0, \tau_0) \propto (1-\theta)^{\nu_0} \, \mathrm{e}^{\log\left(\frac{\theta}{1-\theta}\right) \tau_0} \tag{10.61}$$

$$p(\theta|\nu_0,\tau_0)\propto\theta^{\tau_0}(1-\theta)^{\nu_0-\tau_0} \tag{10.62}$$

如果我们定义 $\alpha=\tau_0+1$ 以及 $\beta=\nu_0-\tau_0+1$，那么将看到这是一个贝塔分布。

我们可以推导出如下后验分布，这里 $s=\sum_i\mathbb{I}(x_i=1)$ 是充分统计的，有

$$p(\theta|\mathscr{D})\propto\theta^{\tau_0+s}(1-\theta)^{\nu_0-\tau_0+n-s} \tag{10.63}$$

$$p(\theta|\mathscr{D})\propto\theta^{\tau_n}(1-\theta)^{\nu_n-\tau_n} \tag{10.64}$$

我们还可以推导出如下的后验预测分布。假设 $p(\theta)=\mathrm{Beta}(\theta|\alpha,\beta)$，并设 $s=s(\mathscr{D})$ 为过去数据中的头数（过去硬币正面出现的次数）。我们可以预测给定的具有充分统计的

$s'=\sum_{i=1}^m\mathbb{I}(\tilde{x}_i=1)$ 的未来头序列（将来硬币正面出现的次数）$\mathscr{D}'=(\tilde{x}_1,\cdots,\tilde{x}_m)$ 的概率，

表达式如下：

$$p(\mathscr{D}'|\mathscr{D})=\int p(\mathscr{D}'|\theta)\mathrm{Beta}(\theta|\alpha_n,\beta_n)\mathrm{d}\theta \tag{10.65}$$

$$p(\mathscr{D}'|\mathscr{D})=\frac{\Gamma(\alpha_n+\beta_n)}{\Gamma(\alpha_n)\Gamma(\beta_n)}\int_0^1\theta^{\alpha_n+t'-1}(1-\theta)^{\beta_n+m-t'-1}\mathrm{d}\theta \tag{10.66}$$

$$p(\mathscr{D}'|\mathscr{D})=\frac{\Gamma(\alpha_n+\beta_n)\Gamma(\alpha_{n+m})\Gamma(\beta_{n+m})}{\Gamma(\alpha_n)\Gamma(\beta_n)\Gamma(\alpha_{n+m}+\beta_{n+m})} \tag{10.67}$$

式中

$$\alpha_{n+m}=\alpha_n+s'=\alpha+s+s' \tag{10.68}$$

$$\beta_{n+m}=\beta_n+(m-s')=\beta+(n-s)+(m-s') \tag{10.69}$$

10.1.5　指数函数簇的最大熵推导

尽管指数函数簇应用方便，但对于它的应用还有更深层次的意义，即该分布使得假设更为简单，约束集约束最少。特别地，假设所有我们知道的是一定的特征或函数的期望值：

$$\sum_x f_k(\boldsymbol{x})p(\boldsymbol{x})=F_k \tag{10.70}$$

式中，F_k 是已知常数；$f_k(\boldsymbol{x})$ 是任意函数。最大熵原理是说，我们应该挑选具有最大熵的分布（最接近均匀分布），并受到分布的矩匹配于指定函数的经验矩的约束。

为了最大化受到式（10.70）中 $p(\boldsymbol{x})\geqslant0$ 和 $\sum_x p(\boldsymbol{x})=1$ 约束的熵，需要应用拉格朗日乘子。拉格朗日算式为

$$J(p,\lambda)=-\sum_x p(\boldsymbol{x})\log p(\boldsymbol{x})+\lambda_0\Big(1-\sum_x p(\boldsymbol{x})\Big)+\sum_k\lambda_k\Big(F_k-\sum_x f_k(\boldsymbol{x})p(\boldsymbol{x})\Big)\cdot$$

$$\tag{10.71}$$

可以应用变分计算来替代关于函数 p 的导数，而本小节将采用较简单的方法，将 p 像固定长度向量来对待（因为我们假设 $\boldsymbol{x}$ 是离散的），那么有

$$\frac{\partial J}{\partial p(\boldsymbol{x})}=-1-\log p(\boldsymbol{x})-\lambda_0-\sum_x\lambda_k f_k(\boldsymbol{x}) \tag{10.72}$$

令 $\dfrac{\partial J}{\partial p(\boldsymbol{x})}=0$，则有

$$p(\boldsymbol{x})=\frac{1}{Z}\mathrm{e}^{-\sum_x\lambda_k f_k(\boldsymbol{x})} \tag{10.73}$$

式中，$Z = e^{1+\lambda_0}$。若应用和为 1 的约束，则有

$$1 = \sum_x p(\boldsymbol{x}) = \frac{1}{Z}\sum_x e^{-\sum_x \lambda_k f_k(\boldsymbol{x})} \tag{10.74}$$

于是归一化常数为

$$Z = \sum_x e^{-\sum_x \lambda_k f_k(\boldsymbol{x})} \tag{10.75}$$

最大熵分布 $p(\boldsymbol{x})$ 具有指数函数簇形式，也被称为 Gibbs 分布。

10.2　广义线性模型(GLMs)

线性和逻辑回归是广义线性模型或 GLMs 的例子。这些模型输出的分布密度是在指数函数簇形的，其中的均值参数是输出的线性组合，这避开了可能的非线性函数，如逻辑函数。下面我们将较详细地介绍 GLMs，为了简单起见，仅关注标量响应输出。

10.2.1　基础知识

为了理解广义线性模型，首先考虑标量变量的无条件分布的情况：

$$p(y_i|\theta, \sigma^2) = e^{\frac{y_i\theta - A(\theta)}{\sigma^2} + c(y_i, \sigma^2)} \tag{10.76}$$

式中，σ^2 是色散参数(常置为 1)；θ 是自然参数；A 是配分函数；c 是归一化常数。例如，在逻辑回归情况下，θ 是对数概率，即 $\theta = \log\left(\frac{\mu}{1-\mu}\right)$，其中 $\mu = E[y] = p(y=1)$ 是均值参数。为了将均值参数转换为自然参数，我们可以采用函数 ψ，使得 $\theta = \psi(\mu)$。这个函数由指数簇函数分布唯一确定。事实上，这是一个可逆映射，因此 $\mu = \psi^{-1}(\theta)$。另外，从 10.1.2 节分析可知，均值由配分函数的导数给出，所以 $\mu = \psi^{-1}(\theta) = A'(\theta)$。

现在增加输入/协变量，首先定义输入的线性函数为

$$\eta_i = \boldsymbol{w}^{\mathrm{T}} \boldsymbol{x}_i \tag{10.77}$$

接着建立某个可逆的、线性组合的、单调函数的分布，为了方便起见，将这个函数称为均值函数，用 g^{-1} 表示，因此

$$\mu_i = g^{-1}(\eta_i) = g^{-1}(\boldsymbol{w}^{\mathrm{T}} \boldsymbol{x}_i) \tag{10.78}$$

基本模型汇总如图 10.1 所示。

$$\begin{matrix} w \searrow & & & & & & \\ & \eta_i & \underset{g}{\overset{g^{-1}}{\rightleftharpoons}} & \mu_i & \underset{\psi^{-1}}{\overset{\psi}{\rightleftharpoons}} & \theta_i \\ x_i \nearrow & & & & & \end{matrix}$$

图 10.1　GLMS 的多个特征的关系

均值函数的转换，即 $g(\ )$，称为链接函数。只要 g 是可逆的，只要 g^{-1} 有恰当的范围，就可以自由地选择我们喜欢的任何函数 g，例如，在逻辑回归中，令 $\mu_i = g^{-1}(\eta_i) = \mathrm{sigm}(\eta_i)$。

链接函数的一个特别简单的形式是采用 $g = \psi$，称为正则链接函数。在这种情况下，$\theta_i = \eta_i = \boldsymbol{w}^{\mathrm{T}} \boldsymbol{x}_i$，因此模型变成

$$p(y_i | \boldsymbol{x}_i, \boldsymbol{w}, \sigma^2) = \mathrm{e}^{\frac{y_i \boldsymbol{w}^{\mathrm{T}} \boldsymbol{x}_i - A(\boldsymbol{w}^{\mathrm{T}} \boldsymbol{x}_i)}{\sigma^2} + c(y_i, \sigma^2)} \tag{10.79}$$

表 10.1 列出了一些分布及其正则链接函数。从表中看到，对于伯努利/二项式分布，正则链接函数是对数函数 $g(\mu) = \log\left(\dfrac{\eta}{1 - \eta}\right)$，它的逆是对数函数 $\mu = \mathrm{sigm}(\eta)$。

表 10.1　一些常用广义线性模型的正则链接函数 ψ 及其逆函数

分布	链接函数 $g(\mu)$	$\theta = \psi(\mu)$	$\mu = \psi^{-1}(\theta) = E[y]$
$\mathcal{N}(\mu, \sigma^2)$	恒等	$\theta = \mu$	$\mu = \theta$
$\mathrm{Bin}(N, \mu)$	对数	$\theta = \log\left(\dfrac{\mu}{1 - \mu}\right)$	$\mu = \mathrm{sigm}(\theta)$
$\mathrm{Poi}(\mu)$	对数	$\theta = \log \mu$	$\mu = \mathrm{e}^{\theta}$

基于 10.1.3 节中的结果，我们可以证明响应变量均值和方差分别为

$$E[y | \boldsymbol{x}_i, \boldsymbol{w}, \sigma^2] = \mu_i = A''(\theta_i) \tag{10.80}$$

$$\mathrm{var}[y | \boldsymbol{x}_i, \boldsymbol{w}, \sigma^2] = \sigma_i^2 = A''(\theta_i) \sigma^2 \tag{10.81}$$

以下介绍几个简单的例子。

(1) 对于线性规划，有

$$\log p(y_i | \boldsymbol{x}_i, \boldsymbol{w}, \sigma^2) = \frac{y_i \mu_i - \dfrac{\mu_i^2}{2}}{\sigma^2} - \frac{1}{2}\left(\frac{y_i^2}{\sigma^2} + \log(2\pi \sigma^2)\right) \tag{10.82}$$

这里，$y_i \in \mathbb{R}$，并且 $\mu_i = \theta_i = \boldsymbol{w}^{\mathrm{T}} \boldsymbol{x}_i$，$A(\theta) = \dfrac{\theta^2}{2}$，所以

$$E[y_i] = \mu_i, \quad \mathrm{var}[y_i] = \sigma^2$$

(2) 对于二项式回归，有

$$\log p(y_i | \boldsymbol{x}_i, \boldsymbol{w}) = y_i \log\left(\frac{\pi_i}{1 - \pi_i}\right) + N_i \log(1 - \pi_i) + \log\binom{N_i}{y_i} \tag{10.83}$$

这里，$y_i \in \{0, 1, \cdots, N_i\}$，$\pi_i = \mathrm{sigm}(\boldsymbol{w}^{\mathrm{T}} \boldsymbol{x}_i)$，$\theta_i = \log \dfrac{\pi_i}{1 - \pi_i} = \boldsymbol{w}^{\mathrm{T}} \boldsymbol{x}_i$ 及 $\sigma^2 = 1$，并且 $A(\theta) = N_i \log(1 + \mathrm{e}^{\theta})$，所以

$$E[y_i] = N_i \pi_i, \quad \mathrm{var}[y_i] = N_i \pi_i (1 - \pi_i)$$

(3) 对于泊松回归，有

$$log p(y_i | \boldsymbol{x}_i, \boldsymbol{w}) = y_i \log \mu_i - \mu_i - \log(y_i) \tag{10.84}$$

这里，$y_i \in \{0, 1, 2, \cdots\}$，$\mu_i = \mathrm{e}^{\boldsymbol{w}^{\mathrm{T}} \boldsymbol{x}_i}$，$\theta_i = \log \mu_i = \boldsymbol{w}^{\mathrm{T}} \boldsymbol{x}_i$ 及 $\sigma^2 = 1$，并且 $A(\theta) = \mathrm{e}^{\theta}$，所以

$$E[y_i] = \mathrm{var}[y_i] = \mu_i$$

泊松回归广泛用于生物统计，其中 y_i 可以表示给定一个人或地方的疾病数量，或高通量测序环境中基因组位置的读取次数。

10.2.2 ML 和 MAP 估计

广义线性模型吸引人的性质之一就是用它拟合与我们所用逻辑回归拟合完全相同。特别地，对数似然度具有如下形式：

$$\ell(\boldsymbol{w}) = \log p(\mathscr{D} \mid \boldsymbol{w}) = \frac{1}{\sigma^2} \sum_{i=1}^{N} \ell_i \tag{10.85}$$

$$\ell_i \stackrel{\text{def}}{=} \theta_i \, y_i - A(\theta_i) \tag{10.86}$$

应用链式规则计算梯度如下：

$$\frac{\mathrm{d}\ell_i}{\mathrm{d}w_j} = \frac{\mathrm{d}\ell_i}{\mathrm{d}\theta_i} \frac{\mathrm{d}\theta_i}{\mathrm{d}\mu_i} \frac{\mathrm{d}\mu_i}{\mathrm{d}\eta_i} \frac{\mathrm{d}\eta_i}{\mathrm{d}w_j} \tag{10.87}$$

$$\frac{\mathrm{d}\ell_i}{\mathrm{d}w_j} = (y_i - A'(\theta_i)) \frac{\mathrm{d}\theta_i}{\mathrm{d}\mu_i} \frac{\mathrm{d}\mu_i}{\mathrm{d}\eta_i} x_{ij} \tag{10.88}$$

$$\frac{\mathrm{d}\ell_i}{\mathrm{d}w_j} = (y_i - \mu_i) \frac{\mathrm{d}\theta_i}{\mathrm{d}\mu_i} \frac{\mathrm{d}\mu_i}{\mathrm{d}\eta_i} x_{ij} \tag{10.89}$$

如果采用正则链接函数 $\theta_i = \eta_i$，那么可简化为

$$\nabla_w \ell(\boldsymbol{w}) = \frac{1}{\sigma^2} \left[\sum_{i=1}^{N} (y_i - \mu_i) \, \boldsymbol{x}_i \right] \tag{10.90}$$

该式是误差加权输入向量的和，可以用于替代梯度下降算法。可是，为了改进效率，我们应采用二阶方法。如果采用正则链接函数，则 Hessian 为

$$\boldsymbol{H} = -\frac{1}{\sigma^2} \sum_{i=1}^{N} \frac{\mathrm{d}\mu_i}{\mathrm{d}\theta_i} \boldsymbol{x}_i \boldsymbol{x}_i^{\mathrm{T}} = -\frac{1}{\sigma^2} \boldsymbol{X}^{\mathrm{T}} \boldsymbol{S} \boldsymbol{X} \tag{10.91}$$

式中，$\boldsymbol{S} = \mathrm{diag}\left(\frac{\mathrm{d}\mu_1}{\mathrm{d}\theta_1}, \cdots, \frac{\mathrm{d}\mu_N}{\mathrm{d}\theta_N}\right)$ 是对角加权矩阵。上式可以用在 IRLS 算法中。特别地，有如下牛顿更新：

$$\boldsymbol{w}_{t+1} = (\boldsymbol{X}^{\mathrm{T}} \boldsymbol{S}_t \boldsymbol{X})^{-1} \boldsymbol{X}^{\mathrm{T}} \boldsymbol{S}_t \boldsymbol{z}_t \tag{10.92}$$

$$\boldsymbol{z}_t = \boldsymbol{\theta}_t + \boldsymbol{S}_t^{-1}(\boldsymbol{y} - \mu_t) \tag{10.93}$$

式中，$\boldsymbol{\theta}_t = \boldsymbol{X}\boldsymbol{w}_t$，$\mu_t = g^{-1}(\eta_t)$。

如果将以上推导扩展到处理非正则链接函数，可以发现 Hessian 有另一个叫法。然而，期望的 Hessian 结果与式（10.91）相同；采用期望的 Hessian（称为 Fisher 信息矩阵）替代实际上的 Hessian 矩阵称为 Fisher 评分方法。

修改上述过程来执行具有高斯先验分布的 MAP 估计是很简单的，我们只修改目标、梯度和 Hessian 矩阵即可。

10.3 概 率 回 归

在（二元）逻辑回归中，我们采用 $p(y=1 \mid \boldsymbol{x}, \boldsymbol{w}) = \mathrm{sigm}(\boldsymbol{w}^{\mathrm{T}} \boldsymbol{x}_i)$ 形式的模型。一般地，对于 g^{-1} 将 $[-\infty, \infty]$ 映射到 $[0, 1]$ 的任意函数，我们可以写成 $p(y=1 \mid \boldsymbol{x}_i, \boldsymbol{w}) = g^{-1}(\boldsymbol{w}^{\mathrm{T}} \boldsymbol{x}_i)$。表 10.2 列出了几个可能的二元回归的均值函数。

表 10.2　二元回归的一些可能的均值函数汇总

名　称	公　式
逻辑	$g^{-1}(\eta) = \mathrm{sigm}(\eta) = \dfrac{\mathrm{e}^{\eta}}{1+\mathrm{e}^{\eta}}$
概率	$g^{-1}(\eta) = \Phi(\eta)$
对数-对数	$g^{-1}(\eta) = \mathrm{e}^{-\mathrm{e}^{-\eta}}$
互补对数-对数	$g^{-1}(\eta) = 1 - \mathrm{e}^{-\mathrm{e}^{-\eta}}$

1. 基于梯度优化的 ML/MAP 估计

我们可以找到采用标准梯度法的概率回归。令 $\mu_i = \boldsymbol{w}^{\mathrm{T}}\boldsymbol{x}_i$ 以及 $\tilde{y}_i \in \{-1, +1\}$。那么特定情况下的对数似然度的梯度为

$$g_i \stackrel{\mathrm{def}}{=} \frac{\mathrm{d}}{\mathrm{d}\boldsymbol{w}}\log p(\tilde{y}_i \mid \boldsymbol{w}^{\mathrm{T}}\boldsymbol{x}_i) = \frac{\mathrm{d}\mu_i}{\mathrm{d}\boldsymbol{w}}\frac{\mathrm{d}}{\mathrm{d}\mu_i}\log p(\tilde{y}_i \mid \boldsymbol{w}^{\mathrm{T}}\boldsymbol{x}_i) = \boldsymbol{x}_i \frac{\tilde{y}_i\phi(\mu_i)}{\Phi(\tilde{y}_i\mu_i)} \tag{10.94}$$

式中，ϕ 是标准正态概率密度函数（pdf）；Φ 是标准正态累积分布函数。类似地，这个情况下的 Hessian 矩阵为

$$\boldsymbol{H}_i = \frac{\mathrm{d}}{\mathrm{d}\boldsymbol{w}^2}\log p(\tilde{y}_i \mid \boldsymbol{w}^{\mathrm{T}}\boldsymbol{x}_i) = -\boldsymbol{x}_i\left(\frac{\phi(\mu_i)^2}{\Phi(\tilde{y}_i\mu_i)^2} + \frac{\tilde{y}_i\mu_i\phi(\mu_i)}{\Phi(\tilde{y}_i\mu_i)}\right)\boldsymbol{x}_i^{\mathrm{T}} \tag{10.95}$$

我们可以修改这些表达式来直接计算 MAP 估计。特别地，如果采用先验分布 $p(\boldsymbol{w}) = \mathcal{N}(\boldsymbol{0}, \boldsymbol{V}_0)$，那么梯度和罚对数似然度的 Hessian 矩阵分别具有 $\sum_i g_i + 2\boldsymbol{V}_0^{-1}\boldsymbol{w}$ 与 $\sum_i \boldsymbol{H}_i + 2\boldsymbol{V}_0^{-1}$ 的形式。这些表达式可以绕过任何基于梯度的优化器。

2. 潜变量解释

我们可以解释概率（和逻辑）模型。首先，将每条 $\boldsymbol{x}_i$ 与两个潜在的效用 u_{0i} 和 u_{1i} 联系起来，对应于可能选择 $y_i = 0$ 和 $y_i = 1$；然后假设所观测到的选择是效用较大的行为。更精确地来说，模型是

$$u_{0i} \stackrel{\mathrm{def}}{=} \boldsymbol{w}_0^{\mathrm{T}}\boldsymbol{x}_i + \delta_{0i} \tag{10.96}$$

$$u_{1i} \stackrel{\mathrm{def}}{=} \boldsymbol{w}_1^{\mathrm{T}}\boldsymbol{x}_i + \delta_{1i} \tag{10.97}$$

$$y_i = \mathrm{I\!I}(u_{1i} > u_{0i}) \tag{10.98}$$

这里，δ 是误差项，表示所有其他我们可能不（或不能）选择模型的有关决策因素。该模型称为随机效用模型或 RUM。

由于这只是效用方法的差异，因此当 $\varepsilon_i = \delta_{1i} - \delta_{0i}$ 时，定义 $z_i = u_{1i} - u_{0i} + \varepsilon_i$。如果 δ 具有高斯分布，那么 ε_i 起作用。于是上述模型可以写为

$$z_i \stackrel{\mathrm{def}}{=} \boldsymbol{w}^{\mathrm{T}}\boldsymbol{x}_i + \varepsilon_i \tag{10.99}$$

$$\varepsilon_i \sim \mathcal{N}(0, 1) \tag{10.100}$$

$$\boldsymbol{y}_i = 1 = \mathrm{I\!I}(z_i \geqslant 0) \tag{10.101}$$

我们称这个差异为 RUM 或 dRUM 模型。

当边缘化出 z_i 时，可以发现概率模型为

$$p(y_i = 1 | \boldsymbol{x}_i, \boldsymbol{w}) = \int \prod (z_i \geqslant 0) \mathcal{N}(z_i | \boldsymbol{w}^{\mathrm{T}} \boldsymbol{x}_i, 1) \mathrm{d} z_i \tag{10.102}$$

$$p(y_i = 1 | \boldsymbol{x}_i, \boldsymbol{w}) = p(\boldsymbol{w}^{\mathrm{T}} \boldsymbol{x}_i + \varepsilon \geqslant 0) = p(\varepsilon \geqslant - \boldsymbol{w}^{\mathrm{T}} \boldsymbol{x}_i) \tag{10.103}$$

$$p(y_i = 1 | \boldsymbol{x}_i, \boldsymbol{w}) = 1 - \Phi(- \boldsymbol{w}^{\mathrm{T}} \boldsymbol{x}_i) = \Phi(\boldsymbol{w}^{\mathrm{T}} \boldsymbol{x}_i) \tag{10.104}$$

这里我们用到了高斯分布的对称性。这个潜变量的解释提供了另一个拟合模型的方法。

注意：假设高斯噪声项为零均值和单位方差是不失一般性的。为了说明原因，我们假设采用另一个均值 μ 与方差 σ^2，那么可以容易地扩展 $\boldsymbol{w}$ 并增加一偏移项而不改变似然度，因为

$$P\Big(N(0, 1) \geqslant - \boldsymbol{w}^{\mathrm{T}} x\Big) = P\Big((N(\mu, \sigma^2) \geqslant - (\boldsymbol{w}^{\mathrm{T}} x + \mu) / \sigma^2\Big)$$

有趣的是，如果对 δ 采用 Gumbel 分布，我们将推导出 ε_i 的逻辑分布，并且该模型降为逻辑回归模型。

3. 序概率回归

概率回归的潜变量解释的一个优点是，易于将它扩展到响应变量是有序的情况，即呈现 C 个以某种方式排列的离散变量（如低、中和高），称为序回归。其基本思想如下：

引入 $C+1$ 个阈值 γ_j 并令

$$y_i = j, \gamma_{j-1} < z_i \leqslant \gamma_j \tag{10.105}$$

式中，$\gamma_0 \leqslant \cdots \leqslant \gamma_C$。为了可识别，令 $\gamma_0 = -\infty$、$\gamma_1 = 0$ 和 $\gamma_C = \infty$。例如，如果 $C = 2$，这是降维的标准二元概率模型，其中 $z_i < 0$ 产生 $y_i = 0$ 以及 $z_i \geqslant 0$ 产生 $y_i = 1$。如果 $C = 3$，我们将实线分割为 3 个区间：$(-\infty, 0]$、$(0, \gamma_2]$ 和 (γ_2, ∞)，通过变化参数 γ_2 以保证右侧相关的概率落入每个区间，以便匹配每个标记类的经验频率。

寻找这个模型的 MLE 比寻找二元概率回归的 MLE 麻烦一些，因为需要优化 $\boldsymbol{w}$ 和 γ，并且后者必须受到序的约束。

4. 多项式概率模型

现在考虑相应变量可以呈现 C 个无序分类值的情况，即 $y_i \in \{1, \cdots, C\}$。多项式概率模型定义如下：

$$z_{ic} = \boldsymbol{w}^{\mathrm{T}} \boldsymbol{x}_{ic} + \varepsilon_{ic} \tag{10.106}$$

$$\varepsilon \sim \mathcal{N}(\boldsymbol{0}, \boldsymbol{R}) \tag{10.107}$$

$$y_i = \arg\max_c z_{ic} \tag{10.108}$$

通过定义 $\boldsymbol{w} = [\boldsymbol{w}_1, \cdots, \boldsymbol{w}_C]$ 和 $\boldsymbol{x}_{ic} = [\boldsymbol{0}, \cdots, \boldsymbol{0}, \boldsymbol{x}_i, \boldsymbol{0}, \cdots, \boldsymbol{0}]$，则 $z_{ic} = \boldsymbol{x}_i^{\mathrm{T}} \boldsymbol{w}_C$。因为只有相对的效用问题，所以将限制 $\boldsymbol{R}$ 为相关矩阵。如果用 $y_{ic} = \prod(z_{ic} > 0)$ 替代 $y_i = \arg\max_c z_{ic}$，那么将得到模型称为多变量概率。它是模拟 C 个相关二元结果的一个方法。

10.4　排　序　学　习

本节将讨论学习排序或 LETOR 问题，即想要学习一个函数，使得该函数可以对项目集排序（我们将在后面进行精确的描述）。最常见的应用是信息检索。特别地，若有一个查询 q 以及一个可能与 q 有关的文档集 $d^1, \cdots, d^m$（如所有包含字符串 q 的所有文档），我们

希望以相对的降序排列这些文档，并对用户显示前 k 个文档。相似的问题也出现在其他领域，如协同过滤。

度量文档 d 与查询 q 间相关性的标准的方式是，采用基于词袋模型的概率化语言模型。即定义 $\mathrm{sim}(q, d) \stackrel{\mathrm{def}}{=} p(q|d) = \prod_{i=1}^{n} p(q_i|d)$，这里的 q_i 是第 i 个词或项，$p(q_i|d)$ 是来自于文档 d 的一个多项式分布的估计。在实际中，我们需要光滑分布估计，例如，通过应用狄利克雷先验分布来表示每个词的整体频率。在系统中该分布可从所有文档进行估计。更为精确地来说，我们可以用

$$p(t|d) = (1-\lambda)\frac{\mathrm{TF}(t, d)}{\mathrm{LEN}(d)} + \lambda p(t|\mathrm{background}) \qquad (10.109)$$

式中，$\mathrm{TF}(t, d)$ 是文档 d 中项 t 的频率；$\mathrm{LEN}(d)$ 是文档 d 中词的个数；$0 < \lambda < 1$ 是平滑参数。

然而，还可能存在许多其他用来度量相关性的信号。例如，Web 文档的 PageRank（排序页）是 Web 文档的权威性度量，来自于 Web 的链接结构。我们还可以计算查询在文档中发生的频率和位置。

10.4.1　逐点的方法

若已采集一些表示文档集对每一查询相关性的训练数据，特别地，对每个查询 q，假设检索 m 个可能的相关文档 d_j，$j = 1$：m。对每个查询-文档对，我们定义一特征向量 $\boldsymbol{x}(q, d)$。例如，其中可能包含查询-文档相似性评分以及文档的网页排序评分。还有，若我们有一表示文档 d_j 与查询 q 相关度的标记集 y_j，这样的标记可能是二元的（如相关或不相关），或可能表示相关度（如非常相关、有些相关、不相关）。通过设置在给定查询条件下点击文档的次数门限数，就可从查询标志获得这样的标记。

如果有二元相关性标记，那么可以用标准二元分类方案去估计 $p(y = 1 | \boldsymbol{x}(q, d))$ 来解决问题。如果有有序的相关性标记，那么可以应用序回归来预测评级 $p(y = r | \boldsymbol{x}(q, d))$。在这两种情况下，我们可以用评分度量对文档排序，称为 LETOR 的逐点法。该逐点法被广泛应用是因为其简单。可是，LETOR 的逐点法没有考虑每个文档在列表中的位置，于是它惩罚在列表最后的错误与惩罚在列表开头的错误刚好一样多，这却是不希望的行为。另外，每个关于相关性的决策做的非常短视。

10.4.2　成对法

有证据表明，人们更善于判断两个项目间的相对相关性而不是绝对相关性。因此，对于给定的查询，数据也许可以告诉我们 d_j 与 d_k 较相关，或者相反。我们可以应用形式为 $p(y_{jk}|\boldsymbol{x}(q, d_j), \boldsymbol{x}(q, d_k))$ 的二元分类器来模拟这种数据，其中如果 $\mathrm{rel}(d_j, q) > \mathrm{rel}(d_k, q)$，则令 $y_{jk} = 1$；否则 $y_{jk} = 0$。

模拟这样函数的一个方法是：

$$p(y_{jk} = 1|\boldsymbol{x}_j, \boldsymbol{x}_k) = \mathrm{sigm}(f(\boldsymbol{x}_j) - f(\boldsymbol{x}_k)) \qquad (10.110)$$

式中，$f(\boldsymbol{x})$ 是一评分函数，常被认为是线性的，即 $f(\boldsymbol{x}) = \boldsymbol{w}^{\mathrm{T}}\boldsymbol{x}$。这是一种称为 RankNet 的

特殊的神经网络。通过最大化对数似然度或等价地通过最小化如下给出的跨熵损失函数，我们可以找到 w 的 MLE。

$$L = \sum_{i=1}^{N} \sum_{j=1}^{m_i} \sum_{k=j+1}^{m_i} L_{ijk} \tag{10.111}$$

$$-L_{ijk} = \mathbb{I}(y_{ijk} = 1) \log p(y_{ijk} = 1 \mid x_{ij}, x_{ik}, w)$$
$$+ \mathbb{I}(y_{ijk} = 0) \log p(y_{ijk} = 0 \mid x_{ij}, x_{ik}, w) \tag{10.112}$$

上式可用梯度下降最优化。

10.4.3　成列法

成对法遭遇的问题是，相关性的决策仅基于一对项目（文档）而没有考虑整体语境。我们现在考虑同时查看整个项目的列表的方法。

通过指定列表的索引排序 π 来定义一个列表上的全部顺序。为了模拟 π 的不确定性，我们可以采用 Plackett-Luce 分布。具体形式如下：

$$p(\pi \mid s) = \prod_{j=1}^{m} \frac{s_j}{\sum_{u=1}^{m} s_u} \tag{10.113}$$

式中，$s_j = s(\pi^{-1}(j))$ 是文档排列在第 j 个位置的分数。

为了理解式 (10.113)，我们考虑一简单例子。如果 $\pi = (A, B, C)$，那么有 $p(\pi)$ 为 A 排列在第一的概率，乘以给定 A 排在第一时 B 排在第二为概率，再乘以给定 A 和 B 分别排在第一、第二时 C 排在第三的概率。换言之，有

$$p(\pi \mid s) = \frac{s_A}{s_A + s_B + s_C} \times \frac{s_B}{s_B + s_C} \times \frac{s_C}{s_C} \tag{10.114}$$

为了组合特征，我们可以定义 $s(d) = f(x(q, d))$，这里常将 f 作为一个线性函数，即 $f(x) = w^{\mathrm{T}} x$，称为 ListNet 模型。为了训练这个模型，设 y_i 为文档对查询 i 的相关分数，然后最小化跨熵项为

$$-\sum_{i} \sum_{\pi} p(\pi \mid y_i) \log p(\pi \mid s_i) \tag{10.115}$$

当然，如上所述，这样做是棘手的，因为第 i 项需要在 $m_i!$ 上求和。为了解决这个问题，可以只考虑前 k 位置上的排列：

$$p(\pi_{1:k} \mid s_{1:m}) = \prod_{j=1}^{k} \frac{s_j}{\sum_{u=1}^{m} s_u} \tag{10.116}$$

可见只有 $m!/(m-k)!$ 个这样的排列。如果令 $k=1$，那么可以在时间 $O(m)$ 内评估每个跨熵项（及其导数）。在当前列表中只有一个文档被认为相关的特殊情况下，即有 $y_i = c$，我们可以用多项式逻辑回归来代替：

$$p(y_i = c \mid x) = \frac{e^{s_c}}{\sum_{c'=1}^{m} e^{s_{c'}}} \tag{10.117}$$

至少在协同过滤的情景下，且至少常与排列法同时执行。

10.4.4　排序的损失函数

有多种度量排序系统的性能，现总结如下：

(1) 平均倒数排序（MRR）。对于查询 q，用 $r(q)$ 表示与它相关的文档的排序位置，那么定义平均倒数排序为 $1/r(q)$。这是一个非常简单的性能度量。

(2) 平均精度均值（MAP）。在二元相关性标记的情况下，可以定义某个排序的在 k 处的精度如下：

$$P@k(\boldsymbol{\pi}) \stackrel{\text{def}}{=} \frac{\text{在 } \boldsymbol{\pi} \text{ 的前 } k \text{ 个位置中相关文档的数目}}{k} \tag{10.118}$$

然后，定义平均精度如下：

$$AP(\boldsymbol{\pi}) \stackrel{\text{def}}{=} \frac{\sum_k P@k(\boldsymbol{\pi}) \cdot I_k}{\text{相关文档的数目}} \tag{10.119}$$

这里，I_k 为 1 当且仅当文档 k 是相关的。例如，如果有相关性标记 $y = (1, 0, 1, 0, 1)$，那么 AP 为 $\frac{1}{3}(\frac{1}{1} + \frac{2}{3} + \frac{3}{5}) \approx 0.76$。

最后，定义平均精度的均值为所有查询的 AP 的平均。

(3) 归一化折扣累积增益（NDCG）。假设相关性标记具有多个层次，可以定义排序中的前 k 个项目的折扣累积增益如下：

$$\text{DCG}@k(r) = r_1 + \sum_{i=1}^{k} \frac{r_i}{\log_2 i} \tag{10.120}$$

式中，r_i 是 i 项的相关性；$\log_2$ 项是用于列表后面的折扣项。表 10.3 给出了一个简单的数值例子。

表 10.3　如何计算 NDCG 的示例

i	1	2	3	4	5	6
r_i	3	2	3	0	1	2
$\log_2 i$	0	1	1.59	2.0	2.32	2.59
$\dfrac{r_i}{\log_2 i}$	N/A	2	1.887	0	0.431	0.772

注：表 10.3 源自 http://en.wikipedia.org/wiki/Discounted_cumulative_gain。值 r_i 是项在位置 i 中的相关性分数。从表中看到，$\text{DCG}@6 = 3 + (2 + 1.887 + 0 + 0.431 + 0.772) = 8.09$。用具有分数为 $\{3, 3, 2, 2, 1, 0\}$ 的排序可获得最大的 DCG。于是，理想的 DCG 为 8.693，因此归一化的 DCG 为 $8.09/8.693 = 0.9306$。

另一个定义，更强调检索相关文档，表达式为

$$\text{DCG}@k(r) = \sum_{i=1}^{k} \frac{2^{r_i} - 1}{\log_2(1+i)} \tag{10.121}$$

DCG 的麻烦是它变化的幅度，这是因为返回的列表的长度可能不同。用理想的 DCG 归一化这个度量是常见的，通过应用优化如下排序获得 GCD：

$$\text{IDCG}@k(r) = \arg\max_{\pi} \text{DCG}@k(r)$$

可以通过 $r_{1:m}$ 排序容易地进行计算，并接着计算 $\mathrm{DCG}@k(r)$。最后，我们定义归一化折扣累积增益或 NDCG 为 DCG/IDCG。对查询上的 NDCG 求平均可以给出性能度量。

（4）排序的相关性。我们可以用变体方法来度量排序列表 π 和相关性判断 π^* 间的相关性。其中的一个方法称为（加权）Kendall's τ 统计，用两个列表间的加权对的不一致性来定义：

$$\tau(\pi, \pi^*) = \frac{\sum_{u<v} w_{uv}\left[1 + \mathrm{sgn}(\pi_u - \pi_v)\mathrm{sgn}(\pi_u^* - \pi_v^*)\right]}{2\sum_{u<v} w_{uv}} \tag{10.122}$$

其他各种度量也常常使用。

这些损失函数可用在不同的方法中。在贝叶斯方法中，先应用后验分布拟合模型，它依赖于似然度和先验分布，而没有损失函数；然后在测试时选择行动来最小化未来的期望损失。这样做的一个方法是从后验分布 $\theta^s \sim p(\theta \mid \mathscr{D})$ 中抽样参数，然后评估，即对不同的门限 precision@k，求 θ^s 上的平均。

另一个损失函数称为加权近似排序对或 WARP 损失函数，定义如下：

$$\mathrm{WARP}\big(f(x, :), y\big) \overset{\text{def}}{=} L\big(\mathrm{rank}(f(x, :), y)\big) \tag{10.123}$$

$$\mathrm{rank}\big(f(x, :), y\big) = \sum_{y' \neq y} \mathbb{I}\big(f(x, y') \geqslant f(x, y)\big) \tag{10.124}$$

$$L(k) \overset{\text{def}}{=} \sum_{j=1}^{k} \alpha_j, \; \alpha_1 \geqslant \alpha_2 \geqslant \cdots \geqslant 0 \tag{10.125}$$

式中，$f(x, :) = \big[f(x, 1), \cdots, f(x, |y|)\big]$ 是每个可能输出标记的分数向量，或在 IR 项中，对每个可能的文档所对应的输入查询 x；表达式 $\mathrm{rank}(f(x, :), y)$ 度量由这个评分函数指派的真实标记 y 的排序；L 将整数排序转换为实值惩罚。应用 $\alpha_1 = 1$ 和 $\alpha_{j>1} = 0$ 将优化前面排序正确标记的比例。令 $\alpha_{1:k}$ 为非零值将优化排序列表中前 k 项，所推导出的好的性能作为 MAP 或 precision@k 的度量。如上所述，WARP 损失函数依然难于优化，但它可以进一步由蒙特卡洛采样（也称抽样）来逼近，接着由梯度下降来优化。

10.5　主成分分析(PCA)与奇异值分解

10.5.1　主成分分析

主成分分析(PCA)由下述定理给出：

定理 10.5.1　若想要找到 L 个线性基向量 $w_j \in \mathbb{R}^D$ 的正交集，并且其相应的分数为 $z_i \in \mathbb{R}^L$，使得如下的平均重构误差最小化

$$J(W, Z) = \frac{1}{N} \sum_{i=1}^{N} \| x_i - \hat{x}_i \|^2 \tag{10.126}$$

其中，$\hat{x}_i = W z_i$，限定 W 为正交的。等价地，可以将以上这个目标写为

$$J(W, Z) = \| X - W Z^{\mathrm{T}} \|_F^2 \tag{10.127}$$

其中，Z 是一个 $N \times L$ 矩阵，z_i 在它的行中，$\|A\|_F$ 是矩阵 A 的 Frobenlus 范数，定义为

$$\| \boldsymbol{A} \|_F = \sqrt{\sum_{i=1}^{m} \sum_{j=1}^{n} a_{ij}^2} = \sqrt{\mathrm{tr}(\boldsymbol{A}^{\mathrm{T}} \boldsymbol{A})} = \| \boldsymbol{A}(\,:\,) \|_2 \tag{10.128}$$

通过令 $\widehat{\boldsymbol{W}} = \boldsymbol{V}_L$ 得到最优解，限定为 $\boldsymbol{V}_L$ 经验协方差矩阵 $\widehat{\boldsymbol{\Sigma}} = \dfrac{1}{N} \sum\limits_{i=1}^{N} \boldsymbol{x}_i \boldsymbol{x}_i^{\mathrm{T}}$ 的最大特征值的 L 个特征向量。为了表述简单，假设 $\boldsymbol{x}_i$ 具有零均值。另外，数据的最优低维组合由 $\widehat{\boldsymbol{z}}_i = \boldsymbol{W}^{\mathrm{T}} \boldsymbol{x}_i$ 给出，是一个投射到由特征值张开的列空间上的投影。

图 10.2 所示是 $D = 2$ 与 $L = 1$ 的一个例子。图中，圆圈是正交数据点，十字是重构，星形是数据均值。图(a)为 PCA 示例，图中的点被正交地投影到直线上。图(b)为 PPCA 示例，图中的投影不再正交，投影收缩到数据均值（星形）。对角线是向量 $\boldsymbol{w}_1$，称为第一个主成分或主方向。数据点 $\boldsymbol{x}_i \in \mathbb{R}^2$ 是投射到该直线上的正交投影，以便得到 $\boldsymbol{z}_i \in \mathbb{R}$。这是一个对数据进行最佳的一维逼近。

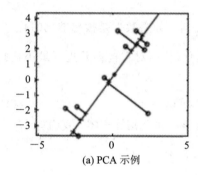
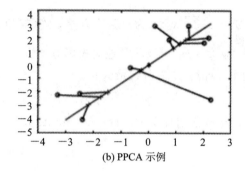

(a) PCA 示例　　　　　　　　　　(b) PPCA 示例

图 10.2　PCA 和 PPCA 示例

以下对定理 10.5.1 给予证明。

证明　用 $w_j \in \mathbb{R}^D$ 表示第 j 个主方向，$\boldsymbol{x}_i \in \mathbb{R}^D$ 表示第 i 个高维观察值，$z_i \in \mathbb{R}^L$ 表示第 i 个低维表达，并且 $\tilde{z}_j \in \mathbb{R}^N$ 表示 $[z_{1j}, \cdots, z_{Nj}]$，它是所有低维向量的第 j 个成分。

从最佳一维估计解开始，$w_1 \in \mathbb{R}^D$，相应的投影点为 $\tilde{z}_1 \in \mathbb{R}^N$。同理，我们将找出剩余基 $\boldsymbol{w}_2$，$\boldsymbol{w}_3$ 等。重构误差为

$$J(\boldsymbol{w}_1, \boldsymbol{z}_1) = \frac{1}{N} \sum_{i=1}^{N} \| \boldsymbol{x}_i - z_{i1} \boldsymbol{w}_1 \|^2 = \frac{1}{N} (\boldsymbol{x}_i - z_{i1} \boldsymbol{w}_1)^{\mathrm{T}} (\boldsymbol{x}_i - z_{i1} \boldsymbol{w}_1) \tag{10.129}$$

$$J(\boldsymbol{w}_1, \boldsymbol{z}_1) = \frac{1}{N} \sum_{i=1}^{N} \left[\boldsymbol{x}_i^{\mathrm{T}} \boldsymbol{x}_i - 2 z_{i1} \boldsymbol{w}_1^{\mathrm{T}} \boldsymbol{x}_i + z_{i1}^2 \boldsymbol{w}_1^{\mathrm{T}} \boldsymbol{w}_1 \right] \tag{10.130}$$

$$J(\boldsymbol{w}_1, \boldsymbol{z}_1) = \frac{1}{N} \sum_{i=1}^{N} \left[\boldsymbol{x}_i^{\mathrm{T}} \boldsymbol{x}_i - 2 z_{i1} \boldsymbol{w}_1^{\mathrm{T}} \boldsymbol{x}_i + z_{i1}^2 \right] \tag{10.131}$$

因为做了正交性假设，所以 $\boldsymbol{w}_1^{\mathrm{T}} \boldsymbol{w}_1 = 1$。对重构误差做关于 z_{i1} 的导数并使其等于零，则

$$\frac{\partial}{\partial z_{i1}} J(\boldsymbol{w}_1, \boldsymbol{z}_1) = \frac{1}{N} [-2 \boldsymbol{w}_1^{\mathrm{T}} \boldsymbol{x}_i + 2 z_{i1}] = 0 \Rightarrow z_{i1} = \boldsymbol{w}_1^{\mathrm{T}} \boldsymbol{x}_i \tag{10.132}$$

因此，通过将数据投影到第一个主方向 $\boldsymbol{w}_1$ 上，从而得到最优重构权重（参见图 10.2(a)）。重新代入则有

$$J(\boldsymbol{w}_1) = \frac{1}{N} \sum_{i=1}^{N} \left[\boldsymbol{x}_i^{\mathrm{T}} \boldsymbol{x}_i - z_{i1}^2 \right] = \mathrm{const} - \frac{1}{N} \sum_{i=1}^{N} z_{i1}^2 \tag{10.133}$$

现在投影坐标的方差由下式给出

$$\mathrm{var}[\widetilde{z_1}] = E[\widetilde{z_1}^2] - (E[\widetilde{z_1}])^2 = \frac{1}{N}\sum_{i=1}^{N} z_{i1}^2 - 0 \tag{10.134}$$

因为

$$E[z_{i1}] = E[\boldsymbol{x}_i^{\mathrm{T}}\boldsymbol{w}_1] = E[\boldsymbol{x}_i^{\mathrm{T}}]\boldsymbol{w}_1 = 0 \tag{10.135}$$

数据已被集中化,所以最小化的重构误差等价于最大化投影数据的方差,即

$$\arg\min_{\boldsymbol{w}_1} J(\boldsymbol{w}_1) = \arg\max_{\boldsymbol{w}_1}\mathrm{var}[\widetilde{z_1}] \tag{10.136}$$

这就是为什么经常说 PCA 发现最大方差方向,被称为 PCA 的分析视图。

投影设计的方差可以重新写为

$$\frac{1}{N}\sum_{i=1}^{N} z_{i1}^2 = \frac{1}{N}\sum_{i=1}^{N}\boldsymbol{w}_1^{\mathrm{T}}\boldsymbol{x}_i\boldsymbol{x}_i^{\mathrm{T}}\boldsymbol{w}_1 = \boldsymbol{w}_1^{\mathrm{T}}\widehat{\boldsymbol{\Sigma}}\boldsymbol{w}_1 \tag{10.137}$$

其中,$\widehat{\boldsymbol{\Sigma}} = \dfrac{1}{N}\sum_{i=1}^{N}\boldsymbol{x}_i\boldsymbol{x}_i^{\mathrm{T}}$ 为经验协方差矩阵(或相关矩阵,如果数据是被标准化的)。

设 $\|\boldsymbol{w}_1\| \to \infty$,可以平凡地对投影方差进行最大化(从而对重构误差进行最小化),因此施加约束 $\|\boldsymbol{w}_1\| = 1$ 并替代最大化,即

$$\widetilde{J}(\boldsymbol{w}_1) = \boldsymbol{w}_1^{\mathrm{T}}\widehat{\boldsymbol{\Sigma}}\boldsymbol{w}_1 + \lambda_1(\boldsymbol{w}_1^{\mathrm{T}}\boldsymbol{w}_1 - 1) \tag{10.138}$$

其中,λ_1 是拉格朗日乘子(Lagrange multiplier)。做导数并令其等于零,我们有

$$\frac{\partial}{\partial \boldsymbol{w}_1}\widetilde{J}(\boldsymbol{w}_1) = 2\widehat{\boldsymbol{\Sigma}}\boldsymbol{w}_1 - 2\lambda_1\boldsymbol{w}_1 = 0 \tag{10.139}$$

$$\widehat{\boldsymbol{\Sigma}}\boldsymbol{w}_1 = \lambda_1\boldsymbol{w}_1 \tag{10.140}$$

因此,最大化方差的方向是协方差矩阵的特征向量。对上式左乘 $\boldsymbol{w}_1$(应用 $\boldsymbol{w}_1^{\mathrm{T}}\boldsymbol{w}_1 = 1$),投影数据的方差为

$$\boldsymbol{w}_1^{\mathrm{T}}\widehat{\boldsymbol{\Sigma}}\boldsymbol{w}_1 = \lambda_1 \tag{10.141}$$

因为需要最大化方差,所以选择对应于最大特征值的特征向量。

现在我们寻找其他方向 $\boldsymbol{w}_2$ 以进一步最小化重构误差,限定 $\boldsymbol{w}_1^{\mathrm{T}}\boldsymbol{w}_2 = 0$ 以及 $\boldsymbol{w}_2^{\mathrm{T}}\boldsymbol{w}_2 = 1$。重构误差为

$$J(\boldsymbol{w}_1, z_1, \boldsymbol{w}_2, z_2) = \frac{1}{N}\sum_{i=1}^{N}\|\boldsymbol{x}_i - z_{i1}\boldsymbol{w}_1 - z_{i2}\boldsymbol{w}_2\|^2 \tag{10.142}$$

与前面给定的解相同,优化 $\boldsymbol{w}_1$ 和 z_1。换言之,第二个主成分是由投影到第二个主方向上获得的,代入上式则有

$$J(\boldsymbol{w}_2) = \frac{1}{N}\sum_{i=1}^{N}[\boldsymbol{x}_i^{\mathrm{T}}\boldsymbol{x}_i - \boldsymbol{w}_1^{\mathrm{T}}\boldsymbol{x}_i\boldsymbol{x}_i^{\mathrm{T}}\boldsymbol{w}_1 - \boldsymbol{w}_2^{\mathrm{T}}\boldsymbol{x}_i\boldsymbol{x}_i^{\mathrm{T}}\boldsymbol{w}_2] = \mathrm{const} - \boldsymbol{w}_2^{\mathrm{T}}\widehat{\boldsymbol{\Sigma}}\boldsymbol{w}_2 \tag{10.143}$$

去掉常数项并添加约束项,则有

$$\widetilde{J}(\boldsymbol{w}_2) = -\boldsymbol{w}_2^{\mathrm{T}}\widehat{\boldsymbol{\Sigma}}\boldsymbol{w}_2 + \lambda_2(\boldsymbol{w}_2^{\mathrm{T}}\boldsymbol{w}_2 - 1) + \lambda_{12}(\boldsymbol{w}_2^{\mathrm{T}}\boldsymbol{w}_1 - 0) \tag{10.144}$$

可证明该解是由第二个最大的特征值的向量给出的,即

$$\widehat{\boldsymbol{\Sigma}}\boldsymbol{w}_2 = \lambda_2\boldsymbol{w}_2 \tag{10.145}$$

接下来的证明请读者自行完成。

10.5.2　奇异值分解

我们根据协方差矩阵的特征向量定义了 PCA 的解，但根据奇异值分解(Singular Value Decomposition，SVD)或 SVD 也存在其他得到该解的方法。通常可以将特征向量的概念从平方矩阵推广到任何矩阵。

实际上，任何(实的) $N \times D$ 的 $\boldsymbol{X}$ 矩阵可以进行如下分解：

$$\underset{N \times D}{\boldsymbol{X}} = \underset{N \times N}{\boldsymbol{U}}\ \underset{N \times D}{\boldsymbol{S}}\ \underset{D \times D}{\boldsymbol{V}^{\mathrm{T}}} \tag{10.146}$$

其中，$\boldsymbol{U}$ 是 $N \times N$ 矩阵，其列是正交的(即 $\boldsymbol{U}^{\mathrm{T}}\boldsymbol{U} = \boldsymbol{I}_N$)；$\boldsymbol{V}$ 是 $D \times D$ 矩阵，其行和列是正交的(即 $\boldsymbol{V}^{\mathrm{T}}\boldsymbol{V} = \boldsymbol{V}\boldsymbol{V}^{\mathrm{T}} = \boldsymbol{I}_D$)；$\boldsymbol{S}$ 是 $N \times D$ 矩阵，主对角线上包含 $r = \min(N, D)$ 个奇异值 $\sigma_i \geqslant 0$，矩阵的其余部分以 0 填充。$\boldsymbol{U}$ 的列是左奇异值向量，$\boldsymbol{V}$ 的列是右奇异值向量。作为一个例子，请参见图 10.3。

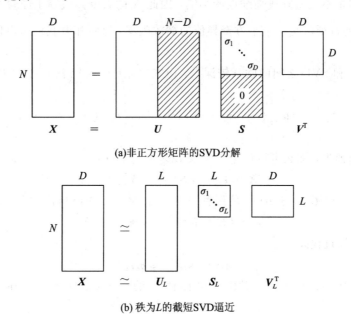

(a)非正方形矩阵的SVD分解

(b)秩为L的截短SVD逼近

图 10.3　示例

注： 在图 10.3 中，$\boldsymbol{S}$ 的阴影部分以及所有非对角项均为零。在经济维度的版本中，$\boldsymbol{U}$ 和 $\boldsymbol{S}$ 的阴影实体不需要计算。

由于最多有 D 个奇异值(假设 $N > D$)，因此 $\boldsymbol{U}$ 的最后 $N-D$ 列是不相关的，因为它们将乘以 0。经济维数的 SVD 或瘦的 SVD 避免了计算不必要的元素。让我们用 $\hat{\boldsymbol{U}}\ \hat{\boldsymbol{S}}\ \hat{\boldsymbol{V}}$ 表示这个分解。如果 $N > D$，有

$$\underset{N \times D}{\boldsymbol{X}} = \underset{N \times N}{\hat{\boldsymbol{U}}}\ \underset{D \times D}{\hat{\boldsymbol{S}}}\ \underset{D \times D}{\hat{\boldsymbol{V}}^{\mathrm{T}}} \tag{10.147}$$

如图 10.3(a)所示。如果 $N < D$，有

$$\underset{N \times D}{\boldsymbol{X}} = \underset{N \times N}{\hat{\boldsymbol{U}}}\ \underset{N \times N}{\hat{\boldsymbol{S}}}\ \underset{N \times D}{\hat{\boldsymbol{V}}^{\mathrm{T}}} \tag{10.148}$$

计算经济维数的 SVD，将花费 $O(ND\min(N, D))$ 时间。

　　将特征向量与奇异值向量用如下方式联系起来。对于任意实矩阵 $\boldsymbol{X}$，如果 $\boldsymbol{X} = \boldsymbol{USV}^{\mathrm{T}}$，有

$$\boldsymbol{X}^{\mathrm{T}}\boldsymbol{X} = \boldsymbol{V}\boldsymbol{S}^{\mathrm{T}}\boldsymbol{U}^{\mathrm{T}}\boldsymbol{US}\boldsymbol{V}^{\mathrm{T}} = \boldsymbol{V}(\boldsymbol{S}^{\mathrm{T}}\boldsymbol{S})\boldsymbol{V}^{\mathrm{T}} = \boldsymbol{VDV}^{\mathrm{T}} \tag{10.149}$$

其中，$\boldsymbol{D} = \boldsymbol{S}^2$ 为包含了 $\boldsymbol{X}$ 的奇异值平方的对角阵，$\boldsymbol{X}^{\mathrm{T}}\boldsymbol{X}$ 的特征值等于 $\boldsymbol{D}$，为平方奇异值。类似地

$$\boldsymbol{XX}^{\mathrm{T}} = \boldsymbol{USV}^{\mathrm{T}}\boldsymbol{VS}^{\mathrm{T}}\boldsymbol{U}^{\mathrm{T}} = \boldsymbol{U}(\boldsymbol{SS}^{\mathrm{T}})\boldsymbol{U}^{\mathrm{T}} \tag{10.150}$$

$$(\boldsymbol{XX}^{\mathrm{T}})\boldsymbol{U} = \boldsymbol{U}(\boldsymbol{SS}^{\mathrm{T}}) = \boldsymbol{UD} \tag{10.151}$$

　　因此，$\boldsymbol{XX}^{\mathrm{T}}$ 的特征向量等于 $\boldsymbol{U}$，为 $\boldsymbol{X}$ 的左奇异值向量。另外，$\boldsymbol{XX}^{\mathrm{T}}$ 的特征值等于奇异值的平方。我们可以将上述总结如下：

$$\boldsymbol{U} = \mathrm{evec}(\boldsymbol{XX}^{\mathrm{T}}), \boldsymbol{V} = \mathrm{evec}(\boldsymbol{X}^{\mathrm{T}}\boldsymbol{X}), \boldsymbol{S}^2 = \mathrm{eval}(\boldsymbol{XX}^{\mathrm{T}}) = \mathrm{eval}(\boldsymbol{X}^{\mathrm{T}}\boldsymbol{X}) \tag{12.152}$$

　　由于特征向量不受矩阵线性缩放的影响，因此 X 的右奇异值等于经验协方差 $\hat{\boldsymbol{\Sigma}}$ 的特征向量。另外，$\hat{\boldsymbol{\Sigma}}$ 的特征值是一个平方奇异值的缩放版本，这意味着我们可以仅用几行代码来执行 PCA 计算。

　　然而，PCA 和 SVD 之间的联系较深入，由式(10.150)可以表示 r 秩的矩阵为

$$\boldsymbol{X} = \sigma_1 \begin{bmatrix} \vdots \\ \boldsymbol{u}_1 \\ \vdots \end{bmatrix} (\cdots \quad \boldsymbol{v}_1^{\mathrm{T}} \quad \cdots) + \cdots + \sigma_r \begin{bmatrix} \vdots \\ \boldsymbol{u}_r \\ \vdots \end{bmatrix} (\cdots \quad \boldsymbol{v}_r^{\mathrm{T}} \quad \cdots) \tag{10.153}$$

如果奇异值快速消失，那么可以产生一个秩 L 来逼近矩阵：

$$\boldsymbol{X} \approx \boldsymbol{U}_{:, 1: L}\boldsymbol{S}_{1: L, 1: L}\boldsymbol{V}_{:, 1: L}^{\mathrm{T}} \tag{10.154}$$

称为截短 SVD(参见图 10.3(b))。使用秩 L 来表示 $N \times D$ 矩阵所需的参数总数为

$$NL + LD + L = L(N + D + 1) \tag{10.155}$$

　　可以证明，逼近误差为

$$\|\boldsymbol{X} - \boldsymbol{X}_L\|_F \approx \sigma_{L+1} \tag{10.156}$$

此外，还可以证明 SVD 为矩阵提供了最佳秩 L 的逼近(最好是使上述 Frobenius 范数最小化)。

　　让我们回过头来将 PCA 与其联系起来。令 $\boldsymbol{X} = \boldsymbol{USV}^{\mathrm{T}}$ 为 $\boldsymbol{X}$ 的截短 SVD。已知 $\hat{\boldsymbol{W}} = \boldsymbol{V}$，即 $\hat{\boldsymbol{Z}} = \boldsymbol{X}\hat{\boldsymbol{W}}$，因此

$$\hat{\boldsymbol{Z}} = \boldsymbol{USV}^{\mathrm{T}}\boldsymbol{V} = \boldsymbol{US} \tag{10.157}$$

　　另外，最优重构由 $\hat{\boldsymbol{X}} = \boldsymbol{Z}\hat{\boldsymbol{W}}^{\mathrm{T}}$ 给出，因此

$$\hat{\boldsymbol{X}} = \boldsymbol{USV}^{\mathrm{T}} \tag{10.158}$$

这与截断的 SVD 逼近完全相同。

小　　结

　　常见的诸如高斯、伯努利、t、均匀、伽马等分布大多被称为指数函数簇的广义分布类。

我们可以轻易地应用任一指数函数成员作为类的条件密度，并以此建立生成分类器。本章讨论了如何建立判别模型，其中的响应变量具有指数簇分布特性，该分布的均值是输入的线性函数，称为广义线性模型。我们可以将逻辑回归的思想推广到其他类型的响应变量中。

可以证明，在一定正则条件下，指数函数簇仅是具有有限大小的充分统计的分布簇，意味着我们可以将数据压缩到固定大小摘要而不丢失信息，这对在线学习非常有用。指数函数簇是唯一存在共轭先验分布的簇，它将简化后验的计算。指数函数簇可以被证明是使至少一假设集服从某个用户选择约束的分布簇，它也是广义线性模型的核心。指数函数簇是变分推理的核心。

本章的最后介绍了主成分分析与奇异值分解，这对高维数据的降维与低维重构非常注意。

思考与练习题

10.1 对单变量高斯分布用指数函数簇推导出 μ 和 $\lambda = 1/\sigma^2$ 的共轭先验分布。通过适当的参数化，证明先验分布具有 $p(\mu, \lambda) = N(\mu | \gamma, \lambda(2\alpha - 1)) \text{Ga}(\lambda | \alpha, \beta)$，且只有 3 个自由参数。

10.2 试证明可以将 MVN 写成指数函数簇的形式。

10.3 PCA 的应用性的启发式评估。

设经验协方差矩阵 $\boldsymbol{\Sigma}$ 的特征值为 $\lambda_1 \geqslant \lambda_2 \geqslant \cdots \geqslant \lambda_d$，解释为什么无论是否应用 PCA，方差 $\sigma^2 = \dfrac{1}{d} \sum_{i=1}^{d} (\lambda_i - \bar{\lambda})^2$ 都是对分析数据的一个最佳的测度（σ^2 的值越大对 PCA 越有用）。

10.4 推导第二个主成分。

（1）设 $J(\boldsymbol{v}_2, \boldsymbol{z}_2) = \dfrac{1}{n} \sum_{i=1}^{n} (\boldsymbol{x}_i - z_{i1} \boldsymbol{v}_1 - z_{i2} \boldsymbol{v}_2)^{\mathrm{T}} (\boldsymbol{x}_i - z_{i1} \boldsymbol{v}_1 - z_{i2} \boldsymbol{v}_2)$

证明：若 $\dfrac{\partial J}{\partial \boldsymbol{z}_2} = 0$，则 $z_{i2} = \boldsymbol{v}_2^{\mathrm{T}} \boldsymbol{x}_i$。

（2）证明 $\boldsymbol{v}_2$ 的最小化值，即对于
$$\widetilde{J}(\boldsymbol{v}_2) = - \boldsymbol{v}_2^{\mathrm{T}} C \boldsymbol{v}_2 + \lambda_2 (\boldsymbol{v}_2^{\mathrm{T}} \boldsymbol{v}_2 - 1) + \lambda_{12} (\boldsymbol{v}_2^{\mathrm{T}} \boldsymbol{v}_1 - 0)$$
由具有第二个最大的特征值的 C 给出。

（提示：回顾 $C\boldsymbol{v}_1 = \lambda_1 \boldsymbol{v}_1$ 以及 $\dfrac{\partial \boldsymbol{x}^{\mathrm{T}} \boldsymbol{A}\boldsymbol{x}}{\partial \boldsymbol{x}} = (\boldsymbol{A} + \boldsymbol{A}^{\mathrm{T}})\boldsymbol{x}$。）

10.5 （1）证明
$$\left\| \boldsymbol{x}_i - \sum_{j=1}^{K} z_{ij} \boldsymbol{v}_j \right\|^2 = \boldsymbol{x}_i^{\mathrm{T}} \boldsymbol{x}_i - \sum_{j=1}^{K} \boldsymbol{v}_j^{\mathrm{T}} \boldsymbol{x}_i \boldsymbol{x}_i^{\mathrm{T}} \boldsymbol{v}_j)$$

（提示：首先考虑 $K = 2$ 的情况。采用 $\boldsymbol{v}_j^{\mathrm{T}} \boldsymbol{v}_j = 1$ 以及 $\boldsymbol{v}_j^{\mathrm{T}} \boldsymbol{v}_k = 0$（$k \neq j$）的事实。另外，回顾 $z_{ij} = \boldsymbol{x}_i^{\mathrm{T}} \boldsymbol{v}_j$。）

（2）证明
$$J_K \stackrel{\text{def}}{=} \frac{1}{n} \sum_{i=1}^{n} \left(\boldsymbol{x}_i^{\mathrm{T}} \boldsymbol{x}_i - \sum_{j=1}^{K} \boldsymbol{v}_j^{\mathrm{T}} \boldsymbol{x}_i \boldsymbol{x}_i^{\mathrm{T}} \boldsymbol{v}_j \right) = \frac{1}{n} \sum_{i=1}^{n} \boldsymbol{x}_i^{\mathrm{T}} \boldsymbol{x}_i - \sum_{j=1}^{K} \lambda_j$$

（提示：调用 $v_j^{\mathrm{T}} C v_j = \lambda_j v_j^{\mathrm{T}} v_j = \lambda_j$。）

（3）如果 $K = d$，则存在非截断，因此 $J_d = 0$。应用这个性质证明误差来自于 $K < d$，由下式给出

$$J_K = \sum_{j=K+1}^{d} \lambda_j$$

（**提示**：将和 $\sum\limits_{j=1}^{d} \lambda_j$ 分成 $\sum\limits_{j=1}^{K} \lambda_j$ 和 $\sum\limits_{j=K+1}^{d} \lambda_j$。）

10.6　设 $(v_1, v_2, \cdots, v_k)$ 为 $C = \dfrac{1}{n} X^{\mathrm{T}} X$ 的前 k 个具有最大特征值的特征向量（即主基向量），它们满足

$$v_j^{\mathrm{T}} v_k = \begin{cases} 0, & j \neq k \\ 1, & j = k \end{cases}$$

为了顺序地寻找 v_j，我们将构建一个方法。

v_1 是 C 的第一个主要特征向量，满足 $C v_1 = \lambda_1 v_1$。现在将 $\tilde{x}_i$ 定义为 x_i 在正交空间上的投影，正交于 v_1：

$$\tilde{x}_i = P_{\perp v_1} x_i = (I - v_1 v_1^{\mathrm{T}}) x_i$$

定义 $\widetilde{X} = [\tilde{x}_1, \tilde{x}_2, \cdots, \tilde{x}_n]$ 为秩是 $d-1$ 的缩小（Deflated）矩阵，其通过从 d 维数据中去除位于第一主方向的分量而获得：

$$\widetilde{X} = (I - v_1 v_1^{\mathrm{T}})^{\mathrm{T}} X = (I - v_1 v_1^{\mathrm{T}}) X$$

（1）应用 $X^{\mathrm{T}} X v_1 = n \lambda_1 v_1$（因此 $v_1^{\mathrm{T}} X^{\mathrm{T}} X = n \lambda_1 v_1^{\mathrm{T}}$）以及 $v_1^{\mathrm{T}} v_1 = 1$ 的事实，试证明缩小矩阵的协方差由下式给出

$$\widetilde{C} \stackrel{\text{def}}{=} \frac{1}{n} \widetilde{X}^{\mathrm{T}} \widetilde{X} = \frac{1}{n} X^{\mathrm{T}} X - \lambda_1 v_1 v_1^{\mathrm{T}}$$

（2）令 u 为 $\widetilde{C}$ 的主特征向量，请解释为什么 $u = v_2$。

（**提示**：可以假设 u 为单位范数。）

第 3 篇　大数据技术

在众多的大数据技术中，Hadoop 是一个著名的大数据技术，其主要优点是具有快速处理大数据集的能力。与传统技术不同，Hadoop 不会在内存中复制整个远程数据来执行计算，而是在数据存储处执行任务。Hadoop 减轻了网络与服务器间的通信负荷。Hadoop 还有一个优点，它能够在保证分布式环境中的容错性的同时运行程序。为了确保该优点的实施，它通过复制服务器上的数据来防止数据丢失。

基于 Apache Hadoop 开源项目开发的众多大数据系统中，IBM InfoSphere BigInsights 旨在简化 Hadoop 在企业环境中的应用，具有满足大数据存储、处理、高级分析和可视化方面的企业需求的潜力。IBM InfoSphere BigInsights 的基本版包括 HDFS、HBase、MapReduce、Hive、Mahout、Oozie、Pig、ZooKeeper、Hue 和其他一些开源工具。

本篇将以 IBM InfoSphere BigInsights 为主线，全面介绍 Hadoop 的主要组件。这些组件包括：① 分布式文件系统 HDFS；② Hadoop 的编程模型 MapReduce；③ 大数据查询语言 JAQL；④大数据仓库 Hive 与 HBase；⑤ MapReduce 编码的更高级别的编程环境 Pig；⑥ Hadoop 与结构化数据存储间传送批量数据的工具 Sqoop；⑦ 旨在收集、汇总与将来自不同源的日志数据移动到中央位置的一种分布式系统 Flume；⑧ 管理 Hadoop 工作流的工具 Oozie；⑨ 用于管理集群同步的工具 ZooKeeper；⑩ Hadoop 的机器学习组件 Mahout。

第 11 章　Hadoop 基础

11.1　大数据与 Hadoop

Hadoop 是由 Doug Cutting 和 Mike Cafarella 于 2005 建立的，是一个用 Java 编写的开源软件框架，用于由普通商用硬件构建的计算机集群上的超大数据集的分布式存储与分布式处理。

Hadoop 允许采用简单的编程模型，在分布式环境中跨集群的计算机上存储和处理大数据。它旨在从单台服务器扩展到数千台计算机上，为每台计算机都提供了本地计算和存储功能。Hadoop 中的所有模块都以假设"硬件故障会出现"为基本出发点，并由框架自动完成故障的处理。

多年来，想要存储和分析数据的用户都将数据存储在数据库中，并通过 SQL 查询及处理。而在网络时代，数据是非结构化的以及海量的，因而 SQL 数据库既不能以一个模式捕获数据，也不能进行存储扩展和处理。

Hadoop 的核心是由称为 Hadoop 分布式文件系统（Hadoop Distributed File System，HDFS）的存储部分和称为 MapReduce 的处理部分组成的。Hadoop 将文件分割为较大的块，并将其分发到集群中的不同节点。为了处理大数据，Hadoop 根据处理数据的需要，为使节点能更好地执行处理，以并行的方式将数据转换为打包的代码。这种方法利用了数据的本地性，即节点操作其访问数据，这比依赖于高速网络计算和分发数据的并行文件系统的传统的超级计算机，能更加快速、有效地处理大数据集。

Hadoop 基本框架如图 11.1 所示，它由下面几个模块组成：

（1）通用模块（Hadoop Common）：包含其他 Hadoop 模块所需的库和实用程序，这些是其他 Hadoop 模块所需的 Java 库和实用程序，其中的库提供了文件系统与操作系统级的抽象，并包含了启动 Hadoop 需要的 Java 文件与脚本。

（2）HDFS（分布式存储）：在普通的商用计算机上存储数据的分布式文件系统，提供了跨集群的速度非常高的总带宽。

（3）YARN 框架：资源管理平台，负责管理集群中的计算资源，并用它来调度用户的应用程序。

（4）MapReduce（分布式计算）：用于大数据处理的 MapReduce 编程模型的实现。

图 11.1　Hadoop 框架

从 2012 年起，Hadoop 一词不再单指上述的基本模块，而是指整个 Hadoop 生态系统，或者可以安装在 Hadoop 之上，或者与 Hadoop 一起安装的其他软件包集合，如 Apache Pig、Apache Hive、Apache HBase、Apache Phoenix、Apache Spark、Apache ZooKeeper、Cloudera Impala、Apache Flume、Apache Sqoop、Apache Oozie、Apache Storm 等。

11.2 Hadoop 框架的主要组件

Hadoop 有一系列构建在 Hadoop 之上的项目，或者与 Hadoop 紧密结合的工作的项目。这些项目引发了一个专注于处理大数据的生态系统，用户通常可以结合使用其中的几个项目来处理他们的应用案例。

有一些促进 HDFS 和 MapReduce 发展的支持项目，以下给予详细的介绍。

(1) HDFS。如果想让几千台计算机来处理数据，那么最好是将数据分散到这几千台计算机上，HDFS 能够完成这样的工作。HDFS 有几个移动的部分。DataNode 存储数据，NameNode 不断地跟踪存储数据的位置。

(2) MapReduce。它是 Hadoop 的编程模型，包括两个阶段：Map 和 Reduce。其中 JobTracker 管理着 MapReduce 作业，TaskTracker 从 JobTracker 那里接收订单。MapReduce 可以用 Java 编程，也可以利用 Hadoop Streaming 的实用程序选择其他语言来编程。

(3) JAQL。JAQL 是一种查询语言，专为与 JSON 格式的数据一起使用所设计的。JAQL 可用于处理半结构化数据，也可用于低级 MapReduce 作业的高级查询系统。

(4) Hive 与 Hue。这两者是 Hadoop 数据仓库，采用类似于 SQL 语言访问数据仓库中的数据。如果用户喜欢 SQL，那么自己可以编写 SQL 程序并让 Hive 将其转换为 MapReduce 作业，尽管用户没有得到完整的 ANSI-SQL 环境，但用户得到了几千个节点和许多 PB 级的可扩展性存储。Hue 提供了基于浏览器的图形界面，并借助这些界面来完成 Hive 工作。

(5) Pig。Pig 为进行 MapReduce 编码的更高级别的编程环境。Pig 语言称为 Pig Latin，是非常简单的编程语言。

(6) Sqoop。Sqoop 在 Hadoop 与关系数据库间提供了双向数据转换。在 Hadoop 与结构化数据存储间传送批量数据。

(7) Flume、Hadoop Streaming。它们是旨在收集、汇总与将来自不同源的日志数据移动到中央位置的一种分布式系统。它实际上可以利用任何语言的 MapReduce 代码，这些语言包括 C、Perl、Python、C++、Bash 等。这些示例包括一个 Python 映射器(Mapper)和 AWK 简化器(Reducer)。

(8) Oozie。它管理 Hadoop 工作流，为 Hadoop 作业提供了 if-then-else 分支和控制。

(9) HBase。HBase 为超级可扩展的键/值存储器，非常像一个持久的 Hash 映射。尽管称其为 HBase，但它不是一个关系数据库。

(10) FlumNG。FlumNG 为一个实时加载器(Loader)，用于将数据流装载到 Hadoop 中。它将数据存储在 HDFS 和 HBase 中。

(11) Whirr。Whir 为 Hadoop 提供云计算，非常短的配置文件只需几分钟便可启动一个集群。

（12）Mahout。Mahout 为 Hadoop 的机器学习组件，用于预测分析及其他的高级分析。

（13）Fuse。它使 HDFS 系统看起来像常规的文件系统，因此用户可以在 HDFS 数据上使用 ls、rm、cd 和其他文件。

（14）ZooKeeper。它是维护配置信息的集中式系统，可进行命名、提供分布式同步以及组群服务，用于管理集群同步。

11.3　用 Hadoop 分析大数据

1. 传统方法

在传统方法中，企业或机构将有一台或多台计算机来存储和处理数据，基本关系数据库方法参见图 11.2。这里的数据将存储在关系数据库中，如 Oracle、MS SQL Server 或 DB2，可以编写复杂的软件与数据库交互，处理所需的数据并将其呈现给用户进行分析。

图 11.2　基本关系数据库方法

上述这种方法适用于标准数据库服务器，容纳的数据量较少（或达到处理数据的处理器的处理极限）。当处理大量的数据时，通过传统的数据库来处理这些数据将是非常困难的。

关系数据库模型是主要的数据模型，被广泛用于数据的存储与处理。该模型简单并对有效存储的数据具有所需的处理功能。关系数据集的模型主要有：

（1）表（Table）。在关系数据模型中，关系以表的格式存储。这个格式存储了实体间的关系。一个表具有行和列，其中行表示记录，列表示属性。

（2）元组（Tuple）。表单的一行，包含关系的单个记录，称为元组。元组与属性的关系如图 11.3 所示。

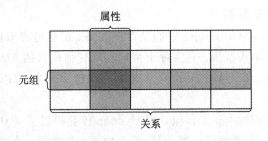

图 11.3　关系数据库中的元组与属性

2. Google 公司的解决方案

Google 公司应用了一个称为 MapReduce 的算法解决了大数据分析问题。该算法将任务划分为许多小的部分，并将其分配给通过网络连接的多台计算机，再将结果收集起来形成最终的结果数据集。

1) Hadoop 的 MapReduce 风格

Google 公司是第一个解决社交媒体数据查询与分析问题的机构之一，即下载整个互联网上的数据并将其编入索引以此来支持搜索查询。为此，借用函数编程范式的"Map"和"Reduce"功能，该公司构建了一个大规模数据处理的框架。Google 公司称这个范式为MapReduce。Hadoop 是 MapReduce 范式中最广为人知和广泛应用的实现。

Hadoop 的 MapReduce 是一个软件框架，用于编写应用程序，以可靠的容错方式在大型集群(数千个节点)的商业硬件上并行处理大批量的数据。

MapReduce 一词实际上是指 Hadoop 程序执行以下两个不同的任务：

(1) Map 任务：这是第一个任务，它接收输入数据并将其转换为一组数据，其中各个元素被分解为元组(键/值对)。

(2) Reduce 任务：这个任务是将 Map 任务的输出作为输入，并将这些数据元组组合成一个较小的元组。Reduce 任务总是在 Map 任务执行后执行。

通常，输入和输出这两者都存储在文件系统中。框架负责任务调度、监视和重新运行失败的任务。

MapReduce 框架由每个集群节点的一个主 JobTracker 和一个从 TaskTracker 组成。主 JobTracker 负责资源管理、跟踪资源消耗/可用性，并在从 TaskTracker 上调度作业组件任务，监视它们并重新执行失败的任务。从 TaskTracker 按照主 JobTracker 的命令执行任务，并定期向主 JobTracker 提供任务状态信息。

如果主 JobTracker 宕机，那么 JobTracker 则会产生 Hadoop MapReduce 服务的单点故障，这意味着正在运行的所有作业都将停止。

Hadoop 系统的安装由四类节点构成：一个 NameNode 节点、DataNode 节点(可以是多个)、一个 JobTracker 节点和 TaskTracker HDFS 节点。TaskTracker HDFS 节点提供分布式文件系统，其中，JobTracker 节点管理作业和 TaskTracker HDFS 节点。

Hadoop 采用 MapReduce 算法运行应用程序，在不同的 CPU 节点上并行处理数据。简言之，Hadoop 足以开发能够在计算机集群上运行的应用程序，并对海量数据执行完整的统计分析。

MapReduce 是并行处理引擎，它允许 Hadoop 以相对较短的顺序检索大型数据集。HDFS 是分布式文件系统，可以让 Hadoop 在不同的商用服务器上进行扩展，最重要的是，它将数据存储在计算节点上，以提高性能(尽可能地节约成本)。这是任何 Hadoop 发行版必备的两个组件。

2) 分布式应用程序的概念

分布式应用程序可以在给定的时间(同时)在网络中的多个系统上运行，通过彼此协同以快速、有效的方式完成既定的任务。通常情况下，通过使用所有涉及系统的计算能力，分布式应用程序可以在几分钟内完成由非分布式应用程序(单个系统中运行)花费数小时完成的复杂与耗时的任务。

通过将分布式应用程序配置到更多的系统上运行，可以进一步缩短完成任务的时间。运行分布式应用程序的一组系统称为集群；集群中运行的每台计算机称为节点。

由于数据传输速度非常快，因此处理非常大的数据流时需要并行数据处理。目前已经出现的技术有 GRID 技术、分布式工作负荷和并行数据库等。

处理数据时,我们需要关心如下问题:

(1) 处理部分硬件故障而不宕机。如果机器发生故障,那么应该切换到备用机上;如果磁盘故障,那么使用 RAID 或镜像磁盘。

(2) 能够恢复重大故障。定期备份、登录,将数据库镜像到不同的网站。

(3) 容量。增加容量而不重启整个系统,更多的计算能力应等价于更快处理。

(4) 结果的一致性。答案应该一致(与某些故障无关),并在合理的时间内返回结果。

(5) 节省成本。在由大量的、廉价的计算机构成的并行系统上分布工作负荷。

(6) 容忍组件的高故障率。3 年内磁盘平均故障一次,这意味着 1000 个磁盘上的故障率大约每天一次,在功耗与故障率间的平衡。

(7) 吞吐量优于响应时间。批处理操作时,响应不会立即产生。

(8) 大流量扫描(读取)。无随机访问。

(9) 可靠性通过备份提供。

当有关系数据库时,还需要 Hadoop,这是因为:

(1) 数据备份:交换数据需要同步(一致性级别),为此需要解决死锁和(基于日志或高可用性)恢复问题。

(2) 代价:需要降低扫描大容量数据(如 100 TB 以上)需要花费的时间。

(3) 非结构化数据问题:现在 80％的数据是非结构化数据,这需要亟待解决。

(4) 可靠性问题:降低硬件资源的要求。

关系数据库管理系统与 Hadoop 之间是互补的,而不是竞争的。表 11.1 给出关系数据库管理系统与 Hadoop 的比较。

表 11.1　关系数据库管理系统与 Hadoop 的比较

参　数	关系数据库管理系统	Hadoop
数据类型	具有已知模式的结构化数据	非结构化和结构化数据
数据组	记录、长字段、对象、XML	文件
数据修改	更新许可	只能插入和删除(HDFS)
程序	SQL 和 XQuery	Hive、Pig、Jaql
访问	快速响应,随机访问	随机访问(索引)
数据丢失	数据丢失是不可接受的	有时可能发生数据丢失
安全与审计	是	否
加密	是	否
压缩方法	复杂的数据压缩	简单的文件压缩
硬件要求	企业级硬件	商用硬件
演进(截至 2016 年)	30 多年演进	5 年至 8 年的技术
数据处理	批处理	流访问所有文件

11.4　Hadoop 分布式文件系统与集群

11.4.1　HDFS

Hadoop 分布式文件系统(HDFS)是一个分布式的、可扩展的、可移植的用 Java 语言编写的 Hadoop 框架文件系统。Hadoop 集群名义上具有单个名称节点 NameNode 以及一个 DataNode 集群，由于它的重要性，冗余选项可用于命名节点 NameNode。每个 DataNode 使用特定的 HDFS 的块协议通过网络提供数据块。文件系统使用 TCP/IP 套接字进行通信，客户端应用远程过程调用(RPC)来进行彼此间的通信。

HDFS 存储大型文件(容量通常在 GB 到 TB 之间，跨多台机器存储)，通过在多台主机上备份数据来实现可靠性，因此理论上不要求主机通过 RAID 存储(但为了提高 I/O 性能，某些 RAID 配置依然采用)。它用默认值 3 来备份，数据存储在三个节点上，其中两个在同一个机架上，另一个在不同的机架上。数据节点可以相互对话来重新平衡数据负载，移动副本，保持数据的高复制性。HDFS 并不完全符合 POSIX 标准，因为 POSIX 文件系统的要求与 Hadoop 应用程序的目标要求不尽相同，没有完全符合 POSIX 的标准文件系统，既提高了数据的吞吐性能，又支持了诸如 Append 之类的非 POSIX 的操作。

Unix 被选为标准系统接口的基础，部分原因是"制造商中立"。但是，Unix 存在几个主要版本，所以需要开发一个共同的分母系统。类 Unix 操作系统的 POSIX 规范最初由用于核心编程接口的单个文档构成，但最终增加到了 19 个单独的文档(如 POSIX. 1、POSIX. 2 等)。POSIX 也定义了一个标准线程库 API，大多数操作系统支持这个 API。现在，大部分的 POSIX 被组合成了一个单一标准 IEEE Std 1003.1 - 2008，也称为 POSIX. 1 - 2008。

HDFS 添加了高可用性，如 2012 年 5 月发布的 2.0 版本，让主元数据服务器(NameNode)故障后生动切换到备份。该项目也开始开发自动故障切换功能。

HDFS 文件系统包括一个名叫二级命名节点(NameNode)，这是一个令人误解的名称，有些名称可能会错误地解释为主命名节点(NameNode)离线时的备份命名节点(NameNode)。实际上，二级命名节点(NameNode)定期地与主命名节点(NameNode)连接，并建立主命名节点(NameNode)的目录信息快照，然后系统将其保存在本地或远端目录中。这些检查节点的映像可用于重新启动失败的主命名节点(NameNode)，而不是必须重播文件系统活动的整个日志，然后编辑日志以创建最新的目录结构。由于 NameNode 是存储与管理元数据的单节点，因此在操作时可能成为支持大型文件的瓶颈，特别是大量的小文件。HDFS Federation 是一个新增功能，旨在通过允许由不同 NameNode 提供在一定程度上的多个名称空间来解决此问题。

应用 HDFS 的优势是作业跟踪器和任务跟踪器间的数据感知。作业跟踪器用感知到的数据的位置将 Map 或 Reduce 作业调度到任务跟踪器上。例如，如果节点 A 包含数据(x，y，z)并且节点 B 包含数据(a，b，c)，那么作业跟踪器调度节点 B 执行(a，b，c)上的 Map 或 Reduce 作业，同时调度节点 A 执行(x，y，z)上的 Map 或 Reduce 作业。这样做减少了通过网络的流量，并防止了不必要的数据传输。

HDFS 可以直接安装在 Linux 上的用户空间文件系统（Filesystem in Userspace，FUSE）的虚拟文件系统上，或其他 Unix 系统上。

文件访问可以利用本地 Java 应用程序编程接口（API）及 Thrift API，以用户选择的语言（如 C++、Java、Python、PHP、Ruby、Erlang、Perl、Haskell、C#、Cocoa、Smalltalk 和 OCaml 等语言）产生的客户端、命令行界面，通过 HTTP 浏览器的 HDFS-UI Web 应用程序（WebAPP）或通过第三方网络客户端库来实现。

11.4.2　Hadoop 集群

Hadoop 的 MapReduce 和 HDFS 组件是受到了 Google 公司的 MapReduce 和 Google 文件系统论文的启发而建立的，如图 11.4 所示。

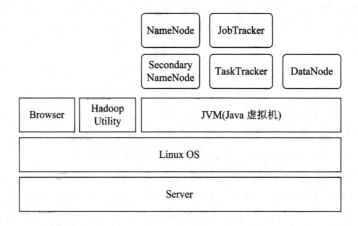

图 11.4　多节点 Hadoop 集群

Hadoop 框架自身大部分是用 Java 编程语言编写的，C 语言中的某些本地代码和命令行工具是用 Shell 脚本语言编写。虽然 MapReduce Java 代码是常见的，但任何编程语言都可以用"Hadoop Streaming"来实现"Map"和"Reduce"部分的用户程序。

为了有效地调度工作，每个 Hadoop 兼容性文件系统提供了位置感知——工作器节点所在的机架名字（更准确地说，它是网络交换机的名称）。Hadoop 应用程序可以使用这个信息（机架名字）在数据所在的节点上执行代码，并且，如果执行失败，则在相同的机架/交换机上执行，以此来减少骨干网络的流量。在复制跨多个机架的数据冗余数据时，HDFS 使用这个方法。这个方法减少了机架停电或交换机故障所带来的影响，若其中的一个硬件发生故障，则数据将保持可用性。

一个小型的 Hadoop 集群包括一个主节点和多个工作器节点。主节点由 JobTracker、TaskTracker、NameNode 和 DataNode 组成。从节点或工作器节点，它既充当 DataNode 也充当 TaskTracker，尽管可以有仅存储数据的工作器节点和仅进行计算的工作器节点。

Hadoop 需要 Java 语言运行时的环境（JRE）为 1.6 或更高版本。标准的启动和关闭脚本要求在集群间建立安全的内核（Secure Shell，SSH）。

在较大的集群中，HDFS 节点专用的 NameNode 服务器来管理主机文件系统索引，而辅助 NameNode 可以生成 NameNode 内存结构的快照，从而防止文件系统损坏以及数据丢失。同样，独立的 JobTracker 服务器可以管理跨节点的作业调度。

11.5　通用并行文件系统(IBM GPFS)

通用并行文件系统(GPFS)是 InfoSphere® BigInsights™ 支持的一种企业文件系统，可以替代 HDFS。GPFS 在 20 世纪 90 年代由 IBM 公司开发，用于高性能计算。它已被用于世界上许多最快的计算机。

GPFS 支持集群节点上的磁盘与存储区域网络(Storage Area Networks，SANs)。支持逻辑隔离和物理隔离，以便文件集可以被分割为文件系统的内部文件(逻辑隔离)，或被存储到不同的存储池中(物理隔离)。InfoSphere BigInsights 使用 GPFS 的自定义版本，该版本支持所有现有的 GPFS 命令，同时提供其他接口命令。

GPFS 支持数千个节点和 PB 级的存储，以便可以修改规模，从而满足最大需求。数据是在多个节点上备份的，因此不存在单节点故障，而 HDFS 的 NameNode 会发生单节点故障。另外，可以同步或异步地推送更新，从而允许我们选择从主系统到辅助系统的更新。

如果节点失败，则更新的数据被复制到其他节点。当发生故障的节点运行时，GPFS 将迅速确定哪些块必须恢复；再将节点关闭时发生的更新复制到先前失败的节点，以便节点与集群中的其他节点同步。

应用程序通过将数据分割成文件块来定义自己的逻辑块大小。每个文件块是根据有效块的大小来确定的。

GPFS 是 ASC 紫色超级计算机文件(Purple Supercomputer)系统，该系统由超过 12 000 个处理器组成，拥有 2PB 的磁盘存储量，存储量超过了 11 000 个磁盘。

与典型的集群文件系统一样，GPFS 为在集群的多个节点上执行应用程序提供了并行高速访问。

GPFS 文件系统的其他功能如下：

(1) 分布式元数据，包括目录树。它没有单独的"目录控制器"或"索引服务器"管理文件系统。

(2) 高效索引超大目录的目录条目。许多文件系统仅限于单个目录的少量文件(通常是 65 536 字节)，而 GPFS 没有这样的限制。

(3) 分布式锁定。它允许完整的 Posix 文件系统语义，包括锁定专用文件访问。

(4) 分区感知。网络故障可能会将文件划分为两个或更多个只能看到其组内的节点组，可以通过检测心跳协议来检测，当分区发生时，文件系统保持激活，以此形成最大的分区。它提供了一个优良的文件系统，即一些机器将继续工作。

(5) 文件系统维护可以在线执行。大多数文件系统维护杂务(添加新磁盘、跨磁盘重新平衡数据负载)，可以在文件系统处于激活的状态下执行。这就确保了文件系统常常可用，从而使超级计算机集群本身可以保持更长的使用时间。

IBM 公司的通用并行文件系统(GPFS)与 HDFS 在以下几个方面相似：

(1) 文件系统内部的数据必须显示为来自 HDFS。

(2) /tmp/user 目录以及由 InfoSphere BigInsights 提供的应用程序框架 HDFS 拥有。

在 Linux 命令行 Shell 上，GPFS 上的/tmp 目录的文件系统权限与 HDFS 用户（而不是 GPFS 或 root 用户）相关联。

与 Hadoop 的 HDFS 文件系统相比较是令人感兴趣的，该系统旨在商业硬件上存储相似或更大量数据，即不具有 RAID 磁盘和存储区域网络（SAN）的数据中心存储大数据。两者间的差异还表现在以下几个方面：

（1）HDFS 将文件分成块，并将它们存储在不同的文件系统节点上。

（2）HDFS 不期望磁盘可靠，所以将块的副本存储在不同的节点上。

（3）GPFS 支持完整的 Posix 文件系统语义，而 HDFS 和 GFS 不支持完整的 Posix 合规性。

（4）GPFS 在文件系统中分发其目录索引和其他元数据；相反，Hadoop 将它保留在主与辅助 NameNode 上，大型服务器必须将所有索引信息存储在 RAM 中。

（5）GPFS 将文件分成小块。Hadoop HDFS 喜欢 64 MB 或更多的块，因为这可以降低对 NameNode 的存储要求，小块或许多小文件块能迅速填充文件系统索引，因此必须限制文件系统的大小。

2015 年以来，IBM 扩展了 GPFS 以开发适用于 Hadoop 环境的 GPFS-SNC。GPFS-SNC 和 HDFS 间的主要区别在于，GPFS-SNC 是内核级文件系统，而 HDFS 则在操作系统之上运行。这意味着 GPFS-SNC 比 HDFS 提供以下几个优势：① 更好的性能；② 存储的灵活性；③ 并发读/写；④ 提高了安全性。

基于 Hadoop 的 10 个节点的 GPFS-SNC 集群，可以匹配基于 HDFS 的 16 节点的 Hadoop集群。

11.6   MapReduce 引擎——JobTracker 与 TaskTracker

在文件系统之上有 MapReduce 引擎，它由一个 JabTracker 组成，对客户端应用程序提交 MapReduce 作业。JobTracker 将工作推送到集群中可用的 TaskTracker 节点，尽可能地将工作靠近数据。采用机架感知文件系统，JobTracker 知道哪个节点包含数据，哪些机器在其附近，如果工作无法托管到数据所在的实际节点上，则它优先考虑同一机架中的节点，这就减少了骨干网络上的流量。如果 TaskTracker 失败或超时，那么这部分工作将被重新安排。如果正在运行的作业使其 JVM 崩溃，那么每个节点上的 TaskTracker 产生一个单独的 Java 虚拟机(Java Virtual Machine，JVM)进程，以防止 TaskTracker 自身失败。心跳信号每隔几分钟从 TaskTracker 发送到 JobTracker，以检查其状态。JobTracker 和 TaskTracker 的状态和信息由 Jetty 公开，可以从 Web 浏览器中查看。

该方法的已知局限如下：

（1）TaskTracker 的工作分配非常简单。每个 TaskTracker 都有一些可用的时隙（如 4 个时隙），每个活动的 Map 或 Reduce 任务占用一个时隙。JobTracker 将工作分配给离工作时隙最近的跟踪器，但没有考虑所分配机器的当前系统负载，因此不考虑其实际的可用性。

（2）如果一个 TaskTracker 速度非常慢，那么它可能会延迟整个 MapReduce 作业，特别是在作业结束时，所有工作都可能最终等待最慢的任务。

MapReduce 引擎提供了以下功能：

(1) 调度。默认情况下，Hadoop 采用 FIFO 调度，以及可选的 5 个调度优先级来调度来自工作队列的作业。在版本 0.19 中，作业调度器是从 JobTracker 中重构得到的，同时增加了使用替代调度器(如公平调度器(Fair scheduler)或容量调度器(Capacity scheduler))的功能。

(2) 公平调度器(Fair scheduler)。公平调度器(Fair scheduler)由 Facebook 公司开发。公平调度器的目标是对小型作业提供快速响应以及为生产作业提供 Qos。公平调度器具有以下三个基本概念：① 作业被分组到池中。② 保证每个池分配一个最小份额。③ 将过剩的容量分配到每个作业中。

在默认的情况下，未被分类的作业进入默认的池。池必须指定最小数目的 Map 时隙、Reduce 时隙以及正在运行的作业数量。

(3) 容量调度器。容量调度器由 Yahoo 公司开发。容量调度器支持几个与公平调度器相似的功能：① 队列分配总资源容量的一小部分。② 闲置资源分配给超出总容量的队列。

在队列中，具有最优先级的作业可以访问队列资源，一旦工作正在运行，则不能抢先。

(4) 重要用户。2008 年 2 月 19 日，Yahoo 公司推出了其声称是世界上最大的 Hadoop 生产应用程序。Yahoo 搜索 Webmap 是一个 Hadoop 应用程序，它运行在拥有 10 000 多个核的 Linux 集群上，并生成了每个 Yahoo 网页搜索查询。Yahoo 有多个 Hadoop 集群，没有 HDFS 的文件系统或将 MapReduce 作业分配给多个数据中心的系统。每个 Hadoop 集群节点都会引导 Linux 映像，包括 Hadoop 分发。已知的集群执行的工作包括了 Yahoo 索引计算、搜索引擎。2009 年 6 月，Yahoo 公司通过开源社区在可用的 Hadoop 运行版本上建立了 Hadoop 版本的源代码。

2010 年，Facebook 公司声称他们拥有 21PB 的存储世界上最多数据的 Hadoop 集群。在 2012 年 6 月，他们宣布数据量已增长到了 100PB，并在当年晚些时候，宣布了数据量每天增长大约 0.5PB。

11.7　Hadoop 的云端托管

Hadoop 可以部署在传统的现场数据中心以及云端。云可以让企业在没有硬件的情况下部署 Hadoop，目前提供云服务的供应商包括了微软公司、Amazon 公司和 Google 公司等。

1. Microsoft Azure 上的 Hadoop

Azure HDInsight 是一种在 Microsoft Azure 上部署 Hadoop 的服务。HDInsight 使用与 Hortonworks 联合开发的基于 Windows 的 Hadoop 发行版，并允许使用.NET 扩展编程(除了 Java)。HDInsight 还支持使用 Linux 与 Ubuntn 创建 Hadoop 集群。通过在云中部署 HDInsight，企业可以省出他们想要的节点数量，从而降低了费用。Hortonworks 的实施，还可以将数据从本地数据中心移动到云中进行备份，避免开发/测试中出现的突发情况。另外，它也可以在 Azure 虚拟机上运行 Cloudera 或 Hortonworks Hadoop 集群。

2. Amazon EC2/S3 服务上的 Hadoop

在 Amazon Elastic Compute Cloud(Amazon 弹性云计算,EC2)和 Amazon Simple Storage Service(简单存储服务,S3)上运行 Hadoop,例如,"纽约时报"使用了 100 个 Amazon EC2 实例和一个 Hadoop 应用程序,在 24 小时内将 4TB 原始图像 TIFF 数据(存储在 S3 中)处理成 1100 万张完全的 PDF 文件,计算成本约为 230 美元(不包括带宽费用)。

3. Amazon Elastic MapReduce

Elastic MapReduce(EMR)于 2009 年将 Amazon. com 引入,可提供 Hadoop 集群、运行和终止作业。EC2(VM)与 S3(对象存储)间的数据传送是由 MapReduce 自动实现的。另外,Apache Hive 是建立在 Hadoop 提供的数据仓库服务之上的,也是由 Elastic MapReduce 提供的。

11.8　Hadoop 的工作阶段与安装部署

11.8.1　工作阶段

Hadoop 的工作可分为如下三个阶段:

阶段 1　通过以下指定的项目,用户/应用程序可以向 Hadoop 提交作业:

(1)输入与输出文件在分布式文件系统中的位置。

(2)包含了 Map 和 Reduce 函数的实现的 jar 文件形式的 Java 类。

(3)通过对作业指定不同的参数环境来配置作业。

阶段 2　Hadoop 作业客户端将作业(jar/可执行文件等)和配置提交给 JobTracker, JobTracker 负责将软件/配置分发给从机,安排任务并监视它们,同时向作业客户端提供状态和诊断信息。

阶段 3　不同节点上的 TaskTracker 按照每个 MapReduce 的实现执行任务,并将 Reduce 的输出函数保存到文件系统中的输出文件中。

11.8.2　安装部署

Hadoop 由 GNU/Linux 平台支持。因此,我们必须对建立的 Hadoop 环境安装 Linux 操作系统。如果操作系统不是 Linux,那么可以在该操作系统上先安装 Virtualbox 软件,然后在 Virtualbox 上安装 Linux。

在将 Hadoop 安装到 Linux 环境之前,需要用 SSH(Secure Shell)设置 Linux。下面给出了设置 Linux 环境的步骤。(注:本例使用 Ubuntu17. 10. 1 Server 64 位版本,下载网址为 https://www.ubuntu.com/download。)

1. 创建用户

一开始,建议创建一个单独的用户,以便与将 Hadoop 文件系统与 Linux 文件系统隔离。以下给出了创建用户的步骤:

步骤 1　切换到 root 用户，并转到根目录。

步骤 2　用命令 adduser username 从根目录账号中创建一个用户。

步骤 3　用目录 su username 打开一个现有的用户账户。

打开 Linux 终端，并键入以下命令来创建一个 Hadoop 用户。

```
root@ubuntu：/# adduserhadoop
Adding user 'hadoop'...
Adding new group 'hadoop'(1001)...
Adding new user 'hadoop'(1001) with group 'hadoop'...
Creating home directory '/home/hadoop'...
Copying files from '/etc/skel'...
Enter new UNIX password：
Retype new UNIX password：
passwd：password updated successfully
Changing the user information for hadoop
Enter the new value, or press ENTER for the default
    Full Name []：
    Room Number []：
    Work Phone []：
    Home Phone []：
    Other []：
Is the information correct? [Y/n] Y
```

2. SSH 设置与密钥生成

SSH 设置需要在集群上执行不同的操作，如启动、停止、守护分布式进程 Shell 的操作。为了验证 Hadoop 的不同用户，要求为 Hadoop 用户提供公钥/私钥对，并与不同用户共享。

用 SSH 生成键/值对，将公钥从 id_rsa.pub 复制到 authorized_keys，并向 owner 分别提供对 authorized_keys 文件的读/写权限。具体命令如下：

```
$ ssh-keygen -t rsa
$ cat ~/.ssh/id_rsa.pub>>~/.ssh/authorized_keys
$ chmod 0600 ~/.ssh/authorized_keys
```

3. 安装 Java

Java 是 Hadoop 操作的先决条件。首先，用命令 java-version 验证系统中存在的 Java。Java 版本的语法命令如下：

```
root@ubuntu：/# java-version
```

如果一切就绪，它将给出以下输出：

```
java version "1.8.0_162"
Java(TM) SE Runtime Environment (build 1.8.0_162-b12)
Java HotSpot(TM) 64-Bit Server VM (build 25.162-b12, mixed mode)
```

如果系统中没有安装 Java，那么以下给出了安装 Java 的步骤：

步骤 1　下载 Java(Java SE Development Kit 8u162 或 8u161)，使用 WinSCP 将文件传

输到 Linux 系统中。下载网址为 http：//www. oracle. com/technetwork/java/javase/downloads/jdk8-downloads-2133151. html。

WinSCP 可直接从官网下载，网址为 https：//winscp. net/eng/download. php。使用前需在 Linux 系统中安装 OpenSSH，下列命令是适用于 Ubuntu 系统版本：

```
sudo apt-get install openssh-server
```

步骤 2　一般需要在下载文件夹中找到下载的 Java，对其进行验证，并用以下命令解提取 jdk-8u162-linux-x64. tar. gz 文件：

```
root@ubuntu：/opt# ls
jdk-8u162-linux-x64. tar. gz
root@ubuntu：/opt# tar -zxvf jdk-8u162-linux-x64. tar. gz
root@ubuntu：/opt# ls
jdk1.8.0_162  jdk-8u162-linux-x64. tar. gz
```

步骤 3　为了使 Java 对所有用户可用，应该将它移动到位置/usr/local。打开根目录并键入以下命令：

```
root@ubuntu：/# mv opt/jdk1.8.0_162 /usr/local/
```

步骤 4　切换到 Hadoop 用户。为了设置 PATH 和 JAVA_HOME 变量，将下面的命令添加到"home/hadoop/. bashrc"文件：

```
export JAVA_HOME=/usr/local/jdk1.8.0_162
export PATH= $ PATH：$ JAVA_HOME/bin
```

现在将所有的更改应用到当前运行的系统中，执行下述命令：

```
hadoop@ubuntu：/# source /home/hadoop/. bashrc
```

4. 下载 Hadoop

登录网站 http：//hadoop. apache. org/releases. html，选择合适的 Hadoop，版本并下载，本例使用 2.7.5 版本，下载完成后使用 WinSCP 导入到 Linux 系统中。具体操作如下：

```
root@ubuntu：/opt# tar -zxvf hadoop-2.7.5. tar. gz
root@ubuntu：/opt# mv hadoop-2.7.5 hadoop
root@ubuntu：/# mv opt/hadoop /usr/local/
```

一旦下载了 Hadoop，可以用以下三种模式之一运行 Hadoop 集群：

（1）本地/独立模式。当将 Hadoop 下载到系统后，在默认情况下，它被配置为独立模式，并可以作为一个单独的 Java 进程运行。

（2）伪分布模式。在单机上仿真分布式环境，每个 Hadoop 守护进程（如 HDFS、YANR、MapReduce 等）都作为一个单独的 Java 进程运行。这种模式对开发非常有用。

（3）完整分布模式。该模式至少需要两台或更多台机器作为集群，我们将在接下来的章节中详细介绍这种模式。

11.8.3　常用模式安装

1. 独立模式的 Hadoop 安装

在此，我们将讨论 Hadoop 独立模式的安装。在该模式中，没有守护进程在运行，所有程序都运行在单独的 JVM 上。独立模式适合在开发过程中运行 MapReduce 程序，因为它易于测试和调试。

1）设置 Hadoop

把下列命令附加到～/. bashre 文件来设置 Hadoop 环境和变量。

> export HADOOP_HOME＝/usr/local/hadoop
>
> export PATH＝＄PATH：＄HADOOP_HOME/bin

在继续进行之前，需要确定 Hadoop 工作良好，那么只需要输入下列命令：

> hadoop@ubuntu：/＄ hadoop version

如果设置好了，应该看到以下结果：

> Hadoop 2.7.5
>
> Source code repository Unknown -r 496dc57cc2e4f4da117f7a8e3840aaeac0c1d2d0
>
> Compiled by lei on 2018-03-16T23：00Z
>
> Compiled with protoc 2.5.0
>
> From source with checksum 504d49cc3bcf4e2b56e2fd44ced8572
>
> This command was run using/usr/local/hadoop/share/hadoop/common/
>
> hadoop-common-2.7.5. jar

这意味着 Hadoop 的独立模式设置工作完成。在默认的情况下，Hadoop 被设置为在单机上运行的非分布式模式。

Hadoop Pipes 拥 有 一 个 通 用 的 处 理 Mapper 和 Reduce（PipesMapRunner 和 PipesReducer)的 Java 类。它们分离应用程序，并通过套接字与其通信。通信由 C＋＋语言包装库和 PipesMapRunner 及 PipesReducer 处理。

2）示例

让我们考察 Hadoop 的一个简单例子。Hadoop 安装提供了下述 MapReduce jar 文件，该文件提供了 MapReduce 的基本功能，可用来计算如 PI 的值、所列文件中的词的个数等。该示例在如下的目录中。

> ＄HADOOP_HOME/share/hadoop/mapreduce/hadoop-mapreduce-examples-2.7.5. jar

建立一个输入目录，我们将推送几个文件，要求是计算这些文件中词的总数。要计算词的总数，我们不必编写 MapReduce，只要用.jar 文件中包含词数的实现来计算即可。可以用相同的.jar 文件试试其他例子，只是需要输入如下的命令，通过 hadoop-mapreduce-example-2.7.5. jar 文件来验证对 MapReduce 函数程序的支持。

> ＄ hadoop jar /HADOOP_HOME/share/hadoop/mapreduce/
>
> hadoop-mapreduce-examples-2.7.5. jar

步骤 1　在输入目录中创建临时内容文件。注意，可以在任何地方创建输入目录。

> root@ubuntu：/＃ mkdir input
>
> root@ubuntu：/＃ cp /usr/local/hadoop/ ＊. txt input
>
> root@ubuntu：/＃ ls -l input

将在输入目录中给出下列文件：

> total 172
>
> -rw-r--r-- 1 root root 147066 Mar 29 02：01 LICENSE. txt
>
> -rw-r--r-- 1 root root　20891 Mar 29 02：01 NOTICE. txt

```
-rw-r--r-- 1 root root   1366 Mar 29 02：01 README.txt
```

这些文件已从 Hadoop 安装主目录中复制。

步骤 2　开始 Hadoop 进程，计算输入目录中所有可用文件的总词数，使用 root 将根目录权限设置为 777，然后输入命令：

```
hadoop@ubuntu：/$ hadoop jar $HADOOP_HOME/share/hadoop/mapreduce/
hadoop-mapreduce-examples-2.7.5.jar wordcount input output
```

步骤 3　步骤 2 将执行所要求的处理，并将输出存储在/part-r00000 的文件中，用以下输出检验：

```
hadoop@ubuntu：/$ cat output/*
```

它将列出所有可用文件中的所有单词及其总数，结果如下：

```
transformed，        2
translated           2
translation          5
translation，        2
transmission         2
transmits            1
treaty               1
trial                1
two                  1
types.               1
ultra-high           1
unavailability       1
under                180
under，              3
understand           1
understandings，2
understands          1
understood，         1
unenforceable        3
unenforceable，      3
unilaterally         2
union                1
unless               12
unmodified           5
```

2. 伪分布模式的 Hadoop 安装

以下给出了以伪分布模式安装 Hadoop 的步骤。

步骤 1　设置 Hadoop。可以通过将下列命令附加到～/. bashrc 文件来设置 Hadoop 和变量。

```
export JAVA_HOME=/usr/local/jdk1.8.0_162
export PATH=$PATH：$JAVA_HOME/bin
export HADOOP_HOME=/usr/local/hadoop
```

```
export HADOOP_MAPRED_HOME= $ HADOOP_HOME
export HADOOP_COMMON_HOME= $ HADOOP_HOME
export HADOOP_HDFS_HOME= $ HADOOP_HOME
export YARN_HOME= $ HADOOP_HOME
export HADOOP_COMMON_LIB_NATIVE_DIR= $ HADOOP_HOME/lib/native
export HADOOP _ OPTS = "-Djava. library. path = $ HADOOP _ HOME/lib：$ HADOOP _
COMMON_LIB_NATIVE_DIR"
export PATH= $ PATH：$ HADOOP_HOME/sbin：$ HADOOP_HOME/bin
export HADOOP_INSTALL= $ HADOOP_HOME
```

输入如下命令，将所有的改变应用到当前运行的系统中。

```
hadoop@ubuntu：~ $ source . bashrc
```

步骤 2　Hadoop 配置。可以在位置 SHADOOP_HOME/etc/hadoop 上找到 Hadoop 的所有配置，输入如下命令。要求按照 Hadoop 基础架构来改动这些配置文件。

```
$ cd $ HADOOP_HOME/etc/hadoop
```

为了在 Java 中开发 Hadoop 程序，必须通过将 JAVA_HOME 值替代为系统中 Java 的位置来重置 hadoop-env. sh 文件中的 Java 环境变量。输入如下命令：

```
export JAVA_HOME=/usr/local/jdk1. 8. 0_162
```

下面是必须经过编辑才能配置 Hadoop 的文件列表。

（1）core-site. xml 文件：包含用于 Hadoop 实例的端口号，为文件系统分配的内存，用于存储数据的内存限制以及读/写缓冲区的大小。

打开 core-site. xml 文件，并在＜configuration＞与＜/configuration＞标签间添加以下属性：

```
＜configuration＞
    ＜property＞
        ＜name＞hadoop. tmp. dir＜/name＞
        ＜value＞file：/home/hadoop/tmp＜/value＞
        ＜description＞Abase for other temporary directories.
        ＜/description＞
    ＜/property＞
    ＜property＞
        ＜name＞fs. defaultFS＜/name＞
        ＜value＞hdfs：//localhost：9000＜/value＞
    ＜/property＞
＜/configuration＞
```

（2）hdfs-site. xml 文件：包含了诸如本地文件系统的复制数据的值、NameNode 路径以及 DataNode 路径信息。

打开 hdfs-site. xml 文件，并在＜configuration＞与＜/configuration＞标签间添加以下属性：

```
＜configuration＞
    ＜property＞
```

```
          <name>dfs. replication</name>
          <value>1</value>
          </property>
      <property>
          <name>dfs. namenode. name. dir</name>
          <value>file：/home/hadoop/tmp/dfs/name</value>
          </property>
    <property>
          <name>dfs. datanode. data. dir</name>
          <value>file：/home/hadoop/tmp/dfs/data</value>
          </property>
  </configuration>
```

（3）mapred-site. xml：该文件用来指定我们正在使用的 MapReduce 框架。默认情况下，Hadoop 包含一个 mapred-site. xml 模板。首先，需要使用以下命令将文件从 mapred-site. xml. temple 复制到 mapred-site. xml 文件中：

```
$ cpmapred-site. xml. templatemapred-site. xml
```

然后打开 mapred-site. xml 文件，并在<configuration>与</configuration>标签间添加以下属性：

```
<configuration>
    <property>
        <name>mapred. job. tracker</name>
        <value>localhost：9001</value>
    </property>
</configuration>
```

以下步骤用于验证 Hadoop 安装。

步骤 1　命名节点设置。使用 hdfsnamenode-format 设置 NameNode，输入命令如下：

```
$ hdfsnamenode -format
```

预期的结果如下：

```
/ * * * * * * * * * * * * * * * * * * * * * * * * * * * * * * * * * * * * * *
STARTUP_MSG：Starting NameNode
STARTUP_MSG：    host = ubuntu/127. 0. 1. 1
STARTUP_MSG：    args = [-format]
STARTUP_MSG：    version = 2. 7. 5
STARTUP_MSG：classpath = /usr/local/hadoop/etc/hadoop：/usr/local/hadoop/
share/hadoop/common/lib/metrics-core-2. 7. 5. jar：/usr/local/hadoop/share
…………
STARTUP_MSG：    build = Unknown -r 496dc57cc2e4f4da117f7a8e3840aaeac0c1d2d0；
compiled by 'lei' on 2018-03-16T23：00Z
STARTUP_MSG：    java = 1. 8. 0_162
* * * * * * * * * * * * * * * * * * * * * * * * * * * * * * * * * * * * * * */
2018-03-29 05：36：31, 104 INFO namenode. NameNode：registered UNIX signal handlers for
```

［TERM，HUP，INT］

2018-03-29 05：36：31，143 INFO namenode. NameNode：createNameNode [-format]

2018-03-29 05：36：31，978 WARN util. NativeCodeLoader：Unable to load native-hadoop library for your platform... using builtin-java classes where applicable

Formatting using clusterid：CID-f71e43ed-8498-4342-991e-f5907fbac372

2018-03-29 05：36：35，294 INFO namenode. FSImageFormatProtobuf：Saving image file /home/hadoop/hadoopinfra/hdfs/namenode/current/fsimage. ckpt_0000000000000000000 using no compression

2018-03-29 05：36：35，645 INFO namenode. NameNode：SHUTDOWN_MSG：

/ *

SHUTDOWN_MSG：Shutting down NameNode at ubuntu/127. 0. 1. 1

* */

步骤 2　验证 Hadoop dfs。以下命令用于启动 dfs。进入到 Hadoop 主目录，之后进入 sbin 目录，执行这个命令将启动 Hadoop 文件系统。启动前请将 Hadoop 主目录权限设置为 777，命令执行后，按步骤输入密码即可。

$ ./start-dfs. sh

预期的输出如下：

hadoop@ubuntu：/usr/local/hadoop/sbin $ ./start-dfs. sh

Starting namenodes on [localhost]

The authenticity of host 'localhost (：：1)' can't be established.

ECDSA key fingerprint is SHA256：E/bi4kN7S＋U8he3eguCeIenhcfHCphxrJqw1SGIpU4s.

Are you sure you want to continue connecting (yes/no)？ yes

localhost：Warning：Permanently added 'localhost' (ECDSA) to the list of known hosts.

hadoop@localhost's password：

localhost：starting namenode，logging to

/usr/local/hadoop/logs/hadoop-hadoop-namenode-ubuntu. out

hadoop@localhost's password：

localhost：starting datanode，logging to

/usr/local/hadoop/logs/hadoop-hadoop-datanode-ubuntu. out

Starting secondary namenodes [0. 0. 0. 0]

The authenticity of host '0. 0. 0. 0 (0. 0. 0. 0)' can't be established.

ECDSA key fingerprint is SHA256：E/bi4kN7S＋U8he3eguCeIenhcfHCphxrJqw1SGIpU4s.

Are you sure you want to continue connecting (yes/no)？ yes

0. 0. 0. 0：Warning：Permanently added '0. 0. 0. 0' (ECDSA) to the list of known hosts.

hadoop@0. 0. 0. 0's password：

0. 0. 0. 0：starting secondarynamenode，logging to

/usr/local/hadoop/logs/hadoop-hadoop-secondarynamenode-ubuntu. out

步骤 3　验证 Hadoop 的启动。输入命令 jps 来查看 NameNode 与 DataNode。

$ jps

3464Jps

3034 NameNode

3178 DataNode

3355 SecondaryNameNode

步骤 4　通过浏览器访问 Hadoop。访问 Hadoop 的默认端口号为 50070。用下面的 url 在浏览器上得到 Hadoop 的服务，如图 11.5 所示。此 IP 为虚拟机局域网 IP，其结果如图 11.6 所示。

http：//192.168.241.134：50070/

图 11.5　Hadoop 服务示意图

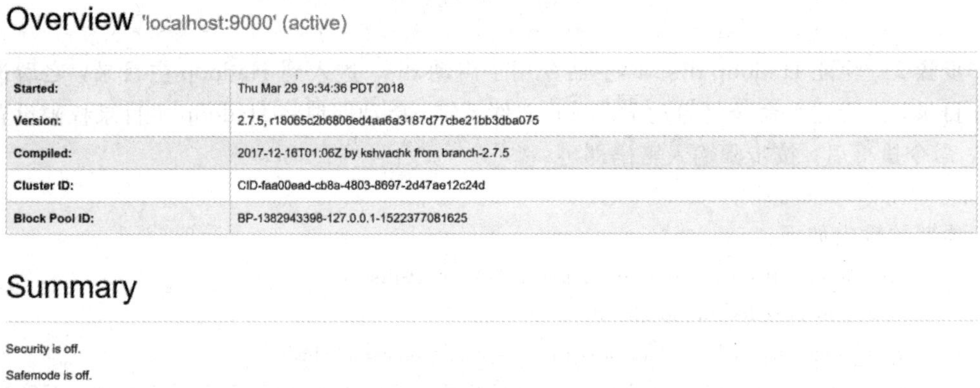

图 11.6　通过浏览器访问 Hadoop 的首页界面

小　结

本章介绍了 Hadoop 的一些基础知识。Hadoop 的产生是由于大数据存储与处理的需要，它采用简单的编程模型在分布式环境中跨集群的计算机上存储和处理大数据，并旨在从单台服务器扩展到数千台计算机上，每台计算机都提供了本地计算和存储功能。

Hadoop 的核心是由称为 Hadoop 分布式文件系统的存储部分和称为 MapReduce 的处理部分组成的。Hadoop 基本框架由 Hadoop 通用模块、Hadoop Distributed File System（HDFS）、Hadoop YARN 和 Hadoop Mapduce 四个组件构成。从 2012 年起，Hadoop 一词不再单指上述基本模块，而是指整个 Hadoop 生态系统，或者可以安装在 Hadoop 之上，或者与 Hadoop 一起安装的其他软件包集合，如 Apache Pig、Apache Hive、Apache HBase、Apache Phoenix、Apache Spark、Apache ZooKeeper、Cloudera Impala、Apache Flume、Apache Sqoop、Apache Oozie、Apache Storm 等。

本章除了介绍 Hadoop 的基础知识之外，还介绍了 Hadoop 的安装与部署。我们所安装的 Hadoop 是在 Linux 环境下，因此需要设置 Linux 环境。本章给出了创建一个单独的用户和伪分布模式环境的方法与步骤。

通过对 Hadoop 基础知识的学习与掌握，为我们进一步学习与深入应用 Hadoop 奠定了良好的基础。

思考与练习题

11.1　Hadoop 产生的驱动力是什么？Hadoop 主要的设计目标是什么？

11.2　Hadoop 基本框架主要由哪些模块组成？它们的主要功能是什么？

11.3　Hadoop 包括哪些主要项目？这些项目的主要作用是什么？

11.4　试对关系数据库管理系统与 Hadoop 进行比较。

11.5　一个小型的 Hadoop 集群是如何构成的？

11.6　试述 Hadoop 的工作的三个阶段。

11.7　试验证 Hadoop 的安装过程。

（1）验证单独的用户创建。

（2）验证伪分布式环境的创建。

第 12 章　　IBM InfoSphere BigInsights

12.1　IBM InfoSphere BigInsights 简介与环境

IBM InfoSphere BigInsights 是一个用于分析与可视化的大数据平台，是在 Apache Hadoop开源的分布式计算平台上开发的。

InfoSphere BigInsights 可以帮助企业或机构中的应用程序开发人员、数据科学家和管理人员快速构建和部署自定义分析系统，从数据中获取有用的价值。这些数据通常集成到现有的数据库、数据仓库和商业智能基础设施中。通过使用 InfoSphere BigInsights，用户可以从这些数据中提取新的价值。

InfoSphere BigInsights 为大量的用户整合了工具，加速了数据开发和维护的进度，增加了数据的价值，主要体现在：

（1）软件开发人员可以使用基于 Eclipse 的插件来开发自定义文本分析函数，以分析松散结构或基本上无结构的文本数据。

（2）管理人员可以使用基于 Web 的管理控制台来检查软件环境的状态，查看日志记录，评估系统的整体健康状况等。

（3）数据科学家和业务分析师可以使用数据分析工具，在类似熟悉的电子表格环境中探索和处理非结构化数据。

InfoSphere BigInsights 是建立在 Apache Hadoop 开放源代码框架之上的，它可以在常用的低成本硬件上并行地运行，可以轻松扩展平台以分析各种来源的数百 TB、PB 或更多的原始数据。随着信息量的增长，其中仅需要添加更多的硬件就可支持更多数据的涌入。

12.1.1　几个角色

图 12.1 给出了 InfoSphere BigInsights 的环境。

1. 系统管理员

系统管理员在系统上安装、配置和备份 InfoSphere BigInsights 组件，监视集群以确保 InfoSphere BigInsights 环境运行良好并以最佳性能运行。

为了帮助管理 Hadoop 集群，InfoSphere BigInsights 在基于 Web 的控制台上提供了管理功能，可提供集群的实时交互视图。系统管理员使用 Web 控制台检查 InfoSphere BigInsights 环境的运行状况、集群节点的运行状况以及 Hadoop 分布式文件系统（HDFS）的内容。

Web 控制台的仪表板汇总了系统的运行状况，系统管理员可以进入仪表板查看有关各个组件的运行状况和状态的详细信息。系统管理员还可以完成其他任务，如添加和删除节点，检查 MapReduce 作业的状态，浏览 HDFS 目录结构以查看文件和创建新文件等。

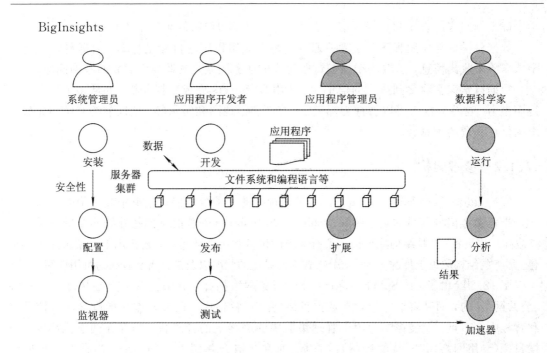

图 12.1　InfoSphere BigInsights 环境

系统管理员和应用程序管理员都可以停止运行应用程序。

2. 应用程序开发者

应用程序开发者开发、发布和测试 InfoSphere BigInsights 应用程序。用户与数据科学家合作理解每个应用程序的功能以及应用程序，从而帮助其解决业务问题。

在收集规范和需求后，应用程序开发者编写应用程序以满足特定业务需求。应用程序开发者可以创建自定义应用程序，使用其中一个 InfoSphere BigInsights 应用程序，或运行产品附带的应用程序。

应用程序开发者可以使用几种语言之一（如 JAQL 或 Pig 语言）编写应用程序，然后与 InfoSphere BigInsights 文本分析功能整合，以汇总、查询和分析存储在文件系统中的数据。

应用程序编写完成后，应用程序开发者将其发布到测试环境中，以确保其正常工作。然后应用程序开发者与应用程序管理员一起部署应用程序，一般数据科学家可以独立完成数据分析。

3. 应用程序管理员

应用程序管理员在系统中发布应用程序，将应用程序部署到集群，并为应用程序分配权限。应用程序管理员与应用程序开发者一起工作，以确保应用程序在发布和部署前正常工作。

将应用程序部署到集群后，应用程序管理员与数据科学家一起工作，以确保 InfoSphere BigInsights Web 控制台中的必要应用程序可用。

应用程序管理员与系统管理员都可以停止运行应用程序。

4. 数据科学家

数据科学家收集数据、完成分析，并可视化洞察力，提供特定业务问题的答案。数据科学家确定哪些应用程序和数据源信息需要汇总，以及如何将结果呈献给目标观众。

数据科学家与应用程序开发者一起确定每个应用程序的目标是什么。数据科学家将指定数据源来收集信息，这取决于他们试图解决的业务问题，或者他们需要回答的问题。

数据科学家在收集到适当的信息后，使用 BigSheets 完成数据分析，并从多个数据源获得洞察力。这些洞察力可以被视为标记云、条形图、地图和饼图等，从以前的非结构化数据中提供可消费的信息。

12.1.2 参考架构

安装 InfoSphere BigInsights 前，参考架构有助于了解如何在集群中配置服务。

推荐参考架构的目的是，在 InfoSphere BigInsights 安装的不同拓扑结构中减少单(节)点故障。以下每个拓扑结构除了指示了所要求的设备和机架数目外，还指示了跨集群服务的构建。服务的结构取决于集群的大小、分布式文件系统的状况以及是否需要较高的可用性等。

图 12.2 给出了 InfoSphere BigInsights 服务网络拓扑，其中公共节点是暴露给数据源(公共网络)的，而私有节点包含在数据目标(专用网络)中。私有节点是指包含在可信网络和背板中的节点。安装控制台用于管理集群中的网络上的计算机。当存在两层网络时，数据目标(专用网络)和安装的控制台(背板)通常会被合并到一个网络中。当存在三层网络时，背板通常比数据目标(专用网络)慢 10 倍。安装 InfoSphere BigInsights 时，请不要将其安装到背板上。

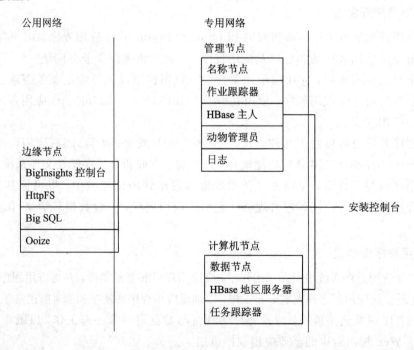

图 12.2 InfoSphere BigInsights 服务网络拓扑

1. 多节点集群拓扑

图 12.3 为多节点集群拓扑图。图中，5 个节点的集群拓扑常被用于验证概念和沙箱

(Sandbox)环境。建议实施 InfoSphere BigInsights 的最低要求为 5 个节点，其中 3 个计算节点通过在 3 个副本服务器上分发工作来提高数据的可靠性和性能。所有的服务都运行在两个管理节点上，而数据处理在 3 个计算节点上进行。此拓扑通常用于概念验证(POC)和沙箱环境。

2. 单机架集群拓扑

图 12.4 所示为单机架环境下的中型集群拓扑结构。单机架集群拓扑常用于资源受限的情况，其最重要功能的是分配机器进行数据存储。

在这种类型中，一个机架集群是由 20 台机器实现的。使用 6 台机器作为管理节点，14 台机器用作计算节点。如果发生故障，Secondary NameNode 用于备份 NameNode。InfoSphere BigInsights 控制台和 HttpFS 服务器位于公共网络上的一台计算机上，而 Hive 和 Big SQL 位于公共网络上的另一台计算机上。所有其他 Hadoop 服务都在专用网络上进行。

在这种拓扑结构中，较高的可用性是不现实的，因为所有的机器共享电源或网络交换机。如果要在集群中实现高可用性，则至少需要三个机架。

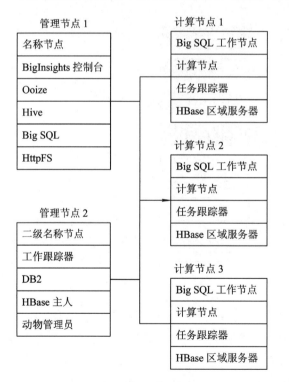

图 12.3　多节点集群拓扑　　　　　　　　图 12.4　单机架环境下的中型集群拓扑

3. 多机架的高可用性集群拓扑

在典型的 Hadoop 集群中，当集群大小超过单个机架时，高可用性(HA)变得非常重要。InfoSphere BigInsights 支持三种类型的多机架 HA 集群配置。

在这些拓扑结构中，一个 HttpFS 服务器存在于多个机架上，以实现带宽负载平衡；并且 ZooKeeper 服务器应该存在于每个机架上,以支持高可用性。

在每个 HA 集群拓扑中,HBase 主节点分布在三个机架上以实现冗余配置。 InfoSphere BigInsights 控制台、Big SQL、Hive 和 HttpFS 服务器未配置为故障转移。报警 管理服务器、InfoSphere BigInsights 应用程序目录和 Oozie 在单独的机架上运行,以便在 其出现故障时最大程度地降低对集群的影响。另外,数据分布在 80 个数据节点上,以管理 集群中的数据。

4. GPFS 高可用性集群拓扑

使用 GPFS 高可用性(HA)而不是使用网络文件系统(Network File System,NFS),来 支持 JabTracker 组件的高可用性的 GPFS 集群。

在 GPFS 集群中,使用 Adaptive MapReduce(自适应 MapReduce)管理高可用性。 GPFS 集群要求三台共享高可用性的管理组件的磁盘系统的计算机池,这是为自适应 MapReduce提供高可用性。ZookKeeper 服务器上必须有专用的本地磁盘来 ZooKeeper 快照 的 I/O 事务处理。

在图 12.5 中,HBase 主节点分布在三个机架上以实现冗余。数据分布在 176 个节点 上,以便管理大型集群中的数据。

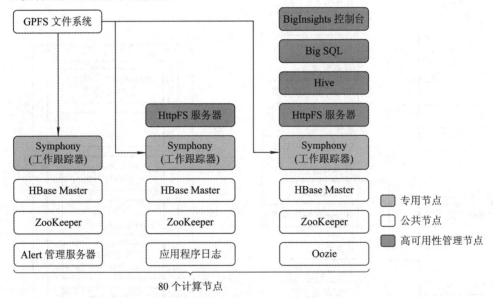

图 12.5　分散在三个机架上的具有 97 台机器的 GPFS HA 集群拓扑

5. 网络文件系统高可用性集群拓扑

NFS 高可用性(HA)集群拓扑是开源技术与 IBM 公司增强的 MapReduce(自适应 MapReduce)的混合解决方案。

NFS HA 拓扑采用 HDFS 作为分布式文件系统,使用网络文件系统(NFS)实现高可用 性。高可用性管理器和 NameNode 服务器在同一台计算机上共享资源,并将这些组件复制 到集群中的每个机架上。

InfoSphere BigInsights 控制台、Big SQL、Hive 和 HttpFS 服务器位于同一个机架上,

但备份在高可用性的 NFS 中，其集群拓扑如图 12.6 所示。

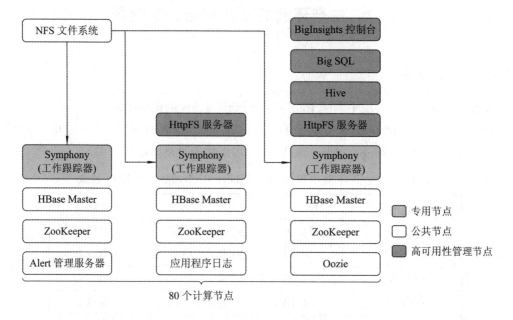

图 12.6　分散在三个机架上的具有 97 台机器的 NFS HA 集群拓扑

6. 仲裁日志管理器的高可用性集群拓扑

通常，大型集群拓扑采用了 Hadoop 分布式文件系统(HDFS)作为分布式文件系统，以及管理 NameNode 高可用性(HA)的仲裁日志管理器(Quorum Journal Manager，QJM)。

图 12.7 所示为具有三个使用 QJM HA 的机架的集群。NameNode 在发送故障时分散在两个机架上，JobTracker 存在于第三个机架上。

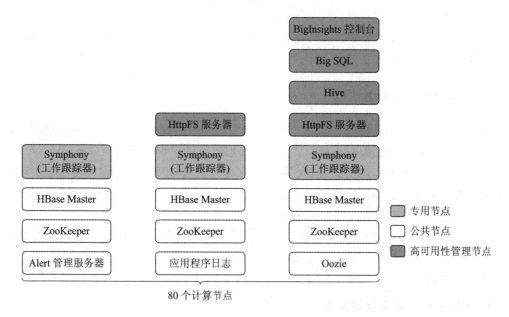

图 12.7　分散在三个机架上的具有 98 台机器的 QJM HA 集群拓扑

12.2　生产环境的硬件规格及加速器

12.2.1　硬件要求

硬件要求是在生产环境中实施 InfoSphere BigInsights 的最低要求。

根据环境不同，硬件要求可能会有所不同，但这些硬件要求通常适用于安装了 InfoSphere BigInsights 的生产环境。表 12.1 给出了相关节点的硬件要求。

表 12.1　生产环境中实施 InfoSphere BigInsights 的硬件要求

节点名称	内存要求	CPU 要求	磁盘要求
控制台	128 GB	64 位，2.4 GB	2 TB 以上
二级 NameNode	128 GB	64 位，2.4 GB	2 TB 以上
NameNode	128 GB	64 位，2.4 GB	2 TB 以上
JobTracker	132 GB	64 位，2.4 GB	2 TB 以上
DataNode	48 GB	64 位，2.4 GB	3 TB 以上

InfoSphere BigInsights 为大量用户整合了工具，加快了开发速度，同时也简化了开发和维护过程，主要表现为：

（1）软件开发者可以使用基于插件的 Eelipse 工具开发文本分析函数，分析松散结构或大型无结构的文本数据。

（2）管理员可以使用基于 Web 的管理控制台检查软件环境的状态，查看日志记录，评估系统的整体健康状况等。

（3）数据科学家和业务分析师可以使用数据分析工具，在类似熟悉的电子表格环境中探索和处理非结构化数据。

12.2.2　IBM 大数据加速器

IBM 公司提供了加速开发与实现大数据分析应用程序的解决方案，这些应用程序或加速器可以处理特定类型的数据或操作，如机器日志以及社交媒体数据的分析等。

加速器为特定用例提供业务逻辑、数据处理和可视化功能。通过使用加速器，可以帮助应用高级分析来整合和管理不断进入组织的数据的类型、速度和数量。加速器还提供了一个开发环境，用于构建适合特定需求的分析应用程序。

IBM InfoSphere BigInsights 中提供了分别用于数据分析和社交数据分析的两款加速器，在 InfoSphere Stream、IBM 社交数据分析加速器和 IBM 电信事件数据分析加速器均附带这两款加速器，以下对其做一介绍。

1. IBM 机器数据分析加速器

IBM 机器数据分析加速器可以从诸如机器数据文件、智能设备和遥测等数据源来获取、提取、索引、搜索、转换和分析各种机器数据，并帮助我们在几分钟内处理数据，而不是花费几天或几周的时间。其系统结构如图 12.8 所示。

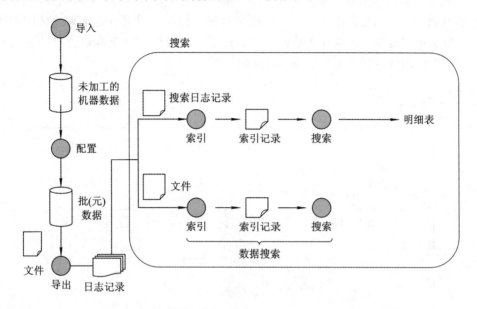

图 12.8　IBM 机器数据分析加速器

通过使用 IBM 机器数据分析加速器进行机器数据分析，企业可以深入了解运营、客户体验、交易和行为等。由此产生的信息可以用于主动提高运营效率，排除故障，调查安全事件，并监控端到端的基础设施，以免服务降低或中断。

利用 IBM 机器数据分析加速器进行机器数据分析，可以实现如下功能：

（1）在基于文本搜索、分面搜索或基于时间搜索的多个机器数据条目内及其之间进行搜索，以查找事件。

（2）通过在现有存储库中添加和提取日志类型，丰富数据的内容。

（3）跨系统连接与事件关联。

（4）发现新模式（或知识）。

典型的 IBM 机器数据分析加速器的工作流包括组织批数据，将这些批数据复制到分布式文件系统，然后提取、索引、搜索、转换与分析数据。

IBM 机器数据分析加速器支持用于分面搜索和根原因分析用例。当需要搜索和过滤数据时，分面搜索是非常有用的。在这个模式下，每个信息单元都按照多个维度进行分类，允许分面搜索根据目标和数据提取结果。

（1）分面搜索。根据文本、方面和时间表执行数据记录搜索，以找到相关信息、响应信息请求、确认报告的问题并加快故障排除措施。它可以采用提取和索引方法来实现。

（2）根原因分析。探索事件的模式和意义，以加快和扩大我们对根原因的理解，这有助于我们隔离事件的根本原因，并采取有效的对应措施。它可以采用提取、转换、时间窗口转换、连接转换、分析、频率序列分析和显著性分析方法来实现。

2. IBM 社交数据分析加速器

来自社交媒体论坛的数据包含了有关用户偏好的宝贵信息。但是，访问和处理这些信息需要大规模的导入、配置和分析。IBM 社交数据分析加速器是一组端到端的应用程序，从推文、留言板和博客中提取相关信息，然后根据特定用例和行业构建用户的社交档案。图 12.9 给出了 IBM 社交数据分析加速器的流程图。

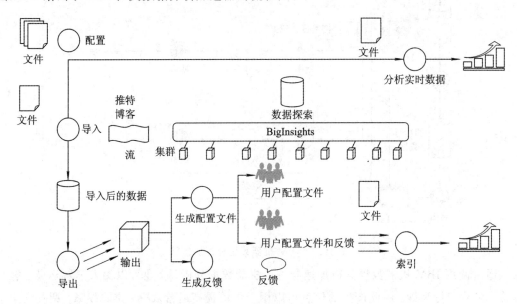

图 12.9　IBM 社交数据分析加速器的流程图

用 IBM 社交数据分析加速器进行社交数据分析，可以实现如下功能：

（1）导入和分析社交媒体数据，识别用户特征（如性别、位置、姓名和兴趣爱好）。

（2）跨消息和来源开发全面的用户配置文件。

（3）将情绪表达配置文件、噪声、意图，以及与公司所有的品牌、产品等相关联。

IBM 社交数据分析加速器的典型工作流由导入数据文件与配置、索引和分析数据组成。

12.3　管理大数据环境——概述与入门练习

本节将介绍如何使用 Apache Hadoop InfoSphere BigInsights 3.0 版本（IBM 公司基于 Hadoop 的平台）来处理大数据。具体来说，将介绍使用 Hadoop 分布式文件系统（HDFS）的基础知识，了解如何使用 BigInsight Web 控制台管理 Hadoop 的环境。启动示例 MapReduce 应用程序后，我们将处理涉及社交媒体数据的更复杂的场景。在此过程中，我们将用电子表格式界面来发现全球知名品牌的信息而不需要编写任何代码。最后，将介绍如何将行业标准 SQL 应用于由 BigInsights 通过 IBM Big SQL 技术来管理数据。

1. 环境

我们将在 InfoSphere BigInsights 3.0 快速入门版本 VMware 映像上工作。按照下面的步骤下载并安装单节点集群 VMware 映像：

步骤 1　打开网站 https：//www-01. ibm. com/marketing/iwm/iwm/web/preLogin. do？ source＝swg-ibmibqse&S_CMP＝web_dwchina_rt_swd&S_PKG＝ov13483&lang＝zh_CN，网站的首页如图 12.10 所示。

图 12.10　下载网站的首页界面

步骤 2　注册 IBM 账号，并登录，如图 12.11 所示。登录后的三个条件可任意选择，最后同意协议，进入下一界面。

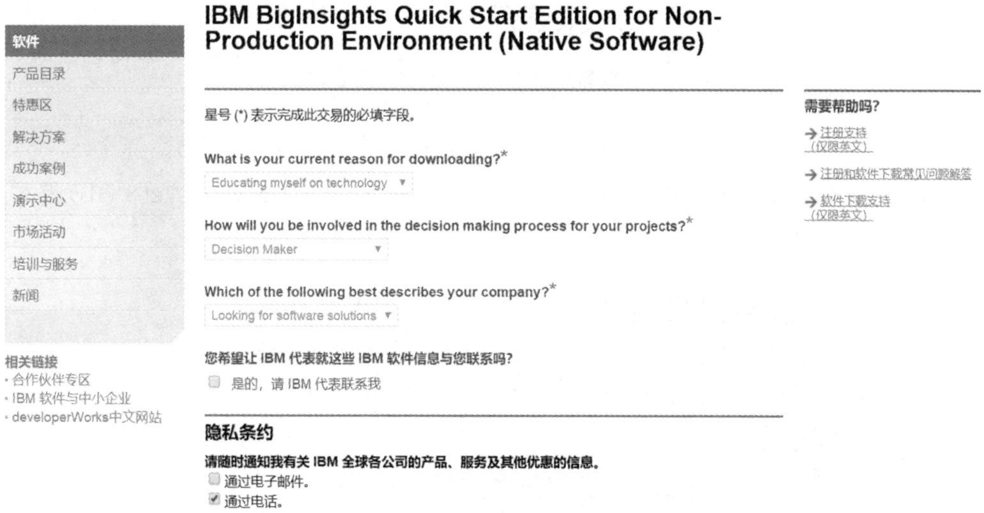

图 12.11　注册 IBM 账号与登录界面

步骤 3　点击 link 下载 3.0.0.2 版本镜像，如图 12.12 所示。

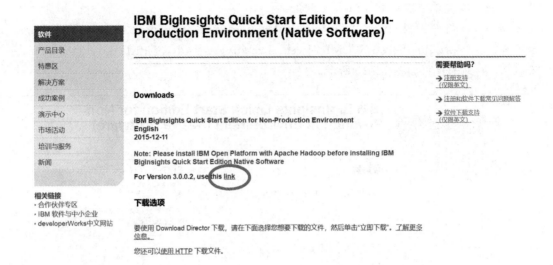

图 12.12　点击 link 下载 3.0.0.2 版本镜像的界面

步骤 4　任意选择条件，同意协议后进入下一界面，如图 12.13 所示。

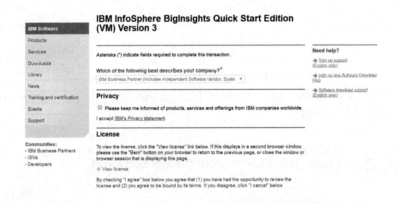

图 12.13　同意协议界面

步骤 5　使用 http 下载，选择 iibi3002_QuickStart_Single_VMware. 7z(8 GB)版本。下载界面如图 12.14 所示。

图 12.14　使用 http 下载 iibi3002_QuickStart_Single_VMware.7z(8 GB)版本的界面

下载完成后再进行解压缩，解压缩完成后如图 12.15 所示。

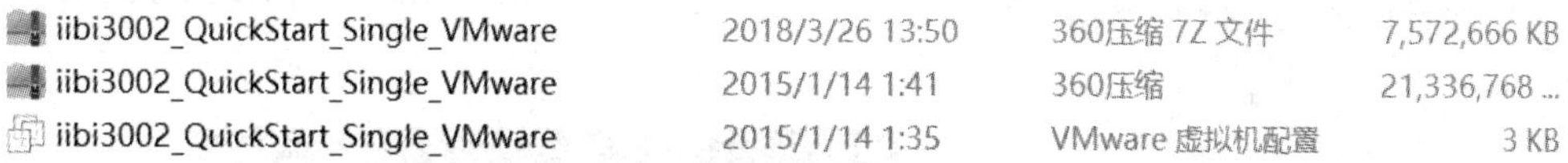

	iibi3002_QuickStart_Single_VMware	2018/3/26 13:50	360压缩 7Z 文件	7,572,666 KB
iibi3002_QuickStart_Single_VMware	2015/1/14 1:41	360压缩	21,336,768 ...
iibi3002_QuickStart_Single_VMware	2015/1/14 1:35	VMware 虚拟机配置	3 KB

图 12.15　解压缩的文件列表

步骤 6　打开 Vmware，点击打开虚拟机。虚拟机的界面如图 12.16 所示。

图 12.16　虚拟机界面

进入到解压目录，打开虚拟机配置文件，其界面如图 12.17 所示。

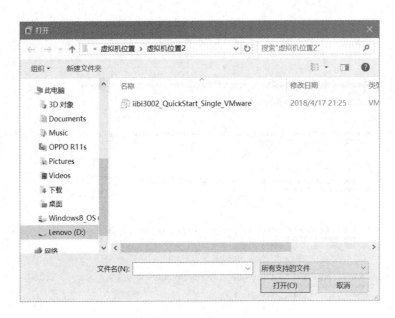

图 12.17　虚拟机配置文件界面

配置结束后可开启此虚拟机，所开启的虚拟机界面如图 12.18 所示。

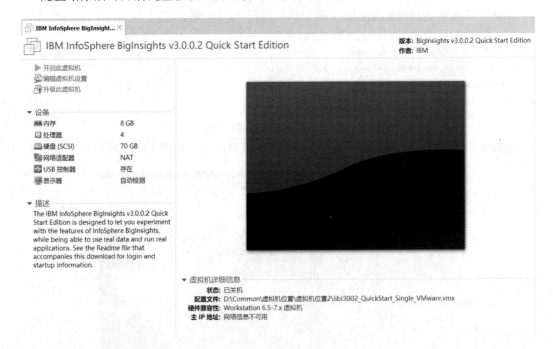

图 12.18　配置结束后所开启的虚拟机界面

注：本书中的屏幕截图描述的示例和结果可能与完成练习时看到的不同。另外，一些代码示例可能需要配置以符合所处的环境。例如，可能需要更改目录路径信息或用户标识信息。

VMware 映像的设置参数如图 12.19 所示。

	Users	Password
VM Image root account	root	password
VM Image lab user account	biadmin	password
BigInsights Administrator	biadmin	biadmin
Big SQL Administrator	bigsql	bigsql
Lab users	biadmin	password

Property	Value
Host name	bivm.ibm.com
BigInsights Web Console URL	http://bivm.ibm.com:8080
Big SQL database name	bigsql
Big SQL port number	51000

图 12.19　VMware 映像的设置参数

2. 入门练习

开始实验练习前，我们需要安装并启动 VMware 映像以及启动所需的服务。

按照提供的说明解压(unzip)该文件，并将该映像安装到计算机上。请注意，有一个自述文件(README)，其中包含其他信息。

启动 VMware 映像。首次登录时，请使用 root 用户名(密码为 password)。按照说明配置你的环境，接受许可协议，并在出现提示时输入 root 和 biadmin 标识(root/password 和 biadmin/biadmin)的密码。启动后的界面，如图 12.20 所示。

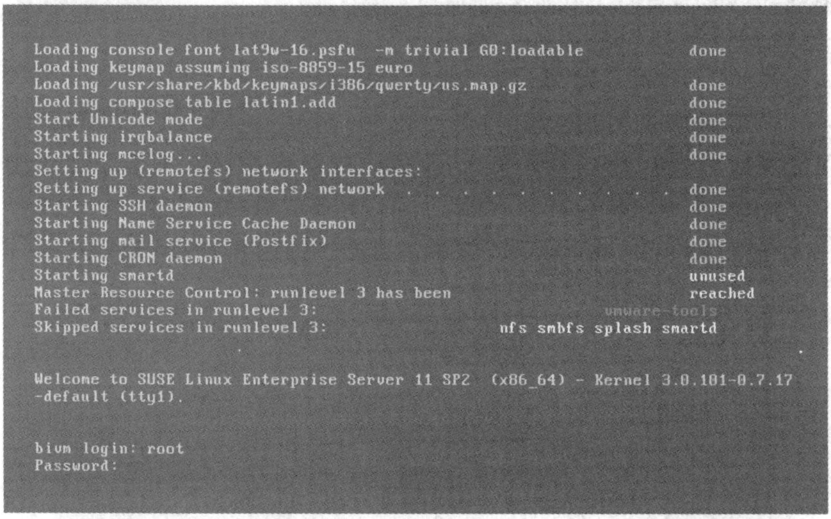

图 12.20　安装启动虚拟机后的界面

当一次性配置过程完成后，将看到一个 SUSE Linux 登录界面如图 12.21 所示，然后以 biadmin 为用户名、以 password 为密码登录。

图 12.21　登录界面

验证你的屏幕所出现的界面与图 12.22 所示界面类似。

单击 Start BigInsights（参见图 12.23）开始所有所需的服务。（或可以打开终端窗口并使用这个命令 $BIGINSIGHTS_HOME/bin/start-all.sh。）

图 12.22　登录完成后出现的界面　　　　　　图 12.23　Start BigInsights 图标

（该图标在图 12.22 所示的界面上）

启动可能需要几分钟时间，具体取决于计算机的资源。另外，对于启动 BigInsights，可以在 BigInsigts 图标上单击鼠标右键，查看你可以选择打开的弹出窗口，如图 12.24 所示。

图 12.24　BigInsigts 图标上点击鼠标右键操作界面

验证所有必需的 BigInsights 服务已启动并运行。接着在终端窗口中，发出命令 $ BIGINSIGHTS_HOME/bin/status. sh。

查看运行结果，其中的一个服务子集如图 12.25 所示。需要验证组件 ham、zookeeper、hadoop、catalog、hive、bigsql、oozie、console 和 httpfs 是否成功启动。

```
▾ Terminal
File  Edit  View  Terminal  Help
Please standby while BigInsights services are started. It might take some time,
depending on your machine configuration
[INFO] DeployCmdline - [ IBM InfoSphere BigInsights Quickstart Edition ]
[INFO] Progress - Start hdm
[INFO] @bivm.ibm.com - hdm started, pid 4997
[INFO] Progress - 10%
[INFO] Progress - Start zookeeper
[INFO] HdmUtil - Install configuration has changed in the system, reloading...
[INFO] @bivm.ibm.com - zookeeper started, pid 5218
[INFO] Deployer - zookeeper service started
[INFO] Progress - 20%
[INFO] Progress - Start hadoop
[INFO] @bivm.ibm.com - namenode started, pid 5422
[INFO] @bivm.ibm.com - secondarynamenode started, pid 5816
[INFO] @bivm.ibm.com - datanode started, pid 6049
[INFO] Progress - 23%
[INFO] Deployer - Waiting for Namenode to exit safe mode...
[INFO] Deployer - Waiting another 5 seconds for namenode to exit safemode.  Chec
k the namenode log for details.
[INFO] Deployer - Waiting another 5 seconds for namenode to exit safemode.  Chec
k the namenode log for details.
[INFO] Deployer - Waiting another 10 seconds for namenode to exit safemode.  Che
ck the namenode log for details.
[INFO] Deployer - HDFS cluster started successfully
[INFO] Progress - 24%
[INFO] Progress - 25%
^[^A[INFO] @bivm.ibm.com - jobtracker started, pid 6891
^[^A[INFO] @bivm.ibm.com - tasktracker started, pid 7172
[INFO] Progress - 30%
[INFO] Deployer - MapReduce cluster started successfully
[INFO] Progress - Start catalog
[INFO] DB2Operator - Starting DB2 Instance db2inst1 on node bivm.ibm.com. Databa
se to be activated BIDB
[INFO] DB2Operator - DB2 node bivm.ibm.com is started with process ID 7977
[INFO] DB2Operator - Database BIDB has been activated
[INFO] Progress - 40%
[INFO] Progress - Start hbase
[INFO] Deployer - check zookeeper services, make sure zookeeper service is start
ed before start hbase service
[INFO] @bivm.ibm.com - hbase-master(active) started
[INFO] @bivm.ibm.com - hbase-regionserver started
[INFO] Deployer - hbase service started
[INFO] Progress - 50%
[INFO] Progress - Start hive
[INFO] DB2Operator - Starting DB2 Instance db2inst1 on node bivm.ibm.com. Databa
se to be activated BIDB
```

图 12.25　BigInsights 服务已启动并运行的结果界面

当我们看到图 12.25 所示的信息时，说明 BigInsights 脚本已安装完毕。该列表包括以下 Hadoop 程序组件或机器：NameNode、HDFSJobTrackerTaskTracker、MapReduce、Catalog、DB2、HBaseZooKeeper、Hive、BigSQL、Oozie、Consol 和 Httpfs 等。

现在我们已准备好开始处理大数据了。

3. 使用 InfoSphere BigInsights 控制台

对于本练习，我们应登录到 InfoSphere BigInsights 控制台浏览"Welcome"页面，并确保所有 InfoSphere BigInsights 节点都在运行。

为了 InfoSphere BigInsights 正常运行，需要诸如 MapReduce、Hadoop 分布式文件系统（HDFS）或通用并行文件系统（GPFS）等节点，这些节点可以直接从 InfoSphere BigInsights 启动控制台启动、停止和管理。此外，可以使用 InfoSphere BigInsights 控制台查看集群运行状况，部署应用程序，管理文件和集群实例，以及从单个位置计划工作流程、作业和任务。

为此我们要首先登录到 InfoSphere BigInsights 控制台；其次浏览 Welcome 选项卡的每部分，详细了解可用的任务和资源。

1）浏览 InfoSphere BigInsights 控制台

（1）在 Welcome 选项卡上，选择 Quick Links 部分下的访问安全集群服务器（Access Secure Cluster Servers）。

将出现一个弹出窗口，其中包含 URL 列表和每个 URL 的别名。例如，单击"hive link"，将打开 Hive Web 界面进入到一个新的浏览器窗口。我们会看到一个开源工具，该工具是以管理为目的的，如浏览数据库方案以及产生会话等。关闭浏览器窗口将返回到 InfoSphere BigInsights控制台的首页。

（2）在 Cluster Status（集群状态）选项卡上，确保所有 InfoSphere BigInsights 节点正在运行。如果没有任何节点运行，请选择它，然后单击 Start（开始）。如果你要查看有关节点的更多信息，请选择它。从这个角度来看，如果节点正在运行，那么可以停止节点运行。在启动这些节点之后，它们应该保持活动状态（在本书的其余部分中都假设节点保持活动状态）。在默认情况下，监视不可用来优化性能。

（3）若要浏览你的分布式文件系统，请选择 File"文件"选项卡。在这里，你可以看到分布式文件系统的内容，创建新的子目录，上传用于测试目的的小文件以及完成其他文献相关的功能。

（4）熟悉使用 File 页面窗口顶部的图标所提供的功能（参见图 12.26），这些图标将在本书中使用。将鼠标停在图标上来了解其功能。

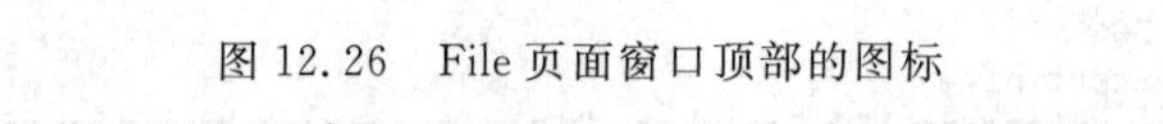

图 12.26　File 页面窗口顶部的图标

（5）展开左侧导航栏中的目录树。在这里，可以找到上传的文件并浏览现有的文件。要学习如何上传文件，可以使用"Importing data for analysis"（导入数据分析）教程。

（6）在 Application（应用程序）选项卡上，单击 Manage（管理）。在这里，你可以查看集群中可用的应用程序，将应用程序部署到集群，删除不再需要的应用程序。

（7）在 Manage application（应用程序）面板中，部署应用程序。例如，可以在模板中使用 BoardReader 应用程序，将当前 Web 数据导入到分布式文件系统中。选择 BoardReader 应用程序，然后单击 Deploy（部署）。在 Deploy Application（部署应用程序）窗口中，单击

Deploy。此应用程序的状态更改为已部署，并且该应用程序可从 Run application(运行应用程序)面板中使用。

(8) 要查看应用程序的状态，请单击 Application Status 选项卡。如果这是 InforSphere BigInsights控制台的首次使用，则不会列出任何应用程序、工作流或作业。运行应用程序、工作流或作业后，你可以从该页面上查看其状态。

2) 导入数据分析

(1) 了解使用 InforSphere BigInsights 控制台和 IBM 公司提供的应用程序，将数据从本地系统或网络导入分布式文件系统。

(2) 商业数据以各种格式和来源存储。在将数据导入 InforSphere BigInsights 分布式文件系统之前，必须确定通过分析回答那些问题，确定数据源的数据类型，以及使用最适合需求的工具和过程。可以将 InforSphere BigInsights 与现有的基础架构或数据仓库一起使用，以原始格式导入数据和内容，也可以导入大量静态数据或变化中传入的数据(不断更新数据)。导入数据后，可以单独浏览数据，也可以合并数据以完成探究与分析。

(3) 许多企业想要考察社交媒体中特定品牌或服务的受欢迎度。为此练习提供的数据是 BoardReader 应用程序在 Internet 上搜索短语"IBM Watson™"的实例的结果。在"developerWorks®文章"中使用 InfoSphere BigInsights 分析社交媒体和结构化数据。

4. 管理数据

在导入数据之前，我们首先创建一个文件夹来存储数据。其过程如下：

(1) 打开 InfoSphere BigInsights 控制台。

(2) 从 Files 选项卡中选择 DFS File 选项卡。

(3) 在分布式文件系统中建立一个目录存储这个数据。在 File 工具条上单击 Create Directory folder 光标。

(4) 给目录命名。对于此练习，在 DFS 文件选项卡中，创建目录 bi_sample_data。如果我们正在使用 InfoSphere BigInsights 快速入门版本，则主目录是/user/biadmin/。

(5) 在 bi_sample_data 目录中，创建名为 bigsheets 的子目录，可以在其中存储和访问与 BigSheets 教程相同的 IBM Watson™数据。

(6) 结果：有了一个存储所有(元)数据和应用程序结果的目录。

5. 用分布式文件复制应用程序导入数据

分布式文件复制应用程序使用 Hadoop 分布式文件系统(HDFS)、GPFS™、FTP 或 SFTP 将文件从远程复制到 InfoSphere BigInsights 分布式文件系统。也可以将文件复制到本地文件系统或从本地文件系统复制。

若要将分布式文件复制应用程序与 SFTP 结合使用，则可以创建凭证文件。凭证存储中有专用和公用文件。私人凭证存储包含在/user/username/credstore/private 目录每个用户的私人信息中。以下是 SFTP 属性文件的实例：

```
database = db2inst2
dbuser = pascal
password = [base64]LDo8LTor
```

注：分布式文件复制应用程序旨在移动大数据。该应用程序运行在 Linux 平台上。要

上传较小的数据集(小于 2G),可以使用 InfoSphere BigInsights 控制台的 Files 选项卡中的 Upload(上传)功能。

具体过程如下:

(1) 部署分布式文件复制应用程序以供我们使用。在 InfoSphere BigInsights 控制台的 Application 选项卡中,单击 Manage;从导航树中展开 Import directory(导入目录);选择 Distributed File Copy application,单击 Deploy 按钮;在 Deploy Application 窗口,选择 Deploy。

(2) 从层次结构树窗口顶部的工具栏中选择 Run(运行)。

(3) 选择 Distributed File Copy application。

(4) 定义的应用程序参数:

① 指定执行名称。该步创建一个项目,你可以跟踪结果并在以后重用该项目。将执行名命名为 dc_ibmwatson。

② 在 Input path field(输入路径字段)中,指定本地文件系统上 article_sampleData 文件的完全路径。例如,sftp://username:password@localhost/file/path/article_sampleData/blogs-data.txt,如果你只提供目录名称作为输入,则将上载本地目录中的所有文件;如果未指定 SFTP 或 FTP 连接或 GPFS 文件系统,则默认为 HDFS。

③ 在 Output path field(输入路径字段),指定要存储数据的完全限定路径,如 /bi_sample_data/bigsheets/article_sampleData。如果你正在使用 InfoSphere BigInsights快速入门版,则目录是/user/biadmin/bi_sample_data/bigsheets /article_sampleData。确保在文件路径中包含要导入的文件名,以防止文件夹被误认为是数据文件的名称。

④ Optional:如果使用 SFTP 连接到本地文件系统,请使用 Browse(浏览)按钮在 InfoSphere BigInsights 凭证存储中指定属性文件的完全限定路径。

(5) 选择 Run 导入文件。

(6) 对 news-data.txt 文件重复步骤(4)和(5)。

(7) 验证 Distributed File Copy(分布式文件复制应用程序)是否成功导入。要验证导入,可以在 Application History(应用程序历史记录)面板中检查状态。返回到 Files 选项卡,然后找到/bi_sample_data/bigsheets 目录,就可以找到导入结果。如果正在使用 InfoSphere BigInsights 快速入门版本,则目录是/user/biadmin/bi_sample_data/bigsheets/article_sampleData。

小　　结

本章介绍了大数据系统的一个主要系统 InfoSphere BigInsights Hadoop,是 IBM 公司的一个基于 Hadoop 开源代码而开发的。它可以帮助企业和机构理解和分析大量的非结构化信息,还可以在常用的低成本硬件上并行地运行。

InfoSphere BigInsights 可以帮助企业或机构中的应用程序开发人员、数据科学家和管理人员快速构建和部署自定义分析系统,从数据中获取有用的价值。这些数据通常集成到现有的数据库、数据仓库和商业智能基础设施中。通过使用 InfoSphere BigInsights,用户可以从这些数据中提取新的内涵，从而增强对业务的了解。

　　本章首先介绍了 InfoSphere BigInsights 环境及参考架构，要求硬件应具有 64 位处理器、2.4 GB CPU 和 2TB 以上的硬盘，参考架构有助于了解如何在集群中配置服务。其次，介绍了 IBM 所提供的加速，这对开发与实现大数据分析应用程序提供了良好的解决方案。最后我们给出了一个练习，其目的是管理大数据环境。

思考与练习题

12.1　InfoSphere BigInsights 有何特点？

12.2　InfoSphere BigInsights 环境中有哪几个主要角色，其作用分别是什么？

12.3　InfoSphere BigInsights 的多节点集群拓扑是如何构成的？

12.4　InfoSphere BigInsights 的单节点集群拓扑是如何构成的？

12.5　什么是大数据加速器，其作用如何？

12.6　利用 IBM 加速器进行机器数据分析可以完成哪些任务？

12.7　请独立完成题 12.4 的练习，写出练习结果（提交练习过程中的实施步骤和相关界面截图）。

第 13 章　Hadoop 分布式文件系统

13.1　Hadoop 分布式文件系统(HDFS)基本知识及架构

　　HDFS 存储大型文件,通常在多台机器上存储 GB 到 TB 范围的数据。HDFS 通过在多台主机上复制数据来实现可靠性,因此从理论上来说,它不需要主机上的 RAID 存储设备,但为了提高 I/O 性能,配置一些 RAID 还是非常有必要的。由于它默认复制的值为 3,因此数据存储在三个节点上:两个节点在同一个机架,另一个节点在不同的机架上。数据节点可以相互对话来重新平衡数据的负载,移动副本,保持数据可靠性。HDFS 并不完全符合 POSIX 标准,原因是 POSIX 文件系统的要求与 Hadoop 应用程序的目标要求不同,没有完全符合 POSIX 的标准文件系统既提高了数据吞吐性能,又支持诸如 Append 之类的非 POSIX 操作。

　　HDFS 是为大多数不可变文件设计的,可能不适合并发写操作的系统要求。HDFS 可以直接安装在 Linux 以及某些 Unix 文件系统用户空间(File System in User Space,FUSE)中的虚拟文件系统上。

　　文件访问可以通过本地 Java 应用程序编程接口(API)、第三方 API 生成的客户端(用户可以选择 C＋＋、Java、Python、PHP、Ruby、Erlang、Perl、Haskell、C♯、Cocoa、Smalltalk 和 OCaml 语言生成客户端)、行命令界面,以及通过 HDFS-UI Web 应用程序浏览 HTTP 上的浏览器或通过第三方客户库来实现。

　　HDFS 或 Hadoop 分布式文件系统是一个分块结构的文件系统,其中的每个文件被分成预定大小的块。这些块的默认大小为 64 MB。这些块存储在一个或多个机器的集群中。Hadoop HDFS 架构遵循主/从体系结构,其中的集群由单个 NameNode(主节点)和多个 DataNode(从节点)组成。在 Hadoop 系统中有 5 个服务总在后台运行,称为 Hadoop 守护进程服务。图 13.1 给出了 Hadoop HDFS 的架构。

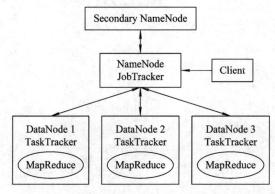

图 13.1　Hadoop HDFS 的架构

13.1.1　NameNode

NameNode 是 HDFS 的主节点，负责和管理 DataNode（从节点）上出现的块文件。NameNode 是一个高可用性的服务器，用于管理文件系统的命名空间并控制客户对文件的访问。一般来说，如果 Hadoop 中只有一个 NameNode，那么它是整个 Hadoop HDFS 集群中的单节点故障的根源。

DataNode 发送 Heaetbeat（心跳信号），每发送 10 次 Heartbeat 就向 NameNode 发送一个 Block（块）报告，NameNode 从 Block 报告中建立元数据。如 NameNode 关闭，则 HDFS 就停止工作。NameNode 具有如下功能：

（1）管理文件系统的命名空间。

（2）在内存中存储所有的元数据，包括文件名及文件（不在 fsimage 中）的所有块的位置、权限、所有者和组。

（3）元数据在内存中维护满足读操作的要求。元数据的大小受限于可用的 RAM 存储器，如果将内存从 RAM 中移出，则会导致 NameNode 崩溃。

（4）为每个集群中设置一个 NameNode。

（5）显式地进行格式化（hadoop-namenodeformat）。

（6）NameNode 维护和运行文件系统命名空间，如果文件系统命名空间或其属性有任何修改，则由 NameNode 跟踪。

（7）指导 DataNode（从节点）执行低级 I/O 操作。

（8）记录 HDFS 中的文件如何分块，这些块存储在哪些节点，以及 NameNode 管理集群配置。

（9）将文件名映射到一组块，并将块映射到它所在的 DataNode。

（10）记录存储在集群中的所有元数据，如文件的位置、文件的大小、权限、层次结构等。

（11）在事务日志（即 EditLog）的帮助下，NameNode 记录每一个发生在文件系统元数据上的变化。例如，如果一个文件在 HDFS 中被删除，NameNode 将立即会在 EditLog 中记录这个变化。

（12）NameNode 也负责处理所有块的复制因子。如果任何块的复制因子发生变化，NameNode将其变化记录到 EditLog 中。

（13）NameNode 定期从集群中的 DataNode 接收 Heartbeat 和 BlockReport，以确保 DataNode 工作正常。BlockReport（块报告）包含在一个 DataNode 中的所有块的列表内。

（14）如果数据节点发生故障，NameNode 将为新的副本选择一个新的数据节点，平衡磁盘的用量，并管理数据节点的通信流量。

13.1.2　DataNode 与辅助 NameNode

1. DataNode

DataNode 是 HDFS 中的从节点。与 NameNode 不同的是，DataNode 采用商用计算

机，也就是不昂贵的系统，因此不具有高质量或高可靠性。DataNode 是将数据存储在本地文件 ext3 或 ext4 中的块服务器中。DataNode 的功能如下：

（1）存储文件块。

（2）将来自于同一文件的不同的块存储到不同的 DataNode 中。

（3）复制因子配置。

（4）块大小配置。

（5）负责 DataNode 和 NameNode 以及与其他 DataNode 间的通信。

（6）DataNode 不必像 NameNode 那样显式地进行格式化。

（7）DataNode 中的多个磁盘由 dfs. data. dir 控制，以循环方式写入每个块，数据节点执行来自文件系统客户端的请求，执行低级的读/写操作。

（8）负责创建块、删除块，并根据 NameNode 的决定执行块的复制。

（9）定期将存在于集群中的所有块的报告发送给 NameNode。

（10）支持流水线数据。

（11）将数据转发到其他指定的 DataNode。

（12）DataNode 每隔 3 秒向 NameNode 发送一次 HeartBeat，报告 HDFS 的总体健康状况。

（13）DataNode 在其本地文件系统中将每个 HDFS 数据块存储到不同的文件中。

（14）当 DataNode 启动时，他们扫描本地文件系统，创建所有 HDFS 数据块的列表，并向 NameNode 发送一个 Block 报告。

2. 辅助 NameNode

在 HDFS 架构中，Secondary NameNode（称为辅助 NameNode）给人的印象是 NameNode 的替代品。我们知道 NameNode 存储了与 HDFS 中存储的所有块的元数据有关的重要信息，这些数据不仅存储在主存中，还存储在磁盘中，这两个相关的文件是：

（1）Fsimage：启动 NameNode 的文件系统映像。

（2）EditLog：启动 NameNode 后对文件系统进行的一系列修改。

辅助 NameNode 不能用于热备份或镜像节点。在辅助 NameNode 中，对内存需求与 NameNode 相同，通常运行在单独机器上，目录结构与 NameNode 相同。除了当前的检查情况外，它还保留以前对检查点的检查情况，可用于恢复 NameNode 故障，仅将当前目录拷贝到新的 NameNode 中。

辅助 NameNode 是一个不断读取 NameNode 的 RAM 中的所有文件系统和元数据，并将其写入硬盘或文件系统的节点。它负责将 EditLogs 与 fsimage 结合起来。它会定期从 NameNode 下载 EditLogs 并应用于 fsimage。新的 fsimage 被复制回 NameNode，NameNode 在下一次启动时使用它。

然而，由于辅助 NameNode 无法将元数据处理到磁盘，因此它不能代替 NameNode。所以，如果 NameNode 失败，整个 Hadoop HDFS 就会关闭，在这种情况下，我们必须手动启动辅助 NameNode 节点，就像集群中主节点扮演的角色那样。

与存储守护进程一样，计算守护进程也遵循主/从架构：JobTracker 是监督 MapReduce 作业总体执行的主节点；TaskTracker 管理每个从节点上各个任务的执行。

13.1.3　JobTracker 与 TaskTracker

1. JobTracker

JobTracker 守护进程是应用程序与 Hadoop 间的联络人。一旦代码提交给集群，JobTracker 首先确定哪个文件要处理，其次将节点分配给不同的任务并监视所有运行的任务，这样便来确定了执行计划。若任务失败，JobTracker 将自动重启任务。每个 Hadoop 集群只有一个 JobTracker 守护进程，它通常在服务器上作为集群的主节点运行。JobTracker 管理 Hadoop 集群中的作业（一般在一个 Hadoop 集群中只能有一个 JobTracker 存在），JobTracker 决定 TaskTracker 处理哪一个任务，它尝试将任务指向数据所在的 DataNode，并通过 Heartbeat 信息与 JobTracker 进行通信。

2. TaskTracker

每个 TaskTracker 负责执行 JobTracker 分配的各个任务。尽管每个从节点有一个 TaskTracker，但每个 TaskTracker 都可以产生 JVM，以并行的方式处理多个 Map 或 Reduce 任务。TaskTracker 的一个职责是不断地与 JobTracker 进行通信。如果 JobTracker 在规定的时间内未能收到 Heartbeat，它将假设 TaskTracker 已经崩溃，并将相应的任务重新提交给集群中的其他节点。TaskTracker 管理 DataNode 上的作业，每个 DataNode 有一个 TaskTracker。TaskTracker 在 JWM 中运行 MapReduce 任务，并分配一定数量的时隙用于运行任务。

在 Client 调用 JobTracker 开始处理作业后，JobTracker 将不同的 Map 和 Reduce 任务分配给每个工作时间进行工作。

13.2　其他文件系统与 Hadoop 的文件块

1. 其他文件系统

Hadoop 直接与任何分布式文件系统一起工作，该文件系统可以简单地采用 file：//URL，由底层操作系统加载。然而，这样做的代价是局部性的损失。为了减少网络的流量，Hadoop 需要知道哪些服务器最靠近数据，这将由 Hadoop 特定的文件系统提供信息。

2. Hadoop 的文件块

Hadoop 中的文件块与操作系统中的文件块是不同的。Hadoop 默认的文件块大小为 64MB，但对于较大的文件应该是 128 MB（推荐）。Hadoop 文件块存储在 3 个（默认）位置的 DataNode 中，其中一个位于单独的机架上。

文件块的名称和位置由 NameNode 管理。如果一个文件块小于 HDFS 文件块的大小，则只使用所需的空间。

默认安装假设所有节点都属于一个机架，其中复制因子通常为 3，并可通过 dfs. replication 参数进行设置。属于同一个机架的计算机位于同一个网络交换机。集群管理员确定哪台计算机属于哪个机架，并用 toplogy. script. name 来设置拓扑。每个节点在集群中的位置都由一个字符串来表示，其语法与文件的类似。

DataNode 将其位置作为注册信息的一部分发送给 NameNode。两台计算机间的距离可以通过汇总它们到最近的共同祖先的距离来计算。

13.3　HDFS 文件命令

文件系统(File System，FS)的外壳由 hadoop fs＜args＞调用，所有 FS 外壳命令都将路径 URI 作为参数，URI 格式为 scheme：//authority/path。对于 HDFS，scheme 为 hdfs；对于本地文件系统，scheme 为 file。scheme 和 authority 是可选的，如果没有指定，则使用配置中指定的默认 scheme。FS 外壳中的大多数命令行为与相应的 UNIX 的命令相似。下面介绍一些常用的 HDFS 文件命令。

1．cat

用法：hadoop fs -cat URI[URI...]

功能：将原路径复制到标准输出。

例如：

> hadoop fs -cat hdfs：/mydir/test_file1 hdfs：/mydir/test_file2
>
> hadoop fs － cat file：///file3/user/hadoop/file4

2．chgrp

用法：hadoop fs -chgrp [-R] GROUP URI[URI...]。

功能：更改文件的组关联。使用-R，递归地通过目录结构进行更改。

3．chmod

用法：hadoop fs -chmod [-R]＜MODE[，MODE]... |OCTALMODE＞。

功能：更改文件权限。使用-R，递归地通过目录结构进行更改。

4．chown

用法：hadoop fs -chown [-R] [OWNER][：[GROUP]]URI[URI]。

功能：使用-R，递归地通过目录结构进行更改。

5．copyFromLocal

用法：hadoop fs -copyFromLocal＜localsrc＞URI。

功能：将本地文件拷贝到 Hadoop 文件系统。

6．copyToLocal

用法：hadoop fs -copyToLocal [-ignoreCre] [-crc] URI＜localdst＞。

功能：将 Hadoop 文件系统中的指定文件拷贝到本地目录中。

7．count

用法：hadoop fs -count[-q]＜path＞。

功能：统计与指定文件模式匹配的路径下的目录、文件和字节数。输出栏为

　DIR_COUNT,FILE_COUNT, COUNT_SIZE FILE_NAME

用-q 输出栏为

　　QUOAT, REMAINING_QUATA, SPACE_QUOTA,

　　REMAINING_SPACE_QUATA, DIR_COUNT,FILE_COUNT,

　　CONTENT_SIZE,FILE_NAME

例如：

　　hadoop fs -count hdfs：/mydir/test_file1 hdfs：/mydir/test_file2

　　hadoop fs -count -q hdfs：/mydir/test_file1

8. cp

用法：hadoop fs-cp URI[URI...]<dest>。

功能：从源文件拷贝到目标文件。该命令允许操作多个源文件，但目标必须是一个目录。

例如：

　　hadoop fs -cp hdfs：/mydir/test_file file：///home/hdpadmin/foo

　　hadoop fs -cp file：///home/hdpadmin/foo file：///home/hdpadmin/boo

　　hdfs：/mydir

9. du

用法：hadoop fs -du URI[URI...]。

功能：显示包含在目录中的文件的合计长度或只有一个文件的文件长度。

例如：

　　Hadoop fs -du file：///home/hdpadmin/test_file hdfs：/mydir

10. dus

用法：hadoop fs -dus<args>。

功能：显示文件的总计长度。

11. expunge

用法：hadoop fs -expunge。

功能：清空垃圾。

12. get

用法：hadoop fs -get [-ignoreCre][-crc]<src><localdst>。

功能：将文件拷贝到本地文件系统。CRC 校验失败的文件可以用-ignoreCre 选项复制；可以用-crc 选项复制文件和 CRC。

例如：

　　Hadoop fs -get hdfs：/mydir/file file：///home/hdpadmin/loca file

13. getmerge

用法：hadoop fs -getmerge<src><localdst>[addn1]。

功能：将源文件和目标文件作为输出，源文件中的连接文件连接到目标本地文件。可以设置一个附加选项来在每个文件的末尾添加换行符。

14. ls

用法：hadoop fs -ls＜args＞。

功能：对于文件，使用下面格式返回文件中的统计信息：

-permissions number_of_replicasuseridgroupidfilesizemodification_datemodification_ timefilemane

对于目录，它将返回其直接子目录列表，如在 UNIX 中。目录列表如下：

-permissions useridgrougidmodification_datemodification_timedirname

例如：

hadoop fs -ls hdfs：/mydir/test_file

15. lsr

用法：hadoop fs -lsr＜args＞。

功能：ls 的递归版本与 Unix 的 ls -R 相似。

例如：

hadoop fs-lsrhdfs：/mydir

16. mkdir

用法：hadoop fs -mkdir＜paths＞。

功能：将 uri 作为路径参数并创建目录。这种行为非常像 Unix mkdir-p 沿路径创建父目录。

例如：

hadoop fs -mkdirhdfs：/mydir/foodirhdfs：/mydir/boodir

17. mv

用法：hadoop fs -mv URI[URI...]＜dest＞。

功能：将文件从源移动到目标。这个命令允许多个源。在这种情况下，目标必须是一个目录。跨文件系统移动文件是不允许的。

例如：

hadoop fs-mv file：///home/hdpadmin/test_file file：///home/hdpadmin/test_file1

hadoop fs-mv hdfs：/mydir/file1 hdfs：/mydir/file2 hdfs：/mydir3

18. put

用法：hadoop fs -put＜localsrc＞... ＜dst＞。

功能：将单源或多源从本地文件系统拷贝到目标文件系统。

例如：

hadoop fs-put file：///home/hdpadmin/test_file hdfs：/mydir

hadoop fs-put localfile1 localfile2 hdfs：/mydir

hadoop fs-put- hdfs：///mydir/input_file1（从 stdin 中读取输入）

19. rm

用法：hadoop fs -rm[-skip Trash]URI[URI...]。

功能：删除指定参数的文件，仅删除非空目录及文件。

例如：

　　hadoop fs-rm hdfs：/home/hdpadmin/test_file file：//home/hdpadmin/test_file

20. rmr

用法：hadoop fs -rmr[-skipTrash]URI[URI...]。

功能：删除的迭代版本。

例如：

　　hadoop fs-rmr file：///home/hdpadmin/mydir

　　hadoop fs-rmr-skipTrashhdfs：/mydir

21. setrep

用法：hadoop fs -setrep[-w][-R]<path>。

功能：改变文件的复制因子。

例如：

　　-hadoop fs-setrep-w 5 -R hdfs：/user/hadoop/dir1

22. stat

用法：hadoop fs -stat URI[URI...]。

功能：返回路径上的统计信息。

例如：

　　-hadoop fs-stat hdfs：/mydir/test_file

23. tail

用法：hadoop fs -tail[-f]URI。

功能：将文件的最后 1K 字节显示到 stdout 中。一f 选项可用于 Unix 中。

例如：

　　-hadoop fs -tail hdfs：/mvdir/test file

24. test

用法：hadoop fs -test-[ezd] URI。

功能：

(1)-e 查看文件是否存在，如果存在则返回 0。

(2)-z 查看文件的长度是否为 0，如果为真，则返回 0。

(3)-d 查看路径是否是目录，如果是真，则返回 0。

例如：

　　hadoop fs -test -e hdfs：/mydir/test_file

25. text

用法：hadoop fs -text<src>。

功能：将原文和输出文件转换为文本格式。

26. touchz

用法：hadoop fs -touchz URI[URI]。

功能：创建长度为 0 的文件。

例如：

    hadoop fs -touchzhdfs：/mydir/test_file

13.4　Hadoop 分布式文件系统的基本操作

从技术上来看，Hadoop 由两个关键服务组成：

（1）应用 Hadoop 分布式文件系统存储数据。

（2）采用 MapReduc 技术进行大规模并行数据处理。

在以下基本操作中，账号登录信息如表 13.1 所示。

表 13.1　账号登录信息

Username	Password
Linux biadmin	biadmin
VM image setup screen	password

13.4.1　初步操作

为了准备本节的基本操作，必须完成启动所有 Hadoop 组件的过程：

（1）单击 VMware Play 中的 Play 虚拟机按钮，以此启动 VMaware 映像。

（2）用以下凭证登录到 VMware 虚拟机。

    User：biadmin

    Password：password

（3）登录后，你的屏幕应与图 13.2 显示的界面相似。

图 13.2　登录后的界面

在应用 Hadoop 分布式文件系统工作前，我们必须首先启动所有的 BigInsights 组件。该启动有两种方法：通过终端和通过简单的双击图标。这两种方法将在下述步骤中给出。

第一种方法：通过终端双击图标。

步骤 1　通过双击 BigInsights Shell 图标（参见图 13.3）打开终端。

图 13.3　BigInsights Shell 图标

现在应在屏幕上出现多个图标，如图 13.4 所示。

图 13.4　打开 BigInsights Shell 图标后出现的多个图标

步骤 2　单击 Terminal 图标（参见图 13.5），或可以在图标上右击，并单击打开选项。

图 13.5　Terminal 图标

步骤 3　打开 Terminal 图标后，切换到 $BIGINSIGHTS_HOME/bin 目录（默认目录是/opt/ibm/biginsights），执行以下命令：

    cd $BIGINSIGHTS_HOME/bin

或

    cd /opt/ibm/biginsights/bin

执行命令的界面如图 13.6 所示。输入任何命令时，请注意这些命令和文件名是区分大小写的。

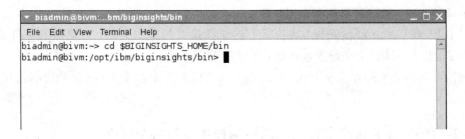

图 13.6　执行命令的界面

步骤 4　在 BigInsights 服务器上启动 Hadoop 组件（也称为守护进程）。我们可以练习用这些命令启动所有组件。请注意，该操作将需要几分钟运行。

　　./start-all.sh

这个命令将使得 Hadoop 所有组件程序，以 IBM BigInsights 安排它们的方式排列。其列表如图 13.7 所示。

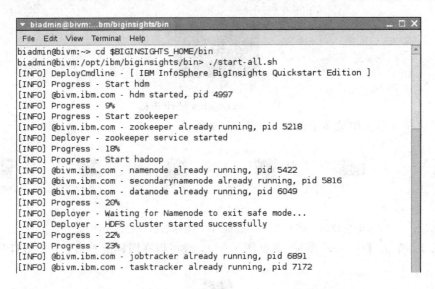

图 13.7　BigInsights 服务器上所启动的 Hadoop 组件

步骤 5　有时某些 hadoop 组件可能启动失败，你可以启动或停止这个失败。组件每次分别使用 start.sh 和 stop.sh。例如要启动和停止 Hive 使用：

　　./start.sh hive

　　./stop.sh hive

请注意，由于 Hive 最初没有失败，终端告诉我们已经在运行了。

步骤 6　所有组件启动成功后，你可以继续进行。

步骤 7　如果你想停止所有的组件，请执行下面命令。但对于本练习请保留所有启动的组件。

　　./stop-all.sh

下面，让我们看看如何通过双击图标来启动所有组件。

第二种方法：通过简单的双击图标。

双击 Start BigInsights 图标，将执行上述步骤提及的脚本文件。一旦所有组件都被启动，终端退出，系统已为您设置好环境，非常简单。

我们可以用类似的方法在 Stop Biginsights 图标上双击停止组件（在 Start BigInsights 图标右侧）。

13.4.2　Hadoop 分布式文件系统的终端操作与行命令界面

1. Hadoop 分布式文件系统的终端操作

Hadoop 分布式文件系统（HDFS）允许用户数据以文件和目录的形式组织在一起。它提供了命令行界面,称为 FS 外壳。该 FS 外壳让用户与 Hadoop MapReduce 程序可访问的 HDFS 中的数据进行交互。

与 HDFS 交互的方法有两种:

(1) 采用行命令,用以下格式调用 FS 外壳:

Hadoop fs <args>

(2) 用 BigInsights Web 控制台来操作 HDFS。

2. 行命令界面

我们将从 hadoop fs -ls 命令开始,它会返回具有许可信息的文件与目录列表。为了确保 Hadoop 组件都在运行,并使用与之前相同的终端窗口(以 biadmin 登录),请按下述这些说明执行。

(1) 列出根目录的内容,使用如下命令:

hadoop fs-ls/

该命令执行后的结果如图 13.8 所示。

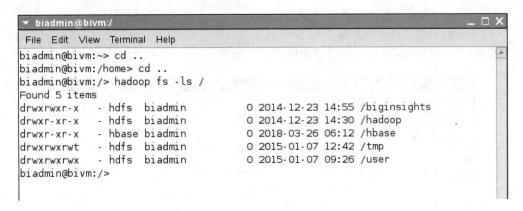

图 13.8 列出根目录的内容的命令执行后的结果

(2) 列出/user/biadmin 目录的内容,请执行以下命令:

hadoop fs -ls

该命令执行后的结果如图 13.9 所示。

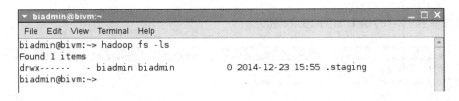

图 13.9 执行 hadoop fs -ls 命令的结果

或执行以下命令:

hadoop fs -ls /user/biadmin

该命令执行后的结果如图 13.10 所示。

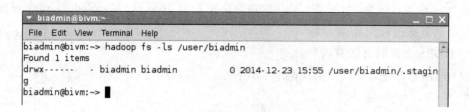

图 13.10　执行 hadoop fs -ls /user/biadmin 命令的结果

注意：在第一个命令中没有引用导向器（director），但它等价于明确指定/user/biadmin 的第二个命令。每个用户将在/user 下获得自己的主目录。例如，在用户 biadmin 的情况下，主目录是/user/biadmin，没有指定明确目录的任何命令将与用户的主目录相关联。本地文件系统（Linux）中的用户空间通常位于/home/biadmin 或/user/biadmin 下，但在 HDFS 中，用户空间为/user/biadmin（拼写为 user 而不是 usr）。

（3）创建目录 testing，可以发出下面命令：

　　hadoop fs -mkdir testing

（4）发出 ls 命令，再次查看子目录 testing：

　　hadoop fs -ls /user/biadmin

执行（3）、（4）中两个命令的结果如图 13.11 所示。

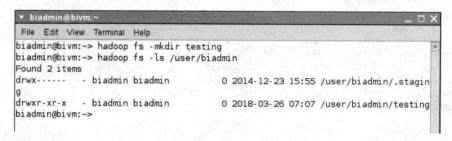

图 13.11　执行 hadoop fs -mkdir testing 和 hadoop fs -ls /user/biadmin 命令的结果

这里的 ls 结果与 Linux 的结果类似，但除了第二列（在本例中为"1"或"-"）。"1"表示复制因子（伪分布式集群通常为"1"，分布式集群通常为"3"）；目录信息保存在 NameDone 中，因此不限制复制（故为"-"）。

　　hadoop fs -ls /user

该命令执行后的结果如图 13.12 所示。

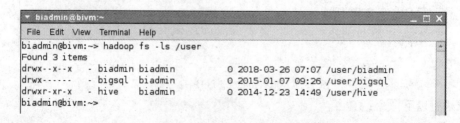

图 13.12　执行 hadoop fs -ls /user 命令的结果

（5）为了递归地使用 HDFS 命令，通常可以对 HDFS 命令添加一个"r"。

　　　　hadoop fs-lsr /user

（6）用管道（使用|字符）将 HDFS 命令与 Linux Shell 一起使用。例如，通过执行以下操作，可以轻松使用 HDFS 的 grep。

　　　　hadoop fs -mkdir /user/biadmin/test2

　　　　hadoop fs-ls /user/biadmin | grep test

执行结果如图 13.13 所示。

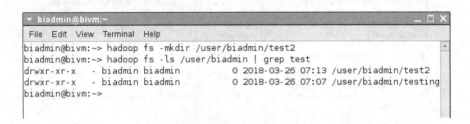

图 13.13　管道命令使用的结果

　　正如我们看到的，grep 命令只返回了在其中有 test 的行（删除了 Found x items 行和列表中的其他目录）。

（7）要在常规 Linux 文件系统和 HDFS 间移动文件，可以使用 put 和 get 命令。例如，将文本文件 README 移动到 hadoop 文件系统。

　　　　hadoop fs -put /home/biadmin/README README

　　　　hadoop fs-ls /user/biadmin

执行结果如图 13.14 所示。

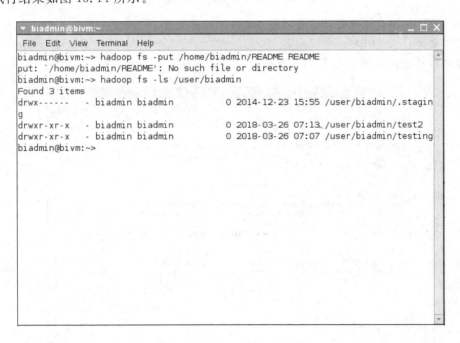

图 13.14　put 和 get 命令示例

现在可以看到一个名为/user/biadmin/README 的新文件不可用，如图 13.14 所示。

我们通过输入下述命令行来移动另一个文件 demo. txt(可用)作为 DEMo。请记住，这些名称区分大小写。

　　　　biadmin@bivm～＞hadoop fs-put /home/biadmin/demo. txtDEMo

　　　　biadmin@bivm～＞hadoop fs-ls /user/biadmin

命令执行后的结果如图 13.15 所示。

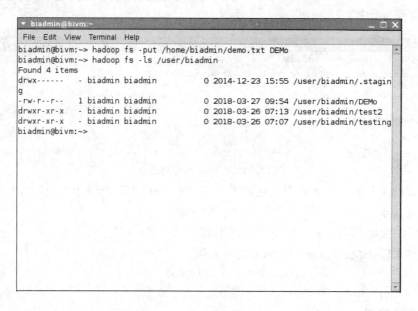

图 13.15　大小写区分示例

（8）为了看到文件内容，可用如下-cat 命令：

　　　　hadoop fs-cat DEMo

命令执行后的结果如图 13.16 所示。

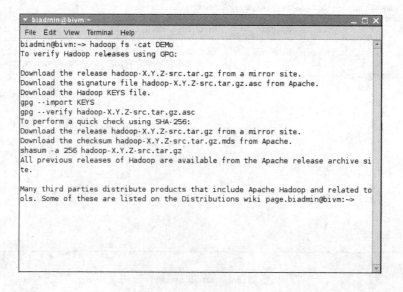

图 13.16　cat 命令示例

可以看到 demo. txt 文件的输出(文件存储在 HDFS 中)。我们还可以用 linux diff 命令来查看放入 HDFS 的文件是否与本地文件系统上的原始文件相同。

(9) 执行下面 diff 命令:

cd /home/biadmin/

diff <(hadoop fs-cat DEMo) demo. txt

命令执行后的结果如图 13.17 所示。

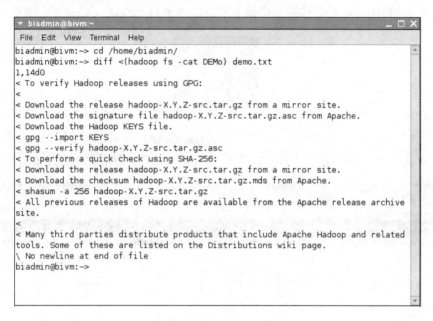

图 13.17　diff 命令示例

由于 diff 命令不会产生输出,但我们知道这些文件是相同的(diff 命令打印不同文件中的所有行)。要查找文件的大小,需要使用-du 或-dus 命令。注意,这些命令以字节为单位返回文件的大小。

(10) 为了找到 demo. txt 文件的大小,用以下命令:

hadoop fs -du DEMo

(11) 为了找出/user/biadmin 目录中所有每个文件的大小,使用下面命令:

hadoop fs -du /user/biadmin

(12) 为了找出目录/user/biadmin 中所有文件的总的大小,使用以下命令。

hadoop fs -dus /user/biadmin

(13) 如果想获得更多关于 hadoop fs 的命令,调用下面的-help:

hadoop fs -help

(14) 对于具体命令的帮助,在 help 后添加命令名。例如,为了获得 dus 命令的帮助,可以执行以下操作:

hadoop fs -help dus

我们现在完成了终端部分验证,可以关闭终端。

13.4.3　Hadoop 分布式文件系统的 Web 控制台操作

访问 BigInsights Web 控制台的第一步是启动 BigInsights 的所有流程(Hadoop、Hive、Oozie、MapReduce 等),本操作开始时,这些流程均已启动。

1. Web 控制台的应用

(1) 在 BigInsights Web 控制台图标上双击启动 Web 控制台,如图 13.18 所示。

图 13.18　Web 控制台图标

(2) 验证 Web 控制台是否与图 13.19 所示的界面相似,请注意查看其中的每个部分。

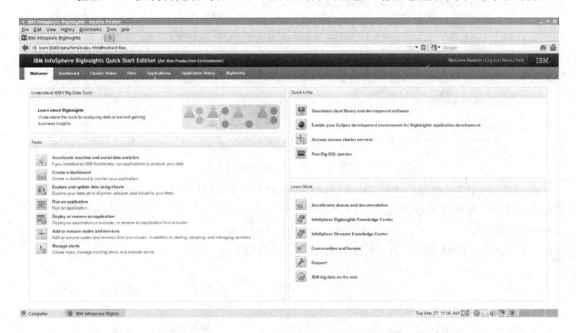

图 13.19　Web 控制台界面

我们将可以快速访问 BigInsights 任务。

2. Welcome page(欢迎页)的使用

以下将介绍通过 Welcome 选项卡显示 Web 控制台的主页面。Welcom 页面提供了常见任务的链接,其中许多链接也可以从控制台的其他区域启动。此外,Welcome 页面还包含了外部资源的链接,如 BigInsightsInfoCenter(产品文档)和社区论坛。

在 Welcome 选项卡上,Tasks 窗口允许快速访问常见任务,参见图 13.20。

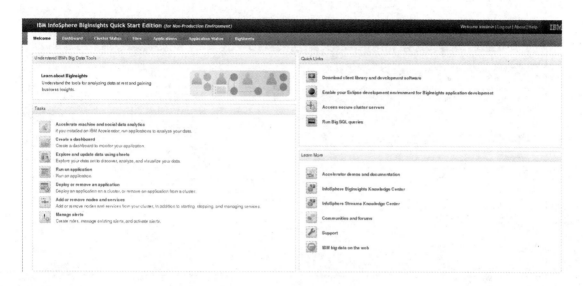

图 13.20　Welcome 选项卡界面

单击 Cluster Status 栏,参见图 13.21。转到 Cluster Status 栏后,在该栏中可以停止以及启动 Hadoop 服务,也可获得更多的信息。

图 13.21　Cluster Status 栏界面

单击 Welcome 栏,回到主页面。

检查右上角的 Quick Links 窗口,参见图 13.22,并使用垂直滚动条(如有必要)熟悉通过此窗口可访问的各种资源。前几个链接只是激活 Web 控制台中的不同选项卡,而后续链接则允许你执行设置功能,如将 BigInsights 插件添加到 Eclipse 开发环境。

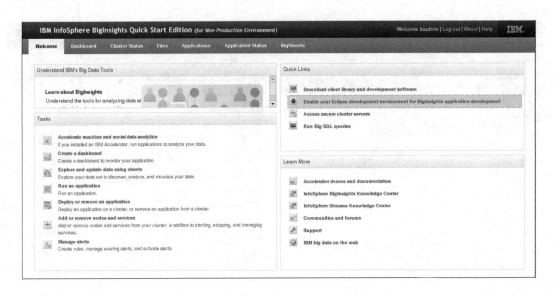

图 13.22　Quick Links 窗口

　　检查右下角的 Learn More 窗口，参见图 13.23，此处的链接访问可被认为是非常有用的外部 Web 资源，如 Accelerator demo（加速器演示）以及文档、BigInsightsInfoCenter、公共论坛、IBM 支持和 IBM BigInsights 产品站点。如果需要，则可以点击一个或多个链接，查看可用的功能。

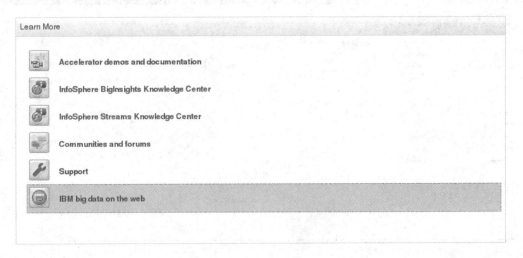

图 13.23　Learn More 窗口

3. 管理 BigInsights

　　控制台允许管理员检查系统的整体运行状况，并执行基本功能，如启动和停止特定的服务器（或组件），向集群添加节点等。

　　1）检查集群状态

　　单击页面顶部的 Cluster Status 选项卡，返回到 Cluster Status 窗口，参见图 13.24。

图 13.24　Cluster Status 选项卡

检查集群的整体状态，参见图 13.25，该图是运行多个服务的单点集群。一项服务是监督，但没有运行。（如果在集群上安装并启动了所有 BigInsights 服务，则将显示所有要运行的服务。）

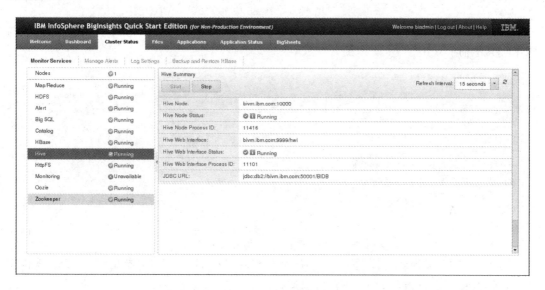

图 13.25　Cluster Status 窗口（查看集群的整体状态）

单击 Hive 服务，则右侧窗口中记下为此服务提供的详细信息。在此，可以根据需要启动或停止 Hive 服务（或选择任何服务）。如可以看到 Hive 的 Web 界面及其进程 ID 的 URL。

或者，将 Hive 的 URL 剪切复制到浏览器的新选项卡中，我们将看到 Hive 提供的一个用于管理的开源工具，如图 13.26 所示。

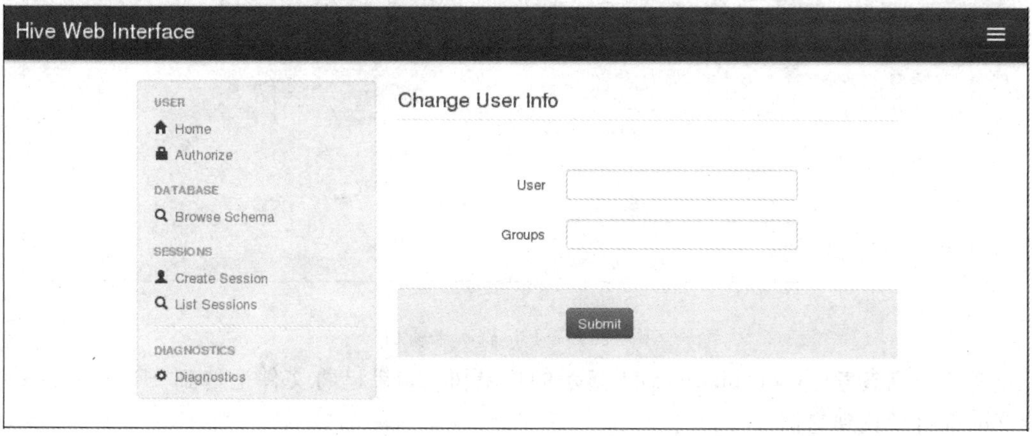

图 13.26　Hive Web 界面

关闭这个选项卡，返回到 BigInsights Web 控制台的 Cluster Status 部分。

2）启动和停止组件

如有必要，可单击 Hive service 来显示状态。

在右侧的窗口上（显示 Hive 状态），单击 Stop（停止）按钮停止服务，参见图 13.27。

图 13.27　Stop 按钮

当系统提示你确认要停止 Hive 服务时，请单击 OK 并等待操作完成。右侧窗口应该与图 13.28 类似。

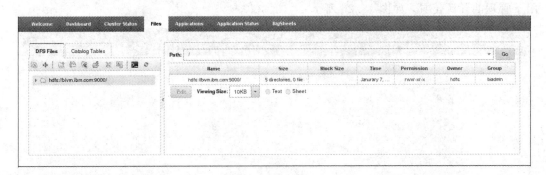

图 13.28　停止 Hive 服务后的信息

通过单击 Hive Status 标题下的 Start 箭头重新启动 Hive 服务，参见图 13.28，操作完成后，Web 控制台将指示 Hive 正在再次运行。

3）使用文件

通过控制台的 File 选项卡，可以浏览文件系统的内容，创建新的子目录，上传用于测试的小型文件以及执行其他与文件相关的功能。

单击控制台的 File 选项卡，参见图 13.29，开始浏览分布式文件系统。

图 13.29　File 选项卡窗口

展开左侧参考（/user/biadmin）中显示的目录树，如果已将文件上传到 HDFS，那么将能够浏览目录找到它们。

要熟悉界面顶部提供的功能，只需要将光标指向图标即可了解其功能。从左到右可以使用图标复制文件或目录，移动文件，创建目录，重新命名，上传文件到 HDFS，从 HDFS 下载文件到本地文件系统，从 HDFS 删除文件，设置权限，打开命令窗口启动 HDFS Sell 命令，刷新 Web 控制台页面等。

小　　结

　　Hadoop 分布式文件系统（HDFS）是一个分布式的、可扩展的、可移植的用 Java 语言编写的 Hadoop 框架。HDFS 存储大型文件，通常在多台机器上存储 GB 到 TB 范围的数据。通过在多台主机上复制数据来实现可靠性，一般数据存储在三个节点上：两个节点在同一个机架，另一个节点在不同的机架上。数据节点可以相互对话来重新平衡数据的负载，移动副本，保持数据的对数据可靠性高的副本。

　　采用 HDFS 的优势是作业跟踪器（JobTracker）与任务跟踪器（TaskTracker）之间的数据感知。作业跟踪器用感知到的数据位置信息调度 Map 或 Reduce 到任务跟踪器。这减少了网络上的流量，并防止了不必要的数据传输。

　　HDFS 是为大多数不可变文件设计的，可能不适合并发写操作系统的要求。HDFS 可以直接安装在 Linux 以及某些 Unix 系统上的文件系统用户空间。

　　文件访问可以通过本地 Java 应用程序编程接口（API），第三方 API 生成的客户端（用户可以选择 C＋＋、Java、Python、PHP、Ruby、Erlang、Perl、Haskell、C♯、Cocoa、Smalltalk 和 OCaml 语言生成客户端），行命令界面，通过 HDFS-UI Web 应用程序浏览 HTTP 上的浏览器或通过第三方客户库来实现。

　　本章首先介绍了 Hadoop HDFS 的架构，包括 NameNode、DataNode、辅助 NameNode、JobTracker 和 TaskTracker 的作用和功能。其次，介绍了 Hadoop 的文件块，常用的 HDFS 文件命令。最后介绍了 Hadoop 分布式文件系统的基本操作，包括终端操作和 Web 操作等。

思考与练习题

　　13.1　Hadoop 分布式文件系统有何特点和基本功能？

　　13.2　Hadoop HDFS 的架构主要由哪些节点构成？试述这些节点的主要功能。

　　13.3　试述 JobTracker 的主要作用。

　　13.4　试述 TaskTracker 主要作用。

　　13.5　文件块是如何从客户机中存储到 HDFS 中的？

　　13.6　验证 Hadoop 分布式文件系统的基本操作，请写出相关的验证报告（写出验证步骤并给出界面截图）。

第 14 章　NoSQL 数据管理与 MongoDB

14.1　NoSQL 数据管理

　　"NoSQL"这个词是十多年前创造的,有趣的是它被用作另一个关系数据库的名字。但是,这个数据库在它名字的后面有一个不同的思想:消除了标准化的 SQL 的应用,并且 NoSQL 数据库和管理系统无关(或无模式的)。它不是基于单一模型(如 RDBMS 的关系模型)的,每个数据库根据其目标功能不同而采用不同的模型。

　　虽然 NoSQL 数据库有数个非关系数据库,但 NoSQL 数据库的类型主要分为文档模型、键/值与宽列模型、图存储模型和宽列存储模型。

14.1.1　文档模型

　　文档类型 NoSQL 数据库用文档的结构来存储数据。文档被赋予一个 ID,它可以像关系数据库一样使用 ID 将这些文档链接到一起,MongoDB 是使用这种类型结构的常见的开源数据库。可以像对待常规文档一样对待文档系统,在数据库中"归档"文档。文档可以包含任何量的数据和任何数据类型。文档包含的数据没有限制。

　　关系数据库将数据存储在行和列中,而文档数据库将数据存储在文档中。这些文档通常使用类似于 JSON(JavaScript Object Notation)的结构。文档提供了一种直观和自然的方式来模拟与面向对象编程紧密结合的数据,即每个文档实际上是一个对象。文档包含一个或多个字段,其中每个字段包含一个类型值,如字符串、日期、二元数据或数组。每个记录及其关联的(即相关的)数据通常一起存储在单个文档中,而不是与外键关联的跨越多列和表的分散记录。

　　这样做简化了数据访问,并且在许多情况下,不需要昂贵的 JOIN 操作和复杂性以及多记录事务。文档数据库提供了查询文档中任何字段的功能。有些产品(如 MongoDB)提供了丰富的索引选项来优化各种查询,包括文本索引、地理空间索引、复合索引、稀疏索引、生存时间(TTL)索引、唯一索引等。此外,其中的部分产品提供了分析数据的能力,而不需要将数据复制到专用分析或搜索引擎。例如,MongoDB 提供了用于实时分析(继承 SQL Group BY 功能)的聚合框架,以及用于其他类型复杂分析的本地 MapReduce 的实现。为了更新数据,MongoDB 提供了一个查找和修改方法,以便文档中的值可以在单个语句中更新数据库。

　　在文档数据库中,模式的概念是动态的:每个文档可以包含不同的字段。这种灵活性对非结构化和多态数据的建模非常有用。这也使得在开发过程中更容易开发应用程序,如添加新的字段等。此外,文档数据库通常提供了开发人员从关系数据库中获得的鲁棒性查询,特别是还可以根据文档中的任何组合字段来查询数据。

　　文档数据库是通用的,由于数据模型的灵活性,能够在任何领域进行查询以及将文档数据模型自然地映射到编程语言中的对象,因此对各种各样的应用来说,它都是非常有用的。

　　文档模型具有的特点是键/值模型扩展。其中的值是结构化文档;文档可以是高度复杂的,分层的数据结构不需要预定义"模式";支持结构化文档的查询;搜索平台也是面向文档的;管理结构不同的大量对象;提供电子商务、客户档案、内容管理应用中的大型产品目录;无标准的查询语法;可以解决查询性能不可能线性扩展的问题以及跨集合的联合查询效率不高的问题。

　　基于数据存储的文档中一些常用案例为:

　　(1) 嵌套信息:基于数据存储的文档允许使用深度嵌套、复杂数据结构。

　　(2) JavaScript 友好性:基于文档的数据存储最关键的功能之一是其与应用程序的交互方式。

　　它的典型产品(系统)和应用有:

　　(1) MongoDB:非常流行和功能强大的数据库。

　　(2) CouchDB:突破性的基于文档的数据存储。

　　(3) Apache Solr。

　　(4) 弹性搜索。

　　下面介绍 JSON(JavaScript Object Notation)格式。

　　JSON 具有敏捷性、结构化与交互性的特点,它是 Web 的数据结构,是一种简单的数据格式,允许程序员存储和传递跨系统的值集、列表和键/值映射。

　　JSON 是作为 Web 的编程语言 JavaScript 的"序列化对象符号"开始的。JSON 结合了监督性和"结构恰到好处",已迅速扩展到 Web 意外的应用程序和服务中。例如,JSON 取代了更复杂的 XML 格式,作为在应用程序之间交换数据的序列化格式。

　　在软件开发中,应用程序开发人员必须给出代码和数据。代码是动词或如何执行任务的说明和描述,代码是配方。数据是名称,如用户、地点、录音、金额——配方结合的成分。随着越来越多的应用程序开发人员采用 JSON 作为他们的首选数据格式,JSON 友好型数据库的需求也越来越大。

　　与 MySQL、PostgreSQL、VoltDB、MS SQL Server、Oracle 等使用的传统关系方案相比,一些 NoSQL 文档存储数据库提供商已选择 JSON 作为其主要的数据表示方法。对于在其应用程序中使用 JSON 作为数据交换格式的开发人员来说,这非常合适。

　　另外,JSON 的相对灵活性(JSON 记录结构良好,且容易扩展)吸引了开发人员避免在敏捷环境中进行痛苦地数据库模式迁移,数据和模式在数量上可能很难改变。重写存储在磁盘上的大型数据集,同时保持关联的应用程序在线可能非常耗时,也可能需要较长时间(甚至几天)的后台处理来升级数据。相比之下,JSON 缺少预定义的模式使升级变得简单,开发人员可以无限制地存储和更新文档。

14.1.2　键/值模型

从数据模型来看，键/值存储是非关系数据库中的最基本类型。数据库中的每个条目都作为属性名称或键连同其值一起存储，但是，这个值对系统来说完全是不透明的，数据只能由键来进行查询。这个模型可以用来表示多态和非结构化数据库，不会在键-值对之间强制执行一个设置模式。

NoSQL 类型的数据库通过将键与值的匹配进行工作，类似于字典，没有结构和关系。当它连接到数据库服务器之后，应用程序可以声明一个键（如 the_answer_to_life）并提供一个匹配值（如 42），稍后可以通过提供的键以相同的方式检索该值。

键/值数据库管理系统通常用于快速存储基本信息，有时也不仅限于存储基本信息，例如执行 CPU 和内存的密集型计算。它们高效，也易于扩展。键/值具有如下优点：

（1）能够高效地查询数据。

（2）提供了最丰富的查询功能，能够处理多种操作和实时分析应用。

（3）支持比基本查询模式更多的任务。

（4）键/值不必具有固有的模型。

（5）构建的其他数据模型提供了更为复杂的对象。

（6）能够快速访问大量对象，如缓存和队列。

（7）能够适用于快速变化的数据环境，如移动电话、游戏和在线广告。

键/值也存在如下缺点：

（1）不能更新值的子集。

（2）不提供查询。

（3）随着对象数量的变大，生成的唯一值可能变得复杂。

一些常用的基于数据存储的键/值用例如下：

（1）缓存：快速存储数据，以被某些时候频繁使用。

（2）队列：一些键/值（V/K）存储（如 Redis）支持列表、集合、队列等。

（3）发布信息/任务：可以用来实现 Pub/Sub（发布/预定）。

（4）保持信息的实时性：需要保持状态的应用程序使用 K/V 轻松存储。

举例说明：对于 Riak，Riak KV 是一个分布式 NoSQL 数据库，具有高可用性、可扩展性和易于操作性。它会自动在整个集群中分布数据，以确保快速性能和容错性。Riak KV 企业版包括：确保低时延和强大的业务连续性、鲁棒性的多集群备份、Redis、MemcachDB、Berkley DB、MemcachDB、DynamoDB 等。

14.1.3　列或宽列模型

基于列的 NoSQL 数据库管理系统通过提高基于键/值的简单性进行工作。与关系数据库传统定义模式不同，基于列的 NoSQL 解决方案不要求预先构建表格来处理数据。每个记录具有一个或多个包含信息的列，每个记录的每一列可以不同。

基本上，基于列的 NoSQL 数据库是二维数组，每个键（即行/记录）具有一个或多个键/值对，这些是管理系统允许保留和使用大量的非结构化数据。

当简单的键/值对数量不够以及必须存储具有大量信息的大量记录时，通常采用这些数据库。无模式模型可以对基于列的关系数据管理系统的实现给予很好的扩展。

宽列存储或列簇存储，稀疏应用、分布式多维存储映射数据存储，每个记录可以在存储的列数上有所不同。列可以分为一组，以便在列簇中访问，或者列可以分布在多个列簇中。数据由每个列簇的主键进行检索。

宽列或列存储具有如下特征：

(1) 宽列模型提供了比键/值模型更为细致的访问粒度，但灵活性不如文档数据模型。

(2) 对键/值模型进行了扩展，其中值是一组列(列簇)。

(3) 列可以有多个时间戳版本。

(4) 列可以在运行时生成，不是所有的行都需要所有列。

(5) 存储大量的时间戳数据，如事件日志、传感器数据等。

(6) 分析涉及查询整个列的数据，如趋势或时间序列分析。

宽列或列存储具有如下缺点：

(1) 没有联合查询或子联合查询。

(2) 对聚合的支持有限。

(3) 每个分区需要排序，在创建表时指定。

基于列的数据存储的一些常见用例如下：

(1) 保留非结构化、非易失性信息。如果需要长时间保存大量属性和值，则基于列的数据存储是非常方便的。

(2) 基于列的数据存储，本质上是高度可扩展的，可以处理大量信息。

14.1.4　图存储模型

图存储保存网络系统数据，且数据可以增长到几个 TB。

图数据库使用具有节点、边和属性的图结构来表示数据。实质上，数据被作为特定元素间的关系网络来进行建模。图模型的主要吸引力在于，它可以更容易地在应用程序中对实体间的关系进行建模和导航。它提供丰富的查询模型，可以查询简单和复杂的关系，直接或间接地推断出系统中的数据。关系类型分析在这些系统中往往非常有效，而其他类型的分析可能不太理想。因此，图数据库很少用于更为通用的应用程序。

一个普通的图存储 NoSQL 数据库是 XML 数据库。大多数开发人员熟悉 XML，因为它支持数据查询和存储的较早模式。图存储模型具有以下特性：

(1) 图模型由节点和边以及描述它们的属性(元数据)组成。

(2) 能够实现非常快速的图遍历操作。

(3) 支持元数据索引，使图遍历与搜索相结合。

(4) 支持应用程序处理具有大量内部关系的对象。

(5) 能够处理如社交网络的朋友圈、基于权限的等级角色、复杂决策树、地图、网络拓扑等应用。

但图存储模型也存在对于通用图难以扩展到大数据的缺点，而应用批同步并行模型可以克服某些扩展性的局限这一缺点。图数据库在社交网络导航、网络拓扑和供应链等方面的应用具有非常光明的前景。

基于图的数据存储常用于：

（1）处理复杂关系信息：图数据库使得它非常有效且轻松地处理复杂但有关系的信息，如两个实体间的连接以及与其具有不同间接关联程度的其他实体。

（2）建模和处理分类：采用这种类型的数据存储可以出色完成以关系方法进行数据建模和分类的信息。

一些流行的基于图的数据存储有：

（1）OrienDB：一个快速的基于图和文档的混合 NoSQL 数据存储，采用 Java 语言编写，具有不同的操作模式。

（2）Neo4J：无模式的、非常流行且功能强大的基于图的 Java 数据存储。另外还有 Apache Giraph 和 AllegroGraph 等。

14.2　一致性或最终一致性与 NoSQL 的优点

1. 一致性或最终一致性

更新记录的应用程序也很常见，包括一个或多个单独的字段。为了满足这些要求，数据库需要能够根据二级索引查询数据。在这些情况下，文档数据库通常是最合适的解决方案。

为了实现可用性和可扩展性的目标，大多数非关系系统通常维护数据的多个副本。这些数据库可以对不同的数据的副本施加不同的一致性保证。非关系数据库往往被分类为一致性或最终一致性系统。

在一致性系统中，应用程序写入，在随后的查询中立即可见。而在最终一致系统中，写入的应用程序不会立即可见。例如，在产品目录中反映产品的库存水平里，如果采用一致性系统，每个查询都将看到当前库存，因为应用程序会更新库存水平；而对于最终一致性系统，库存水平可能在某个时间内查不准，但最终会得到准确的查询结果。

每个应用程序对数据一致性有不同的要求。对于许多应用程序来说，数据必须始终保持一致。多年来，由于开发者一直在与关系数据库保持一致的模式下工作，因此他们对这种方法非常熟悉。在其他情况下，最终的一致性是系统可用性所允许的灵活性的一个平衡。

文档数据库和图数据库可以是一致性或最终一致性的。MongoDB 提供了可调整的一致性。在默认的情况下，数据是一致性的，所有的写入和读取访问数据的主要副本。作为一种选择，读取查询可以针对次要副本，其中如果写入的话，那么数据可能最终一致性操作尚未与次要副本同步；一致性选择是在查询级别进行的。

2. NoSQL 的优点

关系数据库可以存储和处理具有数百万条记录的表。但当表增长到数十亿或数万亿行时，关系数据库系统却难以管理这样的海量数据。使用关系数据库，唯一的选择是使用与表格相同的设置来存储数据，任何操作数据都必须遵守严格的约束条件，这不会为动态信息留下太多空间。而 NoSQL 数据库通常能够比关系数据库更高效地检索大型数据集。

　　NoSQL 数据库也能够允许快速发布代码，并且能更好地应用面向对象的编程技术。例如，当用 C♯语言等创建面向对象的程序时，可以更自由的创建数据库。NoSQL 允许使用面向对象类创建数据库表单。当这些类存储数据时，它们代表一个文档，并被动态地存储在数据库中。如果我们更改了类的模型，则 NoSQL 数据库将允许存储新数据，而不需要更改整个数据库模型。较早的程序需要更改代码，需要更改表单、约束，然后刷新数据库和代码。但在 NoSQL 数据库中，表单等会自动更新。

　　对于较早的关系数据库，开发人员首先要更改数据库，然后重构代码以处理新的更改，可见这些关系数据库有时不能进行大的改动。NoSQL 是动态的，对代码的更改反映在数据库中，因此在开发过程中，不需要多次更改数据库。NoSQL 的优点如下：

　　1) Sharding(分拆)

　　NoSQL 数据库也提供了所谓的"Sharding(分拆)"概念。对于关系数据库，需要进行垂直扩展。这意味着，当托管数据库时，通常将其托管在一台服务器上。当我们需要更多资源时，可将另一个数据库服务器或更多的资源添加到当前的服务器。使用 NoSQL，我们可以"分解"数据文件，这基本上意味着可以在多个服务器上共享数据库文件。Sharding 目前正在使用非常快速的存储硬件，如 SNA 和 NAS。一次使用多个数据库服务器可以加快查询速度，特别是在数据集中有数百万行时。

　　在云计算上可以实现 Sharding(分拆)，借助云计算，报表数据可以从最近的数据中心传送到的用户，其结果是更快速的数据处理。

　　NoSQL 不仅支持手动分拆，而且 NoSQL 服务器也会自动分拆。数据库服务器将自动在多个服务器上分布动态数据，从而减少每个服务器的负载。

　　2) 云计算

　　除了在云计算环境中使用 NoSQL 以提高性能之外，其在成本方面也是有益的。云计算主机只会收取所用资源的费用，因此成本会随着业务的增长而扩大。

　　NoSQL 的复制是一个选项。当采集数据时，可能需要将数据复制到其他服务器上。NoSQL 支持自动复制，所以可以在数据库上实时收集数据，并将数据发送到多个服务器。

　　另外，还可以使用更多当地语言的 NoSQL，例如，NoSQL 与 Node.js 一起使用，用于实时网络通信的 Web 应用。只要给出表单名和模式名，就可以直接从 NoSQL 数据库中拉出数据。随着弱化性的语言的出现，实现了 NoSQL 的数据动态存储，可以在 Web 应用程序中创建功能非常强大的动态 APP。

　　3) CRUD 查询

　　NoSQL 仍然支持常见的 CRUD 查询。CRUD 是"create、read、update 和 delete"查询过程的名称，这些过程是应用任何数据库中的四种主要方式。其中，create 语句创建一个新记录，read(select)语句检索应用程序的数据，update 语句更改或编辑已存储在数据库中的数据，delete 语句从数据库中删除记录。

　　NoSQL 语句取决于所采用的数据库结构的类型。在大多数情况下，将应用编程语言来创建与 NoSQL 服务器连接的应用程序，NoSQL 语句与所习惯使用的关系数据库的语句大不相同。即使不同的 SQL 服务器，这些语句在这些平台上(Oracle、MySQL 或 SQL Server)也是相似的。由于 NoSQL 是动态的，且与关系表完全不同的文档或实体的工作方式更多，所以对于查询就有不同的结构。但是，当采用不同编程语言时，可以使用插件从数据库检索数据。这些插件有助于最大限度地减少对原始信息的了解。

4) NoSQL 数据库管理系统与关系数据库管理系统的比较

当采用 NoSQL 数据库时，其管理系统与关系数据库管理系统的比较如下：

(1) 规模。如果使用非常大的数据集，那么 NoSQL 系列的许多数据库管理系统将更容易扩展。

(2) 速度。在写入时，NoSQL 数据库通常速度较快；其读取的速度取决于 NoSQL 数据库的类型和正在查询的数据。

(3) 无模式设计。关系数据库管理系统从一开始就需要格式化；而 NoSQL 解决方案提供了较大的灵活性。

(4) 自动(轻松)复制/扩展。NoSQL 数据库正在快速增长，其中快速增长的是复制和扩展。与关系数据库管理系统不同，NoSQL 解决方案可以轻松完成扩展和集群工作。

(5) 多种选择。当选择一个 NoSQL 数据存储时，有多种模式可供选择，以便充分利用数据库管理系统。

14.3　MongoDB

14.3.1　MongoDB 的基本概念

MongoDB 是一个开源的文档数据库，用 C++ 语言编写。MongoDB 是一个跨平台、面向文档的数据库，提供了高性能、高可用性和简单的可伸缩性。MongoDB 工作在集合和文档的概念之上。以下我们介绍几个基本概念。

1. 数据库

数据库是一个集合的物理容器。每个数据库在文件系统上都拥有自己的一组文件。一个单独的 MongoDB 服务器通常拥有多个数据库。

2. 集合

集合是 MongoDB 文档组。它等价于关系数据库中的表单。集合存在于一个数据中，集合不能被模式强制。集合中的文档可以拥有不同的字段。通常，集合中的所有文档都具有相似或相关的用途。

3. 文档

文档是一组键/值对，文档具有动态模式。动态模式意味着相同集合中的文档不需要具有相同的字段或结构，并且集合的文档中的公共字段可以保存不同类型的数据。表 14.1 给出了关系数据库管理系统与 MongDB 数据库的关系。

表 14.1　关系数据库管理系统与 MongDB 数据库的关系

关系数据库管理系统（RDBMS）	MongoDB 数据库
Table（表单）	Collection（集合）
元组/行（Tuple/Row）	Document（文档）
Column（列）	Field（字段）
Table Join（表连接）	Embedded Documents（嵌入式文档）
Primary Key（主键）	Primary Key（由 MongoDB 自己提供 Default key _id）
数据库服务器与客户端	
My Sqld/Oracle	mongod
My Sql/sqlplus	mongo

4. 数据即文档（Data As Documents）

MongoDB 以二进制方式将数据存储为文档，称为 BSON（二元 JSON）。共享相似结构的文档通常被组织为集合，可以将集合看做与关系数据库中的表，即文档与行类似、字段与列类似。

MongoDB 文档倾向于在单个文档中对给定的记录赋所有的数据；而在关系数据库中，给定的记录的信息通常分布在许多表单中。

例如，考虑博客应用程序中的数据模型。在关系数据库中，数据模型包括多个表单，如类别、标签、用户、评论和文章。在 MongoDB 中，数据可以建模为两个集合，一个用于用户，另一个用于文章。在每个博客文档中，可能会有多个评论、多个标签和多个类别，每个都表示为一个嵌入式数组。

"数据即文档：开发更简单，用户更快捷"。

下面给出的示例说明了博客网站的文档结构，该博客网站只是一个逗号分隔的键/值对。

```
{
    _id：ObjectId(7df78ad8902c)
    title：'MongoDB Overview',
    description：'MongoDB is no sql database'
    by：'tutorials point',
    url：'http://www.tutorialspoint.com',
    tags：['mongodb', 'database', 'NoSQL'],
    likes：100,
    comments：[
    {
        user：'user1',
        message：'My first comment',
```

```
        dataCreated: new Date(2011, 1, 20, 2, 15),
        like: 0
    },
    {
        user: 'user2',
        message: 'My second comments',
        dateCreated: new Date(2011, 1, 25, 7, 45),
        like: 5
    }]
}
```

其中, _id 是一个 12 字节的十六进制的数字, 保证了每个文档的唯一性。插入文档时可以提供_id。如果没有提供, 那么 MongoDB 为每个文档提供一个唯一的 id。这 12 个字节包括当前时间戳的前 4 个字节、机器 id 的后 3 个字节、mongodb 服务器的进程 id 的下 2 个字节、3 个字节的简单的增量值。

任何关系数据库都有一个典型的模式设计, 显示表的数量和这些表之间的关系。而在 MongoDB 中没有关系的概念。

与许多 NoSQL 数据库不同, 用户不需要完全放弃 JOIN。为了获得更多的灵活性分析, MongoDB 使用 $lookup 操作符保留左外 JOIN 语义, 使用户能够获得关系数据库建模和非关系数据库建模的最佳效果。

另外, MongoDB 文档更接近于编程语言中的对象的结构, 这使得开发人员可以更简单、更快地模拟应用程序中的数据如何映射到存储在数据库中的数据。

MongoDB3.2 带有四个引擎, 所有这些引擎可以共存于一个 MongoDB 副本集中。这使得评估和迁移它们变得很容易, 并针对特定的应用程序需求进行优化, 例如, 将用于超低时延操作的内存引擎与基本引擎相结合以实现持久性。它支持的存储引擎包括:

(1) 默认的 WiredTiger 存储引擎。对于许多应用程序, WiredTiger 的粒度并发控制和本地压缩, 将为应用程序提供最佳的安全性和存储效率。

(2) 加密存储引擎。它可以保护高度敏感的数据, 而不需要单独的文件系统加密的性能或管理的开销。

(3) 内存存储引擎。它提供了极高的性能, 并结合了对要求最苛刻、对时延敏感的应用程序的实时分析。

(4) MMAPv1 引擎。它是 3.x 之前的 MongoDB 版本中使用的原始存储引擎的改进版本。

MongoDB 的设计理念是将关系数据库的关键功能与 NoSQL 技术的创新相结合。MongoDB 并没有放弃原先成熟的数据库技术, 而是将关键的关系数据库功能与 Internet 为解决现代应用程序的需求所做的工作结合起来。

关系数据库提供的至关重要的功能如下:

(1) 表达式查询语言。用户应能够通过强大的查询、投影、聚合和更新操作, 以复杂的方式访问和操作数据, 以支持运营和分析应用程序。

（2）二级索引。索引在提供数据的高效访问方面起着关键作用，对于读取和写入操作，数据库本身支持索引，而不是在应用程序代码中维护。

（3）强一致性。应用程序应能立即读取已写入数据库的内容。

（4）灵活的数据模型。NoSQL 数据库的出现，解决了我们看到主导现在应用程序的数据的要求。无论图形、键/值或宽列，它们都提供了灵活的数据模型，以便轻松地存储并合并任何结构的数据，并允许动态修改架构而无须停机。

（5）可伸缩的弹性。NoSQL 数据库都是建立在可以扩展性上的，所以它们都包括了某些形式的分拆或分区，允许数据库在商业硬件上扩展，且允许它们几乎无限制地增长。

（6）高性能。NoSQL 数据库旨在提供出色的性能，在任何规模上以吞吐量和时延来度量。

另外，MongoDB 可通过压缩来提高存储效率。MongoDB 在配置 WiredTiger 或 Encrypted存储引擎时支持本地压缩，从而将物理存储空间减少了80％。除了减少存储空间外，由于它从磁盘读取的比特数更少，因此压缩可以实现更高的 I/O 可扩展性。管理员可以灵活地为集合、索引和日志配置特定的压缩算法。

14.3.2　MongoDB 的一致性和可用性

1. 交易模型

在文档级别，MongoDB 提供了 ACID 属性。一个或多个字段可以在单个操作中写入，包括更新多个子文档和数组的元素。MongoDB 提供的 ACID 确保在文档更新时的完全独立；任何错误都会导致回滚，以便于客户端接收的文档是视图一致的。

开发人员可以使用 MongoDB 的 Write Concerns 来配置操作，以便在应用程序被刷新到磁盘上的日志文件后才提交给应用程序，这是许多传统关系数据库用来提供耐用性保证的相同模型。作为一个分布式系统，MongoDB 提供了更多的灵活性，帮助用户实现他们想要的可用性 SLA。每个查询都可以指定适当的写入关注点，例如写入一个数据中心的至少两个副本和第二个数据中心中的一个副本。

2. 副本集

MongoBD 使用本地复制来维护称为副本集的多个数据副本。副本集是完全自我修复的碎片，有助于防止数据库停机。副本故障转移是完全自动化的，不需要管理员手动干预。

MongoDB 副本集的数量是可配置的。大量副本增加了数据的可用性，防止了数据库的故障（如多台机器故障、机架故障、数据中心故障或网络分区故障）。另外，可以将操作配置在返回到应用程序之前写入多个副本，从而提供类似于同步复制的功能。

3. 内存性能与磁盘容量

通过添加新的内存存储引擎，MongoDB 用户现在可以实现利用内存计算和工作负载方面的性能优势。内存中的存储引擎提供了 AdTech、金融、电信、物联网、电子商务等多数性能密集型应用程序所需的极高的吞吐量和可预测的时延，从而不需要单独的缓存层。

MongoDB 副本集允许内存和磁盘数据库的混合部署。由内存引擎管理的数据可以进行实时处理和分析，然后自动复制到配置了基于磁盘的持久存储之一的 MongoDB 的实例中。

4. MongoDB 的特点

（1）无模式。MongoDB 是文档数据库，其集合拥有不同的文档。字段的个数、内容和文档的大小可以与另一个文档不同。

（2）单对象结构清晰。

（3）无复杂的连接。

（4）深层查询能力。MongoDB 支持使用基于文档的查询语言对文档进行动态查询，该查询语言几乎与 SQL 功能一样强大。

（5）调节和易于扩展。

（6）应用程序对象不需要转换/映射为数据库对象。

（7）使用内部存储器来存储工作集，使数据访问速度更快。

14.4　在 Windows 上安装 MongoDB

要在 Windows 上安装 MongoDB，首先要从网址 http：//www. mongodb. org/downloads 下载最新的 MongoDB 发行版，所得到正确的 MongoBD 版本取决于 Windows 版本。在 cmd 命令行下，输入 systeminfo 可以查看 Windows 操作系统版本的详细信息，找到系统类型，如图 14.1 所示。

```
系统制造商:        LENOVO
系统型号:          80N8
系统类型:          x64-based PC
处理器:            安装了 1 个处理器。
                  [01]: Intel64 Family 6 Model 60 Stepping 3 GenuineIntel ~2901 Mhz
BIOS 版本:         Lenovo D6CN27WW, 2015/5/11
Windows 目录:      C:\WINDOWS
```

图 14.1　系统信息示例

32 bit 版本的 MongoDB 仅支持小于 2 GB 的数据库，并只适合于测试与评估。打开网址 https：//www. mongodb. org/dl/win32/x86＿64-2008plus-ssl? ＿ga = 2. 218327516. 410933966. 1512521590-461885398. 1512521590，选择合适的 MongoDB 版本，本例使用下列版本：mongodb-win32-x86＿64-2008plus-ssl-3. 6. 3-signed。

确保下载的安装文件的名称为 mongodb-win32-x86＿64-[version]，这里[version]是 MongoDB 下载的版本。

MongoDB 要求数据文件夹存储它自己的文件。MongoDB 数据库目录可以创建在 C 盘或其他任意位置。执行下面的命令：

　　d：\＞md data

以上目录也可手动创建。

在命令符提示下，导航到存在于 MongoDB 安装文件夹的 bin 目录。假设安装文件夹是 D：\Common\MongoDB，执行下面的命令：

　　c：\Users\Am\d：

　　d：\＞cd Common

d：\Common＞cd MongoDB

d：\Common\MongoDB＞cd bin

d：\Common\MongoDB\bin＞mongod. exe – dbpath "d：\data"

显示将在控制台输出"等待连接消息"以表示 mongo. exe 正在成功运行。

现在运行 MongoDB，需要打开另一个 cmd，执行图 14.2 所示命令。

```
D:\Common\MongoDB\bin>mongo. exe
MongoDB shell version v3. 6. 3
connecting to: mongodb://127. 0. 0. 1:27017
MongoDB server version: 3. 6. 3
Welcome to the MongoDB shell
For interactive help, type "help".
For more comprehensive documenntation, see
        http://docs. mongodb, org/
Questions? Try the support group
        http://groups. google. com/group/mongodb-user
```

图 14.2　mongo. exe 的运行结果

使用图 14.3 所示命令存储一个数据。

```
> db
test
> db. test. save({a:1})
WriteResult({ "nInserted" : 1 })
> db. test. find()
{ "_id" : ObjectId("5abdc29c12c674c68f3f7e70"), "a" : 1 }
```

图 14.3　存储一个数据的示例

图中显示 MongoDB 被安装并运行成功。下次当需要运行 MongoDB 时，需要执行两次命令。

d：\Common\MongoDB\bin＞mongo. exe – dbpath "d：\data"

d：\Common\MongoDB\bin＞mongo. exe

14.5　管道与 MongoDB 常用操作

14.5.1　MongoDB 中的管道

在 UNIX 的 Shell 中，管道意味着可以对某个输入执行操作，并将输出作为下一个命令输入等。MongoDB 在聚合框架下也支持相同的概念。有一组可能的阶段，每个阶段都将一组文档作为输入，并生成一组结果文档（或者在管道终端的最终的 JSON 文档）；然后可以再次用于下一个阶段。

在聚合中常采用如下命令：

（1）$ project：用来从集合中选择某个具体的字段。

（2）$ match：一个过滤操作，可以减少下一阶段输入的文档数量。

（3）$ group：相当于以上已讨论的聚合。

（4）$ sort：文档排序。

（5）$ skip：可以在给定个数的文档列表中跳过。

（6）$ limit：限制了从当前位置查看给定数目的文档个数。

（7）$ unwind：用于展开正在使用的数组的文档。

当使用数组时，数据是预先加入的，并且这个操作将会被撤销，并重新生成单独的文档。因此，在这个阶段我们将会增加下一阶段的文档数量。

复制是跨多个服务器同步数据的过程。复制通过在不同数据库服务器上提供多个数据副本来提供冗余，并增加数据的可用性，复制可以保护数据库免受单个服务器故障所受到的损失。复制还可以让我们从硬件故障和服务中断中恢复。通过额外的数据副本，我们可以致力于灾难恢复、报告或备份。

14.5.2　副本在 MongoDB 中的工作

MongoDB 通过采用副本集实现复制。副本集是一组 mongod 实例，它托管了相同的数据集。在副本中，一个节点是接收写操作的主节点。所有其他实例都应来自主服务器的操作，以便它们具有相同的数据集。副本集只能有一个主节点。

副本集是两个或两个以上的节点组（一般最少要求 3 个节点）。在副本集中，一个节点是主节点，其余节点是辅助节点。所有数据都从主节点复制到辅助节点。自动故障转移或维护时，选举建立主节点以及新的主节点。故障恢复后，再次加入副本集并作为辅助节点工作。

图 14.4 为一典型的 MongoDB 复制的框图，图中的客户应用程序总是与主节点进行交互，然后主节点将数据复制到辅助节点。

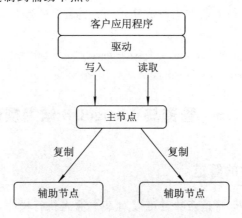

图 14.4　MongoDB 复制实现框图

1. 副本集的设置

以下介绍副本集的设置。按照下述步骤转换副本集：

首先关闭已运行的 MongoDB 服务器；然后通过指定 - replSet 选项启动 MongoDB。

- replSet的基本语法如下：

> mongod - port "PORT " - dbpath "YOUR_DB_DATA_PATH " - replSet "REPLICA_
> SET_INSTANCE_NAME "

现在执行如下命令：

> Mongod - port 27017 - dbpath "D：\data" - replSet rs0

它将在端口 27017 上启动名为 rs0 的 mongod 实例。现在启动命令提示符并连接到这个 mongod 实例。在 mongo 客户端，发出命令 rs. initiate( )来启动一个新的副本集。若要检查副本集配置，则发出命令 rs. conf( )；若要检查副本集状态，则发出命令 rs. status( )。

2. 增加副本集成员

若要增加副本集成员并在多台机器上启动 mongod 实例，则可启动一个 mongo 客户端并发出命令 rs. add( )。

rs. add( )命令的基本语法如下：

> \>rs. add(HOST_NAME：PORT)

例如，如果 mongod 实例的名字是 mongod1. net，它运行在端口 27017 上，要对副本集增加这个实例，在客户端发出命令 rs. add( )。

> \>rs. add("mongod1. net：27017")

只有连接到主节点，才能将 mongod 实例增添到副本集。如果检查是否连接到主服务器，那么在客户端发出命令 db. isMaster( )。

14.5.3　分拆

分拆是跨机器存储数据记录的处理，并且是 MongoDB 解决数据增长的方法。随着数据规模的不断增加，单个机器可能既不足以存储数据，也无法接受读/写的吞吐量。分拆解决了横向扩展问题。采用分拆，可以增加更多的机器来支持数据的增长和读/写操作的需求。

图 14.5 给出了 MongoDB 中使用分拆集群进行分拆的框图。

在图 14.5 中，有三个主要的组件，将其描述如下：

（1）Shard：Shard 用来存储数据，它们提供了较高的可用性和数据的一致性。在生产环境中，每个 Shard 是单独的副本集。

（2）Config Servers。Config Servers 存储集群的元数据。该数据包含集群数据集到 Shard 的映射。在生产环境中，分拆集群(Sharded Cluster)恰有 3 个 Config Servers。

（3）Query Routers。Query Routers(查询路由器)是基本的 mongo 的实例，与客户端应用程序接口，直接进行恰当的分拆。查询路由器处理和对分拆的目标进行操作，并将结果返回给客户端。分拆集群可包含多个查询路由器，以此分担客户查询的负荷。客户端给一个查询路由器发送查询，通常一个分叉集群拥有多个查询路由器。

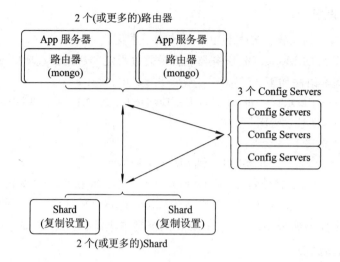

图 14.5　MongoDB 分拆框图

14.5.4　分拆转储 MongoDB 数据

1. 创建备份

要在 MongoDB 中创建备份，可应用 mongodump 命令。该命令将把服务器的所有数据转储到转储目录中。有许多选型可用来限制数据量或创建远程服务器的备份。

mongodump 命令的基本语法如下：

> ＞mongodump

例如，启动 mongod 服务器后，假设 mongod 服务器正运行在本地主机上且端口为 27017。现在打开命令提示符，直接进入 MongoDB 实例的目录 bin，同时键入命令 mongodump。

> ＞mongodump

该命令将连接运行在 127.0.0.1 和端口 27017 上的服务器，同时将返回服务器目录 /bin/dump/上的所有数据。该命令运行的结果如图 14.6 所示。

```
D:\Common\MongoDB\bin>mongodump
2018-03-30T14:09:17.094+0800          writing admin.system.version to
2018-03-30T14:09:17.143+0800          done dumping admin.system.version (1
document)
2018-03-30T14:09:17.143+0800          writing test.test to
2018-03-30T14:09:17.144+0800          done dumping test.test (1 document)
```

图 14.6　命令 mongodump 运行的结果

mongodump 命令的可用选项如下：

选项 1：主机，端口。

语法：mongodump － host HOST_NAME － port PORT_NUMBER。

描述：该命令将备份所有指定的 mongod 实例。

示例：mongodump － host tutorialspoint. com － port 27017。

选项 2：备份路径。

语法：mongodump － dbpath DB_PATH － out BACKUP_DIRECTORY。

描述：该命令将只备份指定路径上的指定的数据库。

示例：mongodump － dbpath/data/db/--out/data/backup/。

选项 3：集合。

语法：mongodump － collection COLLECTION － db DB_NAME。

描述：该命令将只备份指定数据库中的指定集合。

示例：mongodump － collection mycol － db test。

2. 恢复数据

要恢复备份数据，使用 MongoDB 的 mongorestore 命令。该命令将从备份目录中还原所有数据。

mongorestore 命令的基本语法如下：

>mongorestore

该命令运行结果如图 14.7 所示。

```
D:\Common\MongoDB\bin>mongorestore
2018-03-30T14:09:27.274+0800    using default 'dump' directory
2018-03-30T14:09:27.334+0800    preparing collections to restore from
2018-03-30T14:09:27.335+0800    reading metadata for test.test from dump\test
\test.metadata.json
2018-03-30T14:09:27.336+0800    restoring test.test from dump\test\test.bson
2018-03-30T14:09:27.338+0800    error:E11000 duplicate key error collection:
test.test index:_id dup key:{:ObjectId('5abdc29c12c674c68f3f7e70')}
2018-03-30T14:09:27.339+0800    no indexes to restore
2018-03-30T14:09:27.339+0800    finished restoring test.test (1 document)
2018-03-30T14:09:27.339+0800    done
```

图 14.7 mongorestore 命令运行结果

小　结

本章首先介绍了 NoSQL 的概念与特点；其次介绍了 MongoDB 及其 NoSQL 的一个一个开源的文档数据库；最后介绍了 MongoDB 在 Windows 系统上的安装与简单的操作与命令。

NoSQL 是消除了标准化的 SQL 的应用，NoSQL 数据库和管理系统无关，是无模式的数据库。它不是基于单一模型的，每个数据库根据其目标功能不同而采用不同的模型。

NoSQL 数据库的类型主要分为文档模型、键/值与宽列模型、图存储模型和宽列存储这四类。

　　NoSQL 数据库允许快速发布代码，并且能更好地应用面向对象的编程技术。如果更改了类的模型，则 NoSQL 数据库将允许存储新数据，而不需要更改整个数据库模型，NoSQL数据库中的表单会自动更新。NoSQL 具有分拆、云计算和 CRUD（创建、读取、更新、删除）的优点。

　　MongoDB 是一个开源的文档数据库，也是领先的 NoSQL 数据库。MongoDB 是用C++语言编写的，MongoDB 是一个跨平台、面向文档的数据库，提供了高性能、高可用性和简单的可伸缩性。

思考与练习题

14.1　NoSQL 的含义是什么？

14.2　NoSQL 数据库的主要类型有哪些？

14.3　文档模型具有哪些特点？

14.4　JSON 的含义是什么？它有哪些益处？

14.5　键/值的含义是什么？常用的基于数据存储的键/值可用于哪些方面？

14.6　宽列存储或列的数据库具有哪些特征？

14.7　图数据库是如何表示数据的？

14.8　NoSQL 具有哪些优点？

14.9　MongoDB 使用了哪些概念，这些概念的作用是什么？

14.10　MongoDB 提供了哪些一致性和可用性？

14.11　验证在 Windows 上安装 MongoDB 的步骤和过程，请写出相应的验证报告。

14.12　在 MongoDB 中，副本有何作用？它是如何工作的？

第 15 章　HBase 与 Cassandra

15.1　HDFS 与 HBase

15.1.1　HBase 简介

HBase 是一个面向列的数据库，由开源的 Google Big Table 存储架构实现。它可以管理结构化和半结构化数据，并具有一些内置功能，如可扩展性、版本管理、压缩和垃圾收集。由于它适应预写式日志记录和分布式配置，因此可以提供容错和快速从单个服务器故障中恢复。建立在 Hadoop/HDFS 之上的 HBase 可以使用 Hadoop 的 MapReduce 功能来进行数据存储和处理。

HBase 是一个开源、非关系的分布式数据库，基于 Google Big Table 模型，用 Java 语言编写。它在 HDFS(Hadoop 分布式文件系统)之上运行，为 Hadoop 提供类似 Big Table 的功能，还提供了一种容错的方式来存储大量的稀疏数据。

稀疏文件是一类计算机文件，当文件大部分为空时，尝试有效利用文件系统空间。这是通过将表示为空的块的简要信息(元数据)写入磁盘来替代实际"空"的空间，所占用的空间非常少。仅当块包含"实际"(非空)数据时，才会将实际大小的块写入磁盘。图 15.1 给出了稀疏文件存储空间的示意图。对于稀疏文件：空字节不需要保存，因此它们可以由元数据替代。

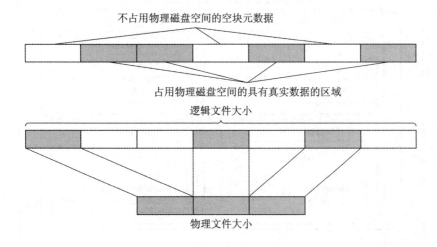

图 15.1　稀疏文件存储空间示意图

在读取稀疏文件时，文件系统在运行时将表示空块的元数据转换为填充零字节的"真实"块，而应用程序不会感知到这个转换。

BigTable 是一个稀疏的、分布式的、持久的多维有序映射。该映射由行键、列键和时间戳进行索引；映射中的每个值是未解释的字节数组。HBase 使用的数据模型与 BigTable 使用的非常相似。用户将数据存储在标签表中。数据行含有一个可排列的键和一个任意数目的列。映射是一个抽象数学类型，由键集合和值集合组成，其中每个键关联于一个值。

15.1.2   HDFS 与 HBase 的比较

HDFS 是一个非常适合于存储大型文件的系统。它旨在支持批数据处理，但不提供快速的单个记录查询。HBase 建立在 HDFS 之上，旨在提供对于大型表单中的单个行的访问。HDFS 和 HBase 的不同在于：

（1）HDFS 适合于高时延的批处理操作，其数据主要通过 MapReduce 访问，旨在进行批处理，因此不具有随机读/写的概念。

（2）HBase 是为低时延操作而构建的系统。它提供从数十亿的记录中访问单个行的功能。通过 Shell 命令、Java 语言编写的客户端、REST、Avro 或 Thrift 访问数据。

15.1.3   HBase 架构

HBase 物理架构由主/从关系的服务器组成，如图 15.2 所示。通常情况下，HBase 集群有一个主节点(称为 HMaster)和多个区域服务器(称为 HRegionServer)。每个区域服务器包含多个区域(称为 HRegions)。

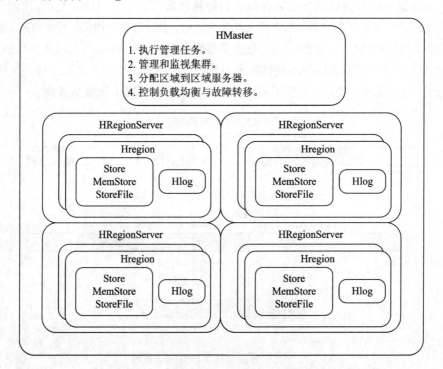

图 15.2   HBase 架构

　　就像在关系数据库中一样，HBase 中的数据存储在表中，这些表存储在区域（Region）中。当表变得非常大时，表被分割为多个区域。这些区域被安排到不同集群的区域服务器中，每个区域服务器管理大致数目相同的区域。

　　HBase 中的 HMaster 主要负责：

　　（1）执行管理任务。

　　（2）管理和监视集群。

　　（3）分配区域到区域服务器。

　　（4）控制负载均衡与故障转移。

　　另一方面，HRegionServer 执行下面的任务：

　　（1）托管与管理区域。

　　（2）自动分割区域。

　　（3）处理读/写请求。

　　（4）与客户直接通信。

　　每个区域服务器包含 Write-Ahead（称为 HLog）和多个区域。每个区域反过来又由一个 MemStore 和多个 StoreFiles（称为 HFile）组成，数据以列簇的形式存放在这些 StoreFiles 中。MemStore 管理内存中的存储（数据）的修改。

　　区域到区域服务器的映射保存在称为.META 的系统表中。当试图从 HBase 读取或写入数据时，客户端从.META 表中读取所需的区域信息，并直接与相应的区域服务器通信。每个区域由开始键（包容性）和终止键（排他性）识别。

15.1.4　HBase 数据模型

　　HBase 中的数据模型旨在适应字段大小、数据类型和列发生变化的半结构化数据。此外，数据模型的布局使得它较易于分割数据和将数据分发到不同的集群上。HBase 中的数据模型由不同的逻辑组件组成，如表、行、列簇、列、单元格和版本。

1. 表

　　HBase 的表更像存储在称为区域的单独分区中的逻辑集合。如图 15.3 所示，每个区域只由一个区域服务器提供服务。

行健	顾客		销量	
顾客 ID	名字	城市	产品	销量
301	李华	北京	口罩	R1000.00
302	王凯	上海	桌子	R5000.00
303	孙鹤	青岛	帽子	R1200.00

列簇

图 15.3　HBase 的数据模型

2. 行

行是表中数据的一个实例，由行键标识。行键在表中是唯一的，并始终被视为一个字节。

3. 列簇

行中的数据被组合在一起作为列簇。每个列簇拥有多个列，列簇的列以较低级的存储文件(称为 HFile)被存储在一起。列簇构成了物理存储的基本单元，以便用于类似于压缩那样的功能。因此，在设计表的列簇时，应特别小心。图 15.3 列出了客户和销售列簇。客户列簇由 2 列组成(名字和城市)；而销售列簇由 2 列组成，分别是产品和金额。

4. 列

列簇由一个或多个列组成。列由列限定符标识，该列限定符由(用冒号)级联并与列名的列簇名字组成，例如"列簇名：列名"。列簇中可以有多个列，表中行可以有不同数量的列。

5. 单元格

单元格存储数据，实质上是行键、列簇和列(列限定符)的唯一组合。存储在单元格的数据称为它的值，数据的类型总是被视为字节。

6. 版本

存储在单元格中的数据是版本化的，并且数据的版本由时间戳来标识。保留在列簇中的数据的版本个数是可设置的，默认值是 3。

15.1.5　HBase 映射

1. 映射结构——用键/值对表示数据

我们以 Lisp 关联列表的思路开始，该思路只不过是键/值对，它们构成了表示一个对象的简便方法。我们用 Web 文档的描述作为一个运行示例。例如，采用 JSON 表示如下：

{ˊurlˊ：ˊhttp：//internetmemory.orgˊ, type：ˊtext/htmlˊ, content：ˊmy document content ˊ}

执行的结果将得到被称为关联数组、字典或映射。给定一些情景(对象/文档)，该结构将值与键关联了起来。我们可以将其表示成如图 15.4 所示数据，其键信息由边捕获，而数据的值驻留在叶子上。

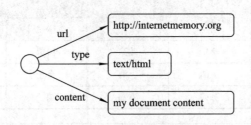

图 15.4　关联数组键/值对映射结构

对于映射有多种可能的表示方法。我们在之前已给出了一个 JSON 的例子，而 XML 当然也是一个恰当的选择。映射还可以表示为表，如图 15.5 所示。

url	type	content
http://internetmemory.org	text/html	my document content

图 15.5　关联数组表映射结构

2. HBase 表——一个多映射结构

HBase 不是为对象的每个属性保留一个值，但它允许存储多个版本。每个版本由时间戳标识。我们如何才能表示这样的一个多版本键/值结构？HBase 只是用映射代替原子值，其中的键是时间戳。以下介绍一个例子，它有助于我们弄清数据表示的功能和灵活性。假设文档是由两个嵌套的映射构成。

第一个嵌套映射，用 HBase 术语将其称为列，该列与关系数据库的列概念几乎无关。第二个嵌套映射是时间戳。每个映射都以其键命名，如图 15.6 所示。

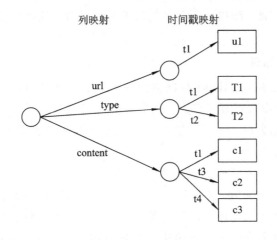

图 15.6　HBase 嵌套映射

我们的文档被看做全局性的列映射。如果我们选择了一个列键，将得到一个值，该值是其自身的第二个映射，其特征在于与特定列的时间戳一样多的键。在图 15.6 中，url 只有一个时间戳（我们可以假设文档的 URL 没有太大的变化）。分别从 type（类型）和 content（内容）上看，我们发现前者有两个版本，后者有三个版本。而且，通常它们只有一个时间戳（t1）。实际上，时间戳映射是完全独立的。

注意：如果愿意，我们可以添加尽可能多的时间戳（因此，在一个二级映射中有多个键）。事实上，对于一级映射也是如此，我们可以在文档级添加尽可能多的列，而不必对同一个 HBase 实例中的所有其他文档施加这样的更改。实质上，每个对象只是一个自我描述的信息片段。在这方面，HBase 是其他 NoSQL 系统之后的产物，其数据模型共享了许多方面的特征、无对象模式和自我描述。

对列簇进行分组，而列簇实际上是新的映射级中的一个键，它指的是一组列。在图

15.7 中,我们定义了两个簇:meta、分组 url 和类型以及表示文档内容的数据。

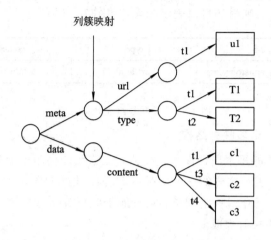

图 15.7　HBase 多列嵌套映射

注意:与列和时间戳映射不同,键如果是一个固定的簇映射,一旦创建,我们就不能将新的簇添加到表中。因此,簇构成了关系模式的等价关系,簇内的值可能是一个相当复杂的结构。

3. 完整图——行和表

以上我们了解了如何用 HBase 数据模型表示对象,但我们仍然要描述如何在 HBase 中放置许多对象(可能有数百万甚至数十亿个对象)。这就是 HBase 向关系数据库借用一些数据的地方:对象被称为行,行被存储在表中。尽管可以发现其中的一些相似之处,但这种比较可能会导致混淆。

HBase 与关系数据库的不同之处在于:

(1) 表实际上是一个映射,其中每一行都是一个值,而键是由表的设计者选择的。

(2) 行的结构与关系数据库中的行的平面表示没有多大关系。

(3) 表的性质意味着有两个可用的基本操作:put(key,row)和 get(key):row。

最后,值得注意的是,表映射是一个有序映射,行被分组到键/值上,并且两个靠近的行(与键的顺序相关)被存储到同一个物理区域。这使得按照键的顺序进行键的范围内的查询变得简单。图 15.8 总结了一个假设为 Webdoc HBase 表的结构,该表存储了大量的 Web 文档,每个文档都通过 url(这是最高层次的映射键)进行索引。一行本身就是一个本地映射,其特征由映射的值列簇名(f1、f2 等)定义固定数目的键,并关联于由行索引的值。最后,列值被版本化,并由时间戳的索引进行表示。列和时间戳不服从全局模型,它们是在行的基础上定义的。列可以从一行到另一行任意变化,列的时间戳也是如此。

多映射结构的 HBase 表可总结为

键→列簇→列→时间戳→值

应该清楚,在处理 HBase 数据时,必须重新审视表、行和列的直观意义。HBase 本质上是一个键/值存储,以键进行高效地索引访问,用值表示半结构化数据模型,并通过有序键来支持范围搜索功能。

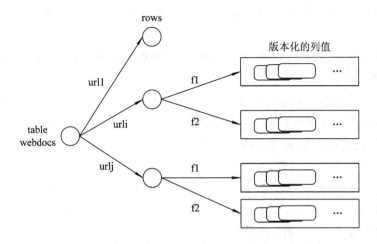

图 15.8　HBase 多映射结构

15.2　Cassandra

15.2.1　Cassandra 概要

Cassandra 是一个高可扩展性的、高性能的分布式数据库，用于处理大量的商用服务器上的大数据，它提供了高可用性，无单节点（简称单点）故障。它是一种 NoSQL 数据库。

Cassandra 是一个开源的、分布式的存储系统（数据库），用于管理遍布大规模的结构化数据。它提供了高的可用性服务并且没有单点故障。

Cassandra 的主要特点有：

（1）提供了可扩展性、容错性和一致性。

（2）面向列的数据量。

（3）分布式设计基于 Amazon 的 Dynamo 及其 Google Big Table 上的数据模型。

（4）建立在 Facebook 之上，与关系数据库管理系统有着很大的不同。

Cassandra 实现了没有单点故障的 Dynamo 风格的复制模型，增加了功能更为强大的列簇数据模型。Cassandra 被 Facebook、Twitter、Cisco、Rackspace、eBay、Netflix 等一些大公司所采用。

Cassandra 的设计目标是处理跨多个节点的大数据的工作负载，而没有任何单点故障。Cassandra 在其节点上有对等的分布式系统，数据分布在集群中的所有节点上。

集群中的所有节点都扮演着相同的角色。每个节点是独立的，同时它们之间也是相互连接的。集群中的每个节点都可以接受读取和写入请求，而不管数据实际处于集群中的什么位置。当节点关闭时，可以从网络的其他节点提供读/写请求。Cassandra 具有如下功能：

（1）弹性可扩展性。Cassandra 是高度可扩展的，它允许添加更多的硬件以容纳更多的用户以及每个需求所能容纳的更多的数据。

（2）Cassandra 没有单点故障，并对业务提供连续的可用性，即关键应用程序不能发生故障。

（3）Cassandra 是线性可扩展的，即吞吐量随着集群中节点数量的增加而增加，因此它的响应时间很快。

（4）数据存储灵活。Cassandra 容纳了所有可能的数据格式，包括结构化、半结构化和无结构化的数据。它可以按照你的需要动态地容纳你所改变的数据结构。

（5）易于数据分发。Cassandra 提供了在多个数据中心复制数据的灵活性，可以根据需要分发数据。

（6）交易支持。Cassandra 支持原子性、一致性、独立性和耐久性（ACID）等特性支持。

（7）快速写入。Cassandra 被设计为在廉价的商业硬件上运行。它执行极快的写入操作，可以存储数百 TB 的数据，而不会牺牲读取效率。

Apple 公司是最大部署该产品的企业，拥有 75 000 多个节点，存储 10 PB 以上的数据。其他安装大型 Cassandra 的企业包括了 Netflix（2500 个节点，420 TB，每天超过 1 万亿个请求）、中文搜索引擎 Easou（270 个节点，300 TB，每天超过 8 亿个请求）和 eBay（超过 100 个节点，250 TB）。

15.2.2 Cassandra 中的数据复制与组件

1. 数据复制

在 Cassandra 中，集群中的一个或多个节点扮演着给定数据片段副本的角色。如果检测到某些节点的响应过了过时的值，那么 Cassandra 将把最新的值返回给客户。返回最新值后，Cassandra 执行读取备份中的修复值，以更新陈旧值。

图 15.9 给出了 Cassandra 在集群节点间使用数据复制，以确保无单点故障。

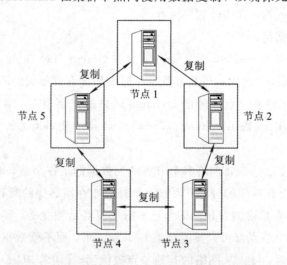

图 15.9 Cassandra 在集群节点间的数据复制

Cassandra 在后台采用 Gossip 协议，允许节点间相互间进行通信，并检测集群中任何发生故障的节点。

2. Cassandra 的组件

以下是 Cassandra 的关键组件：

（1）节点（Node）：数据存储的地方。

（2）数据中心（Data Center）：相关节点的集合。

（3）集群（Cluster）：集群是包含一个或多个数据中心的组件。

（4）提交日志（Commit Log）：提交日志是 Cassandra 中的崩溃恢复机制。每个写入操作将被写入提交日志。

（5）内存表（Mem-table）：内存表是内存驻留的数据结构。提交日志后，数据将被写入到内存表中。有些时候，对于单列簇，将有多个内存表。

（6）SSTable：当内容达到阈值时，从内存表中清除数据的磁盘文件。

（7）Bloom 过滤器（Bloom Filter）：是快速的、不确定的算法，用于测试一个元素是否是一个集合的成员。这是一种特殊的缓存。Bloom 过滤器在每个查询后被访问。

15.2.3　Cassandra 查询语言与数据模型

用户可以使用 Cassandra 查询语言（CQL）通过其节点访问 Cassandra，CQL 将数据库（Keyspace）当做表的容器来对待。程序员使用 cqlsh：提示符处理 CQL 或单独的应用程序语言驱动程序。靠近客户端的任何节点可以进行读/写操作，该节点（协调器）在客户端与持有数据的节点间扮演着代理角色，写与读是其基本操作。

（1）写操作。节点的每个写入操作（简称写操作）都由写入节点的提交日志捕获，然后数据将被捕获并存储在内存表中。每当内存表装满时，数据将被写入 SStable 数据文件。所有写入操作都会在整个集群中自动分区和复制。Cassandra 定期合并 SSTablo，丢弃不必要的数据。

（2）读操作。在读取操作（简称读操作）期间，Cassandra 从内存表中获取值，并检查 Bloom 过滤器来发现保存数据所需的合适的 SSTable。

Cassandra 的数据模型与我们通常看到的 RDBMS 中的非常不同。以下我们简要地介绍 Cassandra 的几个基本数据模型。

（1）集群（Cluster）。Cassandra 数据库是分布在多台一同运行的机器上的，最外层的容器被称为集群（Cluster）。对于故障的处理，每个节点都包含一个副本，如果发生故障，副本将负责对故障的处理。Cassandra 将节点以环形格式安排在集群中，并为其分配数据。

（2）Keyspace。在 Cassandra 中，Keyspace 是数据的最外层容器。Cassandra 中 Keyspace的基本属性如下：

① 复制因子（Replication Factor）：集群中将接收相同数据备份的机器数量。

② 副本放置策略：将副本放置在环中的策略。我们有简单策略（机架感知策略）、旧网络拓扑策略（机架感知策略）以及网络拓扑策略（数据中心共享策略）。

③ 列簇：Keyspace 是一个或多个列簇列表的容器，列簇又是一个行集合的容器，每行

包含有序列。列簇表示数据的结构。每个 Keyspace 至少有一个并且通常有很多列簇。

创建 Keyspace 的语法如下：

CREATE KEYSPACE Keyspace name WITH

replication = {'class': 'SimpleStrategy', 'replication_factor': 3};

（3）列簇。一个列簇是一个有序的行集合的容器。每一行又是一个有序的列的集合。

表 15.1 给出了关系表与 Cassandra 列簇的比较。

表 15.1　关系表与 Cassandra 列簇的比较

关　系　表	Cassandra 列簇
关系模型中的模式是固定的。一旦为某个表定义了某些列，当插入数据时，每个行中的所有列必须填充一个 null 值	在 Cassandra 中，尽管定义了列簇，但列却没有被定义。你可在任何时候自由地将任何列添加到任何列簇中
关系表只定义了列，用户用将值填充到表中	在 Cassandra 中，表包含列，或可以定义为超级列簇

Cassandra 列簇具有以下属性：

① key_cached：表示每个 SSTable 保持缓存的位置的数量。

② row_cached：表示将整个内容缓存在内存中的行数。

③ preload_row_cache：表示是否要预先填充行缓存。

与列簇的模式不固定的关系表不同，Cassandra 不会强制各行具有所有列。

（4）列。列是 Cassandra 的基本数据结构，具有三个值，即键或列名、值和时间戳。图 15.10 给出的是一个列的结构。

列		
name:byte[]	value:byte[]	clock:clock[]

图 15.10　列结构

（5）超级列（Super Colum）。一个超级列是一个特殊的列，也是一个键/值对。但是，超级列存储着子列的映射。

通常，列簇以单个文件的形式存储在磁盘上。因此，要优化性能，重要的是将可能一起查询的列保留在同一个列簇中，而超级列对此有所帮助。图 15.11 给出了超级列的结构。

超级列	
name:byte[]	Cols:map<byte[], column>

图 15.11　超级列结构

表 15.2 列举了 Cassandra 与 RDBMS 数据模型的主要区别。

表 15.2　Cassandra 与 RDBMS 数据模型的主要区别

RDBMS	Cassandra
RDBMS 处理结构化数据	Cassandra 处理非结构化数据
具有固定的模式	Cassandra 具有灵活的模式
在 RDBMS 中，表示是数组的数组（行×列）	在 Cassandra 中，表是"嵌套键/值对"的列表（行×列键×列值）
数据库是相应的应用程序所包含数据的最外层容器	Keyspace 是相应的应用程序所包含数据的最外层容器
表是数据集的实体	表或列簇是 Keyspace 的实体
行是 RDBMS 中的单个记录	行是 Cassandra 中的一个复制单元
列表示关系的属性	列是 Cassandra 中的一个存储单元
RDBMS 支持外键、联合概念	关系表示所用的集合

可用 cqlsh 以及不同语言的驱动程序来访问 Cassandra。以下解释如何建立 cqlsh 和 Java语言环境，以便在 Cassandra 中进行工作。

15.3　Cassandra 安装与操作

15.3.1　Cassandra 预安装设置

在 Linux 环境中，安装 Cassandra 之前，要求建立所用的 Linux SSH(Secure Shell)环境。Linux 环境设置步骤如下。

(1) 创建用户。首先，推荐创建一个单独的用户，以便将 Unix 系统与 Hadoop 文件系统隔离。按照下述步骤创建用户。

① 切换到 root 用户，并转到根目录。

② 用命令"adduser username"从根目录账号中创建一个用户。

③ 可以用目录"su username"打开一个现有的用户账户。

打开 Linux 终端并键入以下命令来创建一个用户：

```
root@ubuntu：/# adduserhadoop
Adding user 'hadoop' ...
Adding new group 'hadoop' (1001) ...
Adding new user 'hadoop' (1001) with group 'hadoop' ...
Creating home directory '/home/hadoop'...
Copying files from '/etc/skel'...
Enter new UNIX password：
Retype new UNIX password：
passwd：password updated successfully
Changing the user information for hadoop
```

Enter the new value, or press ENTER for the default

    Full Name []:

    Room Number []:

    Work Phone []:

    Home Phone []:

    Other []:

Is the information correct? [Y/n] Y

（2）SSH 设置与密钥生成（Key Generation）。SSH 需要在集群上执行不同的操作，如启动（Starting）、停止（Stopping）和分发守护进程 Shell（Distributed Daemon Shell）操作。要验证 Hadoop 的不同用户，需要为 Hadoop 用户提供公钥/私钥对（Public/Private Key Pair），并将公钥/私钥对与不同用户进行共享。

下述命令用于生成 SSH 所用的密钥对：

① 将公钥 id_rsa. pub 复制到 authorized_keys。

② 提供给所有者。

③ 对 authorized_keys 文件分别赋予读/写权限。

    $ ssh-keygen -t rsa

    $ cat ~/. ssh/id_rsa. pub>>~/. ssh/authorized_keys

    $ chmod 0600 ~/. ssh/authorized_keys

④ 验证，用 ssh 命令：

    ssh localhost

（3）下载 Cassandra。打开网址 http：//cassandra. apache. org/download/，选择合适版本下载，本例选用 3.11.2 版本。

将文件下载到 opt 文件夹中（安装目录可自定义设置），用如下所示的命令 zxvf 解压 Cassandra：

    tar – zxvf apache – cassandra – 3. 11. 2 – bin. tar. gz

（4）配置 Cassandra。打开 opt/cassandra/conf/cassandra. yaml 文件，该文件将在 Cassandra 的 bin 目录中得到应用。

    $ vim opt/cassandra/conf/cassandra. yaml

注意：如果已从 deb 或 rpm 包中安装了 Cassandra，配置文件将在 Cassandra 的/etc/cassandra 目录中。

以上命令用于打开 cassandra. yaml 文件，将下列配置写入该文件中。

① data_file_directories：- /var/lib/cassandra/data（该项配置不能合成一行）。

② commitlog_directory：/var/lib/cassandra/commitlog。

③ saved_caches_directory：/var/lib/cassandra/saved_caches。

确保这些目录是存在的，并可以写操作。

（5）创建目录。因为是超级用户，所以要创建/var/lib/cassandra 和/var/log/cassandra 两个目录，以便将数据写入 Cassandra。执行如下命令：

    sudomkdir – p /var/lib/cassandra/data

sudomkdir - p /var/lib/cassandra/saved_caches

sudomkdir - p /var/lib/cassandra/commitlog

sudomkdir - p /var/log/cassandra

(6) 授予文件夹权限。将(5)中的四个文件夹全部设置为 777 权限。

(7) 配置环境变量。转换为 Hadoop 用户，编辑. bashrc，加入以下环境变量：

CASSANDRA_HOME=/opt/cassandra

export CASSANDRA_HOM

(8) 应用环境变量。执行下述命令：

$ source . bashrc

(9) 启动 Cassandra。要启动 Cassandra，打开终端窗口，导航到 Cassandra 的主目录/home，打开 Cassandra，运行下述命令启动 Cassandra 服务器。

$ cd opt/cassandra/bin

$ ./cassandra

如需后台启动，则在. /cassandra 后加入- f；如果每个均已就绪，则将看到 Cassandra 服务器的启动。

启动中的页面大致如图 15.12 所示。

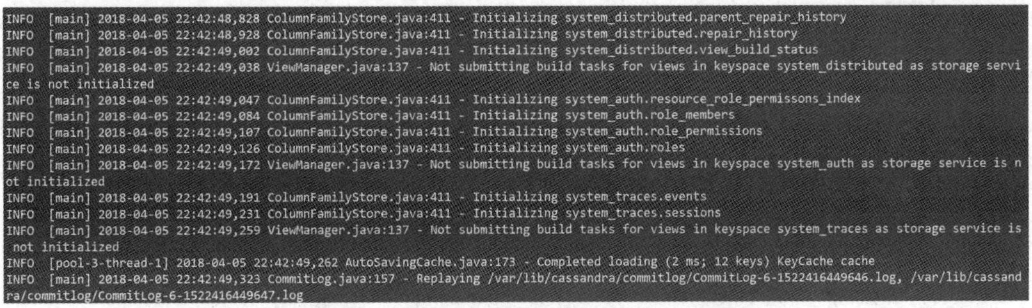

```
INFO  [main] 2018-04-05 22:42:48,828 ColumnFamilyStore.java:411 - Initializing system_distributed.parent_repair_history
INFO  [main] 2018-04-05 22:42:48,928 ColumnFamilyStore.java:411 - Initializing system_distributed.repair_history
INFO  [main] 2018-04-05 22:42:49,002 ColumnFamilyStore.java:411 - Initializing system_distributed.view_build_status
INFO  [main] 2018-04-05 22:42:49,038 ViewManager.java:137 - Not submitting build tasks for views in keyspace system_distributed as storage servi
ce is not initialized
INFO  [main] 2018-04-05 22:42:49,047 ColumnFamilyStore.java:411 - Initializing system_auth.resource_role_permissons_index
INFO  [main] 2018-04-05 22:42:49,084 ColumnFamilyStore.java:411 - Initializing system_auth.role_members
INFO  [main] 2018-04-05 22:42:49,107 ColumnFamilyStore.java:411 - Initializing system_auth.role_permissions
INFO  [main] 2018-04-05 22:42:49,126 ColumnFamilyStore.java:411 - Initializing system_auth.roles
INFO  [main] 2018-04-05 22:42:49,172 ViewManager.java:137 - Not submitting build tasks for views in keyspace system_auth as storage service is n
ot initialized
INFO  [main] 2018-04-05 22:42:49,191 ColumnFamilyStore.java:411 - Initializing system_traces.events
INFO  [main] 2018-04-05 22:42:49,231 ColumnFamilyStore.java:411 - Initializing system_traces.sessions
INFO  [main] 2018-04-05 22:42:49,259 ViewManager.java:137 - Not submitting build tasks for views in keyspace system_traces as storage service is
 not initialized
INFO  [pool-3-thread-1] 2018-04-05 22:42:49,262 AutoSavingCache.java:173 - Completed loading (2 ms; 12 keys) KeyCache cache
INFO  [main] 2018-04-05 22:42:49,323 CommitLog.java:157 - Replaying /var/lib/cassandra/commitlog/CommitLog-6-1522416449646.log, /var/lib/cassand
ra/commitlog/CommitLog-6-1522416449647.log
```

图 15.12　启动 Cassandra 后界面示例

(10) 编程环境。要进行 Cassandra 的编程，下载下述的 jar 文件：

① Slf4j-api-1. 7. 6. jar。

② cassandra-driver-core-2. 0. 2. jar。

③ guava-16. 0. 1. jar。

④ metrics-core-3. 0. 2. jar。

⑤ netty-3. 9. 0. Final. jar。

下载网址可参考 http: //mvnrepository. com/和各组件网站。

下载完成后，将它们放在单独的文件夹。例如，我们将这些文件下载到名为 Cassandra _jars 的文件夹中。

在. bashrc 文件中为此文件设置类路径，命令如下：

$ vim home/hadoop/. bashrc

//Set the following class path in the . bashrc file.

export CLASSPATH ＝ ＄CLASSPATH：/home/hadoop/Cassandra_jars/ *

（11）Eclipse 环境。打开 Eclipse，创建一个名为 Cassandra_Examples 的新项目。

在 Project 上用鼠标右击，选择 Build Path→Configure Build Path，如图 15.13 所示。

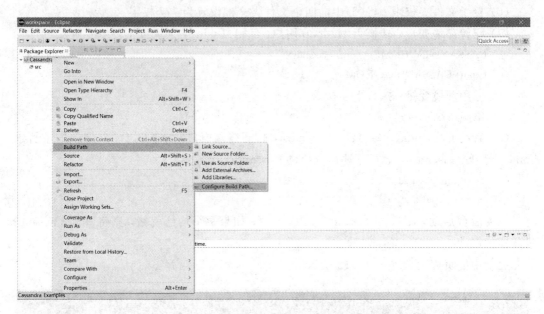

图 15.13　Project 下的多级菜单

它将打开属性窗口，在 Libraries 选项卡上，选择 Add External JARs，导航到你要保存你的 jar 文件的目录。选择所有 5 个 jar 文件，然后点击 OK 键，如图 15.14 所示。

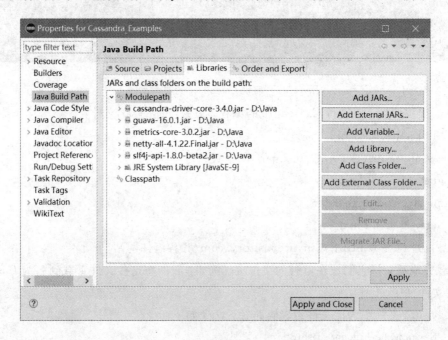

图 15.14　Java Build Path 子窗口

在 Referenced Libaries 下，我们可以看到所有需要添加的 jar 文件，如图 15.15 所示。

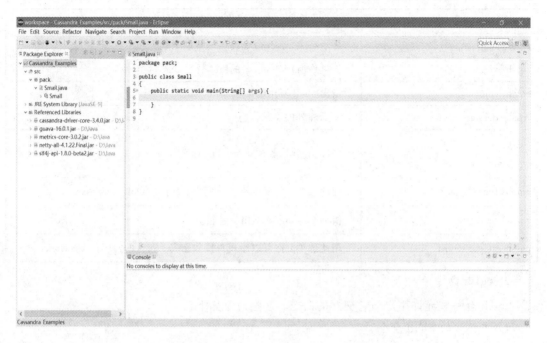

图 15.15　Referenced Libaries 下所有需要添加的 jar 文件

在默认的情况下，Cassandra 提供了一个 Cassandra 查询语言 Shell(cqlsh)的提示，允许用户与它进行沟通。使用这个 Shell，可以执行 Cassandra 查询语言(CQL)。

用 cqlsh 可以进行定义模式、插入数据，并且执行查询。

15.3.2　cqlsh 启动与命令

1. 启动

cqlsh 的启动需要 python2.7 版本以上环境，Ubuntu 系统一般已自带 Python 环境，若需安装，请用以下命令：

```
sudo apt-get install python
```

用命令./cqlsh 启动 cqlsh，作为输出，它给出了 Cassandra cqlsh 提示。

```
bin$ ./cqlsh
```

启动成功后，会出现以下界面，如图 15.16 所示。

```
Connected to Test Cluster at 127.0.0.1:9042.
[cqlsh 5.0.1 | Cassandra 3.11.2 | CQL spec 3.4.4 | Native protocol v4]
Use HELP for help.
cqlsh>
```

图 15.16　cqlsh 的启动界面截图

cqlsh 也支持多种选项，表 15.3 是对 cqls 的所有选项及其用法的解释。

表 15.3 cqls 的选项和用法

选 项	用 法
cqlsh--help	显示有关 cqlsh 命令选项的帮助主题
cqlsh--version	提供你所用的 cqlsh 的版本
cqlsh--color	指出 shell 所用的染色输出
cqlsh--debug	显示额外的调试信息
cqlsh - execute cql_statement	指导 shell 接收和执行 CQL 命令
cqlsh--file="file name"	用此选项，你可以授权给用户。默认用户名为 Cassandra
cqlsh - no-color	指导 Cassandra 不用染色输出
cqlsh - p"password"	用此选项，你可以给用户授权密码。默认的密码是 cassandra

2. cqlsh 命令

cqlsh 有一些允许用户与它交互的命令，这些命令如下：

1）文档化的 Shell 命令

以下给出 Cqlsh 文档化的 Shell 命令，这些命令用于如显示帮助、从 cqlsh 退出、描述等任务的执行。

（1）HELP：显示所有 cqlsh 命令的帮助主题。

（2）CAPTURE：捕获命令的输出，并将它添加到文件中。

（3）CONSISTENCY：显示当前的一致性水平，或设置新的一致性水平。

（4）COPY：从 Cassandra 中拷贝数据。

（5）DESCRIBE：描述 Cassandra 当前集群及其对象。

（6）EXPAND：垂直扩展查询输出。

（7）EXIT：用于终止 cqlsh。

（8）PAGING：启用或禁止分页查询。

（9）SHOW：显示当前 cqlsh 会话的详细信息，如 Cassandra 版本、主机或数据类型假设。

（10）SOURCE：执行包含 CQL 声明的文件。

（11）TRACING：启动或禁止请求跟踪。

2）CQL 数据定义命令

（1）CREACT KEYSPACE：在 Cassandra 中创建 Keyspace。

（2）USE：连接所创建的 Keyspace。

（3）ALTER KEYSPACE：改变 Keyspace 属性。

（4）DROP KEYSPACE：移除 Keyspace。

（5）CREAT TABLE：在 Keyspace 中创建一个表。

（6）ALTER TABLE：修改表的列属性。

（7）DROP TABLE：移除表。

（8）TRUNCATE：从表中删除所有数据。

（9）CREAT INDEX：在表的单个列中定义一个新索引。

（10）DROP INDEX：删除命名索引。

3）CQL 数据操作命令

（1）INSERT：在表中对行添加列。

（2）UPDATA：更新一个行的一个列。

（3）DELETE：从表中删除数据。

（4）BATCH：一次执行多个 DML。

4）CQL 语句

（1）SELECT：从表中读取数据。

（2）WHERE：where 语句与 select 一起用来读取指定的数据。

（3）ORDERBY：orderby 语句与 select 一起用来以指定的顺序读取数据。

另外在 CQL 命令中，Cassandra 提供了文档化的 Shell 命令。下面将介绍 Cassandra 文档化 Shell 命令。

15.3.3　Cassandra 文档化 Shell 命令

下面给出部分 Cassandra 文档化 Shell 命令。

1. HELP

HELP 命令显示所有 cqlsh 命令的摘要和简要说明。图 15.17 给出 HELP 命令的用法。

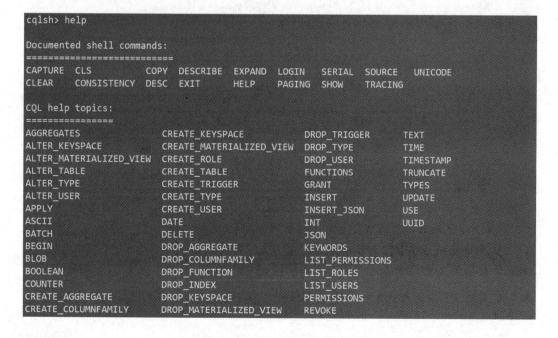

图 15.17　HELP 命令用法示例

2. CAPTURE

CAPTURE 命令捕获命令的输出，并将其添加到文件中。例如，查看下面代码，输出捕获到名为 Outputfile 的文件。

cqlsh> CAPTURE '/home/hadoop/CassandraProgs/Outputfile '

当我们在终端输入任何命令时，输出将被所给的文件捕获。下面给出的是使用该命令和输出文件(Outputfile)的快照。

cqlsh>describe keyspaces

system_tracessystem_schemasystem_auth　　system　　system_distributed

cqlsh>usesystem;

cqlsh>select * from compaction_history;

Outputfile 中的内容如图 15.18 所示。

图 15.18　Outputfile 内容的显示界面截图

注意：可以使用下面的命令关闭捕获。

cqlsh> capture off;

3. CONSISTENCY(一致性)

CONSISTENCY 命令显示当前的一致性水平，或设置一个新的一致性水平。其用法如下：

cqlsh> CONSISTENCY

Current consistency level is ONE.

4. COPY

COPY 命令将数据从 Cassandra 拷贝到文件。下面命令是将名为 emp 的表拷贝到 myfile 文件。

cqlsh：system> COPY compaction_history(id, bytes_in, bytes_out,

columnfamily_name, compacted_at, keyspace_name, rows_merged) TO '/home
/hadoop/CassandraProgs/Outputfile ';

Using 1 child processes

Starting copy of system. compaction_history with columns [id, bytes_in, bytes_out, columnfamily_name, compacted_at, keyspace_name, rows_merged].

Processed：15 rows；Rate：　　　　97 rows/s；Avg. rate：　　　　97 rows/s

15 rows exported to 1 files in 0.156 seconds.

如果打开并验证了给定的文件，可以发现图 15.19 所示的拷贝数据。

```
7bcaa5c0-3426-11e8-a66d-c971e31c520d,204,51,dropped_columns,2018-03-30 14:27:32.508+0000,system_schema,{4: 2}
56c34660-395d-11e8-9254-0113453a3251,204,117,local,2018-04-06 05:42:48.518+0000,system,{4: 1}
9ef14750-340a-11e8-9b63-730dbbbb61f0,204,117,local,2018-03-30 11:08:05.573+0000,system,{4: 1}
7bcf1290-3426-11e8-a66d-c971e31c520d,204,51,views,2018-03-30 14:27:32.537+0000,system_schema,{4: 2}
b799afe0-340a-11e8-9f2d-538a9b081d22,5384,5238,local,2018-03-30 11:08:46.942+0000,system,{4: 1}
a044a250-340a-11e8-9b63-730dbbbb61f0,10368,5102,local,2018-03-30 11:08:07.797+0000,system,{6: 1}
b79b5d90-340a-11e8-9f2d-538a9b081d22,204,117,local,2018-03-30 11:08:46.953+0000,system,{4: 1}
b8e4f490-340a-11e8-9f2d-538a9b081d22,10213,5655,columns,2018-03-30 11:08:49.113+0000,system_schema,"{1: 3, 2: 2}
7ddc47b0-3426-11e8-a66d-c971e31c520d,145018,35970,size_estimates,2018-03-30 14:27:35.979+0000,system,{4: 3}
```

图 15.19　数据拷贝执行结果的截图

5. DESCRIBE

DESCRIBE 命令描述了 Cassandra 及其对象的当前集群。下面解释这个命令的变种：

（1）Describe cluster：该命令提供了关于集群的信息。下面给出该命令的用法：

cqlsh：system> describe cluster

Cluster：Test Cluster

Partitioner：Murmur3Partitioner

（2）Describe Keyspace：该命令列举了所有集群中的 Keyspace。下面给出该命令的用法：

cqlsh>describe keyspaces

system_tracessystem_schemasystem_auth　system　system_distributed

（3）Describe tables：该命令列举了 Keyspace 中所有的表。下面给出该命令的用法：

cqlsh：system> describe tables;

available_ranges peers batchlogtransferred_rangesbatches

compaction_historysize_estimates　hints prepared_statementssstable_activity

built_views　"IndexInfo"　peer_eventsrange_xfers

views_builds_in_progresspaxos　local

（4）Describe table：该命令提供了表的描述。下面给出该命令的用法：

cqlsh：system> describe table compaction_history;

CREATE TABLE system.compaction_history (

　　id uuid PRIMARY KEY,

　　bytes_inbigint,

　　bytes_outbigint,

　　columnfamily_name text,

　　compacted_at timestamp,

　　keyspace_name text,

　　rows_merged map<int, bigint>

) WITH bloom_filter_fp_chance = 0.01

　　AND caching = {'keys': 'ALL', 'rows_per_partition': 'NONE'}

　　AND comment = 'week-long compaction history'

　　AND compaction =

```
{'class':
'org. apache. cassandra. db. compaction. SizeTieredCompactionStrategy', 'max_threshold': '32', '
min_threshold': '4'}
        AND compression = {'chunk_length_in_kb': '64',
'class': 'org. apache. cassandra. io. compress. LZ4Compressor'}
        AND crc_check_chance = 1. 0
        AND dclocal_read_repair_chance = 0. 0
        AND default_time_to_live = 604800
        AND gc_grace_seconds = 0
        AND max_index_interval = 2048
        AND memtable_flush_period_in_ms = 3600000
        AND min_index_interval = 128
        AND read_repair_chance = 0. 0
        AND speculative_retry = '99PERCENTILE';
```

（5）Describe Type：该命令用于描述用户定义的数据类型。下面给出该命令的用法：

```
Cqlsh：system> describe type card_details;
CREATE TYPE system. card_details(
    num int,
    pin int,
    name text,
    cvv int,
    phone set<int>,
    mail text
);
```

假设有两个用户定义的数据类型：card 和 card_details。下面给出该命令的用法：

```
cqlsh：system>DESCRIBE TYPES;
card_details card
```

6. EXPAND

EXPAND 命令用于扩展输出。使用该命令前，应该将扩展（Expand）命令开启。下面给出该命令的用法：

```
Now Expanded output is enabled
cqlsh：system> select * from compaction_history;

@ Row 1
———————————————————————+———————————————————————
id                 | 1c8a77a0-341e-11e8-a66d-c971e31c520d
bytes_in           | 638
bytes_out          | 82
columnfamily_name  | sstable_activity
compacted_at       | 2018-03-30 13：27：36. 730000+0000
keyspace_name      | system
```

| rows_merged | {1：33，2：1} |

@ Row 2

```
——————————————————+——————————————————
```

id	b903ee40-340a-11e8-9f2d-538a9b081d22
bytes_in	5485
bytes_out	2689
columnfamily_name	tables
compacted_at	2018-03-30 11：08：49.316000＋0000
keyspace_name	system_schema
rows_merged	{1：3，2：2}

…………

注意：可以用下面命令关闭扩展(expand)选项。

```
cqlsh：system> expand off；
Disabled Expanded output.
```

7. EXIT

EXIT 命令用于终止 cql shell。

8. SHOW

SHOW 命令显示当前 cqlsh 会话的详细信息，如 Cassandra 版本、主机或数据类型假设。下面给出该命令的用法：

```
cqlsh：system> expand off；
Disabled Expanded output.
cqlsh：system> show host；
Connected to Test Cluster at 127.0.0.1：9042.
cqlsh：system> show version；
[cqlsh 5.0.1 | Cassandra 3.11.2 | CQL spec 3.4.4 | Native protocol v4]
```

9. 用 cqlsh 创建 Keyspace

Cassandra 中的 Keyspace 是定义节点上复制数据的命名空间。集群中的每个节点包含一个 Keyspace。下面给出使用语句 CREATE KEYSPACE 创建 Keyspace 的语法：

```
CREATE KEYSPACE <identifier> WITH <properties>
```

即

```
CREATE KEYSPACE "KeySpace Name"
WITH replication = {'class'：'Strategy name'，'replication_factor'：'No. Of replicas'}；
CREATE KEYSPACE "KeySpace Name"
WITH replication = {'class'：'Strategy name'，'replication_factor'：No. Of replicas'}
AND durable_writes = 'Boolean value'；
```

CREATE KEYSPACE 语句具有两个性质：replication 和 DURABLE_WRITES。

(1) replication。replication 选项指定副本放置策略(Replica Placement Strategy)和想要的副本数量。表 15.4 列出了所有副本放置策略。

表 15.4　副本放置策略

策略名称	描　　述
Simple Strategy	指定集群的简单复制因子
Network Topology Strategy	用该选项，你可以独立地对每个数据中心设置复制因子
Old Network Topology Strategy	这是一个传统的复制策略

使用 replication 选项，可以指示 Cassandra 是否用提交日志(commitlog)来更新当前的 Keyspace。该选项不是必须的，在默认情况下，它被设置为 true。

下面给出创建一个 Keyspace 的例子。

这里我们将创建一个名为 TutorialsPoint 的 Keyspace。首先采用副本放置策略，即 Simple Strategy；选择副本因子为 3 的副本。

cqlsh.>CREATE KEYSPACE tutorialspoint WITH replication = {'class':

'SimpleStrategy', 'replication_factor': 3};

我们可以验证表是否由命令 Describe 创建。如果在 Keyspace 上采用这个目录，那么它将显示所有创建的 Keyspace。命令如下：

cqlsh>DESCRIBE keyspaces;

tutorialspoint system system_traces

可以看到，新创建的 Keyspace 为 TutorialsPoint。

(2) DURABLE_WRITES。在默认情况下，表的 Durable_writes 性质被设置为 true，也可以设置为 false，但在 simple strategy 中不能设置为这个性质。

下面给出的例子展示了 Durable_writes 性质的用法，命令如下：

cqlsh>CREATE KEYSPACE test

... WITH REPLICATION = {'class': 'NetworkTopologyStrategy', 'datacenter1': 3}

... AND DURABLE_WRITES = false;

10. Verification

可以通过查询 System Keyspace 来验证测试 Keyspace 的 Durable_writes 性质是否设置为 false。该查询给了所有的 Keyspace 及其属性。

cqlsh> SELECT * FROM system. schema_keyspaces;

keyspace_name | durable_writes | strategy_class | strategy_options

----------------+----------------+----------------

----------------+----------------

test | False | org. apache. cassandra. locator. NetworkTopologyStrategy | {"datacenter1" : "3"}

tutorialspoint | True | org. apache. cassandra. locator. SimpleStrategy | {"replication_fa tor": "4"}

system | True | org. apachde. cassandra. locator. LocalStrategy | { }

system_traces | True | org. apache. cassandra. locator. SimpleStrategy | {"replocation_ factor": "2"}

(4 rows)

这里可以看到测试 Keyspace 的 Durable_writes 性质被设置为 false。

11. Keyspace 的应用

可以采用关键词 USE 创建的 Keyspace。它的语法如下：

    Syntax：USE<identifier>

在下面的例子中，我们将使用名为 TutorialsPoint 的 Keyspace。

    cqlsh> USE tutorialspoint；

    cqlsh：tutorialspoint>

我们也可以用 Java API 创建 Keyspace，用会话类的方法 execute( )创建 Keyspace。按照下面的步骤用 Java API 创建 Keyspace。

步骤 1　创建 Cluster Object。

首先，创建 com. datastax. diver. com 包的 Cluster. builder 类的一个实例，命令如下：

    //Creating Cluster. Builder object

    Cluster. Builder builder1＝Cluster. builder( )；

用 Cluster. Builderobject 的 addContactPoint( )方法添加联系点(节点的 IP 地址)，此方法返回 Cluster. Builder。

    //Adding contact point to the Cluster. Builder object

    Cluster. Builder builder2＝build. addContactPoint("127. 0. 0. 1")；

用新的构建器对象(builder object)创建一个集群对象(cluster object)。为此，我们应在 Cluster. Builder 类中有一个名为 build( )的方法。以下代码显示了如何采集一个集群对象。

    //Building a cluster

    Cluster cluster ＝ builder. build( )；

可以在一行代码中构建一个集群对象，命令如下：

    Cluster cluster ＝ Cluster. builder( ). addContactPoint("127. 0. 0. 1"). build( )；

步骤 2　创建一个会话对象。

用 Cluster 类的 connect( )方法创建一个会话对象(Session object)实例，命令如下：

    Session session＝ cluster. connect( )；

该方法创建一个新的会话并初始化它。如果我们已经拥有一个 Keyspace，可以通过将 Keyspace 的名以字符串的格式传递给这个方法，将其设置为现有的 Keyspace，命令如下：

    Session session＝ cluster. connect("Your keyspace name")；

步骤 3　执行查询。

我们可以用 Session 类的 execute( )方法执行 CQL 查询，既可以用字符串的格式也可以用 Statement 类的对象将查询传递 execute( )方法。当我们将字符串传递给这个方法后，将会执行 cqlsh。

在下面例子中，我们将创建一个名为 tp 的 Keyspace。我们将用第一个副本放置策略，即简单策略，并且将对副本选择 1 的副本因子。

必须以字符串变量存储查询，并将它传递给 execute( )方法，命令如下：

    String query ＝ "CREATE KEYSPACE tp WITH replication"

```
+ "={'class': 'SimpleStrategy', 'replication_factor': 1}; ";
session. execute(query)
```

步骤 4 使用 Keyspace。

可以用 execute( )方法来使用已创建的 Keyspace,命令如下:

```
execute("USE tp");
```

以下给出的是在 Cassandra 中用 Java API 编写的创建和应用的 Keyspace 的完整程序。

```
importcom. datastax. driver. core. Cluster;
  importcom. datastax. driver. core. Session;
    public class Create_Keyspace{
    public static void main(String args[]){
      //Query
      String query ="CREATE KEYSPACE tp WITH replication"
      + "={'class', 'SimpleStrategy', 'replication_factor': 1}; ";

      //Creating Cluster object
      Cluster cluster = Cluster. builder(). addContactPoint("127. 0. 0. 1"). build();

      //Creating Session object
      Session session= cluster. connect();

      //Executing the query
      session. execute(query);

      //Using the KeySpace
      session. execute("USE tp");
      System. out. println("KeySpace Created");
    }
  }
```

以遵守 Java 的类名保存上述程序,浏览它存储的位置,编译并运行这个程序,命令如下:

```
$ javec Create_KeySpace. java
$ java Create_KeySpace
```

在一般条件下,它将产生以下输出:

```
KeySpace Created
```

12. 应用 cqlsh 操作 ALTER KEYSPACE

ALTER KEYSPACE 可用来修改诸如副本数量和 Keyspace 的 DURABLE_WRITES 的属性。以下是此命令的语法。

```
ALTER KEYSPACE <identifier> WITH <properties>
```

即

ALTER KEYSPACE "KeySpace Name"

WITH replication = {'class': 'Strategy name', 'replication_factor': 'No. Of replicas'};

ALTER KEYSPACE 的属性与 CREAT KEYSPACE 的属性相同，它的两个属性为
replication 和 durable_writes。

使用 durable_writes 选项，可以指示 Cassandra 是否使用提交日志（commitlog）来更新
当前的 Keyspace。这个选项不是必须的，默认情况下被设置为 true。

以下给出的是修改 Keyspace 的例子。

(1) 这里我们将修改名为 TutorialsPoint 的 Keyspace。

(2) 我们将备份的因子从 1 变到 3。

cqlsh. >ALTER KEYSPACE tutorialspoint

WITH replication = {'class': 'NetworkTopologyStategy', 'replication_factor': 3};

我们还可以修改 Keyspace 的属性 DURABLE_WRITES。下面给出的是 teskKeSpace
的 durable_writes 属性；

SELECT * FROM system. schema_keyspaces;

Keyspace_name | durable_writes | strategy_class | strategy_options

——————————+——————————+——————————+——————————

test | 　False | org. apache. cassandra. locator. NetworkTopologyStrategy |

{"datacenter1": "3"}

tutorialspoint | True | org. apache. cassandra. locator. SimpleStrategy |

{"replication_factor": "4"}

system | True | org. apache. cassandra. locator. LocalStrategy|{}

system_traces | True | org. apache. cassandra. locator. SimpleStrategy |

{"replication_factor": "2"}

(4 rows)

ALTER KEYSPACE test

WITH REPLICATION = {'class': 'NetworkTopologyStategy', "datacenter1": "3"}

AND DURABLE_WRITES = true;

如果要验证 Keyspace 的属性，它将产生下面的输出：

SELECT * FROM system. schema_keyspaces;

keyspace_name | durable_writes | strategy_class | strategy_options

——————————+——————————+——————————+——————————

test | True | org. apache. cassandra. locator. NetworkTopologyStrategy

| {"datacenter1": "3"}

tutorialspoint | True | org. apache. cassandra. locator. SimpleStrategy |

{"replication_factor": "4"}

system | True | org. apache. cassandra. locator. LocalStrategy | {}

system_traces | True | org. apache. cassandra. locator.

SimpleStrategy | {"replication_factor": "2"}

(4 rows)

13. 用 Java API 修改 Keyspace

我们可以用 Session 类的 execute( )方法修改 Keyspace。按照下面给出的步骤用 Java API 修改 Keyspace。

步骤 1　创建 Cluster Object。

首先，创建 com. datastax. driver. core 包的 Cluster. builder 类的一个实例，命令如下：

```
//Creating Cluster. Builder object
Cluster. Builder builder1 = Cluster. builder();
```

用 Cluster. Builder 对象的 addContactPoint( )添加一个联系点（节点的 IP 地址）。这个方法返回 Cluster. Builder。

```
//Adding contact point to the Cluster. Builder object
Cluster. Builder builder2 = build. addContactPoint("127. 0. 0. 1");
```

用新的 builder 对象，产生一个集群对象。为此，我们有一个 Cluster. Builder 类中的方法，称为 build( )。下面的代码展示了如何创建一个集群对象：

```
//Building a cluster
Cluster cluster = builder. build();
```

用一行代码即可构建集群对象，命令如下：

```
Cluster cluster = Cluster. builder(). addContactPoint("127. 0. 0. 1"). build();
```

步骤 2　创建 Session 对象。

用 Cluster 类的 connect( )方法创建一个 Session 对象的实例，命令如下：

```
Session session = cluster. connect();
```

该方法创建一个新的 Session 并初始化它。如果已有一个 Keyspace，可以用字符串格式将 Keyspace 名传递给这个方法，以此来设置现存的 Keyspace，命令如下：

```
Session session = cluster. connect("Your keyspace name");
```

步骤 3　执行查询。

我们可以用 Session 类的 execute( )方法执行 CQL 查询，既可以用字符串格式，也可以用 Statement 类的对象方式将查询传递给 execute( )方法。当以字符串格式将查询传递给这个方法后，将在 cqlsh 上执行查询。

在以下例子中，我们将修改名为 tp 的 Keyspace，将把备份选项从 Simple Strategy 改为 Network Topology Strategy，将 durable_writes 修改为 false，必须以字符串变量存储查询并将它传递给 execute( )方法，命令如下：

```
//Query
String query = "ALTER KEYSPACEtp WITH replication" + "={'class':
'NetworkTopologyStrategy', 'datacenter1': 3}" + +"AND DURABLE_WRITES
= false; ";

session. execute(query);
```

下面给出的是在 Cassandra 中用 Java API 创建和使用 Keyspace 的完整程序。

```
importcom. datastax. driver. core. Cluster;
importcom. datastax. driver. core. Session;
```

```
public classAlter_Keyspace{
    public static void main(String args[]){
    //Query
    String query ="ALTER KEYSPACE tp WITH replication"
    +"={'class':'NetworkTopologyStrategy','dat     acenter1':3}"
    +"AND DURABLE_WRITES = false;";

    //Creating Cluster object
    Cluster cluster = Cluster. builder(). addContactPoint("127.0.0.1"). build();

    //Creating Session object
    Session session= cluster. connect();

    //Executing the query
    session. execute(query);

    System. out. println("KeySpace Altered");
    }
}
```

以遵守 Java 类名的形式保存上述程序，浏览其存储的位置，我们编译并运行该程序。
命令如下：

```
$ javec Alter_KeySpace. java
$ java Alter_KeySpace
```

在一般条件下，它将产生如下输出：

```
KeySpace Altered
```

小　　结

本章首先介绍了面向列的 HBase 数据；其次介绍了具有高可扩展性的 Cassandra 的数据库；接着介绍了 Cassandra 数据的安装与基本操作；最后介绍了 Cassandra 提供了的 Cassandra查询语言 Shell(cqlsh)，它允许用户与其进行交互。

HBase 是一个面向列的数据库，由开源的 Google Big Table 存储架构实现。它可以管理结构化和半结构化数据，并具有一些内置功能，如可扩展性、版本管理、压缩和垃圾收集。由于它适应预写式日志记录和分布式配置，因此可以提供容错和快速从单个服务器故障中恢复。建立在 Hadoop/HDFS 之上的 HBase 可以使用 Hadoop 的 MapReduce 功能来进行数据存储和处理。

Cassandra 是一个高可扩展性的、高性能的分布式数据库，用于处理大量的商业服务器上的大数据，它提供了高可用性，无单点故障。它是一种 NoSQL 数据库。

Cassandra 提供了一个 Cassandra 查询语言 Shell(cqlsh)，允许用户与它进行沟通。应用 cqlsh，可以定义模式，插入数据，并且执行查询。

思考与练习题

15.1　HBase 数据库有什么基本功能？

15.2　Big Table 如何对稀疏数据进行存储的？

15.3　面向行的数据存储具有什么特点？面向列的数据存储具有什么特点？

15.4　HDFS 与 HBase 有什么区别？

15.5　HBase 集群主要由哪几类节点构成，它们在集群中起到什么作用？

15.6　HBase 中的数据模型由哪些逻辑组件组成？

15.7　Cassandra 数据库有什么特点？

15.8　Cassandra 的关键组件主要有哪些，试简述这些组件的功能。

15.9　验证 Cassandra 的安装过程。请写出验证报告(给出验证步骤和相应的界面截图)。

第 16 章　MapReduce

16.1　MapReduce 概要

MapReduce 是一个编程模型和相关实现，用于集群上以并行、分布式算法处理和生成的大型数据集。

MapReduce 程序由 Map( )过程(或方法)和 Reduce( )方法组成。Map( )执行过滤和排序功能；Reduce( )执行汇总操作。MapReduce 系统(也称为基础架构或框架)通过分布式服务器，并行地运行多种任务，管理系统不同部分间的所有的通信和数据传输，以及提供冗余和容错性。

尽管在 MapReduce 框架中其用途与原始形式不同，但它的灵感来自于功能性的编程。MapReduce 框架的主要贡献不是实际的 Map( )和 Reduce( )函数，而是通过执行一次优化引擎实现各种应用程序的可扩展性和容错性。因此，MapReduce 单线程的实现通常不会比传统的(非 MapReduce)实现更快，通常只有在多线程的实现中才能看到其优势。只有当进行优化分布式混排(Shuffle)操作(即降低通信代价)和容错特性时，该模型才会体现出它的优势。优化通信成本对一个好的 MapReduce 算法是至关重要的。

MapReduce 库已用多种编程语言进行编写，具有不同层级的优化性能。支持分布式混排(Shuffle)功能的流行开源代码实现是 Apache Hadoop 项目的一部分。MapReduce 这个名字最初是指 Google 公司的专用技术，但后来得到了推广。到 2014 年，Google 公司不再用 MapReduce 作为大数据处理模型，Apache Mahout 已转向到了功能更强大、更少面向磁盘的机制，这些机制全面融合了 Map 和 Reduce 的功能。

MapReduce 是一个使用大量计算机节点来处理大型数据集的并行化的处理框架，大量的计算机节点统称为集群或网格。它既可以在存储数据的非结构化文件系统中，也可以在结构化的数据库中执行数据处理。MapReduce 可以利用数据的局部性，在附近的存储资源中进行处理，以便减少数据必须传输的代价。MapReduce 的处理过程可分为以下几步：

(1) Map 步。每个工作节点对本地数据应用 Map( )函数，并将输出写入到临时存储器。主节点对输出数据的冗余备份进行编排，仅进行一次处理。

(2) Shuffle(混排)步。工作节点根据输出键由 Map( )函数执行重新分发数据，即属于一个键的所有数据被放置到同一个的工作节点。

(3) Reduce 步：工作节点以并行的方式处理每一个键的每一组数据。

MapReduce 允许分布地处理 Map 和 Reduce 操作。假设每个 Map 操作独立于其他 Map 操作，那么所有 Map 可并行执行，但是这样做在实践中受到独立数据源的数量和/或每个数据源附加的 CPU 数量的限制。类似地，一组 Reducer 可以执行 Reduce 阶段，前提是共享相同键的 Map 操作的所有输出同时呈现给同一个 Reducer，或关联的 Reduce( )函数。虽然与顺序算法相比,这个处理方式显得效率低下,但 MapReduce 可以应用到比普通服务器可以处理的数据集大得多的数据集,一个大型服务器可以使用 MapReduce 在几个小数内对 PB 量级的数据进行排序。并行性还提供了在操作期间从服务器或存储器的部分故障中恢复的可能性,如果一个 Mapper 或 Reducer 失败,则可以重新安排任务,但前提是输入的数据仍然可用。

观察 MapReduce 的另一种方法是将其看做五个步骤的并行分布式计算:

步骤 1　准备 Map( )输入。MapReduce 系统指定 Map 处理器,对每个处理器分配输入键/值 k,每个处理器都将在 k 上进行工作,同时向该处理器提供与该键/值相关联的所有输入数据。

步骤 2　运行用户提供的 Map( )代码:Map( )对每个 k 键/值运行一次,生成由键/值 K2 组织的输出。

步骤 3　Shuffle 将 Map 输出到 Reduce 处理器:MapReduce 系统指定 Reduce 处理器,将 K2 键/值分配到每个处理器,并向该处理器提供与该键/值关联的所有 Map 生成的数据。

步骤 4　运行用户提供的 Reduce( )代码。对每个 k 键/值,Reduce( )仅运行一次,该键/值 K2 由 Map 步产生。

步骤 5　生成最终输出。MapReduce 系统收集所有 Reduce 输出,并按 k 的顺序产生最终结果。

这五个步骤在逻辑上可以被认为是按顺序运行的,即每一步只有在前一步完成后才可开始进行,在实时上只要最终结果不受影响,这些步骤就可以交替进行。在许多情况下,输入数据可能已经被发布(分片)到许多不同的服务器中,在这种情况下,步骤 1 有时可以通过指派 Map 服务器而被大大简化,所指派的 Map 服务器将处理本地出现的输入数据。类似地,步 3 有时可以通过指派 Reduce 处理器而加快处理速度,所指派的 Reduce 处理尽可能地靠近所需处理的 Map 生成的数据。

16.2　MapReduce 基本工作原理及应用

16.2.1　基本工作原理

MapReduce 是一种编程模型,旨在通过将工作分成一组独立的任务来并行处理大数据。一般来说,MapReduce 程序处理三个阶段的数据为 Map、Shuffle 和 Reduce。我们用一个词统计的例子来说明这三个阶段,该 MapReduce 应用程序统计大文档集中每个单词出现的次数。

假设两个文本文件 map.txt 和 reduce.txt 及其内容如图 16.1 所示;图 16.2 给出了 MapReduce 模型中词数统计应用程序的处理过程。Map 阶段得到输入数据并生成中间数据元组(tuple)。每个元组由一个键和一个值组成。在这个例子中,每个文件的单词出现次数都是在 Map 阶段计算的。然后在 Shuffle 阶段,这些数据元组被排序并通过它们的键分发给 Reducer。Shuffle 阶段确保相同的 Redcer 能够处理所有具有相同键的数据元组。最后,在 Reduce 阶段,将具有相同键的数据元组的值合并在一起以得到最终结果。

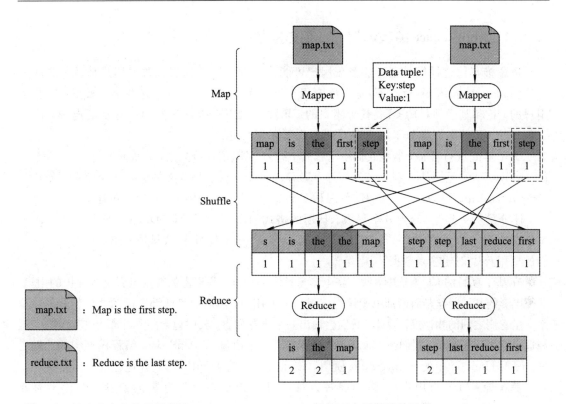

图16.1　输入文本文件的词统计　　　　　图 16.2　词数统计示例

使用 Apache Hadoop 的应用程序开发界面简单且方便，开发者仅需要实现两个接口：Mapper 和 Reducer。如源代码 1 所示，两个 void function 和 reduce 对应于 MapReduce 模型的 Map 和 Reduce 阶段。Hadoop 管理数据上的其他操作，如混排(Shuffling)、排序(Sorting)、分割输入数据(Dividing Input Data)等。

源代码 1　Mapper 和 Reducer 的 Java 语言代码：

```
@Deprecated
publicinterfaceMapper<K1，V1,K2，V2>extendsJobConfigurable，Closeable {
    voidmap(K1 key，V1 value，OutputCollector<K2，V2> output，Reporter reporter)
    throwsIOException；
    }
@Deprecated
publicinterfaceReducer<K2，V2,K3，V3>extendsJobConfigurable，Closeable {
    voidreduce(K2 key，Iterator<V2> values，
    OutputCollector<K3，V3> output，Reporter reporter)
    throwsIOException；
    }
```

默认情况下，Hadoop 使用 Java 语言编程。当使用 Hadoop Streaming 界面时，开发者可以选择任何编程语言实现 MapReduce 功能。使用 Hadoop Streaming 可以将任何可执行文件或脚本指定为 Mapper 或 Reducer。当 Map/Reduce 任务正在运行时，输入文件将转换为行，然后这些行被输入到指定的 Mapper/Reducer 的标准输入中。

16.2.2　MapReduce 编程示例——电影推荐

电影推荐通过提供最有可能覆盖用户可能喜欢的电影的列表来改善用户体验。协同过滤(Collaborative filtering，CF)是广泛应用于推荐系统的算法，它包含两个主要形式：基于用户的 CF 和基于项目的 CF。基于用户的 CF 旨在向用户推荐其他用户喜欢的电影，而基于项目的 CF 的电影类似于用户观看列表或高评分的电影。

为了对此进行评估，假设我们使用总大小约为 2 GB 的评分数据，该数据集包含17 770个文件。MovieID 的范围从 1 到 17 770，每个影片为一个文件。每个文件包含三个字段，分别是 UserID、Rating 和 Date。用户 ID 范围从 1 到 2 649 429，其中有空缺，总共有 480 189 个用户。评分是从 1 到 5，分为五个星级。日期的格式为 YYYY-MM-DD。我们将所有17 770个文件合并到一个文件中，每行以 UserIDMovieID Rating Date 格式排序，按升序排列，为我们的应用程序创建输入数据。

在基于项目的 CF 算法中，我们将电影粉丝定义为对三星以上的特定电影进行评级的用户。两部电影的共同粉丝是对两部电影评为三星以上的用户；然后通过两部电影的共同粉丝的数量来衡量它们之间的相似度。因此，我们会输出一个推荐列表，其中包含前 N 个最相似的电影。遵循这个应用程序逻辑，我们在 Hadoop 中展示实现并突出显示 MapReduce 编程模型中的关键组件。使用 Hadoop 中的 MapReduce 模型，该算法由三轮 MapReduce 处理组成，具体如下：

第 1 轮： Map 与用户/电影对排序。每一对意味着用户是电影的粉丝。本轮不需要 Reducer。图 16.3 显示了输入和输出的一个例子。

Original input

User ID	Movie ID	Rating
Jack	1	5
Alex	1	4
Fred	1	2
Jack	2	4
Alex	2	5
Fred	2	4
Jack	3	5
Alex	3	1

Map and sort

Sorted result

User ID	Movie ID
Jack	1
Jack	2
Jack	3
Alex	1
Alex	2
Fred	2

```
#!/usr/bin/env python
import sys

# input comes from standard input

for line in sys.stdin:
# remove leading and trailing whitespace
line = line.strip()

# spit the line into key/value pairs
words = line.slit()

# write the results to standard output;
iflen(words) < 3:
continue
elifint (words[2]) > 3:
# output key/value pairs, sep by a tab
print '%s\t%s' % (words [θ], words [1])
```

图 16.3　第 1 轮的示例和代码样例

第 2 轮： 计算每部电影的共同粉丝数量。图 16.4 用一个例子演示了该处理过程。假设 Jack 是电影 1、2 和 3 的粉丝，那么电影 1 和 2 有一个共同的粉丝为 Jack；同样地，电影 1 和 3 以及电影 2 和 3 也有一个共同的粉丝为 Jack。Mapper 查找每部电影的所有共同粉丝，并将每个共同粉丝作为一行输出。然后 Reducer 将具有一个共同粉丝的电影/电影对进行汇总，并计算共同粉丝的数量。

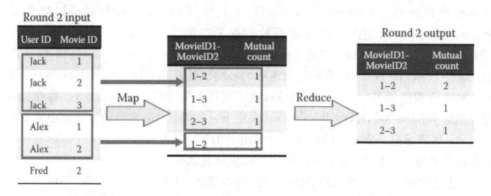

图 16.4　第 2 轮示例

第 3 轮：在第 2 轮的结果中提取电影/电影对，并找出每部电影中拥有最多共同粉丝的前 N 部电影。Mapper 从电影/电影对中提取电影 ID，同时 Reducer 汇总来自 Mapper 的结果，并基于其共同粉丝的数量对推荐的电影进行排序。如图 16.5 所示，电影/电影对 1 - 2 的共同粉丝数为 2，电影/电影对 1 - 3 有一个共同粉丝。因此，电影 ID 为 1 与电影 ID 为 2 和 3 的电影具有共同的粉丝。

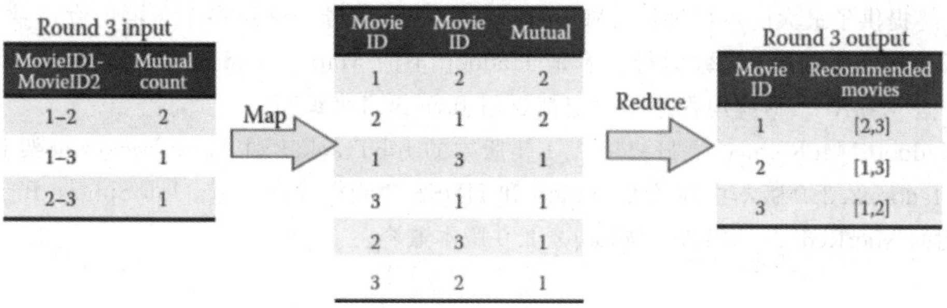

图 16.5　第 3 轮示例

16.2.3　MapReduce 中 JobTracker 的运用

MapReduce 应用程序可以通过应用计算机集群来并行地处理大数据集。在 MapReduce 这个编程范例中，应用程序分为独立工作单元。这些工作单元的每一个都可以在集群中的任何节点上运行。在 Hadoop 集群中，一个 MapReduce 程序被称为一个作业（Job）；一个作业被分成几块，称为任务。这些任务被调度到存在数据的集群中的节点上运行。

JobTracker 为在 Hadoop 集群上运行的一个管理程序。它与 NameNode 进行通信，以确定作业所需的所有数据出现在集群中的位置，并将集群上的每个节点的作业分解为 Map 工作任务和 Reduce 工作任务。JobTracker 程序尝试将任务调度到存储数据的集群上，而不是通过网络发送数据来完成任务。MapReduce 框架和 Hadoop 分布式文件系统（HDFS）通常存在于同一组节点上，这使得 JobTracker 程序可以将任务调度到数据存储的节点上。

　　JobTracker 是 Hadoop 中的服务，它将 MapReduce 任务指定到集群中特定的节点上，理想的节点是拥有数据的，或至少在同一个机架中的节点拥有数据。当客户端应用程序将作业提交给 JobTracker 后，JobTracker 与 NameNode 进行对话以确定数据的位置。JobTracker 以可用的时隙或附近的数据来定位 TaskTracker 节点。定位完成后，JobTracker 将工作提交给所选定的 TaskTracker 节点，同时 JobTracker 监视 TaskTracker 节点。如果 TaskTracker 不能常常提交足够的心跳信号（Heartbeat Signals），则认为他们失败或已将工作调度到另一个 TaskTracker 上。当任务失败后，TaskTracker 将在任务失败情况通知给 JobTracker，这时 JobTracker 决定下一步做什么，它可能会将作业重新提交给其他地方，可能标记一个特殊的记录作为要避免的事，甚至可能将这个 TaskTracker 列入不可靠的黑名单。工作完成后，JobTracker 将更新其状态。

　　如果发生故障，所有正在运行的作业都将停止，因此 JobTracker 是 Hadoop MapReduce 服务的一个故障点。

　　正如 MapReduce 名字暗示的那样，Reduce 任务总是在 Map 任务完成后进行。一个 MapReduce 作业将输入数据分拆为独立的块，由并行运行的 Map 任务处理。

　　一组称为 TaskTracker 代理的连续运行的程序监视着每个任务的状态，如果某个任务完成失败，那么失败状态将被报告给 JobTracker 程序，该程序会将任务重新调度到集群中的另一个节点，直至任务完成。

　　这种工作的分派使得 Map 任务和 Reduce 任务可以运行于较大数据集中较小的子集上，最终提供了最大的可扩展性。MapReduce 框架还通过处理跨多个集群的存储数据来最大化并行机制。尽管大多数运行在本地 Hadoop 下的 MapReduce 程序都是用 Java 语言编写的，但 MapReduce 应用程序不一定都要用 Java 语言来编写。

　　Hadoop MapReduce 在 Hadoop1.1.1 版本的 JobTracker 和 TaskTracker 框架上运行，并与 Hadoop2.2.0 版本中新的 Common 和 HDFS 功能集成在一起。InfoSphere BigInsight 中使用的 MapReduce API 与 Hadoop2.2.0 版本兼容。

16.3　运行 MapReduce 程序

16.3.1　启动 FuleSystem(fs) Shell

　　首先打开 InfoSphere BigInsights 界面。

　　单击 BigInsight Shell，屏幕将显示的内容如图 16.6 所示。

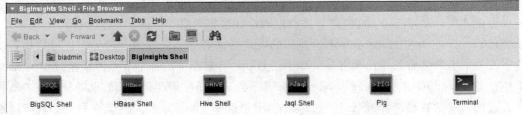

图 16.6　BigInsight Shell 中的内容

单击 Terminal,将发现 BigInsight 的工作终端为 DOS 界面,参见图 16.7。

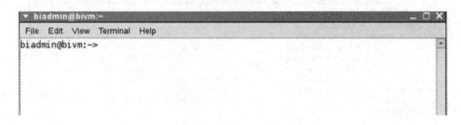

图 16.7　Terminal 的 DOS 界面

在命令提示符下输入 dir 命令,执行后会出现 dir 列表,如图 16.8 所示。

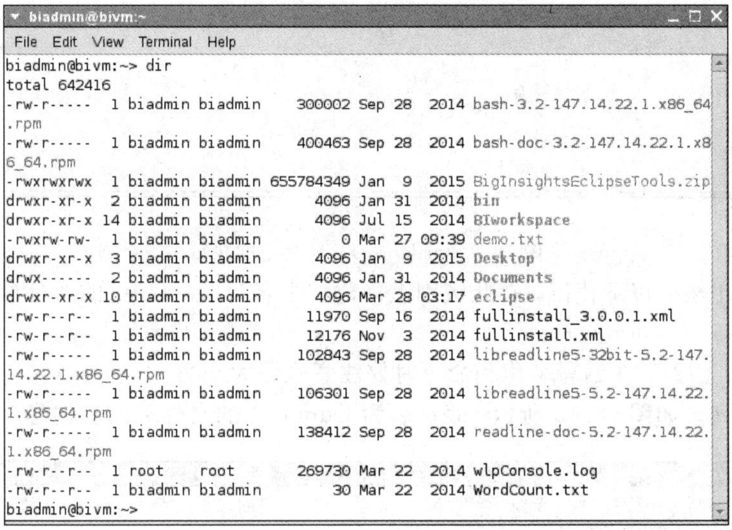

图 16.8　dir 命令执行结果

现在我们已看到了如何用 FuleSystem(fs)Shell 来执行 Hadoop 命令与 HDFS 交互;同样,fs Shell 可以用来启动 MapReduce 作业。以下将逐步介绍运行 MapReduce 程序所需的步骤。MapReduce 程序的源代码包含在一个编译好的.jar 文件中。Hadoop 会将 jar 加载到 HDFS 中,并将其分发到数据节点,在数据节点上执行 MapReduce 作业的各个任务。Hadoop 附带一些 MapReduce 程序运行的示例,其中一个是分布式 WordCount 程序,它读取文本文件并计算每个单词出现的频度。

16.3.2　在终端运行 MapReduce 程序

我们首先需要将数据文件从本地文件系统拷贝到 HDFS 上。按下述步骤进行:

步骤 1　打开终端并输入 $ BIGINSIGHTS_HOME/bin。

在命令行插入以下命令调用 Hadoop:

　　　biadmin@bivm: ->hadoop fs -ls

看到了目录 bivm,这里的 bi 表示 BigInsight,vm 表示界面生成的虚拟机。执行上述命令后,会出现与图 16.9 相似(或相同)的界面。

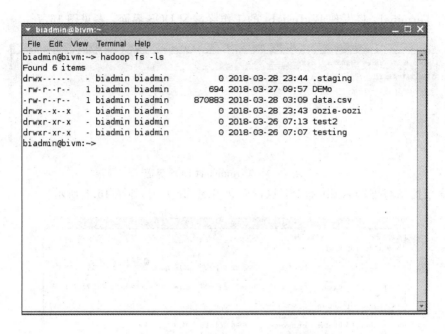

图 16.9　hadoop fs – ls 命令的执行

在命令行中输入以下代码，在此级别上创建一个名为 Dummy1 的新目录（文件夹）：

　　　　hadoop fs – mkdir Dummy1

按回车键。注意，在编写名称和命令时要注意区分大小写。

目录的新列表如图 16.10 所示，表示名为 Dummy1 的文件夹已被创建。

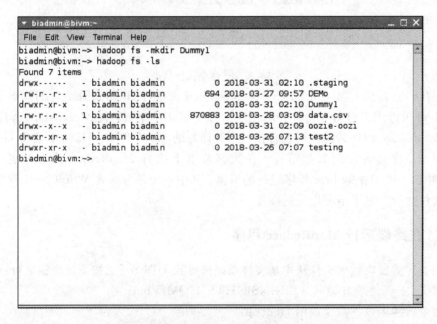

图 16.10　创建名为 Dummy1 的新目录的运行结果

在命令提示符下键入：

　　　　hadoop fs -put /home/biadmin/Demo. txt /user/biadmin/Dummy1

按回车键，将看到如图 16.11 所示的信息。

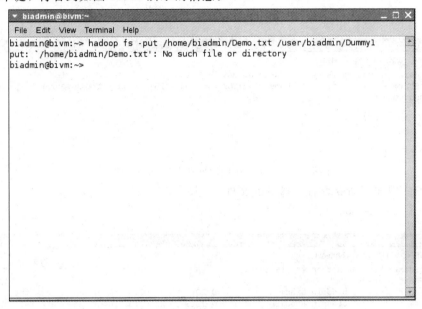

图 16.11　hadoop fs – put 命令的运行

由于我们已用文件名中的大写字母 D 输入了名为 Demo. txt 的文件，因此需要写入像下面命令改正：

    hadoop fs – put /home/biadmin/demo. txt /user/biadmin/Dummy1

在屏幕上将会看到图 16.12 所示内容。

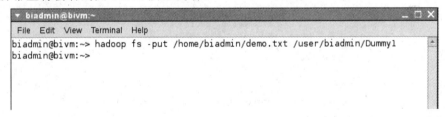

图 16.12　fs – put 命令的执行

现在输入下面的命令行，验证新的目录是否已被创建，如图 16.13 所示。

    hadoop fs – ls Dummy1

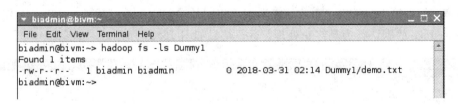

图 16.13　验证新的目录是否已被创建

步骤 2　执行下面的命令：

    hadoop fs – mkdir /user/biadmin/input

hadoop fs – put /home/biadmin/sampleData/IBMWatson/ ＊ . txt /user/biadmin/input

将输入文件拷贝到 HDFS 中，文件内容可手动添加，参见图 16.14。

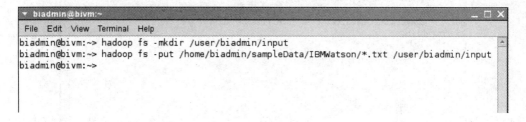

图 16.14　输入文件拷贝到 HDFS 中的执行

步骤 3　用如下命令查看已拷贝的文件，如图 16.15 所示。

hadoop fs -ls input

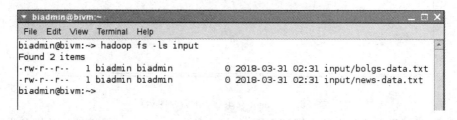

图 16.15　查看已拷贝的文件

步骤 4　向 Hadoop 安装目录中的 mapred – site. xml 文件添加内容，参见图 16.16。

```
<configuration>
        <property>
                <name>mapred.job.tracker</name>
                <value>localhost:9001</value>
        </property>
</configuration>
```

图16.16　向 mapred – site. xml 文件中添加的内容

添加内容完成后需要重启 Hadoop。

步骤 5　用下面的命令运行 WordCount 作业：

hadoop jar /opt/ibm/biginsights/IHC/hadoop – example. jar wordcount/user/biadmin
/input output

注意：如果输出文件夹已存在，或尝试用相同的参数重新运行成功的 Mapper 作业，那么 MapReduce 的默认行为是终止处理。运行结果如图 16.17 所示。

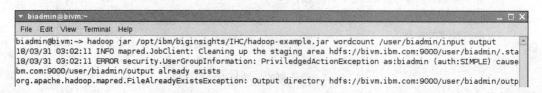

图 16.17　运行结果的部分内容截屏

如果没有发生错误，那么看到的内容如图 16.18 所示。

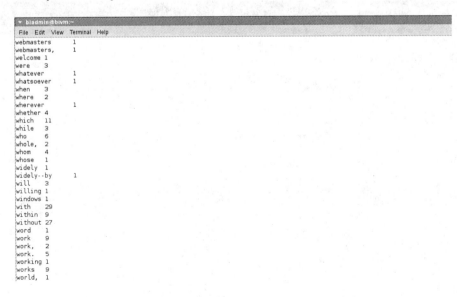

图 16.18　无发生错误会的内容截屏

图 16.18 显示的是部分截屏，实际上你可在屏幕上看到"很长"的输出。

步骤 6　用下面的命令查看步骤 3 的输出，如图 16.19 所示。

hadoop fs – ls output

图 16.19　fs – ls output 命令的执行结果截屏

在这种情况下，输出没有被分成多个文件（即 part – r – 00001、part – r – 00002 等）。

步骤 7　查看 part – r – 00001 文件的内容，可发出下面的命令，参见图 16.20。

hadoop fs – cat output/ ＊ 00

图 16.20　part – r – 00001 文件的内容截图

16.3.3　在 Web 控制台上运行 MapReduce 程序

按下面的步骤在 Web 控制台上运行 MapReduce 程序。

步骤 1　单击 BigInsights 的 WebConsole 光标启动 Web 控制台。

步骤 2　单击 Application 选项卡，应用程序目录将显示在左侧的窗口中（参见图 16.21）。正如我们看到的，目前这个虚拟机上还没有部署任何应用程序。管理员可以根据需要上载和发布内部或第三方应用程序，也可以移除示例应用程序。

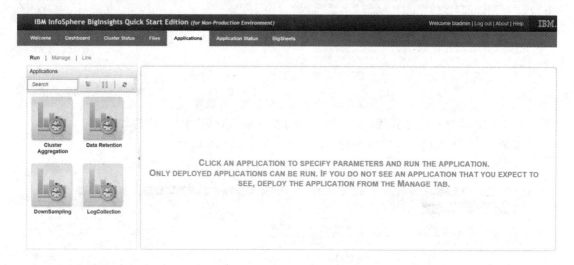

图 16.21　Application 选项卡界面

步骤 3　单击 Manage 连接，左侧的窗口将是包含样例应用程序的文件夹树。右侧窗口是实际样例应用程序的列表，如图 16.22 所示。

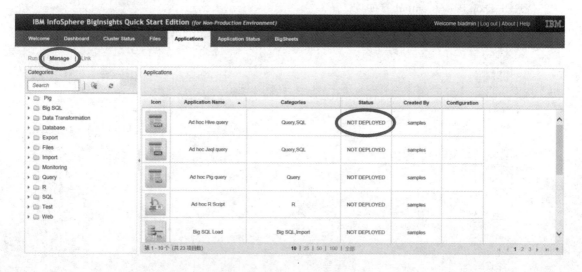

图 16.22　Manage 连接界面

步骤 4　在搜索框中，输入"Word Count"搜索单词计数应用程序，一旦在右侧窗口中看到该应用程序，选择它。Web 控制台将在右侧的窗口中显示有关该应用程序的信息和状态。如果尚未部署，那么单击 Deloy 按钮，然后在弹出的模式对话框中单击 Deploy，如图 16.23 所示。

图 16.23　"Word Count"搜索单词计数应用程序的部署

步骤 5　以上操作完成后，验证 Web 控制台是否指示应用程序已成功部署。具体而言，确认右上角的按钮已变成了 Undeploy，并且旁边的 Delete 不再处于激活状态。（已部署的应用程序不能被删除；必须首先进行"Undeploy（取消部署）"，然后才能从目录中删除）。现在可以运行这个应用程序了，参见图 16.24。

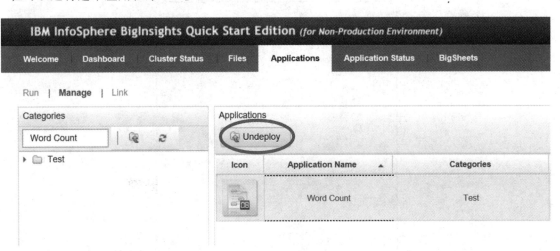

图 16.24　验证 Web 控制台是否指示应用程序已成功部署的界面

步骤 6　单击 Run 连接，查看已部署的应用程序，包括刚部署的 Word Count 应用程序。如果需要，那么可以开始在搜索框中输入 Word Count 来快速访问它，如图 16.25 所示。

图 16.25　查看已部署的应用程序

步骤7　一旦已选择了 Word Count 应用程序，在 Execution Name 框中输入 MapReduce Test。注意，请不要单击 Run 按钮。

步骤8　在 Parameters 区域，通过单击 Browse 按钮来指定 Input path 目录。

步骤9　当弹出窗口后，展开 HDFS 目录树来找到/user/biadmin/input 目录；然后突出显示该目录并单击 OK 按钮，参见图 16.26。

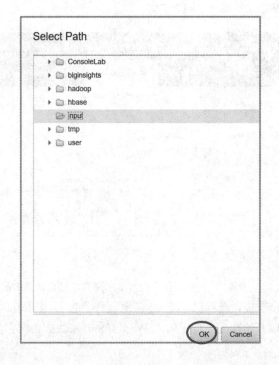

图 16.26　展开并显示/user/biadmin/input 目录

步骤 10　设置 Output path 的应用程序参数为/user/biadmin/output_WC(可以像输入目录一样浏览输出目录来创建该目录,然后手动将_WC 添加到 Input 目录中)。

步骤 11　验证 Word Count 环境是否与图 16.27 所示的一致,并单击绿色的 Run 按钮。这将导致作业(或应用程序)生成一个简单的基于 Oozie 的工作流,同时应用程序将开始工作。

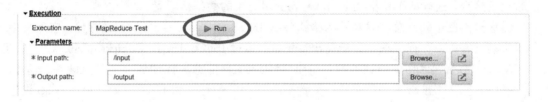

图 16.27　生成的一个简单的基于 Oozie 的工作流示例

16.3.4　MapReduce 的用户界面

在 MapReduce 框架的每个面均向用户的方面提供一个详细的信息,将帮助用户以细致的方式实现、配置和调整他们的作业。

让我们首先看看 Mapper 和 Reducer 界面,应用程序通常提供 Map 和 Reduce 方法来对其进行实现。

然后我们讨论其他核心界面,包括 JobConf、JobClient、Partitioner、OutputCollector、Reporter、InputFormat、OutputCommitter 等。

最后,我们将讨论框架的一些非常有用的功能,如 DistributedCache、Isolation Runner 等。

1. Payload

应用程序通常通过实现 Mapper 和 Reducer 的界面以提供 Map 与 Reduce 方法。

1) Mapper

Mapper 将输入键/值对映射为一组中间键/值对。

映射是将是输入记录转换为中间记录的单独任务,已转换的中间记录不必与输入的记录具有相同的类型。给定的输入键/值对可以映射为零个或多个输出键/值对。

Hadoop MapReduce 框架为每个由作业 InputFormat 产生的 InputSplit 生成一个 Map 任务。

总之,Mapper 实现通过 JobConfigurable 将作业传递给 JobConf 配置(JobConf)和重载(Override),它将初始化 Mapper。然后框架为 InputSplit 中的每个键/值对调用 Map(WritableComparable、 Writable、 OutputCollector、 Reporter)。 应 用 程 序 重 载 Closeable. close( )方法来执行任何所需的清理。

输出对不必与输入对的类型相同。给定的输入对可能映射为零个或多个输出对。输出对被称为 OutCollector. collect(WriteComparable,Writable)的方法收集。

应用程序可用 Reporter 来报告进度,设置应用程序级别状态信息,更新 Counters,或仅表明它们的存活。

　　所有与给定输出键相关的中间键随后由框架分组，并传递给 Reducer(s)以确定最终输出。用户可以通过 JobConf. setOutputKeyComparatorClass(Class)指定 Comparator 来控制分组。

　　对 Mapper 输出进行排序，然后按 Reducer 进行分区。分区总是与作业的 Reduce 任务总数相同，用户可通过实现一个自定义的 Partitioner 控制哪个键(以及记录)到哪个 Reducer。

　　用户可以通过 JobConf. setCombinerClass(Class)指定一个组合器(Combiner)来执行中间输出的聚合，这有助于减小从 Mapper 到 Reducer 的数据传输量。

　　排序输出的中间键总是以简单的格式(key-len、key、value-len、value)存储。应用程序可以控制是否以及如何压缩中间键输出，并如何通过 JobConf 使用 CompressionCode。

　　Map 的数量通常由输入数据的总规模(即输入文件的总块数)决定。对于 Map 而言，恰当的并行机制水平度似乎是每个节点大约 10～100 个 Map，此时尽管已将 300 个 Map 设置为非常轻量的 Map 任务。任务设置需要一段时间，因此最好是在 Map 之上一分钟执行一次。

　　因此，如果你希望输入的数据为 10 TB，并且块的大小为 128 MB，那么最终会得到82 000个 Map，除非 setNumMapTask(int)(仅项框架提醒)将其设置得更高。

　　2) Reducer

　　Reducer 减少了一组中间值，这些值共享一个较小的一组值。

　　作业缩减的数量由用户通过 JobConf. setNumReduceTasks(int)进行设置。一般来说，Reducer 实现通过 JobConfigurable 将 JobConf 传递给作业，configure(JobConf)方法可以用重载的方式来初始 Reducer。然后框架对分组输入中的每个<key，(值的列表)>对调用Reduce(WritableComparable、Iterator、OutputCollector、Reporter)方法。应用程序可以重载 Closable. close( )方法来执行任何所需的清理。

　　Reducer 具有三个主要阶段：混排(Shuffle)、排序(Sort)和缩减(Reducer)。

　　(1) Shuffle。Reducer 的输入是 Mapper 的排序输出，在这个阶段，框架通过 HPPT 获取所有 Mapper 的输出的相关分区。

　　(2) Sort。在这个阶段，框架按键将 Reducer 的输入进行分组(因为不同的 Mapper 可能输出相同的键)。

　　若 Shuffle 和 Sort 节点同时发生，一旦 Map 输出被获取，则它们将被合并。

　　MapReduce 的主要优点是可以在多个计算节点上轻松扩展数据处理的性能。在MapReduce 模型下，数据处理的原语称为 Mapper 和 Reducer。将数据处理应用程序分解为Mapper 和 Reducer 有时是非常重要的。但是，一旦我们以 MapReduce 的形式编写应用程序，将应用程序扩展到几百台、几千台机器的集群上运行，仅进行配置改动即可。这个简单的可扩展性吸引了许多程序员使用 MapReduce 模型。

2. 算法

　　一般来说，MapReduce 范式是基于将算法发送到数据所在的计算机上的。MapReduce程序以三个阶段执行：Map 阶段、Shuffle 阶段和 Reduce 阶段工作。

　　在 Map 阶段，Map 或 Mapper 的作业是处理输入数据的。一般地，以文件或目录形式输入的数据被存储在 Hadoop 文件系统(HDFS)中。输入文件一行接一行地传递给 Mapper函数，Mapper 处理数据并生成一些小的数据块。

在 Reduce 阶段，将 Shuffle 阶段与 Reduce 阶段进行组合。Reducer 的作业处理来自于 Mapper 的数据，处理后，它产生一组新的输出，将它存储在 HDFS 中。

在 MapReduce(作业)阶段，Hadoop 将 Map 和 Reduce 任务发送给集群中适当的服务器，框架管理所有数据传递的细节，如发布任务、验证任务的完成以及将数据拷贝到集群中的节点间。大多数计算任务是在数据放在本地磁盘的节点上执行的，这样可以减少网络流量。完成给定任务后，集群收集并缩减数据为形成适当的结果，并将其发送回 Hadoop 服务器。

小　结

本章首先介绍了 MapReduce 的概况，其次介绍了 MapReduce 的工作原理，最后介绍 MapReduce 在终端和 Web 控制台上的运行。本章还较为详细地介绍了 MapReduce 的编程原理，给出了一个电影推荐数据的 MapReduce 处理。

MapReduce 是一个编程模型和相关实现，用于集群上以并行、分布式算法处理和生成的大型数据集。

MapReduce 程序由 Map 和 Reduce 组成。Map 执行过滤和排序功能；Reduce 执行汇总操作。MapReduce 系统通过编组分布式服务器，并行地运行多种任务，管理系统不同部分间的所有的通信和数据传输，以及提供冗余和容错性。

一般来说，MapReduce 程序处理三个阶段的数据为 Map、Shuffle 和 Reduce。我们用一个词统计的例子来说明这三个阶段。使用 Hadoop 的应用程序开发界面简单且方便，开发者仅需要实现两个接口：Mapper 和 Reducer。

思考与练习题

16.1　MapReduce 在 Hadoop 中有什么作用？它主要由哪两部分组成？

16.2　MapReduce 的处理过程可分为哪几步？每步的作用如何？

16.3　MapReduce 可被看做 5 个步骤的并行分布式计算，这 5 个步骤分别是什么？试简述每步的作用和功能。

16.4　试分析图 16.1 和图 16.2，请分别写出 Map、Shuffle 和 Reduce 的输出结果。

16.5　试分析图 16.3～图 16.5，试用语言描述每轮的算法思想。

16.6　JobTracker 在 Hadoop 中有何作用？

16.7　验证在终端运行 MapReduce 程序的步骤。请写出验证报告(包括步骤与界面截图)。

16.8　验证在 Web 控制台上运行 MapReduce 程序的步骤。请写出验证报告(包括步骤与界面截图)。

第 17 章　JAQL——基于 JSON 的查询语言

17.1　概　　述

JAQL 是 JavaScript Object Notation 或 JSON 查询语言。虽然 JAQL 是专门为 JSON 设计的，但它借用 SQL、XQuery、LIPS 和 PigLatin 的一些特殊功能，来实现一些高级设计目标。JAQL 的高级设计目标包括：

(1) 半结构化分析：轻松操作和分析 JSON 数据。

(2) 并行机制：利用扩展性的体系架构来处理大数据的 JAQL 查询。

(3) 扩展性：用户能够轻松地扩展 JAQL。

JAQL 是一种功能性的、声明性的查询语言，为用户提供简单的声明性的语法来处理大型结构化和非传统的数据。可以使用 JAQL 在分布式文件系统中执行诸如选择、过滤、联合和分组数据等操作。JAQL 还允许在表达式中编写和应用用户定义的函数。对于并行功能，JAQL 重新编写了高级查询，以便进行低层 MapReduce 作业的操作。

JSON(JavaScript Object Notation)是一种轻量级的数据交换格式。它不但易于人们的读/写，也易于机器的解析和生成。它是基于 JavaScript 编程语言的(1999 年 12 月发布的第三版 ECMA-2623 标准)一个子集。JSON 是完全独立于语言的文本格式，但它使用了 C 语言家族程序员熟悉的约定，包括 C、C++、C♯、Java、JavaScript、Pert、Python 等语言。这些性质使 JSON 成为一个理想的数据交换语言。

JSON 建立在两个结构之上：

(1) 名称/值对集合。在各种语言中，这作为对象、记录、结构、字典、散列表(Hash Table)、键控列表(Keyed List)或关联数组实现。

(2) 有序的值的列表。在多数语言中，作为数组、向量、列表或序列的实现。

这些是通用的数据结构，几乎所有现代编程语言都以不同的形式支持它们。有意思的是，与编程语言可互换的数据格式也是基于这些结构的。

在 JSON 中，它们采用了如下形式：

(1) 对象。对象(object)是无序的一组名称/值对。一个对象以"{(左大括号)"开始，以"}(右大括号)"结束。每个名称后跟随"：(冒号)"，名称-值对用"，(逗号)"分开。

(2) 数组。数组是一个有序的值的集合。一个数组以"[(左括号)"开始，以"](右括号)"结束。值用"，(逗号)"分开。

(3) 值。值可以是双引号的字符串、数字、true、false、null、对象、数组，这些结构可以嵌套。

(4) 字符串。它是一个零或多个 Unicode 字符序列，用双引号括起来，用反斜杠转义。

一个字符被表示为单个字母的字符串。字符串与 C 或 Java 语言的字符串非常相似。

（5）数字。它非常类似于 C 或 Java 语言中的数字，只不过不使用八进制和十六进制格式。

JAQL 组件的高级架构组件为：

（1）描述性脚本语言。

（2）交互性查询的 Shell。

（3）对来自于多种语言的 Web 和客户端的支持。

（4）查询处理器。

（5）输入/输出存储层。

单个语句（或基本上是一系列语句的脚本）可以从 JAQL Shell 中的解释器（Interpreter）或从应用程序传递到系统中。然后这些语句由解析器和重写引擎编译到输入/输出存储层。

JAQL 是大数据上最常用的用于查询处理功能性数据的查询语言。它始于 Google 公司的一个开源项目，但最新版本是在 2010 年 7 月 12 日发布的。IBM 公司将它作为 Hadoop 软件包 BigInsights 的主要数据处理语言。虽然 JAQL 是为 JSON 而开发的，但它支持 CSV、TSV、XML 等多种其他数据源。

17.2　用 JAQL 访问 JSON 的数组和记录

本节我们将用 JAQL 访问 JSON 数组和记录。

17.2.1　设置与运行 JAQL

1. 登录 BigInsights 并启动 Hadoop 及其组件

用 biadmin 用户 id(userid)和 password 密码登录的 BigInsights，登录界面如图 17.1 所示。

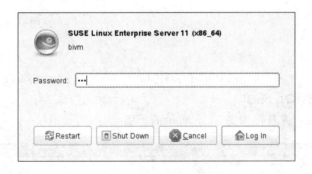

图 17.1　BigInsights 登录界面

用桌面上的图标启动 Hadoop 及其组件，完成启动后，将会看到如图 17.2 所示的信息。

图 17.2　Hadoop 及其组件完成启动后的信息

2. 设置运行 JAQL

对于 JAQL 环境我们有两个选择，可以用命令提示符图标，也可以使用 Eclipse 环境图标来启动 JAQL Shell。使用 Eclipse 环境的好处是可以将以前执行 JAQL 的命令剪切并粘贴到 JAQL 命令提示符中。下面我们将使用 Eclipse 环境。

（1）从命令窗口运行 JAQL，首先单击图 17.3 所示的 BigInsights Shell 图标。

图 17.3　BigInsights Shell 图标

步骤 1　打开命令窗口。

选择 Terminal 图标（参见图 17.4）并双击打开。

图 17.4　Terminal 图标（双击或单击右键打开）

步骤 2　切换到 JAQL 的 bin 目录，执行如下命令，参见图 17.5。

```
cd $BIGINSIGHTS_HOME/jaql/bin
```

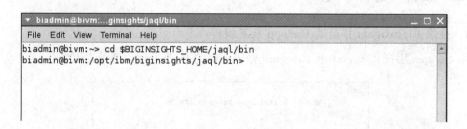

图 17.5　cd $BIGINSIGHTS_HOME/jaql/bin 命令的执行窗口截图

步骤 3　启动 JAQL Shell。

输入./jaqlshell，将看到如图 17.6 所示的界面。

图 17.6　启动 JAQL Shell 后的界面截图

注意 1：可以将 JAQL 脚本写成文本文件，然后执行 Jaqlshell 命令，传递一个或多个脚本文件，如

　　. /jaqlshell script1 script2...

注意 2：如果没有为 Eclipse 系统定义 BigInsights 服务器，按以下步骤创建一个 BigInsights 服务器：

①　在 BigInsights Servers 页上右击 BigInsights Servers 并选择 New。

②　输入 BigInsights 服务器上的 URL，如 http：//bivm：8080，可以保持这个默认的服务器名。

③　将用户 ID 设置为 biadmin。

④　将密码设置为 password，并选择保存密码。

⑤　测试连接。如果测试成功，那么单击 OK 和 Finish 按钮。

⑥　如果提示输入密码，那么输入 password。

⑦　如果询问，那么在 Secure Storage 对话框上单击 No 按钮。

⑧　单击 Finish 按钮，完成创建。

（2）从 Eclipse 环境上运行 JAQL，请执行以下步骤：

步骤 1　启动 Eclipse。

当出现提示的工作空间时，单击 OK 按钮，参见图 17.7。

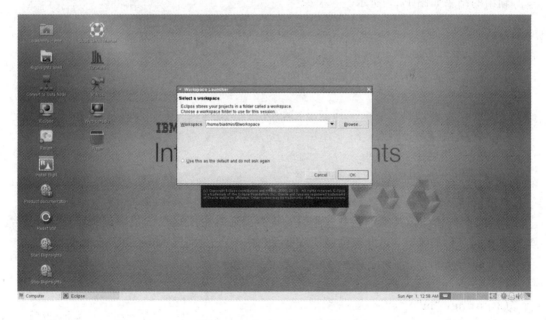

图 17.7　启动 Eclipse 的界面

步骤 2　确保正在使用 BigInsights 视图。

单击 Window→Open Perspective→Other 按钮。

选择 BigInsights 并单击 OK 按钮。

步骤 3　打开已被定义的 BigInsights Server。在 BigInsights Servers 视图中展开 BigInsights Servers，右击 bivm-bivm：8080... 按钮并选择 Open JAQL Shell。

注：如果要创建一个 JAQL 应用程序，稍后将发布到一个 BigInsights Sverver，那么我们将需要创建一个 BigInsights project（项目）和一个 JAQL 程序。我们可以按以下步骤进行：

① 在 Big Data 的 Task Launcher 的 Overview 选项卡中，单击 Create a new BigInsights project，为项目命名，然后单击 Finish 按钮。

② 单击 Big Data→Task Launcher→Develop 选项卡，单击 Create a BigInsights program；然后既可以选择 JAQL Script，也可以选择 JAQL Module，这取决于需要。最后单击 OK 按钮。

17.2.2　JAQL 的常见用法和语法

1. 声明、赋值和注释

双引号与单引号的处理方式相同；分号终止声明。如

　　jaql＞"Hello India"；

输入下面内容进行赋值，然后按回车键。

　　jaql＞a ＝ 15 ∗ 2；

　　jaql＞ a；

输出的结果如图 17.8 所示。

```
jaql> a=15*2;

jaql> a;
30
```

图 17.8　赋值示例运行结果

以下为注释命令的用法：

　　jaql＞//This is comment

　　jaql＞/ ∗ and this is also a comment ∗ /

2. 数据类型

JAQL 是一个松散类型的函数式语言，其类型通常由所提供的值来进行推断。许多类型具有相同名称的函数，以此来强制值或变量（如 string( )、double( )等）。数据类型有：

（1）null：null。

（2）boolean：true，false。

（3）string："hi"。

（4）long：10。

（5）double：10.2、10d、10e-2。

（6）arry：[1，2，3]。

（7）record：{a：1，b：2}。

（8）其他作为 JALQ 的扩充：decfloat、binary、date、scheme、function、comparator、regex。

输入以下内容：

  jaql＞array = [1, 2, 3, "hello", 4, {color："red"}]；

  jaql＞array；

按回车键后，得到的结果参见图 17.9。

```
jaql> array = [1, 2, 3, "hello", 4, {color: "red"}];

jaql> array;
[
  1,
  2,
  3,
  "hello",
  4,
  {
    "color": "red"
  }
]
```

图 17.9　数据类型示例运行结果

3. 运算符

（1）算数运算符：arithmetic（＋，－，／，＊）。

（2）布尔运算符：boolean（and，or，not）。

（3）比较运算符：comparison（＝＝，！＝，＜，＞，in，isnull）。

4. 数组

可以用"[ ]"运算符来访问数组。输入下述代码，按回车键后，得到的结果参见图17.10。

  jaql＞a = [1, 2, 3]；

  jaql＞a[1]；//retrieves start from zero

  jaql＞a[1：2]；//retrieve a range/subset

  [2，3]

```
jaql> a = [1, 2, 3];

jaql>  a[1];
2

jaql> a[1:2];
[
  2,
  3
]
```

图 17.10　数组示例运行结果

必须用函数 replaceElement( )来改变值，输入以下代码，执行后的结果参见图 17.11。

jaql> a ＝replaceElement(a，1，10)；

jaql>a[1]；

```
jaql> a = replaceElement(a, 1, 10);

jaql>  a[1];
10
```

图 17.11　函数 replaceElement 用法示例

5. 其他数组函数

(1) count( )：count(['a'，'b'，'c'])；返回 3。

(2) index( )：index(['a'，'b'，'c']，1)；返回"b"。

(3) replaceElement( )：replaceElement(['a'，'b'，'c']，1，'z')；返回['a'，'z'，'c']。

(4) slice( )：slice(['a'，'b'，'c'，'d']，1，2)；返回['b'，'c']。

(5) reverse( )：reverse(['a'，'b'，'c'])；返回['c'，'b'，'a']。

(6) range( )：range(2，5)；返回[2，3，4，5]。

6. 记录(Record)

记录由"{}"定界，并包含逗号分隔符的名称：值对列表。字段通过运算符"."访问。输入以下内容，然后按回车键，参见图 17.12。

jaql> a ＝{ name："amit"，age：42，children：["jaya"，"abhishek"] }；

jaql> a.name；

jaql>a.children[0]；

```
jaql> a = { name: "amit", age : 42, children : ["jaya", "abhishek"] };

jaql> a.name;
"amit"

jaql> a.children[0];
"jaya"
```

图 17.12　记录示例运行结果

另外，不能改变现存的记录，但可以产生一个新的记录，如输入以下代码。

jaql> a ＝{ a.name，age：37，a.children }；

7. →运算符

"→"完成函数或核心运算符的"流"运算符。例如，输入以下代码，运行结果参见图 17.13。

jaql>range(10) ->batch(5)；

[

　　[0，1，2，3，4]．

　　[5，6，7，8，9]

]

jaql> batch(range(10)，5)；

```
jaql> range(10) ->batch(5);
[
  [
    0,
    1,
    2,
    3,
    4
  ],
  [
    5,
    6,
    7,
    8,
    9
  ]
]

jaql>
```

图 17.13　运算符示例

运算符→只是一个"语法糖"，当数据涉及多个操作时，可以显著提高可读性。

17.2.3　JAQL 的输入 / 输出

输入/输出操作通过 I/O 适配器（Adapter）执行。适配器访问和处理数据源。然后 I/O 适配器传递给 I/O 函数（如 read( )或 write( )等）。以下是将数组写入（逗号）分隔符的 csv 文件中的例子，这里我们使用了分隔文件的 I/O 适配器。输入以下内容：

jaql> [1, 2, 3, 4, 5] -> write(del("test.csv"));

输出的结果参见图 17.14。

```
jaql> [1, 2, 3, 4, 5] ->write(del("test.csv"));
{
  "location": "test.csv",
  "inoptions": {
    "adapter": "com.ibm.jaql.io.hadoop.DelInputAdapter",
    "format": "com.ibm.biginsights.compress.mapred.CompressedTextInputFormat",
    "configurator": "com.ibm.jaql.io.hadoop.FileInputConfigurator",
    "converter": "com.ibm.jaql.io.hadoop.converter.FromDelConverter",
    "delimiter": ",",
    "quoted": true,
    "doubleq": true,
    "ddquote": true,
    "escape": true
  },
  "outoptions": {
    "adapter": "com.ibm.jaql.io.hadoop.DelOutputAdapter",
    "format": "org.apache.hadoop.mapred.TextOutputFormat",
    "configurator": "com.ibm.jaql.io.hadoop.FileOutputConfigurator",
    "converter": "com.ibm.jaql.io.hadoop.converter.ToDelConverter",
    "delimiter": ",",
    "quoted": true,
    "doubleq": true,
    "ddquote": true,
    "escape": true
  },
  "options": {}
}
```

图 17.14　输出示例

现在，在命令提示符下输入以下代码，输出的结果参见图 17.15。

jaql> read(del("test.csv"));

```
jaql> read(del("test.csv"));
[
  [
    "1"
  ],
  [
    "2"
  ],
  [
    "3"
  ],
  [
    "4"
  ],
  [
    "5"
  ]
]
```

图 17.15　输出示例

可通过将完整路径指定为 URL 来访问本地文件或 HDFS，执行如下命令：

jaql>read(del("file：///home/user/test.csv"))；// for local file system

jaql> read(del("hdfs：//localhost：9000/user/test.csv"))；// for hdfs file system

要从 URL 读取 JSON 数据，可以使用 JaqlGet( )函数：

jaqlGet("file：///tmp/test.txt");

有关如何读/写不同文件的数据类型（如分隔符、序列、二进制或 JSON）以及如何使用 I/O 适配器和模式的信息，请参阅 IBM BigInsightsInfocenter。

IBM BigInsightsInfocenter 提供了有关 I/O 功能的更多信息。

17.2.4　常见的 JAQL 基本应用

1. 创建数组与访问数组

在 JAQL 的提示符下，创建一个数组：

jaql>a1 = [10, 20, 30, 40]；

访问数组中的最后一个元素：

jaql>a1[3]；

输出结果参见图 17.16。

```
jaql> a1 = [10,20,30,40];

jaql> a1[3];
40
```

图 17.16　创建数组示例

执行以下代码，访问数组的前三个元素，输出的结果参见图 17.17。

```
jaql< a1[0：2];
```

```
jaql> a1[0:2];
[
  10,
  20,
  30
]
```

图 17.17　访问数组元素示例

下面更新数组中的第一个元素，将 10 变为 9。尝试下述输入，看看发生了什么？

```
a1[0]=9;
```

如果不成功，尝试用 replaceElemen()对它进行改正，输出结果参见图 17.18。

```
a1 = replaceElement(a1, 0, 9);
```

```
a1;
```

```
jaql> a1= replaceElement(a1,0,9);

jaql> a1;
[
  9,
  20,
  30,
  40
]
```

图 17.18　replaceElemen( )示例

创建一个数组 a2，它的值是从 1 到 15，输入以下代码，输出结果参见图 17.19。

```
a2 = range(1, 15);
```

```
a2;
```

```
jaql> a2 = range(1,15);

jaql> a2;
[
  1,
  2,
  3,
  4,
  5,
  6,
  7,
  8,
  9,
  10,
  11,
  12,
  13,
  14,
  15
]
```

图 17.19　创建连续数组元素示例

下面将该数组中的所有元素进行转置，输入以下代码，输出结果参见图 17.20。

```
reverse(a2);
```

```
jaql> reverse(a2);
[
  15,
  14,
  13,
  12,
  11,
  10,
  9,
  8,
  7,
  6,
  5,
  4,
  3,
  2,
  1
]
```

图 17.20　数组元素转置示例

最后确定数组的元素个数，并对这些元素进行求和，输入以下代码，输出结果参见图 17.21。

```
count(a2);
```

```
jaql> count(a2);
15

jaql> sum(a2);
120
```

图 17.21　数组元素求和示例

2. 创建对象与访问对象

在命令提示符下输入下述内容：

[{name：'Vijay'，age：35，children：['Aja'，'Sanjay'，'Jaya']}，{name：'Maya'，age：21}]；

按回车键，上述对象的组件如图 17.22 所示。

```
jaql> [{name:'Vijay',age:35,children:['Aja','Sanjay','Jaya']},{name:'Maya',age:21}];
[
  {
    "name": "Vijay",
    "age": 35,
    "children": [
      "Aja",
      "Sanjay",
      "Jaya"
    ]
  },
  {
    "name": "Maya",
    "age": 21
  }
]
```

图 17.22　创建对象示例

如果我们输入下述内容，使上述语句等于对象 a3，执行下述代码：

a3＝[｛name：'Vijay'，age：35，children：['Aja'，'Sanjay'，'Jaya']｝，｛name：'Maya'，age：21｝]；

如果访问称为 name 的字段（见图 17.23），将会发生什么？

a3.name；

```
jaql> a3.name;
[
  "Vijay",
  "Maya"
]
```

图 17.23　访问对象字段示例

从图 17.23 中可见，显示了两个 name 字段的值。另外，还有另一种方式来获取更多的记录中的字段的值，输入以下代码，获取记录字段如图 17.24 所示。

a3[*].name；

```
jaql> a3[*].name;
[
  "Vijay",
  "Maya"
]
```

图 17.24　获取记录字段的示例

如果只想要第一个记录中的 name 字段值，则执行下述简单代码，获取记录中字段值如图 17.25 所示。

a3[0]；

```
jaql>  a3[0];
{
  "name": "Vijay",
  "age": 35,
  "children": [
    "Aja",
    "Sanjay",
    "Jaya"
  ]
}
```

图 17.25　获取记录中字段值的示例

如果想要第一个记录的第二个 child 的 name，则执行以下代码，输出结果参见图 17.26。

a3[0].children[0]；

```
jaql> a3[0].children[0];
"Aja"
```

图 17.26　获取记录中字段值的示例

只列出第一个记录的 name 和 age 字段，执行以下代码，输出结果参见图 17.27。

    a3[0]{.name,.age};

```
jaql> a3[0]{.name,.age};
{
  "name": "Vijay",
  "age": 35
}
```

图 17.27 获取记录中字段值的示例

在第二个记录中添加一个称为 gender 的字段，并对其赋值为'F'，执行以下代码，输出结果参见图 17.29。

    {a3[1].*,gender:'F'};

```
jaql> {a3[1].*,gender:'F'};
{
  "name": "Maya",
  "age": 21,
  "gender": "F"
}
```

图 17.28 在记录中添加字段的示例

从第一个记录中移除 age 字段，执行以下代码，输出结果参见图 17.29。

    a3[0]{*-.age};

```
jaql> a3[0]{*-.age};
{
  "name": "Vijay",
  "children": [
    "Aja",
    "Sanjay",
    "Jaya"
  ]
}
```

图 17.29 移除记录中字段的示例

从第一个记录中移除 age 字段，同时添加一个称为 gender 的新字段，赋值为'M'，执行以下代码，输出结果参见图 17.30。

    {a3[0]{*-.age},gender:'M'};

```
jaql> {a3[0]{*-.age},gender:'M'};
{
  "name": "Vijay",
  "children": [
    "Aja",
    "Sanjay",
    "Jaya"
  ],
  "gender": "M"
}
```

图 17.30 记录中移除与添加字段的示例

列出第一个记录中的 name 字段,执行以下代码,输出结果参见图 17.31。

```
names(a3[0]);
```

```
jaql>       names(a3[0]);
[
  "age",
  "children",
  "name"
]
```

图 17.31　列出记录中字段的示例

3. 数据操作与核心运算符

核心运算符操作数据流(数组),SQL 语句与数据的交互方式很多。

1) Filter(过滤器)

在提示符的提示下输入下面两行数据,每输入一个按一次回车键,并执行以下代码,输出结果参见图 17.32。

```
jaql> data = [1, 2, 3, 4, 5, 6, 7, 8, 9];
jaql> data -> filter 3 <= $ <= 6;
```

```
jaql> data = [1, 2, 3, 4, 5, 6, 7, 8, 9];

jaql> data -> filter 3 <= $ <= 6;
[
  3,
  4,
  5,
  6
]
```

图 17.32　Filter 运算符用法示例

或者,可以使用语句来提供不同于 $ 的名字。

在命令提示符处输入以下两行,并在每次输入后按回车键,并执行以下代码:

```
jaql> data = [11, 12, 13, 14, 15, 16, 17, 18, 19];
jaql> data ->filter each num (13 <= num <=16);
```

显示的内容如图 17.33 所示。

```
jaql> data = [11, 12, 13, 14, 15, 16, 17, 18, 19];

jaql> data -> filter each num (13 <= num <=16);
[
  13,
  14,
  15,
  16
]
```

图 17.33　Filter 运算符另一种用法示例

2）Transform（转换）

Transform（转换）运算符允许操作数组中的值，可将表达式用于数组中的每个元素。在提示符处输入下面两行内容，并在每次输入后按回车键。

jaql> recs = [{a：1, b：4}, {a：2, b：5}, {a：-1, b：4}];

jaql> recs -> transform $.a+ $.b;

接着输入以下命令，其结果如图 17.34 所示。

recs -> transform { sum：$.a + $.b};

```
jaql>  recs -> transform { sum: $.a + $.b };
[
  {
    "sum": 5
  },
  {
    "sum": 7
  },
  {
    "sum": 3
  }
]
```

图 17.34　Transform 运算符用法示例

3）Sort（排序）

在提示符处输入以下代码：

jaql>read(del("file：///path/to/people. txt")) -> sort by [$. afeasc];

4）其他

其他数据运算符有 Expand、Group、Join、Top 等。

用 JAQL 核心运算符来执行诸如 Filter（过滤）、Join（联合）以及 Group（分组）JSON 数据的活动。

（1）Expand。

用 Expand 表达式来展开嵌套数组。这个表达式将输入作为一个嵌套数组[[T]]的数组，它通过将每个嵌套数组的元素提升到顶层输出数组来产生输出数组[T]。

另外，可以用类似于 Transform 的方法来使用 Expand，因此该表达式可应用于每个嵌套数组。表达式必须返回一个数组。当 Expand 以这种方式使用时，将输入[[T1]]作为输出[T2]。

Description and parameters（描述和参数）

A：类型为[T]或[T1]的输入（如嵌套数组的数组）；生成输出是类型[T]或[T1]的 A′。

expand

如果不是指定<expr>，则展开嵌套数组。如果你指定一个<expr>，它绑定一个默认的迭代变量 $ 。$ 的类型是[T1]，通常用作对<expr>的输入。

each <var>

将默认的迭代变量 $ 重新命名为其他变量。

返回类型[T2]的表达式。与 Expand 一起使用的常见的表达式是展开的，它是嵌套数组的每个元素重复嵌套数组的父辈。

示例　考虑下面数字的嵌套数组：

nestedData = [[−3, 605, 9, 17], [115, 8, −45, 56]]；

用下述 expand 操作展开数组：

nestedData -> expand；

返回的结果如图 17.35 所示。

```
jaql> nestedData = [ [-3,605,9,17],[115,8,-45,56]];

jaql> nestedData -> expand;
[
  -3,
  605,
  9,
  17,
  115,
  8,
  -45,
  56
]
```

图 17.35　嵌套数组示例

也可以在数组上执行 transform 操作（如对每个数字乘 3），使用如下命令：

nestedData -> expand ($ -> transform $ * 3)；

返回的结果如图 17.36 所示。

```
jaql> nestedData -> expand ($ -> transform $ * 3);
[
  -9,
  1815,
  27,
  51,
  345,
  24,
  -135,
  168
]
```

图 17.36　数组上执行 transform 操作的示例

在这个例子中，第一个 $ 绑定到每个嵌套数组，第二个 $ 绑定到每个嵌套数组的每个元素。要以显式声明的迭代变量执行相同的操作，则使用以下命令：

nestedData -> expand each arr (arr -> transform each n (n * 3))；

在下面的例子中考虑一个数组 movies_owned，其中包含有关两个人的电影所有权数据：

plots_owned = [{name："Heera Jain", plot_ids：[12, 5, 78, 72]},

{name："Amitabh Bajaj", plot_ids：[65, 88, 12]}]；

要编辑拥有所有电影的 ID 列表，使用以下命令：

　　　　　　　plots_owned -> expand $.plot_ids;

　　返回的结果如图 17.37 所示。

```
jaql> plots_owned = [{name:"Heera Jain", plot_ids:[12,5,78,72]},{name:"Amitabh Bajaj", plot_ids:[65,88,12]}];

jaql> plots_owned -> expand $.plot_ids;
[
  12,
  5,
  78,
  72,
  65,
  88,
  12
]
```

图 17.37　绑定嵌套数组的示例

　　要编辑与所有者拥有的所有电影列表,用 expand 进行展开。该表达式将每个父元素与其嵌套的子数组的元素相乘。使用以下命令:

　　　　　　　plots_owned -> expand unroll $.plot_ids;

　　返回的结果如图 17.38 所示。

```
jaql> plots_owned -> expand unroll $.plot_ids;
[
  {
    "name": "Heera Jain",
    "plot_ids": 12
  },
  {
    "name": "Heera Jain",
    "plot_ids": 5
  },
  {
    "name": "Heera Jain",
    "plot_ids": 78
  },
  {
    "name": "Heera Jain",
    "plot_ids": 72
  },
  {
    "name": "Amitabh Bajaj",
    "plot_ids": 65
  },
  {
    "name": "Amitabh Bajaj",
    "plot_ids": 88
  },
  {
    "name": "Amitabh Bajaj",
    "plot_ids": 12
  }
]
```

图 17.38　嵌套数组中 expand 函数运算的示例

　　(2) Filter 函数。

　　用 Filter 运算符从指定的输入数组中删除元素。这个运算符将一个类型为 T 的元素的数组作为输入;它输出一个同类型的数组,并保留谓语(Predicate)评估为真的那些元素。Filter 函数是 SQL WHERE 语句的 JAQL 的等价语句。

　　Description and parameters(描述和参数)

　　A:类型为[T]的输入(如一个数组);产生的输出是类型[T]的 A'、count(A')<= count(A)。

　　filter

绑定一个默认的迭代变量 $，绑定输入的所有元素。$ 的类型是 T 并且它常被用作对
<predicate> 的输入。

　　　　each<var>

将默认迭代变量 $ 更名为其他变量。

　　　　　<predicate>

返回 Boolean 值的表达式，表示如果 Boolean 表达式计算的结果为真(true)，则该项目
包含在输出中。它支持以下关系和 Boolean 运算：

① ==，表示第一个操作数等于第二个操作数。

② !=，表示第一个操作数不等于第二个操作数。

③ >，表示第一个操作数大于第二个操作数。

④ >=，表示第一个操作数大于或等于第二个操作数。

⑤ <，表示第一个操作数小于第二个操作数。

⑥ <=，表示第一个操作数小于或等于第二个操作数。

⑦ not。

⑧ and。

⑨ or。

示例　以下是 JSON 数据集，employees 包含员工详细信息的数组。

```
employees = [
    {name："Vimal Kumar", income：23500，mgr：false},
    {name："Rajesh Batra", income：35000，mgr：false},
    {name："Jaspal Arora", income：72000，mgr：true},
    {name："Amitabh Jain", income：25000，mgr：false}
];
```

如果要用默认的迭代变量($)过滤结果，以使为经理的员工或员工的薪水不低于最低
限度，则可以使用如下命令：

　　　　employees -> filter $. mgr or $. income > 30000;

返回的结果如图 17.39 所示。

```
jaql> employees = [
{name: "Vimal Kumar", income: 23500, mgr: false},
{name: "Rajesh Batra", income: 35000, mgr: false},
{name: "Jaspal Arora", income: 72000, mgr: true},
{name: "Amitabh Jain", income: 25000, mgr: false}
];

jaql> employees -> filter $.mgr or $.income > 30000;
[
  {
    "name": "Rajesh Batra",
    "income": 35000,
    "mgr": false
  },
  {
    "name": "Jaspal Arora",
    "income": 72000,
    "mgr": true
  }
]
```

图 17.39　迭代过滤示例

如果想要执行相同的 FILTER 运算，但使用的迭代变量为 emp，你可以使用以下命令：

employees -> filter each emp emp. mgr or emp. income> 30000;

为了使语法更易于阅读，可以使用括号来分隔变量声明，具体如下：

employees -> filter each emp (emp. mgr or emp. income> 30000);

（3）Group。

使用 Group 表达式在分组键（Grouping Key）上对一个或多个数组进行分组，并将聚合函数应用到每个组中。

Description and parameters（描述和参数）

当对 MapReduce 作业进行评估时，Group 表达式的分组键在 Map 阶段被抽取；每个组的聚合函数在 Reduce 阶段进行评估。如果聚合函数是代数聚合函数，则采用 Map、Combine 和 Reduce 阶段对其进行评估。Combine 阶段计算部分聚合，它允许在 Mapper 进程中进行更多的计算。当作业（任务或评估）在 Mapper 和 Reducer 进程间传输数据时，有可能会减少网络流量。当单个数组输入时，JAQL 的 Group 表达式与 SQL 的 GROUP BY 语句相似。当输入为多个数组时，Group 与 PigLatin 的 Cogroup 运算符相似。

Paramteters（参数）

A：输入类型为［T1］（如数组）；产生的输出是 T2 类型的 A′。

stream

0 到 N−1 之间的数字，N 是分组表达式的输入变量。这些选项表示指定的输入在 Reducer中被作为流。它可以提高大量输入的性能，因为 JAQL 可以在运行分组数据片段前避免将输入数据拷贝到临时存储器。要使用这个选项，来自指定输入内的记录不能被多次迭代。

可以通过以流的方式将输入传送到 Group 来提高性能，因为我们将避免从该输入中创建临时数据副本。但是，这样做就意味着要进入 Group 语句的内部，而输入仅可迭代一次。例如，下面将会返回一个错误，因为在非流式的数组中的每个元素都会迭代大数组（流式输入）的内容：

```
group big_data by k = { $. key } as big,
    small_data by k = { $. key } as small
  options { stream：0 }
  into { key：k，val：small -> expand each a ( big —>transform each b {a. field1
, b. fueld2})}
```

然而，如果将两者颠倒，则选项是成功的，因为大数组迭代了一次：

```
group big_data by k = { $. key } as big,
    small_data by k = { $. key } as small
  options { stream：0 }
  into { key：k，val：big -> expand each a ( small ->transform each b {b. field1, a. fueld2})}
  <aggrExpr>
```

生成一个 T2 类型的输出，<aggrExpr>被每个组调用。最常用的<aggrExpr>是将值的构造函数(如记录和数组构造函数)与聚合函数结合起来。

示例：一个 JSON 数据集 employees，包含具有员工详细信息的数组：

　　employees = [

　　　　{id：1, dept：1, income：12000},

　　　　{id：2, dept：1, income：13000},

　　　　{id：3, dept：2, income：15000},

　　　　{id：4, dept：1, income：10000},

　　　　{id：5, dept：3, income：8000},

　　　　{id：6, dept：2, income：5000},

　　　　{id：7, dept：1, income：24000},

　　　];

　　employees = [

　　　　{id：11, dept：1, income：22000},

　　　　{id：12, dept：1, income：23000},

　　　　{id：13, dept：2, income：25000},

　　　　{id：14, dept：1, income：20000},

　　　　{id：15, dept：3, income：18000},

　　　　{id：16, dept：2, income：15000},

　　　　{id：17, dept：1, income：34000},

　　　];

要进行所有员工记录聚合，使用如下命令：

　　employees -> group into count($);

返回的结果如图 17.40 所示。

```
jaql> employees = [
{id:11, dept: 1, income:22000},
{id:12, dept: 1, income:23000},
{id:13, dept: 2, income:25000},
{id:14, dept: 1, income:20000},
{id:15, dept: 3, income:18000},
{id:16, dept: 2, income:15000},
{id:17, dept: 1, income:34000},
];

jaql> employees -> group into count($);
[
  7
]
```

图 17.40　记录聚合用法的示例

如果按部门编号对结果进行分组，并提供各部门的总计，使用如下命令：

　　employees -> group by d = $.dept into {d, total：sum($ [*].income)};

返回的结果如图 17.41 所示。

```
jaql>  employees -> group by d = $.dept into {d,total: sum($[*].income)};
[
  {
    "d": 2,
    "total": 40000
  },
  {
    "d": 1,
    "total": 99000
  },
  {
    "d": 3,
    "total": 18000
  }
]
```

图 17.41   分组统计函数用法示例

注意：$ 的迭代和分组变量的两个用法。另外，作为简写，第一个输出字段（"d"）具有由变量名构成的名字。

要执行相同的操作，需要对迭代和组变量重新命名，执行下面的命令，其结果如图 17.42 所示。

employees -> group each emp by d = emp. dept as deptEmps into

{d, total: sum(deptEmps[*]. income)}；

```
jaql> employees -> group each emp by d = emp.dept as deptEmps into
{d, total: sum(deptEmps[*].income)};
[
  {
    "d": 2,
    "total": 40000
  },
  {
    "d": 1,
    "total": 99000
  },
  {
    "d": 3,
    "total": 18000
  }
]
```

图 17.42   迭代和分组变量用法示例

有一个数据集 depts，包含以下数据：

depts = [

{deptid：1, name："hrd"},

{deptid：2, name："marketing"},

{deptid：3, name："salespromotion"}

]；

如果要为每个组构建单个记录，提供部门 ID（department id）、部门名称（department name）、匹配员工 ID 的列表以及每个部门的员工数量，使用以下聚合表达式：

　　group employees by g ＝ ＄.dept as es, depts by g ＝ ＄.deptid as ds into
　　　　{dept：g, deptName：ds[0].name, emps：es[＊].id, numEmps：count(es) }；

返回的结果如图 17.43 所示。

```
jaql> group employees by g = $.dept as es, depts by g = $.deptid as ds into
  {dept: g, deptName: ds[0].name, emps: es[*].id,numEmps:count(es) };
[
  {
    "dept": 2,
    "deptName": "marketing",
    "emps": [
      13,
      16
    ],
    "numEmps": 2
  },
  {
    "dept": 1,
    "deptName": "hrd",
    "emps": [
      11,
      12,
      14,
      17
    ],
    "numEmps": 4
  },
  {
    "dept": 3,
    "deptName": "salespromotion",
    "emps": [
      15
    ],
    "numEmps": 1
  }
]
```

图 17.43　匹配函数用法示例

4. 核心运算符的语法

1）JOIN

　　使用 JOIN 运算符表示两个或多个输入数组间的连接。该运算符支持多种类型的连接，包括自然连接（Natural）、左外（Left-outer）连接、右外（Right-outer）连接和外（Outer）连接。

　　两个输入间的 JOIN 条件被假定为等值连接。当你的连接多于两个输入时，JOIN 的条件被假定为等值连接，其中任何两个输入都通过多个等值路径连接。

　　　　Description and parameters（描述和参数）

　　A1、A2、An：输入类型为[T1]（如数组），变量 A1，…，An 在 joinExpr 与 joinOut 之间；输出为 TM，其中 TM 由<joinOut>生成。

　　　　preserve

　　指定在特定输入上显示其所有值，而不管其他输入是否具有匹配值。使用 preserve 可实现与 SQL 的各种 OUTER JOIN 选项相同的语义。如果没有为任何输入指定 preserve，那么 JOIN 被定义为自然连接。

　　　　<var1>in

把默认的迭代变量＄重新命名为其他变量。＜var1＞，…，＜varn＞在 joinExpr 与 joinOut 范围之内。

joinRxpr

Ai 与 Aj 间相等的联合，其中 i 不等于 j。另外，对于任何 i、j，i 不等于 j，i 与 j 之间必须存在一条路径。例如，考虑一个图 G，其中节点是输入变量，边由连词与相等表达式指定。对于图 G，如果 x＝＝y 和 y＝＝z，则 x 到 y 存在一条路径。

示例　以下 JSON 数组包含有关由该函数连接的客户（Customer）、地区（Region）和国家（Nation）信息的数组。

```
Regions = read(del(location = "/demo/mm/jaqlInput/region. tbl",
        delimiter = "|",
        schema = schema {r_regionkey: long, r_name: string, r_com-
ment: string}))
        ->filter $. r_name == "AMERICA";
Nations = read(del(location = "/demo/mm/jaqlInput/nation. tbl",
        delimiter = "|",
        schema = schema {n_nationkey: long, n_name: string, n_region-
key: long,
        n_comment: string}
        ));
Customer = read(del(location = "/demo/mm/japlInput/customer. tbl",
        delimiter = "|",
        schema = schema{
        c_custkey: long, c_name: string, c_address: string,
c_nationkey: long, c_phone: string, c_acctbal: double,
c_mkstsegment: string, c_comment: string
        }));
    // Join the "tables"
    res = join
    Regions,
    Nations,
    C in Customer
where
    Regions. r_regionkey == Nations. n-regionkey
    and Nation. n_nationkey == c. c_nationkey
    into {Regions. r_regionkey, Regions. r_name,
        Nation. n. nationkey, Nations. n_name };
    res;
    quit;
```

① 流与输入的连接。当在 Reducer 中将数据连接在一起时，JAQL 会通过 Reducer 选择一个输入来连接流。所有其他输入都会暂时复制到内存中（如有必要，会溢出一部分到本地磁盘），然后运行连接部分。对于纯粹的内部连接，JAQL 总是选择最后一个输入作为流

（本示例中为 t3）。

> join t1, t2, t3 where t1.c1 == t2.c1 and t2.c2 == t3.c2 into { t1.c4 }

当使用外连接时，JAQL 总是选择最后保留的输入。流输入不是暂时复制到内存中，因为通过确保连接的最大输入总是最后一个输入（或最后一个保留的输入），以此提高性能。例如，在这个外连接示例中，流输入是 t2：

> join preserve t1, preserver t2, t3 where t1.ci == t2.c1 and t2.c2 == t3.c2 into {t1.c4}

为了执行流输入，在处理之前，Reducer 中的所有记录都由 Reducer 排序。这个过程确保流输入是最后一组处理的记录。因此，这种排序的代价有时会超过流输入带来的好处。若要禁用流，则可以将作业属性 jaql.streaming.enable 设置为 false，如

> setOptions({ conf: { "jaql.streaming.enable": false } });

② 输入缓存的连接。JAQL 将所有来自 Mapper 的非流输入在内存中排序，必要时可将溢出部分存入到磁盘。对于每个唯一的连接键/值，该活动总会发生一次。单个连接键的最大数量或值决定了所需的内存（或磁盘空间）。在默认情况下，JAQL 在溢出到磁盘之前，在内存中缓存 1000 个值（每个输入）。但是，你可以通过将作业属性 jaql.group.input.defaults 设置为更高的值来调整该值，如

> setOptions({ conf: { "jaql.group.input.default": 25000 } });

2）SORT

使用 SORT 运算符按一个或多个字段对输入进行排序。

　　Description and parameters（描述和参数）

A：输入类型为[T]（例如，数组）；输出是类型为[T]的 A′。

　　each<var>

将默认的迭代变量 $ 重新命名为其他变量。

　　<expr>

构造一个用于排序的比较器（comparator）A。

　　asc

指定的结果按升序排列。该排序是默认设置。

　　desc

指定的结果按降序排列。

示例　考虑以下数组：

> nums= [2, 1, 3];

要对其排序，使用如下命令：

> nums-> sort by [$];

返回如下结果：

> [
>   1,
>   2,
>   3
>]

如果要重载默认的迭代变量，那么使用如下命令：

> nums-> sort each n by [n];

如果要对数组进行降序排列，那么使用如下命令：

nums-> sort by [$ desc];

接下来，考虑如下数组：

test = [[2, 2, "first"], [1, 2, "second"], [2, 1, "third"], [1, 1, "fourth"]];

要使用一个复杂的比较器（Comparator）以降序方式对数据进行排序，其中每个比较器表达式都投影到输入。使用以下命令：

test -> sort by [$[0], $[1] desc];

返回的结果为：

```
[
  [
    1,
    2,
    "second"
  ],
  [
    1,
    1,
    "fourth"
  ],
  [
    2,
    2,
    "first"
  ],
  [
    2,
    1,
    "third"
  ]
```

3) TOP

TOP 表达式选择其输入的前 k 个元素。如果提供比较器，则输出在语义上等同于对输入进行排序，然后选择前 k 个元素。

Description and parameters（描述和参数）

A：一个类型为[T]输入（例如，数组）；输出是包含来自 A′的前 k 个元素的类型为[T]的数组。

each<var>

将默认迭代变量 $ 重新命名为其他变量。

构造一个比较器用于对 A 进行排序。

　　asc

指定的结果按升序排列。该排序是默认设置。

　　desc

指定的结果按降序排列。

示例　考虑以下数：

　　nums＝［1，2，3］；

如果你要从 nums 中选择前两个元素，而不管 nums 如何排序，使用如下命令：

　　nums-> top 2；

返回以下结果：

　　［

　　1，

　　2

　　］

要从所选的元素输入中进行指定的序进行排序，请使用如下命令：

　　nums-> top 2 by［$ desc］；

返回如下结果：

　　［

　　3，

　　2

　　］

4）TRANSFORM

用 TRANSFORM 运算符来实现投影或将函数应用到输出的所有项目上。

　　Description and parameters（描述和参数）

A：类型为［T］输入（例如，数组）；输出是类型为［T2］的 A'，count(A')＝＝count(A)。

　　transform

绑定一个默认的迭代变量 $，将 $ 绑定到输入的每个元素上。$ 的类型是 T1 并常用于＜expr＞的输入。

　　each＜var＞

将默认迭代变量重新命名为另一个变量。

　　＜expr＞

返回类型为 T2 的表达式。它通常用类型构造函数来表示，如 record{…}和 array{…}构造函数。

使用说明：

使用 TRANSFORM 运算符，输入将被逐项处理。变量 $ 绑定到输入的每一项上，因此可以使用 $.key 访问记录中的值或用 S[n]访问数组中的值。当从记录中复制一个值时，可以省略键。它被自动复制到结果中。

示例　如下 JSON 数据集 recs，包含数值数组：

　　recs ＝［

　　{a：1，b：4}，

```
    {a: 2, b: 5},
    {a: -1, b: 4}
];
```

要合并每个对象中的数值，执行如下命令：

recs-> transform {sum: $.a + $.b};

返回如下结果：

```
[
    {
        "sum": 5
    },
    {
        "sum": 7
    },
    {
        "sum": 3
    }
]
```

用 r 作为迭代变量来执行相同的 TRANSFORM 运算，执行如下命令：

recs -> transform each r {sum: r.a + r.b};

在此情况下，变量 recs 被赋予一个记录数组。每个记录包含了数值。

实验一　核心运算符的操作

1. 实验内容

（1）启动 Jaql shell。

（2）阅读实验映像上的文件，该文件包含了推文（Tweets）的 JSON 记录文件。首先阅读该文件，这样你可以不断地访问文件中的数据并显示文件的内容。

文件名是/home/biadmin/SampleData/Twitter Search.json。

（3）用 Transform 命令，检索单个字段 from_user。

（4）用 transform $.metadata.result_type 命令查看元数据。

（5）用 transform 运算符检索多个字段。

（6）创建一个新记录 tweetrecs，同时对其中的一个字段进行更名，然后显示 tweetrecs 的内容。

（7）使用 Filter 运算符查看 tweetrecs 中的非英语语言。

（8）对 tweetrecs 进行排序（降序排序）。

（9）汇总你的数据并对各种语言的推文（Tweet）进行统计。

（10）将结果写入到 Hadoop 的文件中。

（11）验证写入到 Hadoop 的文件。

2. 要求

写出实验报告，包括实验步骤与结果（界面截图）。

实验二　核心运算符的应用

本实验的映像是 JSON 记录文件，包含了书名、作者、已出版的信息（如时间等）和一些评论信息。首先阅读这个文件，以便可以重复访问文件中的数据，然后显示文件内容。

1．实验内容

（1）使用如下命令

　　books＝read(file("/home/biadmin/SampleData/bookreviews.json"))；books；

显示文件内容。

（2）bookreviews 中包含了 J. K. Rowlings 和 David Baldacci 两位作者的书籍。列出 David Baldacci 写的书。

（3）列出所有 2001 年前出版的书。

（4）对每个作者所写的书进行总数统计，并显示作者的姓名和书的总数。

（5）对出版的数据进行排序。

（6）对文件/home/biadmin/SampleData/books.csv(文件这个文件是 csv 格式的，每个记录都有一个书号、作者、标题和出版年份)，请验证上述（1）～（5）。

2．要求

写出实验报告，包括实验步骤与结果（界面截图）。

小　　结

本章首先介绍了 JAQL，它是基于 JSON 的查询语言，JSON 是一种轻量级的数据交换格式，易于人们的读/写和于机器的解析与生成。其次介绍了 JAQL 访问 JSON 的数组和记录，包括设置与运行 JAQL、JAQL 的一些用法和语法、JAQL 的输入/输出以及一些 JAQL 的基本应用。

JAQL 是 JavaScript Object Notation 或 JSON 查询语言。JAQL 也是一种功能性的、声明性的查询语言，为用户提供简单的声明性的语法来处理大型结构化和非传统的数据。可以使用 JAQL 在分布式文件系统中执行诸如选择、过滤、联合和分组数据等操作。JAQL 还允许在表达式中编写和应用用户定义的函数。对于并行功能，JAQL 重新编写了高级查询，以便进行低层 MapReduce 作业的操作。

JSON(JavaScript Object Notation)是一种轻量级的数据交换格式。它不但易于人们的读/写，也易于机器的解析和生成。它是基于 JavaScript 编程语言的一个子集。JSON 是完全独立于语言的文本格式，成为一个理想的数据交换语言。JSON 建立在名称-值对集合、有序值的列表的两个结构之上。所定义的数据结构是通用的数据结构，因而几乎所有现代编程语言都以不同的形式支持它们。

思考与练习题

17.1　JAQL 具有哪些特点?

17.2　JSON 建立在哪两个结构之上,试对这两个结构给予简要地描述。

17.3　JAQL 组件的高级架构组件主要有哪些?

17.4　试验证设置与运行 JAQL 的过程。请写出验证报告(包括步骤与界面截图)。

17.5　在 JAQL 的环境下,试验证赋值语句和简单的算数运算。

17.6　在 JAQL 的环境下,试验证数组的基本操作。

17.7　在 JAQL 的环境下,试验证记录的基本操作。

17.8　在 JAQL 的环境下,试验证→运算符的基本操作。

17.9　在 JAQL 的环境下,试验证 read( )或 write( )操作。

17.10　在 JAQL 的环境下,创建一个数组,并对数组进行简单的操作。

17.11　在 JAQL 的环境下,创建一个对象,并对对象进行简单的操作。

17.12　试验证几个主要的数据操作的核心运算符(Filter、Transform、Sort 等)。

第 18 章　Hive——Hadoop 数据仓库

18.1　概　　述

Hive 是建立在 Hadoop 之上的开源数据仓库解决方案。Hive 支持类似于 SQL 的声明性语言 HiveQL 所表达的查询，这些语言被编译进用 Hadoop 执行的 MapReduce 作业。另外，HiveQL 使用户能够将用户定义的 MapReduce 脚本插入到查询中。Hive 还包括系统类别、包含模式与统计的元存储(Metastore)，这些在数据挖掘、查询优化和查询编译中非常有用。

Hadoop 生态系统包含了不同的子项目(工具)，如 Sqoop、Pig 和 Hive 等有助于Hadoop的模块。

(1) Sqoop：用于 HDFS 与 RDBMS 间的数据导入和导出。

(2) Pig：用于开发 MapReduce 操作脚本的过程语言平台。

(3) Hive：用来开发类似于 SQL 类型脚本来执行 MapReduce 操作的平台。

有多种执行 MapReduce 操作的方法：

(1) 传统的方法是使用 Java MapReduce 程序，用于结构化、半结构化以及非结构化数据处理。

(2) 用 Pig 对 MapReduce 的结构化与半结构化数据处理的脚本方法。

(3) 使用 Hive 查询语言(HiveQL 或 HQL)对 MapReduce 的结构化和非结构化数据进行处理。

Hive 是一个数据仓库基础设施工具，用于处理 Hadoop 中的结构化数据。它处于Hadoop 的顶层，用于汇总大数据，并使查询和分析变得容易。Hive 具有如下特点：

(1) 将模式存储在数据库中，并将数据处理到 HDFS 中。

(2) 提供 SQL 类型的查询语言，称为 HiveQL 或 HQL。

Hive 不是关系数据库，不是为在线交易处理(Online Transaction Processing，OLTP)而设计的，它不是实时查询语言，不能进行行更新。

Hive 是 Hadoop 的数据仓库系统，可以方便地进行数据汇总，临时查询，以及对存储在 Hadoop 兼容文件系统中的大数据集进行分析。Hive 将数据结构化为众所周知的数据库概念(如表、行、列和分区)。它支持像整数、浮点、双精度和字符串那样的基本数据类型。Hive 也支持关联数组(Associative Array)、列表(List)、结构(Struct)和序列化(Serialize)以及用于将数据移进与移出表单的反序列化的 API。

图 18.1 给出了 Hive 的架构。

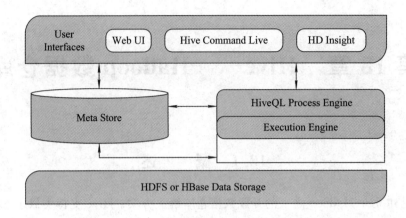

图 18.1　Hive 的架构

图 18.1 中包含了不同的单元，对各单元的描述参见表 18.1。

表 18.1　Hive 架构中的各单元描述

单元名称	操作
User Interface（用户界面）	Hive 是可以创建用户与 HDFS 间进行交互的数据仓库基础设施软件。Hive 支持的用户界面是 Web UI、Hive 命令行以及 Hive HD 的洞察力（Windows 服务器中）
Meta Store（元存储）	Hive 选择相应的数据库服务器来存储模式或表元数据、数据库、表中的列、数据类型以及 HDFS 映射（HDFS mapping）
HiveQL Process Engine（HiveQL 进程引擎）	HiveQL 与 SQL 类似，用于查询 Meta Store（元存储）上的模式信息。它是 MapReduce 程序的传统方法的替代之一，而不是用 Java 语言编写 MapReduce 程序，我们可以编写 MapReduce 作业并处理它
Execution Engine（执行引擎）	HiveQL 进程引擎与 MapReduce 相结合的部分是 Hive 执行引擎。执行引擎处理查询并产生与 MapReduce 结果相同的结果。它采用 MapReduce 风格
HDFS 或 HBase	Hadoop 分布式文件系统或 HBase 是将数据存储到文件系统的存储技术

图 18.2 描述了 Hive 与 Hadoop 间的工作流。

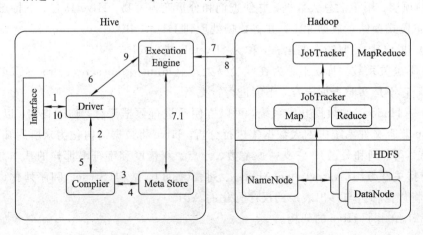

图 18.2　Hive 与 Hadoop 间的工作流

表 18.2 给出了 Hive 与 Hadoop 间的交互。

表 18.2　Hive 与 Hadoop 间的交互

步号	操　作
1	Execute Query：如 Command Line 或 Web UI 这样的用户界面发送查询到 Driver(任何数据库驱动器，如 JDBC、ODBC 等)，进行执行
2	Get Plan：驱动器在查询编译器的帮助下，解析查询以检查语法和查询计划或查询请求
3	Get Metadata：编译器将元数据请求发送到 Metastore(任何数据库)
4	Send Metadata：Metastore 将元数据作为响应发送给编译器
5	Send Plan：编译器检查请求并将计划重新发送给驱动器。到此，解析和编译查询完成
6	Execute Plan：驱动器将执行计划发送到执行引擎(Execution Engine)
7	Execute Job：在内部，执行作业(Execute Job)的过程是一个 MapReduce 作业。执行引擎将作业发送给位于 NameNode 中的 JobTracker，并将该作业分配给位于 DataNode 中的 DataTracker。在此，查询执行 MapReduce 作业
7.1	Metadata Ops：在执行操作的同时，执行引擎可以执行 Metastore 中的元数据操作
8	Fetch Result：执行引擎接收来自 DataNode 中产生的结果
9	Send Results：执行引擎将这些结果值发送给驱动器
10	Send Results：驱动器将结果发送给 Hive 界面

Hive 数据模型包含的组件有数据库(Databases)、表(Tables)、分区(Partitions)和存储桶或聚类(Buckets 或 Clusters)。Hive 中的数据库与表如图 18.3 所示。

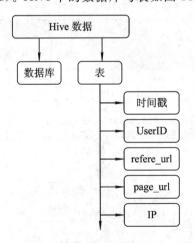

图 18.3　Hive 中的数据库与表

Hive 数据可粒度可分为数据库与表，如图 18.3 所示，表由若干个字段组成，如时间戳、UserID 等。

分区是指根据分区列的值(如数据)将表分成粗粒度部分，这使得对数据片段的查询变得更快。分区键决定了数据的存储方式，这里，分区键的每个唯一值定义了表的分区。为方便起见，分区以日期命名，它类似于 HDFS 中的 Block Splitting。

存储桶为高效查询数据提供了额外的结构。在同一列上连接的两个表，包含连接的列可以作为 MapSide Join 的实现。

18.2   Hive 构件及数据文件格式

18.2.1   Hive 构件

图 18.4 给出了 Hive 的主要构件。这些构件的主要功能如下：

（1）Metastore：存储关于表、列、分区等系统目录和元数据的组件。

（2）Driver：当 HiveQL 语句通过 Driver 时，管理其生命周期。该驱动器还维护会话句柄和任何会话统计信息。

（3）Query Complier：将 HiveQL 编译为 Map/Reduce 的有向无圈图任务的组件。

（4）Execution Engine：执行由编译器以恰当的相关顺序产生的任务的组件。执行引擎（Execution Engine）与底层的 Hadoop 实例进行交互。

（5）Hive Server n：提供简洁接口和 JDBC/ODBC 服务器的组件，并且提供了 Hive 与其他应用程序集成的方法。

（6）Clients 组件：如命令行界面（Command Line Interface，CLI）、Web UI 以及 JDBC/ODBC。

（7）Extensibility Interface：包括前面已描述过的 SerDe 和 ObjectInspector 界面以及用户定义函数（User Defined Function，UDF）和用户定义的聚合函数（User Defined Aggregate Function，UDAF）界面，使得用户可以定义自己的函数。

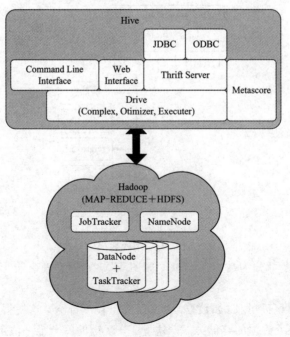

图 18.4   Hive 的主要构件

18.2.2　Hive 数据文件格式

对于存储，Hadoop 提供了一些基本文件格式，这有助于节省内存并提供了一种更好地访问关系数据的方法。现在，我们将详细介绍如何使用 RCFile 和 ORCFile 来帮助 Hadoop 中的数据存储与访问关系数据。

1. RCFile

RCFile(Record Columnar File)是一种数据存储结构，用于确定如何最小化 HDFS (Hadoop Distributed File System)中的关系数据库所需的空间。这可以通过应用 MapReduce 框架更改数据格式来实现。RCFile 结合了多种功能，如数据存储的格式化、数据压缩和数据访问优化，它可以满足数据存储的所有四个方面的要求：① 快速数据存储；② 改进查询处理；③ 优化存储空间的利用；④动态数据访问模式。

RCFile 格式可以在纵向和横向两个方向分割数据。这使得它仅提取分析所需的特定字段，从而消除了分析数据库中整个表格所需的标准时间。整体数据规模的缩减可到达原始数据格式的规模的 14%。

创建 RCFile 格式最简单的方法是用 Hadoop 中的 Hive，命令如下：

```
CREATE TABLE table_rc (
    column1STRING,
    column2STRING,
    column3INT,
    column4INT
)
STORED AS RFILE;
```

可使 RCFile 压缩：

```
SET hive. exec. compress. output=true;
SET mapred. output. compression. type=BLOCK;
SET mapred. output. compression. codec=org. apache. hadoop. io. compress.
SnappyCodec;
Create a hive table:
CREATE TABLE table_rc (
    column1STRING,
    column2STRING,
    column3INT,
    column4INT
)
ROW FORMAT DELIMITED fields terminated by ' ';
LOCATION '<HDFS FILE PATH>';
```

由于我们已创建了一个 Hive 表，因此可以将数据写入 table_rc 表中：

```
INSERT OVERWRITE TABLE table_rc SELECT * FROM table_txt;
```

现在，我们可以在单个列的基础上运行查询。MapReduce 作业将开始执行，但应该观察 HDFS_BYTES_READ 参数，查看从 HDFS 中读取字节的差异。可以看到，读取的数据存在着巨大的差异，因为 RCFile 只读取了一列，而文本格式正在读取全部数据用以执行查询。

2. ORCFile

ORCFile(Optimized Row Columnar)格式提供了一个比 RCFile 更为有效的存储关系数据的方法，比原先的数据量减少了 75%。当 Hive 读取、写入和处理数据时，ORCFile 格式比其他 Hive 格式的文件性能更好。特别是与 RCFile 相比，ORCFile 访问数据的时间更少且存储数据的空间也更小。但 ORCFile 增加了解压关系数据所用的时间，从而增加了 CPU 的开销。此外，ORCFile 格式与 Hive0.11 版本捆绑，因此不能与以前的版本一起使用。

如果没有一个现存的文件，那么来创建一个，命令如下：

```
CREATE TABLE table_orc (
    column1STRING,
    column2STRING,
    column3INT,
    column4INT
)
STORED AS ORC;
```

创建一个 Hive 表：

```
CREATE TABLE table_temp(
    name STRING,
    address STRING,
    age INT,
    salary INT
)
ROW FORMAT DELIMITED fields terminated by '';
LOCATION '<HDFS FILE PATH >';
```

将数据写入 table_orc 表中：

```
INSERT OVERWRITE TABLE table_orc SELECT * FROM table_temp;
```

18.3　用 Hive 访问 Hadoop 数据

在开始处理和分析 Hive 中的数据之前，我们必须首先使用 Hive 的数据操作语言(Data Manipulation Language，DML)。使用 Hive 数据操作语言，将使我们能够创建以后自己我们可以装载所需查询和操作的数据的数据库、表、分区等。

在本节的操作中，我们将使用的账号登录信息如表 18.3 所示。

表 18.3　账号登录信息

Username(用户名)	Password
VM image setup screen root	Password
Linux biadmin	Password

18.3.1　访问 Hive BeeLine 命令行界面(CLI)

本节我们将浏览 Hive Beeline 命令行界面并启动一个交互性的 CLI 会话。

（1）打开 Linux 终端，双击桌面上的 BigInsights Shell 内的 Terminal 图标，如图 18.5 所示。

图 18.5　BigInsights Shell 与 Terminal 图标

我们也可以通过单击 BigInsights Shell 目录中的 Hive Shell 图标直接启动"original Hive CLL Shell"。

（2）在 Linux 终端上，改换到 HIVE HOME/bin 目录：

　　～＞ cd ＄HIVE_HOME/bin

（3）启动交互性的 Hive Shell 会话：

　　～＞ ./beeline -u jdbc：hive2：//bivm. ibm. com：10000 -n biadmin -ppassword

注：这里的 Password 在命令行中替换为 biadmin 用户的登录密码。

（4）从交互性的 Hive 会话中运行 SHOW DATABASES 语句。

　　hive＞ SHOW DATABASES；

　　执行上述命令，得到的结果如图 18.6 所示。

```
Beeline version 0.12.0 by Apache Hive
0: jdbc:hive2://bivm.ibm.com:10000> SHOW DATABASES;
+----------------+
| database_name  |
+----------------+
| default        |
+----------------+
1 row selected (1.08 seconds)
0: jdbc:hive2://bivm.ibm.com:10000>
```

图 18.6　SHOW DATABASES 语句示例

18.3.2　使用 Hive 中的数据库

1. 创建数据库

让我们创建一个新的数据库并使用它。在此，我们将在 Hive 系统中创建两个数据库，其中一个将用于下面的使用，另一个将被删除。

（1）在 Hive shell 中创建名为 testDB 的数据库。

hive> CREATE DATABASE testDB;

执行上述命令，得到的结果如图 18.7 所示。

```
1 row selected (1.08 seconds)
0: jdbc:hive2://bivm.ibm.com:10000> CREATE DATABASE testDB;
No rows affected (0.209 seconds)
0: jdbc:hive2://bivm.ibm.com:10000>
```

图 18.7　创建数据库示例

（2）确认新的数据库已添加到 Hive 的目录中。命令如下：

hive> SHOW DATABASES;

执行上述命令，得到的结果如图 18.8 所示。

```
0: jdbc:hive2://bivm.ibm.com:10000>  SHOW DATABASES;
+----------------+
| database_name  |
+----------------+
| default        |
| testdb         |
+----------------+
2 rows selected (0.309 seconds)
0: jdbc:hive2://bivm.ibm.com:10000>
```

图 18.8　查看所创建的数据库示例

注意：Hive 将 testDB 转换为小写。

（3）现在我们以创建了一个新的数据库，命令如下：

hive> DESCRIBE DATABASE TESTDB;

执行上述命令，得到如图 18.9 所示的结果。

```
0: jdbc:hive2://bivm.ibm.com:10000> DESCRIBE DATABASE TESTDB;
+----------+----------+----------------------------------------------------------+
| db_name  | comment  |                      location                            |
+----------+----------+----------------------------------------------------------+
| testdb   |          | hdfs://bivm.ibm.com:9000/biginsights/hive/warehouse/te   |
+----------+----------+----------------------------------------------------------+
1 row selected (0.306 seconds)
0: jdbc:hive2://bivm.ibm.com:10000>
```

图 18.9　创建新数据库示例

DESCRIBE DATABASE 给我们显示了 testdb（尽管我们输入的是 TESTDB）在 HDFS 中的位置。注意，testdb.db 的模式（schema）被存储在/biginsights/hive /warehouse 目录。

（4）让我们确认新的 testdb.db 目录确实是在 HDFS 上创建的。Linux 终端上双击桌面上的 BigInsights Shell directory 内的 Terminal 图标。

（5）检查 HDFS，来确认我们所创建的新数据库目录。

～>hadoop fs -ls /biginsights/hive/warehouse

执行上述命令，得到如图 18.10 的结果。

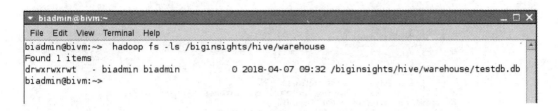

图 18.10　查看所创建的数据库

testdb. db 目录已创建。

保持第二个 Linux 控制台的打开，以便于其余部分的进行。我们将继续使用它来查看 HDFS。你将在 Hive 控制台与 Linux 控制台间来回切换。

（6）将一些信息添加到 testdb. db 数据库的 DBPROPERTISE 元数据中。我们用 ALTER DATABASE 来实现。

　　hive＞ ALTER DATABASE testdb SET DBPROPERTIES（'creator'='bigdatarockstar'）；

执行上述命令，得到如图 18.11 的结果。

```
0: jdbc:hive2://bivm.ibm.com:10000>  ALTER DATABASE testdb SET DBPROPERTIES ('creator'= 'bigdatarockstar');
No rows affected (0.142 seconds)
0: jdbc:hive2://bivm.ibm.com:10000>
```

图 18.11　将信息添加到数据库的元数据中的用法示例

（7）让我们查看 testdb 数据库的扩展细节。

　　hive＞ DESCRIBE DATABASE EXTENDED testdb；

执行上述命令，得到如图 18.12 所示的结果。

```
0: jdbc:hive2://bivm.ibm.com:10000> DESCRIBE DATABASE EXTENDED testdb;
+-----------+----------+------------------------------------------------------+
| db_name   | comment  |                       location                       |
+-----------+----------+------------------------------------------------------+
| testdb    |          | hdfs://bivm.ibm.com:9000/biginsights/hive/warehouse/te |
+-----------+----------+------------------------------------------------------+
1 row selected (0.369 seconds)
0: jdbc:hive2://bivm.ibm.com:10000>
```

图 18.12　展开数据库并进行查看的示例

注意：更新了的数据库性质。

（8）继续，删除 testdb 数据库。

　　hive＞ DROP DATABASE testdb CASCADE；

注意：CASCADE 关键词，它是可选的。使用它将导致 Hive 在数据库前删除数据库中所有的表（如果有的话）。如果你试图删除一个没有 CASCADE 关键词的表，那么 Hive 将不让你删除。

（9）确认 testdb 不存在于 Hive Metastore 目录中。

　　hive＞ SHOW DATABASES；

执行上述命令，出现如图 18.13 所示的结果。

```
0: jdbc:hive2://bivm.ibm.com:10000>  SHOW DATABASES;
+---------------+
| database_name |
+---------------+
| default       |
| testdb        |
+---------------+
2 rows selected (0.297 seconds)
0: jdbc:hive2://bivm.ibm.com:10000>  DROP DATABASE testdb CASCADE;
No rows affected (0.731 seconds)
0: jdbc:hive2://bivm.ibm.com:10000> SHOW DATABASES;
+---------------+
| database_name |
+---------------+
| default       |
+---------------+
1 row selected (0.288 seconds)
0: jdbc:hive2://bivm.ibm.com:10000>
```

图 18.13 查看数据库示例

（10）现在我们要创建一个数据库，来存放我们将用于本课程的许多练习的表。这个数据库将被称为"computersalesdb"。执行以下代码，其结果参见图 18.14。

```
hive>CREATE DATABASE computersalesdb;
```

```
0: jdbc:hive2://bivm.ibm.com:10000> CREATE DATABASE computersalesdb;
No rows affected (0.121 seconds)
0: jdbc:hive2://bivm.ibm.com:10000>
```

图 18.14 创建 computersalesdb 数据库示例

（11）验证该数据库已创建，执行以下代码，其结果如图 18.15 所示。

```
SHOW DATABASES;
```

```
0: jdbc:hive2://bivm.ibm.com:10000> SHOW DATABASES;
+------------------+
|  database_name   |
+------------------+
| computersalesdb  |
| default          |
+------------------+
2 rows selected (0.285 seconds)
0: jdbc:hive2://bivm.ibm.com:10000>
```

图 18.15 验证已创建的数据库

注意：该数据库目录位于 HDFS 中。用以下代码查看 computersalesdb，其结果如图 18.16 所示。

```
hive> DESCRIBE DATABASE computersalesdb;
```

```
0: jdbc:hive2://bivm.ibm.com:10000>  DESCRIBE DATABASE computersalesdb;
+-----------------+----------+--------------------------------------------+
|    db_name      | comment  |                 location                   |
+-----------------+----------+--------------------------------------------+
| computersalesdb |          | hdfs://bivm.ibm.com:9000/biginsights/hive/ware |
+-----------------+----------+--------------------------------------------+
1 row selected (0.283 seconds)
0: jdbc:hive2://bivm.ibm.com:10000>
```

图 18.16 查看 computersalesdb

我们可以看到 computersalesdb 确实存在，且新目录创建在 HDFS 中的 /biginsights/hive/warehouse/computersalesdb. db 文件夹中。

（12）告诉 Hive 将使用 computersalesdb（我们将对余下的这个交互性会话使用这个数据库），执行下述代码，其结果如图 18.17 所示。

　　　　hive> USE computersalesdb;

```
0: jdbc:hive2://bivm.ibm.com:10000>  USE computersalesdb;
No rows affected (0.079 seconds)
0: jdbc:hive2://bivm.ibm.com:10000>
```

图 18.17　使用 computersalesdb 数据库的示例

保持命令行界面（CLI）处于打开状态，我们将使用它进行下面的验证。

2. 样本数据集

在开始创建新数据库的表之前，了解样本文件中的数据以及数据结构非常重要。在本次验证的早期，需要将数据放置到 /home/biadmin 目录中。现在我们来看看这些文件的内容。首先寻找样本数据：

（1）单击桌面上的 biadmin 主页的快捷方式，新的窗口将打开，并显示 /home/biadmin 目录的内容。

（2）导航到如下目录：sampleData->Computer_Business。

（3）在 Hive 中，没有一个容易的方法将标题行从文件中删除。为了方便起见，我们有两个目录——WithoutHeathers 和 WithRowHeaders。

WithRowHeaders 包含 3 个 csv 格式的数据文件，每个文件中的第一行是标题行。我们创建这个目录，以便可以看到表的元数据（每行包含的数据）。我们只能在这个文件中使用这个目录，检查所包含的数据。

WithoutHeaders 包含与 WithRowHeaders 目录相同的 3 个文件，但是从这些数据中删除了第一行（标题数据），这些数据已经可以与 Hive 一起使用。

（4）让我们查看我们的数据，导航到 WithRowHeaders 目录。

（5）要查看其中一个文件的内容，在该文件上单击右键，然后从菜单中单击 open；或者双击其中的一个文件。然后单击弹出对话框的 Display 按钮。查看 3 个文件中的每一个。

我们的样本数据来自于虚构的电脑零售商，该公司销售电脑部件，通常服务该国家的单个州。以下是样本中的数据，其中：

·Customer.csv：保存着用户记录，如表 18.4 所示。

表 18.4　用户记录

FNAME	LNAME	STATUS	TELON	CUSTOME_ID	CITY|ZIP
用户的第一个名字	用户的最后名字	活动或交互状态	电话号码#	用户的唯一 ID	城市和邮编用字符"|"隔开

打开后的内容如图 18.18 所示。

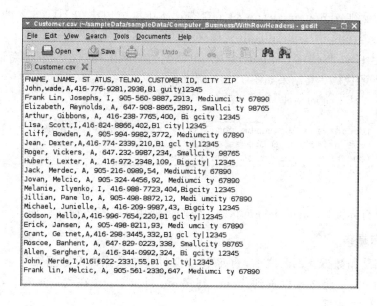

图 18.18 Customer.csv 文件内容

Product.csv：保存产品记录，如表 18.5 所示。

表 18.5 产 品 记 录

PROD_NAME	DESCRIPTION	CATEGORY	QTY_ON_HAND	PROD_NUM	PACKAGED_WITH
产品名	电脑产品描述	产品所属类别	仓库中产品的数量	产品唯一编号	冒号分开的带包装的产品清单

打开后的内容如图 18.19 所示。

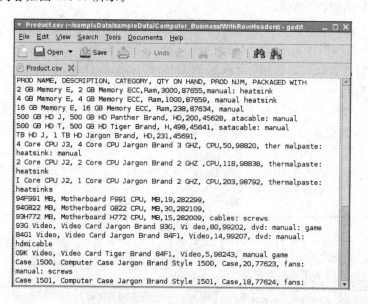

图 18.19 Product.csv 文件内容

Sales.csv：保存所有销售历史记录，公司每月更新一次，如表 18.6 所示。

表 18.6　销售历史记录

CUST_ID	PROD_NUM	QTY	DATE	SALES_ID
建立购买用户 ID	已购买产品 ID	购买数量	购买日期	唯一销售 ID

打开后的内容如图 18.20 所示。

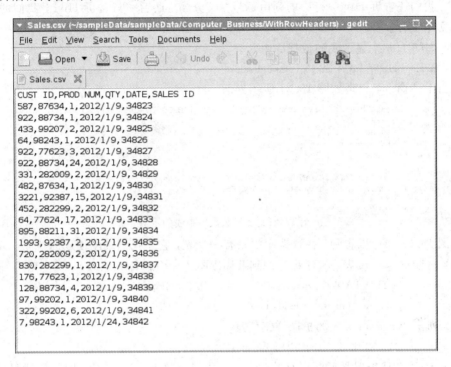

图 18.20　Sales.csv 文件内容

18.4　Hive 中的表

我们在 Hive 中将要创建的第一个表是 products 表。该表将完全由 Hive 管理，不会包含任何分区。具体步骤如下：

（1）在 CLI 中，创建 Hive 的新 products 表，代码如下：

```
hive> CREATE TABLE products
(
     prod_name STRING,
         description STRING,
         category STRING,
     qty_on_hand INT,
     prod_num STRING,
     packaged_with ARRAY<STRING>
)
```

```
ROW FORMAT DELIMITED
FIELDS TERMINATED BY ','
COLLECTION ITEMS TERMINATED BY ':'
STORED AS TEXTFILE;
```

注意：我们已给不同的列分配了数据类型。Packaged_with 列是我们特别感兴趣的，它被设计为一个字符串数组。该数组将保存由冒号“：”字符分隔的数据，例如 satacable：manual。我们还告诉 Hive，行中的列由逗号“，”分隔。最后一行告诉 Hive，我们的数据文件是纯文本文件。

（2）询问 Hive，显示我们数据库中的表。

　　hive> SHOW TABLES IN computersalesdb;

执行上述命令，出现如图 18.21 所示界面。

```
0: jdbc:hive2://bivm.ibm.com:10000> SHOW TABLES IN computersalesdb;
+-----------+
| tab_name  |
+-----------+
| products  |
+-----------+
1 row selected (0.687 seconds)
0: jdbc:hive2://bivm.ibm.com:10000>
```

图 18.21　显示数据库中表的示例

从图 18.21 中可以看到，在数据库中只有一个表，它是我们刚刚创建的新 products 表。

（3）对新 products 表，将注释添加到 TBLPROPERTIES 中。

　　hive> ALTER TABLE products SET TBLPROPERTIES(
　　　　'details' = 'This table holds products');

（4）列出新 products 表的扩展详细信息。

　　hive> DESCRIBE EXTENDED products;

Beeline 的默认设置是截断所有的输出。让我们调整 Beeline，用不同的格式显示数据，这样我们可以看到所有输出。

在 Beeline 内部，执行下述命令：

　　hive> ! setoutputformat vertical

执行的结果如图 18.22 所示。

```
0: jdbc:hive2://bivm.ibm.com:10000>  !set outputformat vertical
0: jdbc:hive2://bivm.ibm.com:10000> DESCRIBE EXTENDED products;
col_name    prod_name
data_type   string
comment     None

col_name    description
data_type   string
comment     None

col_name    cetegory
data_type   string
comment     None
```

图 18.22　在 Beeline 内部执行显示命令示例

```
col_name    qty_on_hand
data_type   int
comment     None

col_name    prod_num
data_type   string
comment     None

col_name    packaged_with
data_type   array<string>
comment     None

col_name
data_type
comment

col_name    Detailed Table Information
```

续图 18.22　在 Beeline 内部执行显示命令示例

现在，输入命令重新运行 DESCRIBE EXTENDED products，得到图 18.23 所示的结果。

```
col_name    Detailed Table Information
data_type   Table(tableName:products, dbName:computersalesdb, owner:biadmin, createTime:1523175889, lastAccessTime:0, retention:0, sd:StorageD
, comment:null), FieldSchema(name:description, type:string, comment:null), FieldSchema(name:cetegory, type:string, comment:null), FieldSchema
(name:prod_num, type:string, comment:null), FieldSchema(name:packaged_with, type:array<string>, comment:null)], location:hdfs://bivm.ibm.com:
ucts, inputFormat:org.apache.hadoop.mapred.TextInputFormat, outputFormat:org.apache.hadoop.hive.ql.io.HiveIgnoreKeyTextOutputFormat, compress
serializationLib:org.apache.hadoop.hive.serde2.lazy.LazySimpleSerDe, parameters:{colelction.delim=:, serialization.format=, field.delim=,})
:SkewedInfo(skewedColNames:[], skewedColValues:[], skewedColValueLocationMaps:{}), storedAsSubDirectories:false), partitionKeys:[], parameter
roducts, last_modified_time=1523176236, transient_lastDdlTime=1523176236}, viewOriginalText:null, viewExpandedText:null, tableType:MANAGED_TA
comment
```

图 18.23　重新运行 DESCRIBE EXTENDED products 的结果

这里有很多细节，注意一些有趣的信息，包括 HDFS 中该表的位置：/biginsights/hive/warehouse/computersalesdb.db/products。

（5）让我们验证 products 目录创建在上述所列的位置上。在 Linux 控制台内运行 HDFS ls 命令，先列出数据库目录的内容，然后列出 products 表的目录的内容。

　　～>hadoop fs -ls /biginsights/hive/warehouse/computersalesdb.db；

　　～>hadoop fs -ls /biginsights/hive/warehouse/computersalesdb.db/products；

在上述命令中，第一个命令确认 products 表的目录确实在 HDFS 上；第二个命名显示了 products 目录中迄今还没有文件，该目录将一直是空的，直到在后面的验证中我们将数据加载 products 表为止。

（6）我们的虚拟电脑公司在每个月底将销售数据添加到 sales_staging 表中。然后从 sales_staging 表中，将他们想要分析的数据移动到一个分了区的 sales 表中。分了区的 sales 表是他们实际用于分析的表。

现在我们知道如何创建表，我们将创建一个名为 sales_staging 的可管理的非分区表，该表将保存 sales.csv 文件中的所有销售数据。后面我们实际上将把这个 sales_staging 数据分成一个名为 sales 的分区表。在 CLI 中，创建一个新的 sales_staging 的 Hive 表，执行如下代码：

　　hive> CREATE TABLE sales_staging

```
(
    cust_id STRING,
    prod_num STRING,
    qty STRING,
    sale_date STRING,
    sales_id STRING
)
COMMENT 'Staging table for sales data'
ROW FORMAT DELIMITED
FIELDS TERMINATED BY ','
STORED AS TEXTFILE;
```

（7）我们现在假设：新 sales_staging 表的目录在 HDFS 中的目录中，为/biginsights/hive/warehouse/computersalesdb. db/sales_staging。让我们通过在 Linux 控制台上输入如下命令来快速确认：

~＞hadoop fs -ls /biginsights/hive/warehouse/computersalesdb. db;

果然，sales_staging 目录已创建，并从现在起由 Hive 管理。

（8）询问 Hive，可显示我们数据库中的 sales_staging 表，确认新的 sales_staging 表在 Hive 目录中。

hive＞ SHOW TABLES;

（9）假设我们已经决定要更新一些列的元数据，将 sales_staging 表的 sale_date 列从字符串（STRING）型变为日期（DATE）型。

hive＞ ALTER TABLE sales_staging CHANGE sale_datesale_date DATE;

18.5　Hive 运算符和函数

1. 与 CLI 的会话交互

要开启与 CLI 的会话交互，按下述步骤进行：

步骤 1　在桌面上，从 BigInsights Shell directory 中双击 Terminal 图标，打开 Linux 终端。

步骤 2　在 Linux 终端中，转换到 HIVE HOME/bin 目录：

~＞cd $ HIVE_HOME/bin

步骤 3　启动与 Hive Shell 交互式会话；

~＞ ./beeline -u jdbc：hive2：//bivm. ibm. com：10000 -n biadmin -ppassword

步骤 4　使用 Hive 中的 computersalesdb 数据库（其余部分我们将使用这个数据库）：

hive＞ USE computersalesdb;

2. Hive 系统中的运算符

下面我们将验证 Hive 系统中的 Relational（关系）、Arithmetic（算术）和 Logical（逻辑）运算符。

1) 关系运算符

用 IS NULL 运算符来查找 products 表中的 packaged_with 数组中，第零个位置（即数组的第一位）没有项目的所有记录，如

　　　hive> SELECT ＊ FROM products WHERE packaged_with[0] IS NULL；

执行上述代码后，得到如图 18.24 所示的结果。

```
0: jdbc:hive2://bivm.ibm.com:10000> SELECT * FROM products WHERE packaged_with[0] IS NULL;
+------------+------------------------+----------+-------------+----------+---------------+
| prod_name  |       description      | category | qty_on_hand | prod_num | packaged_with |
+------------+------------------------+----------+-------------+----------+---------------+
| I TB HD J  | 1 TB HD Jargon Brand   | HD       | 231         | 45691    | []            |
| 94F991 MB  | Motherboard F991 CPU   | M3       | 19          | 282299   | []            |
| 94GB22 MB  | Motherboard G822 CPU   | MB       | 30          | 282109   | []            |
| DVD J EXT  | DVO Jargon Brand External | Optical | 45        | 88821    | []            |
+------------+------------------------+----------+-------------+----------+---------------+
4 rows selected (23.567 seconds)
0: jdbc:hive2://bivm.ibm.com:10000>
```

图 18.24　IS NULL 运算符使用示例

注：如果没有数据，可先进行数据导入。采用如下命令导入数据：

　　　LOAD DATA LOCAL INPATH '/home/biadmin/sampleData/sampleData/

　　　Computer_Business/WithRowHeaders/Product. csv ' OVERWRITE INTO TABLE products；

查找不住在 67 890 邮编的客户。使用！＝运算符来查看 customer 表的列的 city_zip 结构。（在表中 city_zip 定义为 struct<city：string，zip：string>）。执行下述代码：

　　　hive> SELECT ＊ FROM customer WHERE city_zip. zip！＝'67890'；

使用 LIKE 运算符来查找包含"Tiger"单词的所有产品描述。执行下述代码，得到如图 18.25 所示的结果。

　　　hive> SELECT ＊ FROM products WHERE description LIKE '％Tiger％'；

```
0: jdbc:hive2://bivm.ibm.com:10000> SELECT * FROM products WHERE description LIKE '%Tiger%';
+------------+-------------------------------------+----------+-------------+----------+----------------------------------------------+
| prod_name  |            description              | category | qty_on_hand | prod_num |                 packaged_with                |
+------------+-------------------------------------+----------+-------------+----------+----------------------------------------------+
| 500 GB HD T| 500 GB HD Tiger Brand               | HD       | 498         | 45641    | [" satacable"," manual"]                     |
| O9K Video  | video Card Tiger Brand 84-1         | Video    | 5           | 98243    | [" manual game"]                             |
| T Case 4332| Computer Case Tiger Brand Style 4332| Case     | 7           | 82211    | [" fans"," manual"," screws"," watercooler"] |
| T Power 300W| Power Supply Tiger Brand 300 Watts | Power    | 8           | 93347    | [" cables"," screws"]                        |
| DVD T INT  | DVD Tiger Brand Internal            | Optical  | 19          | 82331    | [" satacable"," manual"]                     |
| DVD T EXT  | DVD Tiger Brand External            | Optical  | 17          | 82337    | [" satacable"," manual"]                     |
+------------+-------------------------------------+----------+-------------+----------+----------------------------------------------+
6 rows selected (28.393 seconds)
0: jdbc:hive2://bivm.ibm.com:10000>
```

图 18.25　使用 LIKE 运算符的示例

从图中可以看到，表中的 6 条记录包含在 description 列中。

2) 算术运算符

让 Hive 返回公司销售的所有产品的名称、数量和产品编号，每个产品的数量加 10 个。要验证"＋"算术运算符，执行如下代码：

　　　hive> SELECT prod_name，qty_on_hand ＋ 10，prod_num FROM products；

我们注意到每个产品的数量已经增加了 10 个。

3) 逻辑运算符

查找用户的最后名字或者是 Merdee，或者是 Melecie 的，以验证逻辑运算符，执行如下代码：

```
hive> SELECT * FROM customer WHERE lname='Merdec' OR lname='Melcic';
```

用 OR 逻辑运算符允许我们来检索与所查询的最后名字相匹配的 5 条记录。

3. 函数

以下我们将验证 Hive 内置的函数。

（1）找出更多关于 upper 的函数。在 Hive 的 CLI 中运行 DESCRIBE FUNCTION upper，执行如下代码：

```
hive> DESCRIBE FUNCTION upper;
```

（2）使用 upper 函数将产品 category（类别）转换为大写并查找具有类别为"CASE"的产品，执行如下代码：

```
hive> SELECT * FROM products WHERE upper(category) = 'CASE';
```

在这种情况下，计算机返回了 3 条记录。如果我们打开 BigInsights Web 控制台，那么可以看到需要一个 Mapper 和 0 个 Reducer 来得到这个结果集。

（3）用 prod_num＝98 820 分解数组 product，执行代码如下：

```
hive> SELECT explode(packaged_with) as package_contents FROM
products WHERE prod_num='98820';
```

数组被分解，并且每个数组元素以单个的形式行返回。

4. 扩展 Hive 功能

有多种方式扩展 Hive 的功能，包括用户编写的用户定义函数（User Defined Function，UDF）和流（Streaming）。下面我们将给出一个非常简单的流（Streaming）的示例。

将 qty 和 sales_id 列流写入到 Linux 操作系统中的/bin/cat 命令中，执行以下代码：

```
hive> SELECT TRANSFORM (qty, sales_id)USING '/bin/cat' AS
newQty, newSalesID FROM sales;
```

我们可以看到，这两列从/bin/cat 进程中合并起来，并写入到了 Hive 控制台。

18.6　Hive DML

本节我们将导航到 Hive Beeline CLI 中，并启动 CLI 的交互式会话。

（1）从桌面上的 BigInsights Shell directory 中双击 Terminal 图标，打开 Linux 终端。

（2）在 Linux 终端上将目录改动到 HIVE_HOME/bin 目录，执行以下代码：

```
~>cd $HIVE_HOME/bin
```

（3）启动交互式 Hive shell 会话：

```
~> ./beeline -u jdbc:hive2://bivm.ibm.com:10000 -n biadmin -ppassword
```

（4）使用 computersalesdb 数据库（其余部分我们将使用这个数据库）：

```
hive> USE computersalesdb;
```

在开始在 Hive 上工作之前，请查看我们将要使用的数据，该样本数据来自一家虚构的电脑零售商。该公司销售计算机部件，通常在该国的单个州销售。我们已看到了 Customer. csv、Product. csv 和 Sales. csv。

18.6.1 装载数据

我们已创建了 4 个新表，其中有我们所用的数据。这些表的名字分别是 customer、products、sales_staging 和 sales。customer 表是一个外部表，我们已经将数据"加载"到了表中。

1. 从 BigInsights Web 控制台查看数据

下面，将利用 BigInsights Web 控制台来查看我们在 HDFS 中的数据。

首先，单击桌面上的快捷方式打开 BigInsights Web 控制台，并登录。

其次，单击顶部的 Files 选项卡。在右侧的导航菜单中导航到 hdfs：/biwm：90000/->biginsights->hive->warehouse->computersalesdb.db，这是我们所有被 Hive 管理的表都将被关闭的路径。当在 Hive Beeline 命令行界面工作时，保持该浏览器打开。当工作在 HiveDML 时，它将允许我们快速查看 HDFS 以及查看文件与目录的变动。

2. 将数据加载受管理的非分区表

前面我们创建的第一个表是 products 表。该表完全由 Hive 管理并且没有包含分区。

我们现将存储在本地的/home/biadmin/sampleData/Computer _ Bussiness /WithouHeaders/ Product.csv 文件中的数据加载到 products 表中。按下述步骤执行：

步骤 1 在 CLI 上，在 Hive 中创建新 products 表，执行如下命令：

 hive> LOAD DATA LOCAL INPATH '/home/biadmin/sampleData/sampleData/
 Computer_Business/WithoutHeaders/Product.csv '
 OVERWRITE INTO TABLE products;

已从 Hive 文件复制了数据，products 表现在已有了数据，让我们将它查找出来。

步骤 2 使用 BigInsights Web 控制台，导航到 hdfs：/bivm：9000/->biginsights->hive->Warehouse->computersalesdb.db->products 目录，在目录内单击 Products.csv 文件。

我们可轻松地查看这里的 products.csv 文件的内容，查看显示在浏览器右侧的数据。

步骤 3 将 sales 记录加载 sales_staging 表中，执行如下命令：

 hive> LOAD DATA LOCAL INPATH
 '/home/biadmin/sampleData/sampleData/Computer_Business/WithoutHeaders/Sales.csv '
 INTO TABLE sales_staging;

注意：在此申明中忽略了 OVERWRITE 关键词，这是因为我们通常希望将月销售数据添加到已在 sales_staging 表中的历史记录列表中，并且不想用这个月份数据来覆盖表中的所有记录。

步骤 4 通过检查 BigInsightsWeb 控制台中的文件来验证当前在 HDFS 中的数据。首先单击 refresh 按钮来刷新导航树。

现在打开 sales_staging 文件夹，单击 Sales.csv 文件并浏览右侧的数据。

我们可以通过发出如下命令来查看表的存在：

 hive> show tables;

执行的结果如图 18.26 所示。

```
0: jdbc:hive2://bivm.ibm.com:10000> show tables;
+-----------------+
|    tab_name     |
+-----------------+
| sales           |
| sales_staging   |
+-----------------+
2 rows selected (0.308 seconds)
0: jdbc:hive2://bivm.ibm.com:10000>
```

图 18.26　查看表是否存在的示例

使用下列命令描述这个表的结构,其结果如图 18.27 所示。

hive> DESCRIBE sales;

```
0: jdbc:hive2://bivm.ibm.com:10000>  DESCRIBE sales;
+---------------------+---------------------+---------------------+
|      col_name       |      data_type      |      comment        |
+---------------------+---------------------+---------------------+
| cust_id             | string              | None                |
| prod_num            | string              | None                |
| qty                 | int                 | None                |
| sales_id            | string              | None                |
+---------------------+---------------------+---------------------+
4 rows selected (0.333 seconds)
0: jdbc:hive2://bivm.ibm.com:10000>
```

图 18.27　描述表的结构的示例

3. 将数据加载受管理的分区表

现在 sales_staging 表有了以此工作的数据,让我们编写一些查询,这些查询将允许把来自 sales_staging 的数据加载分区表 sales 表中。按下述步骤执行:

步骤 1　在 CLI 中,将 2012-01-09 数据装载到 sales 表的一个分区中,执行如下代码:

INSERT OVERWRITE TABLE salesSELECTcust_id, prod_num, qty, sales_id

FROM sales_stagingssWHEREss. sale_date = '2012/1/9';

执行的结果如图 18.28 所示。

```
0: jdbc:hive2://bivm.ibm.com:10000> INSERT OVERWRITE TABLE sales
. . . . . . . . . . . . . . . . > SELECT cust_id,prod_num,qty,sales_id
. . . . . . . . . . . . . . . . > FROM sales_staging ss
. . . . . . . . . . . . . . . . > WHERE ss.sale_date = '2012/1/9';
No rows affected (30.057 seconds)
0: jdbc:hive2://bivm.ibm.com:10000> describe sales_staging;
+---------------------+---------------------+---------------------+
|      col_name       |      data_type      |      comment        |
+---------------------+---------------------+---------------------+
| cust_id             | string              | None                |
| prod_num            | string              | None                |
| qty                 | string              | None                |
| sale_date           | string              | None                |
| sales_id            | string              | None                |
+---------------------+---------------------+---------------------+
5 rows selected (0.383 seconds)
0: jdbc:hive2://bivm.ibm.com:10000>
```

图 18.28　装载分区表的示例

注意：这需要花费一些时间才能完成，因为我们已调用了 MapReduce 作业。

步骤 2　在 BigInsights Web 控制台中，刷新文件树并查看 sales 文件夹。在此目录下是一个名为 000000_0 的数据文件。如果选择该文件，将在右侧预览中看到它只包含了 2012-01-09 的销售数据。

步骤 3　按照相同的过程，将 2012-01-24 数据装载到 sales 表的一个新分区中，执行如下命令：

> INSERT OVERWRITE TABLE sales SELECT cust_id，prod_num，qty，sales_id
>
> FROM sales_staging ss WHERE ss. sale_date = '2012/1/24'；

执行的结果如图 18.29 所示。

```
5 rows selected (0.383 seconds)
0: jdbc:hive2://bivm.ibm.com:10000> INSERT OVERWRITE TABLE sales SELECT cust_id,prod_num,qty,sales_id
. . . . . . . . . . . . . . . > FROM sales_staging ss WHERE ss.sale_date = '2012/1/24';
No rows affected (33.535 seconds)
0: jdbc:hive2://bivm.ibm.com:10000>
```

图 18.29　将数据装载到新分区表的示例

步骤 4　打开 Web，在 BigInsights Web 控制台中，刷新文件树并查看 sales 文件夹，如图 18.30 所示。在此目录下是一个名为 000000_0 的数据文件，如果你选择该文件，将在右侧预览中看到它只包含了 2012-01-24 的销售数据。

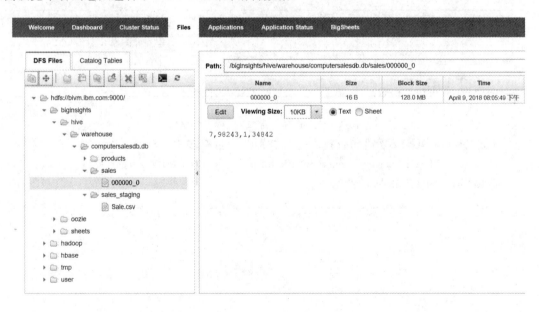

图 18.30　在 Web 中的 BigInsights Web 控制台上查看文件示例

18.6.2　运行查询

1. 选择数据

(1) 在 CLI 中，选择 products 表中产品类别(category)为 Video 的所有数据。

　　hive> SELECT ＊ FROM products WHERE category='Video'；

执行上述命令，得到如图 18.31 所示的结果。

```
0: jdbc:hive2://bivm.ibm.com:10000> SELECT * FROM products WHERE category=' Video';
+------------+----------------------------+----------+-------------+----------+-------------------------------------+
| prod_name  |        description         | category | qty_on_hand | prod_num |           packaged_with             |
+------------+----------------------------+----------+-------------+----------+-------------------------------------+
| 93G Video  | Video Card Jargon Brand 93G | Video    | 80          | 99202    | [" dvd"," manual"," game"]           |
| 84G1 Video | Video Card Jargon Brand 84F1| Video    | 14          | 99207    | [" dvd"," manual"," hdmicable"]      |
| 09K Video  | video Card Tiger Brand 84-1 | Video    | 5           | 98243    | [" manual game"]                    |
+------------+----------------------------+----------+-------------+----------+-------------------------------------+
3 rows selected (28.038 seconds)
0: jdbc:hive2://bivm.ibm.com:10000>
```

图 18.31　选择数据 Video 的示例

现在打开 BigInsights Web 控制台，并导航到 Application Status 选项卡，会看到查询列在 Jobs 下，单击它。

这个查询导致开始运行一个 MapReduce 作业，该 MapReduce 作业需要一个 Mapper 和零个 Reducer，花费了大约数秒时间来运行这个简单的查询。其结果打印到了 CLI 中。实际上在 CLI 中返回了 3 个具有 category＝'Video' 的记录。

（2）选择 products 中所有的 category＝'Video' 的记录，并且数组 PACKAGE_WITH 中的第一个元素包含 dvd。执行下述命令，得到如图 18.32 所示的结果。

　　hive＞ SELECT ＊ FROM products WHERE category＝'Video'
　　AND PACKAGED_WITH[0]＝'dvd';

```
0: jdbc:hive2://bivm.ibm.com:10000> SELECT * FROM products WHERE category=' Video' AND packaged_with[0]=' dvd';
+------------+----------------------------+----------+-------------+----------+-------------------------------------+
| prod_name  |        description         | category | qty_on_hand | prod_num |           packaged_with             |
+------------+----------------------------+----------+-------------+----------+-------------------------------------+
| 93G Video  | Video Card Jargon Brand 93G | Video    | 80          | 99202    | [" dvd"," manual"," game"]           |
| 84G1 Video | Video Card Jargon Brand 84F1| Video    | 14          | 99207    | [" dvd"," manual"," hdmicable"]      |
+------------+----------------------------+----------+-------------+----------+-------------------------------------+
2 rows selected (36.565 seconds)
0: jdbc:hive2://bivm.ibm.com:10000>
```

图 18.32　选择包含数据 dvd 的示例

（3）使用 GROUP BY 语句查找出每个类别的项目有多少个产品，执行以下代码：

　　hive＞ SELECT category，count(＊) FROM products GROUP BY category;

可以看到如图 18.33 所示的结果。

```
0: jdbc:hive2://bivm.ibm.com:10000> SELECT category,count(*) FROM products GROUP BY category;
+-----------+------+
| category  | _c1  |
+-----------+------+
| CPU       | 3    |
| Case      | 3    |
| HD        | 3    |
| M3        | 1    |
| MB        | 2    |
| Optical   | 4    |
| Pawer     | 1    |
| Power     | 2    |
| Ram       | 3    |
| Video     | 3    |
+-----------+------+
10 rows selected (45.754 seconds)
0: jdbc:hive2://bivm.ibm.com:10000>
```

图 18.33　使用 GROUP BY 语句进行查找的示例

（4）使用嵌套选择，显示 3 个以上的产品的产品类别，执行下述代码：

hive>FROM(

SELECT category, count(*) as count FROM products

GROUP BY category) cats

SELECT * WHERE cats. count>3;

得到如图 18.34 所示的结果。

```
0: jdbc:hive2://bivm.ibm.com:10000>  FROM(
. . . . . . . . . . . . . . . . . . > SELECT category,count(*) as count FROM products
. . . . . . . . . . . . . . . . . . > GROUP BY category) cats
. . . . . . . . . . . . . . . . . . > SELECT * WHERE cats.count > 3;
+-----------+--------+
| category  | count  |
+-----------+--------+
| Optical   | 4      |
+-----------+--------+
1 row selected (48.312 seconds)
0: jdbc:hive2://bivm.ibm.com:10000>
```

图 18.34　使用嵌套选择语句进行查找的示例

输出应该类似于以上截屏。注意，除了采用子查询外，还可以使用两个列的别名(count 和 cat)。

2. Big SQL 子查询

Big SQL 符合 ANSI SQL，它提供了许多非常好的性能与功能。以下我们验证 SQL 子查询。

（1）在 Hive CLI 中运行以下子查询。我们的目标是获得属于 Ram 类别的所有产品的列表，并且包含每个产品的销售数量(不是卖出的量)。注意，子查询是 SQL 的 SELECT 部分。

hive> SELECT prod_num,(SELECT count(*) FROM sales WHERE

prod_num=prod. prod_num group by prod_num) as number_of_sales

FROM products prod WHERE CATEGPORY='Ram';

执行上述命令，得到如图 18.35 所示的结果。

```
0: jdbc:hive2://bivm.ibm.com:10000> SELECT prod_num,(SELECT count(*) FROM sales WHERE
. . . . . . . . . . . . . . . . > prod_num=prod.prod_num group by prod_num) as number_of_sales
. . . . . . . . . . . . . . . . > FROM products prod WHERE CATEGPORY='Ram';
Error: Error while processing statement: FAILED: ParseException line 1:17 cannot recognize input
 near 'SELECT' 'count' '(' in expression specification (state=42000,code=40000)
0: jdbc:hive2://bivm.ibm.com:10000>
```

图 18.35　SQL 子查询示例

注意：Hive 不允许子查询处于 SQL 申明的位置。

（2）使用 Big SQL JSON 命令行 Shell。先打开 Linux 桌面上的 BigInsights Sell，然后打开 BigSQL Shell 应用程序。

（3）询问 Big SQL 显示数据库，我们将注意到，Big SQL 已经知道了我们的 Hive 数据库。

（4）将 computersalesdb 设置为此次会话的数据库，使用下述命令：

>USE computersalesdb；

（5）运行以前的 SQL 查询，其中 SELECT 语句中包含子查询。

hive> SELECT prod_num,（SELECT count（＊）FROM sales WHERE

prod_num＝prod. prod_num group by prod_num) as number_of_sales

FROM products prod WHERE CATEGPORY='Ram';

Big SQL 能够快速返回结果，这要归功于它的优化，允许在服务器上运行小的数据集的查询，而不是运行 MapReduce 作业。

（6）退出，关闭 Big SQL Shell。

3. 利用分区数据

通过以上分析，sales_data 已对 sales_staging 表进行了分区，我们已将数据加载到 2012-01-09 以及 2012-01-24 这两个表中。现在让我们利用这个分区来改善时延。我们首先进入 computersalesdb 数据库，执行下述命令，其结果如图 18.36 所示。

hive >USE computersalesdb;

```
hive> USE computersalesdb;
OK
Time taken: 4.168 seconds
hive>
```

图 18.36　使用 computersalesdb 数据库的示例

让我们查看这个数据库中的表，执行下述代码，其结果如图 18.37 所示。

hive> show tables;

```
hive> show tables;
OK
customer
products
sales
sales_staging
Time taken: 0.972 seconds, Fetched: 4 row(s)
hive>
```

图 18.37　查看数据库中表的示例

要查看这个表的名字和字段类型，执行下述代码，其结果如图 18.38 所示。

hive> describe sales_staging;

```
hive> describe sales_staging;
OK
cust_id              string              None
prod_num             string              None
qty                  string              None
sale_date            string              None
sales_id             string              None
Time taken: 0.144 seconds, Fetched: 5 row(s)
hive>
```

图 18.38　查看表名与字段类型的示例

在 CLI 中，运行 SELECT 查询，查找只有发生在 2012-01-09 的销售数据。用 sale_id 对结果排序，执行如下代码，其结果如图 18.39 所示。

hive>SELECT ＊ FROM sales_staging WHERE sale_date ＝ '2012/1/9' ORDER BY sales_id;

```
Starting Job = job_201804090125_0016, Tracking URL = http://bivm.ibm.com:50030/jobdetails.jsp?jobid=job_201804090125_0016
Kill Command = /opt/ibm/biginsights/IHC/bin/hadoop job  -kill job_201804090125_0016
Hadoop job information for Stage-1: number of mappers: 1; number of reducers: 1
2018-04-09 08:52:29,883 Stage-1 map = 0%,  reduce = 0%
2018-04-09 08:52:35,097 Stage-1 map = 100%,  reduce = 0%, Cumulative CPU 1.86 sec
2018-04-09 08:52:36,129 Stage-1 map = 100%,  reduce = 0%, Cumulative CPU 1.86 sec
2018-04-09 08:52:37,170 Stage-1 map = 100%,  reduce = 0%, Cumulative CPU 1.86 sec
2018-04-09 08:52:38,178 Stage-1 map = 100%,  reduce = 0%, Cumulative CPU 1.86 sec
2018-04-09 08:52:39,199 Stage-1 map = 100%,  reduce = 0%, Cumulative CPU 1.86 sec
2018-04-09 08:52:40,213 Stage-1 map = 100%,  reduce = 0%, Cumulative CPU 1.86 sec
2018-04-09 08:52:41,243 Stage-1 map = 100%,  reduce = 0%, Cumulative CPU 1.86 sec
2018-04-09 08:52:42,257 Stage-1 map = 100%,  reduce = 0%, Cumulative CPU 1.86 sec
2018-04-09 08:52:43,270 Stage-1 map = 100%,  reduce = 0%, Cumulative CPU 1.86 sec
2018-04-09 08:52:44,289 Stage-1 map = 100%,  reduce = 0%, Cumulative CPU 1.86 sec
2018-04-09 08:52:45,352 Stage-1 map = 100%,  reduce = 0%, Cumulative CPU 1.86 sec
2018-04-09 08:52:46,366 Stage-1 map = 100%,  reduce = 0%, Cumulative CPU 1.86 sec
2018-04-09 08:52:47,379 Stage-1 map = 100%,  reduce = 0%, Cumulative CPU 1.86 sec
2018-04-09 08:52:48,443 Stage-1 map = 100%,  reduce = 100%, Cumulative CPU 5.21 sec
2018-04-09 08:52:49,463 Stage-1 map = 100%,  reduce = 100%, Cumulative CPU 5.21 sec
2018-04-09 08:52:50,476 Stage-1 map = 100%,  reduce = 100%, Cumulative CPU 5.21 sec
2018-04-09 08:52:51,498 Stage-1 map = 100%,  reduce = 100%, Cumulative CPU 5.21 sec
MapReduce Total cumulative CPU time: 5 seconds 210 msec
Ended Job = job_201804090125_0016
MapReduce Jobs Launched:
Job 0: Map: 1  Reduce: 1   Cumulative CPU: 5.21 sec   HDFS Read: 751 HDFS Write: 460 SUCCESS
Total MapReduce CPU Time Spent: 5 seconds 210 msec
OK
587     87634   1       2012/1/9        34823
22      88734   1       2012/1/9        34824
433     99207   2       2012/1/9        34825
64      98243   1       2012/1/9        34826
922     77623   3       2012/1/9        34827
2       88734   24      2012/1/9        34828
64      77624   17      2012/1/9        3483
482     87634   1       2012/1/9        34830
3221    92387   15      2012/1/9        34831
452     292299  2       2012/1/9        34832
895     88211   31      2012/1/9        34834
1993    92387   2       2012/1/9        34835
720     282009  2       2012/1/9        34836
176     77623   1       2012/1/9        34838
28      88734   4       2012/1/9        34839
212     99202   1       2012/1/9        34840
322     99202   6       2012/1/9        34841
Time taken: 44.251 seconds, Fetched: 17 row(s)
hive>
```

图 18.39　在 CLI 中进行 SELECT 查询的结果示例

注意： 执行上述代码后，只返回了 2012-01-09 销售记录。

4. Joins

让我们来展示 2012-01-24 发生的所有 Optical 类别的销售。我们需要在 sales_stanging 和 products 表之间做一个等值连接来收集这个信息，执行下述代码，得到的结果如图 18.40 所示。

```
hive> SELECT s.cust_id, s.prod_num, s.qty, s.sales_id, p.prod_name,
p.category FROMsales_staging s JOIN products p ON s.prod_num = p.prod_num
WHERE s.sale_date = '2012-01-24' AND p.category = 'Optical';
```

```
hive> SELECT s.cust_id,s.prod_num,s.qty,s.sales_id,p.prod_name,
    > p.category FROM sales_staging s JOIN products p ON s.prod_num = p.prod_num
    > where s.sale_date = '2012/01/24' AND p.category = 'Optical';
Total MapReduce jobs = 1
Execution log at: /var/ibm/biginsights/hive/logs/biadmin/.log
2018-04-09 09:08:12     Starting to launch local task to process map join;      maximum memory = 536870912
2018-04-09 09:08:13     Dump the side-table into file: file:/tmp/biadmin/hive_2018-04-09_09-08-06_985_4092974842833660781-1/-local-10002/HashTable-Stage-3/MapJoin-mapfile00--.hashtable
2018-04-09 09:08:13     Upload 1 File to: file:/tmp/biadmin/hive_2018-04-09_09-08-06_985_4092974842833660781-1/-local-10002/HashTable-Stage-3/MapJoin-mapfile00--.hashtable
2018-04-09 09:08:13     End of local task; Time Taken: 0.99 sec.
Execution completed successfully
Mapred Local Task Succeeded . Convert the Join into MapJoin
Mapred Local Task Succeeded . Convert the Join into MapJoin
Launching Job 1 out of 1
Number of reduce tasks is set to 0 since there's no reduce operator
Starting Job = job_201804090125_0017, Tracking URL = http://bivm.ibm.com:50030/jobdetails.jsp?jobid=job_201804090125_0017
Kill Command = /opt/ibm/biginsights/IHC/bin/hadoop job  -kill job_201804090125_0017
Hadoop job information for Stage-3: number of mappers: 1; number of reducers: 0
2018-04-09 09:08:28,771 Stage-3 map = 0%,  reduce = 0%
2018-04-09 09:08:35,987 Stage-3 map = 100%,  reduce = 0%, Cumulative CPU 1.55 sec
2018-04-09 09:08:37,044 Stage-3 map = 100%,  reduce = 0%, Cumulative CPU 1.55 sec
2018-04-09 09:08:38,060 Stage-3 map = 100%,  reduce = 0%, Cumulative CPU 1.55 sec
2018-04-09 09:08:39,170 Stage-3 map = 100%,  reduce = 0%, Cumulative CPU 1.55 sec
2018-04-09 09:08:40,178 Stage-3 map = 100%,  reduce = 100%, Cumulative CPU 1.55 sec
MapReduce Total cumulative CPU time: 1 seconds 550 msec
Ended Job = job_201804090125_0017
MapReduce Jobs Launched:
Job 0: Map: 1   Cumulative CPU: 1.55 sec   HDFS Read: 2052 HDFS Write: 0 SUCCESS
Total MapReduce CPU Time Spent: 1 seconds 550 msec
OK
Time taken: 33.269 seconds
hive>
```

图 18.40　Joins 用法示例

Joins(连接)成功执行，得到我们要查找的 3 条记录。

5. Views

现在让我们创建一个 View 来存储查询，该查询将返回产品类别为 Optical 的所有销售记录(与 products 表连接)。执行下面的代码，其结果如图 18.41 所示。

```
hive> CREATE VIEW optical_sales AS
SELECT s.cust_id, s.prod_num, s.qty, s.sales_id, p.prod_name,
```

p. category FROMsales_staging s JOIN products p ON s. prod_num = p. prod_num
WHEREp. category = 'Optical';

```
hive> CREATE VIEW optical_sales AS
    > SELECT s.cust_id,s.prod_num,s.qty,s.sales_id,p.prod_name,
    > p.category FROM sales_staging s JOIN products p ON s.prod_num = p.prod_num
    > WHERE p.category = 'Optical';
OK
Time taken: 1.505 seconds
hive>
```

图 18.41　View 用法示例

观察上述结果，我们看到 View 成功创建。

现在已有了 optical_sales 视图，我们可以将它用作其他查询，就像它是一个表一样。

hive> SELECT * FROM optical_sales WHERE qty > 1;

18.6.3　导出数据

我们希望提取所有光学(Optical)设备的销售数据，并用非 Hive CLI 的格式输出。我们可以通过从 Hive 中导出数据的方式来实现，步骤如下：

步骤1　打开 BigInsights Web 控制台并打开 Files 选项卡，导航到 user->biadmin 文件夹，如图 18.42 所示。

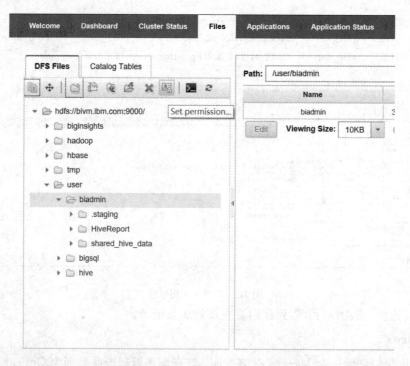

图 18.42　BigInsights Web 控制台上打开 Files 选项卡的界面

步骤2　在 HDFS 上/user/biadmin 目录中，建立一个名为 HiveReport 的新目录。

步骤3　单击 permission 对话框，并对这个新目录设置所有用户可写的权限。选择两个写权限，如图 18.43 所示。

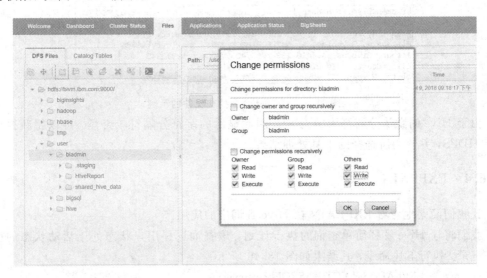

图 18.43　permission 对话框的权限设置界面

步骤 4　返回到 Hive CLI，利用我们前面的查询将数据写入 HDSF 文件系统的/user/biadmin/HiveReport 目录。执行下述命令，并查看如图 18.44 所示的结果。

hive> INSERT OVERWRITE DIRECTORY '/user/biadmin/HiveReport'
SELECT * FROM optical_sales WHERE qty > 1;

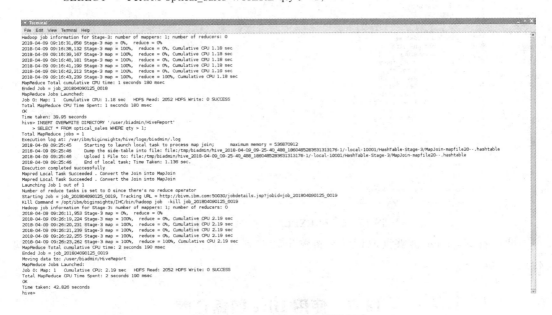

图 18.44　Hive CLI 中查看数据库

步骤 5　打开新 Linux 终端，执行下述命令：

~>hadoop fs -ls '/user/biadmin/HiveReport'

注意：我们有一个称为 00000_0 的新文件，这是 Hive 所写的数据。

步骤 6　捕获这个文件并查看其中的内容，执行下述命令，其结果如图 18.45 所示。

～＞hadoop fs -cat '/user/biadmin/HiveReport/000000_0 '

```
biadmin@bivm:~> hadoop fs -cat '/user/biadmin/HiveReport/000000_0'
John,wade,A,416-776-9281,2938,B1 city|12345
Franklin, Josephs, I, 905-560-9887,2913, Mediumcity 67890
Elizabeth, Reynolds, A, 647-908-8865,2891, Smallcity|98765
Arthur, Gibbons, A, 416-238-7765,400, Bi gci ty 12345
L1sa, Scott,I,416-8248866,402,B1 city|12345
cliff, Bowden, A, 905-994-9982,3772, Medi umcity 67890
```

图 18.45　用-cat 命令捕获文件的示例

由于 Hive 的默认分隔符为^A 字符，因此显示的字符分隔符较奇怪。可以将新报告复制出 HDFS，并使用所选择的工具处理结果。

18.6.4　EXPLAIN

让我们简略地看看 EXPLAIN 在 Hive 查询中的应用。

我们将让 Hive 解释简单查询的执行计划，该查询选择用户状态处于活动状态的所有客户记录。执行下述命令，其结果如图 18.46 所示。

hive＞ EXPLAIN SELECT ＊ FROM customer；

```
hive> EXPLAIN SELECT * FROM customer;
OK
ABSTRACT SYNTAX TREE:
  (TOK_QUERY (TOK_FROM (TOK_TABREF (TOK_TABNAME customer))) (TOK_INSERT (TOK_DES
TINATION (TOK_DIR TOK_TMP_FILE)) (TOK_SELECT (TOK_SELEXPR TOK_ALLCOLREF))))

STAGE DEPENDENCIES:
  Stage-0 is a root stage

STAGE PLANS:
  Stage: Stage-0
    Fetch Operator
      limit: -1
      Processor Tree:
        TableScan
          alias: customer
          Select Operator
            expressions:
                  expr: fname
                  type: string
                  expr: lname
                  type: string
                  expr: status
                  type: string
                  expr: telno
                  type: string
                  expr: customer_id
                  type: string
                  expr: city_zip
                  type: struct<city:string,zip:string>
            outputColumnNames: _col0, _col1, _col2, _col3, _col4, _col5
            ListSink


Time taken: 0.663 seconds, Fetched: 31 row(s)
hive>
```

图 18.46　用 EXPLAIN 在 Hive 查询示例

我们看到，Hive 能够读取记录并将输出转储到控制台。此处 Hive 使用本地模式来执行这个运算。

18.7　使用 Hive 数据仓库

18.7.1　Hive 存储格式

我们可以使用 Hive 来处理各种不同的文件和记录格式。了解如何使用简单的 TextFile

以外的格式，将使我们在使用 Hive 和 Hadoop 时能够做出更好的选择。我们还可以使用 Hive 进行数据压缩，减少数据的占用空间，以提升并改进存储性能。

1. 访问 Hive 命令行界面(CLI)

(1) 双击桌面上的 BigInsights Sell 目录内的 Terminal 图标，打开 Linux 终端。

(2) 执行下面的命令，在 Linux 终端上将目录转换到 HIVE_HOME bin 中。

    ～>cd $ HIVE_HOME/bin

(3) 启动交互式 Hive shell 会话，执行下述命令：

    ～>. /beeline -u jdbc：hive2：//bivm. ibm. com：10000 -n biadmin -ppassword

2. 不同文件和记录格式的使用

我们将使用 computersalesdb 数据库来体验 Hive 中的不同文件和记录格式。执行下述命令，进入 computersalesdb 数据库。

    hive> USE computersalesdb；

我们已经在系统中创建了多个 TEXTFILE 格式的表，利用这些表可以创建不同格式的某些新表；然后通过在原先的表上运行 SELECT 把数据插入到新表中。

前面，我们已创建了 products 表并用"STORED AS TEXTFILE"语句描述该表。现在我们将创建一个称为 products_sequenceformat 的新表，将被存储为 SEQUENCEFILE。使用 Hive，我们将通过简单地运行 INSERT 语句实现从 TEXTFILE 格式到 SEQUENCFILE 格式的转换。其步骤如下：

步骤 1 在 Hive 中创建一个称为 products_sequenceformat 的新表。用与完全相同的 DLL 创建了原始的 products 表，除了将"STORED AS TEXTFILE"语句中的 TEXTFILE 改成了 SEQUENCEFILE 外，其他均相同。执行如下代码，并得到如图 18.47 的结果。

```
hive> CREATE TABLE products_sequenceformat
(
    prod_name STRING,
        description STRING,
        category STRING,
    qty_on_hand INT,
    prod_num STRING,
    packaged_with ARRAY<STRING>
)
ROW FORMAT DELIMITED
FIELDS TERMINATED BY ', '
COLLECTION ITEMS TERMINATED BY ': '
STORED AS TEXTFILE；
```

```
0: jdbc:hive2://bivm.ibm.com:10000> CREATE TABLE products_sequenceformat
. . . . . . . . . . . . . . . . . > (
. . . . . . . . . . . . . . . . . > prod_name STRING,
. . . . . . . . . . . . . . . . . > description STRING,
. . . . . . . . . . . . . . . . . > category STRING,
. . . . . . . . . . . . . . . . . > qty_on_hand INT,
. . . . . . . . . . . . . . . . . > prod_num STRING,
. . . . . . . . . . . . . . . . . > packaged_with ARRAY<STRING>
. . . . . . . . . . . . . . . . . > )
. . . . . . . . . . . . . . . . . >  ROW FORMAT DELIMITED
. . . . . . . . . . . . . . . . . > FIELDS TERMINATED BY ','
. . . . . . . . . . . . . . . . . > COLLECTION ITEMS TERMINATED BY ':'
. . . . . . . . . . . . . . . . . > STORED AS TEXTFILE;
No rows affected (0.175 seconds)
0: jdbc:hive2://bivm.ibm.com:10000>
```

图 18.47　创建 products_sequenceformat 新表

步骤 2　运行 SHOW TABLES 命令，验证表是否已被创建，其结果如图 18.48 所示。

　　hive> SHOW TABLES;

```
0: jdbc:hive2://bivm.ibm.com:10000> SHOW TABLES;
+--------------------------+
|         tab_name         |
+--------------------------+
| customer                 |
| optical_sales            |
| products                 |
| products_sequenceformat  |
| sales                    |
| sales_staging            |
+--------------------------+
6 rows selected (0.403 seconds)
0: jdbc:hive2://bivm.ibm.com:10000>
```

图 18.48　用 SHOW TABLES 命令验证表是否已被创建

　　步骤 3　将 Hive 的输出格式设置为垂直输出，然后要求 Hive 给出新表 products_
sequenceformat 的 EXTENDED 的细节。执行下述两条代码，其结果如图 18.49 所示。

　　　　hive> ! setoutputformat vertical

　　　　hive> DESCRIBE EXTENDED products_sequenceformat;

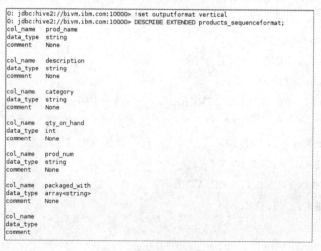

图 18.49　垂直输出部分结果示例

我们将注意到：

① InputFormat 为：org. apache. hadoop. mapred. SequenceFileInputFormat。

② OutFormat 为：org. apache. hadoop. hive. ql. io. HiveSequenceFileOutFormat。

③ SerDeserializationLib 为：org. apache. hadoop. hive. serde2. lazy. LazySimpleSerDe。

该表的数据在 HDFS 中的位置为：

　　/biginsights/hive/warehouse/computesalesdb. db/products_sequenceformat

我们认识到，在创建表的语句中使用 STORED AS SEQUEMCEFILE 子句，对我们适当地设置输入和输出格式非常重要。在创建表时，我们不必明确地指定这些值。

步骤 4　当将数据加载到 sequenceformat 表中时，可通过运行 INSERT 完成，执行如下代码：

```
hive> FROM products INSERT OVERWRITE TABLE products_sequenceformat
    SELECT *;
```

我们可以看到如图 18.50 所示的表。

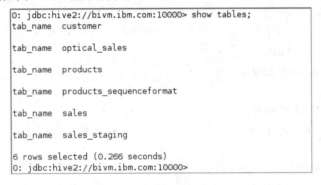

```
0: jdbc:hive2://bivm.ibm.com:10000> show tables;
tab_name    customer

tab_name    optical_sales

tab_name    products

tab_name    products_sequenceformat

tab_name    sales

tab_name    sales_staging

6 rows selected (0.266 seconds)
0: jdbc:hive2://bivm.ibm.com:10000>
```

图 18.50　INSERT 示例

步骤 5　验证 HDFS 上的 products_sequenceformat 表，并查看 Hive 为我们做了什么。打开 BigInsights Web 控制台并导航到目录/biginsights/hive/warehouse/computersalesdb. db/products_sequenceformat，如图 18.51 所示，将发现 000000_0 文件。如果单击该文件，右侧的视图窗中将显示数据。

图 18.51　查看 Hive 显示的内容

这看起来不像正规的 TEXTFILE，其中显示的有些字符很奇怪，但这正是我们将要查看的 SEQUENCEFILE。

步骤 6　使用 HDFS fs 命令中的 text 选项来查看可以阅读的格式的数据，执行下述代码，其结果是可读懂的数据。

～＞hadoop fs -text /biginsights/hive/warehouse/computersalesdb. db/
products_sequenceformat/000000_0

3. RCFile

在 Hive 中创建名为 products_refileformat 的新表。我们将使用已创建原始的 products 表，告诉 Hive 使用 SerDe 格式进行输入/输出。执行下述代码，其结果如图 18.52 所示。

```
hive> CREATE TABLE products_rcfileformat
(
    prod_name STRING,
    description STRING,
    category STRING,
    qty_on_hand INT,
    prod_num STRING,
    packaged_with ARRAY<STRING>
)
ROW FORMAT SERDE
'org. apache. hadoop. hive. serde2. columnar. ColumnarSerDe'
STORED AS
INPUTFORMAT 'org. apache. hadoop. hive. ql. io. RCFileInputFormat'
OUTPUTFORMAT 'org. apache. hadoop. hive. ql. io. RCFileOutputFormat';
```

```
0: jdbc:hive2://bivm.ibm.com:10000>   CREATE TABLE products_rcfileformat
. . . . . . . . . . . . . . . . > (
. . . . . . . . . . . . . . . . > prod_name STRING,
. . . . . . . . . . . . . . . . > description STRING,
. . . . . . . . . . . . . . . . > category STRING,
. . . . . . . . . . . . . . . . > qty_on_hand INT,
. . . . . . . . . . . . . . . . > prod_num STRING,
. . . . . . . . . . . . . . . . > packaged_with ARRAY<STRING>
. . . . . . . . . . . . . . . . > )
. . . . . . . . . . . . . . . . > ROW FORMAT SERDE
. . . . . . . . . . . . . . . . > 'org.apache.hadoop.hive.serde2.columnar.ColumnarSerDe'
. . . . . . . . . . . . . . . . > STORED AS
. . . . . . . . . . . . . . . . > INPUTFORMAT 'org.apache.hadoop.hive.ql.io.RCFileInputFormat'
. . . . . . . . . . . . . . . . > OUTPUTFORMAT 'org.apache.hadoop.hive.ql.io.RCFileOutputFormat'
. . . . . . . . . . . . . . . . > ;
No rows affected (0.139 seconds)
0: jdbc:hive2://bivm.ibm.com:10000>
```

图 18.52　建名为 products_refileformat 的新表的示例

让 Hive 给出关于新 products_refileformat 表的 EXTENDED 的详细信息，执行如下代码：

hive＞DESCRIBE EXTENDED products_rcfileformat;

注意：

InputFormat(输入格式)为：org. apache. hadoop. hive. ql. io. ReFileInputFormat。

OutFormat(输出格式)为：org. apache. hadoop. hive. ql. io. ReFileOutputFormat。
SerDeserializationLib：org. apache. hadoop. hive. serde2. columnar. ColumaeSerDe
该表的数据在 HDFS 中的位置为：

　　/biginsights/hive/warehouse/computersalesdb. db/products_rcfileformat

现在让我们将数据装载到 products_refileformat 表中。我们将通过运行 INSERT 查询实现这个任务。执行下面的代码，其结果如图 18.53 所示。

　　hive> FROM products INSERT OVERWRITE TABLE products_rcfileformat
SELECT * ;

```
0: jdbc:hive2://bivm.ibm.com:10000> FROM products INSERT OVERWRITE TABLE products_rcfileformat SELECT *
No rows affected (31.036 seconds)
```

图 18.53　将数据装载到 products_refileformat 表中的示例

将 Beeline 输出格式设置到表中，然后对 products_refileformat 表执行 SELECT* 以确保产品数据的装入。执行如下代码，查看数据装入，其结果如图 18.54 所示。

　　hive> ! setoutputformat table
　　hive> SELECT* FROM products_rcfileformat；

```
0: jdbc:hive2://bivm.ibm.com:10000> !set outputformat table
0: jdbc:hive2://bivm.ibm.com:10000> SELECT * FROM products_rcfileformat;
+----------------+----------------------------------+----------+------+
|   prod_name    |          description             | category | qty_ |
+----------------+----------------------------------+----------+------+
| 2 GB Memory E  | 2 GB Memory ECC                  | Ram      | 3000 |
| mory E         | 4 GB Memory ECC                  | Ram      | 1000 |
| 16 GB Memory E | 16 GB Memory ECC                 | Ram      | 238  |
| 500 GB HD J    | 500 GB HD Panther Brand          | HD       | 200  |
| 500 GB HD T    | 500 GB HD Tiger Brand            | HD       | 498  |
| I TB HD J      | 1 TB HD Jargon Brand             | HD       | 231  |
| 4 Core CPU J3  | 4 Core CPU Jargon Br and 3 GHZ   | CPU      | 50   |
| Core CPU 32    | 2 Core CPU Jargon Brand 2 GHZ    | CPU      | 118  |
| 1 Core CPU J2  | 1 Core CPU Jargon Brand 2 GHZ    | CPU      | 203  |
| 94F991 MB      | Motherboard F991 CPU             | M3       | 19   |
| 94GB22 MB      | Motherboard G822 CPU             | MB       | 30   |
| 93H772 MB      | Motherboard H772 CPU             | MB       | 15   |
| 93G Video      | Video Card Jargon Brand 93G      | Video    | 80   |
| 84G1 Video     | Video Card Jargon Brand 84F1     | Video    | 14   |
| O9K Video      | video Card Tiger Brand 84-1      | Video    | 5    |
| Case 1500      | Computer Case Jargon Brand Style 1500 | Case | 20   |
| J Case 1501    | Computer Case Jargon Brand Style 1501 | Case | 18   |
| T Case 4332    | Computer Case Tiger Brand Style 4332 | Case  | 7    |
| J Power 300w   | Power Supply Jargon Brand 300 watts | Power | 28   |
| J Power 500w   | Power Supply Jargon Brand 500 Watts | Pawer | 17   |
| T Power 300W   | Power Supply Tiger Brand 300 Watts | Power | 8    |
| DVD J INT      | DVD Jargon Brand Internal        | Optical  | 23   |
| DVD J EXT      | DVO Jargon Brand External        | Optical  | 45   |
| DVD T INT      | DVD Tiger Brand Internal         | Optical  | 19   |
| DVD T EXT      | DVD Tiger Brand External         | Optical  | 17   |
+----------------+----------------------------------+----------+------+
25 rows selected (0.366 seconds)
0: jdbc:hive2://bivm.ibm.com:10000>
```

图 18.54　查看数据装入示例

以上的结果是输出的所有的数据。

我们可以假设 Hive 在 HDFS 中的 products_refileformat 目录创建了 000000_0 文件，

在 HDFS 上查看这个文件，看看 Hive 为我们做了什么。打开 Linux 终端并运行 hdaoop fs
－cat 命令：

~＞hadoop fs -cat

/biginsights/hive/warehouse/computersalesdb. db/products_rcfileformat/000000_0

　　RCFile 格式的文件看起来有点古怪，我们需要使用一种以更人性化的格式显示内容的
工具来查看它。因为 hdoop fs－text 工具也执行相同的操作，所以我们需要使用不同的
工具。

　　在 Linux 终端上将目录改换到 HIVE_HOME/bin 目录，从 bin 目录把一个申明传递给
hive，以便允许我们来查看 RCFile。

~＞ cd ＄HIVE_HOME/bin

./hive－service rcfilecat

/biginsights/hive/warehouse/computersalesdb. db/products_rcfileformat/000000_0

　　输出看起来好理解了，可以读懂了。

4. ORC 文件

　　在 Hive 中创建一个名为 products_orcformat 的新表。我们将使用完全相同的 DDL 来
创建原始的 products 表，除了将"STORED AS TEXTFILE"子句中的 TEXTFILE 改为
ORC 外，其他的不变。执行下述代码，创建名为 products_orcformat 的新表。

```
hive＞ CREATE TABLE products_orcformat
(
    prod_name STRING,
    description STRING,
    category STRING,
    qty_on_hand INT,
    prod_num STRING,
    packaged_with ARRAY<STRING>
)
ROW FORMAT DELIMITED
FIELDS TERMINATED BY ','
COLLECTION ITEMS TERMINATED BY ':'
STORED AS ORC;
```

　　将数据装入新的 ORC 表，执行下面代码：

```
hive＞FROM products INSERT OVERWRITE TABLE products_orcformat
SELECT*;
```

　　对 products_orcformation 表执行 SELECT*，确保将产品数据装入该表，执行代码
如下：

```
hive＞ SELECT* FROM products_orcformat;
```

　　让我们检测 HDFS 上的 products_orcformat 表，并看看 Hive 为我们做了什么。打开

BigInsights Web 控制台并导航到目录，执行下述代码：

> hive＞/biginsights/hive/warehouse/computersalesdb. db/products_orcformat

将发现一个 000000_0 的文件。如果单击该文件，在右侧的窗口中将显示数据。分析该文件的详细信息，包括文件的大小。

5. 压缩

下面我们将采用 Hive 的压缩对数据进行压缩。

在 Hive 的 CLI 中输入如下设置命令（这些改变将会在这个会话持续）：

> hive＞ set hive. exec. compress. output＝true；
>
> hive＞ set
>
> mapred. output. compression. code＝org. apache. hadoop. io. compress. GzipCodec；

告诉 Hive 将输出压缩为 Gzip 格式（无中间压缩）。

打开 BigInsights Web 控制台并导航到

> /biginsights/hive/warehouse/computersalesdb. db/products_rcfileformat/000000_0

在右侧，你可以看到文件为 1.7 KB。现在让我们将数据从 products 表重新装载到 products_refileformat 表中，执行下面代码：

> hive＞FROM products INSERT OVERWRITE TABLE products_rcfileformat
>
> SELECT*；

返回到 BigInsights Web 控制台刷新文件视图后并再次导航到文件上，执行下述代码，其结果如图 18.55 所示。

> /biginsights/hive/warehouse/computersalesdb. db/products_rcfileformat/000000_0

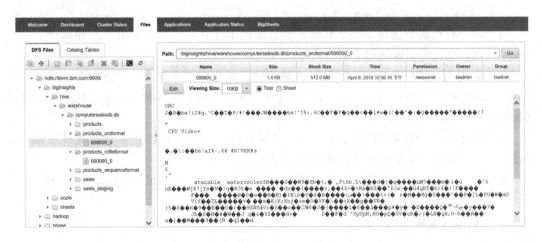

图 18.55　数据压缩示例

从图 18.55 中可以看到，文件现在已被压缩并且确实比以前"小"。

对 product_refileformat 表运行 SELECT 来查询压缩的数据。执行如下代码，其结果如图 18.56 所示。

> hive＞ SELECT prod_name FROM products_rcfileformat LIMIT 5；

```
0: jdbc:hive2://bivm.ibm.com:10000> SELECT prod_name FROM products_rcfileformat LIMIT 5;
+-----------------+
|    prod_name    |
+-----------------+
| 2 GB Memory E   |
| mory E          |
| 16 GB Memory E  |
| 500 GB HD J     |
| 500 GB HD T     |
+-----------------+
5 rows selected (31.041 seconds)
0: jdbc:hive2://bivm.ibm.com:10000>
```

图 18.56　数据压缩操作示例

从 Hive CLI 中输入如下命令，关闭这个会话的压缩。

hive> set hive. exec. compress. output＝false；

18.7.2　HiveQL——数据操作

截至目前，我们已学习了如何创建表，现在我们将学习如何得到这些表中的数据，以便于你可以进行某些查询。

1. 将数据装载到受管理的表中

由于 Hive 没有行级的插入、更新和删除操作，因此将数据放入表的唯一方法是使用加载操作(Load Operation)。或者可以把文件写入到正确的目录中。

例如：

hive>LOAD DATA LOCAL INPATH 'S{env：HOME}/californai-employees'

>OVERWRITE INTO TABLE employees

>PARTITION (country='US', state='CA')；

这个命令将创建分区目录，如果该分区目录尚不存在，那么将数据复制到其中。如果表未被分区，那么将不能使用 PARTITION 子句。

如果采用 LOCAL 关键字，则假定该路径位于本地文件系统中，数据将被复制到最终位置。如果省略 LOCAL，则路径被假定为分布式文件系统，在这种情况下，数据将从路径移动到最终位置。

如果使用 OVERWRITE 关键字，则该目录中已存在的任何数据都将首先被删除。如果没有这个关键字，那么新文件将被简单地添加到目标目录中。

如果表是分区表，则必须用 PARTITION 子句，并且必须为每个分区指定一个值。

使用 INPATH 时有一个限制，它不能包含任何目录。

2. 从查询中将数据插入到表中

INSERT 语句让我们从查询中将数据装载到表中。例如，假设有一个分期表 staged_employees，该表来自于我们将要把数据装载到的主表 employees，可以使用以下语句来实现：

hive>INSERT OVERWRITE TABLE employees

>PARTITION(country='US', state='OR')

>SELECT * ROM staged_employees a

>where a. count='US' and a. stat='OR'

使用 OVERWRITE，表/分区中以前的任何内容都将被替换。如果要将新数据附加到已有的数据中，请使用 INTO 来代替 OVERWIRITE。

假设 staged_employees 是非常大的表，并且拥有 50 个不同州的数据。为了覆盖所有的州，必须对上述语句执行 50 次，意味着 Hive 必须对 staged_employees 扫描 50 次。为了实现这个要求，Hive 提供了一种替代 INSERT 的语法，仅扫描一次输入数据，并以多种方式对其进行分割，方法如下：

```
hive>FROM staged_employees a
    >INSERT OVERWRITE TABLE employees
    >PARTITION(country='US', state='OR')
    >SELECT * WHERE a. count='US' and a. stat='OR'
    >INSERT OVERWRITE TABLE employees
    >PARTITION(country='US', state='IL')
    >SELECT * WHERE a. count='US', state='IL')
    >INSERT OVERWRITE TABLE employees
    >PARTITION(country='US', state='CA')
    >SELECT * WHERE a. count='US' and a. stat='CA'
```

在上面的例子中，将 3 个不同州的记录插入到了 employees 表。使用这个结果，来自源表的一些记录可以被写入到目标表的多个分区中。

如果一个记录满足给定的 SELECT... WHERE... 语句，该记录将被写入到指定的表和分区。每个 INSERT 子句可以插入到不同的表中，其中的一些表可以被分区，而另一些则不可以。

我们还可以混合使用 INSERT OVERWRITE 以及 INSERT INTO 子句。

3. 动态分区插入

PARTITION 语法有一个缺点，我们到目前为止一直在使用静态分区，如果有很多分区要创建，那么必须编写大量的 SQL 语句。为了克服这个缺点，Hive 支持动态分区 (Dynamic Partition)功能，可以根据查询分区来推断要创建的分区。例如：

```
hive>INSERT OVERWRITE TABLE employees
    >PARTITION(country, state)
    >SELECT ......, a. count, a. stat
    >FROM staged_employees a;
```

Hive 根据 SELECT 子句的最后两列确定分区键的 country 和 state 的值。假设 staged_employees 有 100 个 country 和 state 对数据，运行这个查询后，employees 表将会有 100 个分区。

我们还可以使用混合动态与静态分区，例如：

```
hive>INSERT OVERWRITE TABLE employees
    >PARTITION(country='US', state)
    >SELECT......, a. count. a. stat
    >FROM staged_employees a where a. count='US';
```

注意: 静态分区必须位于动态分区键之前。

动态分区在默认的情况下是不启用的,当启用时,默认情况下工作在 strict 模式中。描述与动态分区关联的属性如表 18.7 所示。

表 18.7 与动态分区相关联的属性描述

名　　称	默认值	描　　述
Hive. exec. dynamic. partition	false	设置为 true,启用动态分区
Hive. exec. dynamic. partition. mode	strict	设置为 nonstrict,动态地决定启用所有分区
Hive. exec. max. dynamic. partitions. pernode	100	可由 Mapper 或 Reducer 创建的最大分区数量,如果某个 Mapper 或 Reducer 试图创建多于这个门限的分区,则会产生致命错误
Hive. exec. max. dynamic. partitions	1000	由语句以动态分区的方式所创建的分区总数,如果超过这个极限将导致致命的错误
Hive. exec. max. created. files	100 000	创建的全局性的最大文件总数。Hadoop 计数器跟踪所创建的文件数量,如果超出这个极限将会导致致命的错误

4. 在一个查询中创建和加载表

我们还可以创建一个表,并在单个语句中插入查询结果。例如:

```
hive>CREATE TABLE ca_employees
    >AS SELECT name, salary, address FROM employees
    >WHERES state='CA'
```

新表 ca_employees 将仅包含姓名、薪水和地址,这些数据来自于 employees 表,其中 state 为 CA。新表的模式来自于 SELECT 子句。

使用这个功能将从较大的以及较宽泛的数据集中提取有用的数据子集。

注意: 这个功能不能用于外部表。Populating(填充)外部表的分区是用 ALTER TABLE语句完成的,这里我们不是"装载"数据,而是将元数据指向可以找到数据的位置。

5. 导出数据

如果数据文件已经以我们想要的方式进行了格式化,那么用下述命令就可简单地拷贝文件目录:

```
hadoop fs - cp sourec_pathtraget_path;
```

否则,可以使用 INSERT… DIRECTORY,代码如下:

```
hive>INSERT OVERWRITE LOCAL DIRECTORY '/tmp/ca/employees'
    >SELECT name, salary, address FROM employees
    >WHERE state='CA';
```

根据调用 reducer 的数量，一个或多个文件将会被写入到/tem/ca/employees 目录中。

正如将数据插入表中一样，我们可以指定多个插入到目录，例如：

```
hive>FROM staged_employees a
    >INSERT OVERWRITE LOCAL DIRECTORY '/tmp/ca/employees'
    >SELECT OVERWRITE LOCAL DIRECTORY 'US'
    >INSERT OVERWRITE LOCAL DIRECTORY '/tmp/is/employees'
    >SELECT * WHERE a.state='IL' and a.country='US'
    >INSERT OVERWRITE LOCAL DIRECTORY '/tmp/or/employees
    >SELECT * WHERE a.state='OR' and a.country='US';
```

18.7.3　查询

要引用 STRUCT，可以使用"点(Dot)"符号，类似于 table_alias.column，代码如下：

```
hive>SELECT name, address.city FROM employees;
    John Doe      Chicago
    Mary Smith    Chicago
    Todd Jones    Oak Park
    Bill King     Obscuria
```

1. 避免使用 MapReduce

Hive 可在本地模式下实现某种查询而不需要使用 MapReduce，例如：

```
hive>Select * from employees;
```

在这种情况下，Hive 将读取所有 employees 的记录并将格式化的输出转存到控制台，因此不会启动 MapReduce 作业。

这种情形适用于只对整个分区键进行过滤的 WHERE 子句或不带 LIMIT 的子句。

如果属性 hive.exec.local.aut 被设置为 true，那么 Hive 将以本地模式(Local Mode)尝试运行其他操作；否则，Hive 将使用 MapReduce 来运行其他查询。

2. 联合优化

Hive 假定查询中的最后一个表是最大的表，因此它试图首先缓存其他表，然后处理最后一个表，同时在单个记录上执行联合。因此，你应该构建你的联合，使得最大的表成为最后一个表。

例如，考虑以下查询：

```
hive>SELECT s.ymd, s.symbol, s.proce_close, d.dividend
    >FROM stocks s JOIN dividends d ON s.ymd=d.ymd AND s.symbol=d.symbol
    >WHERE s.symbol='AAPL';
```

假设 dividends 表是较小的表，我们可以通过将 stocks 表作为查询中的最后一个表来进行优化查询：

```
hive>SELECT s.ymd, s.symbol, s.proce_close, d.dividend
    >FROM dividends d JOIN stocks s ON s.ymd=d.ymd AND s.symbol=d.symbol
    >WHERE s.symbol='AAPL';
```

不必总把最大的表放在最后，相反，Hive 提供了"提示"机制来告诉查询，那个表应被流入以进行优化：

```
hive>SELECT/ * +STREAMTABLE(s) * /s. ymd, s. symbol, s. price_close, d. dividend
      FROM socks a JOIN dividends d ON s. ymd=d. ymd AMD s. symbol=d. symbol
      WHERE s. symbol='AAPL';
```

现在，Hive 将处理 stocks 表，尽管它不是查询中的最后一个表。

3. Map 侧联合

如果除了一个表外，其他的表都很小，那么最大的表可以流入 Mapper，而将小型表缓存到内存。Hive 可以完成 Map 侧的联合，因为它可以查找可能所有与内存中相匹配的表，从而消除了更为常见情况下所需的 Reduce 步。这样做将减少所需的 Map 步数量。

在 Hive0.7 版本前，有必要在查询中添加提示以此来启用优化。该提示依然在运行，但现在已放弃了使用 Hive0.7 版本。

现在可以在 Hive 试图优化前，将属性 hive. auto. convert. join 设置为 true。默认情况下它被设置为 false。

```
hive>hive. auto. convert. join=true;
hive>Select s. ymd, s. symbol, s. price_close, d. dividend
    >FROM stocks s JOIN dividends d ON s. ymd=d. ymd AND s. symbol=d. symbol
    >WHERE s. symbol='AAPL';
```

注意：还可以对认为是足够小的表文件设置阈值的大小，以便用来进行优化。该属性默认的定义是字节，其大小为：

```
hive. mapjoin. smalltable. filesize=25000000
```

注意：Hive 不支持对右以及全外部联合的优化。

4. ORDER BY 和 SORT BY

ORDER BY 执行查询结果集的总排序。这意味着所有数据都要通过单个的 Reducer，可能需要很长时间来执行更大的数据集。

SORT BY 对每个 Reducer 中的数据排序，因此执行本地排序，其中每个 Reducer 的输出将被排序。较好的性能是对总排序进行折中。

以下是一个使用 ORDER BY 的例子：

```
hive>SELECT s. ymd, s. symbol, s. price_close
    >FROM stocks s
    >ORDER BY s. ymd ASC, s. symbol DESC;
Here is the same example using SORT BY：
    >FROM stocks s
    >SORT BY s. ymd ASC. s. symbol DESC;
```

这两个查询看起来是相同的，但如果调用多个 Reducer，则输出将以不同的方式排序。虽然每个 Reducer 的输出都将被排序，但数据将可能与其他 Reducer 的输出相重叠。

由于 ORDER BY 可以导致运行时间过长，因此如果将 hive. mapred. mode 设置为 strict，则 Hive 将要求 LIMIT 子句采用 ORDER BY，在默认情况下，该属性被设置为 nonstrict。示例如下：

假设 employee 表由名为 Id、Name、Salary、Designation 和 Dept 的字段组成，如图 18.57 所示。生成一个查询来检索 Id 为 1205 的员工的详细信息。

```
+------+-------------+----------+---------------------+--------+
| Id   | Name        | Salary   | Designation         | Dept   |
+------+-------------+----------+---------------------+--------+
|1201  | Gopal       | 45000    | Technical manager   | TP     |
|1202  | Manisha     | 45000    | Proofreader         | PR     |
|1203  | Masthanvali | 40000    | Technical writer    | TP     |
|1204  | Krian       | 40000    | Hr Admin            | HR     |
|1205  | Kranthi     | 30000    | Op Admin            | Admin  |
+------+-------------+----------+---------------------+--------+
```

图 18.57　员工的详细信息列表

使用上述表来执行对员工详细信息的检索，查询如下：

hive＞SELECT ＊ FROM employee WHERE Id＝1205；

在执行成功的查询上，将看到响应信息如图 18.58 所示。

```
+------+-----------+----------+---------------------+--------+
| ID   | Name      | Salary   | Designation         | Dept   |
+------+-----------+----------+---------------------+--------+
|1205  | Kranthi   | 30000    | Op Admin            | Admin  |
+------+-----------+----------+---------------------+--------+
```

图 18.58　查询成功的响应信息

以下查询执行的是检索薪水在 40000Rs 及以上员工的详细信息，查询如下：

hive＞SELECT ＊ FROM employee WHERE Salary＞＝40000；

在执行成功的查询上，将看到响应信息如图 18.59 所示。

```
+------+-------------+----------+---------------------+--------+
| ID   | Name        | Salary   | Designation         | Dept   |
+------+-------------+----------+---------------------+--------+
|1201  | Gopal       | 45000    | Technical manager   | TP     |
|1202  | Manisha     | 45000    | Proofreader         | PR     |
|1203  | Masthanvali | 40000    | Technical writer    | TP     |
|1204  | Krian       | 40000    | Hr Admin            | HR     |
+------+-------------+----------+---------------------+--------+
```

图 18.59　查询成功的响应信息

5. 算术运算符

算术运算符支持操作数上的各种常见的算术运算，它们返回的是数值类型。表 18.8 描述了 Hive 中的算术运算符。

表 18.8　算术运算符汇总表

运算符	操作数	描述
A＋B	均为数值型	给出 A 加 B 的结果
A－B	均为数值型	给出 A 减 B 的结果
A＊B	均为数值型	给出 A 乘 B 的结果
A/B	均为数值型	给出 A 除 B 的结果
A％B	均为数值型	给出 A 除 B 的后余数结果
A&B	均为数值型	给出 A 与 B 按位与的结果
A｜B	均为数值型	给出 A 与 B 按位或的结果
A^B	均为数值型	给出 A 与 B 按位异或的结果
~A	均为数值型	给出 A 的按位非的结果

6. 逻辑运算符

逻辑运算符为逻辑表达式，所有返回结果为 True 或者为 False。表 18.9 描述了 Hive 中的逻辑运算符。

表 18.9　逻辑运算符汇总表

运算符	操作数	描述
A AND B	Boolean(布尔型)	如果 A 和 B 均为 True 则为 True；否则为 False
A&&B	Boolean(布尔型)	与 A AND B 相同
A OR B	Boolean(布尔型)	若 A 或 B 为 True 或两者都为 True 则返回 True；否则返回 False
A｜｜B	Boolean(布尔型)	与 A OR B 相同
NOT A	Boolean(布尔型)	若 A 为 False 则返回 True；否则返回 False
!A	Boolean(布尔型)	与 NOT A 相同

7. 复杂运算符

表 18.10 为这些复杂运算符提供了一个访问复杂类型元素的表达式。

表 18.10　访问复杂类型元素的表达式汇总表

运算符	操作数	描述
A[n]	A 是一个数组，n 是整数	返回数组 A 中的第 n 个元素。第一个元素的索引为 0
M[key]	M 是一个 Map<K，V>，key 具有类型 K	返回 map 中对应于 key 的值
S. x	S 是一个结构	返回 S 的 x 字段

18.7.4　Hive 的内置函数

本节将介绍 Hive 中的内置函数。除了其用法外，这些函数与 SQL 函数非常相似。
Hive 的内置函数如表 18.11 所示。

表 18.11　Hive 支持的内置函数汇总表

返回类型	符　　号	描　　述
BIGINT	round(double a)	返回双精度的四舍五入的 BIGINT 类型的值
BIGINT	Floor(double a)	返回最大 BIGINT 值，该值等于或小于双精度值 a
BIGINT	ceil(double a)	返回最小 BIGINT 值，该值等于或大于双精度值 a
double	Rand()，rand(int seed)	返回一个随行变化的随机数
string	concat(string A, string B, …)	返回 A 之后连接 B 所得到的字符串
string	substr(string A，int start)	返回从开始位置到字符串结束的 A 的子字符串
string	substr(string A，int start, int length)	返回从 start 位置开始，长度为给定的 length 的 A 的子字符串
string	upper(string A)	返回字符串，将 A 中的所有字符转换为大写
string	ucase(string A)	与上述 upper(string A)相同
string	lower(string A)	返回字符串，将 A 中的所有字符转换为小写
string	lease(string A)	与上述 lower(string A)相同
string	trim(string A)	返回去掉 A 两端空格的字符串
string	ltrim(string A)	返回去掉 A 的开始端(左侧)空格的字符串
string	rtrim(string A)	返回去掉 A 的末端(右侧)空格的字符串
string	regexp _ replace (string A, string B, string C)	返回将 B 中与 Java 正则语法匹配的所有子字符串替换为 C
int	size(Map<K, V>)	返回 map 类型中的元素个数
int	size(Array<T>)	返回数组类型中的元素个数
<type>的值	cast(<exp>as<type>)	将表达式 expr 的结果转换为<type>，例如 cast('1' as BIGINT)，将字符串'1'转换为整数表达。如果转换不成功，则返回 NULL
string	from_unixtime(int unixtime)	将 Unix 纪元(1970 - 01 - 01 00：00：00 UTC)的秒转换为表示当前系统时区中该时刻的时间戳字符串，格式为 1970 - 01 - 01 00：00：00
string	to_date(string timestamp)	返回日期部分的时间戳字符串：to_date("1970 - 01 - 01 00：00：00")="1970 - 01 - 01"

返回类型	符　号	描　述
int	year(string date)	返回年部分的时间戳字符串：year("1970 - 01 - 01 00：00：00")＝1970，year("1970 - 01 - 01")＝1970
int	month(string date)	返回月部分的时间戳字符串：month("1970 - 11 - 01 00：00：00")＝11，month("1970 - 11 - 01")＝11
int	day(string date)	返回日部分的时间戳字符串：month("1970 - 11 - 01 00：00：00")＝1，month("1970 - 11 - 01")＝1
string	get_json_object(string json_string, string path)	从基于指定的 json 路径的 json 字符串中提取 json 对象，并返回提取的 json 对象的 json 字符串。如果输入的 json 字符串无效，则返回 NULL

表 18.12 给出了 Hive 支持的内置统计函数，这些函数的用法与 SQL 的汇总函数相同。

表 18.12　Hive 支持的内置统计函数汇总表

返回类型	符　号	描　述
BIGINT	count(＊)，count(expr)	返回检索行的总行数
double	sum(col)，sum(DISTINCT col)	返回组中元素的总和或组中列的不同值的总和
double	avg(col) avg(DISTINCT col)	返回组中元素的平均值或组中列的不同值的平均值
double	min(col)	返回组中列的最小值
double	max(col)	返回组中列的最大值

小　　结

本章首先介绍了 Hive 的概念与发展历程，介绍了 Hive 架构与工作流、数据模型、构件及数据文件格式、数据文件格式。其次介绍了用 Hive 访问 Hadoop 数据，使用 Hive 中的数据库，Hive 中的表、分区，Hive 运算符和函数。

Hive 是 Hadoop 数据仓库，Hive 支持类似于 SQL 的声明性语言 HiveQL 所表达的查询。这些语言被编译进用 Hadoop 执行的 MapReduce 作业。Hive 具有将模式存储在数据库中，提供 SQL 类型的查询语言及可扩展的特点。

Hive 的架构由 User Interface(用户界面)、Meta Store(元存储)、HiveQL Process Engine(HiveQL 进程引擎)、Execution Engine(执行引擎)和 HDFS 或 HBASE 构成。Hive 与 Hadoop 间是通过工作流进行交互的。

Hive 数据模型包含数据库(Databases)、表(Tables)、分区(Partitions)和储桶或聚类(Buckets 或 Clusters)这些组件。

Hive 数据文件格式主要有 RCFile 和 ORCFile，这些格式可以有效地提升 Hadoop 中的数据存储和访问关系数据的性能。

思考与练习题

18.1 Hive 在 Hadoop 中的功能是什么？有何特点？

18.2 试简述 Hive 的架构。

18.3 试简述 Hive 与 Hadoop 间的工作流。

18.4 Hive 数据模型包含那些组件？

18.5 Hive 主要有哪些构件及数据文件格式？

18.6 Hive 数据文件格式有哪些？它们有何特点？

18.7 从交互性的 Hive 会话中运行 SHOW DATABASES 语句，可以看到哪些数据库？

18.8 在 Hive 中创建一个数据库，请给出结果的界面截图。

18.9 对题 18.8 所创建的数据库进行操作验证，请给出结果的界面截图。

18.10 验证 18.5 节中的 Hive 主要运算符和函数，请给出结果的界面截图。

18.11 验证 18.6.3 节中导出数据过程，请给出结果的界面截图。

第 19 章　Pig——高级编程环境

19.1　概　　述

在 MapReduce 框架中，程序需要被转换为一系列的 Map 和 Reduce。可是，这不是数据分析者熟悉的编程模式。因此，为了在这个鸿沟上搭建一座桥梁，建筑在 Hadoop 之上、被称为 Pig(猪)的抽象应运而生。

Pig 是一种高级编程语言，用于分析大型数据集。Pig 是 Yahooh 公司研发的结果。Apache Pig 通过在 MapReduce 上创建一个较简单的过程化语言抽象改变了这一点，它为 Hadoop 应用程序公开了一个更类似于结构化查询语言(Structured Query Language, SQL)的接口。因此，不必编写单独的 MapReduce 应用程序，而是可以在 Pig Latin 上编写一个脚本，该脚本将在整个集群中自动地并行化处理并自动地进行发布。Pig 使得人们更多地关注批数据集的分析，并花费较少的时间来编写 MapReduce 程序。

Pig 由两个组件构成：

(1) Pig Latin：编程语言；

(2) 运行环境：用来运行 Pig Latin 程序。

Pig Latin 程序由一系列的操作或变换组成，这些操作或变换应用于输入的数据以此产生输出。这些操作描述了由 Pig 执行环境将数据流转换成可执行的表达。在系统内部，这些转换的结果是程序员不知道的一系列 MapReduce 作业。所以，从某种意义上来说，Pig 允许程序员专注于数据而不是执行的属性。

Pig Latin 是一种相对僵硬的语言，它使用数据处理中熟悉的关键字，如 Join、Group 和 Filter。Pig 有两个执行模式：

(1) 本地模式。在该模式中，Pig 运行在单个的 JVM 上并使用本地文件系统，这个模式仅适用于用 Pig 分析小数据集。

(2) MapReduce 模式。在此模式下，以 Pig Latin 编写的查询被转换为 MapReduce 作业，并在 Hadoop 集群(集群可能是伪分布式或完全分布式)上运行。具有完全分布式集群的 MapReduce 模式用于运行较大规模的数据集。

Pig 可以处理任何格式的数据。一些常见的格式，如制表分隔符文件，通过内置功能得到支撑。用户可以通过编写将文件的字节解析为 Pig 数据模型中的对象的函数，来增加对文件格式的支持。

除了元组(也可以是记录或行)可进行嵌套外，Pig 的数据模型与关系数据模型类似。在 Pig 中，表被称为袋子(Bag)。Pig 也有一个 Map 数据类型，这对于表示半结构数据(如 JSON 或 XML)非常有用。

Pig 还具有如下性能：

（1）多个数据集的组合。通过诸如 join、union 或 cogroup 等操作，Pig 可以组合多个数据集。

（2）分割数据集。使用名为 split 的操作，Pig 可将单个数据分割为多个数据集。

（3）半结构化数据。Pig 支持键/值对 Maps 数据类型。其中，检索与给定的键相关联的值是一个高效的操作。Map 为表示半结构化的数据提供了一个便捷方式，其中非空字段的集合因记录不同而不同。在处理 JSON、XML 以及稀疏关系数据（即具有很多空值的表）时，Map 是非常有用的。

Pig Latin 将 Java MapReduce 编程语言抽象为进行 MapReduce 高级编程符号，类似于关系数据库管理系统的 SQL。Pig Latin 可以使用用户定义函数（User Defined Function，UDF）进行扩展，用户可以用 Java、Python、JavaScrip、Ruby 语言或 Groovy 编写 UDF，然后直接从语言中调用 UDF。

与 SQL 相比，Pig 具有以下性能：

（1）用于懒惰评估。

（2）用于提取、转换、载入。

（3）可以将数据存储在管线中的任何点上。

（4）支持管线分割，允许工作流沿着有向图进行分割，而不是在严格的顺序管线上进行分割。

Pig Latin 是程序性的、非常自然地适应于管线编程范式，而 SQL 则是声明性的。Pig Latin 编程类似于指定查询执行计划，使程序员更容易明确地控制数据处理的流程任务。

SQL 是面向产生单个查询结果的。SQL 自然地处理树，但没有内在的机制来分割数据以进行流处理，且不能应用不同的运算符来处理每个子流。Pig Latin 在管线中的任何点都有包含用户代码的能力，这对于管线的开发非常有用。如果使用 SQL，则必须先将数据导入数据库，然后才能开始清洗和转换处理。

有几个更高级的编程接口，如 Pig 和 Hive，以此在 MapReduce 之上建立并行的应用程序。表 19.1 给出 Pig 与 MapReduce 的比较。

表 19.1　Pig 与 MapReduce 的比较

MapReduce	Pig
低级、粗糙，导致大量的用户代码难以维护和重用	高级编程
编写 Mapper 和 Reducers 的研发周期非常长，编译和打包代码、提交作业以及检索结果是耗时的过程	在 Pig 中，不需要编译或打包代码，Pig 运算符将在内部被转换为 Map 或 Reduce 任务
要从大数据集中提取小段数据，使用 MapReduce 是非常好的方法	Pig 不适合大数据集中的小段数据，因为它是为扫描整个数据集或至少其中的大部分而建立的
不易扩展，需要从头开始编写函数	相较于为库而编写 MapReduce 程序，UDF 更注重程序的可重用性
当需要深度和细粒度地控制数据处理时，我们需要 MapReduce	有时，对于我们表达确实所需的 Pig 和 Hive 查询不太方便
执行数据集的连接非常困难	在 Pig 中实现连接非常简单

19.2　Pig 编程语言

19.2.1　Pig 编程步骤

通过运行以下命令解压 Pig 发布版本，我们将它称为 PIG_HOME。

>tarxvf pig-0.10.0.tar.gz

将目录转换到 PIG_HOME，并运行 Pig 命令，启动 Grunt Shell。

>cd PIG_HOME

>bin/pig --help

>bin/pig-x local

grunt>

以上称为 Grunt Shell，可以从 Grunt Shell 发出命令。

使用 Pig 编程语言需要经过装载、转换及转储等多个步骤，与编写 Mapper 和 Reducer 程序相比更加容易。

步骤 1　Pig 程序的第一步是装载我们要在 HDFS 上操作的数据。

步骤 2　通过一组转换运行数据，它将被转换为一组 Mapper 和 Reducer 任务。

步骤 3　将数据输出到屏幕或将结果以文件的方式存储到某处。

1. Load（装载）

与所用 Hadoop 功能一样，Hadoop 处理的对象存储在 HDFS 中。为了使 Pig 程序访问这些数据，程序必须首先告诉 Pig 它将使用什么文件，这是通过 LOAD ' data_file ' 命令完成的（其中' data_file ' 既可以指定 HDFS 文件，又可以指定目录）。如果数据以 Pig 本身不可访问的文件格式存储，则可以选择将 USING 函数添加到 LOAD 语句中，以指定可以读入和解释数据的用户自定义函数。

2. Transform（转换）

转换的逻辑是所有数据将会发生操作。在此，可以执行 FILTER，以过滤出不感兴趣的行；可以执行 JOIN，以连接两组数据文件；可以执行 GROUP，来分组数据构建聚合；或执行 ORDER，对结果进行排序等操作。

3. Dump（转储）与 Store（存储）

如果没有指定执行 Dump 或 Store 命令，那么 Pig 程序就不会产生结果。当在调试 Pig 程序时，我们通常使用 Dump 命令将输出发送到屏幕。当需要对数据进行操作时，只需将 Dump 调用改为 Store 调用，以便于程序运行的任何结果存储到文件中，供进一步处理或分析。注意，可以在程序中的任何地方使用 Dump 命令将中间结果转储到屏幕，这对调试非常有用。

19.2.2　Pig Latin

Pig Latin 具有内置的关系类型的操作，如 FILTER、PROJECT、GROUP 和 JOIN 等。

Pig Latin 还拥有一个 Map 操作，该操作应用用户自定义函数来处理数据集中的每个元素。在 Pig Latin 中，Map 操作被称为 FOREACH。

用户可以将自己拥有的用户代码合并到 Pig Latin 任何实质的操作中。

Pig Latin 是相对简单的执行语言。语句是一个操作，获得输入(如一个包(Bag)，它代表一组元组)，并发出另一个包作为输出。一个包是一个关系，与表类似，可以在关系数据中被发现(其中元组表示行，个别元组由字段构成)。

例如，log_sample 是一个元组的 Bag，有两个基本的 Pig Latin 数据类型。简要地说：

(1) 1227714 是一个字段。

(2) (1227714, 2012-09-30：22：56：03, 6, , 39451, 6,)是一个元组，一个有序的字段集合。

(3) {(1227714, 2012-09-30：22：56：03, 6, , 39451, 6,), (1070227, 2012-09-30：19：09：32, 8, ...)}是一个包(Bag)，一个元组的集合。

注意：关系和字段的名字(别名)是区分大小写的。Pig Latin 函数的名字是区分大小的。参数名字和所有其他的 Pig Latin 的关键字也是区分大小写的。关键字 LOAD、USING、AS、GROUP、BY、FOREACH、GENERATE 和 DUMP 不区分大小写，它们还可被写为 load、using、as、group、by 等。

19.2.3　特殊数据类型

1. Identifiers(标识符)

标识符包括关系、字段、变量等的名字(别名)。在 Pig 中，标识符以字母开始，随后为任意个字母、数字或下划线。

合法的标识符：

　　A

　　A123

　　Abc_123_BeX_

非法的标识符：

　　_A123

　　abc_ $

　　A! B

2. 关系、包(Bag)、元组和字段

Pig Latin 语句与关系一起工作。关系可以定义如下：

(1) 关系是一个包(更具体地说，是一个外部包)。

(2) 一个包是元组的集合。

(3) 元组是一组有序的字段。

(4) 字段是一块数据。

Pig 的关系是一个元组包。Pig 的关系类似于关系数据库中的表，其包中的元组对应于表的行。然而，与关系表不同，Pig 的关系不要求每个元组都要包含相同数量的字段，或相同位置(列)中的字段具有相同的数据类型。

关系是无序的，这意味着不能保证元组按照任何特定的顺序进行处理。此外，处理可以是并行的，在这种情况下，元组不会按照任何总排序被处理。

3. 关系引用

关系是通过名字（别名）引用的。名字由 Pig Latin 语句进行分配。在下述这个例子中，关系的名字（别名）为 A。

A = LOAD 'student' USING PigStorage() AS (name：chararray，age：int，gpa：float)；

DUMP A；

(Jay，18，4. OF)

(Mary，19，3. 8F)

(Amit，20，3. 9F)

(Jayesh，18，3. 8F)

A = LOAD 'student' USING PigStorage() AS (name：chararray，age：int，gpa：float)；

B = A；

DUMP B；

另外，可以将一个别名分配给另一个别名，新的别名可以用来代替原来的别名来引用原来的关系。

4. 引用字段

字段可以由位置标记或名字（别名）来引用。

（1）位置标记由系统生成。位置标记用美元符（$）表示，开始位置为0，例如 $0、$1、$2 等。

（2）名字由所用的模式（Schema）分配（或者，在 GROUP 或一些函数中，名字由系统分配），可以使用不是 Pig 的关键字的任何名字。

在上述关系 A 中，我们分离出三个字段，如表 19.2 所示。

表 19.2 所分离出三个字段的汇总列表

名　　称	第一个字段	第二个字段	第三个字段
数据类型	chararray	int	float
位置标记（由系统生成）	$0	$1	$2
可能的名字（由你使用模式分配）	name	age	gpa
字段值（第一个元组）	Jay	18	4.0

当对字段指定名字时（使用 AS 模式的子句），仍然可以使用位置标记来引用字段。但是，为了调试方便，便于理解，最好使用字段名字。例如：

A = LOAD 'student' USING PigStorage() AS (name：chararray，age：int，gpa：float)；

X = FOREACH A GENERATE name，$2；

DUMP X；

(Jay，18，4. OF)

(Mary，19，3. 8F)

　　(Amit，20，3.9F)

　　(Jayesh，18，3.8F)

　　在下面的代码中，由于请求的列(＄3)是在声明的模式之外(位置标记以＄0开始)，因此将产生一个错误。请注意，错误是在声明执行前捕获的。

```
A = LOAD 'data' AS (f1：int, f2：int, f3：int);
B = FOREACH A GENERATE ＄3;
DUMP B;
2009-01-21 23：03：46，715 [main] ERROR org. apache. pig. tools. grunt. GruntParser -
Java. io. IOException：
Out of bound access. Trying to access non-existent ：3. Schema {f1：bytearray,
f2：bytearray, f3：bytearray} has 3 column(s).
etc ...
```

　　正如我们注意到的那样，元组中的字段可以是任何数据类型，包括复杂数据类型。字段引用的复杂数据类型为包(Bag)、元组(Tuple)和 Map。

　　(1) 使用复杂数据类型的模式对复杂数据类型的字段进行命名。

　　(2) 使用取消引用的运算符来引用和处理复杂数据类型的字段。

　　在下面的代码中，复杂数据类型的模式(本例为元组)被用来装载数据。我们取消引用的运算符(t1.t1a 和 t2.＄0 中的"."(点))用来访问元组中的字段。请注意，当对字段分配了名字时，仍然可以用位置标记引用这些字段。

```
cat data;
(3, 8, 9) (4, 5, 6)
(1, 4, 7) (3, 7, 5)
(2, 5, 8) (9, 5, 8)
A = LOAD 'data' AS (ti：tuple(t1a：int, t1b：int, t1c：int), t2：tuple(t2a：int, t2b：int, t2c：
int));
DUMP A;
((3, 8, 9), (4, 5, 6))
((1, 4, 7), (3, 7, 5))
((2, 5, 8), (9, 5, 8))
X = FOREACH A GENERATE t1.t1a, t2.＄0;
DUMP X;
(3, 4)
(1, 3)
(2, 9)
```

19.2.4　数据类型

1. 简单与复杂的数据类型

表 19.3 为简单与复杂数据类型的汇总。

　　使用模式将类型分配给字段，如果不指定类型，字段被默认为 bytearray 类型，应用到数据上的隐式转换将取决于所使用数据的上下文环境。例如(参见以下代码)，在关系 B 中，

f1 被转换为整数，因为 5 是整数。在关系 C 中，f1 和 f2 被转换为双精度，因为我们既不知道 f1 的类型也不知道 f2 的类型。

表 19.3　简单与复杂数据类型的汇总

简单类型	描　　述	示　　例
int	有符号的 32 位整数	10
long	有符号的 64 位整数	数据：10L 或 10l；显示 10L
float	32 位浮点数	数据：10.5F 或 10.5f 或 10.5e2f 或 10.5E2F；显示：10.5 或 10.500
double	64 位浮点数	数据：10.5 或 10.5e2 或 10.5E2；显示：10.5 或 10.50
chararray	Unicode UTF-8 格式的字符数组（字符串）	hello world
bytearray	字节数组	
boolean	布尔	true/false(不区分大小写)
复杂类型	描述	示例
tuple	有序的字段集	(19, 2)
bag	元组集合	{(19, 2), (18, 1)}
map	键/值对集	[open♯apache]

A = LOAD 'data' AS (f1, f2, f3);

B = FOREACH A GENERATE f1 + 5;

C = FOREACH A generate f1 + f2;

如果一个模式被定义为一个装载语句的一部分，那么装载函数将试图强制该模式。如果数据不符合该模式，那么装载器将产生一个空值(Null Value)或一个错误。例如：

A = LOAD 'data' AS (name：chararray, age：int, gpa：float);

如果显式转换得不到支持，那么将发送一个错误。例如，不能将一个 chararray 转换为 int。

A = LOAD 'data' AS (name：chararray, age：int, gpa：float);

B=FOREACH A GENERATE (int)name;

This will cause an error...

在 Pig 中，如果通过隐式转换不能解决不兼容的问题，那么将会出现一个错误。例如，你不能将 chararray 与 float 相加。

A = LOAD 'data' AS (name：chararray, age：int, gpa：float);

B=FOREACH A GENERATE name + gpa;

This will cause an error...

所有的数据类型都有相应的模式。

2. 元组

一元组是一有序的字段集。

语法：

　　(field [, field...])

说明：

"( )"——元组被括号括起来。

"字段"——一块数据，字段可以是任何数据类型（包括元组（Tuple）和包（Bag））。

用法：可以把元组想象为具有一个或多个字段的行，其中每个字段可以是任何数据类型和任何字段或者没有数据。如果一个字段没有数据，则将会发生以下情况：

（1）在加载语句中，加载器将 Null 注入到元组中。这个替换为 Null 的实际值是加载器指定的，例如，PigStorage 将空的字段替换为 Null。

（2）在非加载语句中，如果所要求的字段从元组中丢失，Pig 则将注入 Null。

示例：元组包含三个字段：

　　(Jay, 18, 4.OF)

3. 包（Bag）

包（Bag）是元组的集合。

语法：内包（Inner Bag）的语法为

　　{ tuple [, tuple ...]}

说明：

"{ }"——一个内包被大括号括起来。

"tuple"——元组。

注意下述关于包的用法：

（1）包可以有重复的元组。

（2）包可以有由不同数目的字段组成的元组。然而，如果 Pig 试图访问一个不存在的字段，则会用 Null 值代替。

（3）包可以有由不同数据类型的字段组成的元组。但是，为了 Pig 有效地处理包，包内的这些元组的模式应该是相同的。例如，如果一半元组包括了 chararray 字段，另一半包含了 float 字段，则将只有一半元组参与任何类型的计算，因为 chararray 字段将被转换为 Null。

包有两种形式：外包（或关系）和内包。

示例：外包如下面的代码所示。现在，假设我们通过第一个字段对关系进行分组，形成关系 X。在该示例中，X 是一个关系或是一个元组的包，关系 X 中的元组拥有两个字段，第一个字段的类型是 int；第二个字段是 bag 类型，即可以认为这个包是一个内包。

```
X = GROUP A BY f1;
DUMP X;
(1,{(1,2,3)})
(4,{(4,2,1),(4,3,3)})
(8,{(8,3,4)})
```

19.3　Pig 基本应用的验证与练习

通过对 Pig 应用的学习与练习，我们将学到：① 从 Grunt Shell 上执行 Pig 语句；② 执行 Pig 脚本；③ 将参数传递给 Pig 脚本；④ 装载数据以便于在 Pig 内使用。

首先，用桌面上的图标启动 Hadoop 及其组件。打开命令行，右击桌面并选择 Open in Terminal。启动 Grunt Shell。进入 Pig bin 目录并启动 Shell，在本地模式下运行，其结果如图 19.1 所示。

```
cd $PIG_HOME/bin
./pig-x local
```

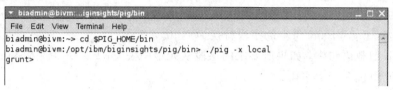

图 19.1　Pig 启动界面截图

其次，按下面的步骤进行验证：

步骤 1　从/home/biadmin/SampleData/books.csv 的逗号分隔值文件中读取数据，使用默认的 PigStorage( )装载器装入称为数据的关系。执行以下代码：

```
data = load '/home/biadmin/sampleData/books.csv';
```

步骤 2　首先访问每个元组中的第一个字段，然后将结果写入到控制台。我们将使用 foreach 运算符来完成这个工作。执行代码与结果如图 19.2 所示。

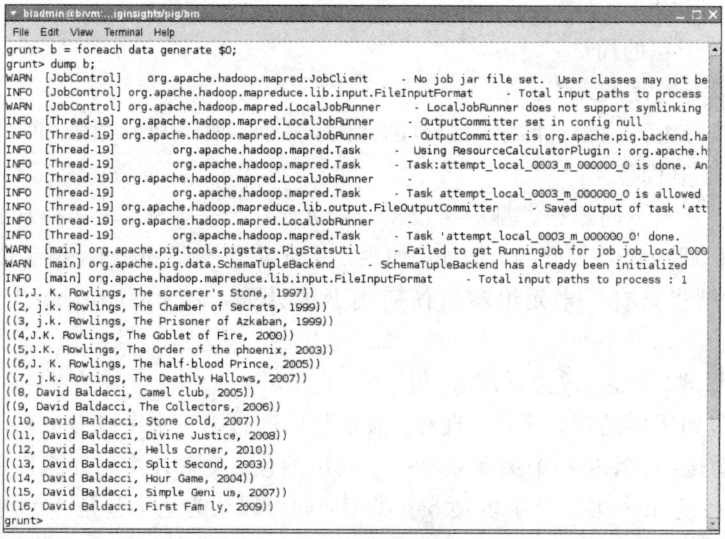

图 19.2　foreach 运算符应用示例

让我们来解释以上做了什么。对于 data 包的每个元组，访问了第一个字段($0，请记住，位置从零开始)，并将其投影到名为 f1 的字段上，该字段在关系中称为 b。

列出的数据在每一行上显示了一个元组，每个元组包含所有数据的字符串。这可能不是我们所期望的，因为每行都包含多个以逗号分隔的字段。

步骤 3　重读数据，指定逗号作为分隔符。解决上一步默认字段分隔符是制表符(\t)的问题，输入并执行下述代码，结果如图 19.3 所示。

```
data = load '/home/biadmin/sampleData/books.csv' using PigStorage(',');
```

b = foreach data generate $ 0；

　　dump b；

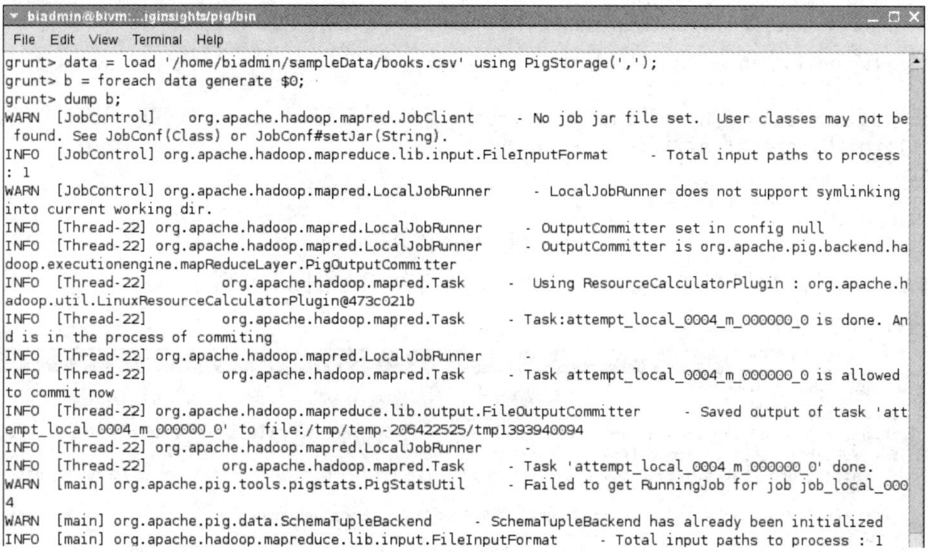

图 19.3　指定逗号作为分隔符的示例

注意：现在逗号分隔的字段变成了元组中的单个字段。同时第一个字段显示为数字。

步骤 4　使用 LOAD 运算符并指定模式。执行下面代码，其结果如图 19.4 所示。

data = load '/home/biadmin/sampleData/books. csv' using PigStorage(', ') as

(booknum：int, author：chararray, title：chararray, published：int)；

b = foreach data generate author, title；

dump b；

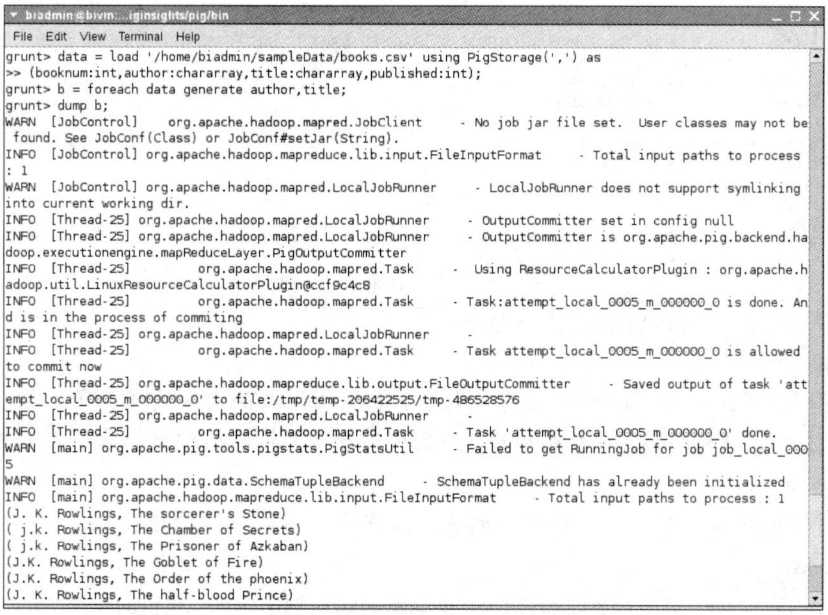

图 19.4　使用 LOAD 运算符并指定模式的示例

步骤 5　验证关系和字段这两者间的大小写。为了验证这一点，用以下模式重新读取 book 信息。执行下述代码，其结果如图 19.5 所示。

data = load '/home/biadmin/sampleData/books. csv' using PigStorage(', ') as

(f1：int,F1：chararray, f2：chararray,F2：int);

```
grunt> data = load '/home/biadmin/sampleData/books.csv' using PigStorage(',') as
>> (f1:int,F1:chararray,f2:chararray,F2:int);
grunt>
```

图 19.5　以指定模式读取信息的示例

步骤 6　转储数据文件。使用如下命令，执行结果如图 19.6 所示。

DUMPdata；

图 19.6　转储数据文件示例

步骤 7　终止 Grunt Shell。执行命令：

quit；

尽管用上/下光标键可以回看以前的命令，但当所回看的命令跨越两行时，就不能将光标移动到第一行。因此可以用脚本回看，因为可以拷贝、粘贴以前的命令。以下我们用脚本来验证 Pig 命令的应用。

步骤 1　创建一个包含 Pig 命令的脚本。打开另一个命令行并执行 gedit。

gedit&

步骤 2　将参数传递给 Pig 脚本。在 gedit 编辑区输入如下内容，执行的结果如图 19.7 所示。

dir= /home/biadmin/sampleData

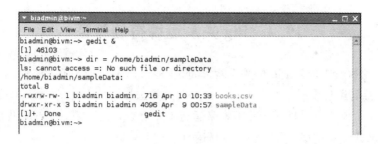

图 19.7　创建 Pig 命令脚本并将参数传递给 Pig 脚本的示例

步骤 3　将文件保存为/home/biadmin/
myparams，执行如图 19.8 所示的操作。

步骤 4　在 gedit 中，打开一个新的编辑窗口，输入 LOAD 命令，该命令将从叫做/home/biadmin/Samp；eData/Pig_bookreviews. json 的字段读取数据。正如文件的扩展名所示，这是一个 JSON 文件，要求使用 JsonLoader( )。

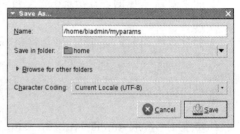

图 19.8　保存文件操作界面

步骤 5　用 $ dir 引用参数。输入以下内容：

　　　data ＝ load '$ dir/pig_bookreviews. json ' using

JsonLoader();

　　　dump data;

步骤 6　将作业保存到/home/biadmin/pig. script 中。在命令行，调用 Pig 脚本并传递参数文件。

　　　./pig -x local -param_file ～/myparams ～/pig. script

此时，应该有一个错误，该错误是说它没有找到模式文件。JsonLoader()要求一个模式，没有默认的模式。如果没有在 LOAD 语句中编写模式，那么函数将希望在数据文件的同一个目录中找到一个模式文件。

如果要查看 pig_bookreviews. json 文件中的数据格式，则可能会提供更多信息，这样可以看到模式如何匹配（注意，每个 JSON 记录在一个单行上）。执行以下代码：

　　　[{"author"："J. K. Rowlings", "title"："TheSorcerers Stone", "published"：1997,
　　　"reviews"：[{"name"："Mary", "stars"：5}, {"name"："Tom", "stars"：5}]},
　　　…
　　　[{"author"："DavidBaldacci", "title"："First Family", "published"：2009,
　　　"reviews"：[{"name"："Andrew", "stars"：4}, {"name"："Katie", "stars"：4}]},
　　　{"name"："Scott", "stars"：5}]}]

步骤 7　在 Pig 脚本上，对其进行修改，以便 JsonLoader()具有一个模式。

　　　data ＝ load '$ dir/pig_bookfreviews. json ' using

　　　JsonLoader('author：chararray, title：chararray, year：int, reviews：{review：(name：

　　　chararray, strs：int)}');

　　　dump data;

以上是 Pig 应用的基本步骤与技能。

19.4　Pig 关系运算符的验证

按下述步骤执行来验证 Pig 的关系运算符。如果 Hadoop 没有运行，使用桌面上的图标启动 Hadoop 及其组件。要进入命令行，右击桌面并选择 Open in Terminal。我们既可以选择从 Grunt Shell 也可以选择从 Pig 脚本来运行 Pig 命令，无论哪种情况，我们都需要变动到 Pig bin 目录并在本地模式下启动 Shell 运行。

　　　　cd ＄PIG_HOME/bin

如果要从本地的 Grunt Shell 运行，那么执行：

　　　　./pig -x local

如果要使用 pig.script，那么将执行脚本并通过下述代码传递目录参数：

　　　　./pig -x local -param_file ～/myparams ～/pig.script

可以使用 gedit 编辑 pig.script。请记住，在脚本中，在命令前使用两个减号(--)可以注释掉任何命令。

步骤 1　读取/home/labfiles/SampleData/books.csv 文件，过滤得到的关系，这样便只有 2002 年以前出版的那些书。在下面的 LOAD 运算符中，目录结构的参数得到了引用。如果在 Grunt Shell 上运行命令，那么应使用限定的目录路径来替代 ＄dir。

　　　　grunt＞a = load '/home/biadmin/sampleData/books.csv' using PigStorage(',') as

　　　　(bkun：int, author：chararray, title：chararray, pubyear：int)；

　　　　grunt＞dump a；

输入以下代码并按回车键，所得结果如图 19.9 所示。

　　　　b=filter a by pubyear＜2002；

　　　　dump b；

```
grunt> b = filter a by pubyear<2002;
grunt>  dump b;
WARN  [JobControl]    org.apache.hadoop.mapred.JobClient    - No job jar file s
et. User classes may not be found. See JobConf(Class) or JobConf#setJar(String)
INFO  [JobControl] org.apache.hadoop.mapreduce.lib.input.FileInputFormat    - T
otal input paths to process : 1
WARN  [JobControl] org.apache.hadoop.mapred.LocalJobRunner    - LocalJobRunner
does not support symlinking into current working dir.
INFO  [Thread-18] org.apache.hadoop.mapred.LocalJobRunner    - OutputCommitter
set in config null
INFO  [Thread-18] org.apache.hadoop.mapred.LocalJobRunner    - OutputCommitter
is org.apache.pig.backend.hadoop.executionengine.mapReduceLayer.PigOutputCommitt
er
INFO  [Thread-18]         org.apache.hadoop.mapred.Task    - Using ResourceCal
culatorPlugin : org.apache.hadoop.util.LinuxResourceCalculatorPlugin@e07a4248
INFO  [Thread-18]         org.apache.hadoop.mapred.Task    - Task:attempt_local
_0002_m_000000_0 is done. And is in the process of commiting
INFO  [Thread-18] org.apache.hadoop.mapred.LocalJobRunner    -
INFO  [Thread-18]         org.apache.hadoop.mapred.Task    - Task attempt_local
_0002_m_000000_0 is allowed to commit now
INFO  [Thread-18] org.apache.hadoop.mapreduce.lib.output.FileOutputCommitter
 - Saved output of task 'attempt_local_0002_m_000000_0' to file:/tmp/temp2119738
551/tmp2063250174
INFO  [Thread-18] org.apache.hadoop.mapred.LocalJobRunner    -
INFO  [Thread-18]         org.apache.hadoop.mapred.Task    - Task 'attempt_loca
l_0002_m_000000_0' done.
WARN  [main] org.apache.pig.tools.pigstats.PigStatsUtil    - Failed to get Runn
ingJob for job job_local_0002
WARN  [main] org.apache.pig.data.SchemaTupleBackend    - SchemaTupleBackend has
 already been initialized
INFO  [main] org.apache.hadoop.mapreduce.lib.input.FileInputFormat    - Total i
nput paths to process : 1
(1,J. K. Rowlings, The sorcerer's Stone,1997)
(2, j.k. Rowlings, The Chamber of Secrets,1999)
(3, j.k. Rowlings, The Prisoner of Azkaban,1999)
grunt>
```

图 19.9　使用 Filter 命令示例

在任何时候，如果想查看任何关系中的数据，那么只对那个关系编写 dump 代码即可。

步骤 2 得到 FILTER 的结果，并以 pubyear 对记录排降序，转储所得关系结果。执行下述代码：

```
c= order b by pubyear desc;
```

desc 将把结果以降序的方式列出，该结果如图 19.10 所示。

```
grunt> c = order b by pubyear desc;
grunt> dump c
WARN  [JobControl]  org.apache.hadoop.mapred.JobClient         - No job jar file set.  User classes may not be found. See JobConf(Class) or JobConf#setJar(String).
INFO  [JobControl]  org.apache.hadoop.mapreduce.lib.input.FileInputFormat  - Total input paths to process : 1
WARN  [JobControl]  org.apache.hadoop.mapred.LocalJobRunner    - LocalJobRunner does not support symlinking into current working dir.
INFO  [Thread-21]  org.apache.hadoop.mapred.LocalJobRunner     - OutputCommitter set in config null
INFO  [Thread-21]  org.apache.hadoop.mapred.LocalJobRunner     - OutputCommitter is org.apache.pig.backend.hadoop.executionengine.mapReduceLayer.PigOutputCommitter
INFO  [Thread-21]  org.apache.hadoop.mapred.Task              - Using ResourceCalculatorPlugin : org.apache.hadoop.util.LinuxResourceCalculatorPlugin@a3126c3d
INFO  [Thread-21]  org.apache.hadoop.mapred.Task              - Task:attempt_local_0003_m_000000_0 is done. And is in the process of commiting
INFO  [Thread-21]  org.apache.hadoop.mapred.LocalJobRunner     - 
INFO  [Thread-21]  org.apache.hadoop.mapred.Task              - Task attempt_local_0003_m_000000_0 is allowed to commit now
INFO  [Thread-21]  org.apache.hadoop.mapreduce.lib.output.FileOutputCommitter  - Saved output of task 'attempt_local_0003_m_000000_0' to file:/tmp/temp2119738551/tmp-503233925
INFO  [Thread-21]  org.apache.hadoop.mapred.LocalJobRunner     - 
INFO  [Thread-21]  org.apache.hadoop.mapred.Task              - Task 'attempt_local_0003_m_000000_0' done.
```

图 19.10 降序排列显示示例

步骤 3 得到存储的关系并以 pubyear 对其进行分组。执行下面代码：

```
d = group c by pubyear;
```

步骤 4 查看结果列表。执行下面代码，其结果如图 19.11 所示。

```
dump d;
```

```
INFO  [main] org.apache.hadoop.mapreduce.lib.input.FileInputFormat    - Total input paths to process : 1
(1997,{(1,J. K. Rowlings, The sorcerer's Stone,1997)})
(1999,{(2, j.k. Rowlings, The Chamber of Secrets,1999),(3, j.k. Rowlings, The Prisoner of Azkaban,1999)})
grunt>
```

图 19.11 分组操作示例

对于那些出版了两本书的年份，内包中包含了两个元组。

步骤 5 投影。以 LOAD 运算符的结果为关系，创建只有作者和书籍的元组。执行下述代码：

```
e= foreach a generate author, title;
```

查看转储结果，投影及转储结果如图 19.12 所示。

```
dump e;
```

```
(author,title)
(J. K. Rowlings, The sorcerer's Stone)
( j.k. Rowlings, The Chamber of Secrets)
( j.k. Rowlings, The Prisoner of Azkaban)
(J.K. Rowlings, The Goblet of Fire)
(J.K. Rowlings, The Order of the phoenix)
(J. K. Rowlings, The half-blood Prince)
( j.k. Rowlings, The Deathly Hallows)
( David Baldacci, Camel club)
( David Baldacci, The Collectors)
( David Baldacci, Stone Cold)
( David Baldacci, Divine Justice)
( David Baldacci, Hells Corner)
( David Baldacci, Split Second)
( David Baldacci, Hour Game)
( David Baldacci, Simple Geni us)
( David Baldacci, First Fam ly)
grunt>
```

图 19.12 投影及转储操作示例

现在，除了向投影中添加分组值外，还要对 GROUP 运算符的结果进行相同的处理。在这种情况下，我们将不得不取消引用字段名子。

通过转储查看内容，执行下述代码，其结果如图 19.13 所示。

```
f = foreach d generate group, c. author, c. title;
dump f;
```

```
INFO  [main] org.apache.hadoop.mapreduce.lib.input.FileInputFormat    - Total input paths to process : 1
(1997,{(J. K. Rowlings)},{( The sorcerer's Stone)})
(1999,{( j.k. Rowlings),( j.k. Rowlings)},{( The Chamber of Secrets),( The Prisoner of Azkaban)})
grunt>
```

图 19.13　通过转储查看内容示例

步骤 6　展开上述关系的内包，返回 author。

```
g = foreach f generate flatten( $ 1);
```

通过转储查看内容，其结果如图 19.14 所示。

```
dump f;
```

```
WARN  [main] org.apache.pig.tools.pigstats.PigStatsUtil    - Failed to get RunningJob for job job_local_0018
WARN  [main] org.apache.pig.data.SchemaTupleBackend    - SchemaTupleBackend has already been initialized
INFO  [main] org.apache.hadoop.mapreduce.lib.input.FileInputFormat    - Total input paths to process : 1
(1997,{(J. K. Rowlings)},{( The sorcerer's Stone)})
(1999,{( j.k. Rowlings),( j.k. Rowlings)},{( The Chamber of Secrets),( The Prisoner of Azkaban)})
grunt>
```

图 19.14　通过转储查看展开的内容

步骤 7　通过原来的 LOAD 运算符创建关系，并分割文件，以便 David Baldacci 处于一个关系中，其他所有作者的书处于第二个关系中，转储这两个新创建的关系，执行以下代码：

```
split a into h if author == 'David Baldacci', i if author ! ='David Baldacci';
dump h;
dump i;
```

步骤 8　读入第二个文件。该文件具有阅读书籍的人名以及他们给每本书的星级，然后在 bknum 上连接 books(书)关系和 reviews(查阅)的文件。

```
j = load '$ dir/reviews. csv' using PigStorage(', ') as (bknum: int, reviewer: chararray),
stars: int);
k=join a by bknum, j by bunum;
dump k;
```

19.5　Pig 评估函数的验证

按下述步骤执行来验证 Pig 的评估函数。如果 Hadoop 没有运行，使用桌面上的图标启动 Hadoop 及其组件。右击桌面并选择 Open in Terminal，进入命令行。我们既可以选择从 Grunt Shell 也可以选择从 Pig 脚本来运行 Pig 命令，无论哪种情况，都需要变动到 Pig bin 目录，并在本地模式下启动 Shell 运行。

如果要从 Grunt Shell 上本地运行，那么请执行如下命令，其结果如图 19.15 所示。

```
./pig -x local
```

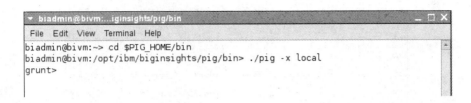

图 19.15 从 Grunt shell 上本地运行 Pig

通过下述工作来创建目录参数：

./pig -x local -param_file ～/myparams ～/pig.script

我们可以使用 gedit 编辑 pig.script。在这个指令中，DUMP 运算符只被指定为最终的输出，但不能阻止添加中间的 DUMP 运算符来查看每个运算符的影响。要对评估函数进行验证，我们首先读入两个数据文件，然后进行验证，具体步骤如下：

步骤 1 读入/home/biadmin/sampleDate/books.csv 文件：

books=load '/home/biadmin/sampleData/books.csv' using PigStorage(',')

as(bknum：int, author：chararray, book：chararray, pubyear：int)；

步骤 2 读入/home/biadmin/sampleData/reviews.csv 文件：

reviews=load '/home/biadmin/sampleData/reviews.csv' using PigStorage(',')

as (bknum：int, reviewer：chararray, stars：int)；

步骤 3 用 pubyear 对 books 关系分组，执行以下代码：

bookInYear =group books by pubyear；

分组结果如图 19.16 所示。

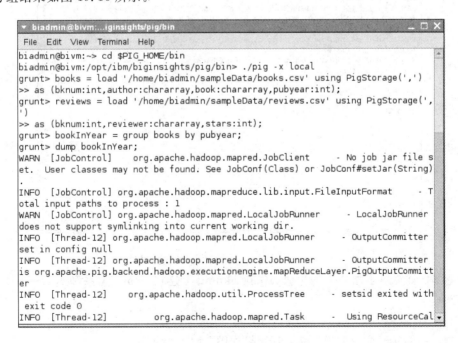

图 19.16 分组结果部分截图

我们可以看到用 Dump 命令给出的清单，如图 19.17 所示。

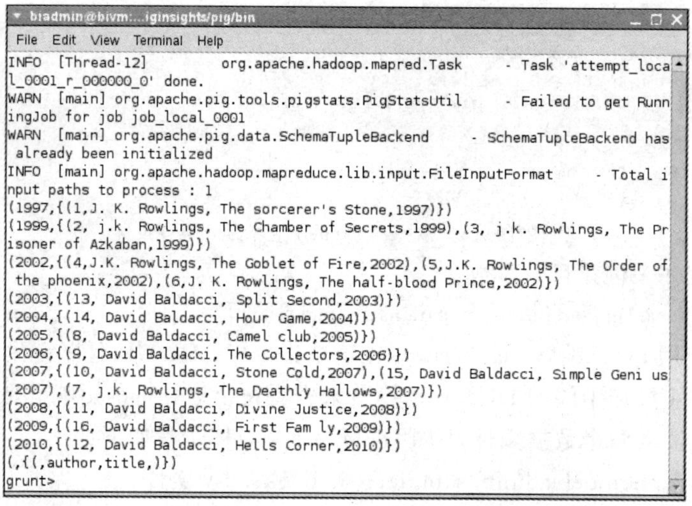

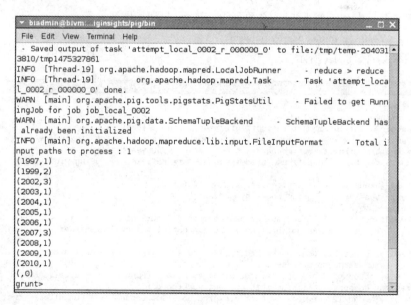

图 19.17　用 Dump 命令给出的清单

步骤 4　计算每年出版的书的数量。执行如下代码，其输出结果如图 19.18 所示。

bookPerYear = foreach bookInYear generate group，COUNT($1)；

dump bookPerYear；

图 19.18　统计每年出版的书的输出结果

步骤 5　计算每本书的平均星级。先在 bknmu 上连接 books 关系和 reviews 关系，执行如下代码：

booksAndReviews = join books by bknum，reviews by bknum；

同样，用 Dump 命令列出清单，其结果如图 19.19 所示。

dump booksAndReviews；

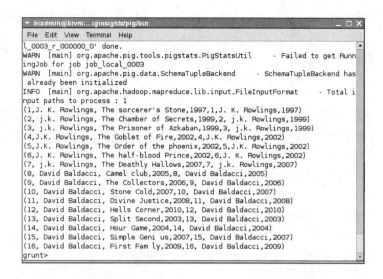

图 19.19　计算每本书的平均星级及其输出清单

步骤 6　投影一个新的关系，这样我们将只能处理书名和每个阅读者给出的评价星级。执行下述代码，其结果如图 19.20 所示。

booksAndStars = foreach booksAndReviews generate book，stars；

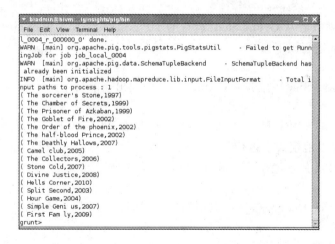

图 19.20　投影一个新的关系代码示例

步骤 7　用 book tilele 对 booksAndStars 关系分组，执行代码如下：

starsInBooks = group booksAndStars by book；

步骤 8　查看 starsInBooks 的模式。输入如下代码，最终执行结果如图 19.21 所示。

describe starsInBooks；

```
grunt> starsInBooks = group booksAndStars by book;
grunt> describe starsInBooks;
starsInBooks: {group: chararray,booksAndStars: {(books::book: chararray,reviews:
:stars: int)}}
grunt>
```

图 19.21　分组及其结果

步骤 9　使用 FOREACH 运算符。要访问 book title 很容易，因为记录已被分组。但星级？哪个关系被用在了第一个分组中？是 booksAndStars。因此，必须使用 booksAndStars 来引用 stars。执行下述代码：

```
avgStars = foreach starsInBooks generate group, AVG(booksAndStars. stars);
dump avgStars;
```

步骤 10　将平均值转换为 int（整数）。把星级所具有的值作为双精度的值可能不是我们想要的。在计算平均时，我们不能给出半颗星级或三分之一颗星级，我们想让它保留整数。执行下述代码：

```
avgStars = foreach starsInBooks generate group, (int)AVG(booksAndStars. stars);
dump avgStars;
```

步骤 11　筛选不到四星级的评级，可用具有嵌套块的 FOREACH 运算符。执行下述代码：

```
bogusAvgStars = foreach starsInBooks {filteredStars = filter
booksAndStarsbystars> 3;
numStars = filteredStars. stars;
generate group, (int)AVG(numStars); }
dump bogusAvgStars
```

步骤 12　使用 EXPLAIN 运算符，可以获得并理解 Pig 如何要解决一个特殊的 MapReduce问题。

```
explain bogusAvgStars;
```

步骤 13　快速查看从 Grunt Shell 运行的 HDFS 命令。如果没有 Grunt Shell，那么在本地模式下打开就运行以下命令：

```
./pig -x local;
```

步骤 14　使用 FSShell 命令从 Grunt Shell 中列出当前目录：

```
fs -ls;
```

列出了什么？是 $PIG_HOME/bin 目录，有趣吧。为什么不在 HDFS 中列出目录和文件？因为我们正在本地模式下运行。

步骤 15　从 Pig 的本地模式下退出。执行以下命令：

```
quit;
```

步骤 16　在 MapReduce 模式中调用 Grunt Shell，它是默认模式。

```
./pig;
```

步骤 17　再次执行 FSShell 并列出目录。

```
fs -ls;
```

这次所列的数据在 HDFS 中。

步骤 18　从 Pig 中退出，结束本练习。

19.6　Pig 中的脚本格式与本地模式中的 Pig

19.6.1　脚本格式

Pig Latin 中的脚本通常遵守特定的格式，其中的数据从文件系统中读取，在数据上，

以一种或多种方式进行转换，并执行数值运算；然后将得到的关系写回文件系统。可以在
Listing1 中以最简单的形式(用一种方式进行转换)看到这种模式。

Listing1——比如下述代码，简单的 Pig Latin 脚本：

```
messages = LOAD 'messages';
warns = FILTER messages BY $0 MATCHES '.*WARN+.*';
STORE warns INTO 'warnings';
```

Pig 具有丰富的数据集类型，不仅支持高级的数据类型(如包、元组和 Map)，而且也支持简单的数据类型(如 int、long、double、chararray 和 bytearray 等)。在简单数据类型中，除了一个名为二进制的条件运算符(类似于 C 语言中的三元运算符)外，还有算数范围内的运算符(如加、减、乘、除和求模)。正如我们所期望的那样，一整套比较运算符中可包括使用正则表达式的富模式匹配等。

所有 Pig Latin 语句均在关系上运行(被称为关系运算符)。正如在清单 1(Listing1)看到的那样，有一个用于从文件系统中加载数据，并将数据存储到文件系统中的运算符。有一个通过迭代关系行来进行过滤数据的方法。这个功能通常用于从关系中删除后续操作不需要的数据。另外，如果我们需要迭代关系的列而不是行，那么可以使用 FOREACH 运算符。FOREACH 允许嵌套操作(如 FILTER 和 ORDER)，在迭代期间进行数据转换。

ORDER 根据一个或多个字段提供了对关系进行排序的功能。JOIN 运算符根据一个或多个公共字段执行两个或多个关系的内部/外部连接。SPLIT 运算符根据用户自定义的表达式，提供了将一个关系分割为两个或多个关系的功能。最后，GROUP 运算符根据某个表达式将数据分成一个或多个关系。表 19.4 提供了 Pig 中的部分关系运算符列表。

表 19.4　Pig Latin 关系运算符的部分列表

运算符	描　　述
FILTER	根据条件从关系上选择一元组集
FOREACH	迭代关系的元组，生成数据转换
GROUP	将数据分成一个或多个关系
JOIN	连接两个或多个关系(内部或外部连接)
LOAD	从文件系统装载数据
ORDER	根据一个或多个字段对关系进行排序
SPLIT	将关系分成两个或多个关系
STORE	将数据存储到文件系统

虽然，表 19.4 不是 Pig Latin 中运算符的详尽列表，但该表提供了一组非常有用的操作来处理大型数据集。我们可以通过 Resources 了解完整的 Pig Latin 语言，Pig 有一套很好的在线文档。

19.6.2　本地模式

对于本地模式，只需启动 Pig 并用 exectype 选项指定本地模式。这样做会将我们带入

Grunt Shell，它允许交互式地输入 Pig 语句：

```
$  pig -x local
...
grunt>
```

现在，我们可以交互式地编写 Pig Latin 脚本，查看每个运算符执行后的结果。回到 Listing1 尝试这个脚本。请注意，在这种情况下，不要将数据存储到文件，而只需将其转储为一组关系。在修改后的输出中，我们会注意到每个日志行(与 FILTER 定义的搜索条件相匹配)本身就是一个关系(由括号[( )]限定)。以下我们给出一些例子说明本地模式的用法。

【例 19.1】Hello Pig。

假设我们有一个函数 makeThumbnail( )，该函数将一个图像转换为一个小的缩略图。要想将一组图像转换为缩略图，Pig Latin 程序这样做：

```
images = load '/myimages' using myImageStorageFunc();
thumbnails = foreach images generate makeThumbnail( * );
store thumbnails into '/mythumbails' using myImageStorageFunc();
```

上述程序第一行告诉 Pig：

① 计算中要输入什么(在这种情况下，其内容是目录'/myimage')；

② Pig 如何解释文件并绘制单个图像(在这种情况下，通过调用 myImageStroageFunc( )实现)。

第二行指示 Pig 将每个图像转换为缩略图，通过对每个图像运行用户子定义的 Thumbnail 函数来实现。

第三行指示 Pig 将结果存储到 '/mythumbnails ' 目录，并根据函数 myImageStoreageFunc( )将数据编码为文件。

大多数 Pig Latin 命令由一个赋值变量(如图像、缩略图等)组成。这些变量表示表，但这些表不一定存储在磁盘或任何一台计算机的内存中。最后的"存储"命令让 Pig 将前面的命令编译到一个执行计划中，如一个或多个在 Hadoop 上执行的 MapReduce 作业。在上述的例子中，程序将被编译为一个简单的 MapReduce 作业，其中 Reduce 阶段被禁用，即 Map 的输出是最终输出。

【例 19.2】使用关系型运算符。

假设有一个用户访问网页的日志，该日志具有完整的形式(如用户、url、时间)。如果我们想计算用户访问网页的平均数(例如，如果答案是 4，即意味着平均每个用户在日志中产生四次页面访问事件)。以下是计算该数的 Pig Latin 程序：

```
VISITS = load '/visits' as (user, url, time);
USER_VISITS = group VISITS by user;
USER_COUNTS = foreach USER_VISITS generate group as user,
COUNT(VISITS) as numvisits;
ALL_COUNTS = group USER_COUNTS all;
AVG_COUNT = foreach ALL_COUNTS generate
AVG(USER_COUNTS. numvisits);
dump AVG_COUNT;
```

上述程序第一行加载数据并指定模式，省略了 using 子句，因为在这里我们假设数据是制表符分割的文本格式，该格式可被 Pig 解析为默认模式。由于这个数据是多方面的，因此使用 as 子句为数据字段指派名字：user、url、time。as 子句是可选项，如果它没有被用到，则可以按位置引用字段（如 $0 为 user、$1 为 url、$2 为 time 等）。

第二行形成元组的分组，每个唯一的用户为一组。

第三行计算每个组的大小，即每个用户关联的日志事件数目。

第四行将前一步输出的所有元组放入一个单独的组中。

第五行计算这些值的平均，即平均每个用户的计数，如果你想要标准差而不是平均值，但由于该标准差计算函数目前还不是 Pig 的内置函数，因此你可以自己编写，并在 generate 子句中引用自己编写的函数来替代 AVG。

由于输出很小（一个数字），因此用户决定使用 dump 而不是 store 来产生输出。Dump（转储）将会使输出打印到屏幕而不是将其写入文件。

【例 19.3】多个数据集的组合。

Pig 的一个关键功能是可以使用如 join、union、cogroup 那样的运算符来组合多个数据集。（这些运算符在我们的文档中有详细的解释。）

假设我们有从例 19.2 得到的网页访问日志，并且还有一个文件记录了众所周知的每个 URL 的网页排行（Pagerank），包括访问日志中所有的 URL。如果你对网页排行不熟悉，可以将其视为每个网页的量化分数值。（在这个例子中，我们假设 pagerank 的值已预先计算好，虽然迭代 pagerank 计算可以用 Pig Latin 来表示，但用外部 Java 函数控制循环）。假设我们想识别打算访问"好"网页的用户，则应根据超过某个阈值的平均网页的排行来定义。以下是 Pig Latin 代码：

```
VISITS = load '/visits' as (user, url, time);
PAGES = '/pages' as (url, pagerank);
VISITS_PAGES = join VISITS by url, PAGES by url;
USER_VISITS = group VISITS_PAGES by user;
USER_AVGPR = foreach USER_VISITS generate group, AVG(VISITS_PAGES.
pagerank) as avgpr;
GOOD_USERS = filter USER_AVGPR by avgpr> '0.5';
store GOOD_USERS into '/goodusers';
```

上述程序第一、二行加载我们的两个数据集（visits 和 pages）。

第三行进行两个数据集的连接，发现 visits 与 pages 具有相同的 URL 的元组，并将它们黏合在一起。因此，VISITS_PAGES 表为我们提供了每个 visit 元组中的 URL 的网页排行（Pagerank）。

第四行，按 user（用户）对元组进行分组。

第五行计算每个用户访问 URL 的平均网页排行，过滤掉那些网页排行不大于 0.5 的用户。

调用 Grunt Shell 后，可以在 Shell 上运行你的 Pig 脚本。除此之外，Grunt Shell 还提供了一些非常有用的 Shell 和实用的命令。下节我们将解释由 Grunt Shell 提供的 Shell 和实用命令。

19.6.3　Grunt Shell 命令

Apache Pig 的 Grunt Shell 主要用于编写 Pig Latin 脚本。如前所述，我们可以使用 sh 和 fs 调用任何 Shell 命令。

1. sh 命令

使用 sh 命令，我们从 Grunt Shell 中调用任何 Shell 命令。在 Grunt Shell 上使用 sh 命令，我们不能执行 Shell 环境部分的命令（ex-cd）。

下面给出的是 sh 命令的语法：

```
grunt>sh shell command parameters;
```

2. fs 命令

使用 fs 命令，我们可以从 Grunt Shell 中调用任何 fs Shell 命令。

以下给出的是 fs 命令的语法：

```
grunt>sh File System command parameters;
```

我们可以使用 fs 命令从 Grunt Shell 中调用 HDFS 的 ls 命令。下面的例子中，它列出了 HDFS 根目录中的文件，其结果如图 19.22 所示。

```
grunt> fs -ls
Found 12 items
-rwxr-xr-x   1 biadmin biadmin      13208 2014-12-23 14:49 pig
-rwxr-xr-x   1 biadmin biadmin       2233 2014-12-23 14:49 pig-bi-checkdeploy.sh
-rwxr-xr-x   1 biadmin biadmin       4623 2014-12-23 14:49 pig.cmd
-rwxr-xr-x   1 biadmin biadmin      13323 2014-12-23 14:49 pig.py
-rw-r--r--   1 biadmin biadmin       4943 2018-04-10 10:46 pig_1523369990290.log
-rw-r--r--   1 biadmin biadmin       9916 2018-04-10 11:24 pig_1523373602960.log
-rw-r--r--   1 biadmin biadmin       2480 2018-04-10 11:25 pig_1523373898310.log
-rw-r--r--   1 biadmin biadmin       4960 2018-04-10 11:29 pig_1523374105766.log
-rw-r--r--   1 biadmin biadmin       2484 2018-04-10 21:17 pig_1523409433068.log
-rw-r--r--   1 biadmin biadmin       3831 2018-04-10 21:19 pig_1523409469167.log
-rw-r--r--   1 biadmin biadmin       3630 2018-04-10 21:27 pig_1523409853891.log
-rw-r--r--   1 biadmin biadmin         23 2014-12-23 14:49 stream.txt
grunt>
```

图 19.22　ls 命令的用法示例

以同样的方式，我们可以使用 fs 命令从 Grunt Shell 中调用其他文件系统的 Shell 命令。

19.6.4　Grunt Shell 实用命令

Grunt Shell 提供了一系列实用命令，包括 clear、help、history、set 以及 quit 等实用命令。还有 Grunt Shell 中的命令如 exec、kill 和 run 等 Pig 控制。以下给出的是对 Grunt Shell 提供的实用命令描述。

1. clear 命令

clear 命令用于清除 Grunt Shell 屏幕。

可以使用 clear 命令来清除 Grunt Shell 的屏幕，语法如下：

```
grunt> clear;
```

2. help 命令

help 命令给你列出了 Pig 命令或 Pig 属性。

使用 help 命令可以得到 Pig 命令的清单。

3. history 命令

history 命令显示了至 Grunt Shell 被调用以来的语句执行/使用的清单。

假设从打开 Grunt Shell 以来，我们已执行了以下三条语句：

> grunt> customers = LOAD 'hdfs：//localhost：9000/pig_data/customers.txt'
> USING PigStorage('，')；
>
> grunt> orders = LOAD 'hdfs：//localhost：9000/pig_data/orders.txt'
> USING PigStorage('，')；
>
> grunt> student = LOAD 'hdfs：//localhost：9000/pig_data/student.txt'
> USING PigStorage('，')；

那么，使用 history 命令将产生如图 19.23 所示的输出。

```
grunt> history
1    books = load '/home/biadmin/sampleData/books.csv' using PigStorage(',')
as (bknum:int,author:chararray,book:chararray,pubyear:int);
2    reviews = load '/home/biadmin/sampleData/reviews.csv' using PigStorage(',')
as (bknum:int,reviewer:chararray,stars:int);
3    bookInYear = group books by pubyear;
4    bookPerYear = foreach bookInYear generate group,COUNT($1);
5    booksAndReviews = join books by bknum,reviews by bknum;
6    booksAndStars = foreach booksAndReviews generate book,stars;
7    starsInBooks = group booksAndStars by book;
8    customers = LOAD 'hdfs://localhost:9000/pig_data/customers.txt' USING PigStorage(',');
9    orders = LOAD 'hdfs://localhost:9000/pig_data/orders.txt' USING PigStorage(',');
10   student = LOAD 'hdfs://localhost:9000/pig_data/student.txt' USING PigStorage(',');
grunt>
```

图 19.23　history 命令用法示例

4. set 命令

set 命令用于对 Pig 中的键进行显示/赋值。

使用 set 命令，可以对异性键进行设置。其用法如表 19.5 所示。

表 19.5　set 命令的用法

键	描 述 和 值
default_parallel	你可以把任何整数作为值传递给这个键以此对 map 作业设置 reducer 数量
debug	你可以把 on/off 传递给这个键来关闭或打开调试功能
job.name	你可以把一字符串值传递给这个键对所需的作业设置作业名
job.priority	你可以把下列的一个值传递给这个键来对作业设置优先级：very_low、low、normal、high、very_high
stream.skippath	对于流，你可以把所需的路径以字符串的形式传递给这个键，以此设置数据不通过该路径传输

5. quit 命令

可以使用 quit 命令从 Grunt Shell 中退出。

使用 quit 命令从 Grunt Shell 中退出的语法如下：

```
grunt> quit；
```

另外，可以使用 Grunt Shell 控制 Apache Pig 的命令。

6. exec 命令

使用 exec 命令，我们可以从 Grunt Shell 上执行 Pig 脚本。

下面给出的是实用命令 exec 的语法：

```
grunt> exec [-param param_name = param_value] [-param_filefile_name]
[script]
```

示例　让我们假设在 HDFS 中的/pig_data/目录中有一个名为 student.txt 的文件，内容如下：

```
Student.txt
001，Rajiv，Hyderabad
002，siddarth，Kolkata
003，Rajesh，Delhi
```

并且，假设在 HDFS 的/pig_data 目录中有一个名为 sample_script.pig 的脚本文件，内容如下：

```
student = LOAD 'hdfs：//localhost：9000/pig_data/student.txt'
USING PigStorage('，')；
as (id：int, name：chararray, city：chararray)；
dump students；
```

现在，让我们使用 exec 命令从 Grunt Shell 中执行上述脚本，命令如下：

```
grunt> exec /sample_script.pig
```

exec 命令在 sample_script 中执行脚本，按照脚本的指示，它将 student.txt 文件装载到 Pig，并向你显示 Dump 运算符的如下结果：

```
001，Rajiv，Hyderabad
002，siddarth，Kolkata
003，Rajesh，Delhi
```

7. kill 命令

使用 kill 命令，你可以从 Grunt Shell 中杀死作业。

以下给出的是 kill 命令的语法：

```
grunt> kill JobId；
```

假设有一个 ID 为 Id_0055 的 Pig 作业正在运行，你可以使用 kill 命令从 Grunt Shell 中杀死该作业，代码如下：

```
grunt> kill Id_0055；
```

8. run 命令

使用 run 命令，你可以在 Grunt Shell 上运行 Pig 脚本。

以下是 run 命令的语法：

```
grunt> run [-param param_name = param_value] [-param_filefile_name]
[script]
```

示例　让我们假设在 HDFS 中的/pig_data/目录中有一个名为 student. txt 的文件，内容如下：

```
Student. txt
001，Rajiv，Hyderabad
002，siddarth，Kolkata
003，Rajesh，Delhi
```

并且假设，在 HDFS 的/pig_data 目录中有一个名为 sample_script. pig 的脚本文件，内容如下：

```
Sample_script. pig
student = LOAD 'hdfs：//localhost：9000/pig_data/student. txt'
USING PigStorage('，')；
as (id：int, name：chararray, city：chararray)；
dump students；
```

现在，让我们使用 run 命令从 Grunt Shell 上运行上述脚本，代码如下：

```
grunt> run /sample_script. pig
```

可以看到，使用 Dunp 运算符后的输出如下：

```
grunt> dump；
(1，Rajiv，Hyderabad)
(2，siddarth，Kolkata)
(3，Rajesh，Delhi)
```

注：exec 与 run 命令间的区别在于：如果使用 run，则脚本中的语句在命令历史记录中是可用的。

小　　结

Pig 是一种高级编程语言，用于分析大型数据集。在 MapReduce 框架中，程序需要被转换为一系列的 Map 和 Reduce 阶段。可是，这不是数据分析者熟悉的编程模式，而 Pig 为了对这个鸿沟搭建了一座桥梁。

Pig 通过在 MapReduce 上创建一个较简单的过程化语言抽象，它为 Hadoop 应用程序公开了一个更类似于结构化查询语言接口。因此，不必编写单独的 MapReduce 应用程序，而是可以在 Pig Latin 上编写一个脚本，该脚本将在整个集群中自动地并行化处理并自动地进行发布。

Pig 使得人们更多地关注批数据集的分析，并花费较少的时间来编写 MapReduce 程序。

Pig 由 Pig Latin 编程语言，运行环境由两个组件构成。Pig 有两个执行模式：第一是本地模式，在该模式中，Pig 运行在单个的 JVM 上并使用本地文件系统，这个模式仅适用于用 Pig 分析小数据集；第二是 MapReduce 模式，在此模式下，将 Pig Latin 编写的查询转换为 MapReduce 作业，并在 Hadoop 集群上运行。

本章，我们首先对 PIG 进行了简要地介绍，包括 Pig 的组件、Pig 程序的执行模式、数据格式与数据模型，其他性能，Pig 与 SQL 的比较、Pig 与 MapReduce 的比较。其次，介绍了 Pig 编程语言。最后介绍了 Pig 基本应用，介绍了 Pig 的关系运算符、Pig 评估函数的使用。

思考与练习题

19.1　Pig 在 Hadoop 中有什么作用？

19.2　Pig 由哪两个组件构成，它们有什么作用？

19.3　Pig 有哪两个执行模式，它们有什么不同？

19.4　与 SQL 相比，Pig 具有那些性能？

19.5　Pig 与 MapReduce 的比较有哪些特点？

19.6　Pig 编程步骤由哪几步骤组成，各步骤的作用是什么？

19.7　判断下述标识符是否合法。

(1) C；(2) BA125；(3) Abc_123_BeX；(4) _A123；(5) c_＄；(6) d! B

19.8　下面的语句在执行中出现错误，请分析错误的原因。

A = LOAD 'data' AS (name：chararray, age：int, gpa：float)；

B=FOREACH A GENERATE name ＋ gpa；

19.9　在 Grunt Shell 环境中执行如下代码：

    data = load '/home/biadmin/sampleData/books.csv' using PigStorage(', ')；
    d = foreach data generate $1；
    dump d；

请给出运行结果(给出运行结果的截图)。

19.10　在 Grunt Shell 环境中执行如下代码：

    data = load '/home/biadmin/sampleData/books.csv' using PigStorage(', ') as
    (booknum：int, author：chararray, title：chararray, published：int)；
    b = foreach data generate author, title；
    dump b；

请给出运行结果(给出运行结果的截图)。

第 20 章　BigSheets

BigSheets 使用了类似电子表格那样的界面，可以建模、过滤、合并和统计从多个源头采集的数据，例如通过爬取 Internet 上的社交媒体数据的收集应用程序。

通过常见主工作簿（Master Workbooks），对以只读表示的完整原始集进行分类和格式化。从这些主工作簿上，可以派生出子工作簿（Child Workbooks），在可编辑版本的主工作簿中，可以创建特定的工作簿来操作和分析数据。在 BigSheets 中，我们可以指定数据格式，显示工作簿的数据格式，给工作簿命名，创建数据图形，创建新工作簿，查看工作簿的出处等功能。图 20.1 与图 20.2 分别为 BigSheets 工作簿界面和其中操作的数据。

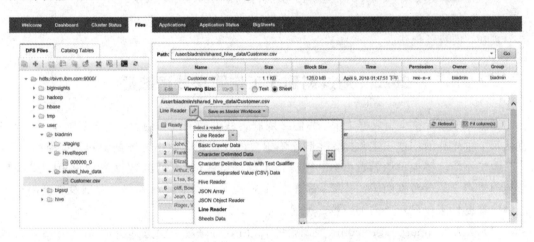

图 20.1　BigSheets 工作簿界面

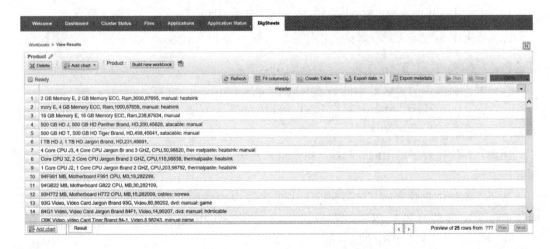

图 20.2　操作 BigSheets 中的数据

20.1　创建 InfoSphere BigInsights 项目

在本节练习中，应用 Eclipse 的 InfoSphere BigInsights 工具创建 InfoSphere BigInsights 项目。所创建的项目将包含文件、应用程序、程序和应用程序要求运行的模块。当创建完项目后，可以创建一个 InfoSphere BigInsights 程序。过程如下：

（1）打开 Eclipse。

（2）将 perspective 设置为 BigInsights。

（3）单击 Window->Open Perspective->Other。

（4）先选择 BigInsights，然后单击 OK 按钮。

（5）单击 Help->Task Launcher for Big Data to open the Task Launcher for Big Data。

（6）选择 Develop 选项卡下的 Quick Links，单击 Create a new BigInsights project。

（7）先输入 WriteMessage 作为项目名字，然后单击 Finish 按钮。

（8）将创建的项目 WriteMessage 显示在 Project Explore 窗口中。

现在，项目已创建。

20.2　通过创建子工作簿来裁剪数据

通常，在分析和应用数据之前，我们必须制定数据的格式和内容。在本节练习中，我们将从每个主工作簿创建子工作簿，并删除不想要的列以优化数据的数据量和数据类型。

主工作簿除了保护原始数据外，还设置了数据格式（包括列的数据类型）。因此，我们必须创建用于修改数据的子工作簿。子工作簿从其主工作簿继承其格式和数据，但用户可以制定其属性来仅显示所需的数据。过程如下：

（1）从 InfoSphere BigInsights 控制台的 BigSheets 选项卡上选择 Watson_News master workbook。

（2）单击 Build new workbook。创建一个名为 Watson_News(1)的新工作簿。

（3）单击 Edit 图标（✐）对该工作簿更名，输入 Watson News Revised，并点击绿色的复选标记（✅）。

（4）要看到用户的浏览器中的 A 到 H 列，单击 Fit column(s)。

（5）为了进行分析，用户需要 IsAdult 列（E 列）。通过单击列标题的上/下箭头并选择 Remove 来删除它。

注意：下拉列表中可用的列操作，用户可以更名、隐藏和删除列；对列中的数据进行排序并组织列。

从子工作簿中删除列时，只是删除了子工作簿中的数据。该子工作簿所基于的主工作簿始终包含加载的原始数据。如果稍后决定要在分析中使用 IsAdult 数据，则可以从 Watson_News主工作簿中创建另一个子工作簿。

当隐藏列时，该列中的数据仍包含在运行的工作簿中或创建的图表中。从分析中或图表中删除数据的唯一方法是删除列。

(6) 当在这个 Watson_News 中修订子工作簿数据时，若用户认为自己不需要其他几列，则可以使用与上一步相同的方法。要一次删除它们(不需要的数据)或同时删除多列，请按下述步骤进行：

① 单击任何列标题的下拉箭头，选择 Organize Colums。

② 单击下列的红色叉( )将其标记为删除以下各列：

(i) Crawled；

(ii) Inserted；

(iii) MoveoverUrl；

(iv) PostSize。

③ 单击绿色复选标记( )删除列。

提示：如果意外删除了比要删除的列多的列，那么可以单击 Undo 来取消最后的操作。

(7) 单击 Fit column(s)来调整剩余的列，可以看到 A～H 列，如图 20.3 所示。

A	B	C	D	E	F	G	H
Country	FeedInfo	Language	Published	SubjectHtml	Tags	Type	Url

图 20.3　A～H 列

(8) 单击保存并选择退出，保存并退出工作簿。如果提示有保存工作簿的窗口，则可以在进行保存工作簿时选择是否输入描述。

(9) 系统给出的提示消息为"This workbook has never been run, Press Run to run it or Close to dismiss this massage"，单击 Run，将会看到窗口的右上角的进度指示器。

到目前为止，我们一直在使用 Watson 的子集和 IBM 的内部数据。BigSheets 在内存中只保留了有限数量的行。左下角显示的消息表明，用户只能看到 50 行模拟样本数据。运行数据时，使用自上次将工作簿保存到完整数据集以来所进行的所有改动。

进度条监视作业的进度。在幕后，Pig 脚本启动 MapReduce 作业。运行时的性能取决于与数据集收集关联的数据量以及可用的系统资源。

(10) 现在，从 Watson_Blogs 主工作簿中创建一个子工作簿，并删除用户的在分析中不需要的列：

① 要返回到显示所有工作簿的页面，请单击 Workbooks link。

② 先选择 Watson_Blogs 主工作簿，然后单击 Build new workbook。用 Watson_blogs (1)名创建一新工作簿。

请注意，Watson New 修订的工作簿有一个子工作簿图标( )，它看起来像一个微型电子表格，而 Watson_Blogs 和 Watson_News 主工作簿有着不同的图标( )，看起来像一个锁，它要求一个在电子表格上有一把钥匙，指示主工作簿是只读的。可以通过这些图标快速地将主工作簿与子工作簿区分开来。

③ 单击 Edit 图标( )对新子工作簿更名，输入 Watson Blogs Revised，并点击绿色的复选标记( )。

④ 使用 Organize Column 功能删除以下各列：

(i) Crawled；

(ii) Inserted；

(iii) IsAdult；

(iv) PostSize。

请记住要选择 Organize Column 窗口中的绿色复选标记。现在，Watson New Revised 和 Watson Blogs Revised 工作簿包含了相同的列。要合并工作簿，每个工作簿必须包含相同的数据类型和列或模式(schema)。

⑤ 保存并退出工作簿。

⑥ 当出现提示时，单击 Run 以适应你所创建的子工作簿的改变。

由于两个新的子工作簿具有相同的模式，因此，可以将它们合并为一个新工作簿，用户可在这个新工作簿中进行浏览和分析数据。

20.3　从两个工作簿中组合数据

在本节练习中，我们将两个工作簿中的数据合并为一个数据集。通过合并数据，用户将有一个核心位置来浏览、分析和统计 IBM Watson 提供的数据。

要合并数据，从现有的工作簿中创建一个新的工作簿，然后将数据从第二个工作簿中装载到新的工作簿中。过程如下：

(1) 在 Info Sphere BigInsights 控制上单击 BigSheets 选项卡，并选择 Watson News Revised workbook。

(2) 单击 Build new workbook。工作簿命名为 Watson News Revised(1)，表示 Watson News Revised 的子工作簿。之后当要保存和退出时，用户可以改变这个工作簿的名字。

(3) 单击 Add sheet，并选择 Load。

每种类型的工资表都为分析数据提供了不同的预定义的逻辑。使用 Load sheet 来将其他工作簿的数据包括在当前工作簿的工作表中。

(4) 在 Load 窗口，从现有的工作簿列表中选择 Watson BlogRevised 工作簿连接。

(5) 在 Sheet Name 字段，输入 Watson Blogs Revised。在 Load 窗口，用户可以看到列的细节以及工作簿中前几行数据。

(6) 单击绿色复选标记(✓)。在用户的工作簿按钮上，用户将会看到两个选项卡，Watson News Revised 和 Watson Blogs Revised。

(7) 单击 Add sheet，并选择 Union。

(8) 在新工作表的 Sheet Name 字段(Union 对话框上)，输入 New and Blogs(表示这个工作表包含了合并的数据)。

(9) 从 Select sheet 下拉列表中选择 Watson News Revised 工作表，单击绿色加号(➕)来增加工作表(用户将看到工作表移动到对话框的底部)。从 Select sheet 下拉列表，选择 Watson Blogs Revised 工作表，单击绿色加号(➕)来增加工作表(用户将看到工作表移动到对话框的底部）。然后单击绿色复选标记（）来增加两个工作表。在屏幕的底部，用户的工作簿显示了新的选项卡 News and Blogs。

（10）单击 Save 按钮，当出现名字和描述提示时，在 Name 字段输入 Watson News Blogs，在描述文本框中输入 Combined news and blogs data，并单击 Save 按钮。

20.4　通过分组数据创建列

在本节练习中，我们将学习如何通过对类似信息的分组来创建列。如果想发现每种语言写了多少篇新闻文章和博客文章，那么可以通过使用分组表及其功能来组合、计算和对语言数据的排序，以便实现这个目标。

我们先来使用 Calculate 功能按语言统计文章和帖子；然后按语言对列进行排序，以便显示最流行的语言。过程如下：

（1）确认 Watson New Blogs 工作簿是打开的。如果该工作簿没有打开，则从 BigSheets 选项卡中单击 Edit link to Watson News Blogs。单击 Edit link，在编辑模式下打开所选择的工作簿，这样用户不必单击编辑图标（）

（2）单击 Add Sheets，并选择 Group。

（3）在 New sheet：Group window 中完善所需的信息。

① 在 Sheet name 字段，输入 Group by language。

② 从 Group by columns 下拉列表，选择 Language，并单击绿色加号（）来增加列。Language 列的名字显示在对话框的底部。

③ 在窗口的底部，单击 Calculate 选项卡。

④ 在 Create columns based on group 文本框中，输入 NumberArticlesandPosts，并单击绿色加号（）。

⑤ 从 NumberArticlesandPosts 下拉列表中选择 COUNT。

⑥ 从 Column drop-down 列表，选择 Language，然后单击绿色复选标记（）。

在 Group by languages 工作表上，你可以看到两列：Language 和 NumberArticlesandPosts。

Language 列显示了从 News and Blogs 中得到的所有语言。NumberArticlesandPosts 列统计了每种语言所写的帖子的数量。

（4）要查看有关 IBM Watson 的帖子的最常见的语言，用帖子的数量对 Group sheet 进行排序。点击 NumberArticlesandPosts 列右侧的下拉箭头，选择 Sort（排序），然后选择 Descending（降序）。我们将看到英语是最流行的语言，有 3169 个帖子，其次是俄语、西班牙语和中文（简体）。请注意，中文（拼音）和中国（繁体）也在名单的顶端。稍后在创建图表时将这些值组合成一个中文语言值。

（5）单击 Save->Save&Exit，保存并关闭工作簿。

（6）单击 Run 来保存、排序和处理工作簿的整个数据集。用户将在窗口的右上角看到一个进度指示器。运行工作簿后，用户在 NumberArticlesandPosts 列中看到不同类型的英语帖子的数量，为 5464 个。

20.5　在 BigSheets 图中查看数据

在本节练习中，我们将查看 BigSheets 中的图表，以理解工作簿和工作表间的关系以及修改工作簿中数据的过程。

子工作簿旁边的工作簿的图（▫◻）显示了创建所选的工作簿的工作簿的过程、工作表间的关系，其中的主工作簿或子工作簿是当前工作簿的基础。

工作流图（▦）显示了如何使用 Watson Blogs Revised 和 Watson News Revised 子工作簿来创建 Watson News Blogs 工作簿。我们还可以查看每个子工作簿的源（主工作簿）。过程如下：

（1）从 Watson News Blog 工作簿上单击 Workflow Diagram（工作流）图标（▦）。

（2）当看完该工作流图后，单击右上角的红色×（✖）。

（3）单击 Workbook Diagram 图标（▫◻）。在该图标上，用户可以查看工作表的类型和当前工作簿的历史记录。

（4）当看完该图标后，单击右上角的红色×（✖）。

20.6　在图表中可视化结果和优化结果

在本节练习中，我们可以通过创建简单的水平条形图，在 Watson News Blogs 工作簿中对已排序和已合并的 Watson 的博客与新闻数据的结果进行可视化。然后，用户可以优化结果并以此来改进结果。

BigSheets 提供了各种图标和地图。图表以数据点绘制带网格中，如典型的饼图和条形图。云通过显示该词相对重要性的大小来显示重要价值。地图包含表示地理数据的图，例如显示地理数据点浓度的热图。练习的过程如下：

（1）打开 Watson News Blogs 工作簿，单击 Add chart（增加图），然后选择 chart->Horizontal Bar（水平条形图）。

（2）在 New chart 的 Horizontal Bar 窗口中，输入或选择以下值：

① 在 Chart Name 字段，输入 Language Coverage。图的名字被命名，显示在工作簿底部的选项卡上。

② 在 Title 字段，输入 IBM Watson Coverage by Language。图的标题显示在图的顶部。

③ 从 A Axis 下拉列表中选择 NumArticlesandPosts。

④ 在 X Axis Label 上输入 Number of posts。

⑤ 从 Y Axis 下拉列表中选择 Language。

⑥ 在 Y Axis Label 上输入 Language of post。

⑦ 从 Sort By 下拉列表中选择 Descending(降序)。用户首先想看到具有最多数量的帖子所用的语言。

⑧ 在 Limit 字段，输入 12。用户希望看到帖子数排在前 12 的帖子所用的语言。

⑨ 保留模板和样式的默认值。

⑩ 单击绿色复选标记(✅)来预览具有样本数据的图。

(3) 单击 Run 来从整个工作簿的数据集上生成图。即使立即看到了预览图，但实际的图不会立即显示，直到用户在进度条上看到了 100% 为止。从整个数据集上生成图可能需要一些时间，可使用进度条来监视完成表的状态。

图生成后，我们可以看到俄语是第二个最流行的发帖语言。我们还可以看到第五和第六个最流行的发帖语言是不同的中文。将这些值合并，中文实际上是第二个最流行的发帖语言。这种情况很常见，特别是当用户从不同的社交媒体网站合并不同来源的数据时。

(4) 要清除数据，合并中文和帖子数量，按下述步骤进行：

① 单击 Edit。用户将返回到由语言分组的工作表(Group by language sheet)。

② 单击窗口底部的名字选项卡(name tab)，选择 News and Blogs Sheet。

③ 单击 Language 列旁边的下拉箭头并选择 Insert Right->New Column，插入一个新列。

④ 输入 Language_Revised 为新列的名字，然后单击绿色复选标记(✅)来创建这个列。光标移动到 fx(或 function)区域，在此用户可以提供函数来生成新列的内容。

⑤ 输入以下公式作为函数

IF(SEARCH('chin*'，#Language)>0，'Chinese'，#Language)，然后单击绿色复选标记(✅)来引用该公式，并生成新的 Language Revised 列的值。

该公式在 Language 列(由 #column_name 表示)中搜索以 Chin 开头的任何值，并将这些值组合到 Language Revised 列中的一个值中。通配符星号确保了所有的中文变体，不管是拼音还是中文词(如中文简体)。如果该值不少以 Chin 开头，则该公式将该值按原样复制到 Language Revised 列中。

要了解如何使用 BigSheets 函数，以及查看使用公式的一些示例，请参阅 Formulas。

⑥ 单击 Group by Language 旁边的下拉箭头并选择 Sheet Settings，来对 Group by Language 工作簿所用的新列进行设置变更。

⑦ 在 Group 窗口，从 Group by Columns 的下拉列表中选择 Language_Revised，并单击绿色加号(➕)来增加列。

⑧ 单击 Language 列旁边的红色 ×(❌)来删除该列。用户希望通过 Language_Revised列进行分组和计算帖子的数量而不是通过 Language 列。

⑨ 单击 Calculate 选项卡。在 Column 下拉列表中选择 Language_Revised。

⑩ 单击绿色复选标记(✓)来应用用户的变动。

新的 Language_Revised 列替代了 NumArticlesandPosts 列右边的 Language 列。单击 Language_Revised 列的顶部 B，并将它拖到 NumArticlesandPosts 列左边。

（5）单击 Save->Save&Exit，然后单击 Run 来更新工作簿中的所有数据集。

（6）单击 Language Coverage 工作表，用户将看到一个 An error occurred while sampling the chart 的信息。用户更新 Group by language 图时用到了 Language_Revised，而当前的 Language Coverage 图是基于 Language 列的。

（7）单击 OK 按钮来关闭这个出错信息。

（8）单击 Language Coverage 工作表右侧的三角形并选择 Delete chart，删除以前的 Language Coverage 图。

（9）单击 Add chart，并选择 chart->Horizontal Bar 来创建另一个图，该图基于更新的数据。

（10）在新图上的 Horizontal Bar 窗口，输入或选择以下值：

① 在 Chart Name 字段，输入 Language Coverage。该图的图名显示在了工作表底部的选项卡上。

② 在 Title 字段，输入 IBM Watson Coverage by Langauge。该表的标题显示在图的顶部。

③ 从 X Axis 下拉列表中选择 NumArticlesandPosts。

④ 在 X Axis Label 中输入 Number of posts。

⑤ 从 Y Axis 下拉列表中选择 Language_Revised。

⑥ 在 Y Axis Label 上输入 Language of post。

⑦ 从 Sort By 下拉列表中选择 X Axis。用户希望通过帖子的数量进行排序。

⑧ 从 Occurrence Order 下拉列表中选择 Descending。用户想首先看到帖子使用最多的语言。

⑨ 在 Limit 字段，输入 12。

⑩ 单击绿色复选标记(✓)，预览具有样本数据的图。

（11）单击 Run 来生成一个新图。图生成后，所有中文被合并到一个条形图中，该图显示了中文是第二种最流行的发帖语言，俄语是第三种最流行的发帖语言。如果将鼠标放到条形图上，则可以看到实际的帖子数量。

我们使用 BigSheets 从社交媒体数据集中生成了一个简单的水平条形图。我们还分析了条形图并对数据进行了细化，并且利用最常用的语言，生成有关 IBM Watson 的帖子的信息。

20.7　从工作簿中导出数据

在本节练习中，要将 Watson News and Blog 工作簿中的数据导出到 Web 浏览器的选项卡和 CSV 文件中。

我们可能希望与无法直接访问 IBM InfoSphere BigInsights 的同事共享 BigSheets 分析的结果，但可以导出各种设计格式的分析结果，包括 CSV(逗号分隔值)、JSON 数组和 TSV(制表符分隔值)。

　　我们也可以将数据导出到新的 Web 浏览器选项卡或 Hadoop 分布式文件系统
（HDFS）。或者，如果我们有将文件保存在集群中的权限，则可以在集群中保存数据。练习
过程如下：

　　（1）如果 Watson News Blogs 工作簿没有打开，则打开。从 BigSheets 选项卡中选择
Watson News Blogs。不要以编辑的模式点击 Edit 来打开。用户不能在编辑的模式下导出
工作簿。如果用户在编辑模式下打开了工作簿，用户将看到 Add sheet（增加工作表）而不是
Export data（导出数据）。

　　（2）将数据导入到浏览器选项卡：

　　① 单击 Export data。Export 的选项默认的设置为浏览器选项卡（Browser Tab）。

　　② 单击 OK 按钮，将结果工作表（Outcome sheet）数据导入到用户的浏览器中的一个
新的选项卡中。

　　（3）单击用户的 Web 浏览器上 IBM InfoSphere BigInsights 选项卡，返回到 InfoSphere
BigInsights 控制台和 Watson News Blogs 工作簿中。

　　（4）将数据导入到 CSV 文件：

　　① 再次单击 Export data。

　　② 在 Format Type 下拉列表中选择 CSV，这将产生一个逗号分隔值文件。

　　③ 在 Export data option 中，选择 File。

　　④ 单击 Browse 并输入或选择以下参数：

　　（i）通过打开 hdfs：//主文件夹设置路径，选择 tmp 文件夹。

　　（ii）在窗口底部的文件名文本框中输入：wats_news_blogs 为文件名，然后单击 OK 按
钮。文件名可以包含空格。要避免输入特殊字符的文件名。

　　⑤ 选择 Include Headers 复选框来把列名包括在文件中。当用户选择 CSV 或 TSV 格
式时，该选项有效。

　　⑥ 单击 OK 按钮。用户将收到 Workbook has been successfully exported 信息。单击
OK 按钮来关闭该信息。用户可以通过点击 Files 选项卡并打开 hdfs：//主文件夹中的 tmp
文件夹来检查结果。用户将看到 watson_news_blogs.csv 文件已在列。

　　最终我们将 Watson New Blogs 工作薄的结果导出到了分布式文件系统（DFS）集群上
的 Web 浏览器选项卡和 CSV 文件中。

小　　结

　　BigSheets 使用了类似电子表格哪样的界面，可以建模、过滤、合并和统计从多个源头
采集的数据，例如通过爬取 Internet 上的社交媒体数据的收集应用程序。

　　通过常见主工作簿（Master Workbooks），对以只读表示的完整原始集进行分类和格式
化。从这些主工作簿上，可以派生出子工作簿（Child Workbooks），在可编辑版本的主工作
簿中，可以创建特定的工作簿来操作和分析数据。

　　本章首先介绍了 BigSheets 的界面，其次给出了 7 个练习，都是读者能够熟练掌握
BigSheets 的基本应用。

思考与练习题

20.1   BigSheets 有何功能和特点？

20.2   按照本章的 7 个练习（20.1 节～20.7 节）亲手上机实验，如果有可能请爬取 Internet上的社交媒体数据，应用 BigSheets 进行操作分析，提交分析结果（包括相关的界面截图）。

第 21 章　Big SQL——IBM NoSQL

21.1　概　　述

SQL 是结构化查询语言，是存储、操作和检索存储在关系数据库的数据的计算机语言。SQL 是关系数据库管理系统（RDBMS）的标准语言。所有关系数据库管理系统，如 MySQL、MS Access、Oracle、SyBase、Informix、Postgres 和 SQL Server 都使用 SQL 作为标准的数据库语言。RDBMS 代表关系数据库系统。RDBMS 是 SQL 和所有现代数据库系统（如 MS SQL Server、IBM DB2、Oracle、MYSQL 和 Microsoft Access）的基础。

但是在大数据时代，以 SQL 标准语言所构建的数据库管理系统已不能处理半结构化和非结构化的数据，需要对其升级，以满足大数据时代的需求。因此，Big SQL 应运而生。

Big SQL 是一个软件层，使 IT 专业人员能够使用熟悉的 SQL 语句在 InfoSphere BigInsights 中创建表以及查询数据。为此，程序员使用标准的 SQL 语法，在某些情况下可使用 IBM 创建的 SQL 扩展，可以轻松地利用某些基于 Hadoop 的技术。图 21.1 给出了 Big SQL 的体系结构及其如何适用于 InfoSphere BigInsights Enterprise Edition V2.1 的平台。

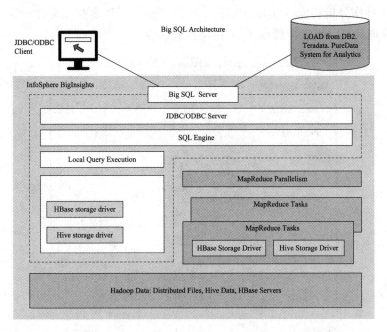

图 21.1　Big SQL 框架及其与 BigInsight 间的关系

Big SQL 旨在补充和利用 InfoSphere BigInsights 中基于 Hadoop 的基础架构。在图

21.1 所示的框架中，关系型 DBMS 中常见的某些特性在 Big SQL 中将不再具有，而某些 Big SQL 特性在大多数关系型 DBMS 中也将不存在。例如，Big SQL 支持查询数据，但不支持 SQL 中的 UPDAT 或 DELETE 语句。INSERT 语句仅支持 HBase 表。Big SQL 表可包含复杂的数据类型，如结构和数组，而不是简单的"偏平"行。此外，还有几个基础存储支持机制，这包括：

(1) 分隔文件，如存储在 HDFS 或 GPFS-FPO 中的逗号分隔符文件。

(2) 序列文件格式的 Hive 表、RCFile 格式等，Hive 是 Hadoop 的数据仓库的实现。

(3) HBase 表，HBase 是 Hadoop 的键/值或基于列的数据仓库。

InfoSphere BigInsights 包含了几种用于 Big SQL 的工具和接口，这些工具和接口在很大程度上与我们可以在大多数关系型数据库管理系统中找到的工具和接口相媲美。Big SQL 通过 JDBC Type 4 启动程序以及 32 位或 64 位 ODBC 驱动程序为 Java、C 和 C＋＋语言应用程序的开发人员提供 JDBC 和 ODBC 支持。这些 Big SQL 驱动程序包括了对常用功能给予的支持，如预备语句、数据库元数据应用程序接口（API）等。此外，InfoSphere BigInsights Eclipse 插件使开发人员能够创建、测试和优化他们的 Big SQL 查询和应用程序。

图 21.2 展示了插件的部分内容，包括 Big SQL 的 JDBC 服务器连接（前台显示）和 Big SQL 测试运行的结果（显示在右下方）。为了交互地调用 Big SQL 查询，InfoSphere BigInsights 提供了一个命令行界面（JSqsh Shell）和一个基于 Web 的界面（可通过 InfoSphere BigInsights Web 控制台访问）。这些工具可用于脚本运行以及原型开发工作，支持 JDBC 和 ODBC 数据源的各种 IBM 与非 IBM 软件，也可以配置为 Big SQL 的应用。作为示例，IBM Cognos Business Intelligence 使用 Big SQL JDBC 接口来查询数据、生成报告并执行其他操作分析功能。与 InfoSphere BigInsights 的许多其他组件一样，Big SQL 是一种服务，管理员可以根据需要在 Web 控制台或命令窗口启动或停止。

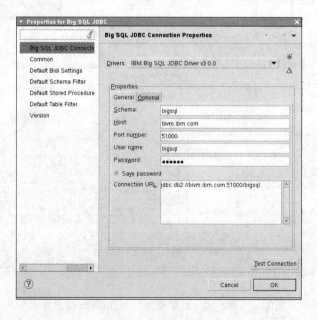

图 21.2　显示在右下方窗口中的 Big SQL 测试运行结果

21.2　Big SQL 的基本应用

以下将介绍 Big SQL 的一些基本应用。

在开始使用 Big SQL 前，我们应该启动 BigInsights 环境，并使用激活的 Big SQL3.0 服务器。我们必须能够使用具有管理权限的账户登录到系统。

我们需要的信息如表 21.1 和表 21.2 所示。

表 21.1　用 户 与 密 码

名　称	User(用户)	Password(密码)
WM Image root account （WM 镜像根账号）	root	password
WM Image Exercise root account （WM 镜像练习根账号）	biadmin	biadmin
BigInsights Administrator （BigInsights 管理员）	biadmin	biadmin
Big SQL Administrator （Big SQL 管理员）	bigsql	bigsql
Exercise user(练习用户)	biadmin	biadmin

表 21.2　属 性 与 值

Property(属性)	Value(值)
Host name(主机名)	Bivm. ibm. com
BigInsights Web 控制台 URL	http：//bivm. ibm. com：8080
Big SQL 数据库名	bigsql
Big SQL 端口号	51 000

说明：本节内容是基于 InfoSphere BigInsights3.0 快速入门版本 VMWare 镜像，可访问 IBM 官网下载该镜像文件，并按照说明安装。参见网址 https：//www. ibm. com/developerworks/cn/data/library/bd-1408-bigsql3.0-part2/index. html。

21.2.1　启动 VMware 镜像

（1）启动 VMware 镜像。首次登录时使用根 ID(使用 password 密码)。按照说明配置环境，接受许可协议，并在出现提示时输入 root 和 biadmin(root/password 以及 biadmin/biadmin)密码。这是一次性要求。

（2）当一次性配置过程完成后，我们将看到一个 SUSE Linux 登录界面，如图 21.3 所示。默认情况下，Hadoop 使用这个 Linux 环境。

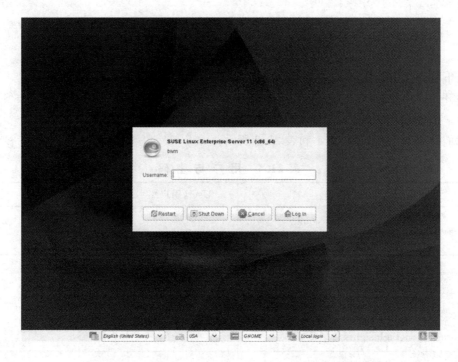

图 21.3　SUSE Linux 登录界面

（3）输入用户名：biadmin，提示输入密码。

（4）输入密码：password。

（5）登录后的界面如图 21.4 所示。

图 21.4　登录后的界面（VMware 镜像现在已就绪，可以使用）

21.2.2　连接 IBM Big SQL 服务器

下面我们进行 JDBC 连接，首先导航到 Eclipse 中的 Data Management view 中并打开 SQL 编辑器。Big SQL 被安装在以下目录中的 IBM InfoSphere BigInsights 产品中，执行如下命令，进入 Big SQL 系统。

$ BIGSQL_HOME/bin/bigsql

1. 准备工作

在连接前，需要完成如下准备工作：

首先，查看 Big SQL 状态。从 InfoSphere BigInsights 控制台，单击 Cluster Status 页面。然后，在 Big SQL Server Summary 页面上确认 Big SQL 节点处于 Running 状态。

其次，如果 Big SQL 服务尚未启动，执行如下动作之一来启动 Big SQL 服务即在命令行输入如下命令：

$ BIGSQL_HOME/bin/bigsql start

注意：$ BIGSQL_HOME 常常指/opt/ibm/biginsights/bigsql。

2. 从 InfoSphere BigInsights 控制台启动

按下述步骤从 InfoSphere BigInsights 控制台启动：

步骤 1　单击 Cluster Status 页面。

步骤 2　如果 Big SQL 服务器尚未启动，则在 Big SQL Server Summary 页面上选择 Big SQL Server 并单击 Start。

步骤 3　从 InfoSphere BigInsights 控制台的 Welcome 页面找到 Quick Links 部分，单击 Enable your Eclipse development environment for BigInsights application development。

步骤 4　根据需要直接从 Web 服务器进行安装，或是首先将带有插件的存档文件下载到计算机中，可以选择其中一个选项来安装 InfoSphere BigInsights Tools for Eclipse。

步骤 5　启动 Ecplise，并完成安装用于 Eclipse 的 InfoSphere BigInsights Tools 的说明，用于添加 Eclipse 的 InfoSphere BigInsights Tools。

步骤 6　确保存在 JDBC 驱动程序的定义。通常，在创建与 Big SQL 服务器连接之前，必须存在 JDBC 或 ODBC 驱动程序的定义。

如果创建了 InfoSphere BigInsights 服务器连接到特定的 InfoSphere BigInsights 服务器，那么，Big SQL JDBC 驱动程序的连接和 Big SQL JDBC 连接的配置文件都是自动创建的。

3. 连接过程

以下是连接 IBM Big SQL 服务器的过程，分为如下步骤：

步骤 1　从 IBM InfoSphere BigInsights Eclipse 环境中单击 Window->Open Prespective->Other->Database Development。确保 Data Source Explorer 视图打开。

步骤 2　从 Data Source Explorer 视图中展开 Database Connections 文件夹。

步骤 3　右击 Big SQL connect，并选择 Properties。验证主机名和其他连接信息。

步骤 4　单击 Test Connection，以确保与 Big SQL 服务器的连接是有效的。如果没有连接，执行下述这些步骤：

① 从 Data Source Explorer 视图中右击 Database Connection 目录，并单击 Add Repository。

② 在 New Connect Profile 窗口中，在 Connection Profile Type 列表中选择 Big SQL JDBC。

③ 可选项：在 Name 字段或 Description 字段的文本编辑器上，单击 Next。

④ 可选项：在 Specify a Driver and Connection Details 窗口，从 Drivers 列表中选择一个 Big Driver。你可以通过点击 New Driver definition 图标或 Edit Driver Definition 图标来添加或修改驱动程序。

4. 连接属性设置

在 General 页面，进行连接属性设置。需要使用默认名，或指定的一个有效的模式或数据库名；需要存储着有效的模式和数据库名的目录（syscat），并对如下的主机、端口号、用户名和密码进行设置。

Host（主机名）：在主机中 Big SQL 服务器正在运行，其名如 my.server.com。

Port number（端口号）：用于 Big SQL 服务器的端口号。默认端口号为 7052。

User name（用户名）：用于与 Big SQL 服务器连接的用户 ID 的名。

Password（密码）：密码与用户名关联。

注意：如果 InfoSphere BigInsights 服务器是以安全模式安装的，那么当使用 Big SQL JDBC 驱动程序时，我们必须提供有效的 InfoSphere BigInsights 用户 ID 和密码连接；否则，在 User name 和 Password 字段中输入任何 ID 和密码来启动 Finish 或 Next 以及 Test Connect 按钮。例如，我们可以输入如下信息：

User name：user。

Password：user。

按照下述步骤进行连接属性设置。

步骤 1 设置 Save password 复选框来保存 Big SQL 服务器登录的密码。

步骤 2 用 Connection URL 显示生成的 URL。执行如下命令：

```
jdbc：bigsql：//<host_name>：7052/default
```

步骤 3 如果 Big SQL 服务器配置了 SSL 认证，请打开 Optional 页面，根据目标 Big SQL 服务器的 ＄BIGSQL_HOME/bigsql/conf/bigsql-conf.xml 配置文件，来查看或添加 SSL 的属性。

步骤 4 当完成连接配置文件后，设置 Connect when the wizard completes 复选框来连接 Big SQL 服务器。

步骤 5 设置 Connect every time the workbench is started 复选框，当启动 Eclipse 工作区时，通过使用上述连接配置文件来自动地连接到 Big SQL 服务器。

步骤 6 单击 Test Connection 连接服务器，并验证连接配置文件正在工作。

步骤 7 单击 Finish 来完成连接配置文件。

21.2.3　使用 Big SQL 命令行界面(JSqsh)

BigInsights 通过 Java SQL Shell 来支持 Big SQL 的命令行界面。JSqsh 是查询 JDBC 数据库的开源项目。本节介绍以下内容:

(1) 从 Web 控制台中验证运行的 BigInsights 服务。

(2) 启动 JSqsh。

(3) 发送 Big SQL 查询命令。

(4) 发送流行的 JSqsh 命令来获得帮助,检索查询历史记录并执行其他功能。

1. 启动 Web 控制来验证 BigInsights 服务已启动并正在运行

要启动 Web 控制来验证 BigInsights 服务已启动并正在运行,按如下步骤进行:

步骤 1　选择 Start BigInsights 图标来启动所有服务。另一种方法,可以打开终端窗口并发送如下命令:

　　　$ BIGINSIGHTS_HOME/bin/start-all. sh

步骤 2　验证所有需要的 BigInsights 服务已启动并正在运行,包括 Big SQL。

① 启动 BigInsights Web 控制台。(直接在浏览器 http://biwm. ibm. com:8080 打开,或选择桌面上的 Web 控制台图标。)

② 用用户名和密码登录,如图 21.5 所示。

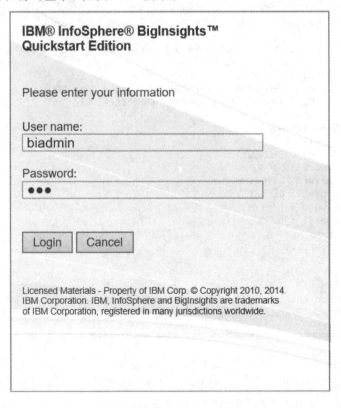

图 21.5　BigInsights Web 控制台登录

③ 单击 Cluster Status 选项卡检查运行的服务。本节不需要激活监视和报警服务。

2. JSqsh 连接

要从 JSqsh 上发送 Big SQL 命令，需要定义一个与 Big SQL 服务器的连接。BigInsights VMware 镜像已进行了预定义。检验的步骤如下：

步骤 1　打开终端窗口。如果想要使用桌面图标，首先打开 BigInsights Shell 文件夹，然后单击 Terminal 图标。

步骤 2　启动 JSqsh Shell，执行下述命令：

　　$ JSQSH_HOME/bin/jsqsh

步骤 3　启动连接向导。如果是首次启动 JSqsh，则将显示一个欢迎（welcome）屏幕。当出现提示后，输入 c 来启动连接向导（connection wizard）。

步骤 4　在环境中检查任何现有的连接，执行如下命令：

　　\setup connections

在上述命令中，我们使用了反斜杠。本节我们将使用端口为 51 000 的 bigsql 数据库，该端口可通过随 BigInsights 提供的 DB2 JDBC 驱动程序访问。

步骤 5　检查 bigsql 连接的细节。提供向导显示的连接号码（本例为 1）并按回车键，显示的结果如图 21.6 所示。

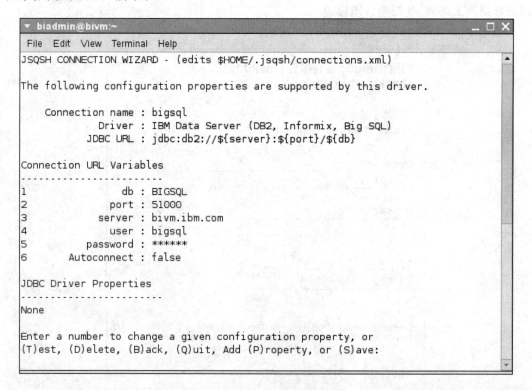

图 21.6　JSqsh 连接

注意：Big SQL 数据库名是一个常量，它是在安装 BigInsights 时定义的。

步骤 6　输入 t 来验证配置，如图 21.7 所示。

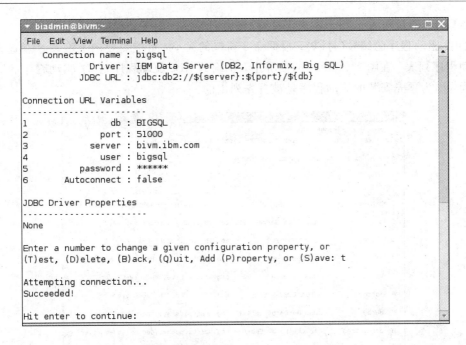

图 21.7　输入 t 来验证配置

步骤 7　输入密码。在输入密码的提示下，输入 password 作为密码。

步骤 8　验证连接是否成功，并按回车键执行。

步骤 9　退出当前会话。输入 q 然后退出，并按回车键执行。

3. 创建自己的数据库连接（可选）

BigInsights Quick Start Edition VMware（BigInsights 快速入门版的虚拟机）镜像是连接到 Big SQL 服务器的预配置系统，用 biadmin 账号访问。然而，还可以创建自己的 JSqsh 与 Big SQL 的连接。

下面，我们将在 JSqsh 上介绍如何创建一个 Big SQL 数据连接。具体步骤如下：

步骤 1　打开终端窗口并启动 JSqsh Shell，执行如下命令：

　　$ JSQSH_HOME/bin/jsqsh

步骤 2　输入\setup connections 命令来调用设置向导，执行如下命令：

　　\setup connections

步骤 3　出现提示时，输入 a 来添加一个连接，参见图 21.8。

```
JSQSH CONNECTION WIZARD - (edits $HOME/.jsqsh/connections.xml
The following connections are currently defined:

    Name              Driver        Host                            Port
--- ------------      --------      -------------------             ------
 1  bigsql            db2           bivm.ibm.com                     51000
 2  bigsql1           bigsql        bivm.ibm.com                     7052

Enter a connection number above to edit the connection, or:
(B)ack, (Q)uit, or (A)dd connection:
```

图 21.8　启动 JSqsh Shell、设置连接并添加一个连接的示例

步骤4　通过输入 a(用于添加连接)检查由向导提供的驱动程序列表,参见图 21.9,并记下 DB2 驱动程序的编号(号码)。根据命令窗口的大小,可能需要向上滚动才能查看完整的驱动程序列表。在图 21.9 所示的截屏中,正确的 DB2 驱动程序是 2,驱动程序的顺序可能不同,因为预先安装的驱动程序是被首先列出的。

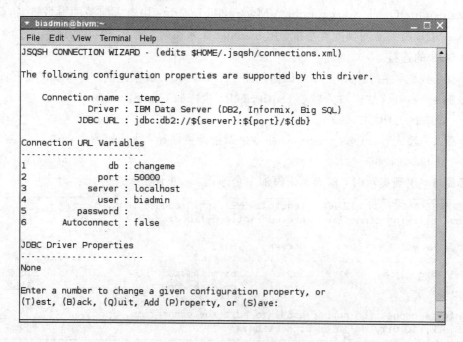

图 21.9　检查由向导提供的驱动程序列表

步骤5　按提示行,输入 DB2 驱动程序的编号(号码)。

步骤6　连接向导显示了某些连接属性的默认值(参见图 21.10),并提示要改变它们(默认值也许不同于下面显示的那些值)。

```
biadmin@bivm:~                                              _ □ ×
File   Edit   View   Terminal   Help
JSQSH CONNECTION WIZARD - (edits $HOME/.jsqsh/connections.xml)

The following configuration properties are supported by this driver.

    Connection name : _temp_
             Driver : IBM Data Server (DB2, Informix, Big SQL)
           JDBC URL : jdbc:db2://${server}:${port}/${db}

Connection URL Variables
------------------------
1              db : changeme
2            port : 50000
3          server : localhost
4            user : biadmin
5        password :
6     Autoconnect : false

JDBC Driver Properties
----------------------
None

Enter a number to change a given configuration property, or
(T)est, (B)ack, (Q)uit, Add (P)roperty, or (S)ave:
```

图 21.10　连接属性的默认值

步骤 7　如果需要则改变每个值，一次改变一个。为此，请输入变量编号并在出现提示时指定新值。按下述步骤进行：

① 指定变量编号 5 并按回车键。

② 输入密码值并按回车键，如图 21.11 所示。

```
Enter a number to change a given configuration property, or
(T)est, (B)ack, (Q)uit, Add (P)roperty, or (S)ave: 5

Please enter a new value:
password: ***
```

图 21.11　修改编号

③ 若要改变用户名以替代 biadmin，在本例中假设名字为 vkjain，那么输入 vkjain，参见图 21.12。

```
Enter a number to change a given configuration property, or
(T)est, (B)ack, (Q)uit, Add (P)roperty, or (S)ave: 4

Please enter a new value:
user: vkjain
```

图 21.12　修改用户名

④ 输入变量为 2 的端口值，将端口号从 50 000 变为 51 000，参见图 21.13。

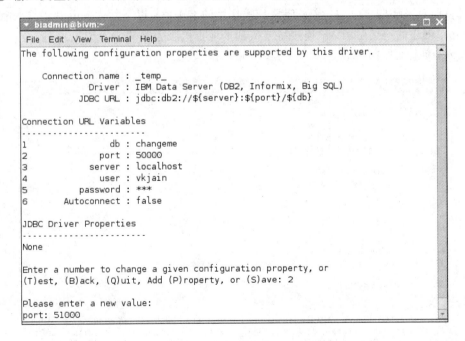

图 21.13　修改端口号

从上面的快照截图可以看到，用户名已改为 vkjain，密码可能已经改变，但我们不能看到相同的密码。

⑤ 要将数据库的名字从 changeme 更改为 bigsql，输入 1 来进行更改，参见图 21.14。

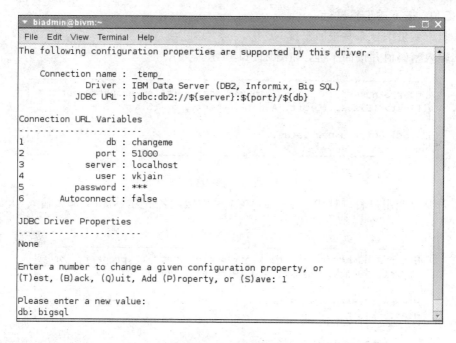

图 21.14　更改数据库名

再次检查变量设置，验证是否已更改。

进行所有必要的更改后，变量应该反映环境的准确值。以下是为 bigsql 用户的账户（密码为 hina）创建的连接示例，该连接将连接到本地主机服务器端口为 51 000 处、名为 bigsql 的数据库，如图 21.15 所示。

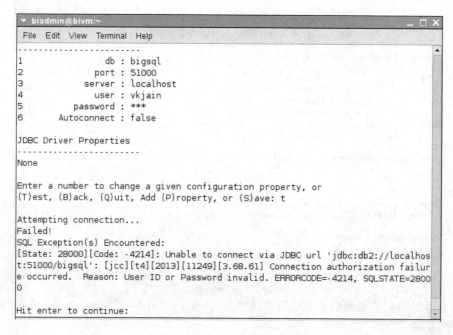

图 21.15　创建连接的示例

⑥ 输入 t 来测试配置，如图 21.16 所示。

```
[State: 28000][Code: -4214]: Unable to connect via JDBC url 'jdbc:db2://localhos
t:51000/bigsql': [jcc][t4][2013][11249][3.68.61] Connection authorization failur
e occurred.  Reason: User ID or Password invalid. ERRORCODE=-4214, SQLSTATE=2800
0

Hit enter to continue:
```

图 21.16　输入 t 来测试配置

从以上的截图中看到了一个错误提示，其原因是我们更改了用户名，以下给出解释：

Big SQL 数据库在安装 BigInsights 时已被定义，默认为 biadmin。另外，Big SQL 数据库的管理员账户也在安装时被定义。这个账户对 Big SQL 有一个 SECADM(安全管理)权限，默认情况下，用户账号为 biadmin。

⑦ 输入 t 来测试配置。再次将用户名改为 bigsql。

⑧ 验证测试成功，按回车键，参见图 21.17。

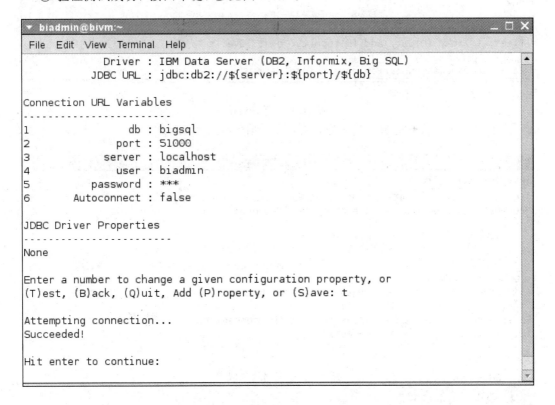

图 21.17　再次输入 t 来测试配置

⑨ 保存连接。输入 s，为连接提供一个名字(如 bigsql-admin)，然后按回车键，参见图 21.18。

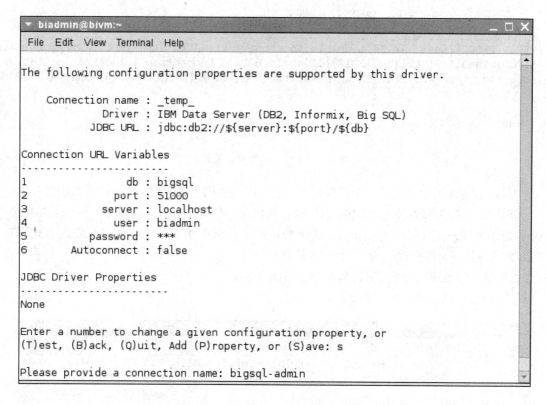

图 21.18　保存连接

⑩ 最后，在提示下退出连接向导，输入 q，如图 21.19 所示。

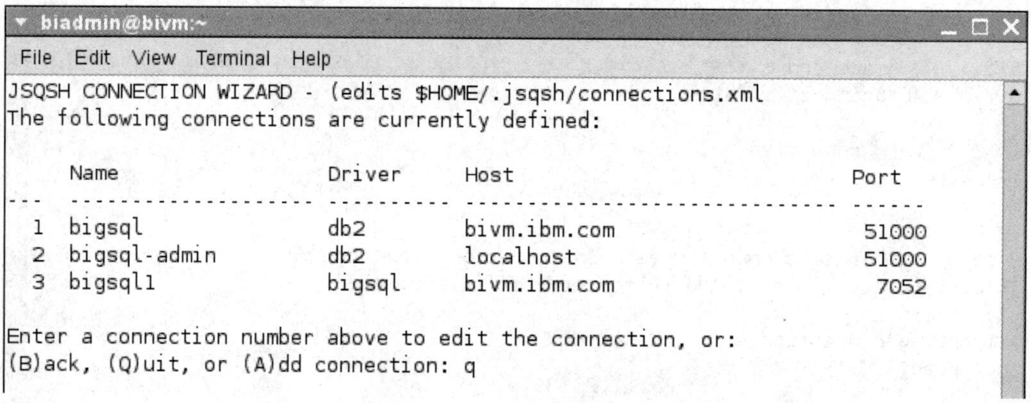

图 21.19　退出连接向导

4. 获得 JSqsh 的帮助

要获得 JSqsh 的帮助，我们可以按下述步骤进行：

步骤 1　不用任何参数，从终端启动 JSqsh Shell。

　　　$ JSQSH_HOME/bin/jsqsh

步骤 2　验证是否出现 1> 的命令提示符，如图 21.20 所示。

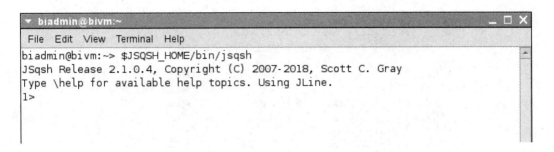

图 21.20　启动 JSqsh 并验证命令提示符是否出现

步骤 3　输入\help 来显示可利用的帮助目录的清单，参见图 21.21。

```
1> \help
Available help categories. Use "\help <category>" to display topics within that
category
+-----------+-----------------------------------------------+
| Category  | Description                                   |
+-----------+-----------------------------------------------+
| commands  | Help on all avaiable commands                 |
| vars      | Help on all avaiable configuration variables  |
| topics    | General help topics for jsqsh                 |
+-----------+-----------------------------------------------+
1>
```

图 21.21　帮助目录清单

步骤 4　或者，输入\help commands 命令来显示有关受支持的命令的帮助。初始屏幕上显示部分受支持的命令的列表。

步骤 5　按空格键来显示下一页，或按 q 来退出显示帮助信息。

步骤 6　输入 quit 来退出 JSqsh Shell。

21.2.4　发送 JSqsh 命令以及进行 Big SQL 查询

本小节，我们将执行一些简单的 JSqsh 命令以及一些 Big SQL 查询，这样可以进一步熟悉 JSqsh Shell 的使用。步骤如下：

步骤 1　启动 JSqsh Shell，在命令行上指定连接名来连接 Big SQL 服务器。当出现提示时，输入密码。执行如下命令：

$ JSQSH_HOME/bin/jsqshbigsql

步骤 2　输入\show tables - e，来更多地一次显示关于所有可用的表的基本信息。输出结构将与下面显示的结果类似，但具体信息会因环境中可用的表而异。按空格键继续滚动，或按 q 停止滚动，如图 21.22 所示。

```
[bivm.ibm.com][bigsql] 1> \show tables -e
+-----------+-------------+------------+------------+
| TABLE_CAT | TABLE_SCHEM | TABLE_NAME | TABLE_TYPE |
+-----------+-------------+------------+------------+
| [NULL]    | BIGSQL      | SUB1       | TABLE      |
| [NULL]    | BIGSQL      | SUB2       | TABLE      |
| [NULL]    | BIGSQL      | SUB3       | TABLE      |
| [NULL]    | BIGSQL      | TEST1      | TABLE      |
| [NULL]    | BIGSQL      | TEST2      | TABLE      |
| [NULL]    | BIGSQL      | TEST3      | TABLE      |
+-----------+-------------+------------+------------+
[bivm.ibm.com][bigsql] 1>
```

图 21.22 显示所有可用的表的基本信息

步骤 3 创建一个简单的 Hadoop 表，执行下述代码，其结果如图 21.23 所示。

```
create hadoop table test1 (col1 int, col2 varchar(5));
```

```
[bivm.ibm.com][bigsql] 1> create hadoop table test1 (col1 int, col2 varchar(5));
0 rows affected (total: 19.78s)
```

图 21.23 创建一个简单的 Hadoop 表的示例

由于没有为表指定模式名，因此将以默认的模式创建，创建用户名，这相当于：

```
create hadoop table yourID. test1(col1 int, col2 varchar(5));
```

其中，yourID 是用户名。

注 1：我们有意为本节创建一个非常简单的 Hadoop 表，以便可以专注使用 JSqsh。在后面的模块中，我们将了解有关 Big SQL 支持的 CREATE TABLE 选项的更多信息。例如，将了解 CREATE TABLE 的 LOCATION 子句。在这些示例中，省略 LOCATION 时，这些表的默认的 Hadoop 的目录位于/biginsights/ hive/warehouse/＜schema＞. db/＜table＞中。

注 2：如果不存在 testschema，Big SQL 3.0 运行具有适当权限的用户通过发出诸如 create schema 之类的命令来创建自己的模式。

注 3：授权用户可以根据需要在该框架中创建表。此外，用户还可以用不同的模式创建表，如果它不存在，那么它将被隐式地创建。

步骤 4 用\tables use 命令显示所有用户表（避免视图和系统表）。注意，用这个命令还可能看到由其他用户定义的表，但没有权限来查询它们。执行下面命令：

```
\tables user
```

步骤 5 如果输出包含了太多的来自于其他用户的表，则可以使用命令\rable -s BIADMIN指定模式来缩小结果的范围。模式的名字以大写形式提供，因为它直接用于过滤表的清单。执行如下命令：

```
\tables -s BIADMIN
```

步骤 6 尝试在表中插入行，执行下面命令，其结果如图 21.24 所示。

```
insert into test1 values(1, 'one');
```

```
[bivm.ibm.com][bigsql] 1> insert into test1 values(1,'one');
0 rows affected (total: 6.88s)
```

图 21.24　在表中增加一行的示例

INSERT 语句(INSERT INTO ... VALUES ...)的这种形式仅用于测试目的,因为该操作不会在集群上并行化执行。要以采用并行处理的方式填充表的数据,请使用 Big SQL LOAD 命令、INSERT INTO ... SELECT FORM 语句或 CREATE TABLE AS ... SELECT 语句。

步骤 7 要查看表的元数据,以大写形式的全部限定来使用\describe 命令。采用下述代码,其结果如图 21.25 所示。

\describe BIGSQL. TEST1

```
[bivm.ibm.com][bigsql] 1> \describe BIGSQL.TEST1
+--------------+--------------+--------------+--------------+----------------+--------------+
| TABLE_SCHEM  | COLUMN_NAME  | TYPE_NAME    | COLUMN_SIZE  | DECIMAL_DIGITS | IS_NULLABLE  |
+--------------+--------------+--------------+--------------+----------------+--------------+
| BIGSQL       | COL1         | INTEGER      |          10  |              0 | YES          |
| BIGSQL       | COL2         | VARCHAR      |           5  |         [NULL] | YES          |
+--------------+--------------+--------------+--------------+----------------+--------------+
[bivm.ibm.com][bigsql] 1>
```

图 21.25　\describe 命令的大写形式示例

步骤 8 可以直接向系统查询该表的元数据(可选项),执行如下代码:

select tabschema, colname, colno, typename, length

from syscat. columns

where tabschema = USER and tabname='TEST1';

还可以在 JSqsh Shell 的多行中进行分割查询。无论何时按回车键,Shell 都会提供另一行让我们继续执行命令的 SQL 语句。分号或 go 命令会导致 SQL 语句执行。执行上述代码,其结果如图 21.26 所示。

```
[bivm.ibm.com][bigsql] 1> select tabschema,colname,colno,typename,length
[bivm.ibm.com][bigsql] 2> from syscat.columns
[bivm.ibm.com][bigsql] 3> where tabschema = USER and tabname='TEST1';
+-----------+----------+---------+-----------+---------+
| TABSCHEMA | COLNAME  | COLNO   | TYPENAME  | LENGTH  |
+-----------+----------+---------+-----------+---------+
| BIGSQL    | COL1     |      0  | INTEGER   |      4  |
| BIGSQL    | COL2     |      1  | VARCHAR   |      5  |
+-----------+----------+---------+-----------+---------+
2 rows in results(first row: 0.7s; total: 0.7s)
[bivm.ibm.com][bigsql] 1>
```

图 21.26　直接从系统查询表的元数据的代码示例

需要注意的是,syscat. columns 是通过 Big SQL 服务为我们提供自动维护系统目录数据的许多视图之一。

注意: 我们在这些查询中使用了大写的表名,并且使用了 describe 命令,这是因为表和列名在系统目录表使用了大写。

步骤 9　发出限定返回 5 行的查询。例如，从 syscat. tables 中选择前 5 行，执行下述代码，其结果如图 21.27 所示。

```
select tabschema, tabname from syscat. tables fetch first 5 rows only;
```

```
[bivm.ibm.com][bigsql] 1> select tabschema,tabname from syscat.tables fetch first 5 rows only;
+-----------+---------+
| TABSCHEMA | TABNAME |
+-----------+---------+
| BIGSQL    | SUB1    |
| BIGSQL    | SUB2    |
| BIGSQL    | SUB3    |
| BIGSQL    | TEST1   |
| BIGSQL    | TEST2   |
+-----------+---------+
5 rows in results(first row: 0.5s; total: 0.5s)
[bivm.ibm.com][bigsql] 1>
```

图 21.27　限定查询示例

限定返回查询的行数在处理大数据时是非常有用的一种开发技术。

步骤 10　试验 JSqsh 支持管道输出到外部程序的功能。在命令 Shell 中输入以下两行内容：

```
select tabschema, tabname from syscat. tables
```

```
go | more
```

第二行的 go 语句会导致第一行的查询被执行（请注意，在第一行的 SQL 查询末尾没有分号，分号是 Big SQL 的 JSqsh go 命令的简写）。|more 子句会导致通过运行查询得到的输出，该输出通过 Unix/Linux more 命令来一次显示一个屏幕的内容，其结果应该类似于图 21.28 所示的内容。

```
[bivm.ibm.com][bigsql] 1> select tabschema,tabname from syscat.tables
[bivm.ibm.com][bigsql] 2> go | more
+-----------+--------------------------+
| TABSCHEMA | TABNAME                  |
+-----------+--------------------------+
| BIGSQL    | SUB1                     |
| BIGSQL    | SUB2                     |
| BIGSQL    | SUB3                     |
| BIGSQL    | TEST1                    |
| BIGSQL    | TEST2                    |
| BIGSQL    | TEST3                    |
| BIGSQL    | TEST4                    |
| CHANGEME  | TEST1                    |
| MYSQL     | MYDATA                   |
| MYSQL     | TEST1                    |
| SYSCAT    | ATTRIBUTES               |
| SYSCAT    | AUDITPOLICIES            |
| SYSCAT    | AUDITUSE                 |
| SYSCAT    | BUFFERPOOLDBPARTITIONS   |
| SYSCAT    | BUFFERPOOLEXCEPTIONS     |
| SYSCAT    | BUFFERPOOLNODES          |
| SYSCAT    | BUFFERPOOLS              |
| SYSCAT    | CASTFUNCTIONS            |
| SYSCAT    | CHECKS                   |
```

图 21.28　显示整屏的内容

因为这个例子的显示超过了 400 行，所以按 q 退出时会显示下面的结果，返回到 JSqsh Shell。

步骤 11　验证 JSqsh 具有将输出重新定向本地文件中的能力，而不是控制台显示。在命令 Shell 中输入以下内容，根据环境需要调整第二行的路径信息：

> select tabschema, colname, colno, typename, length
>
> from syscat. columns
>
> where tabschema ＝ USER and tabname='TEST1 '
>
> go＞ $ HOME/test1. out

本例的第一行显示的查询输出指向用户主目录的输出文件 test1. out。上述代码的运行结果如图 21. 29 所示。

```
[bivm.ibm.com][bigsql] 1>
[bivm.ibm.com][bigsql] 2> select tabschema,colname,colno,typename,length
[bivm.ibm.com][bigsql] 3> from syscat.columns
[bivm.ibm.com][bigsql] 4> where tabschema = USER and tabname='TEST1'
[bivm.ibm.com][bigsql] 5> go > $HOME/test1.out
2 rows in results(first row: 0.2s; total: 0.3s)
[bivm.ibm.com][bigsql] 1>
```

图 21. 29　输出重新定向能力的代码示例

步骤 12　退出 Shell 并查看输出文件，执行下述代码，其结果如图 21. 30 所示。

> cat $ HOME/test1. out

```
biadmin@bivm:~> cat $HOME/test1.out
+-----------+---------+-------+----------+--------+
| TABSCHEMA | COLNAME | COLNO | TYPENAME | LENGTH |
+-----------+---------+-------+----------+--------+
| BIGSQL    | COL1    |     0 | INTEGER  |      4 |
| BIGSQL    | COL2    |     1 | VARCHAR  |      5 |
+-----------+---------+-------+----------+--------+
biadmin@bivm:~>
```

图 21. 30　退出 Shell 并查看输出文件

步骤 13　使用包含要被执行的 Big SQL 命令的输入文件来调用 JSqsh。按下述步骤使用 JSqsh。

① 在 Unix/Linux 命令行，使用任何可用的编辑器在名为 test1. sql 的本地目录中来创建一个新文件。例如，输入以下命令：

> vi test. sql

或在 suselinux 中输入

> gedittest. sql

② 将下面的 2 个查询添加到上述文件中：

> select tabschema, tabname from syscat. tables fetch first 5 rows only;
>
> select tabschema, colname, colno, typename, length

　　　from syscat. columns

　　　fetch first 10 rows only；

　　③ 保存文件（按"ESC"键退出 INSERT 模式，然后输入 wq），并返回到命令行。

　　④ 调用 JSqsh，指示它连接到 Big SQL 数据库，并执行刚刚在脚本中创建的内容：

　　　$ JSQSH_HOME/bin/jsqshbigsql-Pbiadmin＜test. sql

　　⑤ 检查输出。正如我们将看到的，JSqsh 执行每个指令并显示其输出，部分结果如图 21. 31 所示。

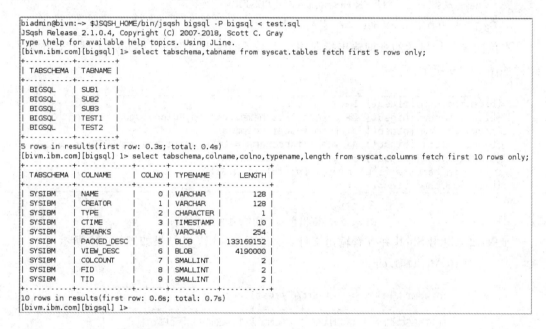

```
biadmin@bivm:~> $JSQSH_HOME/bin/jsqsh bigsql -P bigsql < test.sql
JSqsh Release 2.1.0.4, Copyright (C) 2007-2018, Scott C. Gray
Type \help for available help topics. Using JLine.
[bivm.ibm.com][bigsql] 1> select tabschema,tabname from syscat.tables fetch first 5 rows only;
+------------+------------+
| TABSCHEMA  | TABNAME    |
+------------+------------+
| BIGSQL     | SUB1       |
| BIGSQL     | SUB2       |
| BIGSQL     | SUB3       |
| BIGSQL     | TEST1      |
| BIGSQL     | TEST2      |
+------------+------------+
5 rows in results(first row: 0.3s; total: 0.4s)
[bivm.ibm.com][bigsql] 1> select tabschema,colname,colno,typename,length from syscat.columns fetch first 10 rows only;
+------------+-------------+-------+-----------+-----------+
| TABSCHEMA  | COLNAME     | COLNO | TYPENAME  | LENGTH    |
+------------+-------------+-------+-----------+-----------+
| SYSIBM     | NAME        |     0 | VARCHAR   |       128 |
| SYSIBM     | CREATOR     |     1 | VARCHAR   |       128 |
| SYSIBM     | TYPE        |     2 | CHARACTER |         1 |
| SYSIBM     | CTIME       |     3 | TIMESTAMP |        10 |
| SYSIBM     | REMARKS     |     4 | VARCHAR   |       254 |
| SYSIBM     | PACKED_DESC |     5 | BLOB      | 133169152 |
| SYSIBM     | VIEW_DESC   |     6 | BLOB      |   4190000 |
| SYSIBM     | COLCOUNT    |     7 | SMALLINT  |         2 |
| SYSIBM     | FID         |     8 | SMALLINT  |         2 |
| SYSIBM     | TID         |     9 | SMALLINT  |         2 |
+------------+-------------+-------+-----------+-----------+
10 rows in results(first row: 0.6s; total: 0.7s)
[bivm.ibm.com][bigsql] 1>
```

图 21. 31　JSqsh 执行每个指令并显示其输出

　　步骤 14　清除数据库，执行下面命令：

　　　$ JSQSH_HOME/bin/jsqshbigsql

　　　drop table test1；

21. 3　使用 Eclipse 处理 Big SQL

　　我们可以使用恰当版本的 Eclipse（4. 2. 2 版本）和一些额外的软件来执行 Big SQL 查询。Eclipse 具有查询结果和易于以阅读的方式进行格式化的优点。查询通常以项目中的脚本进行组织。

　　本节我们将介绍以下内容：

　　（1）配置 Eclipse 来处理 Big SQL。

　　（2）创建一个连接到 Big SQL 3. 0 服务器的连接。

　　（3）创建项目和 Big SQL 脚本。

　　（4）执行 Big SQL 查询。

21.3.1　启动 Web 控制台验证 BigInsights 服务的开启和运行

按照以下步骤启动 Web 控制台，来验证 BigInsights 服务的开启和运行：

步骤 1　选择 Start BigInsights 图标来启动所有服务。另一方法是可以打开终端窗口并执行命令：$ BIGINSIGHTS_HOME/bin/start-all.sh。

步骤 2　验证所有要求的服务启动并运行，包括 Big SQL。按下述步骤进行验证：

① 启动 BigInsights Web 控制台，或直接浏览 http：//bivm.ibm.com：8080，或选择桌面上的 Web 控制台图标。

② 使用用户名和密码登录。

③ 单击 Cluster Status 选项卡来查询正在运行的服务，如图 21.32 所示。本节不需要激活 Monitoring(监视)和 Alert(报警)服务。

图 21.32　查询正在运行的服务

21.3.2　在 Eclipse 中创建一个 Big SQL 连接

某些任务要求与 BigInsights 集群中的 Big SQL 服务器进行实时连接。本小节将介绍如何定义一个 JDBC 连接与你的 Big SQL 服务器连接。

如果使用 Quick Start Edition VMware 镜像进行工作，那么本小节是可选学的。因该镜像已预先配置了一个 Big SQL 连接；否则，按下述步骤进行：

步骤 1　用桌面上的这个图标启动 Eclipse，参见图 21.33。

图 21.33　Eclipse 图标

步骤 2　在提示下接受默认的工作区名称，参见图 21.34。

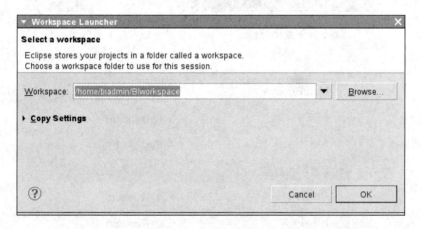

图 21.34　工作区名称设置

步骤 3　验证工作区名称是否如图 21.35 所示。

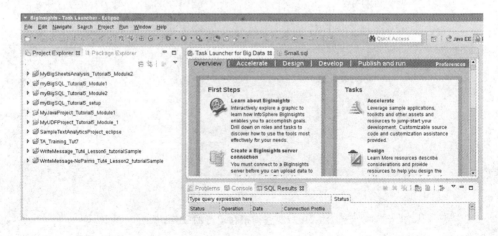

图 21.35　验证工作区名称

步骤 4　打开数据库开发视图。Window->Open Perspective->Other->Database Development，如图 21.36 所示。

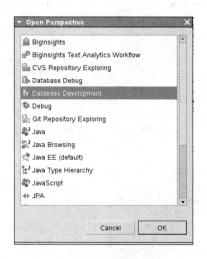

图 21.36　数据库开发视图

步骤 5　在 Data Source Explorer 窗口，右击 Database Connections->Add Repository，如图 21.37 所示。

在 New Connection Profile 菜单上（参见图 21.38），选择 Big JDBC Driver。为环境输入恰当的连接信息，包括主机名、端口号（默认情况下为 51 000）、用户 ID 和密码。在顶端验证选择了正确的 JDBC 驱动程序。

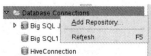

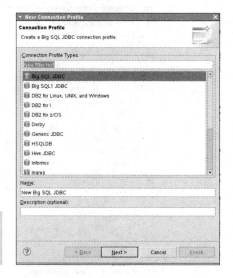

图 21.37　Add Repository 菜单　　图 21.38　选择 Big JDBC Driver

步骤 6　单击 Next 按钮，以进入下一步（参见图 21.39）。

我们将看到一个汇总表，如图 21.40 所示。

　　　　图 21.39　设置连接参数　　　　　　　　　图 21.40　新连接信息汇总表

　　步骤 7　查看显示的信息包含了 BigInsights Quick Start Edition VMware 镜像（V3.0）的信息，如图 21.41 所示。

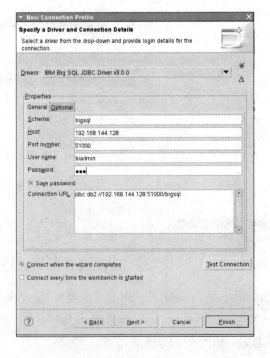

图 21.41　查看设置信息

步骤 8　单击 Optional 选项卡下的 Properties 标题，展开其他允许用户将更多属性添加到这个连接的菜单。

步骤 9　在 Property 字段，输入 retriveMessagesFromServerOnGetMessage。在 Value 字段，输入 true。

步骤 10　单击 Add。验证屏幕是否如图 21.42 所示：

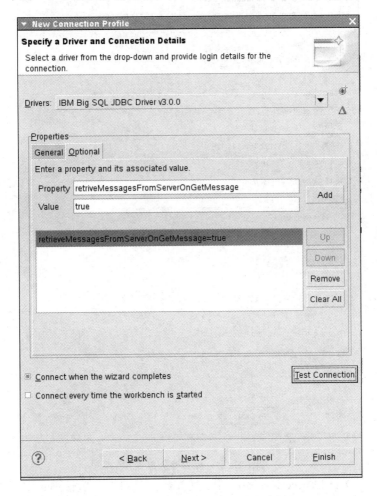

图 21.42　单击 Add 后出现的向导提示信息

点击 Test Connection 按钮，检测是否可以连接，如图 21.43 所示。

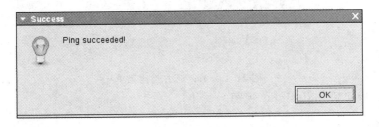

图 21.43　测试是否连接

步骤 11　再次单击 General 选项卡，单击 Test connection 按钮，并验证是否成功地连接到目标 Big SQL 服务器上。

步骤 12　单击 Save password 框和 Finish 框，如图 21.44 所示。

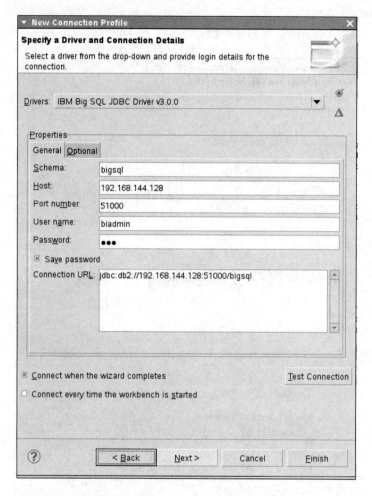

图 21.44　保存并完成操作

步骤 13　在 Data Source Explorer 中，展开数据源列表并验证 Big SQL 连接，是否如图 21.45 所示。

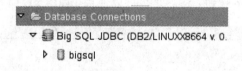

图 21.45　Big SQL 连接菜单

步骤 14　返回到 BigInsights 视图。

21.4   创建项目和 SQL 脚本文件

我们可以创建 Big SQL 脚本文本，并在 InfoSphere BigInsights Eclipse 环境上运行。其创建过程如下：

步骤 1   在 Eclipse 上创建一个 BigInsights 项目。从 Eclipse 菜单上单击 File->New->Other，如图 21.46 所示。

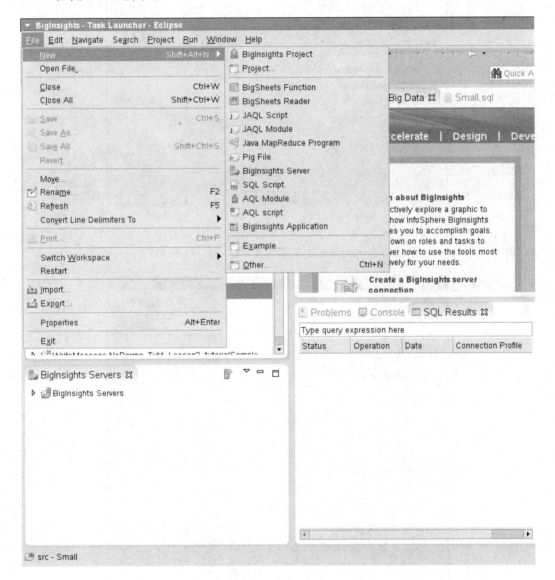

图 21.46   Eclipse 主界面

步骤 2   在 Select a wizard 窗口（参见图 21.47），展开 BigInsights 文件夹，选择 BigInsights Project，然后单击 Next 按钮。

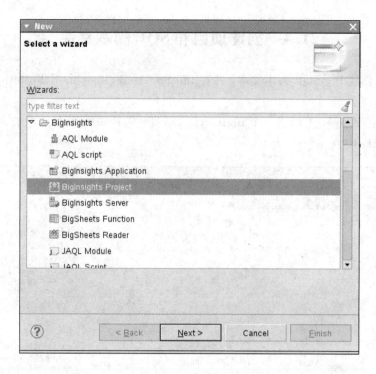

图 21.47　Select a wizard 窗口

在 Project name 字段输入 myBigSQL（参见图 21.48），然后单击 Finish 按钮。

图 21.48　Project name 字段输入窗口

如果尚未处于 BigInsights 视图中，则会打开 Switch to BigInsightsprespective 窗口。单击 Yes 来切换到 BigInsights 视图。

步骤 3　创建一个 SQL 脚本文件。按下述步骤进行：

① 从 Eclipse 菜单条，单击 File->New->Other。

② 在 Select a wizard 窗口，展开 BigInsights 文件夹，并选择 SQL Script，然后单击 Next 按钮，如图 21.49 所示。

③ 在 New SQL File 窗口，进入或选择 parent folder 字段，选择 myBigSQL。你的新 SQL 文件存储在这个项目文件夹中。

④ 在 File name 字段，输入 aFirstFile（参见图 21.50）。sql 文件的扩展名是自动加上的。

⑤ 单击 Finish 按钮。

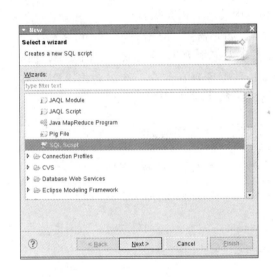
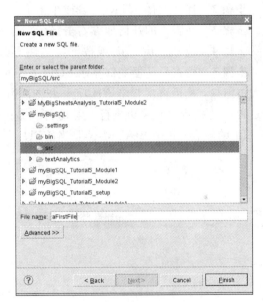

图 21.49　Select a wizard 窗口下的 New 窗口　　　图 21.50　New SQL File 窗口的 File name 字段输入

步骤 4　在 Select Connection Profile 窗口，选择 Big SQL connection。所选择的连接的属性显示在了 Properties 字段。当选择 Big SQL 连接时，Big SQL 指定数据库的上下文帮助和语法检查在编辑器中被激活，编辑器用于编辑用户的 SQL 文件。

步骤 5　单击 Finish 按钮，关闭选择的 Connection Profile 窗口。

步骤 6　在打开所创建的 aFirstFile.sql 的 SQL 文件的 SQL 编辑器中，添加 Big SQL 注释。文件中的某些行在文本的前面包含两个破折号，这些破折号将文本标记为注释行。注释行不是已处理的代码的一部分。在编写代码时，对代码进行注释是非常有用的，因为使用某些语句的原因是让所有使用该文件的人都能够明白其中的含义。

步骤 7　使用键盘的 CTRL＋S 键保存 aFirstFile.sql。

21.5　创建并执行查询

现在，我们已经准备好了将某些 Big SQL 语句添加到我们所创建的空脚本文件中。一旦添加了某些语句，我们将要执行它们并检查其结果。按下述步骤创建并执行查询：

步骤 1　将以下语句拷贝到我们先前创建的 SQL 脚本文件中：

```
create hadoop table test1(col1 int, col2 varchar(5));
```

由于我们不能对这个表指定一个模式名，它是在默认的模式下创建的，因此其模式名是我们的用户名，这等价于：

```
create hadoop table biadmin. test1(col1 int, col2 varchar(5));
```

其中，biadmin 是当前的用户名。

步骤 2　保存文件(CTRL＋S 或单击 File->Save)。

步骤 3　在脚本的任何地方右击鼠标来显示选项菜单。

步骤 4　选择 Run SQL 或按 F5，这将导致脚本中的所有语句执行。

步骤 5　检查显示器底部显示 SQL 结果的窗口。如果需要，双击 SQL Results 选项卡放大该窗口，然后再次双击该选项卡来将该窗口恢复为正常大小(参见图 21.51)。验证语句是否成功执行，若成功执行，则我们的 Big SQL 数据库现在包含一个名为 BIADMIN. TEST1 的新表，其中 BIADMIN 是当前用户名。请注意，模式和表明已变成大写。

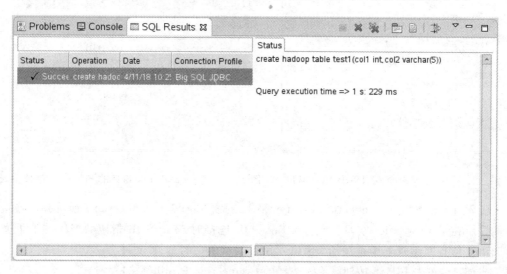

图 21.51　SQL Results 选项卡

对于本小节的其余部分，单独执行的 SQL 语句，每条突出显示，然后按 F5 键。当我们使用多条语句开发 SQL 脚本时，通常最好是逐条测试，以验证每条语句是否预期进行工作。

步骤 6　从我们的 Eclipse 项目中查询 test1 表中的系统元数据，执行下述代码：

```
select tabschema, colname, colno, typename, length
fromsyscat. columns where tabschema = USER and tabname='TEST1';
```

在这种情况下，我们应知道，syscat.colums 是通过 Big SQL 服务自动维护系统目录数据的视图提供者之一。

步骤 7　检查 SQL Results(参见图 21.52)，验证查询是否执行成功，并单击 Result 选项卡来查看其输出。

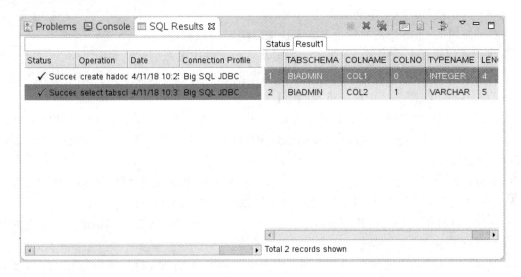

图 21.52　在 SQL Results 选项卡上查看执行是否成功

步骤 8　清除我们在数据库上所创建的项目。

    drop table test1;

步骤 9　保存我们创建的文件。如果需要，请将其打开以执行后续的语句。

现在我们已经设置了 Eclipse 环境，并了解了如何创建 SQL 脚本以及执行查询，已经准备好了应用 Big SQL 开发更为复杂的应用程序。在下一节中，我们将以自己的模式创建一些表，并使用 Eclipse 查询它们。

21.6　查询 Big SQL 的结构化数据

在本节，我们将执行 Big SQL 对存储在 Hadoop 中的调查数据进行查询。Big SQL 基于 ISO SQL 标准对 SQL 提供了广泛的支持，可以使用 JDBC 或 ODBC 驱动程序进行查询，访问存储在 InfoSphere BigInsights 的数据，这与我们以同样的方式通过应用程序访问关系数据库相同。多个查询可以同时执行，SQL 查询引擎支持连接、联合、分组、常用表达式、窗口函数以及其他熟悉的 SQL 表达式。

在本小节，我们将使用一家虚构公司的销售数据，该公司销售和分销户产品给第三方零售店，并通过其在线商店直接面向消费者。数据保存在一系列 FACT 和 DIMENSION 表中，这在关系数据仓库环境中很常见。下面我们将介绍如何创建、填充和查询星级模式数据集的子集，从而调查公司的绩效和产品。

请注意，BigInsights 提供创建和填充的脚本超过了 60 个表，这 60 多个表构成了 GOSALESDW 示例数据库。

我们将学习如下内容：

（1）使用 Hadoop 的文本文件以及 Parquet 文件格式创建 Big SQL 表。

（2）用本地文件以及查询结果填充 Big SQL 表。

（3）使用项目、约束、连接、统计以及其他常见的表达式查询 Big SQL 表。

（4）基于对 Big SQL 表创建和查询视图。

（5）使用 Eclipse 创建并运行 Big SQL 的 JDBC 应用程序。

我们将创建几个示例表，并将示例数据从本地文件中装载到这些表中。

首先，我们确定本地文件系统中的示例数据的位置并对其做一个标记。之后当使用 LOAD 命令时，将需要使用这个指定的路径。

注意：本节中的后续示例假设我们的示例数据位于/opt/ibm/biginsights/bigsql/samples/data 目录，这是数据在 BigInsights VMware 镜像上的位置，它是典型 BigInsights 安装的默认位置。

另外，/opt/ibm/biginsights/bigsql/samples/querise 目录包含 SQL 脚本，该脚本包括用于本节的 CREATE TABLE、LOAD 和 SELECT 语句以及其他语句。

其次，在此模式中创建几个表，每次一个表执行以下 CREATE TABLE 语句，并验证每次执行是否成功。

最后，我们将以此模式创建几个表，依次执行如下的 CREATE TABLE 语句，并验证每次是否成功。下面学习以下代码并输入这些代码行。

（1）创建区域信息的维度表（Dimension table for region info）：

```
CREATE HADOOP TABLE IF NOT EXISTS go_region_dim(country_key INT
NOT NULL, country_code INT NOT NULL, flag_image VARCHAR(45),
iso_three_letter_codeVARCHAR(9) NOT NULL,
iso_two_letter_codeVARCHAR(6)
NOT NULL, iso_three_digit_code VARCHAR(9) NOT NULL, region_key INT
NOTNULL, region_codeINT NOT NULL, region_en VARCHAR(90) NOT NULL,
country_enVARCHAR(90) NOTNULL, region_de VARCHAR(90), country_de
VARCHAR(90), region_fr VARCHAR(90), country_fr VARCHAR(90), region_ja
VARCHAR(90), country_jaVARCHAR(90), region_cs VARCHAR(90), country_cs
VARCHAR(90), region_da VARCHAR(90), country_da VARCHAR(90), region_el
VARCHAR(90), country_el VARCHAR(90), region_es VARCHAR(90), country_es
VARCHAR(90), region_fi VARCHAR(90), country_fi VARCHAR(90), region_hu
VARCHAR(90), country_hu VARCHAR(90), region_id VARCHAR(90), country_id
VARCHAR(90), region_it VARCHAR(90), country_it VARCHAR(90), region_ko
VARCHAR(90), country_ko VARCHAR(90), region_msVARCHAR(90), country_ms
VARCHAR(90), region_nl VARCHAR(90), country_nl VARCHAR(90), region_no
VARCHAR(90), country_no VARCHAR(90), region_pl VARCHAR(90), country_pl
VARCHAR(90), region_pt VARCHAR(90), country_pt VARCHAR(90), region_ru
VARCHAR(90), country_ru VARCHAR(90), region_sc VARCHAR(90), country_sc
VARCHAR(90), region_sv VARCHAR(90), country_sv VARCHAR(90), region_tc
VARCHAR(90), country_tc VARCHAR(90), region_th VARCHAR(90), country_th
```

VARCHAR(90)) ROW FORMAT DELIMITED FIELDS TERMINATED BY '\t'

LINES TERMINATED BY '\n' STORED AS TEXTFILE；

输入以下代码并执行：

```
\describe go_region_dim
```

执行代码后，查看如图 21.53 所示的表结构。

```
[bivm.ibm.com][bigsql] 1> \describe go_region_dim
+------------+----------------------+-----------+-------------+----------------+-------------+
| TABLE_SCHEM | COLUMN_NAME         | TYPE_NAME | COLUMN_SIZE | DECIMAL_DIGITS | IS_NULLABLE |
+------------+----------------------+-----------+-------------+----------------+-------------+
| BIGSQL     | COUNTRY_KEY          | INTEGER   | 10          | 0              | NO          |
| BIGSQL     | COUNTRY_CODE         | INTEGER   | 10          | 0              | NO          |
| BIGSQL     | FLAG_IMAGE           | VARCHAR   | 45          | [NULL]         | YES         |
| BIGSQL     | ISO_THREE_LETTER_CODE | VARCHAR  | 9           | [NULL]         | NO          |
| BIGSQL     | ISO_TWO_LETTER_CODE  | VARCHAR   | 6           | [NULL]         | NO          |
| BIGSQL     | ISO_THREE_DIGIT_CODE | VARCHAR   | 9           | [NULL]         | NO          |
| BIGSQL     | REGION_KEY           | INTEGER   | 10          | 0              | NO          |
| BIGSQL     | REGION_CODE          | INTEGER   | 10          | 0              | NO          |
| BIGSQL     | REGION_EN            | VARCHAR   | 90          | [NULL]         | NO          |
| BIGSQL     | COUNTRY_EN           | VARCHAR   | 90          | [NULL]         | NO          |
| BIGSQL     | REGION_DE            | VARCHAR   | 90          | [NULL]         | YES         |
| BIGSQL     | COUNTRY_DE           | VARCHAR   | 90          | [NULL]         | YES         |
| BIGSQL     | REGION_FR            | VARCHAR   | 90          | [NULL]         | YES         |
| BIGSQL     | COUNTRY_FR           | VARCHAR   | 90          | [NULL]         | YES         |
| BIGSQL     | REGION_JA            | VARCHAR   | 90          | [NULL]         | YES         |
| BIGSQL     | COUNTRY_JA           | VARCHAR   | 90          | [NULL]         | YES         |
| BIGSQL     | REGION_CS            | VARCHAR   | 90          | [NULL]         | YES         |
| BIGSQL     | COUNTRY_CS           | VARCHAR   | 90          | [NULL]         | YES         |
| BIGSQL     | REGION_DA            | VARCHAR   | 90          | [NULL]         | YES         |
| BIGSQL     | COUNTRY_DA           | VARCHAR   | 90          | [NULL]         | YES         |
| BIGSQL     | REGION_EL            | VARCHAR   | 90          | [NULL]         | YES         |
| BIGSQL     | COUNTRY_EL           | VARCHAR   | 90          | [NULL]         | YES         |
| BIGSQL     | REGION_ES            | VARCHAR   | 90          | [NULL]         | YES         |
| BIGSQL     | COUNTRY_ES           | VARCHAR   | 90          | [NULL]         | YES         |
| BIGSQL     | REGION_FI            | VARCHAR   | 90          | [NULL]         | YES         |
| BIGSQL     | COUNTRY_FI           | VARCHAR   | 90          | [NULL]         | YES         |
| BIGSQL     | REGION_HU            | VARCHAR   | 90          | [NULL]         | YES         |
| BIGSQL     | COUNTRY_HU           | VARCHAR   | 90          | [NULL]         | YES         |
| BIGSQL     | REGION_ID            | VARCHAR   | 90          | [NULL]         | YES         |
| BIGSQL     | COUNTRY_ID           | VARCHAR   | 90          | [NULL]         | YES         |
| BIGSQL     | REGION_IT            | VARCHAR   | 90          | [NULL]         | YES         |
| BIGSQL     | COUNTRY_IT           | VARCHAR   | 90          | [NULL]         | YES         |
| BIGSQL     | REGION_KO            | VARCHAR   | 90          | [NULL]         | YES         |
| BIGSQL     | COUNTRY_KO           | VARCHAR   | 90          | [NULL]         | YES         |
```

图 21.53　查看表结构

（2）创建销售订单的维度表（如 Web、fax）：

CREATE HADOOP TABLE IF NOT EXISTS sls_order_method_dim (

order_method_key INT NOT NULL, order_method_code INT NOT NULL, order_method_enVARCHAR(90) NOT NULL, order_method_de VARCHAR(90)，

order_method_frVARCHAR(90), order_method_ja VARCHAR(90)，

order_method_csVARCHAR(90), order_method_da VARCHAR(90)，

order_method_elVARCHAR(90), order_method_es VARCHAR(90)，

order_method_fiVARCHAR(90), order_method_hu VARCHAR(90)，

order_method_idVARCHAR(90), order_method_it VARCHAR(90)，

order_method_koVARCHAR(90), order_method_ms VARCHAR(90)，

order_method_nlVARCHAR(90), order_method_no VARCHAR(90)，

order_method_plVARCHAR(90), order_method_pt VARCHAR(90)，

order_method_ruVARCHAR(90), order_method_sc VARCHAR(90)，

order_method_svVARCHAR(90), order_method_tc VARCHAR(90)，

order_method_thVARCHAR(90)) ROW FORMAT DELIMITED FIELDS TERMINATED BY '\t'

LINES TERMINATED BY '\n' STORED AS TEXTFILE；

（3）用多种语言查看产品品牌信息：

CREATE HADOOP TABLE IF NOT EXISTS sls_product_brand_lookup （

product_brand_code INT NOT NULL，product_brand_en VARCHAR(90) NOT NULL，product
_brand_de VARCHAR(90)，product_brand_frVARCHAR(90)，

product_brand_jaVARCHAR(90)，product_brand_csVARCHAR(90)，

product_brand_daVARCHAR(90)，product_brand_elVARCHAR(90)，

product_brand_esVARCHAR(90)，product_bran_fiVARCHAR(90)，

product_brand_huVARCHAR(90)，product_brand_id VARCHAR(90)，

product_brand_itVARCHAR(90)，product_brand_ko VARCHAR(90)，

product_brand_msVARCHAR(90)，product_brand_nl VARCHAR(90)，

product_brand_noVARCHAR(90)，product_brand_pl VARCHAR(90)，

product_brand_ptVARCHAR(90)，product_brand_ru VARCHAR(90)，

product_brand_scVARCHAR(90)，product_brand_sv VARCHAR(90)，

product_brand_tcVARCHAR(90)，product_brand_th VARCHAR(90)）

ROW FORMAT DELIMITED FIELDS TERMINATED BY '\t'

LINES TERMINATED BY '\n' STORED AS TEX

（4）查看产品维度表：

CREATE HADOOP TABLE IF NOT EXISTS sls_product_dim （

product_key INT NOT NULL，product_line_code INT NOT NULL，

product_type_key INT NOT NULL，product_type_code INT NOT NULL，

product_number INT NOT NULL，base_product_key INT NOT NULL，

base_product_number INT NOT NULL，product_color_code INT，

product_size_codeINT，product_brand_key INT NOT NULL，product_brand_code INT NOT
NULL，product_image VARCHAR(60)，introduction_date TIMESTAMP，

discontinued_date TIMESTAMP) ROW FORMAT DELIMITED FIELDS TERMINATED BY '\t
'LINES TERMINATED BY '\n' STORED AS TEXTFILE；

（5）用多种语言查看产品线信息表：

CREATE HADOOP TABLE IF NOT EXISTS sls_product_line_lookup （

product_line_code INT NOT NULL，product_line_enVARCHAR(90) NOT NULL，product_line
_deVARCHAR(90)，product_line_fr VARCHAR(90)，product_line_ja VARCHAR(90)，product_
line_cs VARCHAR(90)，product_line_daVARCHAR(90)，

product_line_elVARCHAR(90)，product_line_esVARCHAR(90)，product_line_fi VARCHAR
(90)，product_line_hu VARCHAR(90)，product_line_id

VARCHAR(90)，product_line_it VARCHAR(90)，product_line_ko

VARCHAR(90)，product_line_ms VARCHAR(90)，product_line_nlVARCHAR(90)，product_
line_no VARCHAR(90)，product_line_pl

VARCHAR(90)，product_line_pt VARCHAR(90)，product_line_ru

VARCHAR(90)，product_line_sc VARCHAR(90)，product_line_sv

VARCHAR(90)，product_line_tc VARCHAR(90)，product_line_th

VARCHAR(90)) ROW FORMAT DELIMITED FIELDS TERMINATED BY '\t'

LINES TERMINATED BY '\n' STORED AS TEXTFILE；

（6）查看产品表：

CREATE HADOOP TABLE IF NOT EXISTS sls_product_lookup(

product_number INT NOT NULL, product_language VARCHAR(30) NOT NULL,

product_nameVARCHAR(150) NOT NULL, product_descriptionVARCHAR(765))

ROW FORMAT DELIMITED FIELDS TERMINATED BY '\t '

LINES TERMINATED BY '\n ' STORED AS TEXTFILE;

（7）查看实际销售情况表：

CREATE HADOOP TABLE IF NOT EXISTS sls_sales_fact（order_day_key INT

NOT NULL, organization_key INT NOT NULL, employee_key INT NOT NULL,

retailer_key INT NOT NULL, retailer_site_key INT NOT NULL, product_key

INT NOT NULL, promotion_key INT NOT NULL, order_method_key INT

NOT NULL, sales_order_key INT NOT NULL, ship_day_key INT NOT NULL,

close_day_key INT NOT NULL, quantityINT, unit_cost DOUBLE,

unit_priceDOUBLE, unit_sale_priceDOUBLE, gross_margin DOUBLE,

sale_totalDOUBLE, gross_prodit DOUBLE)

ROW FORMAT DELIMITED FIELDS TERMINATED BY '\t '

LINES TERMINATED BY '\n ' STORED AS TEXTFILE;

（8）实际促销情况表：

CREATE HADOOP TABLE IF NOT EXISTS mrk_promotion_fact（

organization_key INT NOT NULL, order_day_key INT NOT NULL,

rtl_country_key INT NOT NULL, employee_key Int NOT NULL, retailer_key

INT NOT NULL, product_key INT NOT NULL, promotion_key INT NOT NULL,

sales_order_key INT NOT NULL, quantityDOUBLE, unit_cost DOUBLE,

unit_priceDOUBLE, unit_sale_priceDOUBLE, gross_marginDOUBLE, sale_total

DOUBLE, gross_profit DOUBLE)

ROW FORMAT DELIMITED FIELDS TERMINATED BY '\t '

LINES TERMINATED BY '\n ' STORED AS TEXTFILE;

通过执行如下命令，执行的结果如图 21.54 所示，验证所有的表已被创建。

\tables

```
[bivm.ibm.com][bigsql] 1> \tables
+------------+------------------------+------------+
| TABLE_SCHEM | TABLE_NAME            | TABLE_TYPE |
+------------+------------------------+------------+
| BIGSQL      | GO_REGION_DIM          | TABLE      |
| BIGSQL      | MRK_PROMOTION_FACT     | TABLE      |
| BIGSQL      | SLS_ORDER_METHOD_DIM   | TABLE      |
| BIGSQL      | SLS_PRODUCT_BRAND_LOOKUP | TABLE    |
| BIGSQL      | SLS_PRODUCT_DIM        | TABLE      |
| BIGSQL      | SLS_PRODUCT_LINE_LOOKUP | TABLE     |
| BIGSQL      | SLS_PRODUCT_LOOKUP     | TABLE      |
| BIGSQL      | SLS_SALES_FACT         | TABLE      |
| BIGSQL      | SUB1                   | TABLE      |
| BIGSQL      | SUB2                   | TABLE      |
| BIGSQL      | SUB3                   | TABLE      |
| BIGSQL      | TEST2                  | TABLE      |
| BIGSQL      | TEST3                  | TABLE      |
| BIGSQL      | TEST4                  | TABLE      |
+------------+------------------------+------------+
[bivm.ibm.com][bigsql] 1>
```

图 21.54　查看已创建的表

以上已经列出了 8 个新创建的表。

使用文件中提供的示例数据将数据装载到每个表中。每次一个表执行以下每个 LOAD 语句并验证每个表是否成功完成。请记住，更改 SFTP 和指定的文件路径（如果需要）以此来匹配我们的环境。这些语句将返回一条告警信息，提供有关加载的行数等的详细信息。（password 替换为密码，命令设为一行）

```
load hadoop using file url
'sftp://biadmin:password@bivm:22/opt/ibm/biginsights/bigsql/samples/data/
GOSALESDW.GO_REGION_DIM.txt' with SOURCE PROPERTIES ('field.
delimiter'='\t') INTO TABLE GO_REGION_DIM overwrite;

load hadoop using file url
'sftp://biadmin:password@bivm:22/opt/ibm/biginsights/bigsql/samples/data/
GOSALESDW.SLS_ORDER_METHOD_DIM.txt' with SOURCE PROPERTIES ('field.
delimiter'='\t') INTO TABLE SLS_ORDER_METHOD_DIM overwrite;

load hadoop using file url
'sftp://biadmin:password@bivm:22/opt/ibm/biginsights/bigsql/samples/data/
GOSALESDW.SLS_PRODUCT_BRAND_LOOKUP.txt' with SOURCE
PROPERTIES ('field.delimiter'='\t') INTO TABLE
SLS_PRODUCT_BRAND_LOOKUPoverwrite;

load hadoop using file url
'sftp://biadmin:password@bivm:22/opt/ibm/biginsights/bigsql/samples/data/
GOSALESDW.SLS_PRODUCT_DIM.txt' with SOURCE
PROPERTIES ('field.delimiter'='\t') INTO TABLE
SLS_PRODUCT_DIM overwrite;

load hadoop using file url
'sftp://biadmin:password@bivm:22/opt/ibm/biginsights/bigsql/samples/data/
GOSALESDW.SLS_PRODUCT_LINE_LOOKUP.txt' with SOURCE
PROPERTIES ('field.delimiter'='\t') INTO TABLE
SLS_PRODUCT_LINE_LOOKUP overwrite;

load hadoop using file url
'sftp://biadmin:password@bivm:22/opt/ibm/biginsights/bigsql/samples/data/
GOSALESDW.SLS_PRODUCT_LOOKUP.txt' with SOURCE
PROPERTIES ('field.delimiter'='\t') INTO TABLE
SLS_PRODUCT_LOOKUP overwrite;

load hadoop using file url
'sftp://biadmin:password@bivm:22/opt/ibm/biginsights/bigsql/samples/data/
GOSALESDW.SLS_SALES_FACT.txt' with SOURCE
PROPERTIES ('field.delimiter'='\t') INTO TABLE SLS_SALES_FACT overwrite;

load hadoop using file url
'sftp://biadmin:password@bivm:22/opt/ibm/biginsights/bigsql/samples/data/
```

　　　　GOSALESDW. MRK_PROMOTION_FACT. txt ' with SOURCE

　　　　PROPERTIES ('field. delimiter '='\t ') INTO TABLE

　　　　MRK_PROMOTION_FACT overwrite;

　　让我们简要地介绍这些例子中所示的 LOAD 语法。每个示例都使用文件 URL 指定将数据加载到表中,该文件所指定的 URL 依赖于 SFTP 来定位源文件(本例中,它位于本地 VM 上的文件中)。特别是,SFTP 指定了包括有效的用户 ID 和密码(biadmin/password)、目标主机服务器与端口(bivm:22)以及该系统上数据文件的完整路径。请注意,该路径是 Big SQL 服务器(不是 Eclipse 客户端)的本地路径。WITH SOURCE PROPERTIES 子句指定源数据中的字段由制表符('\t ')来分隔。INTO TABLE 子句标识 LOAD 操作的目标表。OVERWRITE 关键字指示任何表中现有的数据将被源文件中包含的数据所替换。(如果用户只想将行添加到表的内容中,则可以用 APPEND 替代。)

　　使用 SFTP(或 FTP)是可以调用 LOAD 命令的一种方法。如果目标数据已经驻留在分布式文件系统中,则可以在指定的文件 URL 中提供 DFS 目录信息。另外,可以通过 JDBC 连接,直接从远程关系数据库管理系统中加载数据。

　　以下我们介绍两个简单的统计。

　　(1) 在 GO_REGION_DIM=21 中找出总行数,执行如下代码,其结果如图 21.55 所示。

　　　　select count(*) from GO_REGION_DIM;

```
[bivm.ibm.com][bigsql] 1> select count(*) from GO_REGION_DIM;
+----+
|  1 |
+----+
| 21 |
+----+
1 row in results(first row: 3.31s; total: 3.33s)
[bivm.ibm.com][bigsql] 1>
```

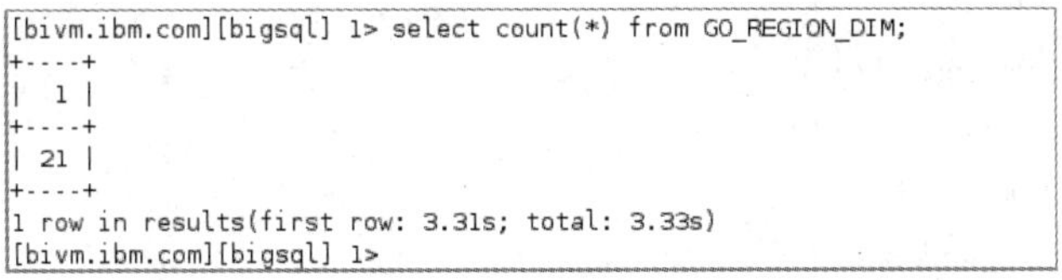

图 21.55　在 GO_REGION_DIM=21 中,找出总行数的代码示例

　　(2) 在 sls_order_method_dim=7 中找出总行数,执行下面代码,其结果如图21.56 所示。

　　　　select count(*) from sls_order_method_dim;

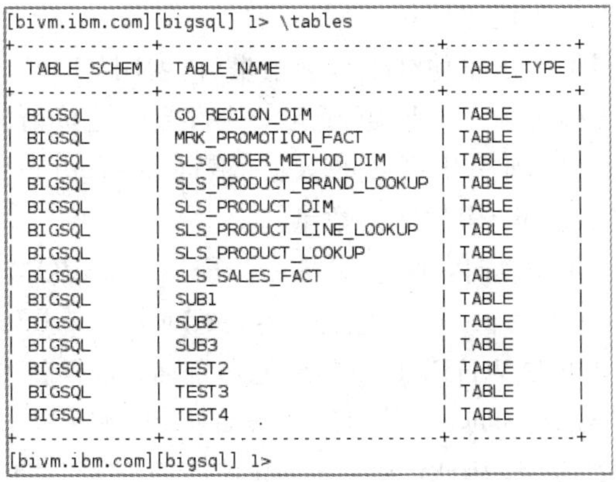

```
[bivm.ibm.com][bigsql] 1> \tables
+-------------+-------------------------+------------+
| TABLE_SCHEM | TABLE_NAME              | TABLE_TYPE |
+-------------+-------------------------+------------+
| BIGSQL      | GO_REGION_DIM           | TABLE      |
| BIGSQL      | MRK_PROMOTION_FACT      | TABLE      |
| BIGSQL      | SLS_ORDER_METHOD_DIM    | TABLE      |
| BIGSQL      | SLS_PRODUCT_BRAND_LOOKUP| TABLE      |
| BIGSQL      | SLS_PRODUCT_DIM         | TABLE      |
| BIGSQL      | SLS_PRODUCT_LINE_LOOKUP | TABLE      |
| BIGSQL      | SLS_PRODUCT_LOOKUP      | TABLE      |
| BIGSQL      | SLS_SALES_FACT          | TABLE      |
| BIGSQL      | SUB1                    | TABLE      |
| BIGSQL      | SUB2                    | TABLE      |
| BIGSQL      | SUB3                    | TABLE      |
| BIGSQL      | TEST2                   | TABLE      |
| BIGSQL      | TEST3                   | TABLE      |
| BIGSQL      | TEST4                   | TABLE      |
+-------------+-------------------------+------------+
[bivm.ibm.com][bigsql] 1>
```

图 21.56　在 sls_order_method_dim=7 中,找出总行数的代码示例

21.7　查询 Big SQL 的数据与从 BigSheets 导出的数据

21.7.1　查询 Big SQL 的数据

现在我们已经建立了足够的基础来查询上述表。依据之前的结果，我们已经可以执行基本的 SQL 操作，包括投影(从表中提取特定的列)和限定(提取符合指定条件的特定行)。让我们来探讨几个稍微复杂点的例子。

本节，我们将创建并执行来自于多个表的联合数据的 Big SQL 查询，同时也进行统计和其他 SQL 操作。

注意：本节中所包括的查询是基于 BigInsights 样例所附带的查询的。

(1) 连接多个表，返回产品名、数量和已售货物的订单方法。为此，执行如下查询：

```
--Fetch the product name, quantity, and order method
--of products sold.
--Query 1
SELECTpnumb. product_name, sales. quantity, meth. order_method_en FROM
sls_sales_fact sales,
sls_product_dim prod,
sls_product_lookuppnumb,
sls_order_method_dim meth
WHERE
pnumb. product_language='EN '
AND sales. product_key=prod. product_key
AND prod. product_number=pnumb. product_number
AND meth. order_method_key=sales. order_method_key;
```

我们已查询了表 MRK_PROMOTION_FACT 中的 pnmb. product_name、sales. Quantity、meth. order_method。

让我们简要地讨论上述查询过程：

来自于 4 个表的数据将用于驱动这个查询结果(请参阅 FROM 子句中被引用的表)。这些表之间的关系通过 3 个指定为 WHERE 子句的一部分的连接谓词来解析，而查询依赖于 3 个等价连接，以过滤来自于所引用的表的数据(谓词如 prod. product=pnumb. product_number，用来帮助缩小匹配两个表的产品数量)。

为了提高可读性，在查询表时，此查询在 SELECT 和 FROM 子句中使用了别名。例如，pnumb. product_name 引用 pnumb，它是 gosalesdw. sls_product_lookup 表的别名。在 FROM 子句中定义后，可以在 WHERE 子句中使用别名，这样就不需要重复完整的表名。

应用谓词和 pnumb. product_language='EN '，帮助进一步缩小输出仅为英语的结果。本数据库包含了多种语言的几千行数据，因此对语言的限定将有助于提供某种程度的优化。

(2) 对查询限定的订单方法修改为一种类型，即仅调用 Sales visit。为此，在分号前添加如下查询谓词：

--Query 2

AND order_method_en='Sales visit'

（3）检查结果，该结果的子集如图 21.57 所示。

```
| TrailChef Water Bag           |     4363 | Sales visit    |
| TrailChef Cook Set            |      937 | Sales visit    |
| TrailChef Utensils            |     1962 | Sales visit    |
| Star Gazer 6                  |       43 | Sales visit    |
| Firefly Lite                  |      718 | Sales visit    |
| Firefly Mapreader             |      925 | Sales visit    |
| Firefly 4                     |      390 | Sales visit    |
| Firefly Extreme               |      204 | Sales visit    |
| EverGlow Single               |      716 | Sales visit    |
| EverGlow Butane               |      170 | Sales visit    |
| Husky Rope 60                 |      171 | Sales visit    |
| Firefly Climbing Lamp         |      191 | Sales visit    |
| Firefly Charger               |      236 | Sales visit    |
| Granite Axe                   |     1470 | Sales visit    |
| Granite Extreme               |     1176 | Sales visit    |
| Husky Harness Extreme         |      990 | Sales visit    |
| Granite Signal Mirror         |      535 | Sales visit    |
| Firefly Climbing Lamp         |      536 | Sales visit    |
| Firefly Charger               |      536 | Sales visit    |
| Firefly Rechargeable Battery  |      536 | Sales visit    |
| Granite Ice                   |      734 | Sales visit    |
| Granite Hammer                |      479 | Sales visit    |
| Granite Shovel                |      377 | Sales visit    |
| Granite Grip                  |     1006 | Sales visit    |
| Sun Shield                    |      382 | Sales visit    |
+-------------------------------+----------+----------------+
15842 rows in results(first row: 0.81s; total: 2.96s)
[bivm.ibm.com][bigsql] 1> AND order_method_en='Sales visit'
[bivm.ibm.com][bigsql] 2>
```

图 21.57　查询结果

（4）要找出所有方法中的哪个销售方法的订单数量最多，则添加一个 GROUP BY 子句（group by pll. product_line_en，md. order_method_en）。另外，调用 SUM 集合函数（sum (sf. quantity)）来按产品和方法对订单进行总计。最后，这个查询通过使用别名（如 as Product）来清理输出，以替代更为可读性的列标题。

--Query 3

SELECTpll. product_line_en AS Product，md. order_method_en AS

Order_method，sum(sf. QUANTITY) AS total

FROM

sls_order_method_dim AS md，

sls_product_dim AS pd，

sls_product_line_lookup AS pll，

sls_product_brand_lookup AS pbl，

sls_sales_fact AS sf

WHERE

pd. product_key＝sf. product_key

AND md. order_method_key＝sf. order_method_key

AND pll. product_line_code＝pd. product_line_code

AND pbl. product_brand_code＝pd. product_brand_code

GROUP BY pll. product_line_en，md. order_method_en；

（5）检查结果，该结果中应包含 35 行。部分结果如图 21.58 所示。

```
+------------------------+--------------+----------+
| PRODUCT                | ORDER_METHOD |  TOTAL |
+------------------------+--------------+----------+
| Camping Equipment      | E-mail       |  1413084 |
| Camping Equipment      | Fax          |   413958 |
| Camping Equipment      | Mail         |   348058 |
| Camping Equipment      | Sales visit  |  2899754 |
| Camping Equipment      | Special      |   203528 |
| Camping Equipment      | Telephone    |  2792588 |
| Camping Equipment      | Web          | 19230179 |
| Golf Equipment         | E-mail       |   333300 |
| Golf Equipment         | Fax          |   102651 |
| Golf Equipment         | Mail         |    80432 |
| Golf Equipment         | Sales visit  |   263788 |
| Golf Equipment         | Special      |    38585 |
| Golf Equipment         | Telephone    |   601506 |
| Golf Equipment         | Web          |  3693439 |
| Mountaineering Equipment | E-mail     |   199214 |
| Mountaineering Equipment | Fax        |   292408 |
| Mountaineering Equipment | Mail       |    81259 |
| Mountaineering Equipment | Sales visit |  1041237 |
| Mountaineering Equipment | Special    |    93856 |
| Mountaineering Equipment | Telephone  |   549811 |
| Mountaineering Equipment | Web        |  7642306 |
| Outdoor Protection     | E-mail       |   905156 |
| Outdoor Protection     | Fax          |   311583 |
| Outdoor Protection     | Mail         |   328098 |
| Outdoor Protection     | Sales visit  |  1601526 |
| Outdoor Protection     | Special      |   183075 |
| Outdoor Protection     | Telephone    |  1836347 |
| Outdoor Protection     | Web          |  6848660 |
| Personal Accessories   | E-mail       |   791905 |
| Personal Accessories   | Fax          |   359414 |
| Personal Accessories   | Mail         |   115208 |
| Personal Accessories   | Sales visit  |  1007107 |
| Personal Accessories   | Special      |   117758 |
| Personal Accessories   | Telephone    |  1472592 |
| Personal Accessories   | Web          | 31043721 |
+------------------------+--------------+----------+
35 rows in results(first row: 1.54s; total: 1.54s)
[bivm.ibm.com][bigsql] 1>
```

图 21.58   检查结果输出的截图

21.7.2   用 Big SQL 处理从 BigSheets 导出的数据

在某种情况下，我们希望将 BigSheets 工作簿中的数据与各种应用程序（包括 Big SQL 应用程序）共享。我们不是直接创建 Big SQL 表，而是使用导出的文件来达到这个目的。本节将学习如何进行导出数据工作。

首先导入 TSV 文件的 BigSheets 工作簿，它具有如下这些字段：

（1）Country：两个字母的国家标识符。

（2）FeedInfo：来自网络订阅源的信息，长度可变。

（3）Language：标识订阅源语言的字符串。

（4）Published：发布的时间与日期。

（5）SubjectHtml：长度可变的基于字符串的主题。

（6）Tags：提供类别的长度可变的字符串。

（7）Type：标识网络订阅源的字符串，如 blog 或 news feed。

（8）URL：订阅源的网络地址，长度可变。

在本小节，我们将为这些数据创建一个 Big SQL 表，该表指向导出的工作簿的 DFS 目录。实际上，我们将对目录中的所有文件分配 Big SQL 模式定义，并创建一个由 Hive 数据仓库管理的外部表。接下来，如果要删除 Big SQL 表，那么该目录的内容仍将保留。具体步骤如下：

步骤 1　导入 TSV 文件(以 tab 键为分隔符)。

步骤 2　执行如下 CREATE TABLE 语句:

```
-- Create an external table based on BigSheets data exported to your DFS.
--Before running this statement,
-- update the location info as needed for your system
createhadooptablesheetsOut
(Countryvarchar(2),
FeedInfovarchar(300),
Languagevarchar(25),
Publishedvarchar(25),
SubjectHtmlvarchar(300),
Tags varchar(100),
Typevarchar(100),
URLvarchar(200))
row format delimited fields terminated by '\t '
location '/user/biadmin/sampleData/SheetsExport ';
```

步骤 3　查询表,执行如下代码:

```
select country, subjecthtml, url from sheetsOut fetch first 5 rows only;
```

步骤 4　检查结果。执行的结果如图 21.59 所示。

```
[bivm.ibm.com][bigsql] 1> select country,subjecthtml,url from sheetsOut fetch first 5 rows only;
+---------+--------------------+---------------------------------------------------------------------+
| COUNTRY | SUBJECTHTML        | URL                                                                 |
+---------+--------------------+---------------------------------------------------------------------+
| Co      | SubjectHtml        | URL                                                                 |
| BH      | EU Legislation     | https://marketing.feedinfo.com/product/                             |
| KH      | Industry Recruitment | https://stackoverflow.com/tags                                    |
| PH      | Forex & Financial  | https://en.wikipedia.org/wiki/Tag_(game)                            |
| QA      | Feed Phosphates    | https://en.wikipedia.org/wiki/List_of_traditional_children%27s_games |
+---------+--------------------+---------------------------------------------------------------------+
5 rows in results(first row: 0.7s; total: 0.7s)
[bivm.ibm.com][bigsql] 1>
```

图 21.59　执行结果

21.8　处理非传统数据

虽然以 CSV 和 TSV 列构建的数据通常存储在 BigInsights 中,并装载到 Big SQL 表中,但我们可能还需要使用其他类型的数据,可能需要使用串行器/解串行器(SerDe)的数据。SerDe 在 Hadoop 环境中是很常见的。

使用具有 Big SQL 属性的 SerDe 非常简单。一旦开发或找到了需要的 SerDe,只需将它的 JAR 文件添加到适当的 BigInsights 子目录中,然后重新启动 Big SQL 服务,并在创建表时指定 SerDe 的类名。

本小节,我们将使用 SerDe 定义一个用来收集 JSON(JavaScript Object Notation)格式的博客数据的表。JSON 文件具有由创建它们的用于或应用程序定义的嵌套的、可变的结构。本节所用的这些数据由 BigInsights 示例应用程序生成,该应用程序从各种公共网站收集社交媒体数据。

注：示例数据可作为开发人员关于使用 InfoSphere BigInsights 分析社交媒体和结构化数据的文章的一部分，可免费下载。

本节我们将学习以下内容：

（1）用 Big SQL 和 Hive 注册一个 SerDe。

（2）创建一个使用 SerDe 来处理 JSON 数据的表。

（3）用 JSON 数据填充 Big SQL 表。

（4）查询 Big SQL 表。

21.8.1　注册 SerDe

本小节我们将对 Big SQL 和 Hive 提供一个基于 JSON 的 SerDe，这样我们可以在后面创建一个依赖于 SerDe 的表。具体步骤如下：

步骤 1　将 hive-json-serde-0.2.jar 下载到本地文件系统中所选择的目录中，例如 /home/biadmin/sampleData。

注：hive-json-serde-0.2.jar 文件下载网址为 http：//www.java2s.com/Code/Jar/h/Downloadhivejsonserdejar.htm。

步骤 2　用 BigInsights 注册 SerDe：

① 停止 Big SQL 服务器。可以从终端窗口上使用 $BIGINSIGHTS_HOME/bin/stop.sh bigsql 命令完成，或可以使用 BigInsights Web 控制其中的 Cluster Status 选项卡来完成。

② 将 SerDe.jar 文件拷贝到 $BIGSQL_HOME/userlib 和 $HIVE_HOME/lib 目录。

③ 重启 Big SQL 服务器。可以从终端窗口上使用 $BIGINSIGHTS_HOME/bin/start.sh bigsql 命令完成，或可以使用 BigInsights Web 控制其中的 Cluster Status 选项卡来完成。

21.8.2　创建、填充以及查询使用 SerDe 的表

现在我们已经注册了 SerDe，可以使用它了。在本小节，我们将创建一个依赖于刚刚注册的 SerDe 的表。为简单起见，这将是一个外部管理表，即通过驻留 Hive 数据仓库之外的用户目录所创建的表。该用户目录将包含文件中的所有表的数据。将示例 blogs-data.txt 文件上传到目标 DFS 目录。

在现有的 DFS 目录上创建一个 Big SQL 表的效果是，将目录中的所有数据填入。为了满足查询，Big SQL 将在创建表时查看指定的用户目录，并将该目录中的所有文件视为表的内容。这与外部受管理的表的概念一致。

一旦创建了表，我们将查询该表。需要注意的是，现存的 SerDe 对我们的查询透明。查询步骤如下：

步骤 1　从介绍中的引文中的下半部分下载包含实例数据的.zip 文件。将文件解压到本地文件系统的目录中，如/home/biadmin。用户将使用 blogs-data.txt 文件。

　　从 Web 控制台的 Files 选项卡上导航到分布式文件系统的/user/biadmin/sampleData
目录。使用 Create directory(创建目录)按钮来创建子目录，命名为 SerDe-Test。

　　步骤 2　把 blogs-data. txt 文件上传到/user/biadmin/sampleData/SerDe-Test 目录。

　　步骤 3　返回到用户所选择的 Big SQL 运行环境中(JSqsh 或 Eclipse)。

　　步骤 4　执行如下语句，该语句将创建一个 TESTBLOGS 表，其中包含一个
LOCATION 子句，该子句指定包含示例 blogs-data. txt 文件的 DFS 目录。

```
createhadoop table if notexiststest_blogs
(COUNTRY string,
CRAWLED string,
FEEDINFO string,
INSERTED string,
ISADULT string,
LANGUAGE string,
POSTSIZE string,
PUBLISHEDstring,
SUBJECTHTML string,
TAGSstring,
TYPEstring,
URLstring)
row format serde 'org. apache. hadoop. hive. contrib. serde2. JsonSerde '
stored as textfile location '/user/biadmin/sampleData/SerDe-Test ';
```

　　步骤 5　使用如下语句查询该表：

```
select *  from test_blogswheresubjecthtml is not nullfetch first 5 rows only;
```

　　注意：SELECT 语法不能以任何方式引用 SerDe。

　　步骤 6　检查结果。输出的结果如图 21.60 所示。

	Language	Postsize	Published	SubjectHtml
1		1024	2015/1/2	Legislation
2		112	2016/1/30	Industry Recruitment
3		2091	2017/2/2	Forex & Financial
4		4096	2017/3/1	Feed Phosphates
5		877	2014/7/4	Feed Additive
6		1099	2013/6/9	Commodities
7				

图 21.60　输出的结果

小　　结

　　本章主要介绍了 Big SQL 框架及其与 BigInsight 间的关系、Hadoop 上的 Big SQL。其
次介绍了 Big SQL 的基本应用，Big SQL 命令行界面(JSqsh)的使用，使用 Eclipse 处理 Big
SQL，创建项目和 SQL 脚本文件，创建并执行查询，查询 Big SQL 数据与从 BigSheets 导
出的数据以及处理非传统数据。

　　IBM 的 NoSql 是用于大数据的数据库管理系统，是一个软件层，使 IT 专业人员能够使用熟悉的 SQL 语句在 InfoSphere BigInsights 中创建表以及查询数据。它旨在补充和利用 InfoSphere BigInsights 中基于 Hadoop 的基础架构，关系型 DBMS 中常见的某些特性在 Big SQL 中将不再具有，而某些 Big SQL 特性在大多数关系型 DBMS 中也将不存在。Big SQL 表可以包含复杂的数据类型，如结构和数组，而不是简单的"偏平"行。此外，还有几个基础存储支持机制，包括分隔文件、序列文件格式的 Hive 表、RCFile 格式等。

思考与练习题

　　21.1　Big SQL 框架中包括了哪些组件或功能？框架与 BigInsight 有什么关系？

　　21.2　Big SQL 有什么特点？

　　21.3　如何进行 IBM Big SQL 服务器的连接？

　　21.4　试对 Big SQL 命令行界面(JSqsh)进行操作，发送 Big SQL 查询命令，获得联机帮助，检索查询历史记录。

　　21.5　试创建 Big SQL 脚本文本并在 InfoSphere BigInsights Eclipse 环境上运行，给出运行结果。

　　21.6　验证 21.6 节的示例，给出运行结果。

　　21.7　分析下面的代码，请给出该代码的执行结果。

```
CREATE HADOOP TABLE IF NOT EXISTS go_region_dim(country_key INT
NOT NULL,country_code INT NOT NULL,flag_image VARCHAR(45),
iso_three_letter_codeVARCHAR(9) NOT NULL,
iso_two_letter_codeVARCHAR(6)
NOT NULL,iso_three_digit_code VARCHAR(9) NOT NULL,region_key INT
NOT NULL,region_codeINT NOT NULL,region_en VARCHAR(90) NOT NULL,
country_enVARCHAR(90) NOT NULL,region_de VARCHAR(90),country_de
VARCHAR(90),region_fr VARCHAR(90),country_fr VARCHAR(90),region_ja
```

　　21.8　参看 21.6 节内容，试分析下面的代码，这些代码将给出何种结果。

（1）select count(*) from GO_REGION_DIM；

（2）select count(*) from sls_order_method_dim；

（3）select count(*) from SLS_PRODUCT_BRAND_LOOKUP；

（4）select count(*) from SLS_PRODUCT_DIM；

第 22 章　Sqoop——从异构数据源导入数据

22.1　概　　述

大数据系统对于处理海量多源非结构化数据非常有效。大数据系统的复杂性随着每个数据源的增加日益复杂。而大多数商业领域具有不同的数据类型，如医疗保健、音视频系统和社交媒体等。所有这些都是不同的数据来源，且这些数据不断地在扩大规模。

把数据导入到 Hadoop 集群，这在任何大数据部署中起着至关重要的作用。数据的摄取在任何大数据项目中都很困难，因为数据量巨大，通常是以 PB 或 EB 为单位的。Sqoop 和 Hadoop Flume 是 Hadoop 中的两个工具，用于从不同源的数据收集并将其加载到 HDFS 中。Hadoop 中的 Sqoop 主要用于从 Teradata、Oracle 等数据库中提取结构化数据；Hadoop 中的 Flume 用于存储各种不同来源的数据，主要处理非结构化数据。

面临的挑战是利用可用的资源以及管理数据的一致性。Hadoop 中的数据摄取很复杂，因为处理是以批、流或实时进行的，这增加了数据的管理和处理的复杂性。Hadoop 中数据摄取面临的一些常见的挑战是并行处理、数据的质量、每分钟数千兆字节或更大规模的机器数据、多源摄取、实时摄取和可扩展性等。Apache Sqoop 和 Apache Flume 有助于克服数据摄取中所遇到的挑战。

Apache Sqoop(SQL 到 Hadoop)旨在支持从结构化数据存储(如关系数据库、企业数据仓库和 NoSQL 系统)向 HDFS 批量导入数据。Sqoop 基于连接器架构，该架构支持插件以此提供与新的外部系统连接。

Sqoop 的一个应用示例是一个夜间运行的 Sqoop 将白天载入的数据从生成事务型的关系数据库管理系统中导入到 Hive 数据仓库，以供进一步分析。

在 Sqoop 连接器的帮助下，Sqoop 和外部存储系统间的数据传输将成为可能。所有现存的数据库管理系统都是以 SQL 标准设计的，但是，每个数据库管理系统在某些方面则有所不同，这种差异在跨系统间进行传输时将面临挑战。而 Sqoop 连接器则是有助于克服这些挑战的组件。Sqoop 中的数据连接器如图 22.1 所示。

Sqoop 具有用于处理一系列流行的关系数据库的连接器，包括 MySQL、PsotgreSQL、Oracle、SQL Server 和 DB2。每个连接器都知道如何与其关联的关系数据库进行交互。还有一个通用的 JDBC 连接器，用于连接到任何支持 Java JDBC 协议的数据库。另外，Sqoop 提供了优化的 MySQL 和 PostreSQL 连接器，它们使用了特定数据库的 API，可高效地执行批传输。

除此之外，Sqoop 还有各种第三方数据存储连接器，范围从企业数据仓库(包括 Netezza、Teradata 和 Oracle)到 NoSQL 存储(如 Couchbase)。但是，这些连接器不附带在 Sqoop 包

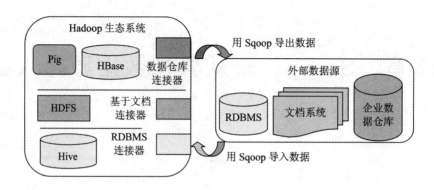

中，而是需要单独下载，并且可轻松地添加到现有的 Sqoop 安装中。

Sqoop 是一个非程序员的、高效的 Hadoop 工具，它通过查看需要导入的数据库的函数，并为源数据选择相关的导入函数来进行工作。一旦输入被 Sqoop Hadoop 识别，就会读取表的元数据并根据输入需要创建一个类定义。Hadoop Sqoop 可以通过在输入之前刚刚获取的所需的列来强制实施选择性功能，而不是导入整个输入再查找其中的数据。这样做节约了相当多的时间。实际上，从数据库到 HDFS 的导入是通过由 Apache Sqoop 在后台创建的 MapReduce 作业来完成的。

Apache Sqoop 支持块导入，即它可以将整个数据库或单个表导入到 HDFS 中。这些文件将存储在 HDFS 文件系统中并且将数据存储在内置的目录中。Sqoop 并行传输数据以实现最佳的系统利用率和快速的性能。

Apache Sqoop 提供直接输入，即可将关系数据库和导入目录映射到 HBase 和 Hive 中。Sqoop 使得数据分析更为有效。

Sqoop 有助于减轻外部系统的过载。Sqoop 通过生成的 Java 类以编程的方式提供与数据的交互。

Apollo Group 教育公司使用 Sqoop 从外部数据库中提取数据，并将 Hadoop 作业的结果注入到关系数据库管理系统中。

Coupons.com 使用 Sqoop 工具，在其 IBM Netezza 数据仓库和 Hadoop 环境间传输数据。

当在 SQL 与 Hadoop 间进行信息交换时，最需要考虑的是信息的数据格式。该数据格式应该从信息的角度以及信息的导出等方面来考虑。

简单地将数据导出，然后将它导入到 Hadoop 中，这不能解决任何问题。我们需要精确地知道要导出什么，为什么要导出它，以及希望得到什么处理结果。

在开始讨论为什么要交换数据的细节之前，首先要考虑数据交换的性质，数据是单向交换，或是双向交换？

单向数据交换是指数据从 SQL 到 Hadoop 或从 Hadoop 到 SQL 的交换。在利用查询功能进行数据传输以及数据源不是伴随数据库解决方案的情况下，这种方式非常实用。例如，纯文本数据、计算或程序分析的原始结果可能存储在 Hadoop 中，用 MapReduce 处理并存储进 SQL 中。反之则不常见，即将从 SQL 中提取的信息传输到 Hadoop，但它可以用于处理基于 SQL 的内容,该内存提供了大量的文本信息,如博客、论坛、CRM 和其他系统信息。

双向数据交换更为常见,在数据交换和数据处理两个方面都提供了最佳服务。

尽管还有许多例子,但最常见的例子是从 SQL 中获取大型线性数据集和文本数据集,并将其转换为可以被 Hadoop 集群处理的汇总信息。汇总后的信息任何可导回到 SQL 进行存储。如果大型数据集在 SQL 查询处理的时间过长,这种方法特别有用。

一般来说,SQL 与 Hadoop 间的接口有以下三个主要特点:

(1) 导出便于存储。Hadoop 提供了一个实用的解决方法来存储大量的、不常使用的数据,数据存储的格式可以被查询、处理和提取。例如,使用日志、访问日志和错误信息对于插入 Hadoop 集群、利用 HDFS 架构非常实用。这种导出类型的第二个特征是稍后可以处理或解析信息,并将其转换为可以再次使用的格式。

(2) 导出便于分析。两种常见情况是导出以便于重新导入到 SQL,以及导出分析结果以直接用于应用程序(如以 JSON 方式分析和存储结果)。Hadoop 通过允许分发大规模处理的信息,而不是由 SQL 提供单表主机处理。通过分析,原始信息通常得以保留,但分析与处理为与原始数据一起工作的汇总或统计提供了基础信息。

(3) 导出便于处理。基于处理的导出旨在获取原始的粗信息源,对其处理并减少或简化,然后将该信息存回以替代原始数据。这种交换类型最常用于已捕获的源信息中,但此时的原始信息已不再需要。例如,可以通过查找特定事件的类型,或将数据汇总为特定的错误,或事件发生的计数,来把各种形式的日志数据轻松地分解为简单结构,这里通常不需要原始数据。通过 Hadoop 减少数据并加载汇总统计信息,从而节约处理时间并使得内容更容易查询。

22.2　导　入　表

1. Sqoop 与 MySQL 连接

要导入表,我们首先在本机系统 SUSE Linux 中进行 Sqoop 与 MySQL 的连接。具体步骤如下:

步骤 1　打开网站 https://dev.mysql.com/downloads/mysql/,下载 Community SUSE 11 64 位版本,下载界面如图 22.2 所示。

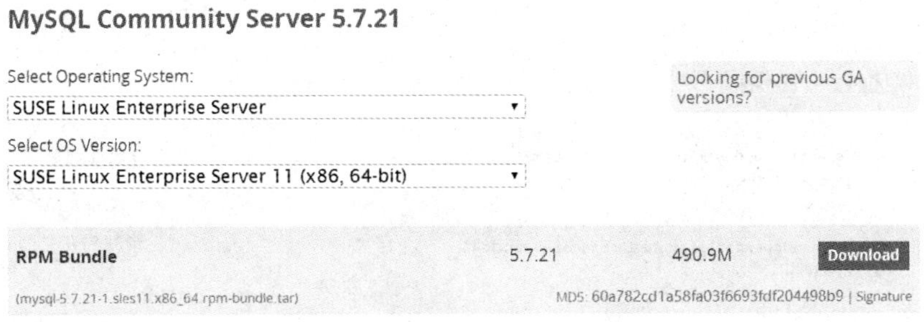

图 22.2　Community SUSE 11 64 位版本的下载界面

步骤 2　下载 mysql-5.7.21-1.sles11.x86_64.rpm-bundle.tar 包,完成解压后,将下面两个文件导入虚拟机。两个文件包含四安装包,分别是 mysql-community-client、mysql-community-common、mysql-community-libs 和 mysql-community-server。

执行如下命令，按照顺序解压四个安装包：

```
rpm -ivh mysql-community-common-5.7.21-1.sles11.x86_64.rpm
rpm -ivh mysql-community-libs-5.7.21-1.sles11.x86_64.rpm
rpm -ivh mysql-community-client-5.7.21-1.sles11.x86_64.rpm
rpm -ivh mysql-community-server-5.7.21-1.sles11.x86_64.rpm
```

步骤 3　启动 MySQL 服务，执行下面命令：

```
service mysql start
```

步骤 4　查看 MySQL 服务器的状态，执行下面命令：

```
service mysql status
```

步骤 5　设置开机启动，执行下面命令：

```
chkconfigmysql on
```

步骤 6　生成随机密码，执行以下代码：

```
grep 'temporary password' /var/log/mysql/mysqld.log
```

步骤 7　初始化默认密码，执行以下代码：

```
mysql -uroot – p
ALTER USER 'root'@'localhost' IDENTIFIED BY 'Report@123';
```

步骤 8　允许 root 用户在任何地方进行远程登录，并具有所有库任何操作权限，执行下述代码：

```
GRANT ALL PRIVILEGES ON *.* TO 'root'@'%' IDENTIFIED
BY 'Report@123' WITH GRANT OPTION;
FLUSH PRIVILEGES;
```

步骤 9　修改.conf/sqoop-env.sh 文件（去掉 sqoop-env-template.sh 的-template），执行如下命令：

```
export HADOOP_MAPRED_HOME=/opt/ibm/biginsights/IHC
export HADOOP_COMMON_HOME=/opt/ibm/biginsights/IHC
```

步骤 10　连接网站 https：//dev.mysql.com/downloads/connector/j/5.1.html，连接界面如图 22.3 所示。

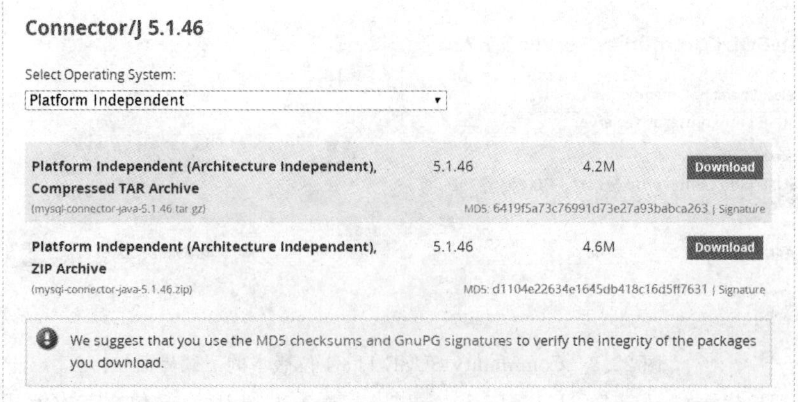

图 22.3　连接界面

下载驱动压缩包并解压,将 mysql-connector-java-5.1.46.jar 导入到 $ HADOOP_
HOME/lib 和 $ SQOOP_HOME/lib 中。

步骤 11　进入 $ SQOOP_HOME/bin 目录,执行下面命令进行数据库连接。

./sqoop list-databases --connect jdbc:mysql://localhost:3306/ -username root -P

2. 数据导入

Sqoop 工具的 import 用于将表中的数据导入到 Hadoop 文件系统中,并作为文本文件
或二进制文件。下面的命令用于将 emp 表从 MySQL 数据库服务器导入到 HDFS。执行下
述命令:

./sqoop import --connect jdbc:mysql://localhost:3306/mydata --username 'root'

-P --table emp --m 1

如果执行成功,那么将得到如图 22.4 所示的输出。

```
biadmin@bivm:/opt/ibm/biginsights/sqoop/bin> ./sqoop import --connect jdbc:mysql://localhost:3306/mydata --user
Enter password:
18/04/13 22:51:22 INFO manager.MySQLManager: Preparing to use a MySQL streaming resultset.
18/04/13 22:51:22 INFO tool.CodeGenTool: Beginning code generation
Fri Apr 13 22:51:22 EDT 2018 WARN: Establishing SSL connection without server's identity verification is not re
SL connection must be established by default if explicit option isn't set. For compliance with existing applica
e'. You need either to explicitly disable SSL by setting useSSL=false, or set useSSL=true and provide truststor
18/04/13 22:51:23 INFO manager.SqlManager: Executing SQL statement: SELECT t.* FROM `emp` AS t LIMIT 1
18/04/13 22:51:23 INFO manager.SqlManager: Executing SQL statement: SELECT t.* FROM `emp` AS t LIMIT 1
18/04/13 22:51:23 INFO orm.CompilationManager: HADOOP_MAPRED_HOME is /opt/ibm/biginsights/IHC
18/04/13 22:51:23 INFO orm.CompilationManager: Found hadoop core jar at: /opt/ibm/biginsights/IHC/hadoop-core.j
Note: /tmp/sqoop-biadmin/compile/0279cf1d3940808d715dcbd5b63fadb9/emp.java uses or overrides a deprecated API.
Note: Recompile with -Xlint:deprecation for details.
18/04/13 22:51:25 INFO orm.CompilationManager: Writing jar file: /tmp/sqoop-biadmin/compile/0279cf1d3940808d715
18/04/13 22:51:25 WARN manager.MySQLManager: It looks like you are importing from mysql.
18/04/13 22:51:25 WARN manager.MySQLManager: This transfer can be faster! Use the --direct
18/04/13 22:51:25 WARN manager.MySQLManager: option to exercise a MySQL-specific fast path.
18/04/13 22:51:25 INFO manager.MySQLManager: Setting zero DATETIME behavior to convertToNull (mysql)
18/04/13 22:51:25 INFO mapreduce.ImportJobBase: Beginning import of emp
Fri Apr 13 22:51:28 EDT 2018 WARN: Establishing SSL connection without server's identity verification is not re
SL connection must be established by default if explicit option isn't set. For compliance with existing applica
e'. You need either to explicitly disable SSL by setting useSSL=false, or set useSSL=true and provide truststor
18/04/13 22:51:28 INFO mapred.JobClient: Running job: job_201804132200_0002
18/04/13 22:51:29 INFO mapred.JobClient:  map 0% reduce 0%
18/04/13 22:51:48 INFO mapred.JobClient:  map 100% reduce 0%
18/04/13 22:51:51 INFO mapred.JobClient: Job complete: job_201804132200_0002
18/04/13 22:51:51 INFO mapred.JobClient: Counters: 18
18/04/13 22:51:51 INFO mapred.JobClient:    File System Counters
18/04/13 22:51:51 INFO mapred.JobClient:      FILE: BYTES_WRITTEN=191084
18/04/13 22:51:51 INFO mapred.JobClient:      HDFS: BYTES_READ=87
18/04/13 22:51:51 INFO mapred.JobClient:      HDFS: BYTES_WRITTEN=145
18/04/13 22:51:51 INFO mapred.JobClient:    org.apache.hadoop.mapreduce.JobCounter
18/04/13 22:51:51 INFO mapred.JobClient:      TOTAL_LAUNCHED_MAPS=1
18/04/13 22:51:51 INFO mapred.JobClient:      SLOTS_MILLIS_MAPS=15484
18/04/13 22:51:51 INFO mapred.JobClient:      SLOTS_MILLIS_REDUCES=0
18/04/13 22:51:51 INFO mapred.JobClient:      FALLOW_SLOTS_MILLIS_MAPS=0
18/04/13 22:51:51 INFO mapred.JobClient:      FALLOW_SLOTS_MILLIS_REDUCES=0
18/04/13 22:51:51 INFO mapred.JobClient:    org.apache.hadoop.mapreduce.TaskCounter
18/04/13 22:51:51 INFO mapred.JobClient:      MAP_INPUT_RECORDS=5
18/04/13 22:51:51 INFO mapred.JobClient:      MAP_OUTPUT_RECORDS=5
18/04/13 22:51:51 INFO mapred.JobClient:      SPLIT_RAW_BYTES=87
18/04/13 22:51:51 INFO mapred.JobClient:      SPILLED_RECORDS=0
18/04/13 22:51:51 INFO mapred.JobClient:      CPU_MILLISECONDS=2080
18/04/13 22:51:51 INFO mapred.JobClient:      PHYSICAL_MEMORY_BYTES=183558144
18/04/13 22:51:51 INFO mapred.JobClient:      VIRTUAL_MEMORY_BYTES=1775308800
18/04/13 22:51:51 INFO mapred.JobClient:      COMMITTED_HEAP_BYTES=1048576000
```

图 22.4　将 emp 表从 MySQL 数据库服务器导入到 HDFS 的代码示例

要验证导入到 HDFS 的数据,使用如下命令:

$ HADOOP_HOME/bin/hadoop fs -cat emp/part-m-*

代码执行的结果如图 22.5 所示,它显示了 emp 表的数据和字段,数据和字段用逗
号分隔。

```
biadmin@bivm:/opt/ibm/biginsights/IHC/bin> hadoop fs -cat emp/part-m-00000
1201,gopal,manager,50000,TP
1202,manisha,preader,50000,TP
1203,kalil,php dev,30000,AC
1204,prasanth,php dev,30000,AC
1205,kranthi,admin,20000,TP
```

图 22.5　验证导入结果的代码示例

3. 导入到目标目录

我们可以使用 Sqoop 导入工具，将表中的数据导入到 HDFS 中的指定目录。

以下是将目标目录指定为 Sqoop 导入命令的选项的语法：

　　--target -dir<new or exist directory in HDFS>

以下命令用于将 emp_add 表中的数据导入到/queryresult 目录：

　　./sqoop import --connect jdbc：mysql：//localhost：3306/mydata --username 'root'

　　-P --table emp_add --m 1 -target-dirqueryresult

如果执行成功，那么将得到如图 22.6 所示的输出。

```
biadmin@bivm:/opt/ibm/biginsights/sqoop/bin> ./sqoop import --connect jdbc:mysql://localhost:3306/mydata --username 'root' -P --table
Enter password:
18/04/14 00:19:18 INFO manager.MySQLManager: Preparing to use a MySQL streaming resultset.
18/04/14 00:19:18 INFO tool.CodeGenTool: Beginning code generation
Sat Apr 14 00:19:19 EDT 2018 WARN: Establishing SSL connection without server's identity verification is not recommended. According to
SL connection must be established by default if explicit option isn't set. For compliance with existing applications not using SSL the
e'. You need either to explicitly disable SSL by setting useSSL=false, or set useSSL=true and provide truststore for server certifica
18/04/14 00:19:20 INFO manager.SqlManager: Executing SQL statement: SELECT t.* FROM `emp_add` AS t LIMIT 1
18/04/14 00:19:20 INFO manager.SqlManager: Executing SQL statement: SELECT t.* FROM `emp_add` AS t LIMIT 1
18/04/14 00:19:20 INFO orm.CompilationManager: HADOOP_MAPRED_HOME is /opt/ibm/biginsights/IHC
18/04/14 00:19:20 INFO orm.CompilationManager: Found hadoop core jar at: /opt/ibm/biginsights/IHC/hadoop-core.jar
Note: /tmp/sqoop-biadmin/compile/c2d63b59acb107ffe453827559257022/emp_add.java uses or overrides a deprecated API.
Note: Recompile with -Xlint:deprecation for details.
18/04/14 00:19:22 INFO orm.CompilationManager: Writing jar file: /tmp/sqoop-biadmin/compile/c2d63b59acb107ffe453827559257022/emp_add.
18/04/14 00:19:22 WARN manager.MySQLManager: It looks like you are importing from mysql.
18/04/14 00:19:22 WARN manager.MySQLManager: This transfer can be faster! Use the --direct
18/04/14 00:19:22 WARN manager.MySQLManager: option to exercise a MySQL-specific fast path.
18/04/14 00:19:22 INFO manager.MySQLManager: Setting zero DATETIME behavior to convertToNull (mysql)
18/04/14 00:19:22 INFO mapreduce.ImportJobBase: Beginning import of emp_add
Sat Apr 14 00:19:24 EDT 2018 WARN: Establishing SSL connection without server's identity verification is not recommended. According to
SL connection must be established by default if explicit option isn't set. For compliance with existing applications not using SSL the
e'. You need either to explicitly disable SSL by setting useSSL=false, or set useSSL=true and provide truststore for server certifica
18/04/14 00:19:25 INFO mapred.JobClient: Running job: job_201804132200_0004
18/04/14 00:19:26 INFO mapred.JobClient:  map 0% reduce 0%
18/04/14 00:19:41 INFO mapred.JobClient:  map 100% reduce 0%
18/04/14 00:19:43 INFO mapred.JobClient: Job complete: job_201804132200_0004
18/04/14 00:19:43 INFO mapred.JobClient: Counters: 18
18/04/14 00:19:43 INFO mapred.JobClient:   File System Counters
18/04/14 00:19:43 INFO mapred.JobClient:     FILE: BYTES_WRITTEN=191100
18/04/14 00:19:43 INFO mapred.JobClient:     HDFS: BYTES_READ=87
18/04/14 00:19:43 INFO mapred.JobClient:     HDFS: BYTES_WRITTEN=116
18/04/14 00:19:43 INFO mapred.JobClient:   org.apache.hadoop.mapreduce.JobCounter
18/04/14 00:19:43 INFO mapred.JobClient:     TOTAL_LAUNCHED_MAPS=1
18/04/14 00:19:43 INFO mapred.JobClient:     SLOTS_MILLIS_MAPS=11000
18/04/14 00:19:43 INFO mapred.JobClient:     SLOTS_MILLIS_REDUCES=0
18/04/14 00:19:43 INFO mapred.JobClient:     FALLOW_SLOTS_MILLIS_MAPS=0
18/04/14 00:19:43 INFO mapred.JobClient:     FALLOW_SLOTS_MILLIS_REDUCES=0
18/04/14 00:19:43 INFO mapred.JobClient:   org.apache.hadoop.mapreduce.TaskCounter
18/04/14 00:19:43 INFO mapred.JobClient:     MAP_INPUT_RECORDS=5
18/04/14 00:19:43 INFO mapred.JobClient:     MAP_OUTPUT_RECORDS=5
18/04/14 00:19:43 INFO mapred.JobClient:     SPLIT_RAW_BYTES=87
18/04/14 00:19:43 INFO mapred.JobClient:     SPILLED_RECORDS=0
18/04/14 00:19:43 INFO mapred.JobClient:     CPU_MILLISECONDS=2330
18/04/14 00:19:43 INFO mapred.JobClient:     PHYSICAL_MEMORY_BYTES=183287808
18/04/14 00:19:43 INFO mapred.JobClient:     VIRTUAL_MEMORY_BYTES=1760825344
18/04/14 00:19:43 INFO mapred.JobClient:     COMMITTED_HEAP_BYTES=1048576000
```

图 22.6　将 emp_add 表中的数据导入到/queryresult 目录的命令示例

以下命令是用于验证将 emp_add 表中的数据导入到/queryresult 目录：

　　$ HADOOP_HOME/bin/hadoop fs -catqueryresult/part-m- *

代码执行后将显示 emp_add 表的数据，其中，数据用逗号将字段分开，如图 22.7 所示。

```
1201,288A,vgiri,jublee
1202,108I,aoc,sec-bad
1203,144Z,pgutta,hyd
1204,78B,oldcity,sec-bad
1205,720C,hitech,sec bad
```

图 22.7　emp_add 表中的数据显示示例

4. 导入表中数据的子集

我们可以使用 Sqoop 导入工具中的 where 子句导入表中数据的子集。它在相应的数据库服务器中执行相应的 SQL 查询，并将结果存储在 HDFS 中的目标目录中。

where 子句的语法如下：

--where <condition>

以下命令用于导入 emp_add 表中数据的子集。查询的子集是检索员工居住在 Secunderabad 市的 ID 和 Address（地址）。

./sqoop import --connect jdbc：mysql：//localhost：3306/mydata --username‘root’-P

--table emp_add --m 1--where "city='sec-bad'"--target-dirwherequery

以下命令用于验证从 emp_add 表中导出到/wherequery 目录中的数据：

$ HADOOP_HOME/bin/hadoop fs -catwherequery/part-m- *

代码执行后，显示了以逗号（,）分隔的 emp_add 表中数据的字段。

5. 增量导入

增量导入是一种仅导入表中新添加的行的技术。需要添加 increment、check-column 和 last-value 选项来执行增量导入。

以下语法用于 Sqoop 导入命令中的增量选项：

--incremental <mode>

--check-column<column name>

--last value <last check column value>

让我们假设新增加到 emp 表中的数据如下：

1206，satishp, grp des，20000，GR

以下命令用于执行 emp 表中的增量导入：

./sqoop import --connect jdbc：mysql：//localhost：3306/mydata --username‘root’-P

--table emp--m 1--incremental append --check-column ID--last-value 1205

以下命令用于验证从 emp 表导入到 HDFS emp/目录的数据：

$ HADOOP_HOME/bin/hadoop fs -cat emp/part-m- *

以上命令执行后，显示了 emp 表中用逗号分隔了字段的数据，如图 22.8 所示。

```
1201,gopal,manager,50000,TP
1202,manisha,preader,50000,TP
1203,kalil,php dev,30000,AC
1204,prasanth,php dev,30000,AC
1205,kranthi,admin,20000,TP
1206,satish p,grp des,20000,GR
```

图 22.8   用逗号分隔的字段的数据

以下命令用于查看 emp 表中已修改的行或新添加的行：

$ HADOOP_HOME/bin/hadoop fs -cat emp/part-m-＊1

执行上述代码后，显示了新添加到 emp 表的行，其中用逗号把字段分开。

6. Sqoop——导入所有表

下面将介绍如何将所有的表从关系管理数据库系统的数据库服务器中导入到 HDFS 中。每个表中的数据以单独的目录存储，目录名与表名相同。

以下语法用于导入所有的表：

$ sqoop import-all-tables（generic-args）（import-args）

$ sqoop-import-all-tables（generic-args）（import-args）

让我们举一个从 mydata 数据库导入所有表的例子。数据库 mydata 包含所有表的清单如图 22.9 所示。

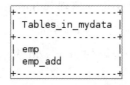

图 22.9   数据库 mydata 包含所有表的清单

以下命令用于从 mydata 数据库中导出所有的表：

．/sqoop import-all-tables --connect jdbc：mysql：//localhost：3306/mydata

--username 'root' -P

注：如果要使用的是全部导入的表，则该数据库中的每个表必须具有主键字段。

以下命令用于验证 HDFS 中所有表中的数据导入到 mydata 数据库：

$ HADOOP_HOME/bin/hadoop fs -ls

上述代码执行后，显示了 mydata 数据库中表的名称清单，表名以目录形式呈现，如图 22.10 所示。

```
biadmin@bivm:/opt/ibm/biginsights/sqoop/bin> $HADOOP_HOME/bin/hadoop fs -ls
Found 8 items
drwx------   - biadmin biadmin        0 2018-04-14 01:19 .staging
drwxr-xr-x   - biadmin biadmin        0 2018-04-09 09:33 HiveReport
drwxrwxrwx   - biadmin biadmin        0 2018-04-14 00:58 _sqoop
drwxrwxrwx   - biadmin biadmin        0 2018-04-14 01:18 emp
drwxrwxrwx   - biadmin biadmin        0 2018-04-14 01:19 emp_add
drwxr-xr-x   - bigsql  biadmin        0 2018-04-13 06:01 sampleData
drwx--x--x   - biadmin biadmin        0 2018-04-09 01:47 shared_hive_data
drwxrwxrwx   - biadmin biadmin        0 2018-04-14 00:39 wherequery
biadmin@bivm:/opt/ibm/biginsights/sqoop/bin>
```

图 22.10   验证 HDFS 中的表导入到数据库中的代码示例

22.3　导　　出

本节介绍如何将数据从 HDFS 导回到关系数据库管理系统的数据库中。目标表必须存在于目标数据库中。作为输入到 Sqoop 中的给定文件包含了记录，该记录称为表中的行。将这些被读取以及解析成一系列记录，用用户指定的分隔符进行分隔。

默认的操作是使用 INSERT 语句，从输入文件中将所有的记录插入到数据库的表中。在更新模式下，Sqoop 生成 UPDATE 语句，该语句用现有记录替换数据库中过去的记录。

以下是导出命令的语法：

$ sqoopexport (generic-args) (export-args)

$ sqoop-export (generic-args) (export-args)

让我们举一个 HDFS 中员工数据的例子。员工数据用在 HDFS 中的 emp/ 目录中的 emp_data 文件中。emp_data 如图 22.11 所示。

```
1201,gopal,manager,50000,TP
1202,manisha,preader,50000,TP
1203,kalil,php dev,30000,AC
1204,prasanth,php dev,30000,AC
1205,kranthi,admin,20000,TP
1206,satish p,grp des,20000,GR
```

图 22.11　emp_data 中的数据示例

必须手动创建要导出的表，并将其导出到数据库中。

在 MySQL 命令行中创建表 employee，如图 22.12 所示。

```
mysql> use mydata
Reading table information for completion of table and column names
You can turn off this feature to get a quicker startup with -A

Database changed
mysql> create table employee (
    -> id int not null primary key,
    -> name varchar(20),
    -> deg varchar(20),
    -> salary int,
    -> dept varchar(10));
Query OK, 0 rows affected (0.03 sec)
```

图 22.12　在 MySQL 命令行中创建表 employee

以下命令用于将表中的数据（位于 HDFS 中的 emp_data 文件中）导出到 MySQL 数据库服务器的 employee 表中：

./sqoop export --connect jdbc：mysql：//localhost：3306/mydata --username 'root' -P

--table employee --export-dir emp/emp_dat

以下命令用于在 MySQL 命令行中验证表：

mysql>select ＊ from employee；

如果给定的数据存储成功，那么可以在表中发现给定的员工数据，参见图 22.13。

```
mysql> select * from employee;
+------+----------+----------+--------+------+
| id   | name     | deg      | salary | dept |
+------+----------+----------+--------+------+
| 1201 | gopal    | manager  | 50000  | TP   |
| 1202 | manisha  | preader  | 50000  | TP   |
| 1203 | kalil    | php dev  | 30000  | AC   |
| 1204 | prasanth | php dev  | 30000  | AC   |
| 1205 | kranthi  | admin    | 20000  | TP   |
| 1206 | satish p | grp des  | 20000  | GR   |
+------+----------+----------+--------+------+
6 rows in set (0.01 sec)

mysql>
```

图 22.13　所查询的 employee 表

22.4　创建并维护 Sqoop 作业

本节将介绍如何创建和维护 Sqoop 作业。Sqoop 作业创建并保存导入和导出命令，它指定参数来识别和调用保存的作业。这种重新调用或重新执行被用于增量导入，它可以将从关系数据管理系统的更新行导入到 HDFS 中。

以下是创建 Sqoop 作业的语法：

　　$ sqoop job（generic-args）（job-args）

　　　[--[subtool-name]（subtool-args）]

　　$ sqoop-job（generic-args）（job-args）

　　　[-- [subtool-name]（subtool-args）]

1. 创建作业 job（--create）

我们将创建名字为 myjob 的作业，该作业可以从关系数据库管理系统中将表中的数据导入到 HDFS 中。以下命令用于创建从 DB 数据库中的 employee 表中将数据导入到 HDFS 文件中的作业。（注意，import 与--之间需隔一个空格。）

　　./sqoop job--create myjob --import

　　--connect jdbc：mysql：//localhost：3306/mydata --username 'root' -P

　　--table employee --m 1

2. 验证作业 job（--list）

--list 参数用于验证已保存的作业。以下命令用于验证已保存的 Sqoop 作业的清单：

　　$ sqoop job --list

已保存的作业清单如图 22.14 所示。

```
biadmin@bivm:/opt/ibm/biginsights/sqoop/bin> ./sqoop job --list
Available jobs:
  myjob
18/04/14 06:16:20 INFO persist.Logger: Database closed
biadmin@bivm:/opt/ibm/biginsights/sqoop/bin>
```

图 22.14　已保存的作业清单

3．检查作业 job(--show)

--show 参数用于检查或验证特殊的作业以及它们的详细信息。以下命令和样例输出用于验证一个称为 myjob 的作业：

　　$ sqoop job --show myjob

它显示了 myjob 所使用的工具和选项。

4．执行作业 job(--exec)

--exec 选项用于执行已保存的作业。以下命令用于执行名为 myjob 的作业：

　　$ sqoop job --exec myjob

以上命令执行后的输出如图 22.15 所示。

```
18/04/14 06:20:26 INFO mapred.JobClient: Running job: job_201804132200_0014
18/04/14 06:20:27 INFO mapred.JobClient:  map 0% reduce 0%
18/04/14 06:20:43 INFO mapred.JobClient:  map 100% reduce 0%
18/04/14 06:20:44 INFO mapred.JobClient: Job complete: job_201804132200_0014
18/04/14 06:20:44 INFO mapred.JobClient: Counters: 18
18/04/14 06:20:44 INFO mapred.JobClient:   File System Counters
18/04/14 06:20:44 INFO mapred.JobClient:     FILE: BYTES_WRITTEN=192040
18/04/14 06:20:44 INFO mapred.JobClient:     HDFS: BYTES_READ=87
18/04/14 06:20:44 INFO mapred.JobClient:     HDFS: BYTES_WRITTEN=176
18/04/14 06:20:44 INFO mapred.JobClient:   org.apache.hadoop.mapreduce.JobCounter
18/04/14 06:20:44 INFO mapred.JobClient:     TOTAL_LAUNCHED_MAPS=1
18/04/14 06:20:44 INFO mapred.JobClient:     SLOTS_MILLIS_MAPS=12111
18/04/14 06:20:44 INFO mapred.JobClient:     SLOTS_MILLIS_REDUCES=0
18/04/14 06:20:44 INFO mapred.JobClient:     FALLOW_SLOTS_MILLIS_MAPS=0
18/04/14 06:20:44 INFO mapred.JobClient:     FALLOW_SLOTS_MILLIS_REDUCES=0
18/04/14 06:20:44 INFO mapred.JobClient:   org.apache.hadoop.mapreduce.TaskCounter
18/04/14 06:20:44 INFO mapred.JobClient:     MAP_INPUT_RECORDS=6
18/04/14 06:20:44 INFO mapred.JobClient:     MAP_OUTPUT_RECORDS=6
18/04/14 06:20:44 INFO mapred.JobClient:     SPLIT_RAW_BYTES=87
18/04/14 06:20:44 INFO mapred.JobClient:     SPILLED_RECORDS=0
18/04/14 06:20:44 INFO mapred.JobClient:     CPU_MILLISECONDS=1250
18/04/14 06:20:44 INFO mapred.JobClient:     PHYSICAL_MEMORY_BYTES=182566912
18/04/14 06:20:44 INFO mapred.JobClient:     VIRTUAL_MEMORY_BYTES=1775439872
18/04/14 06:20:44 INFO mapred.JobClient:     COMMITTED_HEAP_BYTES=1048576000
```

图 22.15　已执行的作业清单

5．删除作业 job(--delete)

删除作业的命令为：

　　$ sqoop job --delete myjob

执行删除作业后的结果如图 22.16 所示。

```
biadmin@bivm:/opt/ibm/biginsights/sqoop/bin> ./sqoop job --delete myjob
18/04/14 06:24:05 INFO persist.Logger: Database closed
biadmin@bivm:/opt/ibm/biginsights/sqoop/bin>
```

图 22.16　删除作业后系统显示的信息

22.5　Sqoop——Codegen 工具

本节将介绍非常重要的 Codegen 工具。从面相对象应用程序的角度来看，每个数据库的表都具有一个 DAO 类，该类包含用于初始化对象的 getter 和 setter 方法。Codegen 工具（--codegen）自动生成 DAO 类。

基于表的模式结构（Table Schema Structure）在 Java 环境中生成 DAO 类。Java 定义被实例化为导入过程的一部分。该工具的主要用途是检查 Java 是否丢失了 Java 代码，如果丢失，它将以字段间默认的分隔符创建一个 Java 新版本的代码。

1. 语法

以下是 sqoopcodegen 命令的语法：

```
$ sqoopcodegen（generic-args）（codegen-args）
$ sqoop-codegen（generic-args）（codegen-args）
```

2. 示例

让我们举一个在 mydata 数据库中生成 emp 表的代码的例子。执行以下命令：

```
./sqoopcodegen
--connect jdbc：mysql：//localhost：3306/mydata --username 'root'-P --table emp
```

如果以上命令执行成功，那么它将在终端上产生如图 22.17 所示的输出。

```
biadmin@bivm:/opt/ibm/biginsights/sqoop/bin> ./sqoop codegen --connect jdbc:mysql://localhost:
Enter password:
18/04/14 06:27:22 INFO manager.MySQLManager: Preparing to use a MySQL streaming resultset.
18/04/14 06:27:22 INFO tool.CodeGenTool: Beginning code generation
Sat Apr 14 06:27:23 EDT 2018 WARN: Establishing SSL connection without server's identity verif
SL connection must be established by default if explicit option isn't set. For compliance with
e'. You need either to explicitly disable SSL by setting useSSL=false, or set useSSL=true and
18/04/14 06:27:24 INFO manager.SqlManager: Executing SQL statement: SELECT t.* FROM `emp` AS t
18/04/14 06:27:24 INFO manager.SqlManager: Executing SQL statement: SELECT t.* FROM `emp` AS t
18/04/14 06:27:24 INFO orm.CompilationManager: HADOOP_MAPRED_HOME is /opt/ibm/biginsights/IHC
18/04/14 06:27:24 INFO orm.CompilationManager: Found hadoop core jar at: /opt/ibm/biginsights/
Note: /tmp/sqoop-biadmin/compile/44fbcbb3fd2db85e52601e0477ccbe2d/emp.java uses or overrides a
Note: Recompile with -Xlint:deprecation for details.
18/04/14 06:27:26 INFO orm.CompilationManager: Writing jar file: /tmp/sqoop-biadmin/compile/44
biadmin@bivm:/opt/ibm/biginsights/sqoop/bin>
```

图 22.17　sqoopcodegen 用法示例

3. 验证

让我们仔细看看输出，查看 emp 表的 Java 代码生成和存储的位置。使用如下命令来验证在此位置上的文件：

```
$ cd /tmp/sqoop-biadmin/compile/44fbcbb3fd2db85e52601e0477ccbe2d/
$ ls
emp.class
emp.jar
emp.java
```

如果以上命令执行成功，则将在终端上产生如图 22.18 所示的输出。

```
biadmin@bivm:/opt/ibm/biginsights/sqoop/bin> cd /tmp/sqoop-biadmin/compile/44fbcbb3fd2db85e52601e0477ccbe2d/
biadmin@bivm:/tmp/sqoop-biadmin/compile/44fbcbb3fd2db85e52601e0477ccbe2d> ls
emp.class emp.jar emp.java
biadmin@bivm:/tmp/sqoop-biadmin/compile/44fbcbb3fd2db85e52601e0477ccbe2d>
```

图 22.18　验证位置(路径)上存在的文件

如果要进行更深入的验证,请将 mydata 数据库中的 emp 表和如下目录中的 emp.java 进行比较,执行如下代码:

/tmp/sqoop-biadmin/compile/44fbcbb3fd2db85e52601e0477ccbe2d/

22.6　Sqoop——eval

本节将介绍如何使用 Sqoop eval 工具。该工具允许用户针对相应的数据库服务器来执行用户自定义的查询,并在控制台对结果进行预览。因此,用户可以导入所希望查询的结果表的数据进行预览。使用 eval,我们可以评估任何类型的 SQL 查询,该查询既可以是 DDL 语句的,也可以是 DML 语句的。

1. 语法

以下语法用于 Sqoop eval 命令:

$ sqoop eval (generic-args) (eval-args)

$ sqoop-eval (generic-args) (eval-args)

2. 选择查询评估

使用 eval 工具,我们可以评估任何类型的 SQL 查询。让我们举一个在 DB 数据库中的 employee 表中选定行的例子,执行下述代码:

./sqoopeval

--connect jdbc:mysql://localhost:3306/mydata --username 'root' -P

--query "SELECT * FROM employee LIMIT 3"

如果以上命令执行成功,则将在终端上产生如图 22.19 所示的输出。

```
| id    | name     | deg        | salary  | dept  |
|-------|----------|------------|---------|-------|
| 1201  | gopal    | manager    | 50000   | TP    |
| 1202  | manisha  | preader    | 50000   | TP    |
| 1203  | kalil    | php dev    | 30000   | AC    |
```

图 22.19　选定表中某些行的查询输出

3. 插入查询评估

Sqoop eval 工具可以被用来建模和定义 SQL 语句。这意味着我们也可以使用 eval 来执行插入语句。以下命令用于在 DB 数据库中的 employee 表中插入一个新行:

./sqoopeval

--connect jdbc:mysql://localhost:3306/mydata --username 'root' -P

--query "INSERT INTO employee VALUES(1207,'Raju','UI dev',15000,'TP')"

如果以上命令执行成功，则将在控制台上显示更新行的状态。

另外，我们可以在 MySQL 控制台上验证 employee 表。验证使用 select 查询 DB 数据库中的 employee 表中的行，其结果如图 22.20 所示。

```
mysql> select * from employee;
+------+----------+---------+--------+------+
| id   | name     | deg     | salary | dept |
+------+----------+---------+--------+------+
| 1201 | gopal    | manager | 50000  | TP   |
| 1202 | manisha  | preader | 50000  | TP   |
| 1203 | kalil    | php dev | 30000  | AC   |
| 1204 | prasanth | php dev | 30000  | AC   |
| 1205 | kranthi  | admin   | 20000  | TP   |
| 1206 | satish p | grp des | 20000  | GR   |
| 1207 | Raju     | UI dev  | 15000  | TP   |
+------+----------+---------+--------+------+
7 rows in set (0.00 sec)
```

图 22.20　用 select 查询 DB 数据库中的 employee 表中的行的示例

22.7　Sqoop——数据库清单

本节将介绍如何使用 Sqoop 列出数据库。Sqoop 的数据库清单（list-databases）工具解析并执行针对数据库服务器的 SHOW DATABASES 查询。此后，它将列出服务器上存在的数据库。

1. 语法

以下语法用于 Sqoop 的数据库清单命令：

　　$ sqoop list-databases（generic-args）（list-databases-args）

　　$ sqoop-list-databases（generic-args）（list-databases-args）

2. 查询样例

以下命令用于列出 MySQL 数据库服务器中的所有数据库：

　　./sqooplist-databases

　　--connect jdbc：mysql：//localhost：3306/mydata --username 'root' -P

如果以上命令执行成功，则将显示 MySQL 数据库服务器中的数据库清单，如图 22.21 所示。

```
biadmin@bivm:/opt/ibm/biginsights/sqoop/bin> ./sqoop list-databases --connect jdbc:mys
Enter password:
18/04/14 06:45:22 INFO manager.MySQLManager: Preparing to use a MySQL streaming result
Sat Apr 14 06:45:22 EDT 2018 WARN: Establishing SSL connection without server's identi
SL connection must be established by default if explicit option isn't set. For complia
e'. You need either to explicitly disable SSL by setting useSSL=false, or set useSSL=t
information_schema
mydata
mysql
performance_schema
sys
biadmin@bivm:/opt/ibm/biginsights/sqoop/bin>
```

图 22.21　MySQL 数据库服务器中的数据库清单

22.8　Sqoop——表清单

本节将介绍如何使用 Sqoop 列出表的清单，特别是 MySQL 数据库服务器中的表。Sqoop 的表清单(list-tables)工具解析并执行针对特定数据库的 SHOW TABLES 查询。此后，它将列出数据库中存在的表。

1. 语法

以下语法用于 Sqoop 的表清单命令：

    $ sqoop list-tables (generic-args) (list-tables-args)
    $ sqoop-list-tables (generic-args) (list-tables-args)

2. 查询示例

以下命令用于列出所有 MySQL 数据库服务器上的 mydata 数据库中的表：

    ./sqooplist-tables
    --connect jdbc: mysql: //localhost: 3306/mydata --username 'root' -P

如果以上命令执行成功，则将显示 mydata 数据库中所有表的清单，如图 22.22 所示。

```
biadmin@bivm:/opt/ibm/biginsights/sqoop/bin> ./sqoop list-tables -
Enter password:
18/04/14 06:47:14 INFO manager.MySQLManager: Preparing to use a My:
Sat Apr 14 06:47:15 EDT 2018 WARN: Establishing SSL connection witl
SL connection must be established by default if explicit option is
e'. You need either to explicitly disable SSL by setting useSSL=fa
emp
emp_add
employee
biadmin@bivm:/opt/ibm/biginsights/sqoop/bin>
```

图 22.22　mydata 数据库中所有表的清单

小　　结

Sqoop 旨在支持从结构化数据存储系统向 HDFS 批量导入数据。Sqoop 基于连接器架构，该架构支持插件，以此提供与新的外部系统连接。数据仓库连接器、文档系统连接器和关系数据库管理系统(RDBMS)连接器分别从数据仓库、文档系统和 RDBMS 中导入/导出数据。

本章首先介绍了 Hadoop 中的 Sqoop，它主要用于从 Teradata、Oracle 等数据库中提取结构化数据，介绍了 Hadoop 生态系统的 Sqoop 数据连接器以及数据查询的三种方式。其次介绍了使用 Sqoop 进行数据导入和导出的方法。

思考与练习题

22.1　Hadoop 中的 Sqoop 主要作用是什么？

22.2　试述 Sqoop 在 Hadoop 生态系统的作用。

22.3　Sqoop 连接器主要有哪几种？

22.4　SQL 与 Hadoop 间进行信息交换时，数据传输的方式主要分为几种，各种作用如何？

22.5　Sqoop 与 MySQL 如何连接？试验证其连接过程。

22.6　验证 22.2 节中的数据导入。

22.7　验证 22.3 节中的数据导出过程。

22.8　运行以下代码，试给出运行结果。

```
./sqoopeval
--connect jdbc：mysql：//localhost：3306/mydata --username 'root' -P
--query "SELECT ＊ FROM employee LIMIT4"
```

第 23 章　Flume——大数据实时流

23.1　概　　述

Apache Flume 是一个工具/服务器/数据采集机制，用于收集、汇总并将大量的流数据从各种源传输到集中式的数据存储区。Apache Flume 是专为日志流传送到 Hadoop 环境而设计的服务。

Flume 是一种分布式的、可靠的服务，用于采集和汇总海量的日志数据。采用简单的、易于使用的、基于数据流的流架构，它还具有可调整的可靠性机制和多种恢复与故障转移机制。它还是高可靠性的、分布式的与可配置的工具。图 23.1 所示为 Flume 的服务环境。

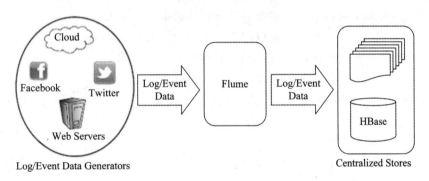

图 23.1　专为以流方式将日志传输给 Hadoop 环境的 Flume 服务

日志通常是大多数大数据公司的压力和争论的来源，因为它们占用大量的空间。日志很少出现在磁盘上的某个地方，使得人们难以有效地使用它，并且 Hadoop 开发者难以访问它。许多大数据公司使用完构建工具以及完成流程工作后，从应用程序服务器中收集日志，将它们转移到某个库存车，以便于可以控制日志的生命周期而不消耗不必要的磁盘空间。但这对开发者来说是较为困难的，因为日志通常不是出现在他们可以轻松查看的位置上的，且他们可用来处理日志的工具数量有限，另外该工具的生命周期是有限的。Apache Flume 旨在通过提供易于使用的工具来解决运营和开发人员的困难，该工具通过高度灵活的配置代理将日志从大量应用程序服务器推送到各种存储库。

在 Hadoop 环境中应用 Flume 的一些优势为：

（1）使用 Apache Flume，我们可以将数据存储到任何集中式存储区中（HBase、HDFS）。

（2）当输入的数据速率超过数据写入目标区域的速率时，Flume 充当数据生成器与集中式存储区间的中介，并为它们两者提供稳定的数据流。

（3）Flume 提供情景路由功能。

(4) Flume 中的交易是基于信道的,其中为每条信息维护两个交易(一个发送器和一个接收器)。这保证了信息的可靠传送。

(5) Flume 具有可靠性、容错性、可扩展性、可管理性和可定制性。

Hadoop 中的 Flume 具有容错性、线性可扩展性以及面向流的特性。Flume 是基于数据流设计的,具有较高的灵活性。它具有容错性和故障转移的鲁棒性以及故障恢复机制。Flume 具有不同级别的可靠性,提供了包括"尽力而为"和"端到端"交付的功能。尽力而为的交付不能容忍任何 Flume 节点出现故障;而端到端的交付模式,即使在多个节点发生故障的情况下也要保证交付。

Flume 在源与接收器间传送数据。数据收集既可以是调度驱动的,也可以是事件驱动的。Flume 有自己的查询处理引擎,这使得它可轻松地将每批新数据转移到它想要到达的地方。

Flume 接收器包括 HDFS 和 HBase。Flume 也可以用于传输事件数据,包括但不限于网络流量数据、社交媒体网站产生的数据和电子邮件消息。

Flume 具有以下一些显著特征:

(1) Flume 从多个网络服务器将日志数据高效地摄入到集中式存储区(HDFS、HBase)。

(2) 使用 Flume,可以立即将多个服务器得到数据送入 Hadoop。

(3) 与日志文件一样,Flume 也可用于导入由社交网站(如 Facebook、Twitter)和电子商务网站(如 Amazon 和 Flipkart)生成的海量事件数据。

(4) Flume 支持大组源和目标类型。

(5) Flume 支持多跳流、扇入/扇出流(Fan-in Fan-out Flows)、情景路由(Contextual Routing)等。

(6) Flume 可进行水平扩展。

(7) Flume 是一种灵活的工具,因为它允许将 5 台机器的环境扩展到几千台机器以上的环境。

(8) Apache Flume 提供较高的吞吐量和较低的时延。

(9) Apache Flume 具有声明性配置性能但也提供了灵活的可扩展性。

23.2   Apache Flume 的流与源

Apache Flume 是一个用于将海量数据流传送到 HDFS 的系统。从网络服务器收集日志文件中的日志数据,并将其在 HDFS 中进行聚合以用于分析,这是使用 Flume 的一个常见例子。Flume 支持多种源:

(1) tail(来自于本地文件的管道数据,通过 Flume 写入 HDFS,类似于 Unix 命令 tail)。

(2) 系统日志。

(3) Apache 日志(通过 Flume 使得 Java 语言应用程序能够将事件写入到 HDFS)。

Flume 具有简单的事件驱动的管线架构,具有三个重要角色:源(Source)、信道(Channel)和接收器(Sink)。

（1）源（Source）：定义了数据来自哪里，例如信息查询或文件。

（2）接收器（Sink）：被定义为来自不同源的数据通过管线到达的目的地。

（3）信道（Channel）：建立连接源与目的地之间的管道。

Apache Flume 工作于两个重要的概念之上：

（1）主节点。主节点如一个可靠的配置服务器，节点可用它来检索配置。如果特定节点的配置在主服务器上发生改变，那么会由主服务器动态地进行更新。

（2）节点。节点通常是 Hadoop Flume 中的事件管道，它从源读取数据并将其写入接收器。Flume 节点的特征和作用由源和接收器的行为决定。Apache Flume 使用多种源和接收器的选项进行构建，但如果它们中任何一个都不符合用户的要求，那么开发人员可以编写自己的管道。Flume 节点还可以在接收器的向导帮助下进行配置，该向导可以解释事件，并在事件通过时对其进行转换。利用所有这些基本原语，开发人员可以创建不同的拓扑来收集任何应用程序上的数据，并将其导入到任何日志存储库。

23.2.1　Flume 中的数据流

Flume 代理是一个 JVM 进程，该进程具有 3 个组件：Flume 源、Flume 信道和 Flume 接收器。在外部源启动后，事件通过 Flume 代理传播。图 23.2 给出了 Flume 代理结构图。

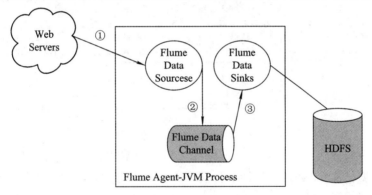

图 23.2　Flume 代理结构图

在图 23.2 中：

① 表示由外部源（Web 服务器）生成的事件由 Flume Data Source 使用。外部源将事件以目标源能识别的格式发送给 Flume 源。

② 表示 Flume Source 接收事件并将它存储到一个或多个信道（Channel）中。信道具有仓库的作用，它保存事件直到 Flume 接收器使用事件为止。信道可以使用本地文件系统以便存储这些事件。

③ 表示 Flume 接收器将事件从信道中移出，并将事件存储到如 HDFS 那样的外部存储区。它可以存在多个 Flume 代理，在这种情况下，Flume 接收器以流的形式将事件转发给下一个 Flume Source。

23.2.2　流/日志数据

通常，大多数用于分析的数据是由多个数据源产生的，如应用程序服务器、社交网站以及企业服务器。这些数据将以日志文件和事件的形式存在。

通常，日志文件是操作系统中发生的事件/动作清单。例如，Web 服务器在日志文件列出每个对服务器建立的请求。

在所收集到这样的日志数据中，可以得到的信息有：

(1) 应用程序的执行和多个软件与硬件故障的定位。

(2) 用户行为以及获得的更好的商业洞察力。

23.3　Flume 的基本架构与代理的其他组件

23.3.1　Flume 的基本架构

Flume 是一个工具/服务/数据摄取机制，用来采集聚合来自于不同 Web 服务器的大量的流数据(如日志数据、事件等)并将其传输到集中化的数据存储区中。Flume 的基本架构如图 23.3 所示。

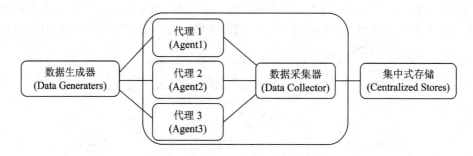

图 23.3　Flume 的基本架构

在图 23.3 中，数据生成器(如 Facebook、Twitter)生成由各个运行在它上面的 Flume 代理收集的数据。因此，数据采集器从代理采集聚合数据，并将所采集的数据推送到集中式存储区(如 HDFS 或 HBase)。

1. Flume 事件

事件是 Flume 内部传输数据的基本单位。它包含一个字节数组的净载荷，该字节数组连同可选的标题从源传送到目的地。典型的 Flume 事件结构如图 23.4 所示。

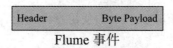

图 23.4　典型的 Flume 事件结构

2. Flume 代理(Flume Agent)

Flume 中的代理是一个独立的守护进程(JVM)，它接收来自客户端或其他代理的数据(事件)，并将其转发给下一个目的地(接收器或代理)。Flume 可能具有多个代理。

流程图表示的一个 Flume 代理如图 23.5 所示。图中，Flume 代理包含三个主要部件：

Source(源)、Channel(信道)和 Sink(接收器)。

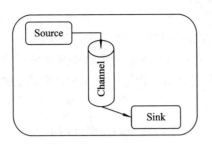

图 23.5　Flume 代理

(1) Source。Source 是代理的组件,它接收来自数据生成器的数据,并将它以 Flume 事件的形式转发到一个或多个信道中。

Apache Flume 支持多种类型的 Source,并且每个源接收来自于特定数据生成器的事件。如 Avro Source、Thrift Source、Twitter Source 等。

(2) Channel。Channel 是一个临时存储区,它接收来自源的事件,并将它们缓存直到它们被接收器使用。它在源和接收器间起到桥梁的作用。

(3) Sink。Sink 将数据存储到集中化的存储区,如 HBase 与 HDFS。它使用来自信道(Channel)的数据(事件)并将它传送到目的地。Sink 的目的地可能是其他代理(Agent)或集中式存储区。

注意:Flume 代理可以拥有多个 Source、Sink 和 Channel。

23.3.2　Flume 代理的其他组件

以上讨论的是代理的原始组件。除此之外,还有其他几个组件在从数据生成器到集中式存储区的事件传输中起着至关重要的作用。

1. 拦截器(Interceptors)

拦截器用于对在源与信道间传送的 Flume 事件的报警/检查。

2. 信道选择器(Channel Selectors)

信道选择器将用于确定在多个信道(Channel)的情况下选择哪个信道传送数据。有两种类型的信道选择器:

(1) 默认信道选择器——这些也被称为复制信道选择器,用于复制每个信道中的所有事件。

(2) 多路信道选择器——它们根据事件标题中的地址决定发送事件的信道。

3. Sink 处理器(Sink Processors)

Sink 处理器用于调用选定的一组接收器中的特定接收器。它们用于为用户的接收器创建故障转移路径,或者在信道中的多个接收器上创建负载平衡的事件。

4. 多跳流(Multi-hop Flow)

在 Flume 中,可以有多个代理,并且在到达最终目的地前事件可以通过多个代理。这就是所谓的多跳流。

5. 扇出流(Fan-out Flow)

从一个源到多个信道的数据流被称为扇出流。它有两个类型：

(1)复制(Replicating)：将在所有配置的信道中复制数据的数据流。

(2)多路复用：将数据发送到事件标题中提及的选定信道的数据流。

6. 扇入流(Fan-in Flow)

将数据流从多个源传送到一个信道中的数据称为扇入流(Fan-in Flow)。

7. 故障处理(Failure Handling)

在 Flume 中，对于每个时间，将发生两种交互：一个在发送器处，另一个在接收器处。发送器将事件发送给接收器。收到数据后不久，接收器提交自己的交互并向发送器发送"已收到"的信号。接收到该信号后，发送器提交其交互。(发送器在收到接收器发送的信号前将不会提交其交互。)

23.4　Apache Flume 的环境

安装 Flume 后，需要使用配置文件对其进行配置，配置文件是具有键/值对的 Java 属性文件。需要把值传递给文件中的键，并进行如下工作：

(1)命名当前代理组件。

(2)描述/配置源(Source)。

(3)描述/配置接收器(Sink)。

(4)描述/配置信道(Channel)。

(5)将源(Source)和接收器(Sink)与信道(Channel)绑定。

通常可以在 Flume 中有多个代理。可以通过使用唯一的名字来进行区分。对于使用的这个名字，必须配置每个代理。

23.4.1　命名组件

首先，需要对诸如 Source、Sink 和 Channel 的代理组件进行命名/列表，代码如下：

```
agent_name. sources = source_name
agent_name. sinks = sink_name
agent_name. channels = channel_name
```

Flume 支持不同的 Source、Sink 和 Channel。可以使用它们中的任何一个。例如，如果要使用 Twitter Source 通过内存信道(Channel)将 Twitter 数据传输到 HDF 接收器，并对代理的 ID 命名为 TwitterAgent，那么执行如下命名：

```
TwitterAgent. sources = Twitter
TwitterAgent. channels = MemChannel
TwitterAgent. sinks = HDFS
```

在对代理的组件命名后，必须通过对它们的属性赋值来描述 Source、Sink 和 Channel。

23.4.2　Source、Sink 和 Channel 的描述

1. Source

每个 Source 都将有一个单独的属性列表。名为 type 的属性对每个 Source 都是通用的，并且它们用于指定我们正在使用的 Source 的属性。

除了属性 type 外，还需要提供特定 Source 所需的所有属性值来对其进行配置，代码如下：

```
agent_name. sources. source_name. type = value
agent_name. sources. source_name. property2 = value
agent_name. sources. source_name. property3 = value
```

例如，如果考虑 Twitter Source，那么我们必须提供值对其属性进行配置：

```
TwitterAgent. sources. Twitter. type = Twitter（type name）
TwitterAgent. sources. Twitter. consumerKey =
TwitterAgent. sources. Twitter. consumerSecrey =
TwitterAgent. sources. Twitter. accessToken =
TwitterAgent. sources. Twitter. accessTokenSecret =
```

2. Sink

就像 Source 一样，每个 Sink 都会有一个单独的属性列表。名为 type 的属性对于每个 Sink 都是通用的，它用于指定用户正在使用的 Sink 的属性。除了 type 外，还需要为特定 Sink 所需的属性提供值以进行配置，代码如下：

```
agent_name. sinks. sink_name. type = value
agent_name. sinks. sink_name. property2 = value
agent_name. sinks. sink_name. property3 = value
```

例如，如果考虑 HDFS Sink，那么用户必须提供值对其进行属性配置：

```
TwitterAgent. sinks. HDFS. type = hdfs（type name）
TwitterAgent. sinks. HDFS. hdfs. path = HDFS directory's path to store the data
```

3. Channel

Flume 提供各种 Channel 在 Source 和 Sink 间传输数据，因此，与 Source 和 Channel 一起需要描述代理使用的 Channel 属性。要描述每个 Channel，用户需要设置所需的属性：

```
agent_name. channels. channel_name. type = value
agent_name. channels. channel_name. property2 = value
agent_name. channels. channel_name. property3 = value
```

例如，如果考虑内存信道，那么用户必须以提供的值来配置其属性：

```
TwitterAgent. channels. MemChannel. type = memory（type name）
```

4. 将 Source 和 Sink 与 Channel 绑定

由于 Channel 连接 Source 和 Sink，因此要求将它们两者与 Channel 绑定，代码如下：

```
agent_name. sources. source_name. channels = channel_name
agent_name. sinks. sink_name. channels = channel_name
```

以下实例展示了如何将 Source 和 Sink 与 Channel 绑定。这里，考虑 Twitter Source、

Memory(内存)Channel 和 HDFS Sink。

> TwitterAgent. sources. Twitter. channels ＝ MemChannel
>
> TwitterAgent. sinks. HDFS. channels ＝ MemChannel

5. 启动 Flume Agent(代理)

配置完成后，必须启动 Flume Agent，以下是具体做法：

> $ bin/flume-ng agent --conf . /conf/ -f conf/twitter. conf
>
> Dflume. root. logger＝DEBUG，console-n TwitterAgent

说明：

(1) agent：启动 Flume Agent(代理)的命令。

(2) --conf，-c＜conf＞：使用 conf 目录中的配置文件。

(3) -f＜file＞：如果丢失，则指定配置文件路径。

(4) --name，-n＜name＞：Twitter Agent 的名字。

(5) -D property＝value：设置 Java 系统属性值。

23.5　HDFS 的 put 命令及其 HDFS 存在的问题

23.5.1　put 命令

Flume 是一个用于高效移动大数据的分布式服务。Flume 的主要用途是采集集群中每个机器的一系列日志文件，并将它们聚合到如 Hadoop 分布式文件系统(HDFS)那样的集中化出的存储区中。

将数据转移到 HDFS 系统中的传统方法是使用 put 命令。让我们看看如何使用 put 命令。图 23.6 展示了从一系列应用程序服务器中采集日志数据的 Flume 的部署。通过三个层次来进行说明：第一层是 Agent(代理)层。Agent 节点通常安装在生成日志的机器上，且是联系 Flume 的初始点。第二层是采集器层，通常安装在 Flume 的主服务器上。第三层是文件的最终目的地，该目的地既可以是 GPFS、HDFS，也可以是本地文件系统。

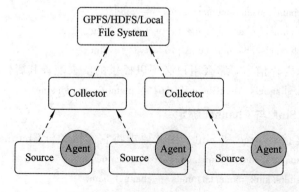

图 23.6　采集数据的三层结构

处理日志数据的主要挑战是，通过多个服务器把产生的这些日志移动到 Hadoop 环境中。

Hadoop 的文件系统的 Shell 提供了将数据插入到 Hadoop 以及从 Hadoop 中读取的命令。可使用 put 命令把数据插入到 Hadoop 中，代码如下：

```
$ hadoop fs -put /path of the required file /path in HDFS where to save the file
```

可以使用 Hadoop 的 put 命令把数据从这些源中转移到 HDFS 中。但该命令具有如下缺点：

（1）使用 put 命令，一次只能转移一个文件，而数据生成器以较高的速率生成数据。由于对旧数据的分析不够准确，因此需要一个实时传输数据的解决方案。

（2）如果使用 put 命令，则需要把数据打包并准备上传。由于网络服务器不断地生成数据，因此这是一项非常困难的任务。

这里我们需要的是一种解决方案，它能够克服 put 命令的缺点，并将数据生成器中的"流数据"以较低的时延传输到集中化的存储区中，特别是 HDFS 中。

23.5.2　HDFS 具有的问题

在 HDFS 中，文件作为目录实体存在，并且文件的长度在关闭前将被视为零长度。例如，如果某个 Source 正在将数据写入 HDFS，并且在执行过程中网络中断（未关闭文件），则写入该文件的数据将丢失。

因此，我们需要一个可靠的、可配置的和可维护的系统将日志数据传送到 HDFS 中。

注意：在 POSIX 文件系统中，不论我们何时访问文件（或者说执行写操作），其他程序也可能读取该文件（至少是已保存部分的文件），这是因为文件在关闭前存放在磁盘上。

要将不同 Source（源）的流数据（日志文件、事件等）发送给 HDFS，针对可用的解决方案，我们建议使用如下工具：

（1）Facebook 公司的 Scribe。Scribe 是一个非常流行的工具，用于聚合以及以流的形式传输日志数据。它旨在扩展大量的节点，并对网络和节点故障具有很强的鲁棒性。

（2）Kafka。Kafka 是由 Apache Software Foundation（Apache 软件基金会）开发的，是一个开源的消息代理（Message Broker）。使用 Kafka，我们可以处理高吞吐量和低时延的数据。

实验　使用 Flume 将数据移动到 HDFS 中

一、实验目的

通过本实验，我们希望学习以下知识：

（1）使用 Flume 将数据从本地文件系统中移动到 HDFS 中。

（2）设置和配置 Flume Agent。

（3）启动 Agent 来采集数据。

二、实验步骤

（1）设置 Flume 配置。进行采集数据之前，我们必须首先配置我们所有的 Flume Agents。

打开终端并导航到 $BIGINSIGHT_HOME/flume/conf，执行下述代码，其结果如图 23.7 所示。

cd $BIGINSIGHTS_HOME/flume/conf

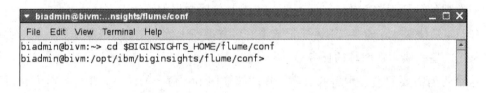

图 23.7　导航到 $BIGINSIGHT_HOME/flume/conf 界面截图

（2）执行 ls 命令，列出该命令中的所有文件，如图 23.8 所示。

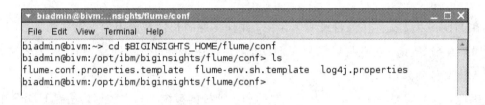

图 23.8　执行 ls 命令，列出所有文件的界面截图

我们将要编辑的文件称为 flime-conf. properties. template，这是一个可以在其中配置 Flume Agents 的文件，且可以添加配置多个 Agent。

（3）要编辑文件，请输入下述代码并执行，其结果如图 23.9 所示。

geditflume-conf. properties. template

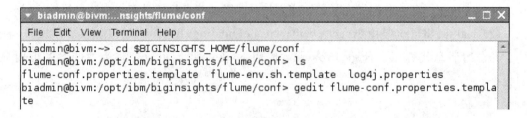

图 23.9　设置编辑环境

另外，也可以不必使用 gedit，可使用或通过任何编辑环境完成编辑。图 23.10 为启动 gedit 后出现的界面，其中包含了许多信息。

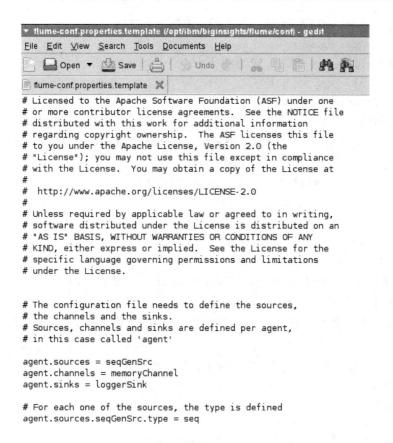

图 23.10　启动 gedit 后出现的界面

（4）除了图 23.11 所示的代码外，擦除所有的代码。

```
# Licensed to the Apache Software Foundation (ASF) under one
# or more contributor license agreements.  See the NOTICE file
# distributed with this work for additional information
# regarding copyright ownership.  The ASF licenses this file
# to you under the Apache License, Version 2.0 (the
# "License"); you may not use this file except in compliance
# with the License.  You may obtain a copy of the License at
#
#  http://www.apache.org/licenses/LICENSE-2.0
#
# Unless required by applicable law or agreed to in writing,
# software distributed under the License is distributed on an
# "AS IS" BASIS, WITHOUT WARRANTIES OR CONDITIONS OF ANY
# KIND, either express or implied.  See the License for the
# specific language governing permissions and limitations
# under the License.
```

图 23.11　启动 gedit 后出现的另一部分界面

我们将在此文件中添加代码片段，并在后面对其进行解释。

（5）配置我们的源代理（Source Agent），添加如下代码：

```
# Name the components on the agent
agent1. sources = src
agent1. sinks =snk
agent1. channels = ch
```

这个代码片段对 agent1 的组件进行命名，每个 Agent 需要 Source、Sink、Channel 组件，我们可以对每个组件命名为所希望名字。在这种情况下，我们使用 src 对 Sources 命名，用 snk 对 Sinks 命名，用 ch 对 Channels 命名。

（6）对 Source（源）进行描述和配置，添加如下代码：

```
# Describe/configure the source
agent1. sources. src. type = netcat
agent1. sources. src. bind = localhost
agent1. sources. src. port = 44444
```

请注意语法：<Agent>. source. <SourceName>. <Property>=value。

对于第一行，设置<Propery>为 type，并将值设置为 netcat。每个 Source 必须具有 type 属性。第二行，我们将值与本地主机绑定，可侦听主机名或 ip 地址。最后一行是要绑定的端口号。

（7）对 Sink 进行描述和配置，添加如下代码：

```
# Describe/configure the sink
agent1. sinks. snk. type = hdfs
agent1. sinks. snk. writeFormat = Text
agent1. sinks. snk. hdfs. path = hdfs：//bivm：9000/tmp/
```

在这个代码片段中，配置 Sink。在第一行中，设置<Property>为 type，并对其赋值为 hdfs，这意味着它将文件写入到 HDFS 中。当指定 type 为 hdfs 后，也必须指定<Property>hdfs. path。还有一个 writeFormat<Property>格式，将它设置为以文本格式输出。

（8）配置 Channel，添加如下代码：

```
# Use a channel which buffers events in memory
agent1. channels. ch. type = memory
agent1. channels. ch. capacity = 1000
```

这两行代码配置 Agent 的 Channel 组件。<Property>type 具有的值为 memory，这意味着事件将被缓存到内存中。<Property>capacity 是存储在 Channel 中事件的最大的数量。

（9）将 Source 和 Sink 与 Channel 绑定，添加如下代码：

```
# Bind the source and sink to the channel
agent1. sources. src. channels = ch
agent1. sinks. snk. channel =ch
```

这两行代码简单地将 Source 和 Sink 与 Channel 绑到一起。

（10）若不想覆盖以前的文件，则将文件保存为 sampleconf. properties，并关闭窗口。

① 清除终端并执行 ls 命令来确认自己的文件是否在这个目录中。

```
clear ls
```

运行 Flume Agent。

现在我们已对 Flume Agent 的配置文件进行了设置，可以运行 Agent 了，执行如下命令：

> $ BIGINSIGHTS_HOME/flume/bin/flume-ng agent -f
>
> $ BIGINSIGHTS_HOME/flume/conf/sampleconf. properties -n agent1
>
> -Dflume. root. logger ＝ INFO, console

② 该 Agent 正在端口 44444 上侦听本地主机。要想看到正在侦听的 Agent，请打开一个新终端并做如下工作：

> telnet localhost 44444

执行上述代码后，在图 23.12 所示的界面上可以输入任何我们想要侦听的端口。

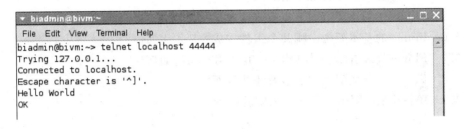

图 23.12　查看正在侦听的 Agent

可以通过按⌐＋⌐来退出 Telnet，然后按回车键，再输入 quit。此时不用关闭终端窗口，因为在以下几步中我们还需要它。

③ 要结束 Flum Agent 进程，必须手动关闭它。在已使用过的终端上执行如下命令：

> ps-ef | grep flume | awk '{print ＄2}'

这个命令列出所有 Flume 的进程。

现在执行如下命令，手动杀死所有的 Flume 进程。

> kill -9 ＜pid＞＜pid＞.

小　　结

Flume 是一个工具/服务器/数据采集机制，用于收集汇总并将大量的流数据从各种源传输到集中式的数据存储区。Apache Flume 是专为日志流传送到 Hadoop 环境而设计的服务，采用简单的、易于使用的、基于数据流的流架构。它还具有可调整的可靠性机制和多种恢复与故障转移机制，是高可靠性的、分布式的与可配置的工具。

Flume 具有不同级别的可靠性，提供了包括"尽力而为"和"端到端"交付的功能。尽力而为的交付不能容忍任何 Flume 节点出现故障；而端到端的交付模式，即使在多个节点发生故障的情况下也要保证交付。

Flume 在源与接收器间传送数据。数据收集既可以是调度驱动的，也可以是事件驱动的。Flume 有自己的查询处理引擎，这使得它可轻松地将每批新数据转移到它想要到达的地方。

Flume 接收器包括 HDFS 和 HBase。Flume 也可以用于传输事件数据，包括但不限于网络流量数据、社交媒体网站产生的数据和电子邮件消息。

本章首先介绍 Flume 的一些主要特点，Flume 的流与源，Flume 的基本架构与代理，然后给了一个基本实验，该基本实验对于我们学习与掌握 Flume 的应用非常有帮助。

思考与练习题

23.1　Flume 具有哪些作用和功能？

23.2　大数据中的日志具有什么作用？

23.3　在 Hadoop 环境中应用 Flume 的优势有哪些？

23.4　Flume 支持的多种源主要有哪些？

23.5　Flume 中的主节点与节点有哪些含义与作用？

23.6　Flume 的基本架构由哪几个组件构成？其作用如何？

23.7　Flume 代理有哪些其他组件？其作用与功能如何？

23.8　Flume 的环境配置主要涉及哪些方面？

23.9　验证实验，写出较为详细的实验报告。

第 24 章　R 编程——可视化与图形工具

24.1　概　　述

由于 R 语言具有并行处理功能以及创建令人满意的图形的能力,使得它成为强大的可视化图形工具。R 语言数据允许数据科学家从数据分析结果中创建导航图形,该图形可用于从大数据集中获得有意义的洞察力,也可以导出到演示文稿的报告中。

在统计学应用中,大部分新的进展是以 R 程序包的形式出现的,然后才作为商业解决方案。R 语言不仅仅是一个统计工具,而是一个完整的面向对象的编程语言包。程序员可以享受交互式语言的益处,同时充分利用编译代码的速度,因为 R 语言支持使用 FORTRNA 或 C 语言等其他嵌入的已编译的代码。

R 语言编程常常吸引程序员来学习它,因为它具有非常强大的功能,只需几行代码就可生成曲线和图标,而这些代码在其他语言中则需要几百行。R 语言的确具有一个陡峭的学习曲线,但当程序员开始学习 R 语言时,他们却非常喜欢它提供的强大功能,这些功能非常适合于复杂的数据分析。

Big R 在 IBM InfoSphere BigInsights 中提供了 R 语言的端到端的集成。这使得在 Hadoop 集群中,编写和执行对数据进行操作的应用程序变得容易。

使用 Big R 时,R 语言用户可以使用熟悉的 R 语法和范例转换,分析 BigInsights 集群中受到管理的大数据。所有这些功能都可以从标准的 R 语言客户端进行访问。

Big R 提供了如下功能:

(1) 允许将 R 语言用作大数据的查询语言。Big R 隐藏了与底层 Hadoop/MapReduce 框架有关的许多复杂性。使用诸如 big.frame、bigr.vector 和 bigr.list 的类,将会给用户呈现一个 API,该 API 深受 R 语言的数据、帧、向量和多帧的基础 API 的启发。

(2) 启用 R 函数的下推功能,以便使其在数据上正确地运行。通过诸如 groupApply、rowApply 和 tableApply 这样的机制,R 语言编写的用户函数可以装载到集群中。BigInsights 透明地并行执行这些函数,并将合并的结果提供给用户。几乎所有的 R 代码,包括开源代码库上可用的大多数软件包,如 CRAN(Comprehensive R Archive Network)都可以使用这个机制来运行。

24.2　R 语言入门

24.2.1　在 Windows 系统中安装 R 语言

我们首先在 Windows 系统中安装 R 语言,其步骤如下。

1. R 语言的安装

步骤 1　打开网站 https：//mirrors. tuna. tsinghua. edu. cn/CRAN/，单击下载 Windows版本。下载界面如图 24.1 所示。

Download and Install R
Precompiled binary distributions of the base system and contributed packages, Windows and Mac users most likely want one of these versions of R:
Download R for Linux
Download R for (Mac) OS X
R is part of many Linux distributions, you should check with your Linux package management system in addition to the link above.

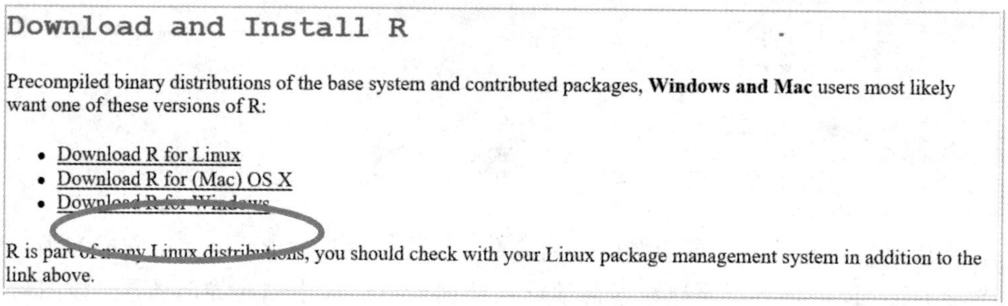

图 24.1　下载界面

步骤 2　单击 base，进入下载界面；单击最上方的下载按钮，如图 24.2 所示。

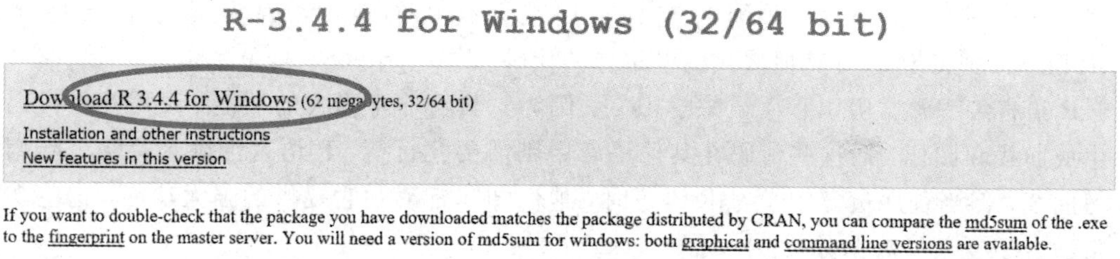

R-3.4.4 for Windows (32/64 bit)
Download R 3.4.4 for Windows (62 megabytes, 32/64 bit)
Installation and other instructions
New features in this version
If you want to double-check that the package you have downloaded matches the package distributed by CRAN, you can compare the md5sum of the .exe to the fingerprint on the master server. You will need a version of md5sum for windows: both graphical and command line versions are available.

图 24.2　选择下载 Windows 版本的界面

步骤 3　完成以上步骤后进行安装，根据系统选择 32/64 位版本，如图 24.3 所示。

安装向导 - R for Windows 3.4.4
选择组件
要安装哪些组件？
请选择要安装的组件，清除不要安装的组件。准备好后点击“下一步”。
自定義安装
Core Files　83.8兆字节（MB）
32-bit Files　48.7兆字节（MB）
64-bit Files　50.2兆字节（MB）
Message translations　7.3兆字节（MB）
目前所选组件要求至少142.2兆字节（MB）磁盘空间。
＜上一步(B)
下一步(N) ＞
取消

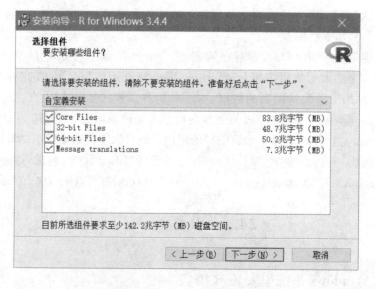

图 24.3　R 语言安装向导界面

步骤 4　安装完成后，打开脚本编辑界面，如图 24.4 所示。

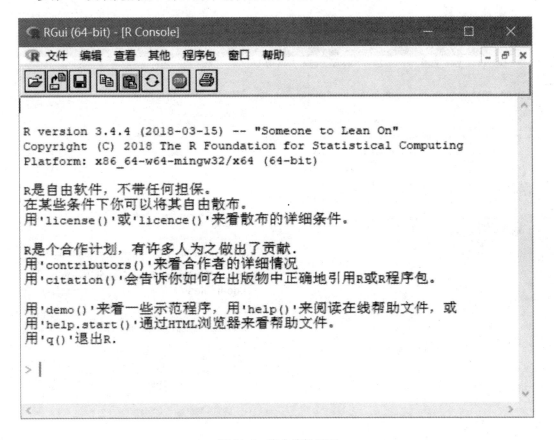

图 24.4　脚本编辑界面

2. R Studio 的安装[可选]

R Studio 是一款比 R 语言原始脚本编辑器界面更美观、功能更强大的商业软件，它本身不附带 R 语言，只提供 R 语言代码的编辑作用。

步骤 1　打开网站 https：//www．rstudio．com/products/rstudio/download/#download，选择 Windows 版本进行下载，如图 24.5 所示。

Installers for Supported Platforms

Installers	Size	Date
RStudio 1.1.442 - Windows Vista/7/8/10	85.8 MB	2018-03-12
RStudio 1.1.442 - Mac OS X 10.6+ (64-bit)	74.5 MB	2018-03-12
RStudio 1.1.442 - Ubuntu 12.04-15.10/Debian 8 (32-bit)	89.3 MB	2018-03-12
RStudio 1.1.442 - Ubuntu 12.04-15.10/Debian 8 (64-bit)	97.4 MB	2018-03-12
RStudio 1.1.442 - Ubuntu 16.04+/Debian 9+ (64-bit)	65.1 MB	2018-03-12
RStudio 1.1.442 - Fedora 19+/RedHat 7+/openSUSE 13.1+ (32-bit)	88.1 MB	2018-03-12
RStudio 1.1.442 - Fedora 19+/RedHat 7+/openSUSE 13.1+ (64-bit)	90.6 MB	2018-03-12

图 24.5　R Studio 下载界面

步骤 2　下载完成后进行安装，安装完成后以管理员模式打开 R Studio，界面如图 24.6 所示。

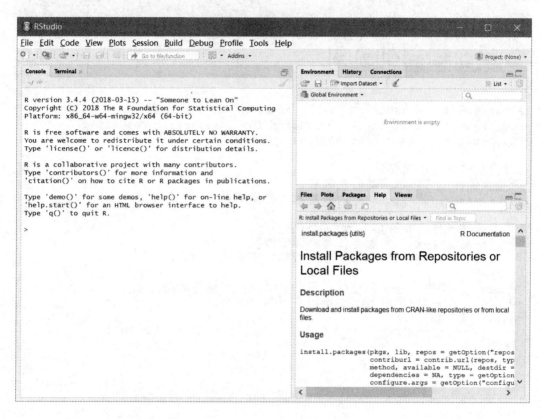

图 24.6　R Studio 主界面

3. 使用 R 语言连接数据库(MySQL)

步骤 1　返回到浏览器中 R Studio 会话，输入如下命令，安装连接驱动。

```
install. packages("RMySQL")
```

步骤 2　导入驱动包，连接 MySQL，代码如下：

```
library("RMySQL")
mysqlconnection = dbConnect(MySQL(), user = 'root', password = '', dbname = 'mydata', host ='localhost')
```

步骤 3　使用 dbSendQuery( )执行 SQL 语句。

用下述代码查询数据库：

```
result = dbSendQuery(mysqlconnection，"show databases")
data. frame = fetch(result)
print(data. frame)
```

查询表，执行如下代码，其结果如图 24.7 所示。

```
result = dbSendQuery(mysqlconnection，"select * from help_category")
data. frame = fetch(result)
print(data. frame)
```

```
> result = dbSendQuery(mysqlconnection, "select * from help_category")
Warning messages:
1: In .local(conn, statement, ...) :
  Unsigned INTEGER in col 0 imported as numeric
2: In .local(conn, statement, ...) :
  Unsigned INTEGER in col 2 imported as numeric
> data.frame = fetch(result)
> print(data.frame)
   help_category_id                                      name parent_category_id url
1                 1                                 Geographic                   0
2                 2                         Polygon properties                  35
3                 3                          Numeric Functions                  39
4                 4                                        WKT                  35
5                 5                                    Plugins                  36
6                 6                     Control flow functions                  39
7                 7                                        MBR                  35
8                 8                               Transactions                  36
9                 9                              Help Metadata                  36
10               10                         Account Management                  36
11               11                           Point properties                  35
12               12                       Encryption Functions                  39
13               13                      LineString properties                  35
14               14                    Miscellaneous Functions                  39
15               15                          Logical operators                  39
16               16   Functions and Modifiers for Use with GROUP BY              36
17               17                       Information Functions                  39
18               18                            Storage Engines                  36
19               19                              Bit Functions                  39
20               20                        Comparison operators                  39
21               21                          Table Maintenance                  36
22               22                     User-Defined Functions                  36
23               23                                 Data Types                  36
24               24                        Compound Statements                  36
25               25                       Geometry constructors                  35
26               26              GeometryCollection properties                   1
27               27                             Administration                  36
28               28                          Data Manipulation                  36
29               29                                    Utility                  36
30               30                         Language Structure                  36
31               31                          Geometry relations                 35
32               32                     Date and Time Functions                 39
33               33                                        WKB                  35
34               34                                 Procedures                  36
35               35                        Geographic Features                  36
36               36                                   Contents                   0
```

图 24.7 查询执行后的(部分)列表清单

fetch 语句也可加入参数,进行限定数量的查询,执行下述命令后,得到的结果如图 24.8 所示。

> result = dbSendQuery(mysqlconnection, "select * from help_category")

> data.frame = fetch(result, n=5)

> print(data.frame)

创建表,执行下述代码,其结果如图 24.9 所示。

dbSendQuery(mysqlconnection, 'CREATE TABLE IF NOT EXISTS tasks

(task_idINT(11) NOT NULL AUTO_INCREMENT,

subject VARCHAR(45) DEFAULT NULL,

start_date DATE DEFAULT NULL,

end_date DATE DEFAULT NULL

, description VARCHAR(200) DEFAULT NULL,

PRIMARY KEY (task_id))')

```
> result = dbSendQuery(mysqlconnection, "select * from help_category")
Warning messages:
1: In .local(conn, statement, ...) :
  Unsigned INTEGER in col 0 imported as numeric
2: In .local(conn, statement, ...) :
  Unsigned INTEGER in col 2 imported as numeric
> data.frame = fetch(result,n=5)
> print(data.frame)
  help_category_id                 name parent_category_id url
1                1           Geographic                  0
2                2   Polygon properties                 35
3                3    Numeric Functions                 39
4                4                  WKT                 35
5                5              Plugins                 36
>
```

图 24.8　限定数量的查询示例

```
> dbSendQuery(mysqlconnection, 'CREATE TABLE IF NOT EXISTS tasks (task_id INT(11) NOT NULL AUTO_INCREMENT,
subject VARCHAR(45) DEFAULT NULL,start_date DATE DEFAULT NULL,end_date DATE DEFAULT NULL,description VARCH
AR(200) DEFAULT NULL,PRIMARY KEY (task_id))')
<MySQLResult:183543600,0,5>
>
```

图 24.9　创建表的示例

验证表的创建。执行如图 24.10 所示的代码，验证所创建的表。

```
> mysqlconnection = dbConnect(MySQL(),user = 'root',password = '',dbname = 'mydata',host = 'localhost')
> result = dbSendQuery(mysqlconnection, "show tables")
> data.frame = fetch(result)
> print(data.frame)
  Tables_in_mydata
1         big_data
2     help_category
3            tasks
>
```

图 24.10　验证所创建的表

dbSendQuery 也可执行表的删除、插入、更新等操作，以及数据库的创建、删除等。

24.2.2　使用 R 语言进行数据图表绘制

R 语言编程中有许多库用来创建图表，这些图表可以用来绘制数据的分布度，是了解目前已拥有数据清晰度的很好的方法。

1. 绘制饼状图

R 语言编程中有许多库用来创建图表。饼状图是用不同颜色的圆的切片表示的值。这些切片被标记，并且每个切片对应的数字也在图表中表示。

在 R 语言中，使用将正数作为向量输入的 pie( )函数创建饼状图；附加参数用于控制标签，颜色，标题等。

pie(x, labels, radius, main, col, clockwise)

以下是对使用的参数的描述：

（1）x：是包含饼图中使用的数值的向量。

（2）labels：用于描述切片的标签。

（3）radius：用来表示饼图圆的半径（—1 和 +1 之间的值）。

（4）main：用来表示图表的标题。

（5）col：表示调色板。

（6）clockwise：是一个逻辑值，指示片是顺时针还是逆时针绘制。

输入如下代码：

```
# Create data for the graph.
x <-c(12, 40, 29, 19)
labels <- c("北京", "天津", "南京", "杭州")
# Give the chart file a name.
png(file ="d：\\birth_of_age.jpg")
# Plot the chart.
pie(x, labels)
# Save the file.
dev.off()
    >x<-c(12, 40, 29, 19)
    >labels<-c("北京","天津","南京","杭州")
    >png(file=="d：\birth_of_age.jpg")
    >pie(x, lables)
    >dev.off()
png
2
>
```

打开 D：\\ birth_of_age.jpg，所绘制的图形如图 24.11 所示。

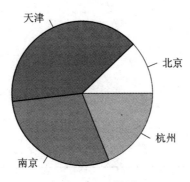

图 24.11 饼图

2. 绘制线形图

线形图是通过在多个点之间绘制线段来连接一系列点所形成的图形。这些点按其坐标（通常是 x 坐标）的值排序。线形图通常用于识别数据趋势。

在 R 语言中，通过使用 plot()函数来创建线形图。

在 R 语言中创建线形图的基本语法如下：

```
plot(v, type, col, xlab, ylab)
```

以下是对使用的参数的描述：

（1）v：是包含数值的向量。

（2）type：取值为"p"表示仅绘制点；为"l"表示仅绘制线条；为"o"表示仅绘制点和线。

（3）col：用于绘制点和线两种颜色。

（4）xlab：是 x 轴的标签。

（5）ylab：是 y 轴的标签。

下面代码用于绘制线性图，其输出如图 24.12 所示。

```
# Create the data for the chart.
v <-c(9, 11, 38, 7, 45)
# Give the chart file a name.
png(file ="d：\\line_chart.jpg")
# Plot the bar chart.
plot(v, type ="o", col ="red", xlab ="月份", ylab ="降雨量", main ="降雨量图表")
# Save the file.
dev. off()
```

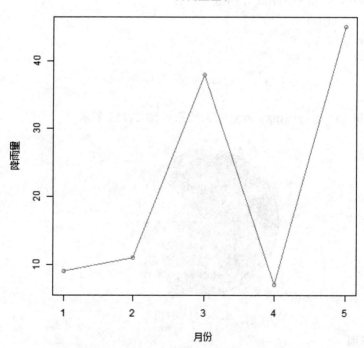

图 24.12   直线图

我们也可绘制多线条表，代码如下：

```
# Create the data for the chart.
v <- c(7, 12, 28, 3, 41)
```

```
t <- c(14, 7, 6, 19, 3)
# Give the chart file a name.
png(file = "d：\\line_chart_2_lines.jpg")
# Plot the bar chart.
plot(v, type = "o", col = "red", xlab = "月份", ylab = "降雨量",
main = "降雨量图表")
lines(t, type = "o", col = "blue")
# Save the file.
dev. off( )
```

执行上述代码后的结果如图 24.13 所示。

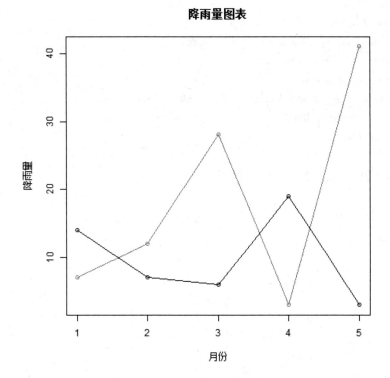

图 24.13　多线图

3. 绘制直方图

直方图表示一个变量范围内的值的频率。直方图类似于条形，但区别在于它将值分组为连续范围。直方图中的每个栏表示该范围中存在的值的数量的高度。

R 语言使用 hist( )函数创建直方图。该函数将一个向量作为输入，并使用一些更多的参数绘制直方图。

使用 R 语言创建直方图的基本语法如下：

```
hist(v, main, xlab, xlim, ylim, breaks, col, border)
```

以下是对使用的参数的描述：

（1）v：是包含直方图中使用数值的向量。

（2）main：表示图表的标题。

（3）xlab：用于描述 x 轴。

（4）xlim：用于指定 x 轴上的值范围。

（5）ylim：用于指定 y 轴上的值范围。

（6）breaks：是用来提及每个栏的宽度。

（7）col：用于设置条的颜色。

（8）border：用于设置每个栏的边框颜色。

使用输入向量、标签、列和边界参数创建一个简单的直方图。下面给出将创建的脚本并保存当前 R 工作目录中的直方图。示例代码如下：

```
# Create data for the graph.
v <- c(9, 13, 21, 8, 36, 22, 12, 41, 31, 33, 19)
# Give the chart file a name.
png(file = "d：\\histogram. png")
# Create the histogram.
hist(v, main="直方图示例", xlab="重量", ylab="高度", col
="yellow", border="blue")
# Save the file.
dev. off()
```

执行上述代码后的结果如图 24.14 所示。

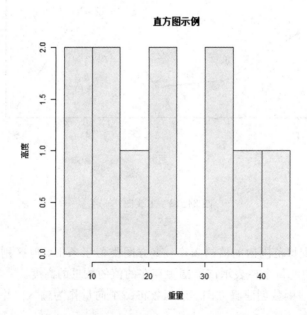

图 24.14　直方图

4. 绘制散点图

散点图显示了在平面绘制的多个点。每个点代表两个变量的值，其中在水平轴上选择一个变量，在垂直轴中选择另一个变量。

简单散点图使用 plot( ) 函数来创建。

在 R 语言中创建散点图的基本语法如下：

```
plot(x, y, main, xlab, ylab, xlim, ylim, axes)
```

以下是对使用的参数的描述：

(1) x：是数据集，其值是水平坐标。

(2) y：是数据集，其值是垂直坐标。

(3) main：是图表的标题。

(4) xlab：是水平轴（y 轴）上的标签。

(5) ylab：是垂直轴（y 轴）上的标签。

(6) xlim：用于绘制的 x 的值的极限。

(7) ylim：用于绘制的 y 的值的极限。

(8) axes：指示是否应在绘图上绘制两个轴。

我们使用 R 语言环境中可用的数据集 mtcars 来创建基本散点图，下面使用 mtcars 数据集中的 wt 和 mpg 列。参考以下代码实现：

```
input <-mtcars[, c('wt', 'mpg')]
print(head(input))
```

当我们执行下述代码时，会产生相应的结果：

```
wt              mpg
Mazda RX4       2.620 21.0
Mazda RX4 Wag   2.87 521.0
Datsun          7102.32 022.8
Hornet 4 Drive  3.21 521.4
Hornet Sportabout 3.44 018.7
Valiant         3.46 018.1
```

以下脚本将为 wt(weight) 和 mpg(英里/加仑)之间的关系创建一个散点图。

```
# Get the input values.
input <- mtcars[, c('wt', 'mpg')]
# Give the chart file a name.
png(file ="d：\\scatterplot.png")
# Plot the chart for cars with weight between 2.5 to 5 and mileage between 15 and 30.
plot(x = input $ wt, y = input $ mpg,
xlab ="重量",
ylab ="里程",
xlim = c(2.5, 5),
ylim = c(15, 30),
    main ="重量 VS 里程")
# Save the file.
```

dev. off()

执行上述代码后的结果如图 24.15 所示。

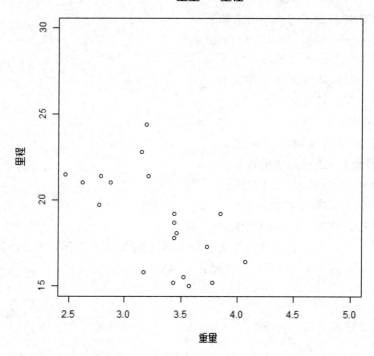

图 24.15　散点图

另外，也可绘制散点图矩阵。当我们有两个以上的变量，并且想要找到一个变量与其余变量之间的相关性时，将使用散点图矩阵。可通过使用 pairs( )函数来创建散点图的矩阵。

在 R 语言中创建散点图矩阵的基本语法如下：

```
pairs(formula, data)
```

以下是对使用的参数的描述：

（1）formula：表示成对使用的一系列变量。

（2）data：表示将从中采集变量的数据集。

以下是散点图矩阵的示例代码：

```
# Give the chart file a name.
png(file ="d:\\scatterplot_matrices. png")
# Plot the matrices between 4 variables giving 12 plots.
# One variable with 3 others and total 4 variables.
pairs(~wt+mpg+disp+cyl, data = mtcars,
main ="散点图矩阵")
# Save the file.
```

dev. off()

执行上述代码后的结果如图 24.16 所示。

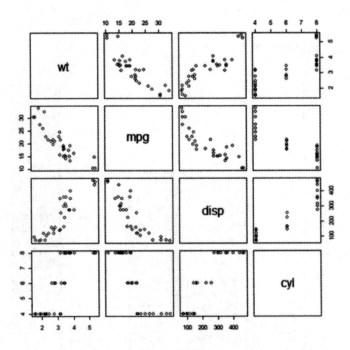

图 24.16　散点图矩阵

5. 绘制条形图

条形图表示矩形条中的数据，其长度与变量的值成比例。R 语言使用 barplot() 函数来创建条形图。R 语言可以在条形图中绘制垂直和水平条。在条形图中，每个条可以被赋予不同的颜色。

在 R 语言中创建条形图的基本语法如下：

　　　barplot(H, xlab, ylab, main, names. arg, col)

以下是对使用的参数的描述：

（1）H：是包含条形图中使用的数值的向量或矩阵。

（2）xlab：是 x 轴的标签。

（3）ylab：是 y 轴的标签。

（4）main：是条形图的标题。

（5）names. arg：是在每个栏下显示的名称向量。

（6）col：用于给图中的图条给出颜色。

使用输入向量和每个栏的名称创建一个简单的条形图。以下脚本将在当前 R 语言工作目录中创建并保存条形图。示例代码如下：

```
# Create the data for the chart.
H <-c(7, 12, 28, 3, 41)
# Give the chart file a name.
png(file = "d: \\barchart. png")
```

```
# Plot the bar chart.
barplot(H)
# Save the file.
dev. off()
```

执行上述代码后的结果如图 24.17 所示。

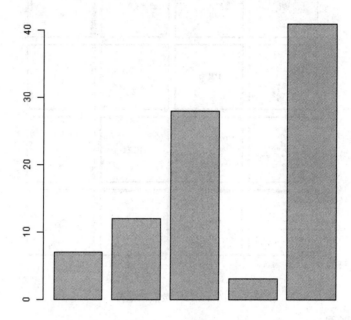

图 24.17　条形图

6. 组条形图和堆叠条形图

我们可以通过使用矩阵作为输入值，在每个栏中创建组条形图和堆叠条形图。多于两个变量表示的为用于创建组条形图和堆叠条形图的矩阵。以下是示例代码：

```
# Create the input vectors.
colors <- c("green", "orange", "brown")
months <- c("一月", "二月", "三月", "四月", "五月")
regions <- c("东部地区", "西部地区", "南部地区")
# Create the matrix of the values.
Values <- matrix(c(2, 9, 3, 11, 9, 4, 8, 7, 3, 12, 5, 2, 8, 10, 11), nrow = 3, ncol = 5,
byrow = TRUE)
# Give the chart file a name.
png(file = "d：\\barchart_stacked. png")
# Create the bar chart.
barplot(Values, main = "总收入", names. arg = months, xlab = "月份", ylab = "收入", col = colors)
# Add the legend to the chart.
legend("topleft", regions, cex = 1. 3, fill = colors)
# Save the file.
dev. off()
```

执行上述代码后的结果如图 24.18 所示。

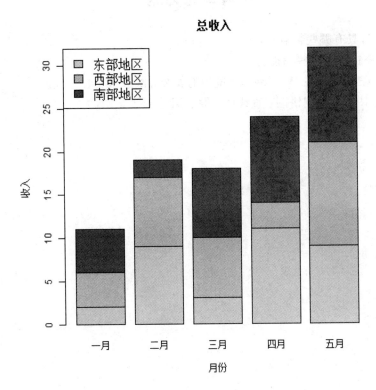

图 24.18 组条形图和堆叠条形图

小 结

R 语言是功能强大的可视化图形工具。R 语言被统计学家或大多数数据科学家用于业务分析、科学研究、商业智能、软件开发和统计报告等多种专业领域。R 语言不仅仅是一个统计工具，而是一个完整的面向对象的编程语言包。R 语言支持使用 FORTRNA 或 C 语言等其他嵌入的已编译的代码。

Big R 在 IBM InfoSphere BigInsights 中提供了 R 语言的端到端的集成。这使得在Hadoop集群中编写和执行对数据进行操作的应用程序变得容易。

使用 Big R 时，R 语言用户可以使用熟悉的 R 语法和范例转换，分析 BigInsights 集群中受到管理的大数据。所有这些功能都可以从标准的 R 语言客户端进行访问。

Big R 提供了如下功能：

(1) 允许将 R 语言用作大数据的查询语言。

(2) 启用 R 函数的下推功能，以便使其在数据上正确地运行。

本章简要地介绍了 R 语言的特性以及 Big R 提供的功能。其次介绍了 R 语言的一些基础知识，给出了一些编程示例。

思考与练习题

24.1　R 语言具有哪些特点？

24.2　Big R 提供了哪些功能？

24.3　请验证 R 语言在 Windows 环境中的安装，试给出安装过程。

24.4　试用 R 语言绘制饼图、直线图、散点图。

第 25 章　Hadoop 的其他组件——Oozie、ZooKeeper 和 Mahout

25.1　Hadoop 工作流调度程序 Oozie 简介

Oozie 是 Hadoop 的工作流调度程序。这是一个运行依赖于作业的工作流系统，用户可以创建一个有向无圈图的工作流，该工作流可以在 Hadoop 中并行与顺序地运行。

Oozie 包含两部分：

（1）工作流引擎。工作流引擎的职责是存储和运行 Hadoop 组成的作业，如 Map Reduce、Pig、Hive。

（2）协调器引擎。它根据预先设定的调度运行工作流作业并应用数据。

Oozie 是可扩展的，可以实时管理 Hadoop 集群中的数千个工作流的执行（每个工作流都由十几个作业组成）。

Oozie 也非常灵活，人们可以轻松启动、停止、暂停和重新运行作业。Oozie 对于重新运行失败的工作流量是非常容易的。

Oozie v1 是一个基于服务器的工作流引擎，专门用于执行 Hadoop MapReduce 和 Pig 的工作流作业。Oozie v2 是一个基于服务器的协调器引擎，专门运行基于时间和数据触发的工作流。它可以根据时间（如每小时运行它）和可利用的数据（如在运行工作流之前等待输入数据的到达）连续地运行。Oozie v3 是一个基于服务器的捆绑引擎，该捆绑引擎提供了高层 Oozie 抽象、批处理一系列应用程序。用户将可以启动/停止/暂停/重用/重新启动一系列捆绑在一起的协调器作业，从而产生较好的易于操控的性能。

Oozie 作为集群中的一个服务运行，客户端向其提交即时或稍后处理的工作流定义。

Oozie 工作流由执行节点（Action Node）和流控制节点（Control-Flow Node）组成。

执行节点表示一个工作流任务，例如，将文件移动到 HDFS，运行 MapReduce、Pig 或 Hive 作业，使用 Sqoop 或运行 Java 语言编写的 Shell 脚本程序导入数据。

流控制节点通过运行构建像条件逻辑结构来控制行动间的工作流执行，其中可以遵循不同的分支，这取决于执行节点的先前结果。开始节点（Start Node）、结束节点（End Node）和错误节点（Error Node）属于这类节点。开始节点指定要开始的工作流作业。结束节点指示要结束的作业。错误节点指定要打印的发生的错误和相应的错误消息。

在工作流执行结束时，Oozie 使用 HTTP 回调来更新客户端的状态。进入或退出执行节点也可能触发回调。

使用 Oozie 的主要目的是管理 Hadoop 系统中要被进行处理的不同类型的作业。作业间的相关性由用户以有向无圈图的形式指定。Oozie 使用这个信息并以正确的顺序作为指定的工作流来管理这些作业的执行。这样用户就可以节省管理完成工作流的时间。另外，Oozie 有一个规定用于指定特定作业的执行频率。

Oozie 具有如下特点：

（1）Oozie 具有客户端 API 和命令行界面，用来执行、控制和监视 Java 语言应用程序的作业。

（2）使用 Web Service API，可以在任何地方控制作业。

（3）Oozie 提供了周期性地调度与运行作业执行的功能。

（4）Oozie 已规定在完成作业后发送电子邮件通知。

（5）Oozie 是一个基于服务器的工作流引擎，专门用于运行 Hadoop MapReduce 和 Pig 作业。

（6）Oozie 是一个运行在 Java servlet 容器中的 Java Web 应用程序。

（7）对于 Oozie 的工作目标，工作流是一个"控制相关（Control Dependency）"于 DAG（有向无圈图）操作安排的操作集合（即 Hadoop MapReduce、Pig 作业）。一个操作到另一个操作的"控制相关"意味着只有当对个操作完成后才能执行第二个操作。

（8）Oozie 工作流定义用 hPDL（XML Process Definition Language 类似于 JBOSS JBPM jPDL）编写。

（9）Oozie 工作流操作可以在远程系统中进行启动（即 Hadoop、Pig）。操作完成后，远程系统回调 Oozie，通知操作完成，此时 Oozie 继续执行工作流中的下一个操作。

（10）Oozie 工作流包含控制流节点和执行节点。

（11）控制流节点定义工作流的开始和结束（开始、结束和错误节点），并提供一个机制来控制工作流的执行路径（决策、分支和连接节点）。

（12）执行节点是工作流出发执行计算/处理任务的机制。Oozie 为不同类型的操作提供了支持：Hadoop MapReduce、Hadoop 文件系统、Pig、SSH、HTTP、email 和 Oozie 子工作流。Oozie 可以扩展为支持其他类型的操作。

Oozie 示例捆绑在 Oozie 发布版中的 Oozie-examples. tar. gz 文件中。扩展该文件将在本地文件系统中创建一个 examples/的目录。

通常，必须将 examples/目录拷贝到用户的 HDFS 中的 HOME 目录中：

```
$ hadoop fs - put examples examples
```

注意：如果 examples 目录已存在于 HDFS 中，在拷贝前必须将它删除，否则文件可能不能被拷贝。

25.2   ZooKeeper——跨集群的同步化

25.2.1   Apache ZooKeeper 简介

ZooKeeper 是一个开源的 Apache 项目，它提供了集中化的基础设施和服务，能使跨集群进行同步。ZooKeeper 维护大集群环境中所需的公共对象，如包括配置信息、体系命名空间等对象。应用程序可以利用这些服务来协调跨大集群的分布式处理。

Apache ZooKeeper 的正式定义为：它是一个分布式的开源配置、同步服务以及维护分布式应用程序的命名注册表。Apache ZooKeeper 用于管理和协同大集群中的机器。例如，Twitter 用来存储机器状态数据的 Apache Storm，使用 Apache ZooKeeper 作为机器间的协调器。ZooKeeper 框架最初是在 Yahoo 中构建的，用于以简单鲁棒的方式来访问其应用程序。后来，Apache ZooKeeper 被称为 Hadoop、HBase 和其他分布式框架所使用的组织服务标准。例如，Apache HBase 使用 ZooKeeper 来跟踪分布式数据的状态。

25.2.2　ZooKeeper 在 Hadoop 中的地位

分布式应用程序难于协同和使用，因为连接到网络中的机器数量庞大，它们很容易出错。由于涉及许多机器，竞争条件和死锁是实施分布式应用程序时常见的问题。当一台机器每次尝试执行两个或多个操作时，会出现竞争情况，这可以通过 ZooKeeper 的序列化属性来处理。死锁是两台或多台机器同时尝试访问相同的共享资源时发生的。更确切地说，它们试图访问彼此的资源，这导致了系统锁定，因为没有任何系统释放资源，而是等待其他系统释放它。ZooKeeper 中的同步有助于解决僵局。

分布式应用程序的另一个主要问题可能是进程的部分失败，这可能导致数据不一致。ZooKeeper 通过原子性来处理这个问题，这意味着整个过程要么完成，要么失败后不再继续。因此，ZooKeeper 是 Hadoop 的重要组成部分，它负责处理这些小而重要的问题，以便开发人员可以更多地关注应用程序的功能。

25.2.3　分布式应用程序的挑战

分布式应用程序面临如下挑战：

（1）竞争条件：两台或多台机器试图执行特定任务，实际上任何时候只能由一台机器完成。例如，共享的资源只能在任何给定的时间由一台机器修改。

（2）死锁：两个或多个操作无限期地等待对方完成。

（3）不一致性：数据部分丢失。

ZooKeeper 提供的常见服务如下：

（1）命名服务：通过名字识别机器中的机器。它就像 DNS，但是用于节点的。

（2）配置管理：对新加入的节点给出最新的系统配置信息。

（3）集群管理：集群中节点的加入和离开，以及节点的实时状态。

（4）领导选举：选举一个节点作为领导来进行协调。

（5）锁定和同步服务：当修改数据时将它锁定。当连接到其他分布式应用程序（如 Apache HBase）时，这个机制有助于你自动恢复故障。

（6）高度可靠的数据注册表：数据即使在一个或几个节点关闭时也是可用的。

分布式应用程序具有许多优点，但它们也会带来一些复杂而难以克服的挑战。ZooKeeper 框架提供了一个完整的机制来克服所有的挑战。使用故障安全通报方法处理竞争条件和死锁。数据的不一致是分布式应用程序的另一个主要的缺点，使用 ZooKeeper 的原子性可以解决这个问题。

25.2.4　ZooKeeper 的工作

想象一下，500 个或更多的商业服务的 Hadoop 集群。如果你曾经管理过具有 10 服务器的数据库集群中，那么你就知道需要以服务名、组服务、同步服务、配置管理等方面的内容对整个集群进行集中化管理。

另外，利用 Hadoop 集群的许多其他开源项目都需要这些类型的跨集群服务，并使其在 ZooKeeper 中可用，这意味着每个项目都可以嵌入到 ZooKeeper 中，而不需要从头开始对每个项目构建同步服务。与 ZooKeeper 的交互是通过 Java 或 C 语言的接口进行的。

ZooKeeper 为跨节点同步提高了一个基础设施，应用程序可以使用 ZooKeeper 来确保跨集群的任务被序列化或同步。它通过在 ZooKeeper 服务器内存中维护状态类型信息来实现这一点的。ZooKeeper 服务器是一台保留整个系统状态副本的机器，并将此信息保存在本地日志文件中。一个非常大的 Hadoop 集群可以被多个 ZooKeeper 服务器支持（在这种情况下，主服务器与顶级服务器同步），每台客户机与其中的一台 ZooKeeper 服务器通信，以检索和更新其同步信息。

ZooKeeper 是分布式应用程序的一项协调服务，可以跨集群进行同步。ZooKeeper 可以被视为集中式存储库，分布式应用程序可以将数据放入，并将数据取出。它使用其同步、序列化和协同目标，用来将分布式功能组合成一个单元。为简单起见，ZooKeeper 可被认为是一个文件系统，我们拥有的节点是存储数据的，而不是文件或存储数据的目录。

多个服务器节点统称为 ZooKeeper 集合。在给定的任何时候，一个 ZooKeeper 客户端至少连接到一个 ZooKeeper 服务器上。主节点通过集合内的共识自动地被选择，因此通常 ZooKeeper 集合是奇数，这主要是为了投票。如果主节点故障，则立即选择另一个主节点，并接管先前的主节点。除了主节点和从节点外，ZooKeeper 中还有观察员，观察员可解决扩展性问题。随着从节点的增加，写入性能将会受到影响，这是由于投票所带来的花销。所以观察员是从节点，不参与投票过程，但与其他从节点具有类似的义务。

（1）ZooKeeper 中的写入。ZooKeeper 中的所有写入都是通过主节点的，因此可以保证所有写入都是按顺序进行的。在执行对 ZooKeeper 的写入操作时，连接到该客户端的每个服务器都会与主服务器一起保持数据，因此这会使所有的服务器更新相关数据。但这也意味着无法进行并发写入。如果 ZooKeeper 用于负载均衡的写入，线性写入可以保证解决这个问题。ZooKeeper 被理想地用于协调客户端间的信息交换，这涉及较少的写入和较多的读取。ZooKeeper 在分享数据前是有帮助的，但如果应用程序由并发数据写入，那么 ZooKeeper 可以立即执行应用程序，并进行严格的顺序操作。

（2）ZooKeeper 中的读取。由于读取可以并发进行，因此 ZooKeeper 最适合于读取。并发读取是在每个客户端连接到不同的服务器，并且所有客户端可以同时从服务器读取时完成的。虽然并行读取可能导致最终的一致性（不涉及主服务器），但在有些情况下，客户端可能被认为过期，这将产生一点更新时延。

25.2.5　ZooKeeper 的益处与架构

使用 ZooKeeper 的一些益处如下：

（1）简单的分布式协调处理。

（2）同步：服务器间的互斥与协同处理。这种处理有助于对 Apache HBase 的配置管理。

（3）有序的信息。

（4）序列化：根据特定的规则对数据编码，以确保应用程序一致性运行。这个方法可用于协调 MapReduce 中的队列以执行线程的运行。

（5）可靠性。

（6）原子性：数据传输全部成功或全部失败，但没有部分的成功或失败。

如 25.1 图给出了 ZooKeeper 的客户端/服务器架构。

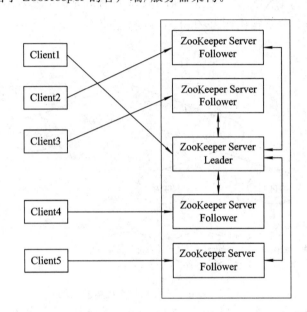

图 25.1　ZooKeeper 的架构

ZooKeeper 架构部分组件的解释如表 25.1 所示。

表 25.1　ZooKeeper 架构的部分组件

部　分	描　述
客户端(Client)	客户端，一个分布式应用程序集群中的节点，从服务器上访问信息。对于一个特定的时间区间，每个客户端将信息发送给服务器，让服务器知道客户端处于激活状态。类似地，当客户端连接时，服务器发送一个确认信息，如果所连接的服务器没有回应，客户端自动地将信息重新定位到他服务器
服务器(Server)	服务器，ZooKeeper 集合中的节点，对客户端提供所有服务。给客户端发出确认信息以通知服务器处于激活状态
集合(Ensemble)	ZooKeeper 服务器组。要求组成一个集合的最小节点数为 3
领导(Leader)	如果任何连接的节点发生故障，那么它是执行自动恢复的服务器节点，领导是在服务启动时被选举的
跟随者(Follower)	服务器节点遵循领导的指令

25.2.6　分层命名空间

图 25.2 给出了 ZooKeeper 文件系统的树状结构，用于内存表示。ZooKeeper 节点是指 znode，每个 znode 由名字识别并用一系列的路径(/)分开。图中：

(1) 有一个用"/"分隔的根 znond。在根下面，有两个逻辑命名空间分别是 config 和 workers。

(2) config 命名空间用于集中化配置管理，workers 命名空间用于命名。

(3) 在 config 命名空间下，每个 znode 可以存储最多为 1 MB 的数据。除了父 znode 也可以存储数据外，这与 UNIX 文件系统类似。该结构的主要目的是存储同步化的数据以及描述 znode 的元数据。这个结构称为 ZooKeeper 数据模型。

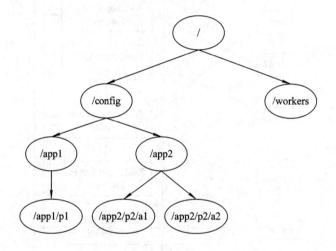

图 25.2　ZooKeeper 文件系统树状结构

ZooKeeper 数据模型中的每个 znode 维护一个 stat 结构。stat 仅提供 znode 的元数据，它包含 Version Number(版本号)、Action Control List(ACL，操作控制列表)、Timestamp (时间戳)和 Data Length(数据长度)。

① Version Number。每个 znode 都有一个版本号，这意味着每当与 znode 相关的数据发生变化时，其相应的版本号也将要增加。当多个 ZooKeeper 客户端试图在同一个 znode 上执行操作时，使用这个版本号非常重要。

② Action Control List(ACL)。ACL 是一个基本认证机制，用于访问 znode。它管理 znode 上所有的读/写操作。

③ Timestamp。时间戳表示从 znode 的创建和修改后经过的时间，通常以毫秒表示。ZooKeeper 从"Transaction ID"(Zxid)中识别对 znode 的每个更改。Zxid 是唯一的，并且为每个交易进行维护，这样就可以轻松地识别从一个请求到另一个请求所使用的时间。

④ Data Length。它指存储在 znode 中的数据总量，是数据的长度。最多可以存储 1 MB 的数据。

与之前的用户相比，用户可以像使用文件系统一样使用 ZooKeeper，可以创建目录并将数据存储在目录中。以上创建的目录也可以像任何其他文件系统一样，有子目录和孙目录。该文件系统集中存储，因此可以从任何地点访问。ZooKeeper 的示例可以是数据模型。我们介绍的示例中，每个目录在 ZooKeeper 中都被称为 znode。它是数据和其他节点的容器。它存储统计数据，如版本详细信息和用户数据(最大为 1 MB)，可用于存储信息的小空间。ZooKeeper 不像数据库那样用于存储数据，而是用于存储少量数据，如需要共享的配置数据等。

25.2.7　znode 的类型、会话与 Watches(手表)

znode 被分类为 Persistence(持久性)、Sequential(连续性)和 Ephemeral(短暂性)三类。

(1) Persistence znode。即使在创建特定 znode 的客户端断开连接后，Persistence znode 仍然处于激活状态。在默认情况下，除非另有说明，所有 znode 都是持久的。

(2) Ephemeral znode。该 znode 在客户端处于激活状态下一直处于激活状态。当客户端从 ZooKeeper 集合中断开连接时，会自动删除 Ephemeral znode。由于这个原因，只有 Ephemeral znode 不允许有更多的子 znode。如果一个 Ephemeral znode 被删除，那么下一个适合的节点将填补它的位置。Ephemeral znode 在领导选举中发挥着重要作用。

(3) Sequential znode。它既可以是 Persistence znode，也可以是 Ephemeral znode。当一个新 znode 被当做 Sequential znode 创建时，ZooKeeper 通过给原始名附加一个 10 位序列号来设置 znode 的路径。例如，如果将具有路径为/myapp 的 znode 创建为一个 Sequential znode，则 ZooKeeper 会将路径更改为/myapp0000000001，并将下一个序列号设置为 0000000002。如果同时创建两个 Sequential znode，则 ZooKeeper 从不会将同一个数字用于每个 znode。Sequential znode 在锁定和同步中起着重要作用。

会话对于 ZooKeeper 的操作非常重要。会话中的请求是以 FIOF 顺序执行的。一旦客户端与服务器连接，会话将被建立并对客户端分配一个 Session ID。

客户端以特定的时间间隔发送 Heartbeats 来保持会话的有效性。在服务开始前，如果 ZooKeeper 集合在大于设定的周期内没有从客户端收到 Heartbeats 信号(会话超时)，则断定客户端死亡。

会话超时通常以毫秒来表述。当会话终止于任何原因时，会话期间创建的 Ephemeral znode 也会被删除。

Watches 是一个简单的机制，用于客户端获得关于 ZooKeeper 集合中更改的通知。客户端在读取特定的 znode 时，可以设置 Watches。Watches 向注册的客户端发送有关 znode (在该客户端上注册的)的任何更改通知。

znode 的更改是修改与 znode 相关的数据或更改 znode 中的子 znode。Watches 只能被触发一次。如果客户端想要再获得一次通知，则必须通过一次读取操作来实现。当连接会话过期时，客户端将与服务器断开连接，并且关联的 Watches 也将被删除。

25.3　Mahout——Hadoop 的机器学习

25.3.1　Apache Mahout 简介

Mahout(印第安语)的含义是一个持有和驾驶大象的人。Mahout 这个名字来自于

Apache Hadoop 项目(有时)使用具有黄色大象的标志。它具有可扩展性和容错性。

一旦拥有大量预算的学术界和企业的专属领域,从数据和用户的输入中学习智能应用,这将变得非常普遍。对如聚类、协同过滤和分类等那样的机器学习技术的需求从未如此巨大,无论是为了找出大群人之间的共同点,还是自动标记海量的 Web 内容,Apache Mahout 项目旨在使得构建智能应用变得更容易和更快速。

Apache Mahout 是 Apache 软件基金会的一个项目,用于生成分布式或企图可扩展机器学习算法的免费实现,主要集中在协同过滤、聚类和分类领域。许多实现使用了 Apache Hadoop 平台。

我们生活在一个充满信息的时代。信息的超载已经达到了如此高度,使得我们管理小小的邮箱都变得困难起来。想象一下一些热门的网站(如 Facebook、Twitter 和 YouTube)必须每天收集和管理大量的数据和记录,甚至对于不太知名的网站来说,大量收集信息也并不罕见。

通常我们回头来看数据挖掘算法,分析批数据,识别趋势并得到结论,可以发现,没有任何一种数据挖掘算法能够有效地处理非常大的数据集并快速地提供结果,除非使用多台分布在云端的机器运行这个计算任务。

我们现在具有了一种新框架,允许将计算任务分解为多个片段,并把每个片段放在不同的机器上运行。Mahout 这样的数据挖掘框架通常与后台管理大数据的 Hadoop 基础设施配合运行。

Apache Mahout 是一个开源项目,主要用于创建可扩展的机器学习算法。它所实现的流行机器学习技术有推荐、分类和聚类。

Apache Mahout 是在 2008 年作为 Apache 的 Lucene 的子项目开始的,在 2010 年,Mahout 成为 Apache 的顶级项目。

25.3.2 Mahout 的特点

以下列出了 Apache Mahout 的一些主要特点。

(1) Mahout 的算法是在 Hadoop 的顶层编写的,因此它也工作在分布式环境下。Mahout 使用 Apache Hadoop 的库在云端进行高效扩展。

(2) Mahout 为程序员提供了一种即时使用的(ready-to-use)框架,用于大数据的数据挖掘任务。

(3) Mahout 使得应用程序对大数据集的分析变得高效和快速。

(4) 它包括了若干个 MapReduce,使得诸如 k-means、模糊 k-means、Canopy、Dirichlet 和 Mean-Shift 等的聚类得以实现。

(5) 支持分布式的朴素贝叶斯(Distributed Naive Bayes)和补充朴素贝叶斯(Complementary Naive Bayes)分类的实现。

(6) 对进化编程提供了分布式的适应值函数功能。

(7) 包括了矩阵和向量库。

25.3.3　Mahout 的应用

（1）诸如 Adobe、Facebook、LinkedIn、Foursquare、Twitter 和 Yahoo 公司内部都使用 Mahout。

（2）Foursquare 帮助你在特定的区域找到可用餐饮、娱乐等地方。它使用了 Mahout 的推荐引擎。

（3）Twitter 使用 Mahout 为用户的兴趣建模。

（4）Yahoo 使用 Mahout 进行模式挖掘。

Apache Mahout 引入了一个我们称之为 Samsara 的新数学环境，它的主题是全面更新的，反映了对如何构建和定制可扩展的机器学习算法的基本反思。Mahout-Samsara 在这里帮助人们创建自己的数学模型，同时提供一些现成的算法实现。其核心是一般线性代数和统计计算以及数据结构对它的支持。你可以使用 is 作为库或事业 Mahout 特定的扩展在 Scala 中定制它，这些扩展看起来像 R。R。Mahout-Samsara 附带了一个交互式的 Shell，它在 Spark 集群上运行分布式的操作。这使原型或任务变得更加容易，并允许用户以全新的自由度来自定义算法。

25.3.4　Mahout 中的机器学习

机器学习是一个科学分支，它处理系统的编程方式，以使其能够自动地学习和改进经验。在这里，学习意味着识别和理解输入的数据，并根据所提供的数据做出明智的决策。

根据所有可能的输入来符合所有的决策是非常困难的。要克服这个问题，就要研究算法。这些算法从特定的数据和过去的经验中以统计学、概率论以及逻辑、组合优化、搜索、强化学习和控制论的原理构建知识。

所研究的各种算法构成了各种应用的基础，例如视觉处理、语言处理、预测（如股市趋势）、模式识别、博弈、数据挖掘、专家系统和机器人。

机器学习是一个广阔的领域，它超出了本书所涵盖的范围。实现机器学习的技术有多种，最常用的是监督学习和无监督学习。

（1）监督学习。监督学习涉及从可用的训练数据中学习功能。监督学习算法分析训练数据并产生推断函数，该推断函数可用于映射到新的样本中。监督学习常见的例子包括对垃圾邮件进行分类、根据其内容对网页进行标记和语音识别。

还有许多监督学习算法，如神经网络、支持向量机（SVMs）和朴素贝叶斯分类器。Mahout实现了朴素贝叶斯分类器。

（2）无监督学习。无监督学习可以理解为标记的数据，不需要为其训练集预定义任何数据集。无监督学习是分析可用数据并寻找模式与趋势的非常强大的工具，它常常用于将类似的输入汇聚到逻辑组中。无监督学习的常见方法包括 k-means、自组织映射以及层次聚类。

Mahout 当前实现的具体的机器学习任务有三个：协同过滤（Collaborative filtering）、聚类（Clustering）、分类（Categorization）。

它们也恰好是三个在实际应用中常用的领域。

（1）协同过滤。协同过滤（Collaborative Filtering，CF）是 Amazon 和其他公司普遍使用的一种技术，使用如评分、点击和购物等用户信息向其他网站提供推荐。CF 常用于向用户推荐消费类产品，如书籍、音乐和电影，但也涉及其他应用，其中多个参与者需要协同来缩小数据范围。

（2）聚类。给定大数据集，无论它们是文本还是数字，通常可以自动地将相似的项目组合在一起或汇集在一起。例如，从美国所有报纸的新闻中，用户希望将所有关于同一个故事的文章自动地分组在一起，然后用户可以选择专注于特定的一组故事，而不需要观看无关的故事。再例如，给定机器上传感器随时间输出的数据，可以对输出数据进行聚类，以确定正常操作和有问题的操作，因为正常操作的数据都会聚集在一起，而异常操作将会远离聚集的数据。

像 CF 一样，聚类计算集合中项目之间的相似性，但其唯一的工作是将相似的项目组合在一起。在聚类的许多实现中，集合中的项目被表示为 n 维空间中的向量。给定向量，可以使用诸如 Manhattan 距离、Euclidean 距离或余弦相似度来计算两个项目间的距离；然后，通过将距离最近的项目分组在一起来计算实际的群集。

计算群集有很多方法，每个方法都有自己的权衡。一些方法从下往上进行，从较小的群集构建较大的群集；而另一些则将一个大的群集分解成越来越小的群集。两者都有一些标准，在它们分解为平凡的群集前（所有的项目在一个群集中，或所有的项目都在自己拥有的群集中）可以在某些时候退出这个过程。常用的方法包括 k-means 和层次聚类。

（3）分类。分类（Categorization，也可以是 Classification）的目标是对未见过的文档进行标记，并对它们进行分组。机器学习中的许多分类方法计算各种统计数据（该统计数据与特定标记的文档的特征相关），从而创建一个模型，稍后使用该模型对未见过的文档进行分类。例如，一个简单的分类方法可以跟踪与标记相关的词，以及这些词对于给定标记而言所看到的次数。那么，当对一个新文档进行分类时，用模型对文档中的词进行查找，计算概率，并输出最佳结果，通常跟随一个分数表示结果是正确的置信度。

分类的特征可能包括词、这些词的权重（如基于频率）、语言部分等。当然，特征可以是有助于将文档与标记相关联的任何事情，并可以结合到算法中。

Mahout 还为常用的数学运算（主要是线性代数和统计）提供了 Java 库和原始的 Java 集。Mahout 是一项正在进行的工作，所实现算法的数目已快速增长，但其中的算法仍然不多。

虽然 Mahout 的核心算法是聚类，但分类和基于批处理的协同过滤使用 Map Reduce 范式在 Apache Hadoop 的顶层得以实现，但它并没有限制对基于 Hadoop 的实现的贡献。也欢迎在各节点或非 Hadoop 集群上所做的贡献。例如，Mahout 的 Taste 协同过滤推荐组件原本是一个独立的项目，可以在非 Hadoop 的系统上独立运行。

Apache Mahout 是一个高度可扩展的机器学习库，使开发人员能够使用优化算法。Mahout 实现了常用的机器学习技术，如推荐、分类和聚类。

下面介绍推荐引擎机器示例。

Mahout 提供的几种类型的推荐引擎：基于用户的推荐引擎、基于项目的推荐引擎以及其他几个算法。

Mahout 有一个非分布式的、非基于 Hadoop 的推荐引擎，我们必须传递一个具有用户对项目偏好的文本文件。该引擎的输出将会是该用户对其他项目偏好的估计。

示例　考虑一个销售消费品的网站，例如手机、小配件以及手机的配件。如果我们想在这个网站上实现 Mahout 推荐功能，那么可以构建一个推荐引擎。该引擎分析用户先前购买商品的数据并根据分析推荐新产品。

由 Mahout 提供的用来构建推荐引擎的组件有 DataModel、UserSimilarity、UserNeighborhood 和 Recommender。

从数据存储区中准备数据模型，并将它作为输入传递给推荐引擎。推荐引擎对给定用户生成推荐。图 25.3 给出了推荐引擎的架构。

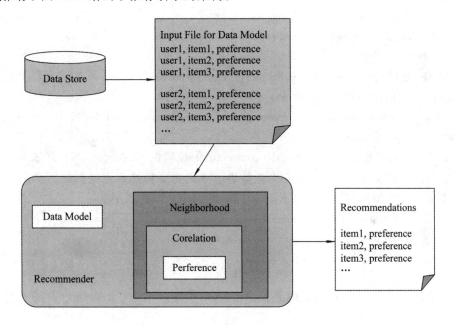

图 25.3　推荐引擎架构

使用 Mahout 构建推荐器。开发简单推荐器的步骤如下：

步骤 1　创建 DataModel 对象。PearsonCorrelationSimilarity 类的构造函数需要一个数据模型对象，该对象包含产品的 User、Items 和 Prefercences 等详细信息。以下是一个简单的数据模型文件：

```
1, 00, 1.0
1, 01, 2.0
1, 02, 5.0
1, 03, 5.0
1, 04, 5.0
```

DataModel 对象需要文件对象，该文件对象包含输入文件的路径。DataModel 对象的创建如下：

```
DataModeldatamodel = new FileDataModel(new File("input file"));
```

步骤 2　创 建 UserSimilarity 对 象。使 用 PearsonCorrelationSimilarity 类 创 建 UserSimilarity 对象，代码如下：

```
UserSimilarity similarity = new PearsonCorrelationSimilarity(datamodel);
```

步骤 3　创建 UserNeighborhood 对象。这个对象计算用户的"邻居"。如给定的用户，则存在两种类型的邻居：

① NearestNUserNeighborhood——这个类计算最邻近于给定用户的由 n 个用户组成的邻居。

② ThresholdUserNeighborhood——这个类计算一个由与给定用户的相似度达到或超过某个特定值的所有用户组成的邻居。相似度由给定的 UserSimilarity 定义。

这里，我们将使用 ThresholdUserNeighborhood，并将偏好设置在 3.0 以内。代码如下：

```
UserNeighborhood neighborhood = new ThresholdUserNeighborhood(3.0,
similarity, model);
```

步骤 4　创建 Recommender 对象。创建 UserbasedRecommender 对象，将上述创建的对象传递给它的构造函数，代码如下：

```
UserBaswdRecommender recommender = new GenericUserBasedRecommender(model,
neighborhood, similarity);
```

步骤 5　向用户推荐项目。使用 Recommender 接口的 recommend( )方法向用户推荐产品。这个方法需要两个参数：第一个参数表示我们需要将推荐发送到的用户的 ID；第二个参数表示要发送的推荐数量。以下是 recommender( )方法的用法：

```
List<RecommendedItem> recommendations = recommender.recommend(2, 3);
for (RecommendedItemrecommendation : recommendations){
System.out.println(recommendation);
}
```

下面给出了一个程序示例，用来设置推荐。准备向 ID 为 2 的用户发送推荐，代码如下：

```
importjava.io.File;
import java.util.List;
import org.apache.mahout.cf.taste.impl.model.file.FileDataModel;
import org.apache.mahout.cf.taste.impl.neighborhood.
ThresholdUserNeighborhood;
importorg.apache.mahout.cf.taste.impl.recommender.
GenericUserBasedRecommender;
importorg.apache.mahout.cf.taste.impl.similarity.
PearsonCorrelationSimilarity;
import org.apache.mahout.cf.taste.model.Datamodel
import org.apache.mahout.cf.taste.neighborhood.UserNeighborhood
import org.apache.mahout.cf.taste.recommender.RecommendedItem;
import org.apache.mahout.cf.taste.recommender.UserBasedRecommender;
import org.apache.mahout.cf.taste.similarity.UserSimilarity;
```

```
public class Recommender {
    public static void main(String args[]) {
    try{
        //Creating data model
        DataModeldatamodel new FileDataModel(new File("data")); //data
        //Creating UserSimilarity object.
        Usersimilarityusersimilarity = new PearsonCorrelationSimilarity(datamodel);
        //Creating UserNeighbourHHood object.
        UserNeighborhooduserneighborhood= new ThresholdUserNeighborhood(3.0,
        usersimilarity, datamodel);

        //Create UserRecomender
        UserBasedRecommender recommender = new
        GenericUserBasedRecommender(datamodel, userneighborhood, usersimilarity);
        List<RecommendedItem> recommendations = recommender. recommend(2, 3);
        for(RecommendedItemrecommendation: recommendations){
            System. out. println(recommendation)
        }
        }catch(Exception e){}
    }
}
```

用如下命令编译该程序：

```
javacRecommender. java
java Recommender
```

程序应产生如下输出：

```
RecomendedItem [item：3, value：4.5]
RecomendedItem [item：4, value：4.0]
```

小　　结

　　Apache Oozie 是 Hadoop 的工作流调度程序。这是一个运行依赖于作业的工作流系统，它包含工作流引擎和协调器引擎两个部分。Oozie 为不同类型的操作提供了支持，如 Hadoop MapReduce、Hadoop 文件系统、Pig、SSH、HTTP、E-mail 和 Oozie 子工作流。Oozie 可以扩展为支持其他类型的操作。

　　ZooKeeper 是一个开源的 Apache 项目，它提供了集中化的基础设施和服务，能使跨集群进行同步。ZooKeeper 维护大集群环境中所需的公共对象，如包括配置信息、体系命名空间等对象。应用程序可以利用这些服务来协调跨大集群的分布式处理。

　　Mahout 是用于生成分布式或可扩展机器学习算法的免费实现，主要集中在协同过滤、聚类和分类领域。许多实现使用了 Apache Hadoop 平台。

　　本章首先简要地介绍了 Oozie、ZooKeeper 和 Mahout；其次给出了 Mahout 的几个示例，我们可以采用 Mahout 实现机器学习的常规应用。

思考与练习题

25.1　Oozie 在 Hadoop 中有什么作用？

25.2　Oozie 包含哪两个引擎，它们有什么作用？

25.3　Oozie 具有哪些特点？

25.4　ZooKeeper 有何作用？

25.5　在 Hadoop 中，为什么需要 ZooKeeper？

25.6　Mahout 具有哪些功能？

25.7　Mahout 能实现哪些机器学习算法？

25.8　Mahout 有哪些特点？

25.9　什么是协调过滤？试用 Mahout 实现一个简单的协同过滤（如购买特定的商品）。

参 考 文 献

[1] OUSSOUS A，et al. Big Data technologies：A survey［J］. J. of King Saud University-Computer and Information Sciences，2017. http：//dx. doi. org/10. 1016/ j. jksuci. 2017. 06. 001.

[2] SUBBU K P，VASILAKOS A V. Big Data for Context Aware Computing-Perspectives and Challenges［J］. Big Data Res. ，2007. https：//doi. org/10. 1016/j. bdr. 2017. 10. 002.

[3] SANTOS M Y，et al. A Big Data system supporting Bosch Braga Industry 4. 0 strategy［J］. International Journal of Information Management，2017，37：750 － 760.

[4] 程学旗，靳小龙，等. 大数据系统和分析技术综述［J］. 软件学报，2014，25(9)：1889 － 1908.

[5] 李学龙，龚海刚. 大数据系统综述［J］. 中国科学：信息科学，2015，45：1 － 44. doi：10. 1360/N112014 － 00290.

[6] GÜNTHER W A，et al. Debating big data：A literature review on realizing value frombig data［J］. Information Systems，2017，26 ：191 － 209. http：//dx. doi. org/ 10. 1016/j. jsis. 2017. 07. 003.

[7] SHENG J，et al. A multidisciplinary perspective of big data in management research ［J］. International Journal of Production Economics，2017，191：97 － 112.

[8] KAMILARIS A，et al. A review on the practice of big data analysis in agriculture ［J］. Computers and Electronics in Agriculture，2007，143：23 － 37.

[9] NADAL S，et al. A software reference architecture for semantic-aware Big Data systems［J］. Information and Software Technology，2017，90：75 － 92.

[10] AKOKA J，et al. Research on Big Data：A systematic mapping study［J］. Computer Standards & Interfaces，2017，54：105 － 115. http：//dx. doi. org/10. 1016/j. csi. 2017. 01. 004.

[11] SUN S，et al. Associative retrieval in spatial big data based on spreading activationwith semantic ontology ［J］. Future Generation Computer Systems，2017，76：499 － 509. http：//dx. doi. org/10. 1016/j. future. 2016. 10. 018.

[12] MUNSHI A A，et al. Mohamed. ［J］. Electric Power Systems Research，2017，151：369 － 380. http：//dx. doi. org/10. 1016/j. epsr. 2017. 06. 006.

[13] TU C，et al. Big data issues in smart grid：A review［J］. Renewable and Sustainable Energy Reviews，2007，79：1099 － 1107. http：//dx. doi. org/10. 1016/j. rser. 2017. 05. 134.

[14] GOLOV N, RÖNNBÄCK L. Big Data normalization for massively parallel processing databases[J]. Computer Standards & Interfaces, 2017, 54: 86 – 93.

[15] RAGUSEO E. Big data technologies: An empirical investigation on their adoption, benefitsand risks for companies [J]. International Journal of Information Management, 2018, 38: 187 – 195. http: //dx. doi. org/10. 1016/j. ijinfomgt. 2017. 07. 008.

[16] WHITAKER S D. Big Data versus a survey[J]. The Quarterly Review of Economics and Finance, 2017. http: //dx. doi. org/10. 1016/j. qref. 2017. 07. 011.

[17] Editorial. Big Data. New approaches of modelling and management [J]. Computer Standards & Interfaces, 2017, 54: 61 – 63. http: //dx. doi. org/10. 1016/j. csi. 2017. 03. 006.

[18] IOSIFIDIS A, et al. Big Media Data Analysis [J]. Signal Processing: Image Communication, 2017, 59 : 105 – 108. https: //doi. org/10. 1016/j. image. 2017. 10. 004.

[19] CASU F, et al. Big Remotely Sensed Data: tools, applications and experiences[J]. Remote Sensing of Environment, 2017. http: //dx. doi. org/10. 1016/j. rse. 2017. 09. 013.

[20] SHIN D H. Demystifying big data: Anatomy of big data developmental process[J]. Telecommunications Policy, 2016, 40: 837 – 854. http: //dx. doi. org/10. 1016/j. telpol. 2015. 03. 007.

[21] CHANG V, et al. Editorial for FGCS special issue: Big Data in the cloud[J]. Future Generation Computer Systems, 2016, 65: 73 – 75. http: //dx. doi. org/10. 1016/j. future. 2016. 04. 007.

[22] HERSCHEL R, MIORI V M. Ethics & Big Data[J]. / Technology in Society, 2017, 49: 31 – 36. http: //dx. doi. org/10. 1016/j. techsoc. 2017. 03. 003.

[23] KHAN S, et al. A survey on scholarly data: From big data perspective [J]. Information Processing and Management, 2017, 53: 923 – 944. http: //dx. doi. org/ 10. 1016/j. ipm. 2017. 03. 006.

[24] SONG W, et al. Geographic spatiotemporal big data correlation analysis viatheHilbertHuang transformation [J]. Journal of Computer and System Sciences, 2017, 89: 130 – 141. http: //dx. doi. org/10. 1016/j. jcss. 2017. 05. 010.

[25] SNASL V, et al. Geometrical and topological approaches to Big Data[J]. Future Generation Computer Systems, 2017, 67: 286 – 296. http: //dx. doi. org/10. 1016/j. future. 2016. 06. 005.

[26] GENUER R, et al. Random Forests for Big Data[J]. Big Data Research, 2017, 9: 28 – 46. http: //dx. doi. org/10. 1016/j. bdr. 2017. 07. 003.

[27] AHMED E, et al. The role of big data analytics in Internet of Things[J]. Computer Networks, 2017. http: //dx. doi. org/10. 1016/j. comnet. 2017. 06. 013.

[28] PRAMANIK M I, et al. Smart health: Big data enabled health paradigm within smart cities [J]. Expert Systems With Applications, 2017, 87: 370 – 383. http://dx. doi. org/10. 1016/j. eswa. 2017. 06. 027.

[29] SOMASEKHAR G, KARTHIKEYAN K. The novel big data algorithm for distributional instance learning[J]. Ain Shams Eng J, 2017. https://doi. org/10. 1016/j. asej. 2017. 08. 005.

[30] WU P J, LIN K C. Unstructured big data analytics for retrieving e-commerce logisticsknowledge[J]. Telematics and Informatics, 2017. doi: https://doi. org/10. 1016/j. tele. 2017. 11. 004

[31] JAIN V K. BIG DATA and HADOOP [M]. New Delhi: KHANNA BOOK PUBLISHING CO. (P)LTD, 2017. www. Khannabooks. com

[32] LI K C,et al. BIG DATA: ALGORITHMS, ANALYTICS, AND APPLICATIONS[M]. CRC Press, 2015.

[33] WHITE T. Hadoop 权威指南[M]. 4 版. 王海, 等译. 北京: 清华大学出版社, 2017.

[34] 苏新宁. 数据挖掘理论与技术[M]. 北京: 科学技术文献出版社, 2003.

[35] 朱明. 数据挖掘[M]. 合肥: 中国科学技术大学出版社, 2008.

[36] 邵峰晶, 于忠清. 数据挖掘原理与算法[M]. 北京: 中国水利水电出版社, 2003.

[37] 姜灵敏. 信息资源聚合与数据挖掘[M]. 广州: 华南理工大学出版社, 2007.

[38] 薛惠锋, 张文宇, 寇晓东. 智能数据挖掘技术[M]. 西安: 西北工业大学出版社, 2005.

[39] 张文修, 吴伟志, 等. 粗糙集理论与方法[M]. 北京: 科学出版社, 2000.

[40] STEINBACH M,KUMAR V. 数据挖掘导论[M]. 北京: 人民邮电出版社, 2011.

[41] MURPHY K P. Machine learning: A Probabilistic Perspective[M]. London: The MIT Press, 2012.

[42] SHAI S S, SHAI B D. UnderstandingMachineLearning: From Theory to Algorithms [M]. London: Cambridge University Press, 2014.

[43] BISHOP C M. Pattern Recognition and Machine Learning[M]. Springer Science+Business Media, LLC, 2006.